河道工程

施工·加固·管理与实例

李 勇 张 军 主 编
周翠玲 刘培珍 副主编

中国建材工业出版社

图书在版编目(CIP)数据

河道工程施工·加固·管理与实例/李勇,张军主编.—北京:中国建材工业出版社,2011.11
ISBN 978-7-80227-955-1

Ⅰ.①河… Ⅱ.①李…②张… Ⅲ.①河道整治 Ⅳ.①TV85

中国版本图书馆 CIP 数据核字(2011)第129157号

内容简介

本书比较全面地论述了河道工程建筑材料、河道管理基本知识、河道堤防工程施工技术、河道堤防加固技术、河道病害工程维护技术、河道堤防抢险实用技术、堤防护岸工程的技术措施、河道水利工程的施工技术、河道特殊河段的治理方法、河道堤防工程的安全管理等方面的内容,并以典型的河道维修工程,介绍了河道在治理方面的工作。本书是在学习国内外有关文献的基础上,结合作者的实际工作编写而成,具有较高的实用性和前瞻性。

本书内容丰富、技术先进、通俗易懂,既可供水利建筑、河道管理及环境、经济、社会等相关领域的专业技术人员学习,也可作为水利、水电、工程管理等相关专业高等院校的师生的辅助教材和参考书。

河道工程施工·加固·管理与实例
李 勇 张 军 主编
周翠玲 刘培珍 副主编

出版发行:中国建材工业出版社
地 址:北京市西城区车公庄大街6号
邮 编:100044
经 销:全国各地新华书店
印 刷:北京鑫正大印刷有限公司
开 本:787mm×1092mm 1/16
印 张:24
字 数:596千字
版 次:2011年11月第1版
印 次:2011年11月第1次
书 号:ISBN 978-7-80227-955-1
定 价:48.00元

本社网址:www.jccbs.com.cn
本书如出现印装质量问题,由我社发行部负责调换。联系电话:(010)88386906

前 言

河流是地球上水分循环的重要路径，对全球的物质、能量的传递与输送起着重要作用。流水还不断地改变着地表形态，形成不同的流水地貌。在河流密度大的地区，广阔的水面对该地区的气候也具有一定的调节作用。河流与人类的关系极为密切，是人类可依赖的最主要的淡水资源。河流具有行洪排涝、航运灌溉、供水发电、旅游景观、生态维系、人文滋养等多种功能。

河道管理是一个古老而又具有现代科学的领域。几千年来，一直受到广大人民群众和历代执政者的重视。尤其是新中国成立以来各级政府无不投入大量的人力、物力和财力，并制定严格的管理制度予以维护，取得了显著的经济效益和社会效益。

千百年来，当人类充分利用河流并使自己繁荣兴旺之后，由于种种不合理的开发利用和不科学的管理，如今面对的却是河流洪水、干涸、污染、萎缩的危机。我们不得不重新审视人类与河流的关系，不得不反思对河道管理的失误。因此，加强河道管理是关系到人民生命财产的大问题，是关系到人类生存和生活质量的大问题。

河道管理在不同社会发展阶段有着不同的要求，河道有其自身发展和演变的规律。随着社会经济的快速发展，河流和河道管理在社会发展中将发挥越来越重要的作用，人们与河流的关系将更加密切，对河道管理的要求将越来越高。

在河道工程管理方面的技术书籍也出版了一些，特别是在生产第一线的广大技术人员，以丰富的实践经验和大量的试验资料，总结出许多有价值的河道工程施工工艺和先进管理方法，为河道工程施工、维护、抢险和管理等，起到了技术指导和技术推广作用。我们在学习前人和专家、学者经验的基础上，根据我们在河道管理中的经验和体会，编写了这本《河道工程施工·加固·管理与实例》，其内容包括建筑材料、材料管理、河道管理基础知识、河道堤防施工、河道堤防加固、河道堤防维修、河道堤防抢险、河道堤防防护等。

本书是一本具有“针对性”、体现“通俗性”、突出“实用性”和提高“应用性”的技术专业书，可供河道管理工作者参考，也可作为水利工程相关专业的辅助教材。

本书由李勇、张军担任主编，周翠玲、刘培珍担任副主编。苏冠鲁、张润昌、关宝家、杜平、王伟参加了编写。全书由李勇统稿。编写的具体分工：李勇撰写第三章、第十一章；张军撰写第一章、第九章；周翠玲撰写第二章、第十章；刘培珍撰写第五章；苏冠鲁撰写第四章；张润昌撰写第七章；关宝家撰写第八章；杜平撰写第六章；王伟撰写第十二章。

本书由山东农业大学李继业教授担任主审，他对全书编写规划、编写内容等方面均给予具体指导，并提出很多宝贵的改进意见，在此表示谢意！

在编写过程中，我们参考了很多专家和学者的成果，在此我们表示衷心的感谢。由于编者水平有限，错误之处在所难免，敬请广大读者批评指正。

编者

2010 年 10 月于山东

目　　录

第一篇　基础篇

第一章　河道工程材料的性质……1
第一节　材料的物理性质……1
第二节　材料与水有关的性质……3
第三节　材料的力学性质……7
第四节　材料的其他性质……10
第二章　河道工程的常用材料……15
第一节　建筑石灰和建筑石膏……15
第二节　硅酸盐水泥及其他品种水泥……21
第三节　河道工程用水泥混凝土与砂浆……29
第四节　河道工程用钢材……40
第五节　河道工程用土料和石料……46
第三章　河道管理……50
第一节　我国河流概况及主要特点……50
第二节　河道管理的重要性和特殊性……54
第三节　河道管理面临的问题……58
第四节　我国河道管理的现状……61
第五节　河道管理的范围……63
第六节　河道的采砂管理……65

第二篇　应用篇

第四章　河道堤防工程施工技术……76
第一节　河道堤防工程施工组织设计……76
第二节　河道堤防工程施工测量要求……83
第三节　河道堤防工程堤基的清理……86
第四节　河道堤防工程施工质量控制……88
第五章　河道堤防加固技术……91
第一节　堤防工程高压喷射灌浆防渗技术……91
第二节　堤防工程置换法防渗技术……97
第三节　堤防工程深层搅拌法防渗技术……105
第四节　堤防工程挤压法防渗技术……108
第五节　堤防工程垂直铺膜防渗技术……111
第六节　堤防工程劈裂灌浆防渗技术……114
第七节　堤防工程排水减压井防渗技术……117

第八节　堤防工程放淤和吹填防渗技术 …… 120
第六章　河道病害工程维护技术 …… 130
第一节　河道水工程病害的观测 …… 130
第二节　河道病害水工程维护与管理 …… 139
第三节　河道病害水工程养护与修理 …… 146
第七章　河道堤防抢险实用技术 …… 152
第一节　河道堤防抢险的前期工作 …… 152
第二节　堤身漏洞险情的判别和抢护 …… 155
第三节　堤基管涌险情的判别和抢护 …… 158
第四节　堤坡渗水险情的判别和抢护 …… 162
第五节　接触冲刷险情的判别和抢护 …… 166
第六节　洪水漫溢险情的判别和抢护 …… 168
第七节　堤防滑坡险情的判别和抢护 …… 172
第八节　河堤崩岸险情的判别和抢护 …… 176
第九节　堤身裂缝险情的判别和抢护 …… 180
第十节　堤防出现决口险情的抢险 …… 183
第十一节　风浪险情的判别和抢护 …… 186
第十二节　堤防抢险的善后处理 …… 190
第八章　堤防护岸工程的技术措施 …… 193
第一节　护岸防冲工程概述 …… 193
第二节　抛石护堤岸措施 …… 194
第三节　砌石及石笼护坡措施 …… 197
第四节　块体铺面护坡措施 …… 199
第五节　种草植树防护堤岸措施 …… 203
第六节　浇铺混凝土板护坡措施 …… 206
第七节　沥青材料护坡措施 …… 209
第八节　丁坝挑流防护岸堤措施 …… 210
第九节　各种墙体防护岸堤措施 …… 212
第九章　河道水利工程的施工技术 …… 218
第一节　渠道施工技术 …… 218
第二节　土石坝施工技术 …… 224
第三节　水闸施工技术 …… 234
第四节　渡槽施工技术 …… 238
第五节　倒虹吸施工技术 …… 242
第十章　河道特殊河段的治理方法 …… 246
第一节　冲淤河段的治理方法 …… 246
第二节　与道路交叉河段的治理方法 …… 247
第三节　汊道浅滩河段的治理方法 …… 250
第四节　弯曲河段的治理方法 …… 251
第五节　崩岸河段的治理方法 …… 252

第六节　感潮河段的治理方法 …… 255
第十一章　河道堤防工程的安全管理 …… 257
第一节　堤防工程的检查 …… 257
第二节　堤防工程的观测 …… 259
第三节　堤防工程的隐患探测 …… 262
第四节　堤坝抛石护脚的探测 …… 265
第五节　堤防工程的养护修理 …… 268
第六节　堤防工程的数字工程管理 …… 274

第三篇　河道治理工程实例

第十二章　卫运河治理工程实例 …… 276
第一节　工程任务与规模 …… 276
第二节　河道治理工程设计 …… 288
第三节　穿堤建筑物加固工程设计 …… 307
第四节　工程管理设计 …… 335
第五节　施工组织设计 …… 341
第六节　环境影响评价 …… 348
第七节　水土保持方案 …… 358
第八节　节能设计 …… 368
第九节　经济评价 …… 370
参考文献 …… 376

第一篇　基础篇

建筑材料是河道工程的重要物质基础，材料的性能、规格、品种、质量等，不仅直接影响工程的质量、建筑效果、使用功能和使用寿命，而且直接关系到工程造价、人身健康、经济效益和社会效益。

第一章　河道工程材料的性质

用建筑材料所建造的各类河道建筑物和构筑物，各部位所处位置和所起的作用不同，在使用过程中所处环境和受到的侵蚀作用也各不相同。例如，用于各种受力结构的材料，要受到各种外力的作用；用于建筑物不同部位的材料，可能受到风吹、日晒、雨淋、冻融循环、温度变化、化学腐蚀和各种损害。

为了保证建筑物实现经久耐用，就要求所选用的建筑材料能够抵抗各种不良因素的作用。要科学合理地选用建筑材料，就必须掌握建筑材料的性质。

第一节　材料的物理性质

河道建筑材料在使用条件下要承受一定荷载，并受到周围环境不同介质的作用。因此，建筑材料应具有相应的物理性质、力学性质，抵抗周围介质物理、化学和生物作用的能力和经久耐用的性质。材料的组成、结构及构造是决定材料性质的内部因素。

河道建筑材料的物理性质主要包括：材料的密度、表观密度与堆积密度、密实度与孔隙率、填充率与空隙率等。

一、材料的密度

材料的密度是指材料在绝对密实状态下，单位体积的质量，按式(1.1)计算：

$$\rho = \frac{m}{V} \tag{1.1}$$

式中　ρ——材料的密度(g/cm^3)；

m——材料在干燥状态下的质量(g)；

V——材料在绝对密实状态下的体积(cm^3)。

材料在绝对密实状态下的体积，指不包含材料内部孔隙的实体积。除了钢材、玻璃、沥青等少数材料外，绝大多数材料在自然状态下均含有一些孔隙。在测定有孔隙材料的密度时，先把材料磨成细粉，烘干至恒定质量，然后用李氏瓶测得其实体积，用式(1.1)计算得到密度值。材料磨得越细，测得的体积越真实，得到的密度值也越精确。

二、表观密度与堆积密度

(一)材料的表观密度

材料的表观密度是指材料在自然状态下单位体积的质量,按式(1.2)计算:

$$\rho_0 = \frac{m}{V_0} \tag{1.2}$$

式中 ρ_0——材料的表观密度(kg/m^3);

m——材料在气干状态下的质量(kg);

V_0——材料在自然状态下的体积(m^3)。

材料在自然状态下的体积,是指包括实体积和孔隙体积在内的体积。对于形状规则的材料,可直接测量其体积;对于形状不规则的材料,可用蜡封法封闭孔隙,然后再用排液法测量体积;对于混凝土用的砂石骨料,可直接用排液法测量体积,此时的体积是实体积与闭口孔隙体积之和。

当材料中的含水状态变化时,其质量和体积均发生变化,也会影响材料的表观密度。在测定材料表观密度时,应注明其含水情况。一般情况下,材料的表观密度是指在气干状态(长期在空气中干燥)下的表观密度。在烘干状态下的表观密度,则称为干表观密度。

(二)材料的堆积密度

材料的堆积密度是指粒状或粉状材料在堆积状态下,单位体积的质量,按式(1.3)计算:

$$\rho' = \frac{m}{V'} \tag{1.3}$$

式中 ρ'——材料的堆积密度(kg/m^3);

m——材料在干燥状态下的质量(kg);

V'——材料在堆积状态下的体积(m^3)。

测定散粒材料的堆积密度时,材料的质量是指填充在一定容器内的材料质量,其堆积体积是指所用容器的容积而言。因此,材料的堆积体积包含了颗粒之间的空隙体积。

在建筑工程中,计算材料的用量和构件的自重,进行材料的配料、运输和确定材料的堆放空间时,经常要用到材料的密度、表观密度和堆积密度等数据。表1-1中列举了常用建筑材料的密度、表观密度和堆积密度。

三、材料的密实度与孔隙率

(一)材料的密实度

材料的密实度是指材料体积内被固体物质充实的程度,也就是固体体积占总体积的百分率,按式(1.4)计算:

$$D = \frac{V}{V_0} \times 100\% \quad \text{或} \quad D = \frac{\rho_0}{\rho} \times 100\% \tag{1.4}$$

(二)材料的孔隙率

材料的孔隙率是指材料体积内,孔隙体积占总体积的百分率,按式(1.5)计算:

$$P = \frac{V_0 - V}{V_0} \times 100\% \quad \text{或} \quad P = \frac{\rho - \rho_0}{\rho} \times 100\% \tag{1.5}$$

密实度与孔隙率均反映了材料的致密程度,孔隙率的大小及孔隙特征(包括孔隙大小、是否连通、分布情况等)对材料的性质影响很大。一般而言,同一种材料,孔隙率越小,连通孔隙越少,其强度越高,吸水性越小,抗渗性和抗冻性越好,但其导热性越大。几种常用建筑材料的密度、表观密度、堆积密度和孔隙率见表1.1。

表1.1　常用建筑材料的密度、表观密度、堆积密度和孔隙率

材料名称	密度(g/cm^3)	表观密度(kg/m^3)	堆积密度(kg/m^3)	孔隙率(%)
钢　　材	7.85	7850	—	—
花 岗 岩	2.6~2.9	2500~2850	—	0~3
石 灰 岩	2.6~2.8	2000~2600	—	0.5~3.0
碎石或卵石	2.6~2.9	—	1400~1700	—
普 通 砂	2.6~2.8	—	1450~1700	—
烧结黏土砖	2.5~2.7	1500~1800	—	20~40
水　　泥	3.0~3.2	—	1300~1700	—
普通混凝土	—	2100~2600	—	5~20
沥青混凝土	—	2300~2400	—	2~4
木　　材	1.55	400~800	—	55~75

四、材料的填充率与空隙率

(一)材料的填充率

材料的填充率是指散粒材料在堆积体积中,被其颗粒填充的程度,按式(1.6)计算:

$$D' = \frac{V_0}{V'} \times 100\% = \frac{\rho'}{\rho_0} \times 100\% \tag{1.6}$$

(二)材料的空隙率

材料的空隙率是指散粒材料在堆积体积中,颗粒之间的空隙体积占堆积体积的百分率,按式(1.7)计算:

$$P' = \frac{V' - V_0}{V'} \times 100\% = \frac{\rho_0 - \rho'}{\rho_0} \times 100\% \tag{1.7}$$

填充率与空隙率的关系为:$D' + P' = 1$。

空隙率的大小反映了散粒材料的颗粒互相填充的致密程度。空隙率可作为控制混凝土骨料级配与计算含砂率的依据。

第二节　材料与水有关的性质

河道建筑物和构筑物经常处于水中,受到不同水质的水浸泡作用和冰冻作用,因此,用于河道建筑物和构筑物的建筑材料,必须具有良好的耐水性、抗渗性和抗冻性。河道用建筑材料与水有关的性质主要有:材料的亲水性与憎水性、材料的吸水性与吸湿性、材料的抗渗性、材料的抗冻性和材料的耐水性等。

材料在大气中或水中会吸附一定的水分，根据材料吸附水分的情况，将材料的含水状态分为干燥状态、气干状态、饱和面干状态和湿润状态四种，如图1.1所示。材料的不同含水状态，对材料的性质会产生一定影响。

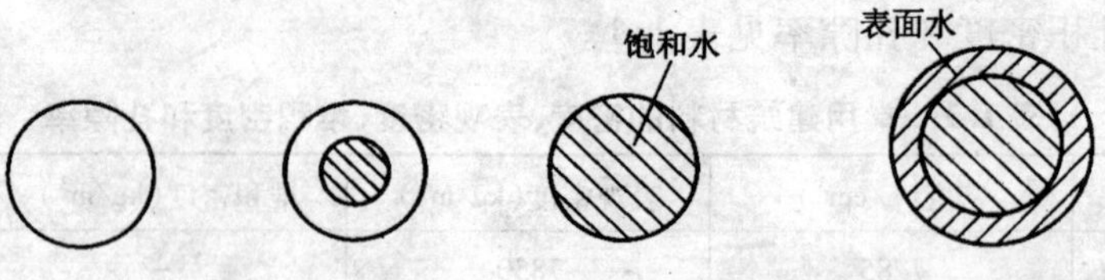

图1.1　材料的四种含水状态

一、材料的亲水性与憎水性

材料在空气中与水接触时，根据其能否被水湿润可分为亲水性和憎水性。能被水湿润者为亲水性，具有亲水性的材料称为亲水性材料；不能被水湿润者为憎水性，具有憎水性的材料称为憎水性材料。

当水滴在空气中与材料接触时，其接触表面会出现两种情况（如图1.2所示）。在材料、水和空气三相的交点处，沿水滴表面作切线，此切线与材料表面的夹角θ，称为湿润角。

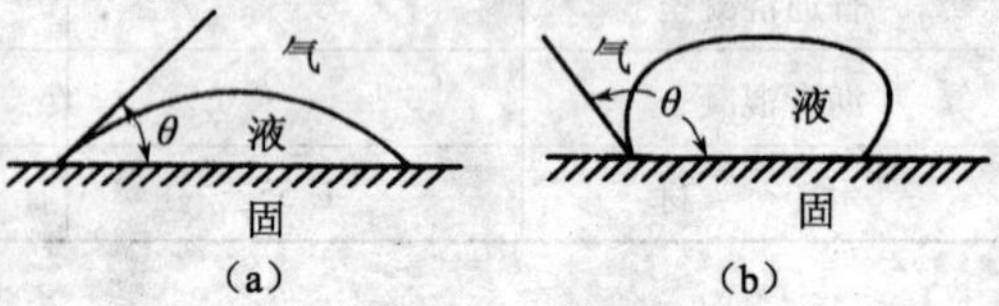

图1.2　材料湿润边角

(a)亲水性材料；(b)憎水性材料

当$\theta \leqslant 90°$时，材料表现为亲水性，如木材、黏土砖、砌块、混凝土等。材料亲水的原因是材料分子与水分子之间的吸引力大于水分子之间的内聚力，因此能被水湿润。

当$\theta > 90°$时，材料表现为憎水性，如沥青、橡胶、石蜡、塑料等。材料憎水的原因是材料分子与水分子之间的吸引力小于水分子之间的内聚力，因此不能被水湿润。

憎水材料具有较好的防水性和防潮性，常用作防水材料，也可用于亲水性材料的表面处理，以减少吸水率，提高材料的抗渗性。

二、材料的吸水性与吸湿性

（一）材料的吸水性

材料在水中吸收水分的性质称为吸水性。吸水性的大小用吸水率表示，吸水率有两种表示方法：即质量吸水率和体积吸水率。

1. 质量吸水率

质量吸水率是指材料在吸水饱和时，所吸收水分的质量占材料干燥状态下质量的百分率。质量吸水率可用式(1.8)计算：

$$W_m = \frac{(m_1 - m)}{m} \times 100\% \tag{1.8}$$

式中　W_m——材料的质量吸水率(%)；

m_1——材料在吸水饱和状态下的质量(g)；

m——材料在干燥状态下的质量(g)。

2. 体积吸水率

体积吸水率是指材料在吸水饱和时，所吸收水分的体积占材料自然状态下体积的百分率。

体积吸水率可用式(1.9)计算:

$$W_w = \frac{V_水}{V_0} = \frac{(m_1 - m)\rho_0}{m\rho_w} \times 100\% \tag{1.9}$$

式中 W_w——材料的体积吸水率(%);

$V_水$——材料吸收水分的体积(cm^3);

V_0——材料在自然状态下的体积(cm^3);

ρ_0——材料在干燥状态下的表观密度(g/cm^3);

ρ_w——水的密度(g/cm^3),在常温下取1.0。

多数情况下材料是按质量计算吸水率,但也有按体积计算吸水率的。如果材料具有细微而连通的孔隙,则其吸水率较大,若是封闭孔隙,水分就不容易渗入;粗大的孔隙,水分虽然容易渗入,但仅能湿润孔壁表面而不易在孔内存留。所以,封闭或粗大孔隙材料,其吸水率是较低的。

材料质量吸水率与体积吸水率之间的关系,可用式(1.10)表示:

$$W_m = W_v\rho_0 \tag{1.10}$$

各种材料的吸水率相差很大,如花岗岩等致密岩石的吸水率仅为0.5%~0.7%,普通混凝土为2%~3%,黏土砖为8%~20%,而木材或其他轻质材料的吸水率则常大于100%。

(二)材料的吸湿性

材料在潮湿空气中吸收水分的性质称为吸湿性。吸湿作用一般是可逆的,也就是说较干燥的材料在潮湿空气中可以吸收空气中的水分,较潮湿的材料在干燥的空气中又可以向空气中释放水分。

在一定的温度和湿度条件下,材料与空气湿度达到平衡时的含水率称为平衡含水率。材料吸湿后,其质量增加,但保温隔热性下降,强度和耐久性降低,体积发生变化,多数对工程产生不利影响。在常用的建筑材料中,木材的吸湿性特别明显,它能大量吸收水汽而增加质量,降低强度和改变尺寸。因此,木门窗在潮湿环境中往往不易开关。保温材料如果吸收水分后,会大大降低保温效果,所以,对保温材料应采取有效的防潮措施。

三、材料的抗渗性

材料的抗渗性是指材料抵抗压力水或其他液体渗透的性能。建筑工程中许多材料常含有孔隙、空洞或其他缺陷,当材料两侧的水压差较大时,水可能从高压侧通过材料内部的孔隙、空洞或其他缺陷渗透到低压侧。这种压力水的渗透,不仅会影响工程的使用,而且会造成结构的破坏。因此,长期处于有压水中时,材料的抗渗性是决定工程耐久性的重要因素。

材料的抗渗性大小可用渗透系数或抗渗等级表示。

(一)材料的渗透系数

材料的渗透系数可按式(1.11)计算:

$$K = \frac{Qd}{AtH} \tag{1.11}$$

式中 K——材料的渗透系数(cm/s);

Q——渗水量(cm^3);

d——试件的厚度(cm);

A——渗水的面积(cm^2);

t——渗水的时间(s);

H——静水压力水头(cm)。

渗透系数 K 反映水在材料中流动的速度。K 值越大,说明水在材料中流动的速度越快,其抗渗性能越差。对于防水、防潮材料,如沥青、油毡、沥青混凝土、瓦等材料,常用渗透系数表示其抗渗性。

(二)材料的抗渗等级

有些材料(如混凝土、砂浆等)的抗渗性,常用抗渗等级来表示,抗渗等级是以规定的试件在标准试验方法下所能承受的最大水压力来确定。抗渗等级以符号"P"和材料可承受的水压力值来表示,如混凝土的抗渗等级为 P6、P8、P10、P12、P16 等,分别表示材料能够承受 0.6MPa、0.8MPa、1.0MPa、1.2MPa 和 1.6MPa 的水压力而不渗水。材料的抗渗等级越高,其抗渗性越强。

材料抗渗性的好坏与材料的孔隙率和孔隙特征有关,孔隙率小且封闭孔隙多的材料,其抗渗性则好。对于地下建筑及水工构筑物,要求选用抗渗性较高的材料;对于防水材料,则要求具有更高的抗渗性。

四、材料的抗冻性

材料在吸水饱和状态下,能经受多次冻融循环作用而不破坏,同时也不严重降低强度的性质称为抗冻性。

建筑材料的抗冻性大小用抗冻等级表示。抗冻等级表示材料吸水饱和后按规定方法进行冻融循环试验,其质量损失和强度下降不低于规定值,所能经受的最大冻融循环次数。抗冻等级以符号"F"及材料可承受的最多冻融循环次数表示。如混凝土的抗冻等级为 F25、F50、F100、F200、F300 等。抗冻等级愈高,表明材料的抗冻性愈好。

当材料孔隙内充满水,且使水温下降至孔隙中的水结冰产生体积膨胀(大约膨胀 9%),将会给孔壁造成很大的压力,造成孔壁开裂。而反复的冻融又会在材料的内、外层产生明显的应力差和温度差,对材料会起到进一步的破坏作用,结果使材料碎裂、质量损失、强度下降。冻融循环的次数愈多,这种破坏作用愈严重。

抗冻性主要取决于材料内部孔隙率、孔隙特征、抵抗胀裂的强度等,工程中常从这些方面改善材料的抗冻性。孔隙率小及具有封闭孔的材料,其抗冻性较好。另外,抗冻性还与材料的吸水饱和程度、材料本身的强度以及冻结条件等有关。对于室外温度低于 -15℃的地区,其主要工程材料必须进行抗冻性试验。

五、材料的耐水性

材料的耐水性是指材料长期在饱和水的作用下不破坏,其强度也不显著降低的性质。一般材料遇水后,强度都有不同程度的降低,如花岗岩长期浸泡在水中,强度将下降 3% 左右,普通黏土砖和木材强度下降更为显著。不同的材料,耐水性的表示方法不同,如结构材料的耐水性主要指其强度的变化,一般用软化系数来表示。按式(1.12)计算:

$$K_R = \frac{f_b}{f_g} \tag{1.12}$$

式中 K_R——材料的软化系数；

f_b——材料在吸水饱和状态下的抗压强度(MPa)；

f_g——材料在干燥状态下的抗压强度(MPa)。

材料的软化系数 K_R 在0(黏土)~1(钢材)之间变化。软化系数的大小,说明材料吸水饱和后其强度下降的程度。K_R 值越大,表明材料吸水饱和后其强度下降越少,则材料的耐水性越强;反之则耐水性越差。一般认为 $K_R \geq 0.85$ 的材料,称为耐水性材料。

K_R 是选用建筑材料的重要依据,经常位于水中或受潮严重的重要结构物,应选用 $K_R \geq 0.85$ 的材料;受潮较轻的或次要结构物,应选用 $K_R \geq 0.75$ 的材料;处于干燥环境中的材料可以不考虑软化系数。

第三节 材料的力学性质

建筑材料的力学性质是一项最重要的性质,关系到结构的安全、稳定与寿命。力学性质主要包括强度、弹性和塑性、脆性和韧性、硬度和耐磨性等。

一、材料的强度及强度等级

(一)材料的强度

材料的强度是指材料在外力作用下不被破坏时能承受的最大应力。材料在承受外荷载作用时,内部会产生一定的应力,随着外荷载的增加,其应力也相应增大,直至材料内部质点间结合力不足以抵抗所承担的外力时,就会发生破坏,此时的极限应力值,即为该材料的强度,也称为极限强度。

根据外力作用形式的不同,建筑装饰材料的强度有抗压强度、抗拉强度、抗弯强度及抗剪强度等(如图1.3所示)。材料的这些强度都是通过静力试验来测定的,因此总称为静力强度。材料的静力强度是按照国家规定的标准试验方法,进行破坏性试验测得的。

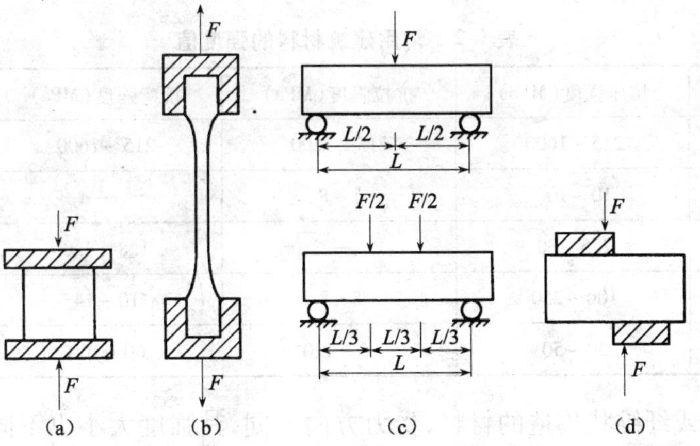

图1.3 材料受外力作用示意图

(a)压力;(b)拉力;(c)弯曲;(d)剪切

建筑装饰材料的抗压、抗拉和抗剪强度,可按式(1.13)计算:

$$f = \frac{P}{A} \tag{1.13}$$

式中　f——材料的极限强度（抗压、抗拉、抗剪）（MPa）；

P——试件破坏时的最大荷载（N）；

A——试件的受力面积（mm^2）。

建筑装饰材料的抗弯强度与试件的受力情况、截面形状及支承条件有关。对于矩形截面的条形试件，当其两个支点的中间作用为一集中荷载时，其抗弯极限强度可按式（1.14）计算；当三分点加荷时，其抗弯极限强度可按式（1.15）计算：

$$f_m = \frac{3Pl}{2bh^2} \tag{1.14}$$

$$f_m = \frac{Pl}{2bh^2} \tag{1.15}$$

式中　f_m——材料的抗弯极限强度（MPa）；

P——试件破坏时的最大荷载（N）；

l——试件两支点间的距离（mm）；

b、h——分别为试件截面的宽度和高度（mm）。

建筑装饰材料的强度大小，主要取决于建筑装饰材料的成分、结构及构造。种类不同的建筑装饰材料，其强度也不相同；即使是同一类建筑装饰材料，由于组成、结构和构造不同，其强度也有很大差异。材料的孔隙率愈大，则其强度愈小。对于同一品种的材料，其强度与孔隙率之间存在近似直线的反比关系。

一般情况下，材料的孔隙率越大，材料的强度越低。不同种类的材料具有不同的抵抗外力的特点，如砖、石材、混凝土等非匀质材料的抗压强度较高，而抗拉强度和抗折强度却很低，因此多用于房屋的墙体、基础等承受压力的部位；如钢材为匀质的晶体材料，其抗拉强度和抗压强度都很高，适用于承受各种外力的结构和构件。建筑工程中常用建筑材料的强度如表1.2所示。

表1.2　常用建筑材料的强度值

材料名称	抗压强度（MPa）	抗拉强度（MPa）	抗弯强度（MPa）	抗剪强度（MPa）
钢　　材	215~1600	215~1600	215~1600	200~355
普通混凝土	10~100	1~8	—	2.5~3.5
烧结普通砖	7.5~30	—	1.8~4.0	1.8~4.0
花岗岩石材	100~250	5~8	10~14	13~19
松木（顺纹）	30~50	80~120	60~100	6.3~6.9

某些具有层状或纤维状构造的材料，受力方向不同，其强度大小也不同。例如，木材的顺纹抗拉强度最大，抗弯强度次之，而横纹抗拉强度最小。此外，材料的强度还与材料的含水状态、温度以及试件的形状、尺寸、加荷速度等有关。

（二）材料的强度等级

1. 材料的强度等级

大多数建筑装饰材料根据其极限强度的大小，划分成若干不同的等级，称为材料的强度等级。脆性材料主要是根据其抗压强度进行划分，如混凝土、砖、石、陶瓷等；塑性材料和韧性材料主要根据其抗拉强度进行划分,如钢材等。划分材料的强度等级,对于掌握材料性能和正确选用材料具有重要意义。

2. 材料的比强度

材料的强度与其表观密度的比值,称为材料的比强度。这是衡量材料轻质高强性能的一项重要指标。普通混凝土、低碳钢、松木(顺纹)的比强度分别为0.012、0.053、0.069。比强度越大,则材料的轻质高强性能越好。选用比强度大的材料或者提高材料的比强度,对于增加建筑物的高度、减轻结构的自重、加大结构的跨度、降低工程造价等均具有重大意义。

二、材料的弹性和塑性

(一)材料的弹性

材料在外力作用下产生变形,当外力取消后,能够完全恢复原来形状的性质称为材料的弹性。外力取消后能完全恢复的变形,称为弹性变形。材料的弹性变形与所受荷载成正比,其弹性变形曲线,如图1.4所示。

建筑工程中所用的材料,没有完全的弹性材料。一般是在荷载不大的情况下,外力与材料的变形成正比,产生弹性变形。当外力超过一定的限度,材料会出现塑性变形。

(二)材料的塑性

材料在外力的作用下产生变形,当外力取消后,有一部分变形不能恢复,这种性质称为材料的塑性。外力取消后不能恢复的变形,称为塑性变形。有些材料在外力作用下,弹性变形与塑性变形同时产生,取消荷载后,弹性变形部分恢复,而塑性变形部分保留。混凝土受力变形就是属于弹塑性变形,如图1.5所示。

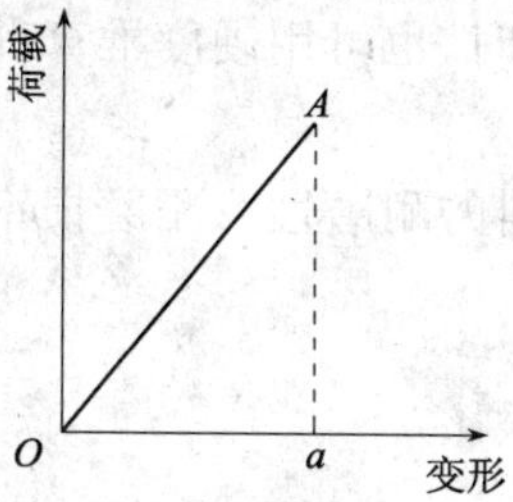

图1.4　弹性变形曲线

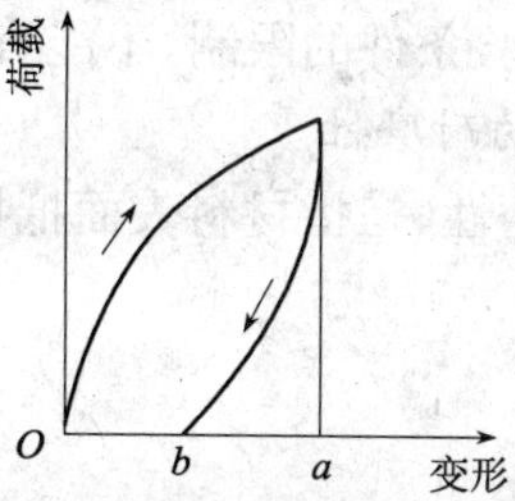

图1.5　弹塑性变形曲线

材料的弹性与塑性,与材料本身的成分、结构、构造有关,还与外界条件有密切关系。如建筑钢材在常温下,受力不大时表现出弹性;在高温下或外力达到一定程度时,又会表现出塑性;当外力继续增大时,又会表现出弹塑性。

材料的生产加工过程常利用其塑性,如钢材的轧制、黏土砖的成型等;材料在使用过程中,一般是处于弹性阶段。

三、材料的脆性和韧性

(一)材料的脆性

材料在外力的作用卜,直到破坏前并无明显的塑性变形而发生突然破坏的性质,称为材料的脆性。脆性材料的特点是:塑性变形很小,抵抗冲击、振动荷载能力差,其抗压强度往往比抗拉强度高很多倍。大多数非金属材料属于脆性材料。

建筑装饰工程中所用的脆性材料很多,如陶瓷、玻璃、铸铁、石材、砖瓦、混凝土等,都属于脆性材料,主要是利用其抗压强度高这一显著的优点。

（二）材料的韧性

材料在冲击或震动荷载作用下，能吸收大量的能量，并产生较大变形而不发生破坏的性质，称为材料的韧性，也称为冲击韧性。材料的韧性是材料强度和塑性的综合表现。韧性材料的特点是：塑性变形大，抗拉、抗压强度都比较高。建筑钢材、木材、橡胶等都属于韧性材料。

对于结构所用的材料，不仅本身应具有较高的强度，而且应具有较好的弹塑性和韧性。如承受冲击震动荷载的桥梁、地面、路面、飞机场跑道、吊车梁等结构，应选用具有较高韧性的材料。

四、材料的硬度和耐磨性

（一）材料的硬度

材料的硬度，是指材料抵抗较硬物体压入或刻划的能力。材料的硬度与其键性有关，一般共价键、离子键及某些金属键结合的材料硬度都比较大。不同材料的硬度采用不同的测定方法，如布氏硬度（HB）、维氏硬度（HV）、洛氏硬度（HRA、HRB、HRC）、肖氏硬度（HS）和莫氏硬度。布氏硬度和维氏硬度是用单位压痕面积所承受的压力来表示；洛氏硬度用压痕的深度来表示；肖氏硬度是用落下的标准重锤回弹高度作为硬度的相对值；莫氏硬度则以 10 种天然矿物（滑石、石膏、方解石、萤石、磷灰石、正长石、石英、黄玉、刚玉、金刚石）作为标准，根据划痕深浅的比较，定性确定材料硬度等级。建筑材料（如钢材、混凝土及木材等）常用钢球压入法或肖氏硬度法测定。

一般硬度较大的材料，其强度比较高，耐磨性也比较好，但加工比较困难。在建筑装饰工程中，有时因试验条件的限制，不能直接测定材料的强度时，也可用硬度推算其强度的近似值。

（二）材料的耐磨性

材料的耐磨性，是指材料表面抵抗磨损的能力。材料的耐磨性可用磨损率或磨耗率表示。

$$N = \frac{m_1 - m_2}{A} \tag{1.16}$$

$$N' = \frac{m_1 - m_2}{m_1} \tag{1.17}$$

式中 N——材料的磨损率（kg/cm^2）；

m_1——试件磨损前的质量（kg）；

m_2——试件磨损后的质量（kg）；

A——试件受磨损的面积（cm^2）；

N'——材料的磨耗率（%）。

材料的耐磨性，与材料的硬度、强度及内部构造有密切关系。建筑装饰工程中用于地面、踏步、台阶、路面等部位的材料，应具有较高的耐磨性。

第四节 材料的其他性质

河道工程所用材料除了物理性质、力学性质和与水有关的性质外，还应用材料的其他性质。材料的其他性质主要包括：建筑材料的热工性质、建筑材料的声学性质和建筑材料的耐久性能。

一、建筑材料的热工性质

建筑材料热工性质，也是非常重要的技术性质之一，主要包括导热性、热容量、耐急冷急热性、耐燃性与耐火性等。

(一)材料的导热性

建筑装饰材料的导热性，是指热量由材料的一面传到另一面的性质。导热性用导热系数 λ 表示。导热系数表示单位厚度(m)的材料，当两个相对侧面温差为 1K 时，在单位时间(h)内通过单位面积(m^2)的热量(J)。导热系数可用式(1.18)计算：

$$\lambda = \frac{Qd}{(t_2 - t_1)AT} \tag{1.18}$$

式中　λ——材料的导热系数[W/(m·K)]；

Q——传导的热量(J)；

d——材料的厚度(m)；

$t_2 - t_1$——材料两侧的温差(K)；

A——传热面的面积(m^2)；

T——传热的时间(h)。

导热系数的大小，取决于建筑材料的化学组成、孔隙率、孔隙尺寸、孔隙特征及含水量等情况。金属材料、无机材料、晶体材料的导热系数通常分别大于非金属材料、有机材料、非晶体材料；材料的孔隙率(P)越大，即材料的质量越轻，导热系数也越小。

各种材料的导热系数差别很大，大致在0.035~3.5 W/(m·K)之间，如泡沫塑料为0.035 W/(m·K)，而大理石为3.48 W/(m·K)，在土木工程中通常把导热系数小于0.23的建筑材料称为“隔热材料”。

影响材料导热系数的因素主要有：物质构成、孔隙构造、湿度、温度和热流方向等。应当特别注意，水的导热系数大约是空气的25倍，冰的导热系数大约是水的4倍，因此，当材料含水或含冰时，其导热系数会急剧增加。

(二)材料的热容量

建筑装饰材料的热容量，是指材料在加热时吸收热量，冷却时放出热量的性质。在冬期施工或夏季施工计算材料的加热或冷却时，在选择保温隔热建筑装饰材料时，均要考虑材料的热容量。热容量与材料的质量、温差成正比，即

$$Q = \frac{C \cdot m}{t_2 - t_1} \tag{1.19}$$

式中　Q——材料吸收(或放出)的热量(J)；

C——材料的比热[J/(g·K)]；

m——材料的质量(g)；

$t_2 - t_1$——材料受热或冷却前后的温差(K)。

材料的热容量大小也可用比热容表示。当材料温度升高1K所需要的热量，或温度降低1K所放出的热量，称为该材料的比热容。比热容越大，对保证室内温度的相对稳定性越有利。当对建筑物进行热工计算时，需要了解材料的导热系数和比热。几种常用材料的导热系数和比热参见表1.3。

表 1.3　几种常用材料的导热系数和比热容

材料名称	导热系数 [W/(m·K)]	比热容 [J(g·K)]	材料名称	导热系数 [W/(m·K)]	比热容 [J(g·K)]
大理石	3.45	0.875	绝热纤维板	0.05	1.46
钢材	55	0.630	玻璃棉板	0.04	0.88
花岗岩	2.91～3.08	0.72～0.79	泡沫塑料	0.035	1.30
普通混凝土	1.28～1.51	0.48～1.00	密闭空气	0.023	1.00
普通黏土砖	0.40～0.70	0.840	水	0.58	4.20
木材(横纹)	0.15～0.17	2.51	冰	2.20	2.05

(三)材料的耐急冷急热性

建筑装饰材料在温度升高(或降低)时,体积会发生膨胀(或收缩)。材料抵抗急冷急热交替作用,保持其原有性质的能力,称为材料的耐急冷急热性,实际上也是材料的热变形性,即材料遇到温度变化时,会出现线膨胀(或线收缩)和体膨胀(或收缩)。

材料的热变形性一般用线膨胀系数 α 来表示,其表示材料上升(或降低)1K 所引起的线度增长(或缩短)与其在 0℃时线度之比值。线膨胀系数可用式(1.20)计算:

$$\alpha = \frac{\Delta L}{L \cdot \Delta t} \tag{1.20}$$

式中　α——材料的线膨胀系数(l/K);

ΔL——试件的膨胀或收缩的长度(mm);

L——试件在升降温前的长度(mm);

Δt——温度差(K)。

材料的热变形性,对于土木工程的质量是不利的。如在大面积或大体积混凝土工程中,当热变形产生的膨胀拉应力超过混凝土的抗拉强度时,可使混凝土产生温度裂缝;当温度降低到一定程度时,石油沥青易产生脆裂破坏;塑料饰面材料,由于其耐急冷急热性较差,因此在冬季容易变形、开裂;许多无机非金属材料在急冷急热交替作用下,易产生较大的温度应力,而使材料发生开裂或炸裂破坏。在多种材料复合使用时,应充分考虑材料的耐急冷急热性的不同,要尽量使用线膨胀系数基本相同的材料。

常用建筑材料的线膨胀系数也有很大的差别,如建筑钢材为$(10\sim20)\times10^{-6}$K,普通混凝土为$(6\sim15)\times10^{-6}$K,花岗岩石材为$(5.5\sim8.5)\times10^{-6}$K,大理石为$4.41\times10^{-6}$K,普通烧结砖为$(5\sim7)\times10^{-6}$K。

(四)材料的耐燃性与耐火性

1. 材料的耐燃性

材料在空气中遇火不着火燃烧的性能,称为材料的耐燃性。材料的耐燃性是影响建筑物防火和耐火等级的重要因素。建筑装饰材料按其燃烧性能不同,可分为不燃性材料、难燃性材料、可燃性材料和易燃性材料 4 种。

2. 材料的耐火性

材料抵抗高热或火的作用,而保持其原有性质的能力,称为材料的耐火性。材料的耐火性不同于其耐燃性,如金属材料、玻璃等,虽然属于不燃性材料,但在高温的作用下,在短时间内就会变形、熔融,因此并不属于耐火性材料。

耐火材料的耐火性是指材料抵抗熔化的性质，用耐火度来表示，即材料在不发生软化时所能抵抗的最高温度。耐火材料一般要求材料具有长期抵抗高温或火的作用的能力，具有一定的高温力学强度、高温体积稳定性、抗热震性等性能。

二、建筑材料的耐久性能

材料在长期使用过程中，能抵抗周围各种介质的侵蚀而不破坏，并能保持原有性能的性质，称为建筑材料的耐久性能，这是确保建筑工程强度、稳定性、使用功能和使用年限的重要性质。尤其是对于河道工程，建筑材料的耐久性能特别重要，对于工程的使用寿命起着决定性的作用。

建筑材料在使用过程中，除受到各种外力的作用外，还经常受到周围环境中各种因素的破坏作用，这些破坏作用包括物理作用、化学作用、生物作用等。物理作用包括温度、湿度的变化及冻融循环等，物理作用主要使材料体积发生胀缩，长期或反复作用会使材料逐渐破坏；化学作用包括各种液体和气体与材料发生化学反应，使材料逐渐变质而破坏；生物作用是指在虫害和菌类的作用下，使材料发生虫蛀、腐朽而破坏。

材料遭到破坏往往是多种因素同时作用引起的，很少是某一个孤立的因素造成的；由于各种材料的化学组成和组织结构差异很大，因此各种破坏因素对不同材料的破坏作用是不同的。金属材料主要受化学作用的腐蚀；无机非金属材料（如砖、石材、混凝土等）主要受大气的物理作用而破坏；木材、竹材等植物纤维组成的材料，常因虫、菌的蛀蚀而腐朽破坏；沥青、高分子材料在阳光、空气及热的作用下，会加快老化的速度而变得硬脆破坏。

由以上所述可见，建筑材料的耐久性是一项综合性质，包括强度、抗冻性、抗渗性、耐磨性、大气稳定性、耐化学侵蚀性等。因此，无法用一个统一的指标去衡量所有的耐久性，应根据材料的种类和建筑物所处的环境条件提出不同耐久性的要求，如结构材料要求具有较高的强度；处于冻融环境的工程，要求材料具有良好的抗冻性；水工建筑物所用的材料要求有良好的抗渗性和耐化学腐蚀性。

在实际建筑工程中，由于各种原因，建筑材料常会因耐久性不足而过早破坏，因此，耐久性是建筑材料的一项重要技术性质。只有了解和掌握建筑材料的耐久性，从材料、设计、施工、储存、使用各方面共同努力，才能保证材料和结构的耐久性，延长建筑物的使用寿命。

材料耐久性及破坏因素的关系见表1.4。

表1.4　材料耐久性及破坏因素的关系

名　　称	破坏因素分类	破坏因素种类	评　定　指　标
抗渗性	物理	压力水	渗透系数、抗渗等级
抗冻性	物理化学	水、冻融作用	抗冻等级、抗冻系数
冲磨气蚀	物理	流水、泥砂	磨蚀率
硬化	化学	CO_2、H_2O	碳化深度
化学侵蚀	化学	酸、碱、盐及溶液	*
老化	化学	阳光、空气、水	*
锈蚀	物理化学	H_2O、O_2、Cl^-、电流	锈蚀率
碱-集料反应	物理化学	R_2O、活性集料	膨胀率
腐朽	生物	H_2O、O_2、菌	*

续表

名 称	破坏因素分类	破坏因素种类	评 定 指 标
虫蛀	生物	昆虫	*
耐热	物理	湿热、冷热交替	*
耐火	物理	高温、火焰	*

注：*表示可参考其强度变化率、开裂情况、变形情况等进行评定。

工程实践充分证明:材料的耐久性是材料的一项重要技术性质。高耐久性材料,可长期在使用条件下保持工程所需的物理、化学、力学及结构性质,抵抗各种破坏作用,延长工程的使用寿命,使之坚固稳定、经久耐用。

材料的耐久性还具有重大的经济意义。选用高耐久性材料,虽然使原材料价格提高,或施工费用及难度增大,但因其使用寿命延长,工程有效使用期大大增加,降低维修费用,最终使整体工程的综合费用降低,从而获得显著的综合经济效益。

从技术发展角度看,按耐久性进行工程设计取代按强度进行工程设计,更具有科学性和实用性。按耐久性进行工程设计,提高各种材料的耐久性,延长工程的使用寿命,是建筑材料生产及应用的重要课题之一。

第二章　河道工程的常用材料

河道工程包括很多种类，如河堤、水闸、桥梁、涵洞、渡槽等，由此涉及的建筑材料种类也很多。最常用的有建筑石灰、建筑石膏、水泥、混凝土、砂浆、建筑钢材、土料、石料、高分子材料和其他建筑材料等。

第一节　建筑石灰和建筑石膏

建筑石灰和建筑石膏均为气硬性胶凝材料，它们只能在空气中凝结硬化，保持和发展其强度。气硬性胶凝材料耐水性差，一般只适用于地上或干燥环境，不适宜用于潮湿环境，更不可用于水中。建筑石灰和建筑石膏在河道工程中均有应用，尤其是在河堤施工中建筑石灰是最常用的胶凝材料。

一、建筑石灰

石灰是人类在建筑中最早使用的胶凝材料之一，由于其原材料蕴藏丰富、分布广泛、生产工艺简单、成本低廉、使用方便，所以至今仍广泛应用于各种工程中。

(一)石灰的生产工艺

1. 石灰的原料

生产石灰的主要原料是以碳酸钙为主要成分的天然岩石，常用的有石灰石、白云石、白垩等。这些天然原料中常含有碳酸镁（$MgCO_3$）和黏土杂质，一般要求黏土杂质控制在8%以内。生产石灰的原料，除了用天然原料外，另一种原料是利用化学工业副产品。例如，用电石（碳化钙）制取乙炔时的电石渣，其主要成分是氢氧化钙（消石灰）。

2. 石灰的生产

将石灰的原料石灰石在一定的温度下煅烧，碳酸钙将分解成为生石灰，其主要成分为氧化钙，另外还有少量的MgO等杂质，其化学反应表示如下：

$$CaCO_3 \xrightarrow{900℃} CaO + CO_2\uparrow$$

在正常温度下煅烧良好的块状石灰，质轻且色白，呈疏松多孔结构，氧化钙（CaO）的含量高，密度在3.1～3.4g/cm^3范围内，堆积密度为800～1000kg/m^3。

在石灰的实际生产中，由于石灰石致密程度、块体大小及杂质含量不同，并考虑到热量损失，所以为了加速碳酸钙的分解，煅烧温度常控制在1000～1200℃。若煅烧温度过低，煅烧时间不充足，或料块粒径过大，则碳酸钙不能完全分解，将生成欠火石灰，不仅产浆量较低、质量较差，而且严重降低石灰利用率；若煅烧温度过高，将生成颜色较深、表观密度较大、消化缓慢、体积收缩明显的过火石灰，使用时会影响工程质量。

建筑石灰按照氧化镁（MgO）的含量不同，可将生石灰分为钙质石灰（$MgO \leq 5\%$）和镁质石灰（$MgO > 5\%$）。镁质石灰熟化速度较慢，但硬化后的强度较高。

按照成品加工方法的不同，在建筑工程中常用的石灰类型有：块状生石灰、生石灰粉、消石灰粉、石灰浆和石灰膏。

（二）石灰熟化与硬化

1. 石灰的消化

烧制成的生石灰为块状，在使用时必须加水进行消化，使氧化钙消化成为粉状的"消石灰"，这一过程也称为石灰的"熟化"。其化学反应为：

$$CaO + H_2O \longrightarrow Ca(OH)_2 + 64.8kJ$$

在建筑工程中，生石灰必须经充分熟化后方可使用。这是因为块状生石灰中常含有过火石灰，过火石灰的熟化十分缓慢，如果没有充分熟化而直接使用，过火石灰就会吸收空气中的水分继续熟化，体积膨胀而使构件表面凸起、开裂或局部脱落，严重影响工程质量。

消石灰的主要化学成分为氢氧化钙 $Ca(OH)_2$，上式化学反应中的理论需水量仅为石灰的24.32%，但是由于石灰消化是一个放热过程，且体积迅速膨胀1～2.5倍，所以其实际加水量达70%以上，将生石灰加水熟化成含大量水的石灰乳，经沉淀除去部分水分制成石灰膏。

在石灰消化时，应注意加水速度。对活泼性大的石灰，如果加水速度过慢或加水量不足，则已消化的石灰颗粒生成氢氧化钙，包围在未消化颗粒的周围，使内部石灰不易消化，这种现象称为"过烧"；相反，对于活泼性差的石灰，如果加水的速度过快，则发热量少，水温过低，增加了未消化颗粒，这种现象称为"过冷"。为了消除"过火石灰"的危害，石灰浆应在储灰池中"陈伏"两周以上，石灰在"陈伏"期间，在其表面应留有一层水，使之与空气隔绝，以防止与二氧化碳（CO_2）产生碳化现象。

2. 石灰的硬化

石灰浆体的硬化过程包括干燥、结晶和碳酸三个交错进行的过程，可以概括为干燥硬化和碳化硬化两个硬化过程：

（1）石灰浆的干燥硬化。石灰浆体的干燥过程，由于水分蒸发形成网状孔隙，这时滞留在孔隙中的自由水由于表面张力的作用，从而产生毛细管压力，使石灰粒子更加密实，而获得"附加强度"。

此外，由于水分的蒸发，引起氢氧化钙溶液过饱和而使结晶析出，并产生"结晶强度"。但此时从溶液中析出的氢氧化钙数量不多，因此强度增长也不显著。其反应式为：

$$Ca(OH)_2 + nH_2O \xrightarrow{\text{晶化}} Ca(OH)_2 \cdot nH_2O$$

（2）硬化石灰浆的碳化。结晶后氢氧化钙与空气中的二氧化碳作用，生成不溶解于水的碳酸钙晶体，析出的水分逐渐被蒸发，产生"碳化强度"。石灰的碳化作用只有在有水的条件下才能进行，其化学反应式为：

$$Ca(OH)_2 + CO_2 + nH_2O \xrightarrow{\text{碳化}} CaCO_3 + (n+1)H_2O$$

（三）石灰的技术性质

石灰是一种气硬性胶凝材料，与其他胶凝材料相比，具有以下特性：

1. 具有良好的可塑性

生石灰熟化为石灰浆时，能形成颗粒极细的呈胶体分散状态的氢氧化钙粒子，其比表面积（材料的总表面积与其质量的比值）很大，使得氢氧化钙颗粒表面吸附一层较厚的水膜，使石灰的可塑性明显改善。利用这一性质，在水泥砂浆中掺入一定量的石灰膏，可使砂浆的可塑性显著提高，以克服水泥砂浆保水性较差的缺陷。

2. 硬化速度慢、强度较低

石灰的凝结硬化速度很慢，且硬化后的强度很低。如1：3的石灰砂浆，28d的抗压强度仅为0.2～0.5MPa。受潮后石灰容易产生溶解，强度会更低。

3. 耐水性很差

若石灰浆体尚未硬化，就处于潮湿环境中，由于石灰浆中的水分不能蒸发，则其凝结硬化停止；若已硬化的石灰，长期受潮或受水浸泡，则由于氢氧化钙易溶于水，甚至会使已硬化的石灰溃散，因此，石灰的耐水性很差，软化系数接近于零，不宜用于潮湿环境及易受水浸泡的部位。

4. 干燥收缩大

石灰浆体在硬化过程中，由于水分要大量蒸发，从而会引起显著的体积收缩，甚至使其表面出现开裂，所以除调成石灰乳做薄层涂刷外，一般不宜单独使用。在建筑工程中应用时，常在石灰中掺入适量的砂、麻刀、纸筋等，以抵抗收缩引起的开裂和增加抗拉强度。

5. 吸湿性较强

生石灰块是传统的干燥剂，它能从空气中吸收水分，具有较强的吸湿性。

（四）石灰的技术标准

1. 石灰的技术要求

用于建筑工程和其他工程的石灰，应当符合下列技术要求：

（1）有效氧化钙和氧化镁的含量。石灰中产生粘结性的有效成分是活性氧化钙（CaO）和氧化镁（MgO），它们的含量是评价石灰质量好坏的主要指标。有效氧化钙和氧化镁含量测定的方法，可以按照我国现行行业标准《公路工程无机结合料稳定材料试验规程》（JTG E51—2009）中的规定进行。

有效氧化钙的含量是指石灰中活性的游离氧化钙占石灰试样的质量百分率；氧化镁的含量是指石灰中氧化镁占石灰试样的质量百分率。

（2）生石灰产浆量和未消化残渣含量。产浆量是单位质量（1kg）的生石灰经消化后，所产石灰浆体的体积（L）。石灰产浆量愈高，则表示石灰的质量愈好。未消化残渣含量是生石灰消化后，未能消化而存留在5mm圆孔筛上的残渣占试样的百分率。产浆量和未消化残渣含量，按现行建材行业标准《建筑石灰试验方法　物理试验方法》（JC/T 478.1—1992）规定进行试验。

（3）二氧化碳（CO_2）的含量。生石灰或生石灰粉中二氧化碳含量指标，是为了控制石灰石在煅烧时“欠火”造成产品中未分解完全的碳酸盐含量。二氧化碳含量越高，即表示未分解完全的碳酸盐含量越高，则有效氧化钙和氧化镁含量相对降低，从而影响石灰的胶结性能。石灰中的二氧化碳含量，可按现行行业标准《建筑石灰试验方法　化学试验方法》（JC/T478.2—1992）规定进行。

（4）消石灰粉游离水含量。消石灰中游离水的含量，指化学结合水以外的含水量。在理论上 $Ca(OH)_2$ 中结合水占24.32%，但是由于消化是一个放热反应，部分水被蒸发，所以实际消化加水量是理论值的一倍左右。多加的水残留于氢氧化钙中，残余的水分蒸发后，留下孔隙会加剧消石灰粉碳化现象的产生，从而影响其使用质量。

（5）石灰的细度。细度与石灰的质量有密切关系，现行标准《建筑生石灰粉》（JC/T 480—1992）和《建筑消石灰粉》（JC/T 481—1992）中以0.9mm和0.125mm筛余百分率控制。0.125mm筛余量包括：消化过程中未消化的“过烧”石灰颗粒；含有大量钙盐的石灰颗粒；以及“欠火”石粒或未燃尽的煤渣等。

2. 石灰的技术标准

建筑石灰按现行标准《建筑生石灰》（JC/T 479—1992）、《建筑生石灰粉》（JC/T 480—1992）和《建筑消石灰粉》（JC/T 481—1992）的规定，按其氧化镁的含量多少，可分为钙质石灰和镁质石灰两种，如表 2.1 所示。

表 2.1　钙质石灰和镁质石灰分类界限　（%）

类别 \ 石灰种类	生石灰	生石灰粉	消石灰粉
钙质石灰	≤5	≤5	<4
镁质石灰	>5	>5	≥4

由于生石灰和消石灰粉的分等技术项目和指标不同，所以对生石灰、生石灰粉和消石灰粉分别提出不同的技术标准。

（1）生石灰技术标准。按有效氧化钙（CaO）+ 氧化镁（MgO）含量、产浆量、未消解残渣和二氧化碳含量 4 个项目的指标，分为优等品、一等品和合格品三个等级，如表 2.2 所示。

表 2.2　生石灰技术指标

项目		钙质生石灰			镁质生石灰		
		优等品	一等品	合格品	优等品	一等品	合格品
1.（CaO + MgO）含量（%）	不小于	90	85	80	85	80	75
2. 未消解残渣含量（5mm 圆孔筛筛余量）（%）	不大于	5	10	15	5	10	15
3. 二氧化碳含量（%）	不大于	5	7	9	6	8	10
4. 产浆量（L/kg）	不小于	2.8	2.3	2.0	2.8	2.3	2.0

（2）生石灰粉技术标准。按有效氧化钙 + 氧化镁含量、二氧化碳含量和细度 3 个项目的指标，将生石灰粉分为优等品、一等品和合格品三个等级，如表 2.3 所示。

表 2.3　生石灰粉技术指标

项目			钙质生石灰			镁质生石灰		
			优等品	一等品	合格品	优等品	一等品	合格品
1.（CaO + MgO）含量（%）		不小于	85	80	75	80	75	70
2. 二氧化碳含量（%）		不大于	7	9	11	8	10	12
3. 细度	0.90mm 筛筛余（%）	不大于	0.2	0.5	1.5	0.2	0.5	1.5
	0.125mm 筛筛余（%）	不大于	7.0	12.0	18.0	7.0	12.0	18.0

（3）消石灰粉技术标准。按有效氧化钙 + 氧化镁含量、游离水、体积安定性和细度 4 个项目的指标，将生石灰粉分为优等品、一等品和合格品三个等级，如表 2.4 所示。

表 2.4　消石灰粉技术指标

项目		钙质消石灰			镁质消石灰			白云石消石灰		
		优等	一等	合格	优等	一等	合格	优等	一等	合格
1.（CaO + MgO）含量（%）	不小于	70	65	60	65	60	55	65	60	55
2. 游离水（%）		0.4～2.0			0.4～2.0			0.4～2.0		
3. 体积安定性		合格	合格	—	合格	合格	—	合格	合格	—
4. 细度	0.90mm 筛筛余（%）不大于	0	0	0.5	0	0	0.5	0	0	0.5
	0.125mm 筛筛余（%）不大于	3	10	15	3	10	15	3	10	15

二、建筑石膏

石膏是以硫酸钙为主要成分的传统气硬性胶凝材料之一。我国石膏矿藏量非常丰富，已探明的有52亿吨，分布于全国各地，加之其建筑性能优良，制作工艺简单，因此近年来石膏制品发展极其迅速，已成为极有发展前途的新型建筑材料之一。

当石膏中含有的结晶水不同时，可能形成多种性能不同的石膏，常见的主要有建筑石膏（$CaSO_4 \cdot 1/2H_2O$）、无水石膏（$CaSO_4$）、生石膏（$CaSO_4 \cdot 2H_2O$）等。

（一）建筑石膏的生产工艺

生产建筑石膏的主要原料是天然的二水石膏（即$CaSO_4 \cdot 2H_2O$，又称生石膏）或含有硫酸钙的化工副产品，也可采用含有硫酸钙的废渣（如磷石膏、硼石膏、氟石膏等）。生产石膏的主要工序是破碎、加热和磨细。由于原材料质量不同、煅烧时的压力与温度不同，又可得到建筑石膏、模型石膏和高强石膏等。

（1）建筑石膏。将天然二水石膏在107～170℃的干燥条件下进行加热，脱去部分水分即得到β型半水石膏（也称为熟石膏），经磨细后即制得建筑石膏。其化学反应式如下：

$$CaSO_4 \cdot 2H_2O \longrightarrow (\beta\text{型}) CaSO_4 \cdot 1/2H_2O + 3/2H_2O$$

建筑石膏的晶体较细，调制成一定稠度的浆体时需水量比较大，所以硬化后的建筑石膏孔隙率大，强度也比较低。

（2）模型石膏。如果得到的β型半水石膏杂质很少、颜色洁白，则可制得模型石膏。模型石膏常用于陶瓷的制坯工艺，也用于装饰浮雕。

（3）高强石膏。将天然二水石膏在124℃、0.13MPa压力的条件下蒸炼脱水，可以得到α型半水石膏，经磨细即为高强石膏。其化学反应式如下：

$$CaSO_4 \cdot 2H_2O \longrightarrow (\alpha\text{型}) CaSO_4 \cdot 1/2H_2O + 3/2H_2O$$

高强石膏的晶体粗大，比表面积较小，调制成塑性浆体时的需水量，一般仅为建筑石膏需水量的50%左右，因此硬化后具有较高的强度和密实度，3h的强度可达到9～24MPa，7d的强度可达到40MPa。高强石膏用于强度要求较高的抹灰工程、装饰制品和石膏板，在高强石膏中加入适量的防水剂，还可用于湿度较高的环境中。

（二）建筑石膏的凝结硬化

建筑石膏与适量的水混合后，最初形成可塑性的浆体，但很快失去塑性，然后迅速产生强度，并发展成为坚硬的固体，这一过程称为石膏的凝结硬化。实际上，建筑石膏的凝结硬化，是β型半水石膏加水拌合后，发生化学反应放出一定热量，并逐渐凝结硬化产生强度，从而重新水化生成二水石膏。其化学反应式如下：

$$CaSO_4 \cdot 1/2H_2O + 3/2H_2O \longrightarrow CaSO_4 \cdot 2H_2O$$

建筑石膏的凝结硬化分为凝结和硬化两个过程。

（1）建筑石膏的凝结。由于二水石膏在水中的溶解度仅为半水石膏溶解度的1/5左右，所以二水石膏首先从过饱和溶液中沉淀并析晶，而使原有半水石膏溶解的平衡浓度破坏，半水石膏进一步溶解，由于结晶体的不断生成，造成浆体塑性开始下降，称为石膏的初凝；而后，随着晶体颗粒间摩擦力和粘结力的增大，浆体的塑性急剧下降，直到失去可塑性，称为石膏的终凝，以上整个过程称为建筑石膏的凝结。

（2）建筑石膏的硬化。建筑石膏终凝后，其晶体颗粒仍在不断增大和相互交错，逐渐使浆体产生强度，并不断增长直到水分完全蒸发，形成坚硬的石膏结构，这个过程称为建筑石膏的硬化。

（三）建筑石膏的技术性质

建筑石膏是建筑工程中推广应用的建筑材料，它与其他胶凝材料相比，具有以下明显的特性：

（1）凝结硬化速度比较快。建筑石膏加水拌合后，4～6min 可达到初凝，30min 左右可达到终凝，2h 强度可达到 3～6MPa。由于其初凝时间较短，为了有足够的时间进行搅拌等施工操作，可掺入适量的硼砂、动物胶、酒精、柠檬酸等，以延长石膏的凝结硬化时间。但是，掺加缓凝剂后，石膏的强度将会有所下降。

（2）硬化后具有微膨胀性。建筑石膏与水泥、石灰等胶凝材料不同，其浆体在凝结硬化后，体积不仅不会出现收缩，在初期反而略有膨胀，其膨胀率为 0.5%～1.0%。因此，建筑石膏制品表面光滑、质地细腻、尺寸精确、形体饱满。

（3）凝结硬化后孔隙率大。建筑石膏水化反应的理论需水量，一般仅 18.6% 左右，在生产石膏制品时，为满足施工可塑性要求，通常用水量一般为石膏用量的 60%～80%。石膏凝结硬化后，由于大量多余的水分蒸发，使石膏制品内部形成大量的毛细孔隙，制品的孔隙率可达 50%～60%。由于石膏制品的孔隙率较大，所以其体积表观密度仅为 800～1000kg/m^3，属于一种轻质材料。

（4）具有优良的防火性能。建筑石膏制品的导热系数较小，其传热速度则慢，特别是当其遇火时，二水石膏受热结晶水蒸发，并能在表面蒸发形成水蒸气带，可有效地阻止火的蔓延，具有优良的防火性能，是建筑物室内常选用的建筑装饰材料。

（5）可调节室内温度、湿度。建筑石膏制品的比热容比较大，对调节室内温度有一定的作用。由于其内部的大量毛细孔对空气中的水蒸气具有较强的吸附能力，因此对室内的空气湿度也有一定的调节作用。随着科学技术的不断进步，建筑石膏制品的功能，才开始向节能型和健康型方向发展。

（6）保温隔热和吸声性好。建筑石膏的硬化体内部微细的毛细孔隙率高，其导热系数一般为 0.121～0.205W/(m·K)，所以建筑石膏制品的隔热保温性能非常好，是目前比较理想的建筑节能材料。同时，由于建筑石膏制品中含有大量均匀、微细的孔隙，使其对声音传导或反射能力显著下降，因此也具有较强的吸声能力。

（7）耐水、抗渗和抗冻差。由于建筑石膏制品的孔隙率高，且二水石膏又微溶于水，遇水后强度会降低，软化系数很小（一般为 0.20～0.30），属于不耐水材料，因此它的耐水性、抗渗性和抗冻性均较差，不得用于潮湿的环境中。

（四）建筑石膏的技术标准

根据《建筑石膏》（GB/T 9776—2008）中的规定，按照强度（抗压和抗折强度）、细度和凝结时间三项技术指标，建筑石膏可划分为优等品、一等品和合格品三个等级。各等级的技术指标如表 2.5 所示。

表 2.5　建筑石膏的技术指标

指标 \ 等级		优等品	一等品	合格品
强度（MPa）	抗折强度，≥	2.5	2.1	1.8
	抗压强度，≥	4.9	3.9	2.9
细度	0.2mm 方孔筛筛余（%），≤	5.0	10.0	15.0
凝结时间（min）	初凝时间，≥	6.0		
	终凝时间，≤	30		

建筑石膏可以按产品名称、抗折强度及标准号的顺序进行产品标记，例如抗折强度为2.5MPa的建筑石膏可以表示为：建筑石膏 2.5GB 9776。

（五）建筑石膏的工程应用

由于建筑石膏具有以上许多优良性能，所以在建筑工程中的应用比较广泛，目前主要用作室内装饰、保温绝热、吸声阻燃等方面的材料，用于室内抹灰、粉刷、石膏装饰制品和生产各种石膏板。

第二节　硅酸盐水泥及其他品种水泥

水泥是一种典型的气硬性无机胶凝材料，既能在水中又能在空气中凝结硬化，并保持和发展强度。在河道工程中的桥梁、涵洞、水闸、倒虹吸和渡槽等建筑物，主要是由水泥这种胶凝材料浇筑或砌筑而成，是一种应用极其广泛的建筑材料。

水泥按用途和性能不同分类，可分为通用水泥、专用水泥和特性水泥三大类；水泥按组成不同分类，主要有硅酸盐水泥、铝酸盐水泥、硫铝酸盐水泥、铁铝酸盐水泥等。

一、硅酸盐水泥

根据国家标准《通用硅酸盐水泥》（GB 175—2007）中的规定：凡由硅酸盐水泥熟料、0～5%石灰石或粒化高炉矿渣、适量石膏磨细制成的水硬性胶凝材料，称为硅酸盐水泥。硅酸盐水泥分为两种类型，不掺加混合材料的称为Ⅰ型硅酸盐水泥，代号为P·Ⅰ；在硅酸盐水泥粉磨时掺入不超过水泥质量5%的石灰石或粒化高炉矿渣的称为Ⅱ型硅酸盐水泥，代号为P·Ⅱ。

（一）硅酸盐水泥熟料的矿物组成

硅酸盐水泥熟料的主要矿物组成是：硅酸三钙（$3CaO \cdot SiO_2$），简写为 C_3S；硅酸二钙（$2CaO \cdot SiO_2$），简写为 C_2S；铝酸三钙（$3CaO \cdot Al_2O_3$），简写为 C_3A；铁铝酸四钙（$4CaO \cdot Al_2O_3 \cdot Fe_2O_3$），简写为 C_4AF。

除以上四种主要熟料矿物外，水泥中还有少量游离氧化钙、游离氧化镁、硫酸盐及硫化物等，国家标准明确规定其总含量一般不超过水泥质量的10%。硅酸盐水泥熟料的主要矿物组成和含量范围如表2.6所示。

表2.6　硅酸盐水泥熟料的主要矿物组成和含量范围

矿物名称	矿物组成成分	缩写符号	含量（%）
硅酸三钙	$3CaO \cdot SiO_2$	C_3S	37～60
硅酸二钙	$2CaO \cdot SiO_2$	C_2S	15～37
铝酸三钙	$3CaO \cdot Al_2O_3$	C_3A	7～15
铁铝酸四钙	$4CaO \cdot Al_2O_3 \cdot Fe_2O_3$	C_4AF	10～18

（二）硅酸盐水泥熟料矿物的特征

硅酸盐水泥各种熟料矿物与水作用时，所表现出来的特性是不同的，表2.7中列出了4种熟料矿物单独与水作用的特性。

表 2.7 硅酸盐水泥熟料矿物的基本特性

矿物名称	强度		水化凝结硬化速率	水化热	耐化学侵蚀性	干缩性
	早期	后期				
硅酸三钙(C_3S)	良	良	较快	中	中	中
硅酸二钙(C_2S)	差	优	慢	低	良	小
铝酸三钙(C_3A)	良	中	快	高	差	大
铁铝酸四钙(C_4AF)	良	中	较快	中	优	小

(三)硅酸盐水泥水化与凝结硬化

1. 硅酸盐水泥的水化过程

水泥熟料矿物成分遇水后,很快会发生一系列化学反应,生成多种水化物,并放出一定的热量。水泥之所以具有许多优良的性能,主要是水泥熟料中几种主要矿物水化作用的结果。水泥熟料主要几种矿物水化的反应方程式如下:

$$2(3CaO\cdot SiO_2)+6H_2O \longrightarrow 3CaO\cdot 2SiO_2\cdot 3H_2O+3Ca(OH)_2$$

$$2(2CaO\cdot SiO_2)+4H_2O \longrightarrow 3CaO\cdot 2SiO_2\cdot 3H_2O+Ca(OH)_2$$

$$3CaO\cdot Al_2O_3+6H_2O \longrightarrow 3CaO\cdot Al_2O_3\cdot 6H_2O$$

$$4CaO\cdot Al_2O_3\cdot Fe_2O_3+7H_2O \longrightarrow 3CaO\cdot Al_2O_3\cdot 6H_2O+CaO\cdot Fe_2O_3\cdot H_2O$$

从以上化学反应式可以看出,水泥水化反应后生成的主要水化物为:水化硅酸钙($3CaO\cdot 2SiO_2\cdot 3H_2O$)、氢氧化钙[$Ca(OH)_2$]、水化铁酸钙($CaO\cdot Fe_2O_3\cdot H_2O$)和水化铝酸钙($3CaO\cdot Al_2O_3\cdot 6H_2O$)。

另外,水化铝酸钙与石膏反应,生成高硫型水化硫铝酸钙,也称为钙矾石,其化学反应方程式如下:

$$3CaO\cdot Al_2O_3\cdot 6H_2O+3(CaSO_4\cdot 2H_2O)+19H_2O \longrightarrow 3CaO\cdot Al_2O_3\cdot 3CaSO_4\cdot 31H_2O$$

高硫型水化硫铝酸钙(钙矾石),是一种难溶于水的针状晶体,沉淀在水泥颗粒的表面,从而阻止了水分的进入,降低了水泥的水化速度,缓凝了水泥的凝结时间。

以上是水泥水化的主要反应。在水化产物中水化硅酸钙所占比例最大,占70%左右;氢氧化钙次之,占20%左右。其中水化硅酸钙、水化铁酸钙为凝胶体,对强度形成具有重要作用;而氢氧化钙、水化铝酸钙、钙矾石皆为晶体,它将使水泥石在外界条件下变得疏松,使水泥石的强度下降,是影响硅酸盐水泥耐久性的主要因素。

2. 硅酸盐水泥的凝结硬化

硅酸盐水泥的凝结硬化过程,实际上是水化产物不断增多,使水泥浆体结构逐渐致密的过程,大致可分为三个阶段:

(1)溶解期。水泥加水拌合后,水化反应首先从水泥颗粒表面开始,水化生成物溶解于周围水体中,新的水泥颗粒表面与水接触,继续进行水化反应,水化物继续生成并不断溶解,直至水泥颗粒周围的水体很快达到饱和状态。继续反应生成物不再溶解,以胶体粒子的形式分布在水泥颗粒的周围。

(2)凝结期。水化反应继续进行,胶粒不断增加,形成网状胶体,水泥浆逐渐失去可塑性而凝结,同时继续水化的产物从过饱和的溶液中结晶析出,晶体逐渐增多并贯穿于网状凝胶体中,水泥浆体产生絮凝现象。

(3)硬化期。凝胶体的形成与发展,使水泥的水化反应越来越困难。随着水化反应继续缓慢地进行,水化产物不断生成,结晶体互相连接形成结晶网状结构,并填充浆体的毛细孔中,随着毛细孔的减少，浆体逐渐开始硬化，形成坚硬的石状物体，称为水泥石。

（四）影响硅酸盐水泥凝结硬化的因素

水泥的凝结硬化过程，也就是水泥强度的发展过程。为了正确、科学、合理地使用水泥，并在生产中采取有效措施改善水泥的性能，必须了解影响水泥凝结硬化的因素。影响水泥凝结硬化的因素很多，归纳起来主要有以下几个方面：

（1）水泥矿物组成。如水泥中的硅酸三钙和铝酸三钙含量大时，其凝结硬化速度快；硅酸二钙含量较大时，其凝结硬化速度慢。

（2）水泥颗粒细度。水泥颗粒越细，水泥颗粒的比表面积就越大，与水接触的面积必然也越大，水化反应越容易进行，水泥的凝结硬化速度越快。

（3）水灰比大小影响。水泥浆的水灰比，是指水泥浆中水与水泥的质量之比，这是水泥凝结硬化的重要影响因素。当水灰比较大时，由于水泥颗粒间被水隔开的距离较远，颗粒间相互连接形成骨架结构所需的凝结时间长，所以水泥凝结较慢；而且水泥浆中多余水分蒸发后形成的孔隙较多，造成水泥石的强度较低。

（4）环境温度和湿度。水泥的水化反应随温度升高，反应速度加快。当温度低至0℃以下时，水化反应停止甚至水泥石结构有被冻坏的可能。水泥水化反应必须在潮湿的环境中才能正常进行，潮湿的环境可以保证水泥浆体的水分不蒸发。

（5）养护时间的长短。保持环境合适的温度和湿度，使水泥水化反应不断进行的措施，称为水泥石的养护。在常温下水泥石强度增长在早期较快，后期逐渐减缓，28d凝结硬化基本结束。水泥石的水化反应在适当的温度和湿度的环境中可延缓数年。

（6）石膏的掺量大小。石膏是水泥中的缓凝剂，主要用于调节水泥的凝结时间，是水泥中不可缺少的组分，关键是掺加必须适量。如果石膏的掺量太少，缓凝效果不显著，起不到缓凝剂的作用；如果石膏的掺量过多，石膏本身会生成一种促凝物质，反而使水泥快凝。

石膏的掺量一般为水泥质量的3%～5%。如果水泥中石膏掺量超过规定的限量时，还会引起水泥强度降低，严重时会引起水泥体积安定性不良，使水泥石产生膨胀性破坏。所以，国家标准《通用硅酸盐水泥》（GB 175）中规定，水泥中三氧化硫的含量不得超过3.5%。

（五）硅酸盐水泥的侵蚀类型和防止方法

在正常的环境条件下，水泥石将继续硬化，强度会不断增长。但是，在某些环境条件下，也能引起水泥石强度的降低，严重的甚至引起混凝土的破坏，这种现象称为水泥石的腐蚀。

1. 水泥石的主要侵蚀类型

水泥石的侵蚀主要有：软水腐蚀、酸性侵蚀、盐类腐蚀、强碱侵蚀等。

（1）软水侵蚀。软水侵蚀又称淡水侵蚀或溶出性侵蚀。雨水、雪水、蒸馏水、工业冷凝水及含重碳酸盐很少的河水及湖水都属于软水。当水泥石长期与这些水分相接触时，水泥中的氢氧化钙最先溶出。在静水及无压力水作用下，由于周围的水易被溶出的氢氧化钙所饱和而使溶解作用停止，溶出仅限于结构的表面，所以影响不大。但是，若水泥石在流动的水中或有压力的水中，溶出的氢氧化钙不断被冲走，由于石灰浓度的继续降低，还会引起其他水化物的分解溶解。侵蚀作用不断深入内部，使水泥空隙增大，强度逐渐下降，使水泥石结构遭受进一步破坏，以致全部溃裂。

（2）碳酸性侵蚀。在工业污水、地下水中常溶解有较多的二氧化碳。水中的二氧化碳与水泥石中的氢氧化钙反应，所生成的碳酸钙如继续与含碳酸的水作用，则变成易溶解于水的碳酸氢钙，由于碳酸氢钙的溶失以及水泥石中其他产物的分解，而使水泥石结构破坏。碳酸钙再与含碳酸的水进行反应,是一种可逆反应。当水中的二氧化碳含量较多时,上述反应向右进行,即将水泥石中微溶于水的氢氧化钙转变为易溶于水的碳酸氢钙,从而加速了溶解速度,使水泥石的孔隙增加。同时,由于氢氧化钙浓度的降低,也会引起其他水化物的分解,使侵蚀作用进一步加剧。

(3)一般酸性侵蚀。在工业废水、地下水、沼泽水中常含有一定量的无机酸和有机酸。各种酸类对水泥石均有不同程度的侵蚀作用。它们与水泥石中的氢氧化钙作用后生成的化合物,或者易溶于水,或者产生体积膨胀,导致水泥石破坏。并且由于氢氧化钙被大量消耗,引起水泥石的碱度降低,促使其他水化物大量分解,从而会引起水泥石强度的急剧下降。

各类酸中对水泥石侵蚀作用最快的是无机酸中的盐酸、氢氟酸、硝酸、硫酸等,有机酸中的醋酸、蚁酸和乳酸等。如盐酸和硫酸与水泥石中的氢氧化钙作用,分别生成易溶于水的氯化钙和体积膨胀的二水石膏。生成的二水石膏或者在水泥石孔隙中结晶产生膨胀破坏,或者再与水泥石中的水化铝酸钙作用,生成高硫型水化硫铝酸钙,其破坏性更大。

(4)强碱侵蚀。碱类溶液在浓度不大时,一般对水泥石没有大的侵蚀作用,可以认为是无害的。当铝酸盐含量较高的硅酸盐水泥在遇到强碱(NaOH、KOH)时,也会受到侵蚀破坏。以上反应生成的铝酸钠易溶于水。当水泥石被 NaOH 浸透后,又在空气中干燥,水泥石中氢氧化钠会与空气中的二氧化碳作用,生成的碳酸钠在水泥石毛细孔中结晶沉积,使水泥石胀裂。

(5)硫酸盐侵蚀。绝大多数的硫酸盐(硫酸钡除外)对水泥石都有显著的侵蚀作用,这主要是由于硫酸盐与水泥石中的氢氧化钙起置换反应,生成硫酸钙(二水石膏),硫酸钙再与水泥石中固态的水化铝酸钙作用,生成比原体积增加 1.5 倍以上的高硫型水化铝酸钙。

高硫型水化铝酸钙也称钙矾石,为呈针状晶体,体积膨胀较大(1.5~2.5 倍),对水泥石有极大的破坏作用,所以俗称“水泥杆菌”。总之,硫酸盐的侵蚀实质上是一种膨胀性化学腐蚀。

(6)镁盐的侵蚀。在地下水、海水及某些工业废水中,常有氯化镁、硫酸镁等镁盐的存在,这些镁盐会与水泥石中的氢氧化钙反应,生成可溶性氯化钙及无胶结能力的松散物氢氧化镁。生成的氯化钙易溶于水,氢氧化镁松散无胶结力,使水泥石的强度大大降低。

2. 防止水泥石侵蚀的方法

由水泥石的侵蚀类型可以看出,水泥石的侵蚀主要是由于内部的某些组分(如氢氧化钙)和水泥石不密实,而使侵蚀介质进入而造成的。因此,针对具体情况可采取下列防止措施:

(1)科学选择水泥。科学选择水泥,即根据侵蚀环境特点,合理选用水泥品种。如当水泥石遭受软水侵蚀时,可选用水化物中氢氧化钙含量较少的水泥(如选用硅酸二钙含量低的水泥);当水泥石遭受硫酸盐侵蚀时,可选用铝酸三钙含量较低的抗硫酸盐水泥;又如选用掺混合材水泥,可提高水泥的抗腐蚀能力。

(2)提高水泥石密实度。提高施工质量,提高水泥石的密实度,这是防止水泥石侵蚀的重要措施。水泥石的密实度越高,其抗渗透能力越强,环境中的侵蚀介质越难渗入。因此,在施工中应通过合理选择水泥混凝土的配合比,尽量降低水灰比,改善集料级配,掺加外加剂等措施提高其密实度。另外,还可在混凝土表面进行碳化处理,使其表面进一步密实,也可具有减少侵蚀介质渗入内部的作用。

(3)表面加作保护层。当侵蚀作用较强,上述防止措施不能奏效时,可在水泥石的表面加作一层耐侵蚀介质的材料,如耐酸石材、玻璃、陶瓷、沥青、涂料、塑料等。

二、掺加混合材料的常用硅酸盐水泥

通用硅酸盐水泥，除了硅酸盐水泥外，常用的掺加混合材料的硅酸盐水泥有：普通硅酸盐水泥、矿渣硅酸盐水泥、火山灰硅酸盐水泥、粉煤灰硅酸盐水泥和复合硅酸盐水泥。

水泥混合材料是在粉磨水泥时，与熟料、石膏一起加入粉磨，用以提高水泥产量、降低水泥生产成本、增加水泥品种、改善水泥性能的矿物质材料。按其品种主要有：粒化高炉矿渣、石灰石、火山灰质混合材料、粉煤灰等。

（一）各种硅酸盐水泥的定义

根据国家标准《通用硅酸盐水泥》（GB 175—2007）中的规定：

（1）凡由硅酸盐水泥熟料、6% ~20%混合材料、适量石膏磨细制成的水硬性胶凝材料，称为普通硅酸盐水泥（简称普通水泥），代号为P·O。活性混合材料掺加量为大于5%且小于20%时，其中允许用不超过水泥质量8%且符合国家标准要求的非活性材料，或不超过水泥质量5%且符合国家标准要求的窑灰代替。

（2）凡由硅酸盐水泥熟料和粒化高炉矿渣、适量石膏磨细制成的水硬性胶凝材料，称为矿渣硅酸盐水泥（简称矿渣水泥），分为A型和B型两种。A型矿渣掺量大于20%且小于或等于50%，代号为P·S·A；B型矿渣掺量大于50%且小于或等于70%，代号为P·S·B。允许用石灰石、窑灰、粉煤灰和火山灰质混合材料中的任何一种材料代替矿渣，代替数量不得超过水泥质量的8%，替代后水泥中的粒化高炉矿渣不得少于20%。

（3）凡由硅酸盐水泥熟料和火山灰质混合材料、适量石膏磨细制成的水硬性胶凝材料，称为火山灰质硅酸盐水泥（简称火山灰水泥），代号为P·P。水泥中火山灰质混合材料掺加量按质量百分比计为大于20%且小于或等于40%。

（4）凡由硅酸盐水泥熟料和粉煤灰、适量石膏磨细制成的水硬性胶凝材料，称为粉煤灰硅酸盐水泥（简称粉煤灰水泥），代号为P·F。水泥中粉煤灰混合材料掺加量按质量百分比计为20% ~40%。

（5）凡由硅酸盐水泥熟料、两种或两种以上规定的混合材料、适量石膏磨细制成的水硬性胶凝材料，称为复合硅酸盐水泥（简称复合水泥），代号为P·C。水泥中混合材料总掺加量按质量百分比计为大于20%且小于或等于50%。

（二）通用水泥的强度指标

通用水泥的强度等级及强度指标见表2.8。

表2.8 通用水泥的强度等级及强度指标

水泥品种	强度等级	强度指标（MPa）			
		抗压强度		抗折强度	
		3d	28d	3d	28d
硅酸盐水泥	42.5	≥17.0	≥42.5	≥3.5	≥6.5
	42.5R	≥22.0		≥4.0	
	52.5	≥23.0	≥52.5	≥4.0	≥5.0
	52.5R	≥27.0		≥5.0	
	62.5	≥28.0	≥62.5	≥5.0	≥8.0
	62.5R	≥32.0		≥5.5	

续表

水泥品种	强度等级	强度指标(MPa)			
		抗压强度		抗折强度	
		3d	28d	3d	28d
普通硅酸盐水泥	42.5	≥17.0	≥42.5	≥3.5	≥6.5
	42.5R	≥22.0		≥4.0	
	52.5	≥23.0	≥52.5	≥4.0	≥7.0
	52.5R	≥27.0		≥5.0	
矿渣硅酸盐水泥 火山灰质硅酸盐水泥 粉煤灰硅酸盐水泥 复合硅酸盐水泥	32.5	≥10.0	≥32.5	≥2.5	≥5.5
	32.5R	≥15.0		≥3.5	
	42.5	≥15.0	≥42.5	≥3.5	≥6.5
	42.5R	≥19.0		≥4.0	
	52.5	≥21.0	≥52.5	≥4.0	≥7.0
	52.5R	≥23.0		≥4.5	

(三)通用硅酸盐水泥特性及应用

1. 普通硅酸盐水泥

(1)普通硅酸盐水泥的特性。普通硅酸盐水泥与硅酸盐水泥的性质基本相同,由于掺加了一定量的混合材料,也有一定的差别。普通硅酸盐水泥的性质主要表现在:①早期强度较高;②凝结硬化速度较快;③水化热较大;④抗冻性较好;⑤耐蚀性较差;⑥耐热性较差;⑦干缩较小。

(2)普通硅酸盐水泥的应用。由于普通硅酸盐水泥掺加混合材料很少,性质与不掺加混合材料的硅酸盐水泥相近,所以普通硅酸盐水泥的应用场合与硅酸盐水泥基本相同。

2. 矿渣硅酸盐水泥

(1)矿渣硅酸盐水泥的特性

1)早期强度低、后期强度高。矿渣水泥中由于掺加了大量粒化高炉矿渣,所以凝结硬化速度慢,早期强度低,但后期强度增长率大。

2)水化热低。矿渣水泥中硅酸盐水泥熟料含量少,二次反应速度慢,所以水化热低。

3)耐热性强。矿渣水泥水化后氢氧化钙的含量低,粒化高炉矿渣本身又是水泥的耐火材料,当受高温时强度不会显著降低,因此其耐热性好。

4)耐蚀性好。矿渣水泥中易受侵蚀的氢氧化钙和铝酸三钙大为减少,其耐腐蚀性好。

5)干缩较大。粒化高炉矿渣很难磨得很细,加之矿渣玻璃体亲水性差,在拌制混凝土时泌水性大,易形成毛细孔通道或粗大孔隙,在空气中凝结硬化时易产生较大的干缩。

6)抗冻性较差和抗渗性差。矿渣水泥由于泌水性和干缩性较大,水泥石的密实度较低,所以其抗冻性和抗渗性均较差。

7)抗碳化能力差。由于矿渣水泥形成低碱度混凝土,表面的水化硅酸凝胶会在空气中二氧化碳的作用下,分解成碳酸钙和氧化硅的粉状混合物,所以其抗碳化能力差。

(2)矿渣硅酸盐水泥的应用。由于矿渣硅酸盐水泥具有以上主要特性,所以其主要应用于以下场合:①大体积混凝土;②高温车间和有耐热要求的混凝土;③需要蒸汽养护的结构;④一般地上、地下和水中混凝土及钢筋混凝土;⑤耐腐蚀性要求高的工程。但不得用于早期强度要求较高的混凝土工程,也不得用于有抗渗等要求的混凝土工程。

3. 火山灰质硅酸盐水泥

(1)火山灰质硅酸盐水泥的特性。火山灰质硅酸盐水泥的主要特性与矿渣硅酸盐水泥大同小异,它们的共同点是:早期强度低,后期强度高,水化热较低,耐腐蚀性好,抗冻性较差,抗碳化能力差,干缩性较大。这两种水泥的不同点是:火山灰质水泥抗渗性较好、耐热性较差;矿渣硅酸盐水泥抗渗性较差、耐热性较好。

(2)火山灰质硅酸盐水泥的应用。由于火山灰质硅酸盐水泥具有以上主要特性,所以其主要用于以下场合:①地下、水中大体积混凝土;②有抗渗要求的混凝土;③需要蒸汽养护的构件;④耐腐蚀性要求高的工程;⑤一般混凝土及钢筋混凝土工程。但不能用于早期强度要求较高的工程、有抗冻要求的混凝土工程、干燥环境的混凝土工程,耐磨性要求高的工程。

4. 粉煤灰硅酸盐水泥

(1)粉煤灰硅酸盐水泥的特性。粉煤灰硅酸盐水泥的主要特性与火山灰质硅酸盐水泥大同小异,它们的共同点是:早期强度低,后期强度高,水化热较低,耐热性较差,耐腐蚀性好,抗冻性较差,抗碳化能力较差。它们的不同点是:干缩性较小,抗裂性好。

(2)粉煤灰硅酸盐水泥的应用。由于粉煤灰硅酸盐水泥具有以上主要特性,所以其主要应用于以下场合:①地上、地下、水中大体积混凝土;②需要蒸汽养护的构件;③抗裂性要求较高的构件;④耐腐蚀性要求高的工程;⑤一般混凝土工程。但不能用于早期强度要求较高的工程,抗冻性要求较高的工程,耐磨性要求较高的工程。

5. 复合硅酸盐水泥

(1)复合硅酸盐水泥的特性。复合硅酸盐水泥的主要特性与所掺两种或两种以上混合材料的种类、掺量有关,其特性基本与矿渣硅酸盐水泥、火山灰质硅酸盐水泥和粉煤灰硅酸盐水泥的特性相似,即掺加何种混合材料具备何种水泥的特性。

(2)复合硅酸盐水泥的应用。复合硅酸盐水泥的应用场合,可参照矿渣硅酸盐水泥、火山灰质硅酸盐水泥和粉煤灰硅酸盐水泥,但其性能受所掺加混合材料的性能影响,在使用时应针对工程的具体性质和要求加以选用。

三、通用硅酸盐水泥的选用

水泥在砂浆和混凝土中起着胶结作用,与工程质量的好坏和工程造价有直接关系。因此,正确选择水泥品种,是保证工程质量、杜绝质量事故、确定工程合理造价的重要措施。

(1)按环境条件不同选择水泥品种。环境条件主要包括环境的温度、湿度以及所含侵蚀性介质的种类、数量等。如当混凝土所处的环境具有较强的侵蚀性介质时,应优先选用矿渣水泥、火山灰水泥、粉煤灰水泥和复合水泥,而不宜选用硅酸盐水泥和普通水泥。如果侵蚀性介质强烈时(如硫酸盐含量较高),可以选用具有良好抗侵蚀性的特种水泥。常用水泥的选用,如表 2.9 所示。

表 2.9　通用硅酸盐水泥的选用

混凝土工程特点或所处的环境条件		优先选用	可以使用	不宜使用
普通混凝土	1. 在普通气候环境中的混凝土	普通硅酸盐水泥	矿渣硅酸盐水泥 火山灰质硅酸盐水泥 粉煤灰硅酸盐水泥 复合硅酸盐水泥	
	2. 在干燥环境中的混凝土	普通硅酸盐水泥	矿渣硅酸盐水泥	火山灰质硅酸盐水泥 粉煤灰硅酸盐水泥

续表

混凝土工程特点或所处的环境条件		优先选用	可以使用	不宜使用
普通混凝土	3. 在高温环境中或永远处在水下的混凝土	矿渣硅酸盐水泥 复合硅酸盐水泥	普通硅酸盐水泥 火山灰质硅酸盐水泥 粉煤灰硅酸盐水泥	
	4. 厚大体积的混凝土	粉煤灰硅酸盐水泥 矿渣硅酸盐水泥 火山灰质硅酸盐水泥 复合硅酸盐水泥	普通硅酸盐水泥	硅酸盐水泥
有特殊要求的混凝土	1. 要求快硬的混凝土	硅酸盐水泥	普通硅酸盐水泥	矿渣硅酸盐水泥 火山灰质硅酸盐水泥 粉煤灰硅酸盐水泥 复合硅酸盐水泥
	2. 高强（大于C40级）的混凝土	硅酸盐水泥	普通硅酸盐水泥 矿渣硅酸盐水泥	火山灰质硅酸盐水泥 粉煤灰硅酸盐水泥
	3. 严寒地区的露天混凝土和处在水位升降范围内的混凝土	普通硅酸盐水泥	矿渣硅酸盐水泥 （强度等级>32.5）	火山灰质硅酸盐水泥 粉煤灰硅酸盐水泥
	4. 严寒地区处在水位升降范围内的混凝土	普通硅酸盐水泥 （强度等级>42.5）		矿渣硅酸盐水泥 火山灰质硅酸盐水泥 粉煤灰硅酸盐水泥 复合硅酸盐水泥
	5. 有抗渗要求的混凝土	普通硅酸盐水泥 火山灰质硅酸盐水泥		矿渣硅酸盐水泥
	6. 有耐磨要求的混凝土	硅酸盐水泥 普通硅酸盐水泥	矿渣硅酸盐水泥 （强度等级>32.5）	火山灰质硅酸盐水泥 粉煤灰硅酸盐水泥
	7. 受侵蚀介质作用的混凝土	矿渣硅酸盐水泥 火山灰质硅酸盐水泥 粉煤灰硅酸盐水泥 复合硅酸盐水泥		硅酸盐水泥

（2）按工程特点不同选择水泥品种。工程特点不同，所选用的水泥品种也不应相同。水泥用量很大的大体积混凝土工程（如混凝土大坝、大型建筑的基础等），为避免产生温度裂缝，应选用水化热少、放热速度慢的掺混合材料的硅酸盐水泥，或采用具有特性的中热硅酸盐水泥、低热矿渣硅酸盐水泥，不得使用水化热多的硅酸盐水泥。

对于有早强要求的紧急工程及有抗冻要求的工程，应选用硅酸盐水泥、普通硅酸盐水泥，而不宜选用矿渣硅酸盐水泥、火山灰质硅酸盐水泥和粉煤灰硅酸盐水泥等。

（3）按所处部位不同选择水泥品种。按混凝土所处部位不同，是选择水泥品种非常重要的因素。工程实践和试验证明：对于经常遭受冲刷的混凝土、水位升降范围内的混凝土、构筑物溢流面处的混凝土等，应优先选用硅酸盐水泥、普通硅酸盐水泥或中热硅酸盐水泥，避免采用火山灰质硅酸盐水泥和粉煤灰硅酸盐水泥。

对于位于水中和地下部位的混凝土、采用蒸汽养护等湿热处理的混凝土，应优先选用矿渣硅酸盐水泥、火山灰质硅酸盐水泥或粉煤灰硅酸盐水泥等。

四、河道工程中常用特性水泥及其特点

在水利工程中常用的特性水泥有：快硬硅酸盐水泥、抗硫酸盐硅酸盐水泥、中低热硅酸盐水泥和铝酸盐水泥等。

(1)快硬硅酸盐水泥。凡以硅酸盐水泥熟料和适量石膏磨细制成的，以3d抗压强度表示其等级的水硬性胶凝材料，称为快硬硅酸盐水泥，简称快硬水泥。快硬水泥具有早期强度高、水化放热量大等特点，主要用来配制早强、高强混凝土。适用于紧急抢修、低温施工及抗冲击、抗震要求较高的工程，也常用于配制高强混凝土及预应力混凝土预制构件。

(2)抗硫酸盐硅酸盐水泥。抗硫酸盐硅酸盐水泥简称抗硫酸盐水泥，其生产方法基本上与硅酸盐水泥相同，主要是控制水泥熟料中的矿物成分含量，使其各项技术指标达到国家标准的要求。抗硫酸盐水泥具有抗硫酸盐侵蚀能力强及水化热低的特点，主要适用于受硫酸盐侵蚀、受冻融和干湿作用的海港工程及河道水利工程。我国生产的抗硫酸盐水泥分为32.5和42.5两个强度等级。

(3)中低热硅酸盐水泥。以适当成分的硅酸盐水泥熟料，加入适量石膏磨细制成的具有中等水化热的水硬性胶凝材料，称为中热硅酸盐水泥，简称中热水泥。以适当成分的硅酸盐水泥熟料，加入矿渣、适量石膏磨细制成的具有低水化热的水硬性胶凝材料，称为低热硅酸盐水泥，简称低热矿渣水泥。

中热水泥和低热矿渣水泥是专门为要求水化热低的河坝和大体积混凝土工程研制的。中热水泥主要用于河坝溢流面和水位变动区等部位，要求低水化热和较高耐磨性、抗冻性的工程；低热矿渣水泥主要用于河坝或大体积混凝土建筑物内部及水下等要求低水化热的工程。

(4)铝酸盐水泥。凡以铝酸钙为主的铝酸盐水泥熟料磨细制成的水硬性胶凝材料，称为铝酸盐水泥，俗称高铝水泥。铝酸盐水泥具有水泥凝结硬化快、早期强度高、水化热量大等特点，主要适用于抢修抢建和冬期施工等特殊需要的工程，还可适用于受硫酸盐侵蚀及海水侵蚀的工程，但不能用于大体积混凝土。

第三节　河道工程用水泥混凝土与砂浆

水泥混凝土和砂浆均是河道工程中不可缺少的重要材料。混凝土是以胶凝材料、粗集料、细集料和水，根据需要加入适量的化学外加剂和矿物混合材料，按适当比例配合，经过均匀拌制、密实成型及养护硬化后得到的人工石材。以水泥为胶凝材料、砂石为集料的混凝土称为水泥混凝土。

砂浆是由胶凝材料、水、细集料和掺加料按适当比例配制而成的材料，也称为无粗集料混凝土。砂浆按胶凝材料不同，可分为水泥砂浆、石灰砂浆、混合砂浆等；砂浆按用途不同，可分为砌筑砂浆、抹面砂浆、防水砂浆等。

一、普通水泥混凝土

(一)水泥混凝土的特性

(1)混凝土拌合物具有一定的可塑性，可以按混凝土工程结构要求浇筑成不同形状和尺寸的整体结构和预制构件。

(2)与钢筋等材料有良好的粘结力,能在混凝土中配筋或埋设钢件制作钢筋混凝土构件或整体结构。配制成的钢筋混凝土强度高,耐久性好。

(3)水泥混凝土组成材料中,砂石等当地材料占总量的80%以上,材料来源广泛,配制非常方便,工程造价比较低。

(4)如果改变混凝土中各材料品种和用量,可以得到不同物理力学性能的混凝土,以满足不同工程的要求,应用范围比较广泛。

(5)水泥混凝土的抗压强度比较高,但抗拉强度很低,受拉时抵抗变形的能力小,混凝土很容易产生开裂。

(6)水泥混凝土自重比较大,施工质量受多种因素的影响,尤其在自然条件下质量难以进行控制。

(二)对混凝土的基本要求

河道工程所用的混凝土,实际就是水利工程中所用的水工混凝土,因此,河道工程混凝土必须满足以下四项基本要求:(1)混凝土拌合物必须具有与施工条件相适应的和易性,以保证便于施工;(2)必须满足混凝土结构设计的强度等级,使其强度达到设计要求;(3)具有适应所处环境条件下的耐久性,使混凝土结构达到设计要求的使用寿命;(4)在保证上述三项基本要求前提下的经济性。

(三)混凝土组成材料及要求

水泥混凝土是由水泥、石子、砂子和水四种材料组成的,有时为改善其性能,掺加适量的外加剂和外掺料。在水泥混凝土中,水泥与水形成水泥浆,水泥浆包裹在集料的表面,并填充集料的空隙。混凝土的组成如图2.1所示。

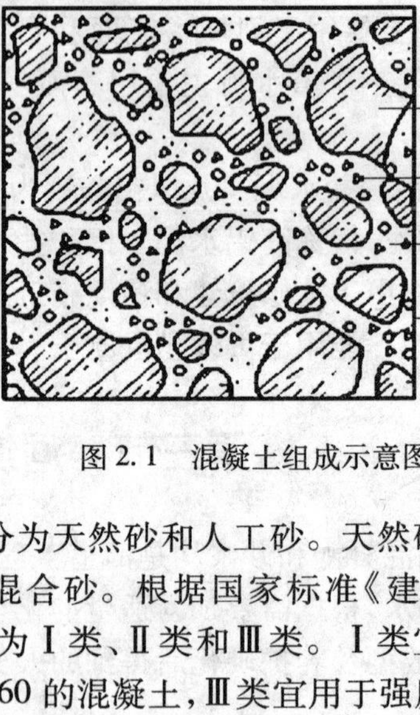

图2.1 混凝土组成示意图

在凝结硬化前,水泥浆与外加剂起润滑作用,赋予拌合物一定的和易性,以便于浇筑施工。水泥浆硬化后,则将集料胶结成一个坚实的整体。

砂石材料称为骨料或集料,在混凝土中起骨架作用;砂子填充石子的空隙,砂石构成的坚硬骨架可抑制由水泥浆硬化和水泥石干燥而产生的收缩。

1. 细集料

粒径为0.15~4.75mm的集料称为细集料,按产源分为天然砂和人工砂。天然砂主要有河砂、湖砂、山砂及淡化海砂,人工砂主要有机制砂和混合砂。根据国家标准《建筑用砂》(GB/T 14684—2001)中的规定,建筑用砂按技术要求分为Ⅰ类、Ⅱ类和Ⅲ类。Ⅰ类宜用于强度等级大于C60的混凝土,Ⅱ类宜用于强度等级C30~C60的混凝土,Ⅲ类宜用于强度等级小于C30的混凝土和建筑砂浆。

细集料的技术要求主要包括:含泥量和泥块含量、有害物质含量、坚固性、颗粒级配与粗细程度和物理性质等方面。其具体要求见表2.10~表2.12。

表2.10 含泥量和泥块含量

项目	指标		
	Ⅰ类	Ⅱ类	Ⅲ类
含泥量(按质量计,%)	<1.0	<3.0	<5.0
泥块含量(按质量计,%)	<0	<1.0	<2.0

表 2.11　有害物质含量

项　　目	指标		
	Ⅰ类	Ⅱ类	Ⅲ类
云母(按质量计,%),小于	1.0	2.0	2.0
轻物质(按质量计,%),小于	1.0	1.0	1.0
有机物(比色法)	合格	合格	合格
硫化物及硫酸盐(按质量计,%),小于	0.5	0.5	0.5
氯化物(按质量计,%),小于	0.01	0.02	0.06

表 2.12　砂的坚固性指标　(%)

项　　目	指标		
	Ⅰ类	Ⅱ类	Ⅲ类
质量损失(小于天然砂)	8	8	10
单级最大压碎指标(小于人工砂)	20	25	30

砂子的颗粒级配和粒细程度,用筛分析的方法进行测定,用砂的细度模数 M_x 表示。M_x3.1～3.7 的为粗砂,M_x2.3～3.0 的为中砂,M_x1.6～2.2 的为细砂,水泥混凝土用中砂配制比较适宜。根据 0.60mm 筛孔的累计筛余量,将砂分成三个级配区,如表 2.13 所示。

表 2.13　砂级配区的规定

筛孔尺寸(mm)	级配区		
	Ⅰ区	Ⅱ区	Ⅲ区
	累计筛余(按质量计,%)		
9.50(圆孔筛)	0	0	0
4.75(圆孔筛)	10～0	10～0	10～0
2.35(圆孔筛)	35～5	25～0	15～0
1.18(方孔筛)	65～35	50～10	25～0
0.60(方孔筛)	85～71	70～41	40～16
0.30(方孔筛)	95～80	92～70	85～95
0.15(方孔筛)	100～90	100～90	100～90

砂的物理性质主要包括表观密度、堆积密度、空隙率和含水状态。建筑用砂的表观密度应大于 2500kg/m^3,堆积密度应大于 1350kg/m^3,空隙率应小于 47%。砂的含水状态分为干燥、气干、饱和面干和湿润状态,水工混凝土是按饱和面干状态的砂作为基准状态设计配合比。

2. 粗集料

混凝土中的粗集料是指粒径大于 4.75mm 的岩石颗粒,常用的有碎石和卵石。根据国家标准《建筑用卵石、碎石》(GB/T 14685—2001)中的规定,建筑用砂按技术要求分为Ⅰ类、Ⅱ类和Ⅲ类。Ⅰ类宜用于强度等级大于 C60 的混凝土,Ⅱ类宜用于强度等级 C30～C60 的混凝土,Ⅲ类宜用于强度等级小于 C30 的混凝土。

粗集料的技术要求主要包括最大粒径及颗粒级配、强度及坚固性、针片状颗粒含量、有害物质、含泥量和泥块含量、表观密度、堆积密度、空隙率和碱集料反应等。

根据《混凝土结构工程施工质量验收规范》(GB 50204—2002)中的规定,混凝土粗集料的最大粒径不得超过结构截面最小尺寸的1/4,且不得大于钢筋间最小净间距的3/4。对于混凝土实心板,集料的最大粒径不宜超过板厚的1/3,且不得超过40mm。

水工混凝土所用粗集料常分为四级,即5~20mm(小石)、20~40mm(中石)、40~80mm(大石)、80~120mm(或150mm)(特大石)。各级石子的配合比例,需通过试验来确定最佳的比例,表2.14中配合比可作为混凝土配制时的参考。《建筑用卵石、碎石》(GB/T 14685—2001)中,对粗集料的级配也有明确要求。

表2.14　粗集料级配选择参考值

最大粒径(mm)	粒级					总计
	5~20	20~40	40~60	40~80	80~150(120)	
	石子比例					
40	45~60	40~55				100
60	35~50		50~65			100
80	25~35	25~35		35~50		100
150(120)	15~25	15~25		25~35	30~45	100

为保证混凝土的强度要求,粗集料必须质地致密、具有足够的强度。粗集料的压碎指标应符合表2.15的规定,粗集料的坚固性指标应符合表2.16的规定。

表2.15　碎石、卵石压碎指标值

项目	Ⅰ类	Ⅱ类	Ⅲ类
碎石压碎指标,小于	10	20	30
卵石压碎指标,小于	12	16	16

表2.16　碎石或卵石的坚固性指标

项目	指标		
	Ⅰ类	Ⅱ类	Ⅲ类
质量损失(%),小于	5	8	12

凡石子长度大于该颗粒所属粒级的平均粒径的2.4倍者为针状颗粒,厚度小于平均粒径0.4倍者为片状颗粒。配制混凝土所用的粗集料针片状颗粒的含量,应符合表2.17中的规定。

表2.17　碎石或卵石的针片状颗粒含量

项目	指标		
	Ⅰ类	Ⅱ类	Ⅲ类
针片状颗粒(按质量计,%),小于	5	15	25

为保证混凝土的强度及耐久性,粗集料中不应混有草根、树叶、塑料、煤块和炉渣等杂物,其有害物质含量应符合表2.18中的规定。

表 2.18　碎石或卵石中有害物质含量

项　　　目	指	标	
	Ⅰ类	Ⅱ类	Ⅲ类
有机物	合格	合格	合格
硫化物及硫酸盐(按 SO_3 质量计),%,小于	0.5	1.0	1.0

含泥量是指石子中粒径小于 75μm 的颗粒含量,泥块含量是指石子中粒径大于 75μm,经水洗手捏后变成小于 2.35mm 颗粒含量。粗集料中的含泥量和泥块含量应符合表 2.19 中的规定。

表 2.19　碎石或卵石中的含泥量和泥块含量

项　　　目	指	标	
	Ⅰ类	Ⅱ类	Ⅲ类
含泥量(按质量计),%	<0.5	<1.0	<1.5
泥块含量(按质量计),%	0	<0.5	<0.7

粗集料的表观密度、堆积密度、空隙率应符合以下规定:表观密度大于 2500kg/m^3,堆积密度应大于 1350kg/m^3,空隙率小于 47%。

碱集料反应是指水泥、外加剂等混凝土构成物及环境中的碱与集料中碱活性矿物,在潮湿环境下缓慢发生并导致混凝土开裂破坏的膨胀反应。由石子制备的试件无裂缝、酥裂、胶体外溢等现象,且在规定的试验龄期的膨胀率小于 0.1% 时,碱集料反应合格。

3. 混凝土用水要求

拌制和养护混凝土用水,不得含有影响水泥正常凝结与硬化的有害杂质,凡符合国家标准的生活饮用水,均能用于拌制和养护混凝土。用于拌制和养护混凝土用水,应符合《混凝土用水标准》(JGJ 63—2006)中的规定。

(四)水工混凝土配合比设计

水工混凝土的配合比设计,大体上与普通混凝土相同。由于水工混凝土使用的环境比较特殊,所以在某些方面有一定区别。在进行配合比设计时,除应考虑符合水工混凝土所处部位的工作条件,并分别满足抗压、抗裂、抗渗、抗冻、抗冲击、抗磨损、抗风化和抗侵蚀等设计要求外,还应满足施工和易性要求,并采取措施合理降低水泥用量,以降低工程造价。

1. 水工混凝土配合比设计的主要参数

在进行水工混凝土配合比设计时,其基本参数主要包括:水泥、骨料、外加剂、混凝土的和易性、强度、抗冻等级和抗渗等级等。其中,抗渗等级和抗冻等级是水工混凝土的两个极其重要的特殊性能,因而也是设计水工混凝土的主要参数,必须对这两个参数采取措施加以保证,这也是水工混凝土配合比设计的一项重要任务。其主要的保证措施如下:

(1)选择能保证水工混凝土抗渗性和抗冻性的组成材料,如水泥的品种、强度、凝结时间、细度、安定性、水化热等;骨料的颗粒级配、吸水率、空隙率、表观密度等;外加剂的种类和性质等。

(2)在确定混凝土的水灰比时,不仅要根据水工混凝土的强度要求,同时也要根据混凝土的耐久性(抗渗性和抗冻性)的要求确定。

(3)在确定水工混凝土的水泥用量时,尤其是对于强度较小部位的混凝土,其水泥用量要在一定范围内选择,不可用量过小。

(4)在确定水工混凝土的配合比时,要合理选择能保证混凝土密实和耐久的骨料拨开系数。

(5)对于大体积水工混凝土,有时要采用能减少放热量及体积变形,并能在低水泥用量下使混凝土密实的细填料。

(6)采用适宜和适量的引气剂,使水工混凝土结构内部产生均匀的封闭微孔,以阻断透水通路,从而改善和提高混凝土的抗渗性、抗冻性等耐久性能。

2. 水工混凝土配合比设计的基本原则

水工混凝土配合比设计的原则,基本上与普通混凝土相同。根据水工建筑物的特点,也有一定的特殊性。在进行水工混凝土配合比设计时,应注意以下基本原则:

(1)最小单位用水量。水灰比是决定混凝土强度和耐久性的主要因素,对于水工混凝土,由于其抗渗性和抗冻性要求更高,所以在满足混凝土拌合物和易性的条件下,力求单位用水量最小,以降低混凝土的水灰比,提高混凝土的强度和耐久性。

(2)粗骨料选用原则。由于水工结构的体积一般较大、投资较多,对于混凝土中的粗骨料应认真选择。在一般情况下,应根据结构物的断面、钢筋的稠密程度和施工设备等情况,在满足混凝土拌合物和易性的条件下,选择尽可能大的石子最大粒径和最多用量。

(3)优选骨料的级配。选择空隙率较小的骨料级配,对于提高混凝土强度、耐久性,节省水泥用量,降低工程造价均有很大作用。因此,在进行水工混凝土配合比设计时,必须选择优良级配,同时也要考虑到料场材料的天然级配,尽量减少弃方。

(4)选料的基本原则。在进行水工混凝土配合比设计中,要经济合理地选择水泥的品种和强度等级,优先考虑采用优质、经济的粉煤灰掺合料和外加剂等。

优质的粉煤灰对改善混凝土拌合物的流变性具有显著效果,使混凝土易于振捣密实,因此在设计粉煤灰水工混凝土的坍落度时可取下限值。

在贫混凝土中,以超量取代法(即掺入的粉煤灰数量超过所取代的水泥量)掺加粉煤灰最为有效,超量系数一般以1.5左右为宜。

3. 水工混凝土配合比的设计步骤

水工混凝土配合比的设计步骤与普通混凝土基本相同,除应符合水工混凝土所处部位的工作条件,分别满足抗压、抗渗、抗冻、抗裂(抗拉)、抗冲耐磨、抗风化和抗侵蚀等设计要求的规定外,还应满足混凝土拌合物施工和易性的要求,并采取相应措施降低水泥用量。其设计步骤一般为:

(1)根据水工混凝土设计要求的强度和耐久性选定水灰比,即根据强度、抗冻、抗渗、抗裂等要求确定水灰比,最终选定一个全部满足各种设计要求的水灰比。

(2)根据混凝土施工和易性(坍落度)和石子最大粒径等选定单位用水量,以选定的水灰比和单位用水量,可求出水泥用量。

(3)根据以上所初步选定和计算的水泥用量、用水量和各种材料的密度等,按照普通混凝土配合比设计的"绝对体积法"或"表观密度法",计算砂、石的用量,初步确定各种材料的用量。

(4)根据混凝土初步配合比计算和材料的实际情况,通过试验和必要的调整,确定$1m^3$混凝土材料用量和配合比。

二、抗渗混凝土与抗冻混凝土

在河道中的建筑物,应根据水位和水质,采用具有抗渗性能的混凝土;特别是在严寒和寒冷地区的河道建筑物,为防止混凝土冻融而快速损坏,必须采用具有相应抗冻性能的混凝土。

（一）抗渗混凝土

抗渗混凝土又称防水混凝土，是以调整混凝土配合比、掺加化学外加剂或采用特种水泥等方法，提高混凝土的自身密实性、憎水性和抗渗性，使其满足抗渗等级等于或大于抗渗等级0.6MPa（S6）要求的不透水性混凝土。防水混凝土一般可分为普通防水混凝土、外加剂防水混凝土和膨胀水泥防水混凝土。目前，在河道工程中最常用的是普通防水混凝土。

普通防水混凝土，是以调整配合比的方法，来提高自身密实度和抗渗性的一种混凝土，它是在普通水泥混凝土的基础上发展起来的。普通防水混凝土，是根据工程所需要的抗渗要求配制的，其中石子的骨架作用并不十分强调，水泥砂浆除满足填充和粘结作用之外，还要求能在粗骨料周围形成一定厚度的、良好的砂浆包裹层，以提高混凝土的抗渗性。

普通防水混凝土的原材料组成，与普通混凝土基本相同。主要由水泥、粗细骨料和水组成，只是对水泥和骨料的质量要求有所不同。

1. 对水泥材料的要求

配制普通防水混凝土所用的水泥，一般应选用普通硅酸盐水泥，这种水泥早期强度较高，强度增进率也较快，保水性较好，收缩性较小，不容易使混凝土结构内部形成渗水的通道。如果混凝土同时也有抗冻要求时，可优先选用硅酸盐水泥。在普通硅酸盐水泥缺乏时，也可选用粉煤灰硅酸盐水泥或火山灰硅酸盐水泥，这两种水泥泌水性较小，有较强的抗水溶蚀能力，同时水化热比较低，适宜于在一些体积较大的防水混凝土工程中使用，如果在冬季负温条件下施工，应掺加适量的早强剂和抗冻剂。

2. 对粗细骨料的要求

配制普通防水混凝土所用的粗细骨料质量、级配和杂质含量等，对混凝土的抗渗性影响很大。因此，粗细骨料应分别符合下列要求：

（1）对粗骨料的要求。配制普通防水混凝土的粗骨料，应选择质地坚硬致密，杂质含量很少的碎石或卵石，同时应满足下列要求：①粗骨料的最大粒径不得大于40mm，粒径范围应控制在5～30mm；②软弱颗粒的含量不得大于10%，如果还有抗冻性要求，含量不得大于5.0%；③风化颗粒的含量不得大于1%；④颗粒级配应为连续级配；⑤其他方面的质量要求，应符合《建筑用卵石、碎石》（GB/T 14685—2001）中的规定。

（2）对细骨料的要求。配制普通防水混凝土的细骨料，以选用洁净、质地坚固的河砂或山砂为宜，同时应满足下列要求：①砂中的含泥量不得大于3.0%，泥块含量不得大于1.0%；②砂子无风化现象；③砂的细度模数以2.4～3.3为宜；④砂的平均粒径在0.4mm左右；⑤其他方面的质量要求，应符合《建筑用砂》（GB/T 14684—2001）中的规定。

3. 对掺合料的要求

为填充混凝土中的微细孔隙，提高普通防水混凝土的抗渗性，可在混凝土中掺入适量的掺合料，如磨细粉煤灰、磨细石英砂等，其细度和质量要求应符合国家的有关现行规定。

4. 对拌合水和养护水的要求

配制和养护普通防水混凝土的水，与普通水泥混凝土相同，应采用pH＝6～7的洁净水。总之，其质量要求应符合《混凝土用水标准》（JGJ63—2006）中的要求。

（二）抗冻混凝土

抗冻混凝土又称为冬期施工混凝土，即在低温条件下施工的混凝土。我国在《混凝土结构工程施工及验收规范》（GB 50204—2002）中规定：根据当地多年气温资料，室外日平均气温连续五天稳定低于5℃时，混凝土结构工程的施工应采用冬期施工措施。

抗冻混凝土的实质是指在自然负温气候条件下，采取防风、防干和防冻等施工措施，使混凝土的水化和凝结硬化能够按照预期的目的，最终使混凝土的强度满足设计和使用的要求。

抗冻混凝土对材料的选择如下：

(1)对水泥的选择。冬期施工混凝土所用水泥品种和性能，主要取决于混凝土养护条件、结构特点、结构使用期间所处环境和施工方法。在一般情况下，冬期施工混凝土应优先选用硅酸盐水泥和普通硅酸盐水泥。当硅酸盐水泥和普通硅酸盐水泥缺乏，需要选用其他品种水泥时，应注意其中的掺合料对混凝土抗冻性、抗渗性等性能的影响，也可选用经过技术鉴定的早强水泥，但在水泥中掺加早强剂时，要进行相关试验合格后方可使用。

有条件的工程可用特种快硬高强类水泥来配制冬期施工混凝土。但采用掺外加剂冬期施工方法时，冬期施工混凝土是不能选用高铝水泥的，这是因为高铝水泥因重结晶而导致混凝土强度的降低，对钢筋混凝土中钢筋的保护作用也比硅酸盐水泥差的缘故。

对于厚大体积的混凝土结构物，如水坝、反应堆、高层建筑物的大体积基础等，则选用水化热较小的水泥，以避免温差应力对结构产生不利影响。

总之，冬期施工混凝土对水泥的选择应注意以下方面：①优先选用硅酸盐水泥或普通硅酸盐水泥，不得选用火山灰质硅酸盐水泥；②如果选用矿渣硅酸盐水泥，应同时考虑采用蒸汽养护；③所用的水泥强度不应低于32.5MPa；④水泥用量最低不少于300kg/m^3，厚大体积混凝土的水泥最少用量，应根据实际情况确定。

(2)对骨料的选择。冬期施工混凝土所用的骨料分为细骨料和粗骨料。细骨料宜选用色泽鲜艳、质地坚硬、级配良好、质量合格的中砂，其含泥量不得大于1.0%；粗骨料宜选用经15次冻融值试验合格的坚实级配花岗岩或石英岩碎石，其坚固性指标应符合现行国家标准的规定，不得含有风化的颗粒，含泥量不得大于1.0%，泥块含量不得大于0.5%。

对于抗冻等级为D100及以上的混凝土，其所用的粗骨料和细骨料均应进行坚固性试验，并应符合现行行业标准《普通混凝土用砂、石质量及检验方法标准》(JGJ 52—2006)中的规定。

总之，所用粗骨料和细骨料的其他技术要求，应当符合国家标准《建筑用卵石、碎石》(GB/T 14685—2001)和《建筑用砂》(GB/T 14684—2001)中的规定。

冬期施工混凝土所用的骨料，必须具有良好的抗冻性。冬期施工混凝土所用的骨料堆场，应选在地势较高、不积水、运输方便、有排水出路的地方。为满足混凝土抗冻性的要求，粗骨料和细骨料应分别满足表2.20中的规定。

表2.20 冬期施工混凝土对骨料的要求

序号	骨料种类	质量要求
1	粗骨料	1. 对于强度等级较高的冬期施工混凝土，其粗骨料的最大粒径不应大于31.5mm； 2. 粗骨料中针片状颗粒含量(按质量计)，不宜大于5%； 3. 粗骨料中的含泥量不宜大于1.0%，泥块含量不宜大于0.5%； 4. 其他质量标准应符合《建筑用卵石、碎石》(GB/T14685－2001)中的规定
2	细骨料	1. 细骨料中的含泥量不宜大于1.0%，泥块含量不宜大于0.5%； 2. 其细度模数应控制在2.6左右； 3. 其他质量标准应符合《建筑用砂》(GB/T14684－2001)中的规定

(3)对早强防冻剂的选择。冬期施工混凝土中掺入适宜的混凝土早强减水剂和防冻剂，能有效地改善混凝土的工艺性能，提高混凝土的耐久性，并保证其在低温初期时获得早期强度，或在负温时期的水化硬化能继续进行，防止混凝土早期遭受冻害。

按照防冻剂在混凝土中的作用和效果不同，一般可分为：防冻抗冻型防冻剂、抗冻害型防冻剂、早强型防冻剂和引气型防冻剂。国内外目前常用的是复合型防冻剂，如早强剂＋减水剂、防冻剂＋早强剂＋阻锈剂、防冻剂＋早强剂＋阻锈剂＋减水剂、防冻剂＋早强剂＋引气剂＋减水剂、防冻剂＋早强剂＋阻锈剂＋减水剂＋引气剂和防冻剂＋早强剂＋阻锈剂＋减水剂＋引气剂＋其他外加剂等。

冬期施工混凝土用的外加剂应通过正式技术鉴定，其技术性能应符合《混凝土外加剂应用技术规范》（GB 50119—2003）和《混凝土防冻剂》（JC475—2004）标准的规定。我国配制的早强防冻剂主要由减水、引气、防冻、早强组分组成，不仅具有对混凝土显著的早强防冻功能，而且无毒、不易燃、对钢筋无锈蚀作用。

掺有早强防冻剂的混凝土，可以在负温情况下凝结硬化而不需要保温或加热，最终能达到与常温养护的混凝土相同的质量水平。

冬期施工混凝土所用的早强防冻剂，是低温施工环境中的重要材料，也是确保混凝土在一定负温下正常施工、保证工程质量的技术措施，因此选用的早强防冻剂应同时具备良好的早强作用、高效减水作用、降低冰点的作用、对钢筋无锈蚀作用和其他一些作用。

工程实践证明，对于抗冻等级为 D100 及以上的混凝土还应掺入适量的引气剂，掺入后混凝土的含气量应符合表 2.21 中的规定。

表 2.21　长期处于潮湿和严寒环境中混凝土的最小含气量

粗骨料最大粒径（mm）	混凝土最小含气量（%）	粗骨料最大粒径（mm）	混凝土最小含气量（%）
50	4.0	25	5.0
40	4.5	20	5.5

（4）混凝土水灰比的选择。在负温下混凝土产生冻结，主要是由于其内部的水分结冰所致。在混凝土中，孔隙率和孔结构特征（大小、形状、间隔距离）对抵抗冻害起着明显的作用，而水灰比的大小又直接影响混凝土的孔隙率和孔结构。因此，冬期施工混凝土的水灰比的选择是一个非常重要的指标，在一般情况下应尽量减小，即应不大于 0.60。

冬期施工混凝土在试配时，其最大水灰比应符合表 2.22 中的规定。

表 2.22　冬期施工混凝土的最大水灰比

混凝土抗冻等级	无引气剂时	掺引气剂时
D50 及以下	0.55	0.60
D100	0.50	0.55
D150 及以上	0.45	0.50

三、河道工程中所用砂浆

砂浆是由胶凝材料、水、细集料和掺加料按适当比例配制而成的材料，也称为无粗集料混凝土。河道工程中所用的砂浆按胶凝材料不同，可分为水泥砂浆、石灰砂浆、混合砂浆等；砂浆按用途不同，可分为砌筑砂浆、抹面砂浆、防水砂浆等。主要用的是水泥砌筑砂浆。

（一）砌筑砂浆主要的技术性质

砌筑砂浆应满足下列技术性质：（1）满足施工和易性要求；（2）满足设计种类和强度等级要求；（3）具有足够的粘结力。

砂浆的和易性包括流动性和保水性两个方面。砂浆的流动性表示砂浆在自重或外力作用下易于流动的性能。流动性的大小通过砂浆稠度仪试验测定,用稠度或沉入度(mm)表示,即标准圆锥体在砂浆内自由沉入10s的深度。稠度值越大,表明砂浆流动性越大。

砂浆的保水性是指砂浆保持水分的能力,用分层度表示。保水性用砂浆分层度测定仪测定,分层度以mm表示。《砌筑砂浆配合比设计规程》(JGJ 98—2000)中规定,砌筑砂浆的分层度不应大于30mm。

(二)河道工程所用其他砂浆

河道工程施工中所用的其他砂浆有:抹面砂浆、防水砂浆、勾缝砂浆、接缝砂浆和钢丝网水泥砂浆等。

(1)抹面砂浆。抹面砂浆是以薄层涂抹于建筑物表面,既能提高建筑物防风、防雨雪及其他侵蚀的能力,又使建筑物表面平整、光滑和美观。对于抹面砂浆对强度要求不高,但对保水性和粘结力要求较高,其胶凝材料的用量要比砌筑砂浆多一些。

(2)防水砂浆。防水砂浆主要用于堤坝、隧洞、水池、沟渠等工程。其水泥用量较多,砂灰比一般为2.5~3.0,水灰比为0.50~0.55,宜选用42.5级以上的水泥和级配良好的中砂。为了提高砂浆的防水性能,可加入氯化铁、金属皂类防水剂。

(3)勾缝砂浆。在砌体表面进行勾缝,既能提高灰缝的耐久性,又能增加建筑物的美观。勾缝采用M10或M10以上的水泥砂浆,并用过筛的细砂配制。勾缝砂浆的流动性必须调配适当,不得过稠或过稀。火山灰水泥干缩性大,不宜配制勾缝砂浆。

(4)接缝砂浆。在建筑物基础或老混凝土上浇筑混凝土时,为了避免混凝土中的石子与基础或老混凝土接触,影响结合面的胶结强度,应采用接缝砂浆。接缝砂浆的水灰比应与混凝土相同,灰砂比应稍高于混凝土,以达到适宜的稠度为准。

(5)钢丝网水泥砂浆。钢丝网水泥砂浆由几层重叠的钢丝网,经浇捣30~50MPa的高强度水泥砂浆构成,一般厚度为30~40mm,这种水泥砂浆具有较高的弹性、抗拉强度、抗冲击性和抗渗性。在河道水利工程中,钢丝网水泥砂浆主要用于制作压力管道、渡槽及闸门等薄壁结构物。

(三)砌筑砂浆的配合比设计

砂浆中各种组成材料之间的比例,称为砂浆的配合比。砌筑砂浆不仅要求其具有良好的和易性、抗变形能力,而且要求其硬化后具有设计规定的强度和粘结力。确定砌筑砂浆不同的强度等级,是根据工程类别及砌体部位的工程设计要求来确定的,选择其强度等级后,由所需的砂浆强度等级再来确定砂浆的配合比。

砌筑砂浆的配合比,可查有关资料和技术手册,然后通过试验进行必要调整而确定,也可根据《砌筑砂浆配合比设计规程》(JGJ 98—2000)中的规定进行计算,取得砂浆配合比数据。砌筑砂浆的计算步骤如下:

1. 确定砂浆的试配强度

为了保证砂浆具有95%的保证率,砂浆的配制强度应高于设计强度。砌筑砂浆的配制强度可按式(2.1)计算:

$$f_{mo} = f_{m1} + 0.645\sigma \tag{2.1}$$

式中 f_{mo}——砂浆的试配强度(MPa);

f_{m1}——砂浆的设计强度等级(MPa);

σ——砂浆现场强度标准差(MPa),可按表2.23中的数据选用。

表 2.23　砌筑砂浆现场强度标准差 σ 选用值　（MPa）

施工水平 \ 砂浆强度等级	M2.5	M5.0	M7.5	M10	M15	M20
优　良	0.50	1.00	1.50	2.00	3.00	4.00
一　般	0.62	1.25	1.88	2.50	3.75	5.00
较　差	0.75	1.50	2.25	3.00	4.50	6.00

2. 确定砂浆的水泥用量

根据式(2.2)，可求得每立方米水泥砂浆中的水泥用量，计算式如下：

$$Q_c = \frac{1000(f_m - B)}{Af_{ce}} \tag{2.2}$$

当计算出的水泥砂浆中的水泥用量不足 200kg/m^3 时，应取 $Q_c = 200$kg/m^3。

3. 确定砂浆中砂的用量

砂浆中的胶凝材料、掺合料和水是用来填充砂子中的空隙的，因此，每立方米砂浆含有堆积体积为 1m^3 的砂子。则砂子的用量可按下式计算：

$$Q_s = \rho_{0,干}(1 + \beta) \tag{2.3}$$

式中　Q_s——每立方米砂浆中砂子的用量(kg/m^3)；

$\rho_{0,干}$——砂子在干燥状态下的堆积密度(kg/m^3)；

β——砂子的含水率(%)。

4. 确定砂浆掺加料用量

为保证砂浆具有良好的流动性和保水性，每立方米砂浆中胶凝材料和掺合料的总量应控制在 300～350kg/m^3 之间。则砂浆中掺合料可用下式计算：

$$Q_d = Q_a - Q_c \tag{2.4}$$

式中　Q_d——每立方米砂浆中掺合料的用量(kg/m^3)；

Q_a——每立方米砂浆中胶凝材料和掺合料的总用量(kg/m^3)；

Q_c——每立方米砂浆中水泥的用量(kg/m^3)。

为了保证砂浆的流动性，石灰膏的稠度按 120mm ±5mm 计量。当石灰膏的稠度为其他值时，其用量应乘以换算系数，换算系数见表 2.24。

表 2.24　石灰膏不同稠度时的用量换算系数

石灰膏稠度(mm)	120	110	100	90	80	70	60	50	40
换算系数	1.00	0.99	0.97	0.95	0.93	0.92	0.90	0.88	0.87

5. 确定砂浆中水的用量

砂浆中用水量的多少对其强度等性能影响不大，可根据砂浆稠度及施工现场的气候条件，用水量一般在 250～330kg/m 之间选用，也可按表 2.25 中的数值选用。

表 2.25　砌筑砂浆用水量选用表

砂浆品种	水泥砂浆	混合砂浆
用水量(kg/m^3)	270～330	250～300

6. 水泥砂浆初步配合比

河道砌筑工程中最常用的是水泥砂浆，对水泥砂浆应先进行初步配合设计，再进行试配、调整。为快捷进行水泥砂浆配合比设计，根据《砌筑砂浆配合比设计规程》(JGJ 98—2000)中的规定，砌筑砂浆中各种材料的用量可从表2.26中参考选用，试配强度可按式(2.1)计算。

表2.26 水泥砂浆中的各种材料参考用量 (kg/m^3)

砂浆强度等级	水泥用量	砂子用量	用水量
M2.5~M5.0	200~230	砂子的堆积密度值	270~330
M7.5~M10	220~280		
M15	280~340		
M20	340~400		

注：(1)此表水泥强度等级为32.5级，大于32.5级水泥用量宜取下限；
(2)根据施工水平合理选择水泥用量；
(3)当采用细砂或粗砂时，用水量分别取上限或下限；
(4)施工现场气候干燥时，可适当增加用水量；
(5)当稠度小于70mm时，用水量可小于下限。

7. 进行配合比试配调整

(1)采用与工程实际相同的材料和搅拌方法试拌砂浆，选用基准配合比中水泥用量分别增减10%共三个配合比，分别进行试拌。

(2)按照规定的试验方法测定砂浆的沉入度和分层度，判定哪种配合比能满足要求。当不能满足要求时，应调整配合比使和易性满足要求。

(3)分别制作强度试件(每组6个试件)，在标准条件下养护28d，测定砂浆的抗压强度，选用符合设计强度要求且水泥用量最少的砂浆配合比，作为工程中所用砂浆配合比。

(4)根据砂浆拌合物的密度，校正材料的用量。一般情况下，水泥砂浆拌合物的密度不应小于1900kg/m^3，水泥混合砂浆拌合物的密度不应小于1800kg/m^3。

第四节 河道工程用钢材

建筑钢材是指在建筑工程中使用的各种钢材，包括钢结构用的各种型钢(圆钢、角钢、工字钢、槽钢、钢管等)、钢板和钢筋混凝土结构中所用的各种钢筋、钢丝、钢绞线等。

建筑钢材应是在严格的技术条件下生产的材料，其具有材质均匀、强度较高、性能可靠、韧性较好、塑性满足、易于加工、便于装配等特点，并具有承受冲击和振动荷载的能力。但是，钢材也具有容易锈蚀、耐火性差等显著缺点。

一、钢材的分类

(一)按冶炼时脱氧程度分类

在冶炼过程中，部分铁被氧化为氧化铁，将严重影响钢材的质量。因此，在浇铸钢锭之前，首先要进行脱氧，常用的脱氧剂有硅铁、锰铁、铝等，其中以铝为最佳。根据脱氧程度不同，钢可分为沸腾钢、镇静钢、半镇静钢和特殊钢四种。

1. 沸腾钢(代号为F)

沸腾钢是脱氧不完全的钢，钢液中含氧量较高，有较多的氧化亚铁(FeO)，它与碳发生化学反应，产生大量的一氧化碳(CO)气体，在钢液凝固时，气泡从钢液中冒出，在液面出现“沸腾”现象。这种钢的塑性较好，有利于冲压，但钢中的碳、硫、磷等杂质分布不均匀，偏析较严重，使钢的冲击韧性及可焊性较差。由于成本较低、产量较高，可以用于一般的建筑结构中。

2. 镇静钢（代号为Z）

镇静钢是脱氧充分、铸锭时钢液平静的钢。其质量均匀，结构致密，可焊性好，抗蚀性强，但成本较高，可用于承受冲击荷载或其他重要的结构。

3. 半镇静钢（代号为b）

半镇静钢的材质和脱氧程度介于沸腾钢与镇静钢之间，是建筑工程中应用最广泛的一种钢材。

4. 特殊钢（代号为TZ）

特殊钢亦称特殊镇静钢，是一种比镇静钢脱氧还要充分彻底的钢，所以其质量最好，适用于特别重要的结构工程。

（二）按化学成分分类

按钢中的化学成分不同，钢材可以分为碳素钢和合金钢两大类。

1. 碳素钢

碳素钢的化学成分主要是铁元素，其次是碳元素，也称为铁碳合金。此外，碳素钢中还含有少量的硅、锰，极少量的硫、磷等元素。其中碳的含量对钢的性质影响最显著，根据碳元素在钢中的含碳量不同，碳素钢又可分为低碳钢、中碳钢和高碳钢三种。

钢中含碳量小于0.25%的称为低碳钢，含碳量在0.25%～0.60%之间的称为中碳钢，含碳量大于0.60%、而小于2.06%的称为高碳钢。

2. 合金钢

合金钢是指在炼钢的过程中特意加入少量的一种或多种合金元素（如硅、锰、钛、钒等）。钢中加入少量的合金元素后，既能改善钢的力学性能和工艺性能，也能获得某种特殊的理化性能。按合金元素掺入的总量，可将合金钢分为低合金钢、中合金钢和高合金钢三种。

合金总量小于5%的称为低合金钢，合金总量在5%～10%之间的称为中合金钢，合金总量大于10%的称为高合金钢。

（三）按有害杂质含量分类

按有害杂质含量不同分类，主要按硫（S）和磷（P）的含量多少，可分为普通钢、优质钢、高级优质钢和特级优质钢四种。

根据我国现行的钢材生产质量标准，磷的含量小于或等于0.045%、硫的含量小于或等于0.050%的钢称为普通钢，磷的含量小于或等于0.035%、硫的含量小于或等于0.035%的钢称为优质钢，磷的含量小于或等于0.025%、硫的含量小于或等于0.025%的钢称为高级优良钢，磷的含量小于或等于0.025%、硫的含量小于或等于0.015%的钢称为特级优质钢。

（四）按用途不同分类

按钢的用途不同，可分为结构钢、工具钢和特殊钢三种。结构钢是主要用于工程结构构件及机械零件的钢，一般为低碳钢和中碳钢。工具钢是主要用于各种工具、量具及模具的钢，一般为高碳钢。特殊钢是具有特殊物理、化学或机械性能的钢，如不锈钢、耐热钢、磁性钢、耐酸钢等，一般为合金钢。

二、建筑钢材的主要技术性能

建筑钢材的力学性能是其主要性能，它对结构的科学性、合理性、安全性和经济性起着决定性的作用。建筑钢材的主要技术性能，包括力学性能、工艺性能。其中建筑钢材的力学性能主要又包括抗拉性能、冲击韧性、伸长率和耐疲劳性能等；建筑钢材的工艺性能主要又包括冷弯性能和焊接性能。

（一）力学性能

1. 抗拉性能

抗拉性能是建筑钢材最常采用、最重要的力学性能。钢材的抗拉性能由拉力试验测定的屈服点、抗拉强度和伸长率三项技术指标组成。通过拉伸试验，可以测得屈服强度、抗拉强度和断后伸长率，这些是钢材的重要技术性能指标。

建筑钢材的抗拉性能，可以通过低碳钢（软钢）拉力试验（如图2.2所示）来说明。图中可明显地划分为弹性阶段（$O \rightarrow A$）、屈服阶段（$A \rightarrow B$）、强化阶段（$B \rightarrow C$）和颈缩阶段（$C \rightarrow D$）四个阶段。

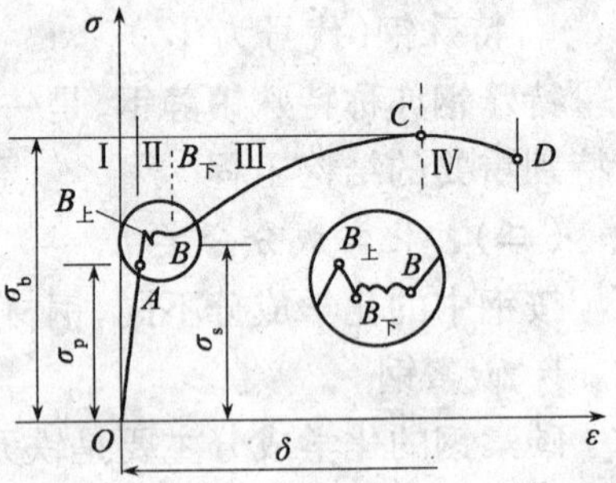

图2.2　碳素结构钢的拉力—应变图

（1）弹性阶段（OA）。钢材在弹性阶段受力时，其应变的增加与应力的增加成正比例关系，当外力消除后，变形也即消失，A点对应的应力称为比例极限。当应力稍低于A点时，应力与应变的比值为一个常数，称为钢材的弹性模量，用E_g表示（$E_g = \sigma/\varepsilon$），建筑常用的碳素结构钢$E_g = (2.0 \sim 2.1) \times 10^5$MPa。当应力超过$A$点后，不再保持正比例关系，则应变与应力的关系改变。

（2）屈服阶段（AB）。当应力超过A点后，如卸去拉力，试件的变形不能完全消失，表明已经出现了塑性变形，到达屈服阶段。在屈服阶段，试样的应力虽不增加，钢材迅速产生塑性变形，但变形很不稳定，这是由于受力过程中晶格产生了较大的相对滑移，晶体组织不断变化与调整的结果。在试验中力不增加（保持恒定）仍能继续伸长时的应力称为屈服点。屈服点是设计中极其重要的技术参数，一般以屈服点作为强度取值的依据。钢材在小于屈服点工作时，不会出现较大的塑性变形，能满足使用的要求。

（3）强化阶段（BC）。钢材在屈服以后，由于晶体组织的调整，其抵抗变形的能力重新增强，故称为“强化”。上升曲线最高点C对应的应力被称作抗拉强度，用σ表示。Q235钢的σ不小于375MPa。

抗拉强度σ在设计中虽不能利用，但屈强比（σ_S/σ）在设计中确有着重要意义。屈强比小，钢材至破坏时的储备潜力大，且钢材塑性好，应力重分布能力强，用于结构的安全性高。若屈强比过小，则钢材利用率低，不经济。建筑结构钢屈强比一般在0.60～0.75范围内较合理。普通碳素结构钢Q235的屈强比约为0.58～0.63；低合金结构钢的屈强比约为0.65～0.75；对有抗震要求的框架结构纵向受力钢筋要求屈强比不应超过0.80。

（4）颈缩阶段（CD）。当应力达到抗拉强度时，钢材内部结构遭到严重破坏，试件从薄弱处产生颈缩及迅速伸长变形直至断裂，此种现象称为“颈缩”。在颈缩阶段，由于试件截面迅速减小钢材承载能力急剧下降。

将拉断的试件在断口处拼合起来，量出拉断后标距部分的长度L_1，由L_1与原始标距长L_0，用式（2.5）可测得钢材伸长率δ，其计算式为：

$$\delta = \frac{L_1 - L_0}{L_0} \times 100\% \tag{2.5}$$

式中　L_0——试件原始标距长度(mm)；

L_1——试件拉断后标距部分的长度(mm)。

应当注意，由于发生颈缩现象，所以塑性变形在试件标距内的分布是很不均匀的，颈缩处的伸长较大，当原标距与直径之比愈大，则颈缩处伸长值在整个伸长值中的比重愈小，因而计算的伸长率会小些。通常以 δ_5 和 δ_{10} 分别表示 $L_0=5d$ 和 $L_0=10d$ 时的伸长率，d_0 为试件的原直径。对于同一钢材，δ_5 大于 δ_{10}。

伸长率表明钢材塑性变形能力的大小，是评定钢材质量的重要指标。伸长率较大的钢材，钢质较软，强度较低，但塑性好，加工性能好，应力重分布能力强，用于结构安全性大，但塑性过大，又影响实际使用。塑性过小，钢材质硬脆，受到突然超荷作用时，构件易断裂。

硬钢由于材质较硬，抗拉强度高，塑性变形较小，受拉时无明显的屈服阶段，如图 2.3 所示。由于硬钢没有明显的屈服阶段，屈服点不便测定，故常以其规定残余变形 0.2% L_0 时的应力作为规定的屈服极限，用 $\sigma_{0.2}$ 表示。

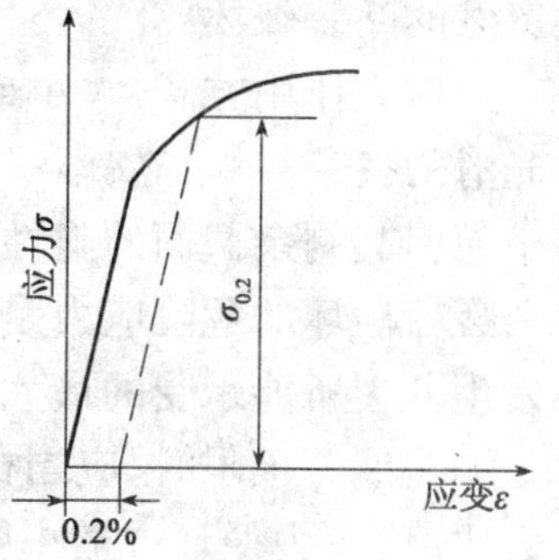

图 2.3　硬钢的屈服强度 $\sigma_{0.2}$

通过拉力试验，还可以测定另一个表明试件(钢材)的塑性指标——断面收缩率 Ψ。它表示试件拉断后，颈缩处横截面积最大缩减量与原始横截面积的百分比，即

$$\psi=\frac{F_1-F_0}{F_0}\times100\% \tag{2.6}$$

式中　F_0——原始横截面积；

F_1——断裂颈缩处的横截面积。

2. 冲击韧性

冲击韧性是指钢材抵抗冲击荷载作用的能力。冲击韧性指标是通过标准试件的弯曲冲击韧性试验确定的，试验时将试件设置在固定支座上，以摆锤打击标准试件，于刻槽处将其打断，试件单位截面积(cm^2)上所消耗的功，即为钢材的冲击韧性值，用冲击韧性 α_k(J/cm^2)表示。α_k 值愈大，钢材的冲击韧性愈好。钢材冲击韧性主要受下列因素影响：

(1)化学成分及轧制质量的影响。

钢中碳、氧、硫、磷含量高时，非金属夹杂物及焊接裂纹都会使冲击韧性降低。轧制质量与温度(热轧和冷轧)、取样方向(纵向和横向)、试件尺寸(厚度或直径)均有关，经热轧、纵向取样和尺寸较小的钢件所测得的 V 型冲击功较大。

(2)温度对冲击韧性的影响。试验表明，钢材的冲击韧性随温度的降低而下降，其规律是开始下降比较缓慢，当达到一定温度范围时，突然下降很多而呈脆性，这种由韧性状态过渡到脆性状态的性质叫“冷脆性”，发生冷脆时的温度叫“脆性临界温度”。它的数值愈低，钢材的低温抗冲击韧性愈好。所以在负温下使用的结构，应当选用“脆性临界温度”较使用温度为低的钢材。如碳素结构钢 Q235 的“脆性临界温度”约为 -20℃。

寒冷地区选用钢材，其脆性临界温度应比该地区历史统计最低温度要低。

(3)钢材时效对冲击韧性的影响。随时间的延长，钢材表观强度和硬度提高，但其塑性和韧性降低，这种现象称为时效。完成时效变化的过程可达数十年。钢材如经受冷加工变形，或使用中经受振动和反复荷载的影响，时效可迅速发展。

时效作用导致钢材性能改变程度的大小叫时效敏感性。时效敏感性是以时效前后冲击韧性指标的损失值与时效前的冲击韧性指标值之比来表示。时效敏感性愈大的钢材，经过时效以后其冲击韧性的降低愈显著。为了保证结构的使用安全,用于承受动荷载或负温下工作的结构不宜选用时效敏感性大、脆性临界温度高的空气转炉钢和沸腾钢,必须按照有关规范要求进行钢材的冲击韧性试验。

3. 耐疲劳性

钢构件若在交变应力(随时间作周期性交替变更的应力)的反复作用下,往往在工作应力远小于抗拉强度时发生骤然断裂,这种现象称为“疲劳破坏”。钢材抵抗疲劳破坏的能力称为耐疲劳性。

疲劳破坏的原因,主要是钢材中存在疲劳裂纹源(如构件表面粗糙、有加工损伤或刻痕、构件内部存在夹杂物或焊接裂纹等缺陷),若设计不合理,在构件尺寸变化或钻孔处由于截面急剧改变造成局部过大的应力集中,疲劳裂纹源发展成裂纹,在交变应力作用下裂纹扩展而发生突然的断裂破坏。

当应力作用方式、大小或方向等交替变更时,裂纹两面的材料时而紧压或张开,形成了断口光滑的疲劳裂纹扩展区。随着裂纹向纵深发展,在疲劳破坏的最后阶段,裂纹尖端由于应力集中而引起剩余截面的脆性断裂,形成断口粗糙的瞬时断裂区。

疲劳破坏的危险应力是疲劳试验中材料在规定周期基数 N_0(交变应力反复作用次数)内不发生断裂所能承受的最大应力,此应力称为疲劳极限或疲劳强度。

测定疲劳极限时,应当根据构件使用条件确定应力循环类型(如拉—拉型、拉—压型等)、应力比值(应力循环中最小应力与最大应力的比值,又称应力特征值)和周期基数。测定钢筋的疲劳极限时,通常采用的是承受大小改变的拉—拉应力循环;应力特征值通常为 0.60 ~ 0.80(非预应力筋)和 0.70 ~ 0.85(预应力筋);周期基数一般为 200 万次或 400 万次以上。

钢材耐疲劳强度的大小与其内部组织、成分偏析及各种缺陷有关。同时,钢材表面质量、截面变化和受腐蚀程度等都可以影响其耐疲劳性能。对于承受交变应力作用的钢构件,应根据钢材质量及使用条件合理设计,以保证构件足够的安全度及寿命。

4. 钢材的工艺性能

建筑钢材在用于工程结构前,大多数需要进行一定形式的加工。良好的工艺性能是构件的质量保证,不仅可以提高成品的质量,而且还可以降低成本。

(1)冷弯性能。冷弯性能是指钢材在常温下承受弯曲变形的能力,是建筑钢材的重要工艺性能。建筑工程中常需对钢材进行冷弯加工,冷弯试验就是模拟钢材弯曲加工而确定的。

钢材的冷弯性能指标,用试件在常温下所能承受的弯曲程度来表示。弯曲程度是通过试件被弯曲的角度和弯心直径对试件厚度(或直径)的比值区分的(如图 2.4 所示)。冷弯试验是将钢材按规定的弯曲角度、规定的弯心直径 D 与钢材厚度(或直径)的比值进行,若弯曲处不发生裂纹、起层或断裂现象即为合格。弯角与比值大小反映弯曲程度。弯角愈大,比值愈小时,表示对冷弯性能检验愈严格。

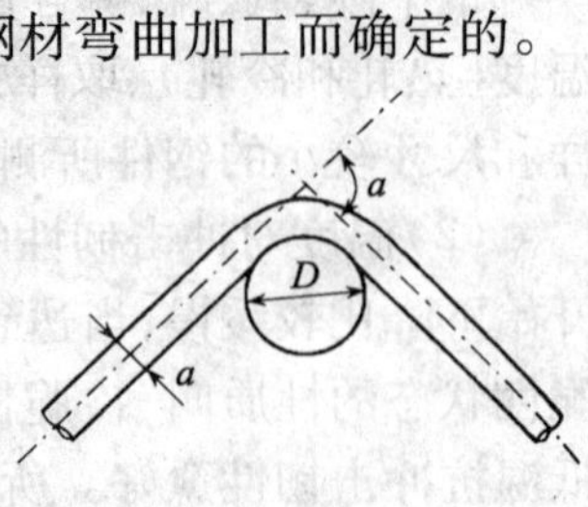

图 2.4　钢材冷弯示意图

冷弯试验是通过弯曲处的塑性变形来实现的,这是钢材局部发生的非均匀变形,冷弯也是检验钢材塑性的一种方法,并与伸长率存在着有机的联系,伸长率大的钢材,其冷弯性能肯定也好,但冷弯试验对钢材塑性的评定比拉伸试验更严格、更敏感。冷弯试验有助于暴露钢材的某些缺陷,如组织不均匀的应力、夹杂物或焊接裂纹等;而在拉伸试验中,这些缺陷常常由于均匀的塑性变形导致应力重分布而被掩饰了,故冷弯试验对钢材质量和焊接质量都是一种较严格的检验。

(2)焊接性能。钢材的焊接性能也称为可焊性,是指钢材在通常的焊接方法和工艺条件下获得良好的焊接接头的性能。在钢筋工程中,常采用焊接方式来连接钢构件、钢接头或钢预埋件等。这种焊接方式,即使钢件在连接处局部加热,使其达到塑性状态或熔融状态,借助本身金属分子的吸附力使两个钢件相连接。

在焊接过程中,由于局部加热后迅速升温及冷却,在焊接区的金属组织变粗变脆,产生硬脆倾向;焊接区常有残余应力,甚至导致裂缝;或者氧和硫的低熔点化合物引起热脆等,这些都会降低钢材焊接质量。

提高构件的焊接质量,首先应选用可焊性较好的钢材。钢的可焊性主要受化学成分及含量的影响,当含碳量超过0.3%时,可焊性变差。硫的存在使焊头处产生热裂纹并硬脆。FeO与FeS生成低熔点的共晶体,氧加剧了硫的热脆性,因此,沸腾钢的可焊性差。采用合理的焊接方法(电弧焊或接触对焊)和焊条;正确操作以防止夹入焊渣、气孔、裂纹等;焊前预热及焊后进行退火处理,消除升温及降温过快而产生的内应力(内应力会促使裂纹扩展,导致焊缝变脆),这样,可使接头强度与母体相近。

三、河道工程常用的钢材

在河道工程施工中常用的钢材有:热轧钢筋、冷轧带肋钢筋、热处理钢筋、预应力混凝土用钢丝和钢绞线、型钢等。

(1)热轧钢筋。热轧钢筋是经热轧成型并自然冷却的成品钢筋,按外形可分为光圆钢筋和带肋钢筋两种。按照《混凝土结构设计规范》(GB 50010—2002)的规定,钢筋混凝土中所用的国产热轧钢筋按屈服点分为四个强度等级,分别为:HPB235、HRB335、HRB400和RRB400。

(2)冷轧带肋钢筋。热轧圆盘条经冷轧后,在其表面带有沿长度方向均匀分布的三面或两面横肋的钢筋,称为冷轧带肋钢筋。与冷拔钢丝相比,具有强度高、塑性好、粘结牢固、节约钢材、质量稳定等优点,广泛应用于中、小型预应力混凝土构件和普通混凝土构件。

(3)热处理钢筋。热处理钢筋分为预应力用热处理钢筋和钢筋混凝土用余热处理钢筋,其外形分为有纵肋和无纵肋两种。它是由热轧带肋钢筋经淬火和回火进行调质处理后而成的钢筋。具有高强度、高韧性、高粘结力和塑性降低小等优点,特别适用于预应力混凝土构件的配筋。

(4)预应力混凝土用钢丝和钢绞线。预应力高强度钢丝是用优质碳素结构钢盘条,经酸洗、冷拉或再经回火处理等工艺制成,专用于预应力混凝土。其具有强度高、柔性好、无接头、施工方便、质量稳定、安全可靠等优点。预应力钢绞线是用多根钢丝在绞线机上捻制后,再经低温回火和消除应力等工序制成,具有强度高、与混凝土粘结性能好、断面面积大、柔性好、易于在结构中排列布置、易于锚固等特点,主要用于大跨度、重荷载的后张法预应力混凝土结构中。

(5)型钢。型钢是长度和截面周长之比相当大的直条钢材的通称。型钢按截面形状不同,可分为简单截面型钢和复杂截面型钢。简单截面型钢有扁钢、圆钢、方钢、六角钢和八角钢5种,复杂截面型钢有角钢、工字钢、槽钢和其他异型截面等。

四、钢材质量检验的内容

钢材的质量检验主要包括:钢材的外观检验、钢筋尺寸及每米长质量、机械性能和化学成分检验、验收批和复验的判定四个方面。

(1)钢材的外观检验。钢筋表面不得有裂缝、结疤和折叠。钢筋表面的凸块和其他缺陷的深度或高度,不得超过所在部位尺寸的容许偏差。带肋钢筋的凸块,不得超过横肋的高度。

钢筋的外形,光圆钢筋的不圆度不得大于0.40mm,带肋钢筋的各细部尺寸,如直径、肋高、肋宽及肋间距等,按公称直径不同,应符合国家标准容许偏差的规定。

钢筋每米的弯曲度应不大于4mm,总弯曲度不大于钢筋总长度的0.4%。带肋钢筋表面应轧有牌号标志,以区别钢筋的等级,并依次轧上厂名或商标、直径数字。钢筋应有出厂证明书或试验报告单。

除以上规定外,钢筋的包装、标志和质量证明书,应符合《型钢验收、包装、标志及质量证明书的一般规定》(GB/T 2101—2008)的有关规定。

(2)钢筋尺寸及每米长质量。钢筋的尺寸主要是公称直径和定尺长度,均不得超过允许偏差。热轧带肋钢筋的公称直径是指与横截面面积相等的圆的直径,其范围为8~50mm。热轧光圆钢筋的公称直径为8~20mm,允许偏差为±0.4mm。光圆钢筋和带肋钢筋公称直径的测量均精确到0.1mm。钢筋按直条交货时,其长度通常为3.5~12m,钢筋按定尺寸交货时,其长度允许偏差不得大于±50mm。

测量钢筋质量偏差时,试样数量不少于10个,试样总长度不小于60m。长度应逐个测量,精确到10mm。试样总质量不大于100kg时,精确到0.5kg;试样总质量大于100kg时,精确到1.0kg。当供方能保证钢筋质量偏差规定时,试样的数量和长度可不受上述限制。

(3)机械性能和化学成分检验。钢筋的屈服点、拉伸强度和伸长率的检测应按《金属材料室温拉伸试验方法》(GB/T 228—2002)的规定进行。钢筋冷弯试验应按《金属材料　弯曲试验方法》(GB/T 232—1999)的规定进行。拉伸和弯曲试件不允许进行车削加工。钢筋用钢的牌号及化学成分,应按《钢铁及合金化学分析方法》(GB/T 223)进行检测,取样和化学成分的允许偏差按《钢的成品化学分析允许偏差》(GB/T 222—2006)及《钢和铁化学成分测定用试样的取样和制样方法》(GB/T 20066—2006)执行。

(4)验收批和复验的判定。钢筋检验以重量不大于60t为一批,每批钢筋中任意抽出两根,每根钢筋截取一套试件,每套试件为两根。其中一根做拉伸试验,测定其屈服点、抗拉强度和伸长率;另一根做冷弯试验。钢丝的检验以3t为一批,每批要取10%盘(并且不少于6盘),从每盘钢丝两端截取试件一套,每套试件为两根,分别进行拉伸和冷弯试验。每批应由同一牌号、同一炉号、同一规格、同一交货状态的钢筋组成。如果检测后某一项试验结果不符合标准要求,则从同一批中再任取双倍试件进行复检。复检结果如有一项指标不合格,则整批不得交货。

第五节　河道工程用土料和石料

河道堤坝的修筑和抢险、建筑物的修建和回填、堤坝道路的铺筑等,均离不开土料和石料。土料和石料的质量如何,直接关系到工程质量和安全。

一、河道工程的土料

按照国家现行规范的有关规定,河道工程所用的土料,从广义的角度而言,包括土质土和岩石两大类。在工程施工中根据开挖的难易程度不同进行分级。

(一)土的工程性质

土的工程性质主要是指土的松实关系,其又包括土的体积关系、自然方和压实方的关系。自然状态下的土,经开挖扰动之后,因土体变得松散而使体积增大,这种性质称为土的可松性。其松散程度可用土体的可松性系数 K(开挖后的松散体积与开挖前的自然体积之比)表示,各种土的可松性系数见表 2.27。

表 2.27　土的密度 γ 和可松性系数 K

土的类别	自然状态		挖松后		弃土堆	
	γ_1	K_1	γ_2	K_2	γ_3	K_3
砂土	1.65~1.75	1.00	1.50~1.55	1.05~1.15	1.60~1.65	1.00~1.10
壤土	1.75~1.85	1.00	1.65~1.70	1.05~1.10	1.75~1.80	1.00~1.05
黏土	1.80~1.95	1.00	1.60~1.65	1.10~1.20	1.75~1.80	1.00~1.20
砂砾土	1.90~2.05	1.00	1.50~1.70	1.10~1.40	1.70~1.90	1.00~1.05
含砂砾壤土	1.85~2.00	1.00	1.70~1.75	1.05~1.10	1.85~1.95	1.00~1.20
含砂砾黏土	1.95~2.10	1.00	1.70~1.90	1.10~1.25	1.75~2.00	1.00~1.05

(1)土的体积关系。土体在自然状态下是由土粒、水和气体三相组成的。当自然土体松动后,气体体积增大,当土粒数量不变,原自然土体积 V_1 必然小于松动后的土体积 V_2;当经过碾压或振动后,土中的气体被排出,则压实后的土体积 V_3 小于自然土体积 V_1。三者之间的关系即 $V_3 < V_1 < V_2$。

对于砾石、卵石和爆破后的块碎石,由于它们的块度较大或颗粒粗,可塑性远远小于土粒,所以它们的压实方大于自然方。几种典型土的体积变化换算系数,如表 2.28 所示。

表 2.28　几种典型土的体积变化换算系数

土壤种类	自然 V_1	松动 V_2	压实 V_3	土壤种类	自然 V_1	松动 V_2	压实 V_3
黏土	1.00	1.27	0.90	壤土	1.00	1.25	0.90
砂土	1.00	1.12	0.95	固结砾石	1.00	1.42	1.29

单位体积土的质量称为土的密度(ρ)。当 $1m^3$ 的自然土体松动后,土的体积增大,单位体积的质量变轻,再经过碾压或振动后,使土粒的紧密度增加,因而单位体积质量增大。

(2)自然方和压实方的关系。在河道堤坝工程的施工中,设计工程量为压实后的成品方量,土料场的储量是自然方。在计算压实工程的备料量和运输量时,应将两者之间的关系考虑进去,并考虑施工过程中技术处理、要求及其他不可避免的各种损耗。在多年施工经验的基础上,提出了压实成品方与所需自然方的换算公式:

$$V_3 = (1 + A/100)\ \rho_d/\rho_0 \tag{2.7}$$

式中　V_3——上方压实成品方的体积(m^3);

A——综合系数;

ρ_d——设计土料干密度(kg/m^3);

ρ_0——未经扰动的自然干密度(kg/m^3)。

式(2.7)中的综合系数 A 考虑了施工中的各种损失,主要包括坝上运输、雨后清理、边坡削坡、接缝削坡、施工沉陷、取土坑、试验坑和不可避免的压坏等损失因素。综合系数见表 2.29。

表 2.29　土料施工综合系数 A

填筑料	综合系数 A	填筑料	综合系数 A
机械填筑混合堤坝坝体土料	5.86	人工填筑心墙土料	3.43
机械填筑均质堤坝坝体土料	4.93	坝体砂石料、反滤层	2.20
机械填筑心墙土料	5.70	坝体堆石料	1.40
人工填筑坝体土料	3.43		

(二)土的工程分级

土的工程分级是按照16级分类方法,通常将Ⅰ~Ⅳ级称为土(如表2.30所示),Ⅴ级以上称为岩石。同一级土中各类土壤的特征有很大差异,它们虽然都属于同一级土,但颗粒组成不同,其开挖方法也不相同。在实土方工程施工中,对土壤的特性及外界条件在分级的基础上进行认真分析研究,最后再确定土的级别。

表 2.30　一般工程土壤的分级

土的级别	土壤名称	自然湿密度(kg/m^3)	外形特征	开挖方法
Ⅰ	砂土	1650~1750	疏松、黏着力差或易透小、略有黏性	用铁锹,有时略加脚踩开挖
	种植土			
Ⅱ	壤土	1750~1850	开挖时能成块并易碎	用锹并用脚踩开挖
	淤泥			
	含壤土种植土			
Ⅲ	黏土	1800~1950	粘手,看不见砂粒或干硬	用镐、三齿耙开挖或用锹并加脚用力踩开挖
	干燥黄土			
	干淤泥			
	含少量砾石黏土			
Ⅳ	坚硬黏土	1900~2100	土壤结构坚硬,将土分裂后成块状或含有黏粒,砾石较多	用镐、三齿耙等工具开挖
	砾质黏土			
	含砾石黏土			

二、河道工程的石料

道路工程中所用石料制品,按其加工程度和加工后的外形可分为料石和毛石两类。

(一)料石的技术规格

料石是由人工或机械开采出外形较为规则的六面体石块,然后再略加修整而成,以便在铺砌时相互合缝。按照料石表面加工的平整程度不同,又可分为细料石、半细料石、粗料石和毛料石。

(1)细料石。石块通过细加工,外表规则,叠砌面凹入深度不应大于10mm,截面的宽度、高度均不宜小于200mm,且不宜小于长度1/4的石料。细料石主要作为镶面石料。

(2)半细料石。石块通过细加工,外表比较规则,叠砌面凹入深度不应大于15mm,截面的宽度、高度均不宜小于200mm,且不宜小于长度1/4的石料。半细料石与细料石一样,主要也作为镶面石料。

(3)粗料石。粗料石形体方正,规格与细料石相同,叠砌面凹入深度不应大于 20mm。粗料石的抗压强度应当根据其用途而定,当用作桥墩破冰体镶面时,抗压强度不应低于 60MPa;当用于桥墩分水体时,抗压强度不应低于 40MPa;当用于其他砌体镶面时,应不低于砌体内部石料的强度。

(4)毛料石。毛料石的外形大致方正,一般不加工或稍加修整,其高度不小于 200mm,宽度和长度不小于高度,叠砌面凹入深度不应大于 25mm,抗压强度不得低于 30MPa。毛料石可用于桥墩台的镶面工程,涵洞的拱圈与帽石,隧道衬砌的边墙,也可用于高大的或受力较大的桥墩台填腹材料等。

(二)毛石的技术规格

毛石是岩石经爆破后所得不规则的石块,其中部的厚度应大于 200mm。根据其外形不同,毛石分为乱毛石(片石)和平毛石(块石)两种。片石是形状不规则的石块,块石是具有两个大致平行面的石块。一般要求每块中部厚度不小于 200mm,长度为 300~400mm,质量为 15~30kg。用于主体工程的毛石,其抗压强度应不小于 30MPa;用于附属工程的毛石,其抗压强度应不小于 20MPa。

毛石多用于砌筑基础、挡土墙、沟渠,也可用于砌筑道路与河道护坡、桥墩与桥台、涵洞的边墙、端墙和翼墙等结构物。

第三章 河道管理

河流是干流与支流相互沟通、自由流淌形成的独特系统。纵横交错、奔流不息的河川，将自然界所有生命所需的水分与营养输送到陆地各个角落，滋润着地球上各种生命。河流对人类生存与发展作出的贡献是无与伦比的。

人们自古逐水而居，河流两岸优越的水土资源、便利的交通和适宜的环境，给人类的生存与发展提供了良好的环境条件。但是，河流洪水、水质污染等，也给人类带来沉重的灾难。河道管理在不同社会发展阶段有不同的要求，河道有其自身发展和演变的规律。随着社会经济的发展，河流在社会发展中将发挥重要的作用，人们与河流的关系将更加密切，对河道管理的要求将越来越高。

第一节 我国河流概况及主要特点

一、我国河流的概况

华夏民族聚集的大地幅员广阔，各地自然条件特别是气候条件差异较大。河流作为气候的产物，同样存在着丰富多彩的差异性。我国的江河分类，从江河补给水源来看，有雨水、地下水、高山冰雪融水、季节积雪融水，以及各种混合补给类型的河流；从江河之水最终的归宿来看，有外流河和内流河之分（直接或间接流入海洋的河流称外流河，不能流入海洋的河流称内流河）；从江河水力状况来分，有长年流水的河流和季节性河流。外流区的江河，几乎都沿着3个地形斜面分别注入太平洋、印度洋、北冰洋。外流河的集水范围称外流区域；内流河的集水范围称内流区域。

外流区由南到北分布着珠江、长江、淮河、黄河、海河、辽河及松花江七大江河，其中除松花江汇入黑龙江后流出境外，其余皆东流注入太平洋。此外，还有东南沿海诸河、山东半岛诸河、辽西诸河、辽东半岛诸河以及海南岛诸河等中小河流直接入海。这些沿海河流的主要特征是：流域面积不大，源短流急，水量丰富，河水较清。

中国的内流区的面积很大，约占全国总面积的36%，主要分布于中国北部的内蒙古高原，西北的河西走廊、柴达木盆地、新疆的大部分地区，以及西藏的藏北高原。此外，东北的松嫩地区也有局部的内流区。位于新疆的塔里木河，不仅是中国最大的内陆河，也是世界上最长的内流河之一。

国际性河流多位于中国东北、西北、西南，它们流向不一，分别注入太平洋、北冰洋和印度洋。我国东北的国际性河流有黑龙江水系，黑龙江干流和它的南源额尔古纳河以及支流乌苏里江，都是中俄两国的界河。黑龙江干流的北源为石勒喀河，发源于蒙古国北部的肯特山东麓；南源为额尔古纳河，源出中国大兴安岭西侧的吉勒老奇山，南北两源在黑龙江省的漠河镇西部汇合后始称黑龙江。黑龙江先向东流，至萝北县附近折向东北，先后接纳松花江、乌苏里江等支流，最后在俄境内注入鄂霍次克海和日本海之间的鞑靼海峡。黑龙江在中国境内全长3420公里，流域面积25.48万平方公里，径流总量达2709亿立方米，为黄河水量的5倍。图们江和鸭绿江为中朝界河，前者东流入日本海；后者则流向西南注入黄海。绥芬河的支流班布图河亦为中俄界河，克鲁伦河和哈拉哈河均为中蒙国际河流。中国西北边疆的国际河流，有北疆的额尔齐斯河、额敏河及伊犁河、乌伦古河，南疆的喀什噶尔河及塔里木河的支流阿克苏河，其中额尔齐斯河和伊犁河是中国西部沟通哈萨克的两条重要的国际河流，也是西北边疆流量最大、具有独特水文特性的两条大河。中国西南地区的国际河流，主要有雅鲁藏布江、怒江、澜沧江等，它们均发源于有"世界屋脊"之称的青藏高原，其下游分别流经印度、孟加拉国、缅甸、老挝、柬埔寨等国，注入印度洋和太平洋。这些河流具有源远流长、坡陡谷深、水力资源丰富的特征。

另外，中国古代的人工河——运河体系十分发达，并已成为中国江河的重要组成部分。中国的河流虽然众多，水系庞大，但主要是东西向的河流，水系之间有分水岭相隔。为了弥补天然河道的缺陷，沟通各水系间的联系以形成四通八达的水上交通网，自春秋战国以来，历代王朝纷纷投入巨大的力量开挖运河，如隋代开凿的南北大运河，元代开凿的京杭大运河，等等。其中最为著名而且至今仍发挥作用的运河是京杭大运河。

中国的河流虽多，但在地区上分布很不均匀。中国的河网密度（一个地区河流的多少，常用河网密度——每平方公里面积河流的总长度来表示）总的趋势是南方大，北方小；东部大，西部小。东部地区河网密集，其密度都在 0.1 以上，而西部内陆区几乎都在 0.1 以下，而且有大片的无流区（即河网密度为零）。东部地区的南方与北方河网密度的差异也很大，南方几乎都在 0.5 以上，其中长江和珠江三角洲是中国河网密度最大的地区，都在 2.0 以上，长江三角洲甚至高达 6.7。北方的山地丘陵地区，河网密度一般在 0.2～0.4，地势低平的松嫩平原、辽河平原和华北平原，一般都在 0.05 以下，甚至出现无流区。

中国的河川径流，除少数高山区有冰川融雪补给外，主要来源于大气降水。降水的多寡及时空分布，决定着江河的水文情势。我国位于欧亚大陆东部，水汽主要由东南输入，同时受地形因素影响，降水量总的趋势是从东南向北递减，因而造成南方水多、北方水少的局面。降水的年际变化和季节变化也很大，最大年降水量与最小年降水量的比值在 2～8 之间，而雨季降水量一般占全年的 60%～80%，这就增加了河川径流利用的难度，并不可避免地会发生周期性的水旱灾害。

中国的河流有两个重要的水文分界线，一是外流区和内流区分界线，一是外流区中的南方和北方分界线。内、外流区的分界线与我国 200mm 等雨量线大致相同，因此，它实际上也是一条气候和自然分界线，以西是牧业为主的非季风气候区，以东是农业为主的季风气候区。外流河主要水源是降雨，水量一般较为丰富，且支流众多，河网密度大；内流河多以冰川积雪融水为主要水源，一般水量较少，且支流很少，且多为季节性河流。在中国东部的外流区中，又以秦岭—淮河为南方和北方的分界线，这一界线相当于年降水量为 700～800mm 等雨量线的位置，其北属于半湿润半干旱地区，其南属于湿润地区。秦岭—淮河以北的河流，包括东北河流和华北河流两类；秦岭—淮河以南的河流，主要为长江、珠江以及东南沿海诸河流，统称为南方河流。淮河北岸各支流具有华北河流的特性，干流本身及南岸各支流具有南方河流的特征。

南方河流和华北河流差异较大，主要表现在：一是华北河流的水量远远小于南方河流。如黄河的流域面积为珠江的 1.66 倍，长度为珠江的 2.5 倍，而水量仅为珠江的 1/6。二是华北河流丰富、枯水量变幅大，洪水暴涨暴落；南方河流流量变幅小，洪水涨落缓慢。三是华北河流的含沙量远远大于南方河流。四是华北河流有结冰封冻的现象，南方河流经冬不冻。在北方的河流中，东北河流既不同于南方河流，与华北河流也有较大差别。黑龙江、松花江、图门江、鸭绿江等水量虽不及南方河流，但比华北河流丰富得多。东北河流与南方河流相似之处是含沙量较低，但水中腐殖质含量很高，水色较黑，故有"黑龙"、"鸭绿"之名；与华北河流相似之处是有结冰封冻的现象，但封冰期和冰层厚度均比华北河流长。

中国地形多样，地质构造复杂，故河流水系（一条干流及其支流组成的河网系统称为水系，如果有湖泊与河流相通，湖泊也是水系的一部分）类型也多种多样。主要类型有：①树枝状水系。树枝状水系是中国河流中最普遍的类型，多发育在岩性均一、地层平展的地区，支流交错如树枝般汇入干流（树干），黄河、长江、珠江等大江大河都是树枝状水系的典型代表。②格子状水系。在中国东南地区，有几条平行排列的褶皱构造带，河流沿构造带发育，使干支流之间多呈直角相会，闽江是典型代表。③扇形水系。海河是中国典型的扇形水系，其永定河、北运河、大清河、子牙河五大支流在天津附近汇入海河入海，庞大的支流构成了“扇面”，汇合后的入海河道是短而粗的“扇柄”扇形水系，还广泛发育在中国许多山前洪积扇及三角洲平原上。④羽状水系。干流粗状、支流短小且平行排列，从左右相间汇入干流的水系称羽状水系。如西南纵谷地区的河流，干流沿断裂带发育，两岸流域狭小，地形陡峻，支流短小平行。此外还有梳状水系、辐合状水系、辐射状水系。

二、我国河流的主要特点

（一）河流众多，源远流长

我国的领土广阔，地形多样，气候复杂。在这样的条件下所发育的河流，与世界同纬度其他国家或面积相当的地区和国家相比，则不尽相同，具有自己的明显特点，主要是：数量众多，水量丰沛，水系多样，资源丰富。

我国是一个江河众多的国家，如果把我国的天然河流连接起来，总长度可达45万公里，可绕地球赤道10.5圈。其中流域面积在100平方公里以上的河流有5万多条；流域面积在1000平方公里以上的河流1580条，流域面积大于10000平方公里的河流有79条。

我国陆地面积约与欧洲及美国相近，然而大河的数量却远远多于欧洲和美国。其中长江和黄河，不仅是亚洲最长的河流，也是世界著名的大川。在世界最长的河流中，长江和黄河分别列为第三和第五位。

（二）水量丰富，分布不均

我国河流多年平均河川径流总量达26000多亿立方米，其排名在巴西、加拿大、美国、印度尼西亚等国之后，居世界第六位。如果把全年的河川径流总量平铺在全国的土地上，平均深度可达220mm，这一深度称为径流深度，是表示河流水量丰富与否的一个重要标志。

长江的年径流总量近10000亿立方米，仅次于南美洲的亚马孙河和非洲的刚果河，居世界第三位。长江流域面积仅为美国密西西比河的55.1%，但年径流总量却为密西西比河的165.5%。但由于我国人口众多，人均占用径流量大大低于世界人均占用径流量（约$10800m^3$），居世界第110名之后，是世界上典型的贫水国家，特别是我国河川在时空上分布不均，使一些地区径流供需矛盾非常突出。

受地形、气候等方面的影响，我国河流在地区分布上也很不均匀。绝大多数河流分布在东部气候湿润多雨的季风区，西北部气候干燥少雨、河流稀少。总的趋势是南方和东部多，北方和西部少。占全国耕地面积的华北和西北地区，径流量只占全国总量的10%，其中淮河、海河、辽河三流域占全国耕地的28%，但径流量只占全国总量的4%。

一个地区河流的多少，常用河网密度表示（每km^2面积内河流的总长度）。我国的河网密度总的趋势是南方大，北方小；东部大，西部小。我国东部地区的河网密度都在$0.1km/km^2$以上，而西部内陆区几乎都在0.1以下，而且有大片的无流区（即河网密度为零）。东部地区的南方和北方也相差很大,南方几乎都在0.5以上,长江和珠江三角洲是我国河网密度最大的地区,都在2.0以上,长江三角洲甚至高达6.7。北方的山地丘陵地区,河网密度一般在0.2～0.4,地势低平的松嫩平原、辽河平原和华北平原,一般都在0.05以下,甚至出现无流区。

我国河流水量在年内分配极不均匀,随着季节的不同而有非常明显的变化。全国大部分地区在夏季四个月的降雨量占全年降雨量的70%左右。夏季降水比较集中,河道水位暴涨,甚至泛滥成灾;冬春季降水稀少,河流进入枯水期,北方一些河道干涸见底,造成干旱缺水。

春季是我国河川径流量普遍增多的时期,但增长的程度相差悬殊;夏季是我国河川径流最丰盈的时期,大部分地区降水量大增,河流普遍进入汛期,洪涝灾害多在此时发生;秋季是我国河川径流量普遍减少的时期,大部分地区的河流水量只有年总水量的20%～30%;冬季是我国河川径流量最为枯竭的时期,大部分地区冬季水量仅占全年总水量的10%以下。

我国河流水量在年际间分配也很不均匀,有时年际变化非常大,如我国的济南市历年平均降水量在600～700mm之间,年降水量最多的为1962年济南北部1160mm,最少的为1968年长清县仅303mm。河流径流主要由降水形成,由于年际降水变化大,因而河川径流的年际变化必然也很大。根据已有长期水文观测资料的分析,我国河流普遍存在丰水年、平水年和枯水年现象。

三、水系多样,资源丰富

水系是由河道干流及其支流组成的河网系统,水系的平面形态主要受地形和地质构造的控制。由于我国的地形多样,地质构造复杂,水系的类型也特别多,主要类型有树枝状、扇状、平行状、混合状等水系,其中树枝状水系是我国河流中最常见的类型。此外,在我国西南和华南喀斯特地貌发育的地区,形成了许多形状特殊的河流,如河流从岩洞中流出的无头河,河流下游没于落水洞的无尾河,河流没入地下的暗河等。

我国的多数河流具有较大的落差,许多河流的总落差都在1000m以上,主要大河流总落差在2000～3000m之间,有的甚至达4000～5000m,水力资源极为丰富。河流的理论水能蕴藏量为6.76亿kW,年发电量为59200亿kW·h。根据全国水力资源复查成果,我国可能开发水能资源的装机容量为5.41亿kW,经济可开发水能资源的装机容量为4.02亿kW。由此可见,不论是水能资源蕴藏量,还是可能开发的水能资源,均居世界首位。

我国多数河流不仅水量丰沛,动植物资源也十分丰富。以长江为例,长江流域有花杉、桦榛、青檀、连香树、白辛树等渐危、濒危的稀有植物,长江中有名扬中外的扬子鳄、娃娃鱼、白鳍豚、中华鲟等珍稀野生动物。

四、国际河流众多

国际河流一般是指流经或分隔两个及两个以上国家的河流,目前统一使用"国际水道"的概念,它包括了涉及不同国家同一水道中相互关联的河流、湖泊、含水层、冰川、蓄水池和运河。根据1998年巴黎国际水资源部长级会议公布的数据,世界国际河流(湖泊)共215条(个)。我国的云南、广西、西藏、新疆等省、自治区分布许多国际河流,有的流经国境线上,有的发源于我国经邻国入湖入海,也有的发源邻国流入我国。据统计,我国共有大小国际河流(湖泊)40多条(个),每年出境水资源多达4000亿m^3。我国拥有的国际河流数量和跨境共享水资源均居世界各国前列。

我国主要的国际河流有15条,主要分布于东北、西北和西南三个区域。东北区域主要国际河流有黑龙江、鸭绿江、图们江、绥芬河,以国家之间的边界河为主要类型;西北区域主要国际河流有额尔齐斯河、鄂华河、伊犁河、塔里木河，以跨界河流为主要类型，兼有出入境河流；西南区域主要国际河流有雅鲁藏布江、怒江、澜沧江等，以出境河流为主。

五、开发程度较高，地区间不平衡

新中国成立以来，为适应社会经济的发展，对河流的开发利用的速度和规模，在世界上是首屈一指的。根据2008年《全国水利发展统计公报》，到2008年底我国已建有的大、中、小型水库达86353座，总库容为6924亿 m^3，江河湖海堤防总长达28.69万km，已建各类水闸43829座。2009年度水利投资规模达1427亿元。

与发展中国家相比，我国的河流开发利用程度较高，但各地区之间极不平衡。淮河、海河、辽河三流域开发利用程度已达50%～60%，长江流域为15%，但在西南地区诸河流域仍不足1%。在华北平原、辽河平原、甘肃的河西走廊和其他省、自治区的一些地方，水资源的开发已呈现过度；在西南、东北的一些边境地区和经济不发达地区，水资源的开发利用率很低，还有不同程度的开发利用空间。

第二节　河道管理的重要性和特殊性

河道治理和管理是一个古老而活跃的领域。几千年来，河道的治理和管理一直与人类的生存及生活息息相关，受到广大人民群众和历代执政者的重视。早在80万年以前的旧石器时代，中华民族的祖先就在黄河流域过着狩猎、采集的生活。在黄河流域内已发现2000多处原始村落的遗址，它表明在新石器时代，中华民族的祖先就逐水而居，从事原始的农业生产。

一、河道管理的重要性

河道是水资源的载体，是关系人类生存和生活的一种最基本自然资源，水资源的开发、利用、管理、保护离不开河道这一重要载体。河道是行洪的唯一通道，其防洪安全、行洪畅通，对抗御洪涝灾害具有重要作用。河道是生态环境的组成部分，在整个地球生态系统中，河流是连接陆地生态系统与海洋生态系统的最重要桥梁，是水生物、陆生物相互依赖的纽带。河道是文明的发祥地，发展经济的基础，自然景观的依托，生态系统的要素。总之，河道的重要性集中体现在其功能的多样性上。

（一）河道是水资源的载体

河道、湖泊和水库是水资源的载体。地表水大多是以河道径流、湖泊和水库蓄水形式存在。以2006年为例，地表径流24358亿 m^3，湖泊和水库蓄水合计8200多亿 m^3，约占地表水资源总量的1/3。从我国河湖关系来看，当枯水季节，洞庭湖、鄱阳湖等成为长江等河道径流的重要补给和调节来源，仅鄱阳湖枯水季入长江水量可达200亿 m^3，以400～500 m^3/s 的流量补给长江。黄浦江主要由太湖补给。

据统计，2008年全国水利工程供水能力已达到6591亿 m^3，2010年将达到近7000亿 m^3，其中水库蓄水、从河道中引、提水分别占供水能力的36.5%、30.9%和14.4%。

（二）具有行洪排涝能力

降水时河流可以排除其集水范围的径流，是主要的排泄洪水的通道。我国地处北半球环流季风带，大部分地区汛期的降水量占全年的60%～80%，很容易形成江河洪水，危及人们的生命和财产安全。尤其是河道两岸人口密集、经济发达，如我国的长江、黄河中下游地区，集中着全国1/2的人口、1/3的耕地、3/4的工农业总产值，绝大多数城市都分布在沿江河、滨湖滨海地区，经常受到洪水的威胁。河道的行洪排涝功能，在确保国民经济、城市安全和人民生命等方面发挥着极其重要的作用。

（三）具有蓄水灌溉能力

2007年，我国水利部部长陈雷在全球水伙伴中国委员会主办的“中国水资源与水环境保护高级圆桌会议”上透露，我国水资源综合调控能力已得到提高，基本保障经济社会发展对水资源的需求。

水资源的综合调控包括内容非常广泛，其中包括河道的蓄水调控。河道是天然水流的载体，具有蓄水滞水功能，在天气干旱不降水时，河流汇集源头和两岸的地下水，使河道中保持一定的径流量，不仅是农业灌溉的重要水源，而且也是调节城市环境和供水的补充水源。

（四）具有水力发电功能

我国河流蕴藏的水能资源丰富，根据最近全国水力资源复查成果表明，仅大陆水力资源理论蕴藏量为6.94亿千瓦，年发电量为6.08万亿千瓦·小时，技术可开发装机容量为5.42亿千瓦，技术可开发年发电量为2.47万亿千瓦·小时，经济可开发装机容量为4.02亿千瓦，经济可开发年发电量为1.75万亿千瓦·小时。水力发电量已占全国电力总装机的21.6%，居世界首位，预计2020年开发将达55%以上。小水电资源技术可开发量达1.28亿千瓦，同样居世界首位。

（五）具有内河航运功能

我国水运资源丰富，具有发展内河航运的良好条件，水运具有占地少、运能大、能耗低、污染小、相对安全等特点。我国诸多河流、湖泊大多冬季不冻，航运流量丰裕，目前，全国内河航道通航里程共有12.3万公里，主要分布在长江、珠江、淮河、黑龙江及松辽水系。淮河和秦岭以南地区是我国内河水运资源较为丰富、开发利用较好的地区，河流湖泊冬季不冻、四季通航，区内长江、珠江、淮河三大流域水资源量约占全国的55%，内河航道里程占全国的77%。截至2008年底，全国可通航500吨级船舶的四级及以上航道里程共16000万公里，其中可通航1000吨级船舶的三级以上航道里程8800多公里。

2009年，长江水系内河航道通航里程6.5万公里，占全国内河通航里程的53%。长江沿江一类水运口岸22个，长江干线沿江港口共有生产性码头泊位4640个（不含上海港），其中万吨级以上泊位255个，货物年综合通过能力11亿吨。长江干线已经成为世界上水运最为繁忙和运量最大的河段。

（六）具有渔业养殖功能

河道是我国宝贵的国土资源，除用于航运、农田灌溉外，多年来，通过人们的渔业活动，把平原地区的大小河道、山区河道均开发利用为养鱼的好地方。由于河道养鱼具有投资小、劳力省、见效快、收益大、商品鱼集中等优点，近年开发速度很快，养鱼水面逐年提高。

我国是世界淡水养殖大国，淡水产品占到水产品总产量的66%以上，居世界第一位。进入21世纪以来，随着全球海洋捕捞渔业资源的衰退，国际市场对水产养殖品种的需求越来越大，渔业养殖业已经日益成为国家支柱性产业。根据FAO的预测，2030年中国水产品产量将达到7611.5万吨。

河道是鱼类等水生物的家园。天然河流中具有多种野生而珍贵的渔业资源，河流还是淡水养殖的重要水域。我国是一个河流众多，径流资源十分丰富的国家，众多的河流为淡水养殖提供了优越的条件。

（七）具有旅游景观功能

河流不仅是旅游的重要资源，而且也是许多城市的重要景观，山东的“江北水城”聊城，就是用河水打造的一座有魅力的城市，众多的河流，美丽的湖泊，使聊城形成了“湖水相连、城湖相依、城在水中、水在城中、城中有湖、湖中有城、城河湖一体”的独特水城风貌。

河流中的瀑布、潭池、涌潮等旅游资源的重要类型。怡人的两岸景色、清澈的河水、滩潭相间的景致、蜿蜒曲折的河岸构成了河流独特的风光，流动的水体、稳固的堤坝构成了动静结合的美学意蕴。

随着经济的发展和人民生活水平的提高，人们对河道水环境和景观功能要求越来越高，河岸绿化和小品建筑等生态护岸的出现，为人们提供了更多、更美的亲水休闲娱乐空间，同时也促进了城市和旅游业的发展。

（八）具有生态系统功能

河流与周围的动物、植物及微生物，可以组成生机盎然的河流生态系统，河流也是形成和支持大自然中许多生态系统的重要因素。河流在输送径流的同时，也运送降水冲刷带入径流中的生物物质和矿物盐类，为河流内以至流域内和近海地区的生物提供营养物，为它们运送种子、排走和分解废弃物。

河流是一个流动的生态系统。相比于水库、池塘、湖泊，河流与周围的陆地有更多的联系，水陆两相联系紧密，是相对开放的生态系统，优于陆地或单纯的水域。由于河流中的水体流动，水深度比水库和湖泊浅，与大气接触面积大，因此河流水体含有较丰富的氧气。天然河流水陆两相和水汽两相的紧密关系，加上天然河流平面的蜿蜒曲折、纵断面的高低起伏、横断面的形状多样及河床多孔隙透水，特别适宜于多种生物生长，并形成了河流沿线丰富多彩的河流生物群落。

（九）具有文化传承功能

河流不仅是由流动的水而形成的自然现象，而且是人类文明史的重要组成部分，作为人类精神生活的根源和对象，还影响和塑造着人类的精神生活、文化历史和文明发展。无论是“关关雎鸠，在河之州”的浪漫意境，还是“逝者如斯夫”的哲学沉思；无论是“小桥流水人家”的精工细笔，还是“大漠孤烟直，长河落日圆”的奔放雄浑；无论是“流觞曲水”的文人雅兴，还是“飞流直下三千尺，疑是银河落九天”的瑰丽想象……河流的奔腾不息、曲折跌宕、聚合离分、惊涛骇浪、清澈澄明，都赋予了人类精神、人格、品德的象征。

河流作为自然界的普通物象，经过历代文人和劳动者的不断营造，使其具有丰富的人生意蕴和文化内涵。“得江河湖海之神韵，写诗词歌赋之绝唱”，河流文化一直是人类文化史上的辉煌篇章。

综上所述，河流的行洪排涝、航运灌溉、供水发电、旅游景观、生态维系、人文滋养等各种功能与人类息息相关。人们依水而居、避洪而生、取水饮用、引水灌溉、建库防洪、筑坝发电、淡水养殖、调节环境等，河流渗透到人们生活的方方面面。大至兴国安邦，河道管理关系着整个社会经济的发展；小至衣食住行，河道管理关系着地球上的每一个公民。

二、河道管理的特殊性

大力加强河道管理，保障河道防洪安全，发挥江河湖泊的综合效益，是河道管理工作的核心。历史经验告诉我们，河道工程管理具有其特殊性，既是一项综合性很强的技术工作，也是一项重要而复杂的社会工作，需要河道管理部门的积极努力，需要全社会的重视和支持。

（一）河道管理工作任务繁重

河道管理工作任务繁重是其最显著的特殊性之一。根据行业标准《水利工程基础信息代码编制规定》（SL 213—1998）的分类，水利工程大体可分为河流、水库、水文测站、堤防、海塘、蓄滞洪区、湖泊、圩垸、机电排灌站、水闸、发电工程、灌区12种类型。

相比于水库、电站、水闸和水文测站等点状工程，线长、面广、量大是河道管理的特点之一。我国是世界上河流众多的国家之一，大小河流纵横密布，流域面积在100km^{2}以上的河流有5万余条。通常河道自河源至河口，沿线不仅穿越不同的地形地貌，而且很多河流还跨越不同的行政区域。

如山东省境内河湖交错，水网密布，干流长50km以上的河流有1000多条。被誉为"中华民族母亲河"的黄河自西南向东北斜穿山东境内，长达610km，从渤海湾入海。著名的京杭大运河自东南向西北纵贯鲁西平原，长达630km。山东省比较重要的河流还有徒骇河、马颊河、沂河、大汶河、小清河、胶莱河、淮河、大沽河、五龙河、弥河、潍河、泗水、万福河、朱赵新河等。由此可见，河道较长、面积较广、工作量大是河道管理的基本特点。

（二）河道管道影响的系统性

宋代词人李子仪所写的《卜算子》："我住长江头，君住长江尾。日日思君不见君，共饮长江水。"虽然是一首典型的爱情诗，但从另一个方面也形象地反映了河流上下联通互相影响的特性。河道是一个公共空间和天然的大系统，上下游和干支流联为一体、不可分割，某一局部河段发生变化，都可能引起河道上下游、左右岸的连锁反应。有的河道水利工程占用当地的小湖滨、小河汊，从当地考虑影响不是很大，但从整个水系或整个区域的防洪来考虑，可能就有很大的影响。

河流影响的系统性不仅表现在行洪排涝等水文特性上，也表现在其生态影响上。天然河流上下游、干支流、急流、浅滩、河湾、沼泽等相互沟通、相互影响，丰富多样的生态环境，形成了河流生态系统的生物群落多样性。如果河流的生态系统受到破坏，生物群落多样性就会受到严重影响。河流的某一个局部发生变化，也将引起整个河流生态环境的变化，并引起河流生物群落的性质、密度和比例的变化。

（三）河道功能的多样性

河道具有行洪、排涝、航运、发电、供水、养殖、生态、景观等多种功能。交通利用河道通航、架桥、建码头和港区，工业企业利用河道取水和排污，农业利用河道引水灌溉等，不同的行业对河道利用的角度不同，有时甚至会出现相互冲突。在以上对河道的利用中，从量的角度来看，不少地方要占用河道；从质的角度来看，有些项目施工期或运行期要污染河道；从生态角度来看，涉水工程或多或少地影响和改变了河流的生态系统。

长期以来，涉水工程侧重于满足人类社会对水的多种需求，而忽视了保护河流生态系统的可持续性。由于涉水工程引起的河流形态的均一化和不连续化，降低了生态环境的多样性，引起河流生态系统的退化，也降低了河流生态系统的服务功能，最终影响人们对河流的利用。

（四）河道演变的缓慢性

河道中的水是一种典型流体，具有流体演变的规律。"天下莫柔弱于水，而攻坚强者莫之能胜也，以其无以易之地。"（《道德经》，老子）深刻地说明了水的至柔特性，及其能攻坚强之理，是不可改变的永恒真理。由于水具有流体及流动的特点，河流水体可以进行自我调节。

由于河道的自然特性，决定了河道管理的特殊性。如在一些情况下，河道被占用一部分，其后果并不会立刻显现。即使通过防洪评价或其他专题论证,论证的结论也往往是影响不大,对洪水位、流速和流态的影响数值很小。在实际中,由于水流的流体特点,当河道局部被占用后,水流仍可以通过下切河床或冲刷对岸来达到冲淤平衡,进行自我调节。占用河道肯定具有负面影响,但这种影响是缓慢的、渐变的、非刚性的,从时间上看,具有滞后性;从人们的心理层面看,具有麻痹性。

河流生态系统功能降低以至破坏,往往也是一个缓慢的发展过程,当人们发现其产生的恶果时,可能情况已经变得不可逆转。例如,我国在一段时间内曾提倡兴建两面光或三面光的堤防,对侧坡及河底进行混凝土衬砌,虽然达到了坚固美观的要求,但由于破坏了水体与岸坡、水体与河床的有机联系通道,本来在沙土、砾石等河床土层中生存的微生物找不到生存环境,水生植物和湿生植物无法生长,使食物链中的两栖动物、鸟类及昆虫失去生存条件,甚至在河中找不到鱼虾,在岸边看不见昆虫,由于河流生态系统遭受破坏,河流的自净能力也随之下降,再要恢复其功能,代价是巨大的。

河道的演变总体而言是一个缓慢的过程,对于局部影响不大,整体系统影响不明,占用的影响和危害的非刚性,是河道管理中面临的很现实、也很困惑的问题。

总之,河道管理工作任务繁重,影响的系统性、功能的多样性和演变的缓慢性,是河道管理有别于其他工程的主要特点,管理河道必须要掌握这些特殊性,才能提高实际管理的针对性和有效性,才能使河道发挥最大的综合功能,并得以永续利用。

第三节　河道管理面临的问题

新中国成立以来,通过大规模的水利建设和河道治理,我国江河的防洪抗灾能力大大提高,但由于人口增长、经济要素集中,洪涝灾害造成的损失也越来越大。由于人类活动的影响,河道面临洪水、干涸、污染和萎缩的危机。在现阶段,河流的水污染严重、水生态恶化、河流空间萎缩问题尤其突出,必须引起全社会的高度重视。

一、河流普遍污染,部分污染严重

随着全国各地经济发展与城市化进程的加快,工业化水平和人民生活水平的提高,城市供水水质下降,并受到不同程度的污染;加之全国废水、污水排放量的直线上升,成为又一个制约可持续发展的重要因素。

2006 年 2 月国家统计局公布,我国七大水系的 411 个水质监测断面中,有 41% 的断面满足国家地表水类标准,比上年下降 1 个百分点;32% 的断面为Ⅳ ~ Ⅴ类水质,上升 2 个百分点;超过Ⅴ类水质的断面比例占 27%,下降 1 个百分点。

长江水系国控监测断面 103 个,其中Ⅰ ~ Ⅲ水质比例占 71.8%,Ⅳ ~ Ⅴ类占 17.5%,劣Ⅴ类占 10.7%。长江水系的主要污染指标是石油类、氨氮。

黄河水系总体水质属中度污染,44 个国控监测断面中,劣Ⅴ类水体占 38.7%。干流 22 个断面中Ⅱ ~ Ⅲ类水质占 31.8%、Ⅳ ~ Ⅴ类占 54.6%、劣Ⅴ类占 13.6%,干流水质好于支流。主要污染指标为石油类、氨氮和高锰酸盐指数。

珠江水系水质总体良好。33 个国控监测断面中,81.8% 的断面为Ⅰ ~ Ⅲ类水质,12.1% 的断面属Ⅳ类水质,6.1% 的断面属劣Ⅴ类水质。主要污染指标是挥发酚、氨氮和石油类。但是,近年来,珠江流域废污水排放量已超过 170 亿吨,入河排污口排放总量超过 126 亿吨。根据2004年中国海洋环境质量公报,由工农业生产带来的化肥、农药等污染物随珠江入海的总量已达到了248.18万吨。

松花江水系41个国控监测断面中,Ⅲ～劣Ⅴ类水质比例分别为:7.7%、64.1%、10.3%和17.9%。嫩江和松花江干流以Ⅳ类水质为主。主要污染指标是石油类、氨氮和高锰酸盐指数。

淮河水系86个国控监测断面中,Ⅰ～Ⅲ类水质断面占18.6%,Ⅳ～Ⅴ类水质断面占41.9%,劣Ⅴ类水质断面占39.5%。淮河干流14个断面中,Ⅱ、Ⅲ、Ⅳ、Ⅴ类水质比例分别为14.3%、21.4%、57.1%和7.1%。56.8%的省界河段水质为劣Ⅴ类。主要污染指标为氨氮、石油类和生化需氧量。

海河水系65个国控监测断面中,Ⅰ～Ⅲ类水质的断面占21.5%,Ⅳ～Ⅴ类水质的断面占24.6%,53.9%的断面为劣Ⅴ类水质。海河水系污染仍严重,但与去年相比水质有所改善。海河主要污染指标为氨氮、生化需氧量和石油类。

辽河水系37个国控监测断面中,满足Ⅲ类水质要求的断面占29.7%,Ⅳ～Ⅴ类水质的断面占29.7%,劣Ⅴ类水质断面为40.6%。辽河水系总体水质属中重度污染。主要污染指标为生化需氧量、石油类和挥发酚。

通过以上水质报告可以清楚地看到:我国河道中水的水质呈现出逐年恶化的趋势,应当引起高度重视,尤其是对于海河水系、辽河水系、黄河水系、淮河水系、松花江水系必须加以治理,对于长江水系、珠江水系必须做好水质保护。

二、河道生态恶化,生物多样性锐减

我国是世界上少数几个拥有巨大生物多样性的国家之一,生物物种占全球物种总数的10%～14%,生态类型极为多样,由于生态环境多样、民族众多、历史悠久,已培育了大量的多样性栽培植物和动物。作为人口最多的发展中国家和农业大国,中国的经济持续发展与民族兴衰,比世界上任何其他国家都更依赖于生物多样性资源。但巨大的人口压力、经济的高速发展、对资源需求量的日益增加和利用不当,使我国的生物多样性受到极为严重的威胁。

由于人类不合理的水资源利用模式,生产与生活造成的严重水污染等,给水生态系统带来更大的压力,使水生态系统成为全球生物多样性丧失速度最快的生态系统,众多珍稀的水生生物数量锐减,如长江流域的白鳍豚、江豚、鲥鱼、胭脂鱼、银鱼等。

长江是中华文明的摇篮之一。《长江保护与发展报告2007》中指出:由于围垦建坝、水运繁忙、环境污染等原因,导致长江水生态不断退化,生物多样性明显丧失。2006年长江豚类6国科学考察队,在来回近3400km的长江干流上,六周时间没有发现一头白鳍豚。"豚类是淡水水体污染物的'放大镜',它们在长江中的日渐濒危预示着被称为'母亲河'的长江将渐渐失去生命的气息。"这可以看成是长江整个生态系统正在不断恶化的一个标志。

海河流域是全国七大流域之一,地跨北京、天津、河北、河南、山东、山西、内蒙古及辽宁八省(自治区、直辖市),是我国政治文化中心和经济发达地区。伴随着城市人口的大量增加和经济的快速发展,海河流域的水生态恶化,生物多样性锐减。根据《海河流域水生态恢复研究(初步报告)》,由于河道断流、湖泊干涸、湿地萎缩、入海水量减少、河口淤积,渤海湾的一些优良鱼种已基本消失,依存于河口并在咸淡混合区产卵的蟹类生物已经绝迹,河口生态遭到严重破坏。入海水量的减少,使流域生态系统由开放型逐渐向封闭式和内陆式方向转化,河流生物的物种转向低级化。

三、水域占用，河流空间日益萎缩

我国水域占用大致集中在三个时期：第一个时期为传统农业时期，大约在20世纪40年代以前。由于人口的快速增长，对粮食的需求大大增加，导致围垦湖泊、河道等占用水域的高潮。第二个时期为“以粮为纲”的农业经济时期，在20世纪50年代至70年代，为了扩大耕地面积，围湖造田、围江造田，水域面积再度减少。第三个时期为城镇化迅速推进的工业经济时期，在20世纪80年代至今，伴随着城市的发展，为提高土地利用率，或节省投资，填占湖滨、河汊、山塘，占用了大面积的水域，且呈逐年上升趋势。

从占用水域的项目来看，以政府为主体或政府支持的建设项目构成占用水域的主体，这些工程在启动阶段往往由政府出面，政府分管领导还兼任工程指挥部指挥等，而作为政府职能部门的水行政主管部门在审查这些项目时，必然会受到地方政府的干预或处于劣势，水域管理难度非常大，水法律法规的权威性受到挑战。

有关资料表明，与20世纪50年代相比，长江流域湖泊面积减少40%，天然湿地减少38%，其中围湖造田、城市开发等造成湿地面积锐减最为突出。在经济利益的驱动下，素有“百湖之市”之称的武汉市，到2000年只剩下27个湖泊。

2002年，水利部海河水利委员会《海河流域水生态恢复研究（初步报告）》中指出，20世纪50年代，海河流域的湿地面积达9000km^2，至2002年湿地面积和水库水面面积的总和也只有3852km^2。浙江省对嘉兴市水域面积的调查发现，在1995年时水域总面积为328.16km^2，占全市地域面积的8.32%，到1998年减少到311.15km^2，占全市地域面积的7.89%。3年时间内，水域面积减少5.18%，平均每年减少1.73%。

四、断流之患、洪水之灾依然严峻

由于全球气候变化、水土严重流失、人类对水不合理开发利用等因素的影响，我国的洪涝灾害、天气干旱、河道断流等仍时有发生。

新疆的塔里木河是我国最大的内陆河，也是阻隔塔克拉玛干沙漠和库鲁克沙漠的天然屏障。但是从上世纪50年代开始，由于塔里木河流域的人口不断增长，人们引水造田，1972年，塔里木河下游河道距尾闾320公里处的大西海子水库建成，基本拦截了塔里木河上游来水，从此下游河道完全断流。致使下游绿洲濒临毁灭，靠绿色走廊分割的两大沙漠呈合拢之势。

黄河自然断流始于1972年，主要发生在下游的山东河段。在1972~1997年的26年间，有20年出现河干断流，平均4年3次断流。1987年后几乎连年出现断流，其断流时间不断提前，断流范围不断扩大，断流频次、历时不断增加。1995年，地处河口段的利津水文站，断流历时长达122天，断流河长上延至河南开封市以下的陈桥村附近，长度达683km，占黄河下游（花园口以下）河道长度的80%以上。1997年，连续断流221天，断流河段一直延伸到河南的开封市，长度达704km，是有史以来黄河断流时间最早、历时最长、距离最远的年份。

《海河流域水生态恢复研究（初步报告）》中指出，至2002年，海河流域山区已修建大型水库31座，控制山区总面积的85%，漳河、滹沱河、永定河、潮白河、滦河等主要河流，均有大中型水库控制，遇到干旱年份，山区径流绝大部分被水库拦蓄，水库下游几乎全年无水。根据对流域中下游5787km河道的调查统计，常年断流（断流时间超过300天）河段占45%，常年有水河段仅占16%。如闻名于世的京杭大运河（南运河段）基本常年干涸。

以1997年黄河断流、1998年长江洪灾、2005年松花江水污染、2006年长江白鳍豚宣告灭绝为标志，给我国敲响了河流危机的警钟，河流洪灾不断、河道断流为患、水质污染严重、水生态恶化加剧、河流空间日益萎缩，使人们不得不认真审视对河流利用和改造的得失，不得不反思对河流无限索取的功过，不得不重新考虑人与河流的关系。

第四节　我国河道管理的现状

目前，我国在河道管理中，以防洪排涝和改善河流水环境为重点，积极探索生态河道建设新思路，不断拓展人水和谐、生态治水理念的内涵，在河道管理方面取得了可喜的成绩。但在管理的实践过程中，由于法律、地域、技术、管理体制等方面的原因，人水和谐、生态治水理念的付诸实践还有很大差距。

一、从依据管理的角度来看

国内外河道管理经验表明，要实现人与河流和谐相处，首先必须规范人的行为。而规范人的行为，在许多方面要依靠强制性手段，依靠国家及有关部门颁布的法律法规。调整人与自然、人与河流的关系，最有效、最有力的武器是法律。我国在河道管理上现行的水法律法规，绝大多数颁布较早，不适应快速发展的需要。以《中华人民共和国河道管理条例》（以下简称《河道管理条例》）为例，说明我国河道依法管理存在的问题。

《河道管理条例》颁布于 1988 年，其设定的河道管理内容有三部分：河道整治与建设、河道保护、河道清障。从总体上来看，该条例对河流的开发、利用、保护侧重于河流的行洪排涝、灌溉供水等传统功能，而忽视了河流的生态、景观、文化等功能的开发、利用和保护。自 1988 年至今，我国社会和经济生活均发生很大变化，河道管理面临的问题与工作内容，与《河道管理条例》颁布时的情况有较大不同，虽然有些省、市、自治区对《河道管理条例》进行补充，但仍然与实际有较大差距。

现代河道管理工作，已从传统的工程整治为主，转向工程、生态、景观、文化相结合的综合治理；防止河道水体污染和保洁，已成为河道管理的一项日常工作；最突出的水污染、水生态问题，已成为近年来社会各界关注的焦点。作为规范人与河流关系的水法律法规，其制度设定、管理内容、管理体制、管理权限、管理责任等，都迫切需要按人水和谐的新理念进行制度创新、内容扩展，以确保人与河流和谐相处的价值目标得以实现。

二、从管理的技术规范来看

结合我国河道管理的技术规范来看，河流管理现状主要有以下两个方面的问题。

一是河道管理的很多内容没有相应的规范，不仅使河道管理的有些工作无法可依，而且使河道管理难度增大。但目前在河道管理中，河道涉河建筑物的审批、采砂许可、河道保洁等方面缺乏相应的技术规定。

涉河建设项目的实施直接涉及河水流向、河岸稳定、堤防安全等，不仅是河道管理中的一项重要内容，而且其审批也是一项技术性很强的工作。除了审批程序合法外，审批中如何把好技术关也十分重要，但在我国河道管理中缺少相应的技术规程、规范。如跨河桥梁与两岸堤防是平交还是立交，采用立交时净空应预留多少，允许的桥梁阻水面积是多少，桥轴线与主流的交角范围是多少等。在审批中没有统一的控制参数，各主管部门、各个地区掌握的尺度不一，存在很大的随意性、经验性、人为性，致使审批无序、意见不同、矛盾重重，甚至给防汛安全带来隐患，极不利于规范和科学管理。

二是已有的河道管理的规范与人水和谐、河流健康的新理念有较大差距。已有的水库、电站、堤防、水闸等的设计和施工等规范，侧重于发挥河流的传统的行洪排涝、灌溉供水等功能，而忽视河流的生态、景观、文化等功能的发挥。

例如，《堤防工程设计规范》（GB 50286—1998）中，规定了总则、堤防工程级别及设计标准、基本资料、堤线布置、坝型选择、堤基处理、堤身设计、堤岸防护、堤防稳定计算、堤防与各类建筑物、构筑物的交叉、联结等内容。但在总则中缺少对保留江河自然形态、生物栖息地、景观设计的总体要求。在基本资料中明确了收集气象水文、社会经济、工程地形、工程地质的要求，但缺少对相关范围的生态系统调查及生物群落的历史与现状调查资料收集的要求。

《堤防工程设计规范》（GB 50286—1998）中，在规定堤线布置、堤距确定、堤型选择、护坡材料时，主要着眼于行洪和堤防（岸）本身结构及稳定，忽略了河流与岸上生态系统的有机联系，忽视了河流周围的生物群落的存在，忽略了生态保护或恢复技术要求的堤型及护坡材料，也忽视了整治后原有生物群落的恢复。

在河流的综合整治方面，其平面布局、裁弯取直、切滩、丁坝等控制导流建筑布置，断面设计、护岸形式、护坡护岸材料的选择等，与河流形态的多样性、透水性直接相关，与依赖于河流形态的多样性、透水性生存的生物群落直接相关，但我国目前在规划、设计、施工和管理中所依据的相关规范，就是缺少相应生态方面的规定。

从人水和谐、河流健康的理念和我国河道管理的实际需要出发，制定和修订有关河道的综合治理、涉河项目审批、河道采砂管理、河道保洁等技术规程和规范十分必要。德国、美国、日本等发达国家，在河道综合治理方面有很多成功的做法，我们可以学习和借鉴。

三、从河道管道体制上来看

河流的上下游、干支流、左右岸联为一体，才能形成一个不可分离的天然系统，这个系统称之为水系。由于地形、地质构造的不同和气候等因素的影响，各个水系的面积不同、形状各异，并形成各个水系所具有的独特水文情势。按照自然规律和治水规律的要求，按水系进行统一管理比较科学，可以统筹兼顾各地区、上下游之间的利益。

根据有关国家的实践证明，按流域进行统一管理，是现代河道管理的共同趋势。目前，国外河道流域管理有两种模式：英国的流域机构实行高度集中统一的流域管理模式；法国的流域管理主要负责规划和协调，具体水事务仍由地方主办。有的国际河流还设立了跨国的流域管理机构，按国际条约进行管理。

我国的现行法律法规规定，河流实行按流域、水系统一管理和分级管理相结合的原则，但我国现行行政区划一般不是按照流域划分的。在河流的管理中，区域之间因为经济社会发展的不平衡，所以对河流治理的迫切性、河流治理的总体目标等方面会有较大差异。无论是对水资源开发利用的管理，还是对河流水生态系统的保护和修复，都离不开流域与区域的协调，在流域管理与区域管理的事权划分、统筹协调等方面需要有许多工作要做，有时做起来难度是非常大的。

四、从管理的基础工作来看

我国在河道管理方面的差距，不仅表现在法制化建设、技术规范制定和管理体制等方面，还表现在管理的基础工作上，主要的问题是基础工作滞后，表现在以下两个方面：

（1）河道管理范围不明确。要对河道实施有效管理，必须明确河道的管理范围。河道管理范围的划定，是水行政主管部门实施河道管理的基本条件，是进行依法监管、执法的基础和依据。如果管理范围不明确，水行政主管部门就没有明确的管理和执法范围，河道的管理界限不清，在管理中一旦发生纠纷，河道管理和执法就无法进行。但在我国由于资金、职责等各方面的原因，此项工作总体进展不理想。

（2）河道保护规划滞后。近几年来，我国的法制建设日益加强，城市建设、公路建设和园区开发等，都十分重视规划工作，以便与其他专业规划相互协调、力争主动。在水利建设方面，近几年也编制了一系列规划，但就是缺少对河道水域保护方面相应的规划，没有提出可以控制对河道等水域占用的控制性指标，管理缺乏依据。

特别是在城镇化快速发展的今天，城市改造、开发区建设占用水域时，建设单位往往能拿出高标准、高层次的开发规划，但水行政主管部门因缺乏河道保护规划、缺乏水面率等控制性指标，很难控制对水域的占用。

第五节　河道管理的范围

河道管理系运用技术、经济、行政等管理手段，保障防洪安全，发挥其综合效益。河道管理范围是指法律规定对河道实施管理的适用范围，也是政府水行政主管部门行使河道管理权限的区域范围。

一、进行划定河道管理范围的必要性

对河道进行有效的管理，是《中华人民共和国水法》（以下简称《水法》）、《河道管理条例》等法律法规赋予水行政主管部门的法定职责，为明确管理职责，确保河道安全，需要划定一定的河道区域作为水行政主管部门管理河道的范围。

日本在《河川法》中规定，河流管理者为了保护河岸或为了实施河流治理控制措施，可以在距河流区域边界一般不超过50m的地方划定一定的区域作为河流保护区，在该范围内禁止一切挖掘土地以及其他土地形状的行为和新建或改建建筑物的行为。我国台湾《水利法》授权河道主管机关在河道防护范围内可执行警察职权。

河道管理范围的划定，是水行政主管部门实施河道管理的基本条件，也是进行依法监管、执法的基础和依据。管理范围不明确，水行政主管部门就没有明确的管理和执法范围，河道的管理界限不清，河道管理和执行就缺少依据。

进行河道管理范围的划定，主要有以下作用：一是为依法管理河道奠定基础，河道管理范围划定后，可以对法律法规中规定的河道管理范围内的禁止性和限止性行为进行控制，从而保证河道及两岸堤防的完好性；二是有利于解决一些水事纠纷问题，可避免因土地权属不清而引起的一些水事纠纷和与土地管理相交叉引发的混乱；三是为河道管理单位进行水土资源的综合开发利用创造有利条件。

二、河道管理范围划定的法律依据

《中华人民共和国水法》第四十三条规定："国家对水工程实施保护。国家所有的水工程应当按照国务院的规定划定工程管理和保护范围。国务院水行政主管部门或者流域管理机构管理的水工程，由主管部门或者流域管理机构商有关省、自治区、直辖市人民政府划定工程管

理和保护范围。前款规定以外的其他水工程,应当按照省、自治区、直辖市人民政府的规定,划定工程保护范围和保护职责。”

《中华人民共和国防洪法》第二十一条规定:“有堤防的河道、湖泊,其管理范围为两岸堤防之间的水域、沙洲、滩地、行洪区和堤防及护堤地;无堤防的河道、湖泊,其管理范围为历史最高洪水位或者设计洪水位之间的水域、沙洲、滩地和行洪区。流域管理机构直接管理的河道、湖泊管理范围,由流域管理机构会同有关县级以上地方人民政府依照前款规定界定;其他河道、湖泊管理范围,由有关县级以上地方人民政府依照前款规定界定。”

《中华人民共和国河道管理条例》第二十条规定:“有堤防的河道,其管理范围为两岸堤防之间的水域、沙洲、滩地(包括可耕地)、行洪区,两岸堤防及护堤地。无堤防的河道,其管理范围根据历史最高洪水位或者设计洪水位确定。河道的具体管理范围,由县级以上地方人民政府负责划定。”

根据以上我国现行的有关河道管理的法律法规,主要明确了以下几项内容:河道管理范围分为有堤防的河道和无堤防的河道两类进行划分,无堤防的河道应划定管理范围,有堤防的河道应划定河道的管理及堤防的保护范围;河道管理范围划定的权限是流域管理机构或县级以上地方人民政府。

河道管理范围的大小,主要取决于河道等级、堤防安全管理的需要和河道洪水位等。其具体如何划分,应当依照法律规定的权限和程序,结合河道所在地的实际而定。如果范围太大,与水行政主管部门的监管能力不相称,对当地的经济发展也不利;如果范围太小,不利于河道管理和堤防安全。

三、河道管理范围的确权划界工作

水利工程及其设施的用地是水利资产的重要组成部分,确权划界是建立水利资产经营管理体系中一项重要的基础工作。它不仅是保证工程安全、充分发挥工程效益和依法管理水资源与水工程的重要保障,而且为充分利用水土资源,壮大水利管理单位经济实力打下基础。

自1989年开展全国水利工程确权划界工作以来,流域机构及各级水管部门开展了大量切实有效的工作,确权划界工作取得了很大进展。据不完全统计,截止到2002年流域机构直属各类水利工程完成确权划界的占总数的百分比分别为:水库70%,水闸42.86%,堤防管理范围90.85%,堤防保护范围52.01%,河道管理范围72.32%。

划界是指划定河道(堤防)的管理范围,确权是指对管理范围的土地进行使用权证的申领。但是,各地河道的确权划界工作普遍存在两个问题:一是无堤防的河道管理范围的划定尺寸较难确定;二是河道管理范围申领土地使用权证工作比较困难。

《中华人民共和国防洪法》中规定:“无堤防的河道、湖泊,其管理范围为历史最高洪水位或者设计洪水位之间的水域、沙洲、滩地和行洪区。”《中华人民共和国河道管理条例》中规定:“无堤防的河道,其管理范围根据历史最高洪水位或者设计洪水位确定。”法律中确立了两个标准,但实际上根据历史最高洪水位划定缺乏可操作性。比较普遍的做法是:对于有规划的河段按河段设计洪水位确定河道管理范围,无规划的河段直接规定一定尺寸作为河道管理范围。

河道管理范围申领土地使用权证是河道管理范围划定工作中的难点。河道一般多为复式断面,一些河道还有地势较高的江心洲,由于各方面的原因,河道两岸滩地及江心洲土地权属非常复杂,部分江心洲和滩地属集体或个人所有,要对河道的管理范围的土地申领土地使用权证，在程序上、资金上都有很大困难。

四、河道范围内禁止和限止性活动

河道管理法律内的禁止性和限止性活动的规定，在《中华人民共和国水法》、《中华人民共和国防洪法》和《河道管理条例》均有具体内容，集中体现在《中华人民共和国防洪法》第三章的有关条款中，其主要内容是河道内从事建设和生产的各项活动，都必须符合防洪规划的要求，不得影响河势稳定、危害堤防安全、妨碍行洪和输水。

《中华人民共和国防洪法》第二十二条规定："禁止在河道、湖泊管理范围内建设妨碍行洪的建筑物、构筑物，倾倒垃圾、渣土，从事影响河势稳定、危害河岸堤防安全和其他妨碍河道行洪的活动。"在河道、湖泊管理范围内建设各类建设物和构筑物必须符合防洪规划，即符合规划所确定的防洪标准，以及由此而规定的河宽、洪水位等方面的技术要求。

《河道管理条例》第十二条规定："修建桥梁、码头和其他设施，必须按照国家规定的防洪标准所确定的河宽进行，不得缩窄行洪通道。桥梁和栈桥的梁底必须高于设计洪水位，并按照防洪和航运的要求，留有一定的超高。设计洪水位由河道主管机关根据防洪规划确定。跨越河道的管道、线路的净空高度必须符合防洪和航运的要求。"

上述的各项规定，核心是禁止从事影响河势稳定、危害堤防安全和妨碍行洪的活动。如在河道管理范围内，禁止修建围堤、阻水渠道、阻水道路；种植高秆农作物、芦苇、杞柳、荻柴和树木（堤防防护林除外）；设置拦河渔具；弃置矿渣、石渣、煤灰、泥土、垃圾等。在堤防和护堤地，禁止建房、放牧、开渠、打井、挖窖、葬坟、晒粮、存放物料、开采地下资源、进行考古发掘以及开展集市贸易活动。禁止围垦河道。确需围垦的，应当进行科学论证，经水行政主管部门确认不妨碍行洪、输水后，报省级以上人民政府批准。禁止擅自填筑原有沟汊、贮水洼淀和废除原有防洪围堤，不得任意砍伐护堤护岸的树木。

第六节 河道的采砂管理

河道采砂是采集河床表面的床砂，床砂是河道挟带泥沙的水流与河床相互作用的产物。河床砂石是河道稳定、水砂平衡的物质基础。天然河流中都含有一定的泥砂。河流中的泥砂就其来源而言可分为两类：一类是从流域地表冲蚀而来的，另一类是从原河床冲起来的。

大规模的基本建设项目需要大量的砂石材料，而河道中滥采乱挖河砂，对河岸稳定、防洪安全、生态环境等方面又带来很大的负面影响。因此，河道采砂的管理工作，已成为河道管理部门的难点和重点。

一、我国河道采砂的现状

近几年来，由于滥采乱挖河砂，导致局部河势恶化，河槽下切，部分河岸崩塌，危及一些护岸工程和水工程的安全。由于采砂过度，使一些河道的堤防工程产生裂缝、滑坡，严重威胁保护区群众的生命财产安全。由于某些河段违法采砂，造成水文断面毁坏，产生水文数据不准确，严重影响了水文测算结果。

由于河道采砂高利润的诱惑，使得各类人员蜂拥而上，特别是社会上的无业人员、地方黑恶势力拉帮结派，为争抢河道采砂点，常发生打架斗殴，给社会稳定带来不利的影响，给河道管理带来很大阻力。

由于机械采砂量过大，引起河床发生变化，这些变化将会破坏水生生物栖息地，从而影响水生生物的生存和繁衍及饵料来源。若在鱼类繁殖期采砂，则会严重影响鱼类产卵活动，影响鱼类资源的补充。由于大量采砂机械作业，生活废污水和废油直接排入河中，对附近水域水质造成一定的污染。

由于河道采砂活动由多个行政主管部门实行管理，职责不明，责任不清，管理部门之间亦相互牵制，未能充分发挥河道主管部门的作用。河道采砂管理人员不足，监管手段不够，管理法律法规不健全，严重影响执法效果。

为保持河道河床的冲淤平衡，必须对河道砂石资源开采数量进行控制。为使河道采砂走上科学、依法、有序开采的轨道，需制定河道采砂专业规划作为指导。河道管理的经验教训告诉我们，若不对河道采砂进行科学、合理的规划，而无限制地、掠夺式地开采河砂，将会破坏河道相对稳定的河势，破坏河床的冲淤平衡。

只有对河道采砂进行科学的规划，并按规划进行采集河砂，做到采砂与整治河道相结合，同时进行必要的固岸处理，才能够保证河道行洪安全和河势稳定。同时，制定河道采砂规划也是河道专业规划和实施河道采砂管理的需要。

二、河道采砂管理的行政主体

我国河道大规模采砂始于20世纪80年代，由于河道采砂涉及水利、交通、航运、海事、公安、农林等诸多部门，加上我国对河道采砂一直处于无政府状态，所以在管理主体上始终存在主体不清、责任不明的问题，以上有关部门对河道采砂相互推诿。

《中华人民共和国河道管理条例》第二十五条规定：在河道管理范围内进行采砂、取土、淘金、弃置砂石或者淤泥等活动，必须报经河道主管机关批准；涉及其他部门的，由河道主管机关会同有关部门批准。

《中华人民共和国矿产资源法实施细则》第二条规定：矿产资源是指由地质作用形成的，具有利用价值的，呈固态、液态、气态的自然资源。由此可见，河道砂石也是矿产资源。矿产资源属于国家所有，地表或者地下的矿产资源的国家所有权，不因其所依附的土地的所有权或者使用权的不同而改变。

《内河交通安全管理条例》第二十五条规定：在内河通航水域或者岸线上进行勘探、采掘、爆破，可能影响通航安全的作业或者活动的，应当在进行作业或者活动前报海事管理机构批准。

按照上述法律法规的规定，河道采砂需要办理采砂许可证、采矿许可证、水上水下施工作业许可证。但是采砂许可后的管理责任又很难区分清楚，因此在实际的河道采砂管理中，形成了只许可不监管、只收费不服务的混乱局面。

鉴于长江采砂的特殊重要性，2002年国务院颁布《长江河道采砂管理条例》，理顺了多年困扰长江采砂管理的体制问题。该条例明确长江宜宾以下干流河道内的长江采砂管理，实行地方人民政府行政首长负责制，沿江县级以上地方人民政府水行政主管部门具体负责本行政区内长江采砂的管理和监督检查工作。长江航务管理局负责长江航道管理工作，长江海事机构负责长江交通安全的监督管理工作，公安部门负责长江水上治安管理工作。

《长江河道采砂管理条例》颁布后，有些省份参照这个条例，由人民政府制定规章，对河道采砂管理主体予以明确，如《陕西省河道采砂管理办法》、《江西省河道采砂管理办法》和《山东省河道采砂收费管理实施细则》。但在我国的很多地区，由于国家有关法律的交叉，河道采砂管理的主体不清、政出多门的情况仍普遍存在。

2002 年在进行《中华人民共和国水法》修订时，鉴于河道采砂管理除涉及水法外，还涉及其他相关的法律，在实践中矛盾较多的实际情况，在第三十九条中明确规定：“国家实行河道采砂许可制度，河道采砂许可制度实施办法，由国务院规定。在河道管理范围内采砂，影响河势稳定或者危及堤防安全的，有关县级以上人民政府水行政主管部门应当划定禁采区和规定禁采期，并予以公告明确规定”。

三、河道采砂收费的具体规定

（一）河道采砂收费的费种

目前我国河道采砂收费主要有两种类型：一种是交纳河道砂石资源费，砂石是属于国家所有的矿产资源，采集矿产资源必须按规定交纳资源费；另一种是交纳河道采砂管理费，如《山东省河道采砂收费管理实施细则》第六条规定：“在河道内采砂的单位和个人，应向河道管理单位或河道主管部门交纳河道采砂管理费”。

2002 年国务院颁布《长江河道采砂管理条例》之前，按照有关法律法规的规定，我国各地河道采砂管理中收取河道采砂管理费。2002 年国务院颁布《长江河道采砂管理条例》之后，我国一部分省市河道采砂管理收取河道砂石资源费，其他省市收取河道采砂管理费。

（二）河道采砂收费的依据

河道采砂收费的依据主要有：《中华人民共和国河道管理条例》、《长江河道采砂管理条例》，以及各省、自治区、直辖市制定的规章或规范性文件。

《中华人民共和国河道管理条例》第四十条规定：“在河道管理范围内采砂、取土、淘金，必须按照经批准的范围和作业方式进行，并向河道主管机关缴纳管理费。收费的标准和计收办法由国务院水利行政主管部门会同国务院财政主管部门制定。”

《长江河道采砂管理条例》第十七条规定：“从事长江采砂活动的单位和个人应当向发放河道采砂许可证的机关缴纳长江河道砂石资源费”。“从事长江采砂活动的单位和个人，不再缴纳河道采砂管理费和矿产资源补偿费。”

1990 年水利部、财政部、国家物价局联合发布的《河道采砂收费管理办法》（水财[1990]16 号）中明确规定：“河道采砂必须交纳河道采砂管理费”。“由发放河道采砂许可证的单位计收采砂管理费。河道采砂管理费的收费标准由各省、自治区、直辖市水利部门报同级物价、财政部门核定。”

在以上河道采砂收费依据的基础上，各省、自治区、直辖市也出台了关于河道采砂收费的规章或规范性文件。

（三）河道采砂的收费标准

由于各地河道砂石资源储量、经济状况、质量差异、采集难度等不同，河道采砂收费的标准也不一样。

《山东省河道采砂收费管理办法》第六条规定：“收费标准的制定原则为：(1)采砂、采石、取土按不超过当地砂、石、土销售价格的 25% 计收；(2)淘金及淘取其他非金属作业，按不高于采砂采石管理费标准计收；(3)淘金并采砂者按淘金、采砂分别计收。

《河北省河道采砂管理办法》第十五条规定“在河道内开采砂石、淘金、取土，应向水利行政主管部门缴纳管理费。管理费标准是：(1)石料按料场当地销售价格的 10% ~25% 收取；(2)砂、土料按料场当地销售价格的 5% ~25% 收取；(3)淘金沙按每立方米淘金量售价的 3% ~5% 收取。”

2006年国家发展和改革委员会、财政部《关于重新核定长江河道砂石资源费收费标准的通知》(发改价格[2006]2073号)明确规定:“长江水利委员会和沿江省、直辖市水行政主管部门向在长江宜宾以下干流河道从事采砂(含吹填造地采砂)、采石、取土和淘金活动的单位和个人收取的长江河道砂石资源费,按照开采的砂石量按月计收。具体收费标准为:(1)长江宜昌以上干流河道,每吨1元。(2)长江宜昌到湖口干流河道,每吨1.5元。(3)长江湖口以下干流河道,每吨2元。”

各地区可以根据自己的实际情况,制定河道采砂相应的收费标准,并要经相关物价部门批准。

(四)采砂收费管理与使用

河道采砂管理费或砂石资源费的征收机关为县级以上水行政主管部门,对于所收费的管理与使用,在《河道采砂收费管理办法》中有具体而明确的规定。如第七条规定:“河道采砂管理费用于河道与堤防工程的维修、工程设施的更新改造及管理单位的管理费。节余资金可以连年结转,继续使用,其他任何部门不得截留或挪用。”

第八条规定“河道主管单位要加强财务及收费管理,建立健全财务制度,收好、管好、用好河道采砂管理费。河道采砂管理费按预算外资金管理,专款专用,专户存储。各级财政、物价和水利部门要负责监督检查各项财务制度的执行情况和资金使用效果。”任何机关或者个人不得以任何形式截留、挪用、私分或者变相私分。

四、河道采砂管理的重要性

(一)砂石是河床的重要组成部分

我国在众多江河中都蕴藏着丰富的砂石,河流中的砂石是构成河床的基本物质,是保持河床相对稳定的基本要素。在一定的水流条件下,河道的水砂处于相对平衡的状态,如果河水中的来砂量大,河道将会发生淤积;如果河水中来砂量小,河道将会发生冲刷。因此,河道是水流与河床的矛盾统一体,两者按河流动力学的客观规律相互制约,从而使河道处于动态平衡。

河道采砂活动充分证明,河道砂石的移运或开挖将会影响水流的形态和河势的稳定。水砂运动存在客观的不以人们意志为转移的规律性,河道采砂首先要尊重水砂运动的客观规律,如果把河道中的砂石视为单纯的矿产资源或建筑材料,实质上是割裂了水砂相互作用的客观规律。因此,对于河道砂石要有一个全面的认识,不能把砂石视为单纯的矿产资源或建筑材料。河道砂石首先是河床的重要组成部分,是河势演变的重要因子,其次才是建筑材料。

(二)河道砂石是主要的建筑材料

大规模的基本建设需要大量的建筑材料,不论是城市发展,还是乡镇建设,不论是房屋工程,还是其他土木工程,都离不开建筑材料。建筑材料虽然是多种多样,但砂石是古今中外不可缺少的重要建筑材料。

根据《建筑用砂》(GB/T 14684—2001)和《建筑用卵石、碎石》(GB/T 14685—2001)中的规定,建筑用砂分为天然砂和人工砂两类,天然砂包括河砂、湖砂、山砂及淡化海砂;人工砂包括机制砂、混合砂。河道砂石经过水流的冲刷、搬运,在坚固性、含泥量和杂质含量等方面均优于其他砂源,是天然的优质砂源。

河流中的泥沙按其粒径大小,可分为石、砂、泥三大类,通常采砂是砂类中的粗砂、中砂和细砂。国民经济的快速发展,对作为建设用的河砂需求量日益增长,在多数河道中都存在着采砂问题,随着河道砂源的萎缩和对河道的不良影响,应当引起我们足够的重视。

（三）河道采砂直接影响河道演变

河道演变也称为河床演变。河床受自然因素或人工建筑物的影响而发生的变化。河床演变是水流与河床相互作用的结果。水流作用于河床使河床发生变化；变化了的河床又反过来作用于水流，影响水流的结构，这种相互作用表现为泥沙的冲刷、搬移和堆积，从而导致河床形态的不断变化。

河道演变试验研究表明，影响河道演变的主要因素有以下方面：①河段的来水量及其变化过程；②河段的来砂量、来砂组成及其变化过程；③河段的比降；河段的河床形态及地质情况。河道采砂直接影响河段的砂量、来砂组成、河段的比降、河床形态及地质情况，因此河道采砂与河道演变关系十分紧密。

（四）无序采砂会引起严重的危害

河道在长期演变过程中，通过水流与河床泥砂的相互作用，形成了河道中的动态平衡。当河段的来砂量与输砂量动态平衡时，就能保持河道的稳定；当河段的来砂量与输砂量不平衡时，河床就会发生冲刷或淤积。因此何时何地开采河道砂石，开采多少，如何开采，与两岸堤防的安全、河势的稳定及防洪安全密切相关。适量、适度的采砂活动，既能支持经济建设，又能疏浚河道有利行洪。但如果盲目、超量、无序地采砂，会引发出一系列的问题。

1. 影响防洪和涉河建筑物安全

河道中有序采砂后，可以增加河道的容积，扩大了过水面积，有助于洪水位的降低，但无序采砂则影响河道堤防工程防洪和涉河建筑物的安全。主要表现为：从砂源分布规律看，质量好的砂常分布于河道凹岸。临近岸堤开采砂石，必然使深泓贴岸，堤基透水层外露，有洪水时河堤容易出现翻砂鼓水险情；同时堤身的相对高度加大，岸坡变得陡峭，易引起堤岸坍塌，危及堤防的安全。

盲目超量河道采砂，河床高程会迅速下降，很容易使涉河建筑物的基础外露，影响河道上桥梁、码头、涵洞、管线、缆线的安全运行。如果考虑到河道采砂对涉河建筑物的影响，其基础处理费用必然大幅度增加，施工难度也会增大。

2. 影响河势的稳定

河道在长期演变的过程中，通过水流与河床泥砂的相互作用，以及丁坝、顺坝、鱼嘴等整治建筑物稳定河势、约束水流，已形成了相对稳定的河床形态。但无序采砂或超量采砂，河床泥砂得不到补充，河床高程大幅度下降，从而导致河道深泓线发生摆动，严重破坏了河床稳定的形态，改变了局部河段泥砂输移的平衡，对河势稳定带来不利的影响。

在我国因无序采砂或超量采砂，对河势稳定造成严重影响的教训很多。如钱塘江小桐洲至鹿山长 19km 的河段，无序采砂造成河床下降达 6.3m，深泓线平面摆动 400～600m，占河道宽度的 1/2，使一些岸坡的岸线坍至离堤脚仅 10m。江苏镇江某处江心洲采砂前两岸的分流比为 6：4，大量的港口、取水口建在水量大的一岸。由于无序采砂，恶化了港口运行条件，河道分流比变为 4：6，使原本水流量大的一岸水流变小，造成港口废弃、取水口闲置，给国家财产造成巨大损失。

3. 影响通航的安全

我国的主要河流自古都是通航的黄金水道，为便利交通、运送物资、交流文化、发展经济等方面作出很大贡献。无序采砂容易增加航道周边泥沙涌入强度，使航道水深减小，增加航道疏浚工程量。同时，无序采砂容易改变航道的边界条件，造成航道轴线扭曲、宽度缩窄，给航道水深维护带来不利影响。

无序采砂对航运的影响，一方面表现为众多采砂船拥塞挤占航道，遮挡航行标志，使船舶航行和停靠困难，船只搁浅和碰撞等海损事故频繁发生。另一方面，无序采砂容易引起河道变迁，使沿江港口、码头作业困难，严重的可能造成港口、码头淤废。

4. 影响水生态环境

我国的主要河流水生物非常丰富，如长江中下游干流河道中就有鱼类200多种，其中有著名的中华鲟、扬子鳄等国家重点保护品种。但是，无序采砂容易破坏水生生物栖息地从而影响水生生物的生存和繁衍，也会影响珍稀水生物的栖息场所和饵料资源。如果在鱼类繁殖期采砂，则会严重影响鱼类产卵，影响鱼类资源的补充。

5. 影响水质和景观

由于大量采砂船云集江河中，生活废污水和船舶废油排入河道中，对附近水域水质造成严重污染。采砂过程中对弃渣任意堆置，大大小小的砂堆使河道成为“千岛河”，不仅严重影响河道水流正常方向，而且严重破坏了水景观。

6. 引起国家资源流失

河道中的砂石是国家的矿产资源，开采砂石必须按规定向国家交纳资源费或管理费。但是，非法采砂使得大量河道砂石资源被廉价或无偿开采，应收的资源费或管理费未能收取，导致国家资源的流失。

7. 引发社会稳定问题

由于采砂的高额利益驱使，使各类人员云集采砂场，不法分子对抗河道采砂执法活动，殴打围攻河道采砂执法人员，甚至有些采砂业主雇用涉黑势力参与河道采砂经营等，导致局部地方的社会治安恶化，严重危及社会稳定。

五、河道采砂规划的编制

实行统一规划制度是河道采砂管理的两大基本制度之一。缺乏规划、多头管理是导致一些河流乱采滥挖的重要原因之一。河道采砂管理的经验证明，编制河道采砂规划是对河道采砂进行依法管理、科学管理的重要依据，是河道进行安全管理和环境保护的重要措施，也是对河道进行可持续开发利用的基本策略。

（一）河道采砂规划编制的必要性

1. 制定采砂规划，是维护河势稳定、保障防洪和通航安全的需要

河道砂石是河床的重要组成部分，与河势稳定、保障防洪和通航安全，及其涉河建筑物的安全关系密切。如果缺乏科学的采砂规划指导，无序采砂和超量采砂必然改变河道的自然规律，带来堤坝防洪安全、河势稳定等问题。

2. 制定采砂规划，是保护矿产资源和合理开发利用砂石资源的需要

河道砂石是国家的矿产资源，不允许无偿占用和非法开采，制定采用规划就是使采砂活动依法、有序开采，是对国家矿产资源的保护和合理开发利用。

在河道的泥砂中，起造床作用的主要是颗粒较粗的推移质，而开采的砂料就是推移质之一。无序地采砂不仅对河床变化有重大影响，而且势必引起砂资源的快速枯竭。通过采砂规划明确可采量、开采速度和时间等，适量、适度地进行采砂，既可以取得大量的建筑材料，又能维持河床冲淤的动态平衡，关键是可以遏制无限制、掠夺式地开采砂石。

3. 制定采砂规划，是实施河道采砂规范化管理的需要

通过制定的采砂规划，可以明确划定禁采区、可采区、保留区、可采量、可采时间等控制性

数据，规定可采区规划范围和年度实施控制范围要求，并对禁采区的划定进行强制性规定。这些数据和规定既是河道采砂管理进行规范化管理的依据，也是对采砂许可活动进行科学指导的需要；既是协调采砂矛盾的主要依据，也是避免管理的盲目性、实现依法治水和科学管理的具体措施。

4. 制定采砂规划，是维护河道水环境、水生态的需要

通过制定的采砂规划，可以将一些水生物密集或有重要价值的水生物区域，划为禁采区，并按照水功能区、水环境功能区的要求，对采砂弃渣、采砂船只的油污、垃圾等的排放，提出控制意见，防止无序采砂对生态环境的不利影响。

（二）河道采砂规划编制的标准

为了加强对河道采砂的管理，为了明确河道采砂规划编制的基本原则、主要内容和技术要求，2008 年水利部批准颁布了《河道采砂规划编制规程》，该项技术规程的实施，对于规范河道采砂规划的编制工作，提高河道采砂规划的编制质量，维护河道的河势稳定，保障防洪和通航安全具有十分重要的意义。同时，对于推动河道采砂管理工作也将产生积极的影响。在《河道采砂规划编制规程》（SL423—2008）中，对河道采砂规划编制的标准作出了具体规定，在编制时应当符合以下要求：

（1）编制河道采砂规划应符合国家的相关法规和政策，符合江河流域综合规划和区域综合规划，并与相关专业规划相协调。贯彻统筹兼顾、全面规划、科学合理、适度利用、有序开采的原则。

（2）编制河道采砂规划应正确处理好整体与局部、干流与支流，上游与下游、左岸与右岸，需要与可能、近期与远景等方面的关系。

（3）编制河道采砂规划应充分考虑河势稳定、防洪和通航安全、生态与环境保护以及跨、穿、临河的建筑物及设施（以下统称涉河工程）正常运行的要求。

（4）河道采砂规划的主要内容应包括河道演变与泥沙补给分析、采砂分区规划、采砂影响分析、规划实施与管理。

（5）编制河道采砂规划应根据河道的特性、治理开发的阶段以及采砂管理的要求等因素合理确定规划期。

（6）编制河道采砂规划应加强调查研究，充分利用已有的相关分析研究成果，总结以往采砂管理的经验，重视基本资料的收集整理和分析。

（7）河道采砂规划的编制除应符合本标准规定外，尚应符合国家和有关部门现行有关标准的规定。

（三）河道采砂规划编制的原则

1. 符合现行法律法规的原则

《河道采砂规划编制规程》，是按照《水利标准化工作管理办法》和《水利技术标准编写规定》制定的，因此，编制河道采砂规划必须符合《中华人民共和国水法》、《中华人民共和国矿产资源法实施细则》、《中华人民共和国河道管理条例》、《长江河道采砂管理条例》等国家及有关部门相关法律、法规、规章的规定和要求，做到河道采砂规划编制有法可依。

2. 与其他规划符合协调原则

河道采砂规划作为水利总体规划中的一种专业规划，应当符合流域综合规划、防洪规划，并与其他有关规划（如城市发展规划、公路建设规划、河道生态景观规划等）相协调，不可将河道采砂规划孤立看待，更不允许与其他有关规划相矛盾。

3. 确保河道综合安全的原则

编制河道采砂规划的主要目的,就是保障河道防洪安全、通航安全、饮用水安全、涉河建筑物和设施的安全。禁止在堤防、护岸工程附近开采砂石;禁止在险工段附近开采砂石;禁止在饮用水水源及取水口附近开采砂石;禁止在跨河、穿河、临河建筑物和军事、通信、输油管道、水文监测设施附近开采砂石;不得因砂石开采引起航道变迁,造成阻碍通航和影响沿河港口、码头的正常作业。

4. 对河势演变因势利导原则

在编制河道采砂规划时,必须认真分析河势演变的影响因素,重点分析人类无序采砂活动对河床演变的影响,必须以对河势演变因势利导的原则,将采砂活动与河道工程治理有机结合起来,对河道进行综合治理。

河道的采砂规划必须以泥沙运动的基本规律和河床演变的基本原理为指导性理论,以河道整治宽度的优化计算结果作为河砂禁采划定范围的理论依据,合理有计划的确定采砂量、可采期、禁采期和禁采区。

5. 河道采砂总量控制的原则

河道中的砂石是自然界中一种不可循环的资源,每条河流中的砂石储量是有限的,对于可开采的数量是有限制的。因此采砂必须根据来砂量、输砂量、砂质量和河段基本情况,在保证河床基本稳定的情况下,确定其合理的可开采总量。河道砂石的开采必须考虑到防洪安全和河道泥砂的补给情况,严格控制和禁止进行掠夺性和破坏性的开采,做到河道砂石资源的合理可持续利用。

6. 河道采砂统筹兼顾的原则

河道采砂不是一种孤立的行为,采砂多少、采砂位置、采砂时间、采砂强度等影响河道的各个方面,甚至涉及国民经济的多个部门。因此,在编制河道采砂规划时,必须与防洪、航运、交通、治安、护岸、治河、清障、固堤等相结合,做到上下游、左右岸统筹兼顾,涉及部门相互协调,以避免上下游左右岸由于河道采砂产生水事矛盾。

7. 采砂保护生态环境的原则

采砂活动是砂石材料迁移的行为,必然对河道的生态环境有一定影响,在进行河道采砂规划时必须重视这一点。采砂维护水生态环境,重点是保护珍稀水生动物栖息地和繁殖场所、主要经济鱼类的产卵场、重要的水产原种场、洄游性鱼类的主要洄游通道等。

六、河道采砂许可的规定

河道采砂许可是指水行政主管部门根据公民、法人或者其他组织的申请,经过依法审查,准予其在河道管理范围内从事河道采砂活动的行为。采砂许可是对河道采砂行为实施管理的重要措施。

(一)采砂许可的法律依据

为了加强河道采砂管理,维护河势稳定,保障防洪安全、通航安全和基础设施安全,近年来我国加强了对河道采砂法律、法规和规章的建设工作,目前采砂许可方面的法律依据主要有以下方面:

《中华人民共和国水法》第三十九条规定:"国家实行河道采砂许可制度。河道采砂许可制度实施办法,由国务院规定。在河道管理范围内采砂,影响河势稳定或者危及堤防安全的,有关县级以上人民政府水行政主管部门应当划定禁采区和规定禁采期,并予以公告。"

《中华人民共和国河道管理条例》第二十五条规定:“在河道管理范围内进行采砂、取土、淘金、弃置砂石或者淤泥等活动,必须报经河道主管机关批准;涉及其他部门的,由河道主管机关会同有关部门批准。”

《河道采砂许可制度实施办法(征求意见稿)》第三条规定:“河道采砂应当遵循依法、科学、有序的原则,全面规划,计划开采,总量控制,确保安全,有利于发展经济和维系优良生态环境。”第四条规定:“河道采砂许可制度的实施,应当遵循公平、公正、公开、便民和及时的原则。”

(二)采砂许可的基本方式

目前,水行政主管部门在作出河道采砂许可时主要有以下两种方式:一是直接许可,即由当事人提出采砂申请,经过规定的审批程序,直接对其作出许可或不予许可的决定;二是引入市场竞争机制的许可方式,即通过招标或拍卖确定中标人后,再对中标人作出采砂许可的决定。近年来,在各地河道采砂管理中,按照《河道采砂许可制度实施办法(征求意见稿)》和《行政许可法》的要求,采取拍卖或招标进行许可越来越普遍。

《河道采砂许可制度实施办法(征求意见稿)》第二十一条规定:“在有条件的地方,可以由有管辖权的县级以上地方人民政府水行政主管部门或者流域管理机构采取招标和拍卖等方式发放河道采砂许可证。”

《中华人民共和国行政许可法》第十二条和第五十三条规定:“有限自然资源开发利用、公共资源配置以及直接关系公共利益的特定行业的市场准入等,需要赋予特定权利的事项,行政机关应当通过招标、拍卖等公平竞争的方式作出决定。但是,法律、行政法规另有规定的,依照其规定。”

但是,河道采砂许可应当慎重采用拍卖这种方式。河道采砂许可拍卖是以价格为最大约束,一般不考虑其他因素。采取这种许可方式的最大问题,就是把河道砂石视为单纯的资源,忽视了河道砂石是河床重要组成这一特殊性,忽视了河道砂石开采会影响水流形态和河势稳定这一客观规律,会导致违法违规进行掠夺性开采,必然会对采砂的监管、河道防洪、河势稳定、堤防安全、生态环境等构成危害。

(三)采砂许可的主要程序

根据《中华人民共和国行政许可法》中的有关规定和采砂管理的特点,河道采砂许可程序通常包括申请与受理、现场踏勘、审查决定、检查监督。

1. 采砂许可的申请与受理

《中华人民共和国行政许可法》第二十九条规定:“公民、法人或者其他组织从事特定活动,依法需要取得行政许可的,应当向行政机关提出申请。”在河道管理范围内从事采砂的单位和个人,应当向有管辖权的水行政主管部门提出申请,申请时材料齐全的即予受理,申请材料不齐全或者不符合法定形式的,应当当场或者五日内一次告知申请人需要补正的全部内容,逾期不告知的,自收到申请材料之日起即为受理。

申请时要按规定提供相应的材料,主要包括:采砂申请书、营业执照或个人身份证,用采砂船采砂的,应当提交船舶检验证书、船员证书复印件,采砂与第三者有利害关系的,与第三者达成的协议或有关文件等。

采砂申请书是最主要的申请材料,河道采砂申请书一般要载明下列内容:①申请人的名称(姓名)、地址;②开采时间、种类和作业方式;③开采地点、深度、范围、范围图和控制点坐标;④开采量;⑤采砂船舶、机械的基本情况;⑥采砂技术人员的基本情况;⑦砂石堆放地点和弃渣处理方案。

2. 采砂许可的现场踏勘

采砂申请受理后应进行现场踏勘，主要现场核定拟采砂的范围河段的实际情况，采砂申请书所载内容与实际情况是否相符，采砂河段是否涉及第三方水事权益等。

3. 采砂许可的审查决定

采砂许可的审查决定是能否准许采砂的关键，即审查从事采砂活动的单位和个人是否符合相关条件，并作出予以许可或不予许可的决定。

审查时主要考虑以下几个方面：①符合采砂规划的可采区和可采期的要求；②符合年度采砂控制总量的要求；③符合国家规定的作业方式；④符合采砂船只数量的控制要求；⑤采用船舶、船员的证书齐全；⑥符合要求的采砂设备和采砂技术人员；⑦涉及第三人合法水事权益的，申请人已取得与第三人签订的协议。

(1)听证。我国现行的水法律、法规和规章中，并未明确规定审批河道采砂许可应当听证。但在《中华人民共和国行政许可法》第四十七条规定："行政许可直接涉及申请人与他人之间重大利益关系的，行政机关在作出行政许可决定前，应当告知申请人、利害关系人享有要求听证的权利；申请人、利害关系人在被告知听证权利之日起五日内提出听证申请的，行政机关应当在二十日内组织听证。"

(2)期限。对于河道采砂许可的期限规定，各地不尽相同，多数地区一般是依据《中华人民共和国行政许可法》规定的许可期限。

《中华人民共和国行政许可法》第四十二条规定："除可以当场作出行政许可决定的外，行政机关应当自受理行政许可申请之日起二十日内作出行政许可决定。二十日内不能作出决定的，经本行政机关负责人批准，可以延长十日，并应当将延长期限的理由告知申请人。但是，法律、法规另有规定的，依照其规定。"

"依照本法第二十六条的规定，行政许可采取统一办理或者联合办理、集中办理的，办理的时间不得超过四十五日；四十五日内不能办结的，经本级人民政府负责人批准，可以延长十五日，并应当将延长期限的理由告知申请人。"

《中华人民共和国行政许可法》第四十三条规定："依法应当先经下级行政机关审查后报上级行政机关决定的行政许可，下级行政机关应当自其受理行政许可申请之日起二十日内审查完毕。但是，法律、法规另有规定的，依照其规定。"

《中华人民共和国行政许可法》第四十四条规定："行政机关作出准予行政许可的决定，应当自作出决定之日起十日内向申请人颁发、送达行政许可证件，或者加贴标签、加盖检验、检测、检疫印章。"

《中华人民共和国行政许可法》第四十五条规定："行政机关作出行政许可决定，依法需要听证、招标、拍卖、检验、检测、检疫、鉴定和专家评审的，所需时间不计算在本节规定的期限内。行政机关应当将所需时间书面告知申请人。"

水行政主管部门在规定期限对符合条件的申请者发放河道采砂许可证，对不符合条件的申请者作出不予许可的决定。水行政主管部门依法作出不予行政许可的书面决定时，应当说明不予许可的理由，并告知申请人享有依法申请行政复议或者提起行政诉讼的权利。

河道采砂许可证应载明采砂申请者姓名(名称)、法人代表姓名、身份证号码、船名、船号和采砂范围、地点、采砂量以及作业方式、弃料处理方式、许可证的有效期限等有关事项和内容。

河道采砂许可证分为正本和副本，正本由持证人保存，副本在采砂作业现场悬挂，以便河道采砂执法人员监督检查。

河道采砂许可证不得伪造、涂改或者买卖，也不得出租或者以其他方式转让。从事采砂活动的单位和个人需要改变河道采砂许可证规定的事项和内容的，应当重新申请办理。

4. 采砂许可的监督检查

采砂许可的监督检查是非常重要的工作，是确保河道采砂有序、科学、合理开采的保障。监督检查主要包括两个方面：一是上级水行政主管部门对下级水行政主管部门许可的监督检查，主要是监督检查下级水行政主管部门实施采砂行政许可的主体、程序、内容是否合法，以便及时纠正采砂行政许可中行政机关的违法行为。二是发放采砂许可证的水行政主管部门，现场监督检查被许可人从事采砂的活动。

对于采砂现场的监督检查是最直接、最重要的控制手段，监督检查的主要内容有：①被许可人从事采砂是否持有合法有效的采砂许可证；②开采的地点、范围、时间、作业方式和开采量是否与许可的要求相符合；③采砂船舶、机具、人员是否与许可的要求相符合；④砂石堆放地点和弃料处理是否与许可的要求相符合。

第二篇 应用篇

第四章 河道堤防工程施工技术

河道堤防工程施工是研究河道工程建设的施工技术、施工组织与施工管理的学科。工程施工质量如何,不仅直接关系到堤防工程是否符合并满足设计要求,而且也关系到河道两岸人民生命财产的安全。因此,在河道堤防正式施工前,首先要根据工程实际情况,编制切实可行的施工组织设计方案,进行精确的施工测量工作,严格进行堤基的清理,严控工程施工质量,将河道堤防建成坚固的防御工程。

第一节 河道堤防工程施工组织设计

编制河道堤防工程施工组织设计的目的,主要是保证堤防工程按设计要求的质量、计划规定的进度,合理地进行工程预算,安全、优质、高效地完成施工任务,施工组织设计贯穿于堤防施工的全过程。在编制施工组织设计中,应遵循科学管理、管理出效益的原则,并结合堤防工程的具体情况、工期要求、工程地质、自然条件等,制定合理的施工方法和切合实际的施工进度计划。

一、施工组织设计的准备工作

在编制河道堤防工程施工组织设计之前,首先应做好现场踏勘、调查研究、核对设计文件、收集有关资料等准备工作,这些都是顺利进行施工的基础工作。

(一)现场调查研究

通过竞标而获胜的施工单位,在工程正式开工前,应当深入工地现场进行以下调查工作:

(1)施工现场布置与施工项目相邻工程、弃渣利用、农田水利、征地赔偿等的关系。

(2)施工中可利用的电源、动力、通信、机具车辆维修、物资、当地建筑材料、消防、劳动力、生活资料供应及医疗卫生条件。

(3)施工范围内建筑物、道路工程、水利工程、通信、电力线及其他管线等设施的拆迁情况和数量。

(4)调查拟建工程的施工运输便道,以便进行施工运输方案的比较。

(5)调查工程建设地点的地质、地形、地貌等情况,以及所用建筑材料的储量、质量鉴定及供应方案。

(6)调查当地气象、水文资料及居民点的社会状况和风俗习惯、自然环境、生活环境情况及需要采取的保护措施。

（二）核对设计文件

施工单位在正式施工前，应全面熟悉设计文件，会同设计单位、监理单位进行现场校对，并做好以下施工准备工作：

（1）重点复查堤防项目工程施工和对环境保护影响较大的地形、地貌工程及地质、水文地质条件是否符合实际，采取的保护措施是否适当。

（2）会同设计单位、监理单位、管理单位现场交接和复查测量控制点、施工测量用的基准点和水准点，并定期进行复核和做好保护工作。

（3）掌握工程施工中的重点和难点，了解堤防各项目施工方案的选定及设计意图和经过。

（4）核对堤防各工程项目的平面、纵横断面设计，了解各河堤工程项目与所在区段的总平面、纵断面设计的关系。

（5）核对堤防各工程项目的位置、式样、形式、类型是否与周围环境相适应、相协调。

（6）核对堤防各工程项目施工的内外排水系统和设施的布置是否与地形、地貌、水文、气象等条件相适应。

（7）核对堤防各施工项目的设计文件中所确定的施工方法、技术措施与施工实际条件是否相符合。

（三）收集有关资料

1. 工程设计方面的资料

（1）河道堤防各施工项目建设工程的初步设计、施工图设计和工程概（预）算资料。

（2）建设单位及有关部门对施工项目的要求，如对建设工期、环境保护等方面。

（3）河道堤防各施工项目的工程地质及水文地质的勘探资料。

（4）有关堤防各施工项目的施工技术和规范要求，以及设计与施工经验的总结等。

（5）堤防工程施工地区的地形资料、地震资料和气象资料等。

另外，还应结合工程项目的规模、工期、地形特点、弃渣场布置和水源等情况，本着因地制宜、充分利用地形、合理布置、统筹安排的原则，进行堤防各项目工程的施工总体布置。

2. 技术经济方面的资料

（1）施工项目当地可供利用的运输道路及交通工具（如汽车、船只等）的情况。

（2）施工项目当地可供利用的建筑材料的数量和质量、供应方式及供应能力等。

（3）工地附近可供施工利用的场地、可借用的民房，以及需要拆迁的建筑物和建筑物附近需要处理的树木、青苗等。

（4）施工项目当地可供利用的电源、水源、通信网络等。

（5）施工项目当地可供利用的消防设施、商品供应及其他服务机构等。

二、施工组织设计的具体编制

施工组织设计是组织工程施工的基本文件，应在确保安全、经济的前提下，确定合理的施工方法，对施工工艺、机械配备、质量控制、监控测量、工序安排、劳动组织、材料供应、工程投资、场地布置等方面做出科学合理的计划，并采取有效的组织措施，确保堤防施工项目有条不紊地顺利进行，最终达到设计中的各项要求。

（一）施工组织设计的主要内容

编制河道堤防工程施工组织设计，主要应包括施工方法、工区划分、场地布置、进度计划、工程数量、人员配备、主要材料、机械设备、电力和运输，以及安全、质量、环保、技术经济等主要措施与内容，并结合施工单位的技术条件和施工经验，对堤防项目设计中需要改进或变更设计的地方，向建设单位和设计单位提出合理化建议，然后按规定通过协商及时进行修改。在进行施工场地布置、绘制工地总体布置图时，应按照充分利用地形、合理布置和统筹安排的原则。

（二）堤防项目施工组织设计编制程序

在编制施工组织设计时，应采用科学的方法，既要遵守一定的程序，又要按照施工的客观规律，协调处理好各因素的关系。堤防项目施工组织设计编制程序如图4.1所示。

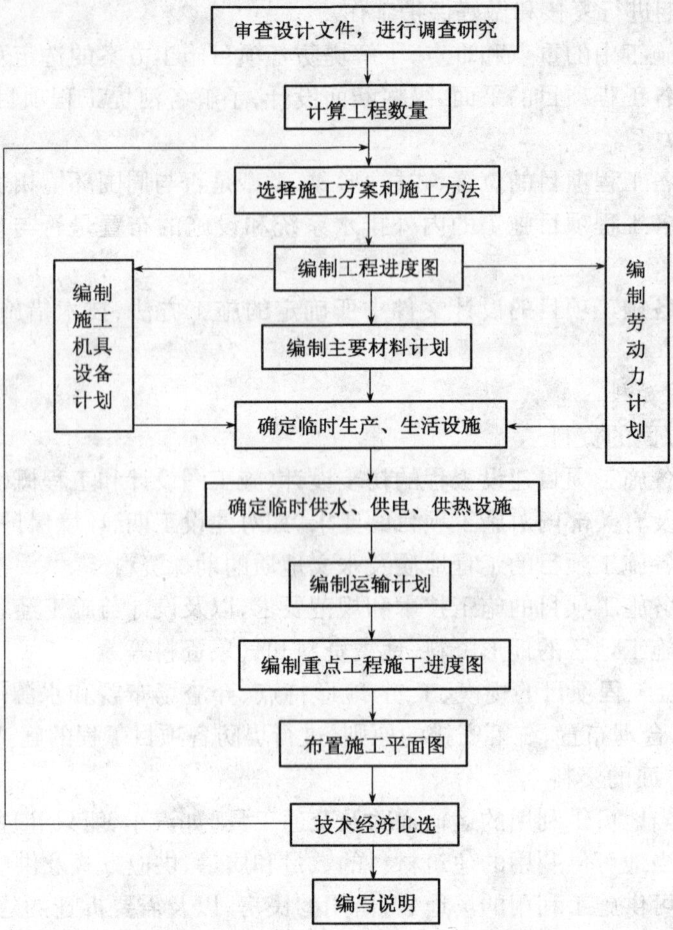

图4.1 堤防项目施工组织设计编制程序

（三）编制施工组织设计的依据和原则

1. 编制施工组织设计的依据

编制施工组织设计的依据主要包括：①现行的有关河道堤防工程的施工质量标准及规范；②堤防施工项目的设计文件和变更设计文件等相关资料；③建设单位对拟建堤防工程的有关指标（如合同、技术条款等）；④工程建设单位指导性施工组织设计方案及要求。

2. 编制施工组织设计的原则

在编制河道堤防各项目工程施工组织设计时，应根据工程的技术特性与经济特点，贯彻以下编制原则：

（1）严格遵守河道堤防施工相关技术规范及操作规程，确保工程施工质量及施工安全。

（2）严格遵守签订的工程施工承包合同或上级下达的施工期限，保证按期或提前完成施工任务。

(3)针对施工现场的实际,认真统筹布置施工场地,确保施工安全及方便施工人员的生产和生活。

(4)为降低工程造价,节省工程投资,要贯彻就地取材的原则,尽量利用当地资源。

(5)充分利用施工现场及附近现有设施,尽量减少临时工程,努力降低工程造价,提高投资的经济效益。

(6)施工现场安排要紧凑,尽量节约施工用地,少占或不占用农田,并注意水土保持和重视环境保护。

(7)采用新技术、新工艺、新方法,不断提高机械化施工及预制装配化施工程度,降低工程成本和提高劳动生产率,并统筹安排施工,做到均衡生产。

(8)根据施工进度安排,合理组织冬期和雨季施工,以及建筑材料的运输和储备工作,力求降低冬期和雨季施工的附加费用。

三、堤防工程施工方案和方法选择

堤防项目施工方案,一般包括导坑辅助坑道方案、开挖方案、支撑与预加固方案、支护与衬砌方案、风水电作业方案、运输及场地布置方案、施工进度、劳动力安排、材料及机具设备计划等。施工方案是施工组织设计中的重要组成内容,也是工程组织施工的关键,因此在选择施工方案时,应全面了解设计文件的要求,然后进行综合分析和合理确定。

堤防项目施工方案的基本要求是:优良、高速、安全、经济、均衡生产和文明施工。选择堤防项目施工方案的依据是:根据工程所处的地理位置,工程地质和水文地质资料,坑道断面开挖的大小,施工堤防工程的长度,衬砌结构的类型,施工工期的要求,施工技术力量,施工机械设备情况,施工中原材料供应情况,动力、电力、供水、排水情况,环境保护要求,工程投资情况,施工安全措施等因素综合分析和研究,并根据不同的施工类型进行选择。

(一)堤防工程施工方案的选择

堤防工程施工方案的选择,应根据施工区段长度、项目大小、工期要求、地形情况、工程地质、水文地质、弃渣场地和机具设备等条件,以及施工技术力量和施工时期的气候条件等综合考虑研究确定。在条件允许的情况下,一般在具体选择方案时,应进行多方案比较,以便选择最优施工方案,从而取得良好的综合效果。

(二)施工现场布置方案的选择

在进行堤防工程施工场地布置时,要综合考虑的项目很多。由于堤防工程施工场地一般比较狭窄,而施工机械设备及需用材料很多,所以施工前应根据地形特点,结合劳动力安排、施工方法、工期要求、机械设备、弃渣场地位置等因素,进行全面规划、统筹安排、合理布置,避免在施工中出现干扰和矛盾。在进行施工现场布置时,要特别注意施工安全问题,以便使工地秩序井然、优质高效,能充分发挥人力、物力和财力的最大效应。

(三)堤防工程施工方法的选择

根据堤防工程施工项目的技术要求,以及河堤项目施工场地大部分比较狭窄,而且施工场地在河道两侧等特点,在正式施工前应绘制施工场地总体布置图,合理地选择施工方法。对于工程地质和水文地质条件变化较大的地段,应特别注意选择既具有较好的适应性和安全性能,又对进度没有影响的施工方法。总之,要结合施工现场的实际情况,合理、安全、有效地选择施工方法。

四、堤防项目施工场地的布置

(一)施工场地布置的一般要求

施工场地布置总的原则是:河道堤防工程施工的场地布置,首先要确定施工中心,并应事先规划、分期安排,注意减少与现有道路的交叉和干扰。具体的一般要求包括以下方面:

(1)合理布置堤防工程所用大宗材料(土、砂、石料等)、施工备品及其他材料堆放场地的位置。

(2)生活服务设施应尽量集中布置,宿舍、食堂、保健医疗与弃料废物场所应分开,办公和休息场所要安静、安全。

(3)运输机械的弃渣线、编组线和联络线,应形成有效的循环系统,要方便运输和减少运距,以降低运输成本。

(4)机械设备、附属车间、加工场地应相对集中,工地仓库应靠近道路,必要时要设立专用线便道,还要做到布局合理、形成网络。

(5)如果堤防工程施工采用机械化施工,应有大型机械设备安装、维修和存放的场地。

(6)危险品仓库必须按照有关治安管理规定办理,一定要符合安全规定的要求。

(二)施工工地生活区的布置

施工工地生活区的布置,应与施工区段保持一定的距离,以保证工人和管理人员有一个比较安静的休息环境,但离施工现场又不能太远,以保证施工人员上下班行走方便。行政管理和生活福利设施应当方便生产和生活,整个生活区要适当集中,以便于管理和保证安全,并考虑到施工人员有必要的文体娱乐活动场所。这些建筑特别要注意防洪和防火,做好环境保护和卫生工作,确保人身和财产安全。

工地生活区房屋的总体布置原则是:施工单位要通过现场的详细踏勘,对投标文件认真分析,充分考虑各种影响因素,并本着合理、安全、实用、经济的原则。

五、堤防工程施工的总体布置

堤防工程施工总体布置,就是根据堤防工程特点和施工条件,研究解决在施工期间所需要的交通道路、房屋、仓库、辅助企业,以及其他施工设施的平面和空间的布置问题,这是施工组织设计的重要组成部分,也是进行施工现场布置的依据。其目的是合理地组织和使用施工场地,使各项临时设施能够最有效地为施工服务,为保证工程施工质量、组织文明施工、加快施工进度、提高经济效益创造条件。

根据工程的规模和复杂程度,必要时还要设计单项工程的施工布置图,对于工期较长、工程组成复杂的堤防工程,一般还要根据各阶段施工的不同特点,分期编制施工布置图。施工总布置的设计成果一般标在比例尺为1:2000或1:5000的地形图上;单项工程的施工布置可标在比例尺为1:200~1:1000的地形图上。

(一)施工总布置的内容和原则

施工总布置一般应包括以下内容:①一切地上和地下原有的建筑物;②一切地上和地下拟建的建筑物;③一切为拟建建筑物施工服务的临时建筑物和临时设施。

施工总布置的设计原则是:在满足施工的条件下,尽可能地减少施工用地,特别应注意不占或少占耕地;临时设施应与工程施工顺序和施工方法相适应;最大限度地减少工地内部的运输,充分利用地形条件,缩短运输距离;应尽量利用已有建筑物为施工服务;必须遵守生产技术的有关规定，既要确保工程质量，又要符合安全、消防、环境保护和劳动保护的要求；各项临时建筑和设施的布置，既要有利于生产和生活，又要便于管理和确保安全。

（二）场内外交通运输的布置

堤防工程战线较长、材料用量大，场内外交通运输是保证工程正常施工的重要手段。场外交通运输是指利用外部的运输系统把所用物资从外地运到工地，场内交通运输是指工地内部的运输系统，在工地范围内将材料、半成品或预制构件等运到施工地点。

对外交通运输方式，基本上取决于施工地区原有的交通运输条件和发展计划，工程所需建筑材料运输量、运输强度和特殊器材的重量等因素。对外运输的方式最常见的是铁路、公路和水路。由于水运费用最低，在有水运条件时，应充分利用。在一般情况下，公路运输是工程材料和机具的主要运输方式。

场内运输方式的选择，取决于对外运输方式、运输量、运输距离及地形条件等。汽车运输灵活机动，适应性较强，应用最广泛；如果地形合适，运输量较大，采用窄轨铁路比较经济；砂、石骨料和筑堤土料，可采用胶带运输机运输。对于中小型堤防工程，也可采用双胶轮车、农用机动车作为运输工具。

场内运输道路的布置，除应符合施工总体布置的基本原则外，还应考虑满足一定的技术要求，如运输道路的宽度、路面质量、最小转弯半径等，并尽量使临时道路与永久道路结合。

（三）施工现场临时设施的布置

施工现场临时设施的布置主要包括：临时仓库、临时房屋、工地供风、工地供水、工地供电等。

1. 临时仓库的布置

在工程施工的过程中，由于供应与使用之间存在一定差异，必须修建临时仓库进行一定的物料储备，以保证及时供应，不致于延误施工。仓库面积的大小应根据工程施工进度、所用材料的种类、仓库的储存量等因素确定。

2. 临时房屋的布置

在堤防工程施工中，常设的工地临时房屋包括办公室、会议室等行政办公用房，职工及家属宿舍等居住用房，俱乐部、图书室等文化、娱乐用房，卫生室、浴室、食堂、理发室、商店等生活福利用房，机械停放棚、维修厂、加工厂等生产辅助用房等。

工地各类临时房屋的需要量，取决于工程规模、工期长短、人员组成、工程所在地区的条件。设计时可根据工程实际，按照国家规定的房屋面积定额，并参照工程所在地区的具体条件，计算各类临时房屋的建筑面积。总的设计原则是：尽量利用已有建筑，尽量压缩临时房屋面积，达到降低工程成本的目的。

3. 工地供风的布置

工地供风包括施工中所用风动机械供风（如风镐等）、风力输送（如风力输送水泥等）和其他供风（如风砂枪钢筋除锈等）。

工地供风系统由压缩空气站和供风管网两部分组成。压缩空气站的规模，可根据用气高峰期内同时使用风动机械数量和额定耗气量计算确定。

工地供风应满足风压要求。通常选用空压机的工作压力为 588 ~ 785kPa，比风动机具的驱动压力大 98 ~ 196kPa。为调节管网中的风压，排除压缩空气中的水分和油脂，每台空压机均需设置储气罐。对于较长的管道，在中间适当位置应增设储气罐，以调节风压。

压缩空气站的位置应尽量靠近耗气负荷中心，接近供电和供水点，处于空气洁净、通气良好、交通方便、远离要求安静的场所。压气管网一般应沿地表敷设，管道应具有0.005~0.01的顺坡，并且每隔200~300m在管底部设一放水阀，以排除管中的凝结水。压气管网的压力降低值，最大不应超过气压站供气压力的10%~15%。

4. 工地供水的布置

工地供水主要指生产用水、生活用水和消防用水。当地有供水条件的，最好采用供水部门的自来水；无供水条件的，施工单位应自行供水。自行供水系统由取水工程、净水工程和输配水工程等组成。供水设计的主要任务是确定需水量和需水地点，根据水质和水量要求选择水源，设计供水系统。

生产用水是指土石方工程、混凝土工程等施工用水，以及施工机械、动力设备和施工辅助企业用水。生活用水是指生活区和施工现场生活用水。消防用水是指工地范围内消防所用的水。

以上三种用水均应按照规定的用水指标，采用现行的计算公式进行计算确定。施工供水量(Q)应满足不同时期日高峰生产用水(Q_1)和生活用水(Q_2)的需要，并按消防用水量(Q_3)进行校核，即$Q = Q_1 + Q_2$，但不得小于Q_3。

5. 工地供电的布置

工地供电主要是指施工动力用电和照明用电。工地供电设计工作包括确定用电量、选定电源和设计供电系统。工地的用电量应根据施工阶段分别确定，供电系统应保证生产和生活高峰负荷时的需要。电源选择一般优先考虑电网供电，施工单位自发电作备用电源和用电高峰时使用。

工地供电系统由电网供电时，应在工地附近设总变电所，将高压电变为中压电(3300V或6600V)，输送到用电地点附近时，再通过变压站变为低压电(380V/220V)，由变电站送至用户。生产用电与生活用电的配电应尽可能分开，如果采用混合供电时，应在380V/220V侧的出线回路上分开。

六、施工总体布置的设计步骤

施工总体布置设计是一项技术性要求较高的工作，其布置是否合理不仅直接关系到工程施工能否顺利、快速进行，而且关系到工程造价高低和施工安全。施工总体布置设计大体可按以下步骤进行。

(一)收集分析研究基本资料

进行施工总体布置前，必须深入施工现场调查研究，并收集有关的技术资料。如比例尺为1:1000~1:10000的施工地区的地形图；对外交通运输设施资料；施工现场附近有无可供利用的房屋；当地建筑材料和电力供应情况；河流的水文特性和施工导流；工程质量要求和施工难点；采用的施工方法和进度安排等资料。

(二)编制临时建筑物项目单

根据拟建工程实际情况和具体施工条件，结合类似工程的施工经验，编制拟建工程临时建筑物的项目单，并大致拟定临时建筑的占地面积、建筑面积、结构类型、工程投资和平立面布置。在编制临时建筑物项目单时，应详细了解施工期间各阶段的需要，既要避免出现遗漏，也要防止出现重复。

(三)对于总体布置进行规划

对于总体布置进行规划是施工总体布置中的关键环节，着重解决总体布置的一些重大原则问题。如采用一岸布置还是两岸布置；是集中布置还是分散布置；施工现场布置几条交通线与外部交通衔接；总体布置对于生产和生活区的安全保障等。

在进行总体布置规划时，必须对水文资料进行认真研究，主要施工场地和交通干线的防洪标准一般不应低于20年一遇。在坝址上游布置临时设施时，要研究导流期间的河道水位变化；在峡谷冲沟内布置场地时，应考虑山洪爆发的可能性。

（四）具体布置各项临时建筑

在对施工现场布置作出总规划的基础上，根据拟定的对外交通方式，依次合理安排各项临时建筑物的具体位置。

当对外交通采用标准轨铁路或水路时，首先应确定车站、码头的位置，然后布置场内运输道路，再沿道路布置施工辅助企业和仓库等各项设施，布置供风、供水、供电系统，最后布置行政管理及文化生活、福利等临时房屋。

当对外交通采用公路时，则可与场内运输结合起来布置，然后确定施工辅助企业和仓库等各项设施，布置供风、供水、供电系统，最后布置行政管理和文化福利等用房。

（五）选定科学合理的布置方案

在各项临时建筑物和施工设施布置完成后，应对整个施工总体布置进行协调和修正工作。主要检查施工设施与主体工程，以及各项临时建筑物之间彼此有无干扰，是否协调一致，能否满足多项布置的原则，如果发现问题应进行调整和修改。

施工总体布置，一般提出若干个可能的布置方案供选择。在选取布置方案时，常从各种物资的运输工作量或运输总费用、临时建筑物的工程量或造价、占用耕地的面积，以及生产管理与生活便利程度等方面进行比较分析，最后选定最科学合理的布置方案。

待布置方案选定后，再根据该方案绘制施工总体布置图。

第二节　河道堤防工程施工测量要求

河道堤防项目工程施工阶段的测量，是一项极其重要的技术工作，其测量精度直接影响工程平面位置、立面高程、工程质量和工程造价，甚至直接关系到工程的成败。

堤防项目工程施工阶段的测量控制工作，主要包括控制测量、施工放样准备与方法、开挖工程测量、堤坝填筑测量、建筑物施工测量、设备安装测量，以及辅助工程测量、施工期间的外部变形监测、竣工测量等。

一、施工测量的主要控制内容

堤防工程施工测量工作的主要控制内容包括以下几个方面：

（1）根据堤防项目工程施工总布置图和有关测绘资料，结合类似工程经验和本工程实际情况，布设施工控制网。

（2）针对施工各阶段的不同要求，进行各类工程建筑物的放样及检查工作。

（3）工程项目的基本测量资料成果由建设单位提交给监理单位，再由监理单位审查签发给施工单位，并在现场对各测量点进行控制点的交接工作。

（4）针对施工各阶段的不同要求，进行建筑物轮廓点的放样及其检查工作。

（5）按照设计图纸和设计文件的要求，负责检查施工期间的各项测量工作。

（6）根据工程施工进度安排，对工程进行收方测量及工程量计算。

(7)各项工程的单位工程、分部工程、单元工程及隐蔽工程完工时,根据设计要求,对建筑物工程的几何体形进行竣工测量。

二、施工测量控制的基本要求

(1)施工单位对建设单位所移交的测量控制点进行复核无误后,要以书面形式报告监理单位,再由监理单位审查签发给施工单位,方可进行正式测量施工。如果对测量结果有异议,监理单位应报请建设单位责成原施测单位进行核实。核实后数据由建设单位交监理单位,重新以书面形式提供给施工单位。

(2)施工单位应加强对控制点的保护措施,并将采取的保护措施报监理单位。在施工中控制点需要移动时,必须先向监理单位申报,书面写明移动原因和按同精度的补测方案及精度计算,经监理批准后方可移动补测。

(3)在施测过程中若发现某控制点数据有变化,并超过规定时,由监理单位研究后提出处理意见,报请建设单位批准后,以书面形式通知施工单位。

(4)移交的基本控制点,施工单位发现被破坏时,应立即向监理单位报告,写出破坏的原因和按同精度的补测方案及精度计算,经监理批准后方可执行。监理单位应将移动补测点结果报建设单位。

(5)测量工程师要确保建筑物的位置和形体准确、数据真实、依据无误,并严格遵守测量方面的有关保密规定。

三、施工测量的主要监理工作

(1)施工测量的监理工作主要包括对施工单位报送的《施工测量技术设计书》和所有的报告文件进行认真审核,必要时可以现场抽检部分数据。对于未达到要求的施工测量单位要补充完善。

(2)施工单位应建立专业组织或指定专人负责施工测量工作,并及时准确地提供各施工阶段所需的测量资料,并报监理工程师批准。

(3)施工单位应在施工测量前对施工设计图、测量成果资料进行全面熟悉,以便于进行施工测量工作。

(4)建设单位应在正式开工前7天,约请设计测量单位向施工单位现场交接,监理工程师要在现场参与这项工作。

(5)施工测量前建设单位应向监理单位提交施工图纸、高程控制等资料,由监理工程师签发后转交给施工单位。

(6)监理工程师采用旁站、巡查、抽查、复测等手段控制测量质量,以确保施工测量的精度符合现行规范的要求。

(7)对于分部工程、单位工程和最终验收的测量,监理人员必须在现场监督。

四、对河道堤防工程测量监测

(1)河道堤防工程基线相对于邻近基本控制点、平面位置允许误差的要求,按国家现行行业标准《堤防工程施工规范》(SL 260—1998)来检验,即高程允许误差为±(30~50)mm。

(2)堤防基线的永久标石、标架的埋设必须牢固,施工中必须严加保护,施工单位应及时检查维护,定时进行核查和校正,监理工程师随时抽检。

(3)堤身放样时，应根据设计要求预留堤基、堤身的沉降量，且堤身断面放样、立模、填筑轮廓，宜根据不同堤型相隔一定距离设立样架，其测点相对设计的限值误差规定是，平面为±50mm，高程为±30mm，堤轴线点为±30mm。高程负值不得连续出现，并不得超过总测点的30%。

(4)轮廓点样架的间隔距离应根据堤型、堤线、地形等不同条件区别对待。土堤样架间距控制在100~500m，堤线弯曲、地形复杂时，宜选择短间距；堤线平直、地形平坦时，宜选择长间距；砌石堤、混凝土堤宜选择500m左右。

(5)堤坝沉降量应根据设计要求确定，如设计未具体规定时应根据施工经验取值，施工单位可根据已知预留沉降率及堤顶加宽率来计算，其结果要经监理工程师批准。

五、对河道涵闸工程测量监测

(一)涵闸测量监测的一般规定

(1)在河道涵闸施工过程中，施工单位应建立专业组织或指定专人负责施工测量工作，并及时准确地提供各施工阶段所需的测量资料，并报监理工程师批准。

(2)在施工测量前，建设单位应向施工单位提交施工图、涵闸址中心线标志和附近平面图、高程控制系统等有关资料。

(3)施工平面控制网的坐标系统应与设计的坐标系统相一致，也可根据施工需要建立与设计阶段的坐标系有换算关系的独立坐标系统。施工高程控制系统必须与设计的高程系统相一致，施工时应经复核，复核结果应报给监理工程师。

(4)施工测量主要精度指标应按《水利水电工程施工测量规范》(SL 52—1993)执行，或按表4.1控制精度。

表4.1　施工测量主要精度指标

项次	项目		精度指标(mm)			说明
	分部工程	部位	内容	平面位置中误差	高程中误差	
1	混凝土	闸室底板	轮廓点放样	±20	±20	平面相对于轴线控制点(闸址中心轴线标志交点)
		岸墙、翼墙	轮廓点放样	±25	±20	
		铺盖、消力池	轮廓点放样	±30	±30	
2	浆砌石	岸墙、翼墙	轮廓点放样	±30	±30	高程相对于工地水准基点
		护底、海漫、护坡	轮廓点放样	±40	±30	
3	干砌石	护底、海漫、护坡	轮廓点放样	±40	±30	
4	土石方开挖		轮廓点放样	±50	±50	包括土方保护层开挖
5	机电与金属结构安装		安装点	±(1~3)	±(1~3)	相对于建筑物安装轴线和相对水平度
6	外部变形观测		位移测点	—	±(1~3)	相对于观测基点

(5)各主要测量标志应当统一进行编号，并绘于施工总平面图上，注明各有关标志相互之间的距离、高程及角度等，以避免发生差错，在施工期内对测量标志必须妥善进行保护并定期检测。

(6)对于涵闸工程的高程控制测量等级要求，一般按水准测量四等来控制，大型水闸应按二等来控制。

(7)放样后,对已有数据资料和图纸中的几何尺寸,必须报监理工程师检查复核,严禁凭口头通知或无签字的草图放样。

(二)涵闸测量监测的要点

(1)监理单位应对施工单位所设置的控制点、中心线进行复测,并对施工单位布设的施工控制网进行定期检测。

(2)对施工单位的建筑物及附属工程的点位放样、结构物的尺寸、外部变形观测点要进行检测和复测。施工单位放样后,对已有数据资料和图纸中的几何尺寸,必须报监理工程师检查复核,严禁凭口头通知或无签字的草图放样。

(3)平面控制网的布置应以轴线网为宜,如采用三角网时,水闸的轴线宜作为三角网的一边。

(4)根据现场闸址中心线标志测设轴线控制的标点(轴线点),其相邻点位置的中误差不应大于15mm。

(5)工地永久水准基点宜设地面明标和地下暗标各一座,大型水闸应设明标、暗标各两座,基点的位置应在不受施工影响、地基坚实、便于保存的地点,埋设深度应在冰冻层以下0.5m,并浇灌混凝土基础。

(6)闸室底板上部立模的点位放样,可直接以轴线控制点测放出底板中心线(垂直水流方向)和闸孔中心线(顺水流方向),其误差不得超过±2mm,然后再用钢尺直接丈量弹出闸墩、门槽、门轴、岸墙、胸墙、工作桥、公路桥等平面立模线和检查控制线,据此进行上部施工。

(7)闸门、金属结构预埋件的安装放样点测量控制精度,应符合《水利水电工程施工测量规范》(SL 52—1993)中的规定。

第三节 河道堤防工程堤基的清理

堤基清理是确定堤坝工程施工质量,保证河道在行洪中大坝安全的关键环节,在《堤防工程设计规范》(GB 50286—1998)、《堤防工程施工规范》(SL 260—1998)和《堤防工程施工质量评定与验收规程(试行)》(SL 239—1999)中,对堤基清理有明确要求和标准,必须严格按规定进行认真施工。

一、堤基清理的基本要求

(1)在进行坝基清理前,监理工程师根据设计文件、图纸要求、技术规范指标、堤基情况等,审查施工单位提交的基础处理方案。

(2)对于施工单位进行的堤基开挖或处理过程中的详细记录,监理工程师均应按照有关规定审核签字。

(3)堤基清理范围包括堤身、铺盖和压载的基面。堤基清理边线应比设计基面边线宽出300~500mm。老堤加高培厚,其清理范围包括堤顶和堤坡。

(4)堤基清理时,应将堤基范围内表层的砖石、淤泥、腐殖土、杂填土、泥炭、杂草、树根以及其他杂物等清除干净,并应按指定的位置堆放。

(5)堤基清理完毕后,应在第一坯土料填筑前,将堤基内的井窖、树坑、坑塘等按堤身要求进行分层回填、平整、压实处理,压实后土体干密度应符合设计要求。

(6)堤基处理完毕后应立即报监理工程师,由业主、设计、监理和监督等部门共同验收,分部工程检测的数量按堤基处理面积的平均数每200m^{2}一个计算，并做好记录和共同签字认可，方能进行堤身的填筑。

(7)当堤基地质比较复杂、施工难度较大或无相关规范可遵循时，应进行必要的技术论证，然后通过现场试验取得有关技术参数并经监理工程师批准。

(8)堤基处理后要避免产生冻结，当堤基出现冻结，有明显夹层和冻胀现象时，未经处理不得在堤基上进行施工。

(9)基坑积水应及时将其排除，对泉眼应在分析其成因和对堤防的影响后，予以封堵或引导。在开挖较深的堤基时，应时刻注意防止滑坡。

二、堤基清理的处理方法

(1)堤基表层的不合格土、杂物等必须彻底清除，堤基范围内的坑槽、沟等，应按堤身填筑要求进行回填处理。

(2)堤基内的井窖、墓穴、树根、腐烂木料、动物巢穴等是最易塌陷的地方，必须按照堤身填筑要求回填，并重点认真地进行质量检验。

(3)对于新旧堤身的结合部位清理、接槎、刨光和压实，应符合《堤防工程施工规范》(SL 260—1998)中的要求。

(4)基面清理平整后，应及时要求施工单位报验。基面验收合格后应抓紧堤身的施工，若不能立即施工，应通知施工单位做好基面保护工作，并在复工前再报监理检验，必要时应当重新清理。

(5)堤基清理单元工程的质量检查项目与标准，主要有以下几个方面：基面清理标准：堤基表层不合格土、杂物等全部清除；一般堤基清理：堤基上的坑塘、洞穴均按要求处理；堤基平整压实：表面无显著凸凹，无松土和弹簧土。

三、软弱堤基的清理要求

(1)采用挖除软弱层换填砂、土时，应按设计要求用中粗砂或砂砾，铺填后应及时进行压实，如果采用壤土换填，其压实度和压实干密度要满足设计要求。

(2)流塑态淤质软黏土地基上采用堤身自重挤淤法施工时，应当放缓堤坡，减慢堤身的填筑速度，分期进行加高，直至堤基流塑变形与设计堤身沉降平稳和稳定为止。

(3)软塑态淤质软黏土地基上在堤身两侧坡脚处设置压载体处理时，压载体应与堤身同步分级、分期地进行加载，保持施工中的堤基与堤身受力平衡。压载体与堤身同步分级、分期加载方案由施工单位提出，经监理工程师批准后执行。监理工程师对保持施工中的堤基与堤身受力平衡进行监督。

(4)抛石挤淤应当选用块径不小于30cm的坚硬石块，当抛石露出土面或水面时，改用较小石块填平压实，再在上面铺设反滤层并填筑堤身。

(5)当采用排水砂井、塑料排水板、碎石桩等方法加固堤基时，其加固效果应当符合设计要求。

四、透水堤基的处理方法

(1)用黏性土做铺盖进行防渗，应按设计要求控制黏土的压实度及干密度，使其均达到设计标准；用土工合成材料进行防渗，土工合成材料的各项技术指标要达到规范要求，监理工程师要严格控制土工合成材料的材质。铺盖分片施工时，施工单位应编制分片施工计划并报监理工程师批准,关键是应加强接缝处的碾压和检验。

(2)在进行黏土截水墙施工时,堤基的水宜采用明沟排水或井点抽排,回填的黏性土应在无水基底上按设计要求进行施工控制。

(3)截渗墙的常用施工方法:①开槽形孔灌注混凝土、水泥黏土浆等;②在开槽形孔中插埋土工膜;③高压喷射水泥粉浆等材料形成截渗墙。不论施工单位采用哪种施工方法,均应编写出施工方案,由施工单位报监理工程师审核批准后方可执行。

(4)当砂性土的堤基采用振冲法加固处理时,施工方案必须经监理工程师审核批准后方可执行。

五、多层堤基的施工控制

(1)多层堤基如无渗流稳定安全问题,施工时仅需将经清基的表层土夯实后即可填筑堤身,但表层土的压实度与干密度均应符合设计要求。

(2)如采用盖重压渗、排水减压沟及减压井等措施处理,应根据设计要求与《堤防工程施工规范》(SL 260—1998)中的有关规定执行。

(3)堤基下有承压水的相对隔水层,施工时应保证保留设计要求厚度的相对隔水层,以防止承压水上冒。

(4)当堤基面层为软弱或透水层时,应按《堤防工程施工规范》(SL 260—1998)中的要求处理。

六、岩石堤基的施工控制

(1)强风化岩层堤基,除按设计要求清除松动岩石外,筑砌石堤或混凝土堤时基面应铺水泥砂浆,层厚宜大于30mm;筑土堤时,基面应涂黏土浆,层厚宜为3mm,然后再进行堤身的填筑。

(2)裂缝或裂隙比较密集的基岩,采用水泥固结灌浆或帷幕灌浆进行处理时,应符合《水工建筑物水泥灌浆施工技术规范》(SL 62-1994)中的规定。

第四节　河道堤防工程施工质量控制

河道堤防是确保河道安全的主要建筑,而堤防的设计和施工质量是堤防工程的关键,因此,在河道堤防工程的施工过程中,要严格按照国家或行业现行质量标准进行控制,使堤防工程成为防洪的坚固挡墙。

一、堤基清理工程质量控制

河道堤防的堤基清理单元质量控制,是堤防工程质量控制的核心,其质量控制的检测项目与标准,应符合下列规定:

(1)堤基清理范围应根据堤防工程的级别,按施工堤线长度每20~50m测量一次,压实质量检测取样应与清基面积平均400~800m^2取样一样。

(2)堤基清理单元工程质量评定标准,应符合设计标准和下列规定:

① 合格标准:检查项目均达到标准,清理范围检测合格率不小于70%,压实质量检测合格率不小于80%。

② 优良标准：检查项目均达到规定的标准，清理范围和压实质量检测合格率均不得小于90%。

堤基清理单元工程质量检测项目与标准见表4.2。

表4.2　堤基清理单元工程质量检测项目与标准

项　次	检测项目	质量标准	项　次	检测项目	质量标准
1	堤基清理范围	清理边界超过设计基面边线0.30m	2	堤基表面压实度	符合设计中的要求

二、土料堤坝质量控制要点

河道堤坝大部分是用土料填筑碾压修建而成的，土堤的施工质量如何关系到河两岸城镇和群众的安全，因此在施工过程中要严格按照《碾压式土石坝施工规范》(DL/T 5129—2001)进行质量控制，其控制要点主要包括以下几方面：

(1)上堤土料的土质及含水率应符合设计和碾压试验确定的各项指标要求，在施工现场以目测、手测法为主，辅以简单的试验作参考。如果发现料场的土质与设计要求有较大出入时，应立即上堤铺筑，取代表性土样进行土工试验。

(2)土料、砂质土的压实指标应按设计干密度值控制，砂料和砂砾料的压实指标应按设计相对密度值控制。

(3)压实质量检测的环刀容积，应经过有相应资质的单位进行校正，对细粒土不宜小于$100cm^3$(内径50mm)；对砾质土和砂砾料不宜小于$200cm^3$(内径70mm)。含砾量多环刀不能取样时，应采用灌砂法或灌水法测试，若采用《土工试验方法标准》(GB/T50123—1999)规定以外的新测试技术时，应有专门的论证资料，并经质监部门批准后实施。

(4)对堤坝进行质量检测的取样部位，应符合下列规定：

① 取样的部位应有代表性，且在堤面上均匀分布，不得随意挑选，特殊情况下取样必须注明部位、高程。

② 应在压实层厚的下部1/3处取样，如果下部1/3处的厚度不足环刀高度，以环刀底面达下层顶面时环刀取满土样为准，并记录压实厚度。

③ 用核子密度仪检测堤的干密度时，事先应由资质证明单位对核子密度仪进行校验，在使用过程中要经常用环刀法与其作对比试验，以确保试验结果的精度。

(5)对堤坝进行质量检测的取样数量，应符合下列规定：

① 每次检测的施工作业面不宜过小，一般机械筑堤时不宜小于$600m^2$，人工筑堤或老堤加高培厚时不宜小于$300m^2$。

② 每层取样数量：施工单位自检时可控制在填筑量每$100 \sim 150m^3$取样1个，抽检数量可为自检数量的1/3，不应少于3个。

③ 特别狭长的堤防加固作业面，取样时可以按照每20～30m长度取1个试样。

④ 若作业面或局部返工部位按填筑计算的取样数量不足3个时也应取样3个。

(6)如果对压实质量可疑和对堤身特定部位取样抽检时，取样数量应视具体情况而定，但检测成果仅作为质量检查参考，不作为碾压质量评定的统计资料。

(7)每一填筑层的自检、抽检合格后方准上土，凡取样检测不合格的部位，应补压或作局部处理，经复验合格后方可继续下道工序。

(8)土质质量评定按单元工程进行,并应符合下列要求:

① 单元工程划分:填筑新堤宜按工段内每堤长200~500m划分一个单元,老堤加高培厚可按工段内每$5000m^2$划分一个单元。

② 单元工程的质量评定是对单元堤段内全部填土质量的总体评价,由单元内分层检测的干密度成果累加统计得出其合格率,样本总数应不少于20个。

③ 检测的试样干密度值不小于设计干密度值为合格试样。

(9)碾压土堤单元工程的压实质量合格标准的具体要求见表4.3。

表4.3 碾压土堤单元工程的压实质量合格标准

堤坝类型		筑堤材料	干密度值合格率(%)	
			1、2级土堤	3级土堤
均质堤	新筑堤	黏性土	≥85	≥80
		少黏性土	≥90	≥80
	老堤加高培厚	黏性土	≥85	≥80
		少黏性土	≥85	≥80
非均质堤	防渗体	黏性土	≥90	≥85
	非防渗体	少黏性土	≥85	≥80

注:必须同时满足以下条件:①不合格干密度值不得低于设计干密度值的96%;②不合格样不得集中在局部范围内。

(10)碾压土堤竣工后的外观质量合格标准见表4.4。

表4.4 碾压土堤竣工后的外观质量合格标准

检查项目		允许偏差(mm)	检查频率	检查方法
堤轴线偏差		±15	每200延长米测4点	用经纬仪测
高程	堤顶 平台顶	0~15 -10~15	每200延长米测4点	用水准仪测
宽度	堤顶 平台顶	-5~15 -10~15	每200延长米测4处	用皮尺量
边坡	坡度 平顺度	不陡于设计值 目测感觉平顺	每200延长米测4处	用水准仪测和用皮尺量

注:对于质量可疑处必须检测。

第五章　河道堤防加固技术

在汛期河道中的水位较高时，因渗流而导致堤防出现险情是最常见的。据长江中下游1998年洪水险情统计，渗流险情约占总险情的80%以上，有的甚至出现重大险情乃至溃堤决口。因此，消除渗流险情，认真进行防渗处理，是堤防加固工程中的重要组成部分。

第一节　堤防工程高压喷射灌浆防渗技术

高压喷射灌浆是利用钻孔机械造孔，把带有喷嘴的注浆管插至土层的预定位置后，以高压设备使浆液成为高压射流，从喷嘴中喷射出来冲击破坏土体，部分细小的土料随着浆液冒出水面，其余土粒在喷射流的冲击力、离心力和重力等作用下，与浆液搅拌混合，并按一定的浆土比例有规律地重新排列。浆液凝固后，便在土中形成一个固结体与桩间土一起构成复合地基，从而提高地基承载力，减少地基的变形，达到地基加固的目的。

一、高压喷射灌浆技术的特点

(1)适用范围较广。高压喷射灌浆所适用的地层，从20世纪80年代的中细砂，扩展到目前包括块球体在内的所有第四系地层，均可构筑高压喷射灌浆板墙或桩。基础处理的深度，在1992年处理深度达63m，现在已达到80m以上。由于高压喷射灌浆固结体的质量明显提高，既可用于新建工程防渗，也可用于竣工后的工程防渗。

(2)施工比较简便。只需在土层中钻一个孔径为50mm或300mm的小孔，便可在土中喷射成直径为0.4～4.0m的固结体，因而在施工时能贴近已有建筑物，成型非常灵活。另外，在施工中可调整旋喷速度和提升速度，增减喷射压力或更换喷嘴孔径改变流量，使固结体形成工程设计所需要的形状。

(3)可灌性非常好。高压喷射灌浆是利用高压浆液强制破坏原土层结构，不存在一般压力灌浆的可灌性差的问题。工程实践表明，只要高压射流能破坏的地层均可灌入浆液，并与原土层土粒混合搅拌成防渗墙体。

(4)材料来源广阔。浆液以水泥为主体，在地下水流速快或含有腐蚀性元素、土的含水量大或固结体强度要求高的情况下，则可在水泥中掺入适量的外加剂，以达到速凝、高强、抗冻、耐蚀和浆液不沉淀等效果。

(5)连接比较可靠。高压喷射灌浆板墙自身只要灌浆孔的孔距设计合理，两孔的连接即可得到保证，且高喷墙体与原土体也能很好地结合。不仅如此，高压喷射灌浆板墙与地下各种原有构筑物之间，也可借助新喷射流将原构筑物表面冲刷干净，并与其牢固地凝结在一起。

(6)施工机动灵活。高压喷射灌浆对施工场地要求不高。其设备组成较为简单，占地面积较小，比较容易搬迁；在纵向上可在钻孔内的任何高度、不同方向进行高压喷射灌浆，对堤坝加固处理比较适宜。

二、高压喷射灌浆的作用机理

高压喷射灌浆在钻孔四周形成凝结体，是多种因素综合作用的结果，其中工作条件、地层

因素起着主导作用,其作用机理主要有以下几个方面:

(1)冲切掺搅作用。强大的浆液射流作用于孔中土体,将直接产生冲切土层的作用,造成土体结构的破坏。在射流产生的卷吸扩散作用下,使浆液与被冲切下来的土体掺搅混合。

(2)升扬置换作用。高压射流冲切过程中沿孔壁产生的升扬置换作用,能从孔底将冲切下来的土体细颗粒沿孔壁向上升扬流出孔口。这样,由于被灌土体部分颗粒被升扬置换出地面,同时,浆液被掺搅灌入地层中,使地层组成成分发生变化。升扬置换在高压喷射灌浆过程中,起着至关重要的作用,可改善和提高浆液灌注的密实性和强度。

(3)充填挤压作用。浆液射流束的末端虽不能冲切土体,但对周围土体产生侧向挤压力。同时,喷射过程中及喷射结束后,静压灌浆作用仍在进行。在灌入浆液的静压作用下,对周围土体及灌入浆液不断产生挤压作用,促使凝结体与两侧的土体结合得更为紧密。

(4)渗透凝结作用。喷射灌浆的过程除在冲切范围内形成凝结体外,还可以向冲切范围以外产生浆液渗透作用,形成渗透凝结层。渗透凝结层的厚度与被灌地层中的级配及渗透性有关,在渗透性较强的砾卵石地层可达10~15cm,在渗透性较弱的地层(如黏土层或细砂层)中很薄,甚至不产生渗透凝结层。

(5)位移袱裹作用。在射流冲切掺搅的过程中,若遇有大颗粒如卵漂等,则随着自下而上冲切掺搅,在强大的冲击振动作用下,大颗粒也将产生位移,并被浆液袱裹;浆液也可沿着大颗粒周围直接产生袱裹充填凝结作用。

三、高压喷射灌浆的施工工艺

(一)高压喷射灌浆的施工设备

高压喷射灌浆施工设备是按照高压喷射灌浆的工艺要求,由多种设备组装而成的成套设备,共分造孔、供水、供气、供浆、喷灌等五大系统和其他配套设备等六个部分。

(1)造孔系统。目前高压喷射灌浆工程中应用最多的是处理深度150m、300m的立轴式液压回转钻孔。虽然高压喷射灌浆工程钻孔深度只有几十米,但是一般高压喷射灌浆工程的地质条件比较复杂,往往是黏性土、砂性土、砾卵石等形成的复合地层,小型钻孔不能适应工程需要。因此,细颗粒松软地层或处理深度小于30m的工程,可选用150m钻机,地层复杂和处理深度大于30m的工程,可选用300m钻机。

除常用的立轴式液压回转钻孔外,还有转盘式回转钻机、冲击式钻机、射水式钻机、汽车式钻机等。这些钻机各具有不同的造孔特点,也可以用于高压喷射灌浆工程造孔,但在实际中应用并不普遍。

(2)供水系统。供水系统主要设备是高压水泵和高压胶管。高压喷射灌浆工程中,常用3D2—S型卧式三柱塞泵,其额定压力为30~50MPa,流量为50~100L/min,工作压力一般为20~40MPa。

高压喷射灌浆工程用的高压胶号为4~6层钢丝缠绕的胶管。常用的胶管内径有16mm、19mm、25mm和32mm等,工作压力为30~55MPa,要求爆破压力为工作压力的3倍。

(3)供气系统。两管及三管高压喷射灌浆,要用压缩空气与主射流(浆液或水)同轴喷射,以提高主射流的喷射效果。目前,高压喷射灌浆工程中常用YV型活塞式风冷通用空气压缩机,排气压力为0.7~0.8MPa。几种常用空气压缩机的技术性能见表5.1。

表 5.1 几种常用空气压缩机的技术性能

空压机型号	YV3/8	YV6/8	CYV6/8	空压机型号	YV3/8	YV6/8	CYV6/8
排气量(m^3/min)	3	6	6	冷却方式	风冷	风冷	风冷
排气压力(MPa)	0.8	0.8	0.8	动力机功率(kW)	电动机 22	电动机 40	电动机 52.9
排气温度(℃)	≤180	≤180	≤180	备注	移动式	移动式	移动式

(4)供浆系统。供浆系统主要包括搅浆机、灌浆泵和上料机三部分。

① 搅浆机。高压喷射灌浆工程用的搅浆机,有卧式搅浆机和立式搅浆机两种。

② 灌浆泵。灌浆泵是将浆液灌入地层的柱塞式泵,具有一定的压力和流量。三管(三介质)工法中应用的灌浆泵,其额定压力为 $P \geqslant 1$MPa,流量为 50 ~ 150L/min。单管(单介质)和两管(两介质)工法中应用的高压泥浆泵。灌浆泵目前有单柱塞泵、双柱塞泵和三柱塞泵等,一般宜选用三柱塞泵。

③ 上料机。上料机用于输送水泥或粉煤灰等粉料,高压喷射灌浆工程中常用螺旋式上料机(俗称搅龙)或皮带机上料。

(5)喷灌系统。喷灌系统主要由机架、卷扬机、旋摆机构和喷射装置等组成。

① 机架。机架主要用来整体移动喷射系统,提升和下放喷射管,使卷扬机和旋摆机构能更准确地运转施工。目前,高压喷射灌浆工程中常用的机架,按立架结构形式不同分类,有四角塔架、单桁架、折脚桁架、板架等;按机架移动形式不同分类,有滚轮式机架和迈步式机架等。一般立架高度为 10 ~ 20m,根据不同的工程条件及一次提升喷管的高度而定。

② 卷扬机。卷扬机安装在机架的底盘上,主要用来提升和下放喷射装置。高压喷射灌浆工程中常用的卷扬机一般为单筒卷扬机。单绳提升速度 7 ~ 13m/min,提升力为 30 ~ 100kN。高压喷射灌浆施工应用的卷扬机,必须具备快速和超慢速提升两种功能。快速卷扬提升可直接选用 7 ~ 13m/min 中的一种提升速度,超慢速提升速度为 4 ~ 20cm/min。

③ 旋摆机构。旋摆机构是用来使喷射装置进行定向、摆动、旋转作业的机构。旋摆机构没有旋摆运动时,喷射管提升进行定向喷射。旋摆机构有旋摆运动时,喷射管提升进行摆动喷射,摆动角度范围为 10° ~ 180°。旋摆机构的旋转速度一般为 5 ~ 20r/min。

④ 喷射装置。喷射装置可分为单管喷射装置、两管喷射装置、三管喷射装置等。

A、单管喷射装置。包括单管水龙头、喷管体、喷头、喷嘴等。单管喷射装置是实现单介质喷射灌浆工艺装置,用以输送高压浆液,使浆液在地层中切割掺搅,升扬置换土体,从而形成防渗加固墙体或桩体。

B、两管喷射装置。两管喷射装置是浆液和压缩空气分别输入喷射管的两根不相通的管道。高压浆液从中央的浆嘴喷出,压缩空气从浆嘴外围的气嘴喷出,包围在高压浆射流的周围,以减少浆液射流的动能损耗,从而提高喷射效果。

C、三管喷射装置。单管与两管喷射装置主要用水泥浆作为主射流,对喷嘴及输浆机具磨损严重。三管喷射装置应用高压水泵产生的高压水作为主射流。清洁的水对输水机具磨损轻微,使高压水泵获得更高的喷射压力,从而可以提高施工效率。另外,还可以利用高压的水射流,完成许多单管与两管喷射装置难以完成的高难度特殊工程。三管喷射装置的缺点是,高压水的应用增加了冒浆量,从而使材料消耗增加。

(6)其他配套设备。其他配套设备主要包括回浆泵和监测装置。

① 回浆泵。在高压喷射灌浆施工中,会产生冒浆现象。有些工程可以将冒浆回收再利用,以提高材料的利用率,降低施工成本。喷射地层为砂性土时,冒浆放入浆池中沉淀后,其上

部的浆液质量较好,大部分可以回收利用。当地层为黏性土、淤泥、淤泥质土时,沉淀后的上部浆液会含有大量黏土或有机质,回收利用这些浆液质量是不合格的。

冒浆的回收利用率,应根据防渗墙体的设计要求和冒浆中地层颗粒的含量及特性而定。一般冒浆的回收率为20% ~30%。回收浆液必须应用回浆泵输送到搅拌机内,并与新制浆液充分掺混均匀后才可应用。回浆泵可选用灌浆泵、泥浆泵、杂污泵等。

② 监测装置。为了控制施工质量,及时了解各种设备的工作状况,在施工中需要有一定的监测装置,对水、气、浆的压力和流量、喷射提升速度、进浆和冒浆的相对密度等各种参数进行测量、记录,以保证施工顺利进行。

水、气、浆的压力,可以在输出管路中安装压力表进行测量。当水、气、浆喷嘴的直径不变时,只要各介质的压力正常,其流量基本上能达到设计要求。喷射管的提升速度,应有调速电机和调速仪的卷扬机进行提升监测和调控。浆液密度通常用泥浆比重秤进行定时测量。

(二)高压喷射灌浆的施工工艺

用高压喷射灌浆进行堤坝防渗加固,首先要全面了解各项工程的技术要求,然后对其所要处理的工程进行现场调查,搜集和了解该工程的水文、地质资料及工程设计,据此编制施工组织设计方案,选择合适的高压喷射灌浆设备。

1. 工艺技术参数的选定

在一般情况下,重要防渗加固工程在开工前,视工程复杂程度与地质情况,都应进行现场试验,以取得较为适宜的符合该工程实际情况的施工工艺技术参数。据目前国内的有关资料,结合堤坝防渗处理经验,不同喷射类型的高压喷射灌浆施工工艺技术参数见表5.2。

表5.2 高压喷射灌浆施工工艺技术参数

项目 \ 喷射类型		单管法	两管法	三管法	
				国内	日本
高压水	水压(MPa)			30 ~60	20 ~70
	水量(L/min)			50 ~80	50 ~70
压缩气	气压(MPa)		0.7	0.7	0.7
	气量(m^3/min)		1 ~3	1 ~3	>1
水泥浆	浆压(MPa)	30	30	0.1 ~1.0	0.3 ~4.5
	浆量(L/min)	25 ~100	50 ~200	50 ~80	120 ~200
提升速度(cm/min)		20 ~25	5 ~10	5 ~40	5 ~200
旋转速度(r/min)		20	20	5 ~10	5 ~10
摆动速度(°/s)				5 ~30	—
喷嘴直径(mm)		2.0 ~3.2	2.0 ~3.2	1.8 ~3.0	1.8! 2.3

2. 孔距及布置形式

高压喷射灌浆的孔距及布置形式的设计是否合理,对高压喷射灌浆的质量及造价影响很大。应结合现场试验精心设计,选择合理的、适宜的孔距及布置形式,以确保施工质量,降低工程造价。作为防渗工程,临时性和一般性的工程常采用单排布孔,重要工程布置成双排或多排,以确保其防渗效果。

在相同的工艺参数情况下,在中细砂、粉砂地层中,孔距可采用2.0 ~2.5m;在砾卵石及卵漂石地层中,孔距可采用1.0 ~1.5m;在中粗砂、壤土或杂壤土地层中,孔距可采用1.5 ~

2. 0m。但针对某些具体工程，最优的孔距及布置形式，还是应通过现场试验确定。

防渗工程中常用的定喷板墙，大多采用交叉折线形连接，俗称"人"字形。这种连接形式接头可靠，结构稳定性好。喷射方向与轴向夹角一般设计为 20° ~ 30°，连接角度为 120° ~ 140°，布孔施工时可按照由疏到密的原则，分序施工，先喷一序孔，再喷二序孔。

旋喷桩直径的大小，依据地层、水文地质情况的不同而有所差别，对此应做好正确的估计。目前我国水利工程的旋喷桩直径多采用 1. 5m 左右，具体到某一个工程，准确的旋喷桩直径也应通过现场试验来确定。

3. 灌浆材料与浆液控制

目前最常用的灌浆材料有两种：一种是固体浆材，如水泥、黏土等；另一种是化学浆材，如水玻璃、环氧树脂等。与以上浆材对应常用的浆液，有水泥浆、水泥黏土浆、化学材料浆液。采用何种浆材及浆液，要根据工程需要，视设备工艺条件而定，一般需要通过配方试验加以确定。

高压喷射灌浆时，一部分浆液与地层搅混进入地层中，另一部分浆液由孔壁流出地面（冒浆）。浆液控制的主要目的是在保证浆液量的前提下，使用最优的浆液配比，尽量减少或降低冒浆量，既保证防渗效果，又节省灌浆材料，为此应采取如下措施：

（1）对水泥浆液应选用合适的水灰比，一般不大于 1 : 1，对于强度要求不高，主要作为防渗用的工程，可用一定比例的水泥黏土浆。

（2）如果地面冒浆大于设计要求，应当通过试验调整工艺参数，使其冒浆量最小。

（3）对于流出地面的浆液，应根据情况尽量进行回收，经过沉淀池沉砂后再次利用。

总之，灌浆材料与浆液控制均是高压喷射灌浆过程中的一个重要环节，其好坏将直接影响灌浆质量。为此，在正式灌浆施工之前，应对浆材及浆液进行现场配方试验，从中选取最优的浆液，以保证工程的质量要求。

4. 施工程序和施工工艺

（1）高压喷射灌浆施工程序

高压喷射灌浆施工程序，大体分为钻机钻孔、下注浆管、喷射浆体、提升设备、清洗充填、成桩等，如图 5. 1 所示。

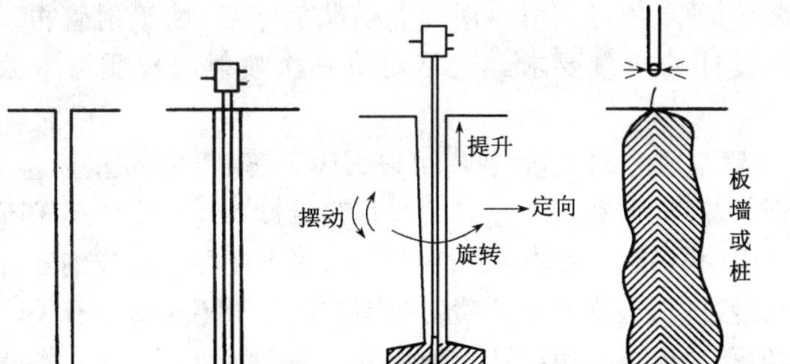

图 5. 1　高压喷射灌浆施工程序示意图

① 钻机钻孔。首先把钻机对准设计孔位，将机架垫稳、垫平、固定。控制孔位的偏差不应大于 1 ~ 2cm，钻孔要深入基岩 0. 5 ~ 1. 0m，或达到设计的深度，钻进过程要记录完整。在钻孔中要严格防止孔斜，孔斜率可根据孔深经计算确定，以两孔间所形成的防渗凝结体良好结合，不留孔隙为准则。

② 下喷射管。将喷射管下沉到设计深度，将喷嘴对准喷射方向。当采用震动钻机时，下管与钻孔合为一体进行。为防止在下管时将喷嘴堵塞，可采用边低压送水、气、浆，边下管的方法，或临时加设防护措施，如包扎塑料布或胶布等。

③ 喷射灌浆。当喷射管下沉到设计深度后，送入合乎要求的水、气、浆，喷射1~3min；待注入的浆液冒出后，按预定的提升、旋转、摆动速度，自下而上边喷射边转动、摆动，边提升直至设计高度，停止输送水、气、浆，提出喷射管。喷射灌浆过程中必须时刻注意检查注浆的流量、气量、压力，以及旋转、摆动、提升速度等参数是否符合设计要求，并随时做好施工记录。

④ 钻孔清洗。当喷射灌浆到达设计高度后，经检查施工技术参数合格，应及时将各管路冲洗干净，以防止浆液将管阻塞，尤其是浆液系统更为重要。

⑤ 充填灌浆。为解决凝结体顶部因浆液析水而出现的凹陷现象，每当喷射灌浆结束后，随即在喷射孔内进行静压充填灌浆，直至孔口浆液表面不再下沉为止。

(2)高压喷射灌浆施工工艺

高压喷射灌浆施工工艺流程，如图5.2所示。

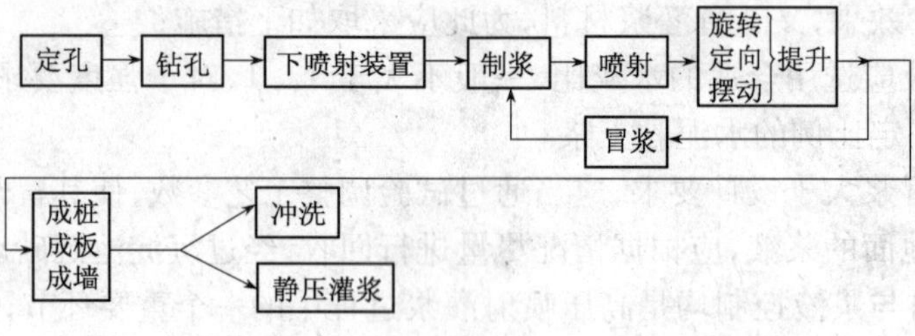

图5.2　高压喷射灌浆施工工艺流程图

地层的种类和密实度、地下水质、水位、土颗粒物理化学性质等，对高压喷射灌浆凝结体均有不同程度的影响，正式施工前虽然在现场通过试验确定了各项工艺参数，但实际工程是比较复杂的，因此还要根据具体情况采取一些特殊的工艺措施。

① 复喷处理。在喷射灌浆的施工中，为了增加喷射长度或喷射范围，除通过增加喷射压力，减慢喷嘴移动速度外，还可在第一次喷射灌浆完毕后，将喷射管再下入进行第二次喷射(即复喷)，以达到设计的质量要求。这是对第一次喷射出现质量事故进行修补的主要措施。

② 冒浆处理。从冒浆成分和流量大小，可以大体了解喷射灌浆的质量和地层情况。冒浆量的大小与喷射类型、被灌地层和进浆量有关。冒浆量过大和过小均属于不正常，应及时分析原因予以处理。若地层中有较大空隙引起的不冒浆，可灌注黏土浆或细砂，待填满空隙后再继续正常喷射。若冒浆量过大，通常是有效喷射范围与注浆量不相适应有关，可通过提高喷射灌浆压力、适当缩小喷射孔径或提升速度适当加快等措施来解决。

③ 凹穴处理。喷射灌浆后，由于重力作用和浆液性能本身的特性，喷射灌浆形成的浆、气、土混合液，在逐渐凝结硬化的前期，其表面因析水沉淀而出现一定程度下陷形成凹穴。凹穴的深度与土质、浆液性能、凝结体直径和喷射类型等因素有关，一般为凝结体总长(高)的3%~10%，纯水泥浆、砂质土地层和三管法施工的凹穴深度偏大。

凹穴处理可以用以下两种方法：在喷射灌浆完成后即连续或间断地向喷射孔内静压灌注浆液，直至孔内混合液凝固不再下沉；或在喷射灌浆完成后，向凝结体与其上部结构之间的空隙进行第二次静压灌浆。

四、高压喷射灌浆施工质量检查

高压喷射灌浆工程适用于以防渗加固为目的的隐蔽性工程，其施工质量的好坏，一般不易直接观察，而须采取必要的方法和手段进行检查。

(1)质量检查项目。高压喷射灌浆质量检查主要包括：力学特性（密度、抗压强度、弹性模量、抗溶蚀性等）；抗渗性（渗透系数）；整体性和均匀性；形状和尺寸。作为防渗工程，主要是检查凝结体的抗渗性、整体性与周边建筑物连接的密实性及牢固性。

(2)质量检查方法。目前，我国对高压喷射灌浆质量检查的方法有：室内试验、开挖检查、钻孔取芯、围井检查、电探测定、载荷试验等。

① 室内试验。室内试验包括两个方面：一是施工前进行浆液配比试验；二是在现场用各种方法取回试件进行物理力学性能测定。

② 开挖检查。现场喷射灌浆施工完成，当凝结体具有一定强度时，即可挖坑进行检查。这种检查方法可直接描绘观察和用回弹仪、测波仪、声波仪等仪器进行测试，但因受开挖工程量所限，一般用于浅孔的检查。

③ 钻孔取芯。当喷射凝结体具有相当强度后，利用钻机在其上钻孔，可以进行三种检查：Ⓐ取出样品观察分析并进入室内进行物理力学性能试验；Ⓑ在钻好的凝结体内进行压水、注水试验，测定渗透系数；Ⓒ对凝结体通过钻孔进行标准贯入度试验，测定坚硬密实程度。

除此之外，还可在防渗墙体上、下游钻孔进行水位或抽水观测，通过喷射灌浆前后的水位变化分析其防渗效果。通过置于防渗板墙两侧钻孔中的超声波发生接收器，也可以检测防渗板墙的整体连贯性。

④ 围井检查。防渗工程的定喷和摆喷板墙，其整体防渗性能多采用向施工板墙一侧加喷2～3个孔，与原板墙形成三边形或四边形的围井，待凝结体凝结一定时间后，在井内打孔进行压水或注水试验。其试验结果将直接反映该施工段的质量，这是目前堤坝防渗质量检查常用的方法之一。

⑤ 整体效果检查。作为堤防防渗工程，汛期高水位时的检查是最直接、最有说服力的。因此，堤防防渗工程一般应经过一个水文年的运行，以检验实际的防渗效果。

第二节 堤防工程置换法防渗技术

堤防工程置换法也称为开槽法，是利用机械在松散的土层中开槽，在槽内填充具有防渗能力的材料，从而形成一道连续的防渗墙。其施工工序主要为开槽、固壁、浇筑防渗材料和进行槽段连接等4道工序。

在堤防防渗加固工程中，置换法所用的防渗材料主要是塑性混凝土和土工膜，开槽的方法主要有：薄型液压抓斗法、射水法、锯槽法及导管（气举）反循环法等。防渗墙施工机械和设备主要包括：开槽机械，泥浆生产、输送、回收和净化设备，混凝土生产、运输和浇筑设备，接头管的加工、吊放和起拔设备，相关的观测设备。

一、堤防工程的开槽

（一）开槽的基本要求

置换法的开槽施工是这种防渗技术的关键，其基本要求主要包括开槽宽度、开槽深度和槽孔垂直度三个控制指标。

(1)开槽宽度的确定主要是以设计墙厚为控制目标,在实际施工中还应适当考虑施工超挖的影响。常用挖槽机的宽度比设计墙厚小1~2cm,再计入挖槽时的超挖量,实际槽孔的宽度一般会大于设计墙厚。

(2)开槽深度应满足墙的底高程达到设计所要求的深度。对于堤防防渗墙而言,一般要求墙体深入相对不透水层顶板以下0.5~1.0m。

(3)槽孔垂直度是保证墙体有效厚度和墙体连续不开叉的重要技术指标。在置换法成墙工艺中,一般要求槽孔壁面平整垂直,孔斜率不大于3‰。

(二)开槽的施工方法

开槽设备有抓斗、射水、锯槽及气举反循环4类,灌注混凝土的设备基本相同。

(1)抓斗法成墙按工作原理抓斗斗体可分为液压式和机械式两种。液压式抓斗在土和砂地层中工效较高,而机械式抓斗可进行冲抓作业,较适用卵石和软岩地层。置换法的成墙深度和工效依开槽工法的不同而异。薄型抓斗成墙最大深度可达38m,其工效一般在100~150m^2/(台·d),但若遇密实粉细砂地层工效仅50m^2/(台·d)。对于较深的墙体,抓斗的效率明显降低,且设备的故障率提高,严重时斗体掉在基础砂层内难以捞出。

(2)射水法通常适用于砂层及含砾较少且粒径不大的砂砾石层。射水技术建造的槽孔厚度为22~45cm,造墙深度最大可达30m。射水法的工效及造价均比抓斗法略低。

(3)锯槽法可实现真正的连续开槽,成槽的质量良好,但浇筑混凝土时仍需进行隔离以分割槽段。隔离方法有刚性隔离及土工布隔离两种。锯槽法造价和射水法基本相同,但工效比较低,对黏性较大的土层工效更低;若遇到砂卵石层或溃口段等部位,锯槽甚至很难进行。据资料介绍锯槽法在黄河大堤试验极限深度可达40m,在长江堤防实际施工中一般控制在25m以内,墙厚一般为0.2~0.4m。

(4)气举反循环工法所用设备的主要部分,由喷导管及以该管为导向滑道的一对潜水钻(或冲击钻)组成。施工时将喷导管插入导孔内,其下端为土石材料入口,上端露出地面为喷出口,利用空气压缩机向管底输送高压空气,所产生的入口与喷口间的巨大压差,可将含有土石的泥浆喷出地面。随着潜水钻不断切削土层并喷出地面,喷导管也可以平行移位,如此反复而形成槽状。气举反循环工法也可以实现真正连续成槽,且适用于砂卵石等多种地层。其成槽深度与抓斗法基本相同,工效略高。

二、泥浆护壁的具体操作

在天然地基条件下,堤身或堤基开槽后,土体原来的平衡状态被破坏,槽壁往往有发生坍塌的危险,在槽中注入泥浆可防止坍塌现象的发生。保持槽壁稳定是泥浆最重要的一个功能,除此之外泥浆还具有以下作用:①泥浆有悬浮土渣的功能,在成槽过程中土渣混于泥浆中,成槽之后逐渐沉积在槽底,对泥浆性能进行适当调整可防止或避免这种沉淀物的产生;②由于泥浆的比重比较大,通过其循环作用可将成槽过程中产生的土渣带出地面;③工程上所用的泥浆有良好的抗混凝土和地下水污染的能力,可以长时间保持流动状态,在浇筑过程中能被混凝土顺利地置换到槽外;④泥浆用自然水混合而成,还可以起到冷却和润滑钻具的作用。

从工程应用的角度来说,泥浆必须具有相应的物理稳定性、化学稳定性和适当的比重。物理稳定性是指泥浆即使静置相当长的一段时间,其溶胶颗粒也不会在重力作用下发生离析沉淀。化学稳定性是指泥浆被反复使用,水泥、地下水以及地基中的阳离子等逐渐使泥浆从悬浮分散状态向凝集状态转化的情况。浆液具有适当的比重,一方面可更好地保证槽壁的稳定和将土渣带出地面,同时可保证浆液具有一定的触变性,增加它的流动性。目前,在工程中常用的有黏土、膨润土泥浆和环保泥浆。

(一)黏土、膨润土泥浆

在工程实际中应用最多的固壁泥浆是黏土泥浆和膨润土泥浆,其浆液是一种黏土颗粒分散在水中所形成的溶胶。为保证泥浆具有良好的性能,我国《水利水电工程混凝土防渗墙施工规范》(DL/T 5199—2004)中,分别对黏土泥浆和膨润土泥浆提出了具体要求,各项指标要求见表5.3和表5.4。

表5.3 新制黏土泥浆性能指标

项目	性能指标	试验用仪器	备注
密度(g/cm^3)	1.1~1.2	泥浆比重秤计	
漏斗黏度(s)	18~25	500/700mL 漏斗	
含砂率(%)	≤5	含砂量测量器	
胶体率(%)	≥96	量筒	
稳定性	≤0.03	量筒、泥浆比重秤计	
失水量(mL/30min)	<30	失水量仪	又称为滤失量
泥饼厚(mm)	2~4	失水量仪	
1min 静切力(M/m^2)	2.0~5.0	静止力计	
pH 值	7~9	pH 试纸或电子 pH 计	

表5.4 膨润土浆液性能指标

项目	单位	各阶段性能指标		
		新制浆液	供重复使用	试验仪器
密度	g/cm^3	<1.10	<1.25	泥浆比重称
漏斗黏度	S	32~50	32~60	马式漏斗
失水量	mL/30min	<30	<50	失水量仪
泥饼厚	mm	<3	<6	失水量仪
pH 值	—	7~11	7~12	pH 试纸或电子 pH 计

(二)环保泥浆

在置换法防渗墙施工中,黏土泥浆或膨润土泥浆固壁用量大,废弃时会对周围环境造成严重污染,如进行后期处理,需要消耗较大的资源。在国外已广泛采用一种无毒、可降解、无粉尘的浆液,这是一种对环境不会造成公害的环保泥浆。

环保泥浆是一种以聚丙烯酰胺为主剂的稳定液,这种高分子聚合物,分子与分子之间借助交链连接,遇水后发生膨胀,可大大提高溶液的黏度,并在槽壁上形成一层坚韧的胶质膜,可防止槽壁的坍塌,达到稳定槽壁的效果。环保泥浆可以被5%的次氯酸钠(即漂白粉)

或3%浓度的过氧化氢破坏分解，经加入分解剂后，24h后浆液可完全分解为中性，可直接排入沟渠、下水道或喷洒于地面上，处理后的泥浆不会污染环境。除此之外，由于环保泥浆黏度较高，且对粉细砂有絮凝作用，可使其迅速沉降并凝聚团粒化，从而提高了抓斗的抓入量，对粉细砂抓取工效可提高2/3左右。另外，环保泥浆的絮凝作用可使泥浆中的土砂迅速沉到孔底，使槽孔中的泥浆总保持新鲜状态。工程实践表明，环保泥浆各项指标在整个成槽过程中均能满足验收标准，不需要进行换浆作业。但是，环保泥浆造价比较高，在工程经济方面不具有竞争力。

三、进行槽孔验收工作

为确保防渗墙的施工质量，根据堤防工程现行的施工规范要求，防渗墙在成槽施工的过程中，要反复进行三次验收，即单孔验收、终孔验收和清孔验收。

(1)单孔验收。对于墙底入岩或深入黏土隔水层的防渗墙来说，通常通过先行施工的单孔(主孔)验收，来查明工程地质的实际情况，确定基岩或黏土所在位置和高程。单孔验收的主要目的是确定基岩或黏土层面。

(2)终孔验收。终孔验收的主要内容有：①孔位、孔深、孔斜度、槽宽；②基岩岩样和入岩的深度；③Ⅰ、Ⅱ期槽孔接头的搭接厚度(钻岩接头)。

(3)清孔验收。终孔验收的主要内容有：①孔底的淤积厚度；②槽孔泥浆性能；③接头的刷洗情况。

四、浇筑混凝土材料

槽孔内浇筑混凝土采用泥浆下直升管法，导管内径一般为18～23cm。浇筑时槽内是靠导管内混凝土面与导管外泥浆面之间的压力差和混凝土本身的良好和易性和流动性，不断填满原来被泥浆占据的空间，从而浇筑混凝土防渗墙。施工时槽孔两端的导管距孔端应小于1.0m，导管间距小于3.5m。每个导管均应下入一个可浮起的木球隔离球塞，堵塞导管底口，导管底部出口与孔底距离15～25cm。

正式浇筑混凝土前，先用适量的水泥砂浆注入导管，再注入大于导管体积的混凝土，将导管底口处的球塞挤出。在浇筑中，导管埋入混凝土内应控制在2.0～6.0m，以免泥浆进入导管内。槽孔内混凝土面应均匀上升，其高差应控制在0.5m以内。浇筑混凝土时应使导管做30cm幅度的上下往复运动，以利于混凝土密实。混凝土浇筑高程应高于设计高程0.3～0.5m。

五、各种置换法施工工艺

(一)抓斗法成墙施工工艺

抓斗法成墙槽孔有纯抓法和钻抓法两种。纯抓法适用于松软或松散地层，多采用两主孔一副孔的三抓成槽。如果地层较密实，为提高成槽效率，可采用钻抓法，即先用回转钻或冲击钻钻导孔(主孔)，然后用抓斗抓取导孔之间的土体，多采用二钻一抓、三钻两抓或四钻三抓法进行成槽。在河道堤防工程中最常用的是纯抓法。

1. 纯抓法成槽建造塑性混凝土防渗墙施工工艺

(1)施工工艺流程。“纯抓法”施工就是每个槽孔均采用抓斗分3次直接抓取成槽，其施工工艺流程如图5.3所示。

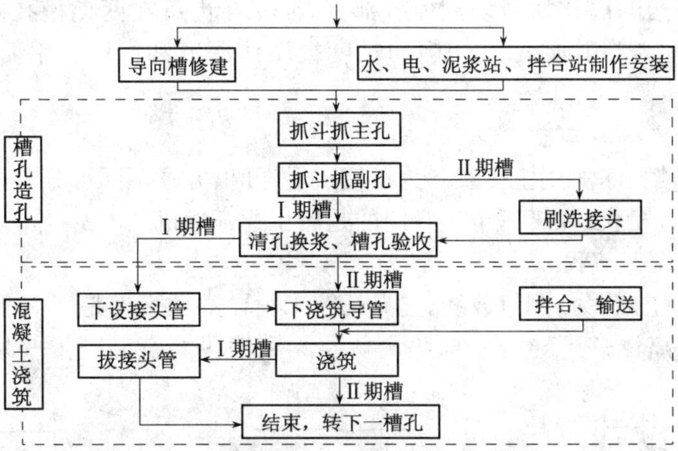

图 5.3　纯抓法成槽建造塑性混凝土防渗墙施工工艺流程图

(2)成槽方法。直接用抓斗抓取成槽，Ⅰ期槽孔先抓两端、后抓中间，Ⅱ期槽孔先抓中间、后抓两端。槽孔划分:根据孔深、先导孔揭示的地层情况及塑性混凝土供应强度，综合考虑确定防渗墙Ⅰ、Ⅱ期槽孔长度。槽段连接:为保证墙体的搭接质量，采用接头管法进行槽段的连接。槽孔深度:根据地质先导孔及抓斗实际抓出的岩样确定槽孔的深度，确保槽孔进入基岩规定的深度。

(3)泥浆固壁。为确保固壁效果和清孔换浆质量，一般应采用膨润土按照现场试验确定的泥浆配合比配制浆液。泥浆制好后，通过管路输送至施工槽孔。采用抓斗捞取法，如果泥浆经抓斗捞取后满足设计要求，即可进行下道工序施工，如果不能满足设计要求，则用潜污泵进行换浆，直至满足设计要求为止。

(4)墙体材料制备。塑性混凝土采用现场试验确定的配合比在拌合楼集中拌制，制备好的塑性混凝土通过混凝土搅拌车运送至浇筑的槽孔。

(5)槽孔浇筑。采用泥浆下直升导管法进行浇筑。按标准及设计要求布置浇筑导管，即导管间距不大于3.5m，Ⅰ期槽孔导管距接头1.0~1.5m，Ⅱ期槽孔导管距接头0.5~1.0m，塑性混凝土面的上升速度不小于2m/h。

2. 抓斗法的墙段连接方法

抓斗防渗墙墙段的连接最常用的方法是“接头管法”和“切削法”等。

(1)接头管法

① 机具。接头管用厚壁无缝钢管制成，具有一定强度和刚度，且平滑顺直，其管径宜略小于墙体厚度10~20mm。起拔设备:在墙体深度小于20m时，可用30~50t履带式起重机；当大于20m时，需用专用拔管机和起重机联合作业。在墙体深度为30~40m时，拔管机的性能尤为重要。我国生产的YB—120型液压拔管机，最大起拔重量可达120t。

② 起拔工艺。正确确定接头管的起拔时间，是该工法成败的关键，接头管起拔应在混凝土初凝前后进行。对于某一具体工程，除依据混凝土初凝时间外，还要考虑气温、混凝土配比、混凝土面上升速度及接头管埋深等因素，通过试验选择最佳拔管时间，接头管起拔时所形成的接头孔，必须及时用泥浆充填，否则会造成混凝土及覆盖层的坍塌。

(2)切削法

在墙体深度小于20m，而墙体材料28d抗压强度小于1MPa时，在开挖Ⅱ期槽孔时，可直接用抓斗将Ⅰ期槽的墙体材料切割掉一部分，抓斗斗齿可在两期槽孔间形成锯齿状的可靠连接，这种方法称为"切削法"。切削的长度视墙体深度和成槽斜率而定，一般等于墙体厚度。

（二）锯槽法成墙施工工艺

锯槽法造防渗墙技术所用主要设备为锯槽机，按开槽方式不同可分为往复式开槽机、液压式开槽机和链斗式开槽机，在工程中最常用的是液压式开槽机。

1. 锯槽法成墙工艺流程

锯槽法成墙工艺流程为：测量放线、先导孔施工→导槽开挖及支护→铺设轨道→钻导孔→锯槽→清槽→下隔离体→下导管→向隔离体及隔离槽段浇筑混凝土→接头处理，如图5.4所示。

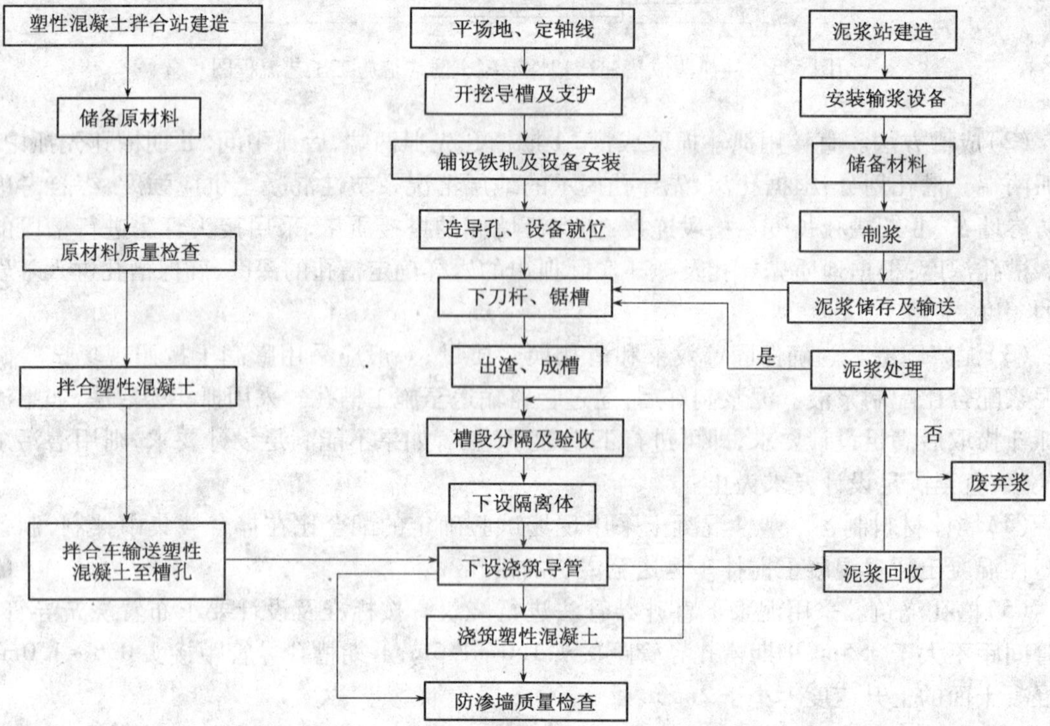

图5.4 液压式开槽机施工工艺流程图

2. 锯槽法成墙主要工艺

（1）成槽工艺

① 测量放线、先导孔施工。对防渗墙轴线、槽孔孔位进行实地放线测量，然后在轴线上打先导孔，收集堤身、堤基的地质资料。供设计校核并修正防渗墙底线位置。

② 导槽开挖及支护。依据所放槽中心线，在轴线两侧对称开挖导槽并进行支护，导槽宽度、深度由设计确定。

③ 铺设轨道。锯槽机行走轨道对称于防渗墙轴线平行铺设，为保证成槽连续、顺直，开槽过程中随时检查找平轨道，使两轨道轨顶的高差应小于5mm，平行偏差在±5mm以内。枕木放置应整齐、稳固，地基不得有不均匀沉陷。

④ 钻导孔。施工时，需打3个导孔，打孔顺序为先两边后中间，中间隔墙宽度由设计确定。这样，就可以形成一个有一定长度和宽度的通槽，然后注入泥浆。

⑤ 开槽。利用锯条上下往复作机械运动，同时外力牵引锯槽机械缓慢前进，以达到开槽的目的。锯槽机开槽速度可自行控制，可根据地层情况及锯槽机排渣能力来确定，一般开槽速度为0.1～2m/s。

（2）清槽、下导管和下隔离体

①清槽。施工中将增孔每11.6m或8.1m划为一个单元槽段，在成槽区清孔时，采用反循环换浆，直至达到相关标准后结束清孔，并按规定进行验槽。

②下导管和下隔离体。可采用土工布、丙纶反滤布制成袋状作为隔离体，也采用刚性隔离体，内部浇筑混凝土，并作为墙体的一部分，不再取出。土工布采用悬重法放入预定位置，在土工布内下入一套导管至底部，通过导管向隔离体内注浆液，注满为止。然后在被隔离的槽段内下2～3套导管，导管距槽底的距离不大于25cm。

（3）浇筑混凝土

隔离体及导管下放稳定后，对槽孔深度、宽度、孔位、孔斜率等各项指标进行检查，验收合格后即可采用直升导管法进行水下混凝土浇筑。锯槽法采取集中拌制混凝土，混凝土使用运输车运输。为了保证隔离体的稳定性，防止浇筑过程中槽内混凝土扰流，施工中可采取以下措施：①下设隔离体时保证其平行，并缓慢地垂直下至槽孔底部；②加工一钢管架将下入的隔离体固定，保证其垂直且松紧适度；③混凝土浇筑时首先对隔离体进行浇筑，并在浇筑过程中及时测量隔离体与槽孔内的混凝土面的高差，保证隔离体内的混凝土面始终高于槽内混凝土面2～4m。

（4）接头处理

锯槽法造孔成墙分割槽段常采用隔离体法，隔离体有刚性隔离体和土工布袋隔离体两种。刚性隔离体下放时要求垂直平稳，隔离体长度比槽孔深度大0.25～0.30m，土工布袋隔离体是用特制土工布袋下入槽中，然后注入速凝混凝土，在槽孔中形成一隔离桩，起到分隔槽段的作用。

（三）射水法成墙施工工艺

射水法建造防渗墙技术是利用水泵及成型器中射水装置，形成高速射流的冲击力破坏土层结构，水砂土混合回流溢出地面，同时利用卷扬机操纵成形器不断上下冲击，进一步破坏土层并切割修整孔壁，形成比较规整的槽孔，并注入泥浆固壁。成孔后采用常规的水下混凝土导管浇筑法，造成混凝土单槽板，并利用成型器向3个喷嘴的特殊装置将单槽板连接成连续的防渗墙。

（1）施工工艺流程。射水法造墙施工的主要工艺流程为：测量放线、先导孔施工→铺设钢轨→槽段划分、射水造墙机安装就位→造Ⅰ期槽孔→清孔验收→泥浆下混凝土浇筑→射水造墙机安装就位→造Ⅱ期槽孔→清孔验收→泥浆下混凝土浇筑。

（2）各工序施工方法。以上各工序的施工方法，与锯槽法和抓斗法施工基本相同，不同之处有以下几个方面：

① 铺设钢轨。首先平整地基，要求两边的高差不大于±15mm，然后铺设枕木，要求铺设均匀，间距0.8～1.0m，表面平整，最后再用道钉将钢轨和枕木牢固地连接在一起，并检验两根钢轨之间的距离。

② 槽段划分、射水造墙机安装就位。槽段划分以Ⅰ期、Ⅱ期槽间施工预留缝宽度宜小不宜大的原则。将造墙机安装就位，成形器上部的导水管安装无误，在建双序孔时成形器侧向喷嘴要畅通，对造墙机架进行调整、固定确定开槽时的垂直度。

(四)气举反循环法成墙施工工艺

气举反循环法成墙是由附着在导管上的潜水钻机或冲击锤,钻削土体并落入槽孔的底部,再用空气压缩机向导管底部输送高压空气,使导管底部入口与导管顶部出口产生巨大的压差,将钻落的土体随着循环泥浆一起喷出地面,泥浆经沉渣池沉淀排渣后再补充到槽内。

在潜水钻完成一个钻位的钻进后,导管平移至下一个钻位,再进行钻进、喷出、排渣,如此循环,完成槽孔的成槽作业。同锯槽法施工一样,气举反循环法也可以形成连续的槽孔,浇筑塑性混凝土时仍需隔离分段,所成墙体能够保证连续完整。

1. 气举反循环法成墙施工工艺流程

气举反循环法成墙的施工工艺流程如图 5.5 所示。气举反循环法钻机成槽如图 5.6 所示。

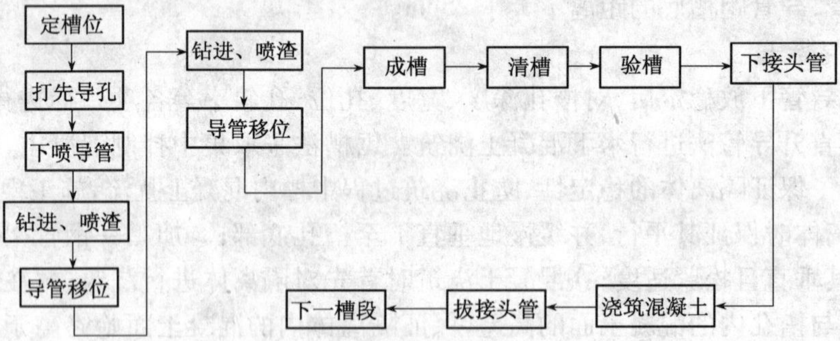

图 5.5 气举反循环法成墙的施工工艺流程

2. 气举反循环法成墙施工方法及过程

(1)铺设轨道及设备就位。沿着防渗墙的轴线方向铺设轨道,并使轨道在同一个水平面上,这时才能将轨道固定牢靠,再用升降机将成槽设备安装就位。

(2)钻进成槽。首先采用回转钻机在槽的一端钻一先导孔至设计终孔深度。将边长 20 ~ 30cm 的方管或直径 20 ~ 30cm 的圆管制成的喷导管插入孔内。其下端设有两个钢牙插入底部地层,上端紧固在机架上,以确保其垂直度。一对正反向转动的潜水钻机以喷导管为滑道向下钻进,正反向转动基本抵消了导管所受附加力矩,使其在钻进过程中始终处于稳定状态。

在喷导管内设有一供风钢管,底部制成向上的弯钩。利用空压机向管底输送高压空气,导管内形成由底向上的强大气流。槽底的钻渣随泥浆被带至喷导管出口,喷到沉浆池,经沉淀合格的泥浆再流回槽内。待钻至设计孔底后,移动喷导管和钻机,紧挨上一钻孔位置再次从地面下钻至终孔。如此进行钻进移动,直到槽孔的另一端。

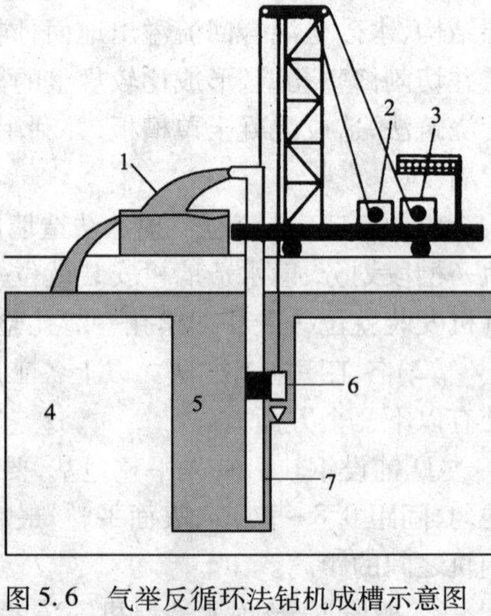

图 5.6 气举反循环法钻机成槽示意图
1—泥浆池;2—电动机;3—空压机;4—堤身;5—槽孔;6—潜水泵;7—导管

成槽施工时应注意循环泥浆质量和槽孔垂直度的监测与控制,拌制泥浆时间、配比要通过试验确定,并严格按批准的配比加料,加量的误差不大于 5%。储浆池内泥浆应经常搅动,防止产生离析沉淀,保持性能指标均一;槽内泥浆应及时补充,保证槽孔内泥浆面在槽口板以下 30 ~ 50cm 范围内;槽孔垂直度是由控制喷导管垂直度来实现的,注意在每一钻位开钻前严格校正喷导管的垂直度,使其偏差小于5%。

全槽钻孔结束后,用长方体钢材制成的修槽捣子替换潜水钻机,以导管为滑道自上而下反复冲击修整槽壁。从一端向下一端依次移动捣子修槽,直至完成全槽的槽壁修整,确保其平整顺直。

(3)清槽。在槽内下放喷导管到底并来回移动2~3次,从槽底不断吸出钻渣淤泥,同时槽内不停地补充新鲜的泥浆进行置换,保证清槽换浆后槽内泥浆的技术指标满足设计及规范的要求。

气举反循环法成墙的施工中的混凝土浇筑与接头处理同前述各工法。

第三节 堤防工程深层搅拌法防渗技术

深层搅拌法是利用水泥、石灰等材料作为固化剂的主剂,通过专用的深层搅拌机械,在地基土中边钻进,边喷射固化剂,边旋转搅拌,使固化剂与土体充分拌合,形成具有整体性和抗水性的水泥土或灰土桩柱体,以达到加固地基或防止渗漏的目的的工程措施。深层搅拌法是利用深层搅拌机械,在地基深处就地将软土和水泥(浆液或粉体)强制搅拌后,使软土硬结改性,改性后的土体强度大大高于原来强度,其压缩性、渗水性比天然软土大大降低。

搅拌桩体和桩周围土体可构成复合地基,也可相互搭接排成一列形成连续墙体,还可相割搭接成多排墙。在水利水电工程中,深层搅拌法主要用于在水工建筑物地基中形成复合地基、在堤坝及其地基中形成连续的防渗墙等。深层搅拌法分为石灰系搅拌法和水泥系搅拌法。

一、深层搅拌法的技术要求

(1)含灰量。含灰量为水泥掺入比与掺入量的比值。掺入比是指单位重量地基土中所加入的外加剂量,一般以百分比表示。水泥掺入量决定了土的渗透系数、破坏比降、抗压强度、变形模量等力学参数。土层中水泥掺入量主要取决于天然土体性质(孔隙率、土质类别、含水量等)和施工机械性能。一般而言,水泥掺入量可取10%~18%,一般控制在15%左右。

(2)水灰比。水泥浆的水灰比与被加固土体的含水量、性能、机械搅拌能力和输浆情况等有关。试验表明,水泥土的力学性能不仅取决于水泥掺入量,还取决于被加固土体的可搅拌性。即使水泥掺入量较大,但因搅拌不均匀,水泥土的力学指标也不理想,因此水泥土搅拌均匀十分重要,而水灰比对水泥土的均匀性起着重要作用。一般水灰比0.7~1.2比较适宜。

(3)注浆压力。注浆压力主要依据加固土层的深度而定,加固深度越大,加固土体对喷浆口的压力要求越大,因此注浆压力也需要相应增大。对于深层搅拌水泥土而言,注浆压力一般应取0.3~1.0MPa。

(4)注浆量。深层搅拌的注浆量应以注入土体中的水泥浆充分填充土层中的孔隙为准,在进行施工搅拌时,以孔口出现稍微翻浆为控制标准。为保证注入设计的注浆量,要求在搅拌设备装配自动记录流量设备,对搅拌过程中的注浆量随时进行监控。在一般情况下,施工注浆量按50L/min进行控制,可根据土层的不同孔隙率进行适当调整。

(5)提降速度。水泥土搅拌桩的质量优劣,直接关系到地基处理的结果好坏。其中关键是注浆量、水泥浆与加固土体搅拌的均匀程度,也就是喷浆设备提升或下降速度。喷浆设备提升或下降速度可用经验公式进行计算取得,但对计算出的升降速度还应通过现场工艺试验予以校核,以取得合适的升降速度。

二、深层搅拌法的施工工艺

深层搅拌法具有造价较低、设备轻便、工效较快等优点,对于深度小于20m的堤坝防渗墙具有较强的竞争力。目前我国生产的深层搅拌桩机技术参数见表5.5。

表5.5 国产的深层搅拌桩机技术参数

型号	搅拌轴数	轴距(mm)	叶片直径(mm)	成墙宽度(mm)	最大深度(m)	传动方式	功率(kW)	装载方式
GPP-5B	1		700		18.0	机械转盘	37	步履式
GPF-5	1		600		12.5	机械转盘	30	步履式
PH-5B	1		700		14.5	机械转盘	37	步履式
SJ37	1		800		15.0	机械动力头	37	步履式
SJ-Ⅱ	2	335	450	670	18.0	机械动力头	80	拉管式
SJ55	2	450	375	900	15.0	机械动力头	55	步履式
DZJ25A	3	500	375	1350	15.0	机械动力头	55.5	步履式
SPR-11	3	400	500	1200	30.0	机械动力头	110	履带式
ZKD36-5	5	322	440	1610	20.0	机械动力头	110	履带式
PH-5F	3	400	500	1350	18.0	机械转盘	90	步履式
SJ4-500	4	400	500	1600	15	机械转盘	90	步履式

深层搅拌法施工在工序上主要包括:施工准备及定位、水泥浆制备、喷浆搅拌、清洗移位等几个大步骤。

(一)施工准备及定位

施工准备工作是深层搅拌法施工的关键环节,主要包括场地平整、清除地面及地下障碍物,形成施工的工作平台,其高程误差应控制在±15cm范围内;设置完善施工必需的临时设备,如供水、供电、道路、工作棚、临时房屋及材料等;同时对施工中所用的机具和设备,均应及时运达施工现场并进行组装和调整校正。

定位也是深层搅拌法施工中重要的技术工作,即按照设计图纸进行现场测量放线,确定堤坝防渗墙的轴线位置,定出每一个桩的具体点位并设置标志,孔位的偏差不得大于±2cm;沿防渗墙轴线位置开挖导流沟,沟宽0.5m、深0.4m;沿导流沟铺设枕床、导轨并安装搅拌机;移动搅拌机至设计位置调整、校正、整平、对中孔位。

(二)水泥浆制备

(1)深层搅拌法用浆液的主要材料为水泥,水泥在使用前应进行质量鉴定,搅拌水泥浆液所用的水应符合《混凝土用水标准》(JGJ 63—2006)中的规定。

(2)水泥浆液可根据工程需要加入适量的外加剂及掺合料配制成复合浆液。所用的外加剂和掺合料的质量,应符合《混凝土外加剂应用技术规范》(GB 50119—2003)和《混凝土矿物掺合料应用技术规程》(DBJ/T 01 -64—2002)中的要求;掺入数量应通过试验确定。

(3)水泥品种、强度等级应符合设计规定,一般宜采用强度等级不低于32.5MPa普通硅酸盐水泥,水泥应新鲜无结块,过4900孔筛筛余量不大于5%。

(4)施工所用水泥浆液水灰比宜控制在0.7~1.2,具体的水灰比应由现场搅拌试验确定。无论选用何种水灰比的水泥浆,应保证桩墙的水泥掺入比达到设计要求。

(5)水泥浆液存放的有效时间,应符合下列规定:①当气温在10℃以下时,不宜超过5h;②当气温在10℃以下时,不宜超过3h;③当浆液存放时间超过有效时间时,应按废浆液处理;④浆液存放时应控制浆液温度在5~40℃范围内,超出规定应按废浆处理。

(6)对于不同批号的水泥及各种不同配比的浆液,均应按规定留出样品进行浆液性能试验,主要包括:浆液比重、黏度、稳定性。

(三)喷浆搅拌

(1)为了掌握地层性状及防渗墙底线高程,应沿着防渗墙轴线每隔50m布设一个先导孔,先导孔应深入设计底线高程以下5.0m,局部地段地质条件变化比较严重的部位,应适当加密钻进先导孔。先导孔应钻取芯样进行鉴定,并描述给出地质剖面图,以利于指导施工。

(2)搅拌机沿导向架下沉,偏斜率不应大于5‰,桩径偏差不得大于4%。墙体嵌入相对隔水层或设计地层内的深度应达到设计要求,误差应小于±10cm。

(3)近年来,我国的深层搅拌技术发展很快,特别是在喷浆搅拌方面尤为突出。根据设备不同,可大致分为:两喷四搅、两喷两搅、一喷两搅等三种工艺。

① 两喷四搅。即搅拌机头预搅下沉,到达设计墙深后,开启泥浆泵并边喷浆边旋转搅拌,严格按设计确定的提升速度提升搅拌机头;再次将搅拌机头边旋转边沉入土中,至设计深度后再喷浆、旋转、提升至地面。

实际上,两喷四搅就是上下两个来回,4次搅拌,其中两次上升喷浆。两喷四搅工艺多用于单头、双头及三头搅拌机,其工艺流程如图5.7所示。

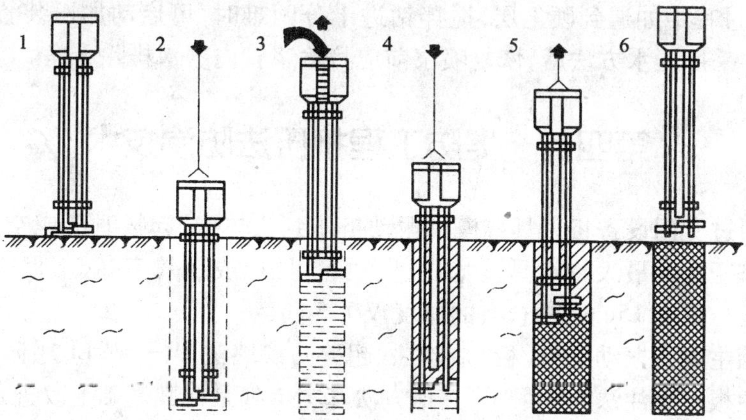

图5.7 两喷四搅工艺流程示意图
1—定位;2—预搅下沉;3—喷浆搅拌上升;4—重复搅拌下沉;5—重复搅拌上升;6—施工完成

② 两喷两搅。随着搅拌机具的不断发展完善,在保证搅拌均匀的前提下,实现了两喷两搅,即搅拌机头下沉及上升的一个来回中,均实施喷浆和搅拌。我国生产的PH—5F(三头)、

SJ—500(四头)及SJZ—5(五头)深层搅拌机均要求两喷两搅工艺,且防渗墙体的质量均能达到设计要求。

③ 一喷两搅。防渗墙施工的MSMTW工法或ESMTW工法,是在传统的深层搅拌法的基础上增加了喷气功能,使得搅拌更均匀。设备要求在搅拌机头下沉及上升的一个来回中均实施喷气、搅拌,仅在下沉时喷浆。

(四)清洗移位

完成一个桩位的喷浆搅拌后,应立即向集料斗中注入适量清水,并马上开启灰浆泵,清洗全部管路中的水泥浆,直至基本干净,以防管路出现堵塞;同时还应将搅拌机头上的软土清洗干净。

深层搅拌设备移位关系到工效高低、经济效益和施工安全,因此,在设备移位中应在保证安全的前提下,尽量快速准确进行,到位后要认真调整机架,保证其倾斜率控制在5‰以内,桩位的误差不大于2cm。

(五)施工中注意事项

(1)水泥浆液应当随配随用,为防止水泥浆发生离析,在灰浆拌制机中应不断搅动,待压浆前再缓慢地倒入集料斗中。倒入集料斗中的水泥浆存放时间不应过长。当气温在10℃以下时,不宜超过5h;当气温在10℃以上时,不宜超过3h;当浆液存放时间超过有效时间时,应按废浆液处理。

(2)搅拌机在喷浆过程中必须连续进行。一旦出现中断,应将搅拌喷浆头下沉到停喷位置以下0.5m(若采用下沉喷浆搅拌工艺时应提升0.5m),待恢复供浆时再喷浆搅拌施工。如果因故停机超过0.5h,应对泵体和输浆管路妥善清洗;如果因故停机超过3h,应拆卸输浆管,彻底清洗管路。

(3)当搅拌桩头已到达桩底,且浆液已达桩顶并微翻浆,此时应在桩底喷浆30s,使浆液均布整个桩体;当搅拌桩提升到达设计桩顶时,应停止提升,并搅拌一定时间,以保证桩头均匀密实;施工停浆面应高出设计标高0.3~0.5m,在墙体凝固后再将超出设计标高的桩顶部分凿除。

(4)在搅拌过程中如遇到硬土层,搅拌钻进十分困难时,可启动加压装置压浆,也可采用压水下沉搅拌。采用压水方法后,恢复喷浆前应将输浆管内的水排除干净。

第四节　堤防工程挤压法防渗技术

挤压法是通过专用设备将刀具或模具振动挤压到土体中,起拔时形成空间并同时注入浆建造防渗墙。挤压法的最大特点是技术先进、质量可靠、成墙效率高、工程造价低、墙体比较薄。墙体的厚度一般为15cm左右,有的厚度仅7.5cm。

挤压法成墙主要有振动沉模(板)造墙法、超薄防渗墙法(B—WVLL)、振动切槽法和板桩灌注法等。其中板桩灌注法应用最早,其他方法基本上都是在其基础上改进、完善而成。

一、振动沉模法施工工艺

振动沉模板墙施工的动力设备是振动锤,其以强大的冲击动量,将空腹模板迅速沉入地层,并将两侧土体挤压密实。浆液在重力作用下从模板下端注入槽孔内,在向上提升模板时,应边提模板边注浆,从而成为造槽、护壁、灌注一次连续成型的新工艺。

（一）施工工艺流程

振动沉模法板墙施工工艺流程，如图 5.8 所示。

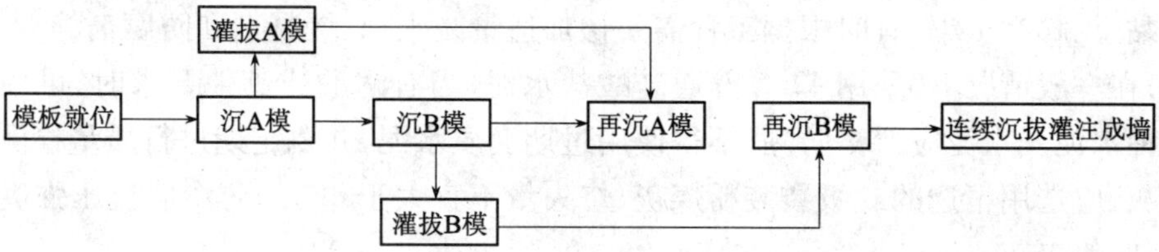

图 5.8　振动沉模法板墙施工工艺流程图

（二）主要施工程序

（1）模板就位。先将动力设备调平，使立柱保持垂直，再将 A 模板对准孔位，靠振动体系的振动锤下落，将 A 模板端部打入土层，检测调整模板的垂直度是否符合规程要求。

（2）振动沉模。①启动振锤，先将 A 模板沿施工轴线沉入地层，达到设计深度。A 模板为先导模板，起着定位、导向作用，其垂直倾斜度不得大于 5‰；②再将 B 模板沿施工轴线靠 A 模板前沿沉入地层中，达到设计深度。B 模板为前接模板，起到延长板墙长度的作用。

（3）灌浆拔模。向 A 模板腹内灌满浆液，然后边振动、边提升、边灌注，直至将 A 模板拔出地面，浆液留于槽孔中，从而形成密实的单板墙体。

（4）再沉 A 模。当 A 模板拔至地面后，将其移至 B 模板的前沿进行沉模，则 B 模板也起到定位、导向作用。此时 A 模板成为前接模板，也起到延长板墙长度的作用。

重复以上 4 个工序连续不断的施工，即可形成一道竖直连续的整体板墙，如图 5.9 所示。

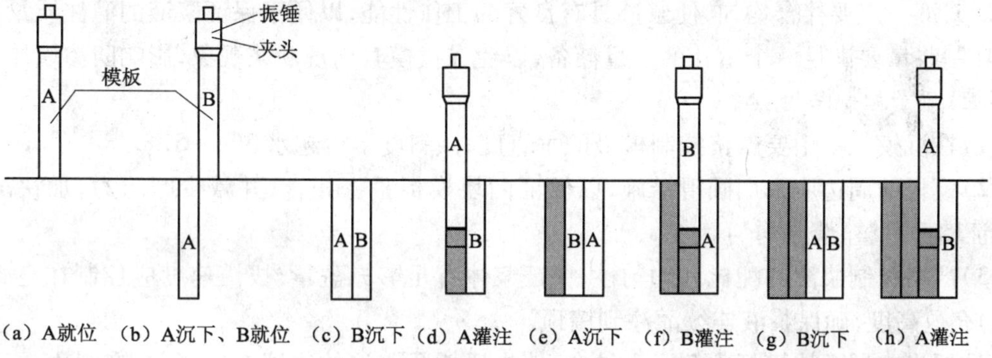

图 5.9　振动沉模板墙施工工序示意图

（三）施工工艺参数

施工工艺参数是保证工程质量的重要技术指标，在进行施工组织设计时，应根据工程要求和地质条件，选用适当的确保工程质量的施工工艺参数值。常用工艺参数值见表 5.6。

表 5.6　振动沉模板墙施工工艺参数值

分　类	名　称	参考值	分　类	名　称	参考值
振动锤	激振力（kN）	570	模板	宽度（m）	0.75m 左右
	振频（次/min）	1050		厚度（cm）	10～20cm
注浆泵	压力（MPa）	>0.8		提升速度（m/min）	1～3
	流量（L/min）	200～500		长度（m）	根据实际而定

(四)灌浆浆液配制

(1)浆液材料。主要依据墙体物理力学指标要求确定。一般堤防防渗可采用水泥、粉煤灰、细砂、黏土、膨润土等,有时根据工程需要掺加适量减水剂、缓凝剂和防腐剂等。

水泥:在一般情况下,采用42.5普通硅酸盐水泥,当有耐酸或其他要求时,可用抗酸水泥或其他特种水泥。水泥应严格防潮,不得使用过期变质水泥,并要定期进行质量检测。

粉煤灰:应选用精选的二级袋装粉煤灰,烧失量不宜大于8%。防渗墙抗压强度要求较低时,可用三级粉煤灰。

膨润土:对减少析水性和降低渗透系数、弹性模量有明显作用,一般掺入量不宜超过水泥用量的30%。以钠质膨润土最好,钙质次之,一般磨细度为200,筛余量小于6%。

砂:以选用细砂为宜,有机含量不宜大于3%,含泥量不应大于10%。

(2)浆液配方。根据工程需要和工程条件,选择浆液配方。浆液种类有:水泥浆、水泥砂浆、水泥粉煤灰浆、膨润土砂浆、水泥粉煤灰砂浆、水泥黏土浆、水泥黏土砂浆等。

水泥粉煤灰砂浆的密度以1.9g/cm^{3}左右为宜;浆液在初凝前不沉淀、不离析。采用泵送的水泥砂浆坍落度大于15cm,初凝时间不小于4h,终凝时间不大于24h。

(3)浆液配制

① 配制浆液材料必须采用称量方法计量。称量误差:水重不超过±2%,采用自动洒水装置必须事先进行校正;其他材料重量误差不得超过±5%。

② 根据搅拌机的性能不同,浆液的搅拌时间必须符合要求。掺加粉煤灰的浆液要适当延长拌合时间。

③ 浆液一定要拌合均匀,使浆液具有良好的工作性能,以便于保证浆液的灌注质量。

④ 制浆量要满足一个槽孔的浆量储备,以免在拔模时出现断浆现象,影响防渗墙质量。

(五)质量控制与检测

(1)在沉模施工中要严格控制模板的垂直度,倾斜度不得超水3‰~5‰。

(2)模板的周边应采用圆滑措施,以保证两块模板紧密扣合,并减少摩阻力,加快沉模速度,保证墙面平整、墙厚均匀。

(3)严格控制浆液的配比和均匀性,保证浆体有足够充盈量,拔模速度应控制在空腹内有一定的充盈高度,确保浆液连续灌注到墙顶。

(4)严格掌握两块模板内侧紧密结合,使先后槽孔浇注的浆液在初凝前,在强力振动作用下相互溶化为一个紧密整体。

(5)施工完成后需对防渗墙墙体质量进行开挖检查,要求开挖出来的墙体厚度达到要求,且连续、均匀、坚实,所取试样的试验指标(渗透性、抗压强度)均达到设计要求。

二、超薄防渗墙施工工艺

超薄防渗墙工法是德国宝峨公司开发的堤坝防渗技术,由于该法成墙的厚度仅7.5cm,比国内常用的墙厚(15~30cm)薄得多,因此称为超薄防渗墙。

(一)施工工艺流程

超薄防渗墙工法防渗墙施工工艺流程如图5.10所示。

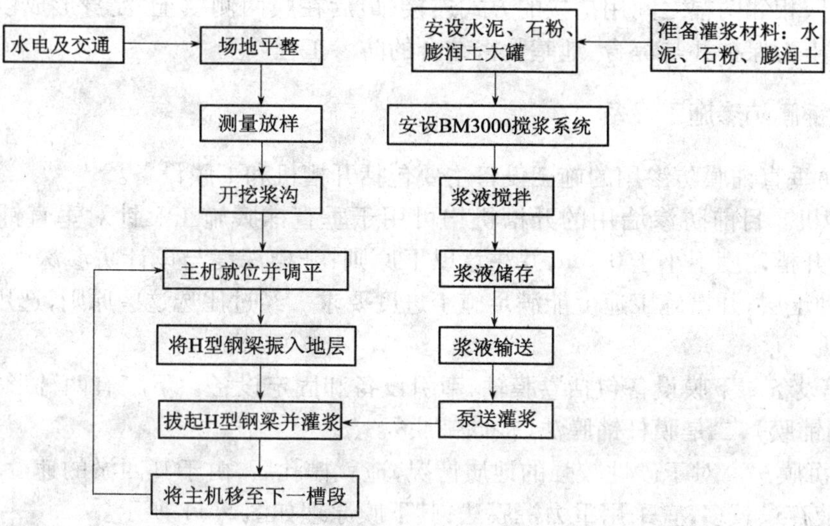

图 5.10　超薄防渗墙工法防渗墙施工工艺流程图

（二）主要施工设备

超薄防渗墙施工设备主要由工作主机部分、集中制浆站和浆液储运设备等 3 部分组成，这种施工设备技术先进、自动化程度高，各部分的设备组成及其功能如下：

（1）工作主机部分。工作主机是超薄防渗墙施工的核心设备，对施工起着决定性作用，共由 6 部分组成：①Wesscrhnette 型 SW311 主机（重型履带起重机）；②WS 型起重机钻架；③AR180 全液压振动锤；④柴油发电机组、开闭式液压系统；⑤配有底靴的 H 型钢梁；⑥电控和质量控制系统。

（2）集中制浆站。集中制浆站是超薄防渗墙复合浆液生产的重要设备，其组成主要有：宝峨 BM3000 搅拌机、料罐、螺旋输送泵组、电控和质量控制系统。

墙体浆液材料主要由水泥、石粉、膨润土加水搅拌而成。浆液的技术指标要求：比重为 1.5～1.55t/m^3，pH 值大于 4，黏度大于 17%，泌水率小于 4%。墙体 28d 单轴抗压强度应不小于 0.5MPa，渗透系数应小于 10^{-7}cm/s。

（三）主要施工步骤

（1）按要求平整施工场地，沿着防渗墙轴线开挖浆液沟，在浆液沟中注入复合浆液。

（2）将工作主机就位并调平，跨浆沟时应采用退位施工的方式。

（3）用液压振动锤，将带有底靴的 H 型钢梁（宽 840mm）垂直振入地层中。

（4）当 H 型钢振动至设计深度时，提升 H 型钢并从其底部喷入复合浆液。

（5）拔出 H 型钢后，同时将槽内灌满复合浆液，可将机器移到下一槽段。

（6）将 H 型钢一端顺着前一槽段的翼缘部分振入土层中形成槽与槽之间的相切连接，保证墙体的完整性和连续性。

（7）依此程序进行成槽、灌浆，最终形成完整的地下连续防渗墙。

第五节　堤防工程垂直铺膜防渗技术

垂直铺膜防渗是用于堤防防渗加固的成熟技术。先用开槽机在需防渗的土层中垂直开出槽孔，并以适宜的泥浆护槽壁，然后将与槽深相当的整卷土工膜下入槽内，倒转土工膜的轴卷，使土工膜展开,相邻两幅之间用搭接的方式连接;最后在膜两侧填土,堤身形成以土工膜为防渗体,以周围土为保护并与堤身、地基紧密结合的防渗工程。

一、垂直铺膜防渗施工设备

目前堤防垂直铺膜防渗用的施工设备主要包括开槽机和下膜设备。

(1)开槽机。目前防渗墙用的开槽机均可用于垂直铺膜施工。针对垂直铺膜的技术特点,开槽机的开槽宽度不小于0.3m,并注意以下原则:开槽深度与设计防渗深度相适应;开槽机应适用这种土层;开槽施工速度能满足施工进度要求。经过比选这些原则,选用适用、经济、简单的开槽机。

(2)下膜设备。下膜设备包括卷膜轴、牵引设备和固定设备。下膜有两种形式:一是重力沉膜法(竖向铺膜),二是膜杆铺膜法(横向铺膜)。

① 重力沉膜法。对于砂性较强的地质情况,造就槽孔后,由于其回淤的速度较快,槽孔底部高浓度浆液存量较多,宜采用重力沉膜法,其下膜原理如图5.11所示。

② 膜杆铺膜法。对于一般黏土、粉质黏土、粉砂地质情况,由于其回淤的速度比较慢,泥浆固壁条件好、效果好,可采用膜杆铺膜法。首先将土工膜卷在事先备好的膜杆上,然后由下膜器沉入槽孔中,在开槽机的牵引下铺设土工膜,其工作原理如图5.12所示。

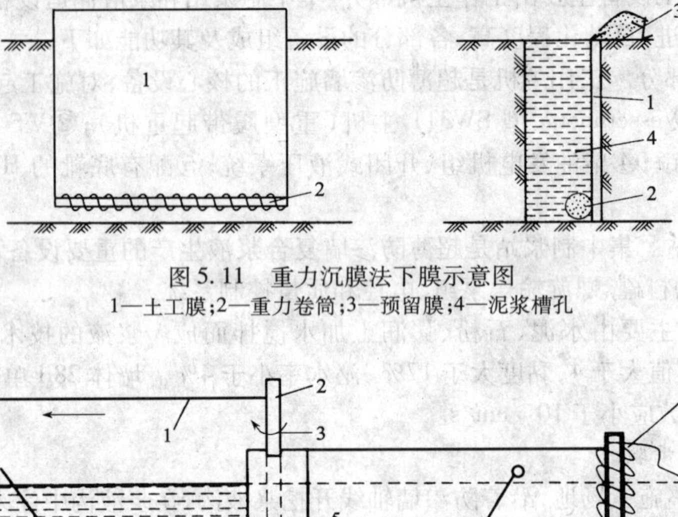

图5.11 重力沉膜法下膜示意图

1—土工膜;2—重力卷筒;3—预留膜;4—泥浆槽孔

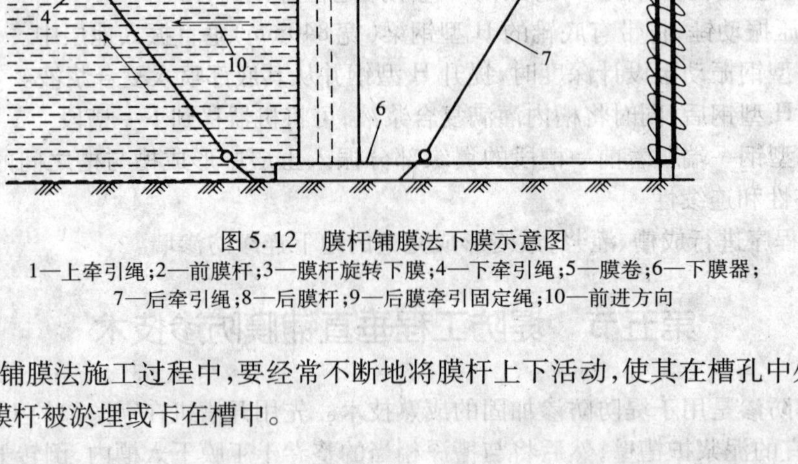

图5.12 膜杆铺膜法下膜示意图

1—上牵引绳;2—前膜杆;3—膜杆旋转下膜;4—下牵引绳;5—膜卷;6—下膜器;7—后牵引绳;8—后膜杆;9—后膜牵引固定绳;10—前进方向

采用膜杆铺膜法施工过程中,要经常不断地将膜杆上下活动,使其在槽孔中处于自由松弛的状态,防止膜杆被淤埋或卡在槽中。

二、垂直铺膜防渗施工工艺

(1)施工工艺流程。垂直铺膜防渗施工工艺流程如图5.13所示。

(2)施工准备工作。施工准备包括施工定线、铺施工平台和轨道、开挖导沟、设备安装及调试、制备泥浆和土工膜连接。

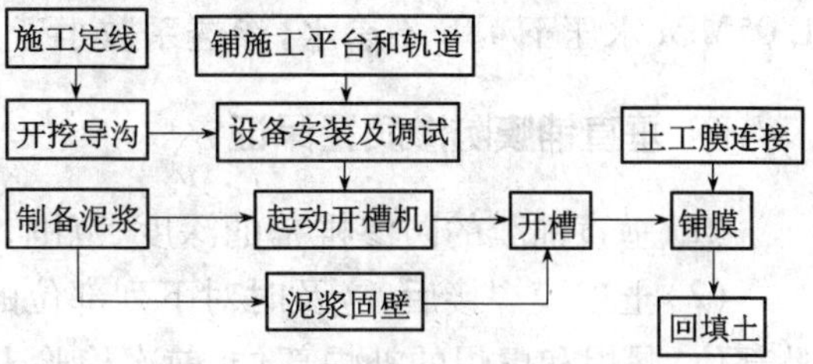

图5.13　垂直铺膜施工流程图

① 施工定线。按设计要求确定垂直铺膜防渗帷幕的轴线位置、复核坝面高程、标出施工特征点的位置和距离等,并做好施工记录。

② 铺施工平台和轨道。沿着施工轴线,铺设满足施工要求的施工平台,坡度应小于1%;有的开槽机需要铺设轨道或枕木。两轨道的高差小于5mm,轨距误差应小于10mm。

③ 开挖导沟。导沟的尺寸,不同开槽机要求不同,一般要求导槽断面为40cm×40cm。

④ 设备安装及调试。设备需要在施工现场组装,各种施工机械经过调试,单机和组合运行试验合格后即可施工。

⑤ 土工膜连接。一般应尽量使用与设计宽度相符的土工膜。如果不能满足要求时,则可在工地粘结,通常采用热合方式,必要时也可采用冷粘。将接好的土工膜直接卷在膜杆上,利用专用设备搬动。

⑥ 制备泥浆。按照固壁要求制备泥浆。各种地层对于固壁要求不同,应选择合理配方。一般宜采用黏土浆,必要时掺适量的膨润土浆。

(3)进行开槽工作。以反循环切槽机开槽为例。一切准备工作就绪后启动主机工作,同时循环配制好的泥浆,然后开动主机带动刀杆往复运动,松动卷扬机,刀杆边运动边切土体,同时高压水或泥浆从刀杆水嘴中喷出,与刀齿共同作用切开土体,使刀杆逐渐下沉;开动抽砂泵,将槽内粗颗粒泥浆抽出排掉,从而形成槽孔,直到达设计深度要求。达到设计深度要求后,启动牵引机,牵引刀杆前进,造成要求的槽孔。

(4)土工膜的铺设。槽孔造成经检查合格后,将土工膜铺设于槽中。主机牵引铺膜机,将卷好的土工膜在槽中展开,在土工膜展开30m以上时开始回填,并将留在作业面以上的土工膜用土压实,最后形成防渗面膜层。一幅土工膜用完后,下另一幅土工膜,两幅土工膜搭接而成,搭接长度为0.8~1.0m,直至完成铺膜工作。

(5)进行回填土。垂直铺膜的最后一道工序是回填土,铺膜后尽量及早进行回填土。一般是回淤和填土两种办法相结合。回淤即是利用开槽时砂泵抽出的原坝体中的砂土料浆液进行自然淤积。由于开槽过程中的泥浆利用,回淤量不能填满槽孔,需要用准备的土料填充。所用土料以干壤土为好,土中不得含杂草,沿槽孔均匀回填,与槽内泥浆沉淤同时进行。

(6)特殊问题处理。在垂直铺膜施工过程中,可能遇到连片或成堆的块石、树根等障碍,对这样的堤段不宜再继续铺膜施工,可采用其他等效垂直方案替代。

三、垂直铺膜防渗材料要求

垂直铺膜防渗材料一般为土工膜和复合土工膜。聚乙烯(PE)土工膜是一种新型防渗材料,其性能明显优于聚氯乙烯土工膜,在我国堤防工程中已得到广泛应用。

根据《聚乙烯(PE)土工膜防渗工程技术规范》(SL/T 231—1998)中的规定,土工膜的物理力学性能指标应符合下列要求:①密度不应低于900kg/m^3;②破坏拉应力不低于12MPa;③断裂伸长率不应低于300%;④弹性模量在50℃不应低于70MPa;⑤抗冻性(脆性温度)不应低于-60℃;⑥连接强度应大于母材强度;⑦撕裂强度应不小于40N/mm;⑧抗渗强度在1.05MPa水压下48h不渗水,渗透系数小于10^{-11}cm/s。

四、垂直铺膜防渗质量保证

(1)垂直铺膜的防渗帷幕的深度、范围,必须等于或大于设计防渗帷幕的要求。

(2)土工膜焊接后,应及时对下列部位的焊接质量进行检测:全部焊缝、焊缝结点、破损修补部位、漏焊和虚焊的补焊部位、前次检验未合格再次补焊部位。

(3)土工膜现场检测方法有充气法,即双焊缝加压检测法;真空罐法,即真空压力检漏法;也可采用火花试验或超声波探测法。检测设备应采用气压式检测仪及真空检测仪。

(4)室内对土工膜进行检测,应随机截取1~2片(10~50cm)现场焊缝试样,按照室内检测方法检测。

(5)土工膜的焊接质量应符合下列要求:

① 对于双缝充气长度为30~60m,双焊缝间的充气压力达到0.15~0.20MPa,保持1~5min的时间,压力无明显下降即为合格。

② 对于单焊缝和T形结点及修补应采取50cm×50cm方格进行真空压力检测。真空压力大于或等于0.005MPa,保持0.5min的时间,肥皂液或洗涤灵不起泡即为合格。

③ 采用火花试验检测,金属刷之间不发生火花即为合格。

④ 采用超声波探测,以超声波发射仪荧光屏显示结果为判定标准。

⑤ 室内试验,焊缝的抗拉强度应大于母材强度为合格。

(6)垂直铺膜完成后,槽内应按规定进行回填,回填土的土质和回填质量满足设计要求。

(7)堤防的防渗效果检验结果达到设计要求,如堤后坡渗流的减少和消失,测压管水位的降低等。

第六节　堤防工程劈裂灌浆防渗技术

劈裂灌浆是根据堤身的几何尺寸和小主应力作用面沿堤坝轴线竖直的分布规律,沿着土堤的轴线布置灌浆孔,施加相应的灌浆压力,劈开进行防渗处理的堤身,随即灌入黏土泥浆,形成沿堤坝轴线竖直连接的防渗泥浆墙帷幕。

劈裂灌浆中使所有与泥浆一脉相通的洞穴、裂缝、水平疏松土层等都得到充填,从而消除了隐患;同时通过压力泥浆的挤压、渗透、充填和湿化固结作用,使泥浆墙体两侧一定厚度土体抗渗性提高,防止大堤高水位时有可能出现的渗流破坏。

一、劈裂灌浆的设计

(一)灌浆钻孔的设计

劈裂灌浆钻孔设计包括孔深、孔距和孔位布置。

(1)孔位布置。对于堤身低于10m,地面比较平坦的堤坝,可以沿堤轴线单排布孔;对于地形高差大的堤段,或堤身土体疏松的堤段,为降低坝体内应力场的应力水平,可以在主排孔的两侧布置1~2排副孔;堤身高于10m,也可以根据地基情况,参考低于10m的堤段进行布孔;对于堤身内有埋管(涵洞)的堤段,由于堤身内部应力复杂,灌浆初期一般采用多排梅花形布孔。

(2)钻孔深度。我国的堤防大多数处在大江、大河的中下游冲积平原地区,地基多为黏性土或砂性土,为了提高劈裂灌浆的效果,孔深应打入地面以下堤高的1/2的深度。这样一方面可以提高地基的防渗能力,同时还可以加大灌浆压力,使防渗泥浆墙的帷幕加厚。

(3)孔距确定。低于10m的堤坝,孔距布置2~3m;高于10m的堤坝,孔距布置3~5m。对于弯曲段或地基高差太大的堤段,孔距可适当缩小,以泥墙防渗帷幕连续为目的,可通过试验确定。

(二)灌浆压力的确定

劈裂灌浆压力,一般可分为起始劈裂压力、运行压力。起始劈裂压力为劈裂灌浆的最大压力,即从开始灌浆、起压、迅速达到顶峰值,将堤身劈开后,压力突然下降。这一过程只有几分钟的时间,因为该压力维持时间短,只作用于一点,作为劈裂灌浆技术,必须将堤坝劈开,否则就达不到灌浆目的,所以该峰值虽然最大,但不应作为设计值,只作为衡量堤身质量的参考值。

劈裂灌浆压力的控制压力应当是在灌浆运行期间压力,尤其是在某些堤段全线劈开之后的压力。对于10m以上的高堤,因为灌入的泥浆对两侧土体的总压力很大,所以可能对堤坡造成过大的位移,这时灌浆压力以堤肩的位移量不超过1.0cm来控制。

(三)帷幕厚度的控制

高度在10m以下的堤身,泥墙总厚度不应小于5.0cm;高度在10m以上的堤身,泥墙总厚度不应小于10.0cm。

(四)泥浆土料的选择

(1)泥浆比重采用1.3~1.5,初灌和第一次复灌时采用较小值,以后的复灌采用较大值。

(2)泥浆黏度一般控制在20~100s之间,要根据劈开裂缝的宽度、漏浆通道的大小、灌浆压力等确定。初灌和第一次复灌时采用较小值,以后尽量采用较大值。

(3)泥浆的稳定性是以泥浆静置24h后,泥浆上半部和下半部密度差值来表示。测量泥浆稳定性可用专用仪器,也可用250mL的普通量筒来测量。灌浆用泥浆的稳定性一般采用0.05~0.1kg/m^3。

(4)泥浆的含砂量:表示的方法是将泥浆与水以1∶9的比例稀释后,用砂与泥浆体积的百分数来表示,也可用重量比来表示。一般比例为:干土重∶砂重为10∶100左右为好。

(五)泥浆过程的控制

泥浆过程的控制是指泥浆历时复灌次数、复灌间隔时间的确定。为保证灌浆质量,使泥墙防渗帷幕厚度达到设计要求,每个注浆孔的复灌次数不少于5次,每次的间隔时间不少于3~5d,如果一台灌浆设备负责的工段1~2km,分成两序灌浆,总历时不少于60d。

二、劈裂灌浆的施工

劈裂灌浆施工的内容主要包括:灌浆现场布置、劳动组合、钻孔方法、制浆方法和要求、灌浆方法等。为了提高生产效率、降低工程成本,可以组织多台机组分若干工段同时施工。

1. 钻孔

根据设计要求,确定布孔位置、孔深、孔距等,并选择合适的钻机。目前我国堤防灌浆多采用冲击式、挤压式和旋转式钻机等。堤高10m以内的可采用冲击式和挤压式钻机,用干法钻进;堤高10m以上的可采用旋转式钻机,可用湿法钻进。钻孔孔径一般在50~100mm之间。10m以内的矮堤用大口径钻杆,10m以上的高堤用小口径钻杆。

2. 制浆

目前国内制造泥浆的机械很多，在工程上多采用 WJG80 型或 WJ100 型搅浆机。主要特点是可以高速连续搅浆，自动进行筛浆，浆液存入储浆筒内，灌浆泵和储浆筒直接相连，制出的泥浆质量高。

3. 灌浆

采用孔底注浆全孔灌浆法分两序进行灌浆。这是劈裂灌浆提高质量和保证堤体安全的重要技术措施。如果复灌间隔时间过长，下部发现堵管时，可以将灌浆管上提 0.5m 再灌浆。具体灌浆的工艺如下：

(1)设置阻浆塞或下护壁套管。灌浆前在钻孔上部设一定长度的阻浆塞或有些情况下用 3~5m 的护壁套管。这样不仅可以防止孔口塌落，减少孔口冒浆，更重要的是使泥浆在坝身内处于封闭状态，推迟或防止坝顶表面先劈裂。可以施加较大的灌浆压力，使浆液在坝身内劈开裂缝，达到"先内劈后外劈"的目的。阻浆塞的长度可根据具体情况计算确定，一般可采用 1.5m 的经验数据。

(2)灌浆压力的控制。灌浆压力一般是指孔口压力表读数，这里指运行压力。在施工灌浆中，应设专人观测记录，用堤身一侧位移一次灌浆不超过 1.0cm 来控制。如果位移过大，则应及时采取控制措施，如打开灌浆泵上或孔口设置的回浆阀门，减少输浆量。

(3)灌浆量的控制。在进行灌浆时，常遇到单孔吃浆量过大的情况，这不仅影响坝体的安全，而且也影响大堤的回弹，影响泥浆在坝身内排水固结等，每次单孔灌浆量在 $0.5m^3/m$ 左右。在实际灌浆中，不能按平均灌浆量控制，第一序孔灌浆量应占总灌浆量的 60% 以上。

单孔灌浆量大的原因多数是因坝身疏松质量很差引起的，有时可能是由于堤身内存在漏水通道发生冒浆引起的，应先处理好冒浆之后再进行复灌。对于堤高 10m 以下的复灌间隔时间不少于 3d，10m 以上的复灌间隔时间不少于 5d，并应增加复灌的次数，达到终孔标准为止。复灌间隔时间主要由浆体的固结情况来确定。

(4)裂缝的控制。劈裂灌浆施工中，应尽量做到"先内劈后外劈"。一次灌浆劈开的裂缝宽度不应超过 1.0cm。回弹比超过 0.5 之后，才能进行下一次复灌。

(5)弯曲堤段的灌浆工艺。为了在弯曲堤段获得沿堤轴线连续的浆体防渗帷幕，必须采取特别的灌浆工艺，一般可选用以下两种：

① 随即钻灌法。即钻一孔灌一孔的方法，孔距要小。当灌浆孔口出现细小裂缝，并开始偏离堤轴线时停止灌浆。然后在偏离堤轴线较近处的轴线上钻孔灌浆，使其劈裂重新回到堤轴线的位置，循序渐进钻灌，引伸裂缝沿堤轴线发展，最终沿堤轴线方向形成竖直连续的浆体防渗帷幕。堤轴线曲率越大，钻孔应越密。

② 一次成孔灌浆法。在弯曲堤段的轴线上，将设计灌浆孔连续钻完，然后再逐孔轮流进行灌浆。单孔每次灌浆量要少，力争在短时间内循环一遍。当发现孔口有小的裂缝时就停止灌浆，改灌另一孔。

不论采取以上哪种灌浆方法，当堤顶沿坝轴线出现贯通的细小裂缝后，要及时做阻浆盖，控制堤顶表面再次发生劈裂。弯曲堤段的钻孔越密，最后形成的浆体防渗帷幕就越接近堤轴线，连续性越好。

(6)陡坡堤段的灌浆工艺。土堤基础地形起伏较大的坡段应力条件比较复杂，岸坡段的小主应力作用面不一定沿着堤轴线分布，有的可能与堤轴线斜交或垂直于堤轴线，因此有其特殊的灌浆工艺。调整小主应力作用面。由于不均匀变形等原因，陡坡段可能出现横向裂缝，小主应力作用面基本垂直于堤轴线。为将小主应力作用面调整为平行堤轴线方向，采用在缝顶做阻浆盖，缝内打孔灌浆用密度为1.4～1.6g/cm³的浓浆，并采用较大的灌浆压力，使堤身在高压泥浆的作用下，充分地横向劈裂、挤压、湿陷，最后实现应力再分配，充分补充纵向小主应力的不足，恢复3个主应力方向的正常秩序。然后再沿轴线布置灌浆孔，营造防渗墙帷幕。

(7)终灌标准和封孔。终灌标准：当开启灌浆泵后几分钟时间，堤顶表面裂缝即冒浆，这时在无压情况下反复轮灌，堤顶连续3次冒浆，缝内浆面基本不下降，即可终灌。封孔标准：劈裂灌浆多用稠泥浆封孔。灌浆结束后，把孔内析出的清水抽出，填入较大稠度的泥浆，其密度一般应大于1.6g/cm³，静置一周左右，再次抽出清水注入泥浆，直至浆面与坝顶齐平，最后用干土封口并压实。此外还可用混合土封孔方法，混合土由石子、砂、黏土浆等组成。混合土性能较好，与孔壁结合比较牢固。

三、劈裂灌浆质量检查

现场检查一般沿堤轴线100～200m挖一探坑或探槽，以检查浆体分布、浆脉厚度、深度是否能形成连续竖直的防渗泥墙帷幕等设计指标；同时，按探坑深度每2.0m取一组试样，试验样品的常规物理力学指标，重点是指干密度、渗透系数、抗渗坡降等。

此外，工程运行并经洪水考验后，进行防渗效果观测鉴定，如果下游堤坡的渗透现象消失、浸润线出逸点已降至设计高程以下、坝坡变得干燥，同时堤体的变形基本稳定，灌浆后各测点之间的差异沉降很小，不足以产生新的变形破坏，证明灌浆质量良好。

第七节　堤防工程排水减压井防渗技术

排水减压井实际是一人工渗流出口，可有效降低堤基的渗透压力，从而保证堤基的渗透稳定和大坝安全。堤防中的排水减压井通常都是由多个减压井平行堤轴线布置而成，并尽可能靠近堤脚，以便有效地控制堤基渗流。

一、减压井的结构设计

排水减压井一般由过滤器、升水管及出口装置三部分组成。过滤器位于透水层中，包括过滤器管及其周围的反滤层；升水管位于不透水层或弱透水层中，为一垂直排水通道；出口包括管帽、排水口、量水堰、井墩及保护装置。有的在过滤管底下还设有沉淀管，以沉积进入减压井的砂粒。

(1)过滤器。过滤器是渗流的进水口，是减压井的核心部分，其结构性能的好坏对于减压井的排水减压效能、工作寿命影响很大，应当认真加以选用和设计。过滤器的断面结构如图5.14所示。

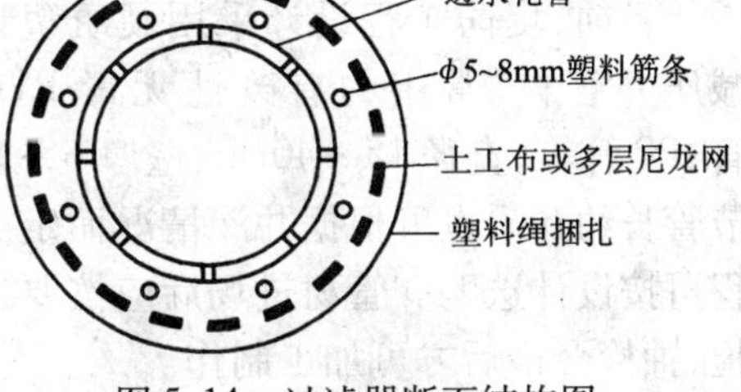

图5.14　过滤器断面结构图

透水花管是在选用的塑料管材上钻孔而制成。钻孔直径一般为8～12mm，呈梅花形布置，开孔率约为10%～20%。塑料筋条是焊在塑料管上的，以增大花管的进流量，尼龙滤网通常选用40～60目即可。对过滤器与钻孔孔壁之间的孔隙，除少数情况经论证可不填滤料外，均应填入合格的滤料。

(2)升水管。升水管的主要用途是将渗入过滤器中的渗透水流引排至井口以外。要求管壁光滑、无破损,防止漏砂。升水管外面的填料基本同原地层,对弱透水的黏土层部位应特别注意抛填风干黏土球并捣实,以防井壁出水冒砂。

(3)出口装置。排水减压井出口装置典型结构如图5.15所示。井墩是砖或石料砌筑,其内空尺寸不宜太大,也不应过小,便于施工和检修即可。井墩的作用一方面保护井口免遭自然或人为的破坏,所以要设置井盖并加锁封闭;另一方面也是将由减压井管排出的渗水再转排至排水沟或其他部位的一个转换站。

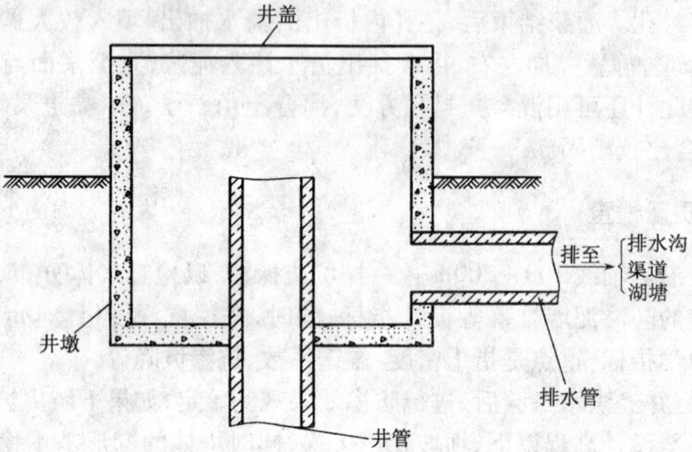

图5.15 减压井出口装置典型结构示意图

对于排水管的材料没有特殊要求,管的长度应根据现场情况而定。对每口减压井的出水,在直接排至排水沟、渠道、湖塘前均应量测流量,可通过体积法或建简易三角堰测得。对某些特殊情况,如减压井出水先排入排水暗管,再排至渠道、湖塘等情况,原则上仍应逐井测流量,如果困难太大难以实施时,可以适当加以简化,分段集中测流。

减压井实际运行中往往产生淤堵现象,严重影响其减压效果,甚至导致减压井失效,影响减压井的正常使用。研究表明,淤堵的原因很多,如井的结构设计不完善、施工方法不当或质量控制不严、管理不善等。

二、减压井的施工工艺

减压井的施工主要有井管的加工、造孔、安装、质量检测及洗井、抽水试验等,其施工工艺流程如图5.16所示。

1. 井管加工

目前,堤防工程设计采用硬质塑料管作为减压井管材,常用的有改性无毒PVC管、PE管、PP管等,直径15~40cm、壁厚6~12mm,每节管长约6m,也可根据井深情况而定。具体工程可按设计选购。管材进场后应按要求进行抽检,抽检合格后方可加工制作。

管材加工主要是过滤段加工。首先在管材上开孔制作透水花管,开孔孔径大小、孔距、布

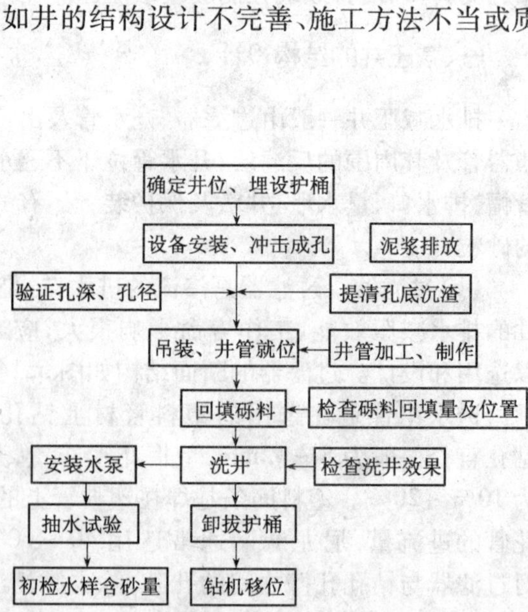

图5.16 减压井施工工艺流程图

置及开孔率均应按设计要求进行。

开孔完毕后，即在井管外壁沿轴线方向焊上 6 ~ 8 根塑料筋条，再按设计要求选用尼龙滤网将井管包缠 3 ~ 4 层，并用尼龙绳绑扎牢固。这一工序要注意不要损伤尼龙滤网，以防止漏砂，造成质量隐患。对于最下部的一节过滤器，还应将透水花管底部采用闷头封死。

为了使得井管能位于钻孔中央，在最下一节花管底部还应安上对中器。所谓对中器就是一个外径略小于钻孔孔径的环，并焊牢的管身上。为保证整个井管均处于钻孔中心，根据井的深度不同，每 10m 井管或每两节需安装一个扶正器。扶正器与对中器的作用完全一样，但不能做成完整的环，因为安装井管就位后，还要在井壁间回填滤料或黏土球，一般设 4 个支点。

2. 减压井的造孔

减压井采用冲击式钻孔清水固壁钻进，井位误差控制在 ±20cm 以内，孔深要求比设计井底高程略低 0.3 ~0.5m。先采用较小的钻头钻进至井底设计高程以下，再分别改用不同直径的较大花钻依次进行扩孔。为了预防塌孔，应采用注入清水护壁。对成井条件差的孔，可采用边钻进、边下套管的方法预防塌孔。

在整个钻进的过程中，应取土样进行地质描述，终孔后绘出地质柱状图，供设计时用。

3. 减压井管安装

(1)井管下置。钻孔经检验合格后，先将井底填砂至设计井底高程，紧接着开始下井管。井管应分段(节)下置，先下置装有对中器的最下一节过滤器(管)，再下其他过滤管。过滤管下完后接着下升水管直到管口。井管与井管之间采用外套管、螺钉连接，确保井管连接牢固，且要保证连接各井管轴心一致。在下井管时还要保证井管处于钻孔中心，以免井管靠近孔壁。如果偏离钻孔中心，不仅会损坏滤网，同时也影响井管外滤料的回填。

(2)回填滤料及黏土球封孔。井管安装完成后，应及时回填滤料。为防止杂物进入井内、阻塞井管，可用编织袋将井口包扎严实，将井口保护好。滤料粒径及填充的高度，应由设计人员在钻孔快结束时，根据新的地质资料而核定。一般情况下，滤料可采用粒径为 0.5 ~2mm 的中砂，填满花管所在的透水层即可。

由于井管与钻孔孔壁之间的间隙不大，一般仅为 8 ~15cm，因此回填滤料一定要仔细、认真，保证质量。

回填滤料的方法，有直接在孔口倾倒、抛撒和用导管法两种。直接在孔口倾倒或抛撒滤料，属于一种粗放式施工，除对很浅的井外一般不应使用。导管法是将导管伸入孔底，然后向导管内倒滤料，倒满后缓慢向上提导管，滤料即从管底流出填在孔内。提升导管时要不断向管内补充滤料。采用套管固壁法造孔时，下滤料的导管应与套管交替上拔，可控制每回填滤料高约 0.6m，即应上拔套管一次。

滤料回填至预定高程进入黏性土层，且滤料填入量达到计算量的 95% 以上后，即可回填风干黏土球。此段井管属于升水管段，可分段抛填黏土球，并用钢杆捣实，直至孔口。

4. 洗井和抽水试验

回填封孔后应当及时洗井，其目的是破碎孔壁上的泥皮，洗出滤料中的泥砂，促进透水层中的较细颗粒进入井内并排出井外。对于清水固壁造孔的井，洗井时间应不迟于 2h；对于泥浆固壁造孔的井，洗井时间应更短，否则时间越长泥皮越牢固，更加难以洗净。

洗井的方法很多，有钻杆式活塞法、压缩空气法、离心泵法、抽水洗井法、抽注水双向洗井法等。在实际工程中应用最多的是钻杆式活塞法，抽水洗井可配合抽水试验进行，这也是常用的一种方法。

钻杆式活塞法是将活塞放入井内升水管中,以1.5m/s的速度上提下冲鼓水,冲出滤层及其外围含水层中的泥砂。经多次往复鼓水后,泥砂沉于井底,再用掏砂筒掏出。如此交替循环,每次进入井内的泥砂将逐渐减少。循环几次后,即可将其冲净,一般需要1h的时间。一般要求最后一次沉入井底的泥砂,不超过5~6cm即可认为冲净。此后抽水洗井需2h,即可将井洗净。

钻杆式活塞法的构造是用两块铁饼,中间夹一块硬质橡皮,用螺栓将它们连接起来。铁饼的直径应小于橡皮2.5cm,硬橡皮的直径又应小于井管内径2.5cm,其工作原理如图5.17所示。当活塞在井内迅速上提下冲时,活塞以下产生很大的负压和正压,迫使水流急剧窜入和射出,使反滤层及其外围含水层中形成涡流,以致能迅速地将泥砂洗入井内。为了加强鼓水的作用,有时在同一钻杆上设置两个活塞。

抽水试验可结合抽水洗井进行,必要时也可单独进行。抽水过程中应仔细测定流量、降深及排出的泥砂。不同的地层及不同的作用水头,这些要求均不相同,我国目前尚无统一的规定,因此在设计中应提出评定标准。

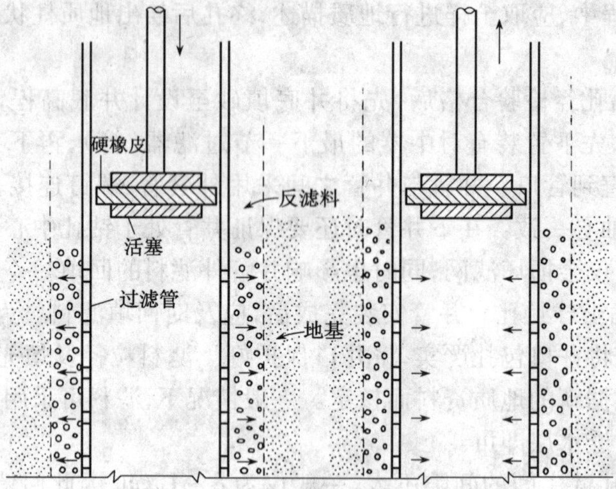

图5.17 钻杆式活塞鼓水冲井工作原理图

5. 减压井井口装置

减压井井口装置主要包括井墩、排水管及量水堰。

当减压井井管安置完成且经抽水试验合格后,即可进行井墩的施工。首先在井口处开挖土方至设计高程,夯实整平后浇筑C20混凝土底板。井墩周围边墙可立模继续浇筑混凝土,也可用M10砂浆砌墙抹面。井盖可为钢筋混凝土板,也可采用钢板制作,一定要加锁。

在砌筑周围边墙时,应在设计位置埋设出水管,注意管壁周边砂浆充填饱满,以免漏水。

量水堰一般均做成三角形的薄壁堰,注意堰前稳定水流段一定要达到设计长度。如果无条件做量水堰时,也可用体积法直接进行测流,此时应注意预留可操作的测流位置。

第八节 堤防工程放淤和吹填防渗技术

对堤防工程进行放淤和吹填,就是将含砂量较高的河水引入堤防临河侧或背河侧设定范围,待泥沉淀后将清水排回河槽或退排到排水河渠,落淤所形成的土层用来加固堤防并可压浸防渗。放淤防渗在我国有悠久历史,早在清代,放淤固堤技术在黄河下游很多地区广泛应用并延续到现代。放淤固堤有不同的分类方法，按泥砂淤填地不同分类，可分为淤背固堤和游临固堤；按放淤的方式不同，可分为引洪放淤和机械放淤。

一、引洪放淤和机械放淤的特点

引洪放淤又称为自流放淤，即一些河流利用地上悬河、二级悬河水流含砂量较高的特点，用引水涵闸引取含砂量较高的河水，使之在堤防临河侧（淤临）或背河侧（淤背）沉砂。其优点是河水可以自流形式流到堤防两侧，不需要消耗动力，操作非常简单。但也存在以下缺点：①引水引砂受引水建筑物和河流来水来砂条件的限制，很难实现连续不断放淤；②只能对临河和背河较低洼地区放淤，当地面高程较高时，自流就会受到限制；③河水的自然含砂量在大部分时间内都不可能很高，在沉砂以后需要处理的排水量比较大。因此，要将堤防加固淤填到足够的高度，单靠引洪放淤是不能实现的。

机械放淤也称为吹填、水力冲填，即采用机械设备在河道中挖砂，利用水力管道输送至堤防的两侧沉砂。机械放淤与引洪放淤相比，虽然需要使用一定的机械设备和消耗一定的人力、物力，却具有以下明显的优点：①可以按照设计连续实施、常年进行施工，受河道的来水来砂条件限制较小；②通过技术措施可以取得较高含砂量，从而减少了放淤以后的排水量；③施工机械可以根据需要灵活移动，不受引水建筑物的影响。

二、放淤（吹填）厚度及范围

为正确确定放淤或吹填所形成的压浸防渗盖重的厚度和范围，应根据勘探得到的地质剖面图进行有限元计算，并在计算所得渗压力分布图的基础上，再根据规范推荐的盖重计算式计算厚度和宽度值。在不同的流域，情况可能不会完全相同。就长江、黄河而言，经多年实践，放淤或吹填的宽度宜为100～150m，最大不宜超过200m。若不能满足要求，再辅以减压井，以达到经济、安全、高效的目的。

（一）放淤或吹填的环境问题

不同流域有不同的环境问题，下面以黄河下游和长江中下游为例，对放淤或吹填的环境问题进行简要说明。

吹填所形成的盖重土层具有压浸防渗的作用，能较好地解决防洪保安问题。但吹填有时要占压大片的农田，吹填的泥砂如果是粉细砂，不仅在相当长的年份不能耕作，而且这些粉细砂干燥后很容易随风飘散而引起环境污染。

为了解决吹填占压耕地、污染环境的问题，黄河下游采用包边盖顶和表面生物防护等淤体表面防护措施，对原为农田的地区还采取复耕技术。20世纪末长江科学院提出的复耕技术，已在长江重要堤防隐藏工程中得以实施。

环境的另一个问题是吹填的砂源，现在各河道对采砂都有严格的规划和管理制度，吹填所需采砂的位置及数量均应符合规划要求，并应按规定报告有关主管部门批准。

（二）引洪放淤的技术问题

引洪放淤是一项比较复杂的系统工程。放淤工程包括渠首引水闸、输砂渠道、围堤、隔堤、退排水工程及道路工程等。放淤效率与引水引砂条件和沉砂、放淤的控制技术等有关。

1. 放淤工程

（1）渠首引水闸。放淤引水闸的流量设计是引洪放淤能否达到设计要求的关键，既要满足引洪放淤的引水流量要求，又要考虑枯水季节灌溉引水水位。引水闸应根据淤填地段的引水和淤填条件设计。

(2)输砂渠道。根据引水放淤要求,采用输砂冲淤平衡原理设计断面尺寸和比降,确定渠道的水流挟砂力。渠道断面采用梯形水力最佳断面,渠道的设计流速应满足不冲和不淤条件。设计时以临界不冲流速条件为依据,用临界不淤流速核验。

对于砂质土壤,其临界不冲流速可用列维公式计算:

$$V_c = A\sqrt{gd}\ln\frac{R}{7d} \tag{5.1}$$

式中 V_c——临界不冲流速(m/s);

d——渠床土粒的平均粒径(m);

g——重力加速度(9.8m/s²);

A——与渠床土壤密实程度有关的经验系数,对于密实土壤 $A=3.2$,对于较松土壤 $A=2.5$;

R——水力半径(m)。

临界不淤流速与水流挟砂能力有关。水流挟砂能力可采用黄河水利科学院公式计算:

$$S_* = 0.77\frac{v^3}{gRw}\sqrt{\frac{H}{B}} \tag{5.2}$$

式中 S_*——水流挟砂能力(kg/m³);

v——断面平均流速(m/s);

H——平均水深(m);

B——水面宽度(m);

ω——加权平均泥砂沉淀速度(m/s)。

(3)围堤、隔堤。引洪放淤区所用的围堤断面多为梯形,堤顶高程按放淤引水流量的相应水位加堤顶安全超高确定,堤顶的安全超高一般为0.5m。淤区隔堤设计与围堤相同。

(4)退排水工程。退排水的形式有两种:一种是退水直接入河槽,不能自排时由机泵提排;另一种是利用穿堤涵闸或虹吸排入背河侧的河渠。但在淤区末端进入穿堤涵闸或虹吸前,需要修建退水闸,以控制淤区水位,保证淤积均匀和退水的安全。

2. 引水引砂

一般采用以下两种方法引水引砂,从而使引洪放淤少受时空条件的限制。

(1)在引洪放淤口门附近的河道内,利用高速射流的原理,对含砂河道实施人工扰动,制造含砂量较多的水流,使入渠水流含砂量达到渠道设计的挟砂能力。

(2)在引水口的附近,利用绞吸式吸泥船,通过其绞刀搅动河床泥砂,形成高含砂量的泥浆,利用输砂管道将搅动的泥砂输送到输砂渠中,与输砂渠中的水流汇合后,输送到淤区。

3. 输水输砂

在进行输水输砂的过程中,如何避免渠道的淤积,确保连续不断,达到放淤效果,是一个非常重要的技术问题,应当着重注意以下方面:

(1)防止引水口脱流。防止引水口脱流,关键问题是解决好引水口的位置选择和闸前防淤问题。一旦发生引水口脱流,可通过高压射流清淤船加以疏通。

(2)减轻渠道泥砂淤积。泥砂淤积主要原因是输水输砂渠道的设计问题。输水输砂渠道设计,一般按设计的引水引砂条件和要求,用输砂平衡的原理计算渠道的断面尺寸和挟砂能力，以保持渠道的正常通水和不产生淤积。但实际情况是，由于种种原因，引水引砂量的变化很大，所设计的渠道断面尺寸很难适应这种多变的引水引砂过程，输水输砂渠道即难避免不发生淤积。

为了减轻输水输砂渠道的淤积，可通过渠道比降调整和采取渠道衬砌措施，以加大渠道比降和流速来增大渠道的挟砂能力。但是，对于引洪放淤而言，采用硬化渠道投资较大，采用编织布衬砌是可行的。据有关测验资料分析得知，对输砂渠道用编织布进行衬砌，渠道的糙率降低，渠道水流的挟砂能力较土渠可提高20%左右。

4. 淤区调控

(1)淤区平面形状。淤区按照其平面形状不同，可分为带形、棱形和湖泊形沉砂池等三种形式。在不同形状的淤区内，水流演变和泥砂运动的情况不同，其沉砂效果也不相同。

① 带形或棱形沉砂池，一般用于淤填堤河和串沟，只要求将粗颗粒沉下，细颗粒则送往排水河道。

② 湖泊形淤区多用于放淤改土，其粗细颗粒泥砂大部分在淤区内沉淀下来，出淤区的水中含砂量很小。

(2)淤区蓄水量调节。在放淤的过程中，根据河道中的流量、水位、河势情况、含砂量的变化，及时观测进、退水的含砂量、流速等参数，控制进水、退水口门的流量，调节淤区的蓄水量，以达到放淤加固的最佳效果。

① 淤区水力学要素及边界条件。依据各水力学要素及边界条件之间的关系，调节淤区的蓄水量，这是实现放淤加固的关键。根据测验资料分析得知，引水流量同条池长度及主要水力学要素的关系见表5.7。

表5.7　引水流量同条池长度及主要水力学要素的关系

引水流量(m^3/s)	<2	2~3	4~9	10~25	26~50	51~70
条池长度(m)	2500	3000	3500~4000	5000	6000~7000	7000~8000
v_1/v	1.0	0.91	0.62	0.50	0.48	0.62
h_1/h	1.0	0.91	0.67	0.64	0.73	1.12

注：(1)h、v 为进水口断面平均水深和流速；
(2)h_1、v_1 为出水口断面平均水深和流速。

② 引水量控制。为达到放淤加固的目的，引洪放淤必须有工程加以控制，进水口用引水闸门控制引水量。

③ 退水口门控制。在淤区出口处应当利用叠梁式闸控制淤区的水位，这样才可以调节淤区内的水砂运行情况和泥砂淤积的部位。

(3)采取轮淤方式。在一个面积较大的淤区内，还可根据实际情况划分成若干个小的淤区，即用隔堤将大淤区分开，采取轮流游淤灌的方式，以便使整个淤区的淤积效果较好。

三、机械放淤(吹填)技术

机械放淤固堤技术开始于20世纪70年代，开始用的主要机械为黄河职工自制的冲吸式挖泥船，以后又引进了水力冲挖机组、挖泥泵等设备。该项技术充分利用了黄河泥沙的特点，河槽挖砂、水力输送、堤防背河沉砂并进行有效防护，经多年实践和不断完善，技术日趋成熟。放淤固堤技术运用40多年，在处理大量黄河泥沙的同时，加固了黄河堤防，取得了巨大的经济效益和社会效益。

(一)挖砂机械

在放淤固堤工程施工中,经常使用的挖(抽)砂机械有简易冲吸式挖泥船、绞吸式挖泥船、水力冲挖机组、挖泥泵等。以上挖砂机械各具有不同的技术性能和工作条件,可根据工程的具体情况进行选用。不同设备在机械放淤固堤工程中的适用情况见表5.8。

表5.8 不同设备在机械放淤固堤工程中的适用情况

机械设备	适应土质	工作条件	适用情况
简易冲吸式挖泥船	砂性土	水下开挖	河槽内有水,在河槽内或靠近水流的边滩施工,主要是挖砂放淤。排距较近者优先采用,排距较大时可以考虑进行接力输送
绞吸式挖泥船	各种土质	水下开挖	在河槽内或靠近水流的边滩施工,排距较近,且因土质原因简易船不易施工的取砂地点,可挖取含黏量较高的土质用于淤区的盖顶
水力冲挖机泵	砂性土 壤土	水上开挖	有施工水源,大河断流时可开挖河槽,水小时可开挖边滩、嫩滩。砂性土可用作放淤,黏性土可用作包边盖顶
挖泥泵	砂性土 壤土	水下开挖	挖取水下泥砂,主要适用于静水区,也可在靠近水流、流速较小的边滩处施工,主要用于挖砂放淤。在距离网电较近时可优先采用网电,排距较远时也可考虑接力输送方式

(二)挖砂技术

挖砂技术随着挖砂地点、挖砂时间和作业条件的不同,可以分为水下挖砂、半水半旱挖砂和旱地挖砂三种方式。所谓旱地挖砂就是一般在陆上机械挖运或人力作业。在机械放淤中一般不采用。

(1)水下挖砂技术

这种挖砂技术主要用于从河道、湖泊和沉砂池中取砂。挖砂工具主要是冲吸式挖泥船、绞吸式挖泥船和挖泥泵三种。

① 冲吸式挖泥船。冲吸式挖泥船其工作原理是利用高压水泵产生压力水,通过高压水枪冲击泥沙,经过水的湿化崩解流动作用,将沉积的泥沙形成泥浆。冲吸式挖泥船适宜在河道内挖砂,主要用于砂性土的河床上。

冲吸式挖泥船的主要设施为一艘载重机船,配以10EPN—30、YZNB50M等型号的泥浆泵和相应的电机或柴油发电机,以及冲淤造浆机具和输泥管道等。这类泵型的设计浓度(相对浓度)一般为10%,每小时的产量为80~150m^3,设计排距为1000~2500m,产量和排距主要决定于船上的机泵。

② 绞吸式挖泥船。绞吸式挖泥船是目前在疏滩工程中运用比较广泛的一种船舶,它是利用吸水管前端围绕吸水管装设旋转绞刀装置,将河底砂进行切割和搅动,再经吸泥管将绞起泥砂物料借助强大的泵力,输送到泥砂物料堆积场,它的挖泥、运泥、卸泥等工作过程,可以一次连续完成,它是一种效率高、成本较低的挖泥船,是良好的水下挖掘机械。

绞吸式挖泥船适宜挖取河道、沉砂池和滩区的黏质性淤积物。放淤固堤常用的绞吸式挖泥船有260型、JYP250型等。这些绞吸式挖泥船的设计浓度(相对浓度)一般为10%,每小时的产量为80~250m^3,输送距离为500~2000m。

③ 挖泥泵。我国某单位运用各种先进的计算机辅助设计软件,针对我国江河湖海年久失修,疏浚、吹填工作迫在眉睫的现状而自行研制的一种新型泥浆泵。该系列挖泥泵具有整体结构船用性好、挖泥性能优良、寿命长、效率高、轴封可靠、使用综合经济效益显著等特点,可完全

满足挖泥船对挖泥泵的要求，为我国的长江流域、黄河流域、珠江三角洲、淮河流域等江河湖海、港口码头的疏浚清淤吹填做出了巨大贡献。

（2）半水半旱挖砂技术

① 施工方式。半水半旱挖砂技术也是一种半机械半人力性质的施工方式，即在网电或柴油发电机供应动力条件下，先由高压清水泵抽水冲淤造浆，再由泥浆泵将泥浆通过管道或明渠送到淤填区。

这种挖砂技术非常简单，只要有一定的水源供应，就可在旱地或半水半旱条件下展开群众性的机械施工。它既可以挖取河道滩地、沉砂池中的泥砂，也可以挖取输砂渠、排水沟等旱地机械难以进入的场地淤砂。在我国堤防加固工程中，半水半旱挖砂技术仍是一种被广泛采用的施工方式。

② 机组组成。半水半旱挖砂机组主要由动力供应、抽水、水力冲淤造浆和输浆设施等部分组成。20 世纪 80 年代初期采用的是 4PNL—250 型泥浆泵，近期已发展到 6PNL—265 型。一般在挖深度较浅、排距近时采用 4PNL—250 型泥浆泵；在土方量大、取土坑深时尽量选用 6PNL—265 型泥浆泵。

6PNL—265 型泥浆泵具有产量较高、排砂距离适中、造价较低、施工容易、维修简单、易于移动、活动范围广泛等优点。机组的扬程在 10m 以下，输送距离在 200m 内时，其每小时的产量 $20\sim30m^3$。

③组合泵施工。由大泵和小泵组成的群泵施工方式称为组合泵施工。组合泵施工主要是组合水力冲挖机组的挖砂能力和泥浆泵的输送能力，这样可以克服水力冲挖机组输送距离较短的缺点。其组成形式为：小型泥浆泵清淤造泥浆，把泥浆先送至集浆池内，然后由大型泥浆泵把集浆池中的泥浆抽送到较远的淤填区，组合泵施工布置示意图如图 5.18 所示。

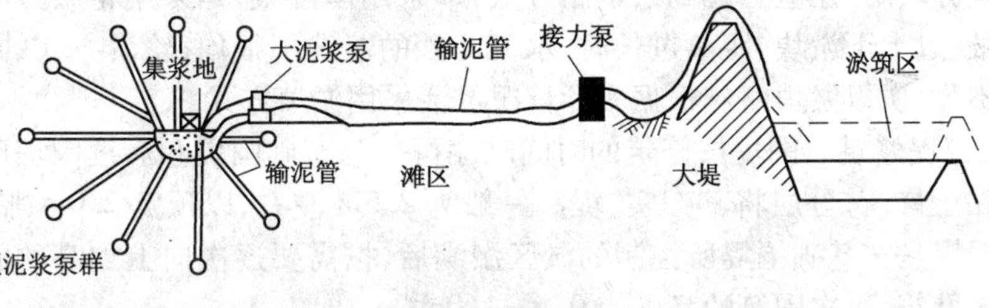

图 5.18　组合泵施工布置示意图

（三）输砂技术

机械放淤（吹填）技术一般是通过管道进行输送，管道输砂的方式主要适用于河道、湖泊、沉砂池和排水沟渠的机船水下挖淤施工，半水半旱挖淤施工一般也采用管道这种方式输送泥浆。

（1）输送距离。管道输送一般是高浓度（含砂浓度在 $200kg/m^3$ 以上）泥浆，其输送距离除与所用的机泵性能有关外，还与泥浆浓度、泥砂颗粒粗细和管道本身的规格、管材质地等密切相关。在一般情况下，泥浆颗粒细、浓度较低、管道光滑、管壁阻力小时，输送的距离则远。

目前，所采用的管材主要是钢管，$80m^3/h$ 挖泥船输砂管规格以直径 300mm 为主，胶管只在接头或局部弯头上使用。如果不经常拆卸搬运，也可采用水泥管道输送泥浆，实测的不同泵型、含砂浓度与最大输距之间的关系见表 5.9。

表5.9 不同泵型、含砂浓度与最大输距之间的关系

含砂浓度（kg/m^3）	衬胶泵输距（m）			泥浆泵输距（m）		
	$d_{50}=0.08$	$d_{50}=0.09$	$d_{50}=0.10$	$d_{50}=0.08$	$d_{50}=0.09$	$d_{50}=0.10$
200	2900	2600	2460	2940	2700	2520
300	2700	2300	2120	2740	2480	2300
400	2480	2100	1900	2520	2280	2120
500	2320	1980	1780	2320	2120	1950
600	2200	1880	1690			
700	2100	1800	1620			

注：(1)输距为最大输送距离。(2)粒径 d_{50} 的单位为 mm。

(2)接力输送。为了满足远距离堤段的淤填，可采用接力输送泥浆的方式。即采用同型号的机泵，其中一泵在挖淤点进行挖输，另一泵在其后的近中点位置接上前泵把泥浆输至淤区。双泵接力输砂的方式，可把泥浆输送至3000～5000m。

(四)淤区沉砂技术

堤防的淤临淤背包括淤区淤填工程和淤体表面防护两部分。

1. 淤区淤填工程

淤区淤填的主要环节包括淤区分块、淤区围堤修筑、淤区排水及淤区整形等。

(1)淤区分块。为使淤区的淤填质量均匀和淤面平整，对于淤区分块不宜过大过长，以便使不同含砂浓度和不同粒径组成的含砂水流能够均匀地在淤区落淤。根据工程实践经验，一般淤块的长度以150～200m为宜，宽度应以淤区的大小而定。

在对淤区分块时，还应考虑到淤填的方式，即采用串淤、还是采用轮淤。串淤方式的效率比较高，但要通过上下淤块，距离过长时，水流泥砂的落淤不很均；轮淤方式的效率较低，但能补充串淤的不足，所以淤填时应根据实际情况灵活采用淤填方式。

(2)淤区围堤修筑。围堤按修筑的时间顺序可分为基础围堤和后续围堤两种。基础围堤是用壤土或黏土修筑，分层将其夯实，堤高一般为2.5m左右，以顶宽2.0m、临背水边坡1∶2为宜。后续围堤是在基础围堤所控制的淤区淤满后，按需要逐次向上加高的围堤。一般采用推土机推淤土堆筑，每次围筑的高度为0.5～1.0m。

当淤区顶面高程接近计划淤填的高程时，即需修筑封顶围堤，此围堤一般高1.0～1.5m，临水和背水侧边坡均为1∶2.0左右，顶宽一般约1.0m左右，土料以亚黏土、壤土为宜，以防止围堤因风雨侵蚀而产生坍塌，进而造成淤区水土的流失。

(3)淤区排水。为保证淤区进水、排水和渗水的平衡，防止周边地区发生内涝积水和产生次生盐碱，放淤以后的清水要有计划地退排到排水河渠或者用于灌溉。为此，在淤填区的外侧20～30m处挖掘截渗沟，截渗沟与地区排水沟连通，以利于余水能够顺利排泄。

(4)淤区整形。在淤填堤防施工的过程中，自然形成的淤体表面一般很难达到设计要求，在沉砂工作基本完成以后，还需要按照设计要求对顶面和边坡进行整顿。

2. 淤体表面防护

由于淤体多数为砂性土质，遇风雨天气易产生尘土或出现水土流失，对堤防工程造成损害，因此还需要对淤体表面进行防护处理，表面防护包括包边盖顶和表面生物防护。对原为农田的淤区还应采取复耕技术。

(1)包边盖顶防护。包边盖顶所用的土料，应为黏土含量大于15%的壤土或黏土。抽洪水盖淤需要掌握洪水水砂特性，选择好船泵的布设位置，使之能抽吸到适合盖顶的土料和提高抽洪盖淤的效率。盖淤之前必须平整淤区，划分适宜的淤块，修筑淤区的围堰和隔堤，并采用轮淤方式将其淤平淤匀。如果采用挖土包边盖顶，应按设计要求分层填筑。

（2）表面生物防护。淤体表面生物防护指采用植树种草等生物防护措施。淤体表面应用生物防护，在我国有着悠久的历史，从宋朝开始就有在堤外植树防浪固堤的记载，明代中期著名的河官刘天和，在黄河治理的实践中总结出一套堤岸植柳经验，制订了植柳方法，即：卧柳、低柳、偏柳、浮柳、慢柳、高柳，保护堤岸，防止冲溢，这一方法被后代沿用。特别是在治理黄河淤体堤防方面，根据临河防浪"背河取材"的原则，植树植草、绿化堤防，取得了很大的成绩。

（3）淤体复耕技术。"复耕"，顾名思义，恢复耕种。那么，土地复耕是指生产、建设过程中，对因挖损、塌陷、压占等造成破坏的土地，采取整治措施，使其恢复到可供耕种的状态的活动。淤体复耕技术是将原农田耕植土剥离并推铲至淤填区外集中存放，待淤填至预定的高程后，再将耕植土平铺在淤填层的上面。耕植土的平铺厚度应根据种植的农作物而定，一般不应小于0.5m。

（五）机械放淤固堤技术要求

机械放淤固堤技术要求，主要包括放淤土料的选择、机淤取土与造浆、泥砂的管道输送、淤区的技术要求、砂性土表面防护、质量的检测评定等。

1. 放淤土料的选择

不同的土质对于机淤固堤的适用性差异较大，机淤固堤施工的土场选择应考虑土质的适用性。

（1）无黏性土是机淤固堤的良好土料，黏性土含量较低的土料次之，以上这两类土料易于排水、容易固结。

（2）流塑一软塑态的有机黏土，由于其不易沉淀固结，使堤防工程易造成隐患，所以在放淤固堤中不宜采用。

（3）流塑一可塑态的含黏粒多的壤土类和黏土类土质，由于其沉淀后脱水固结速度慢，对提高施工速度和堤身稳定均不利，所以在放淤固堤中也不宜采用。

（4）流塑一硬塑态的重粉质壤土和粉质黏土，适用于绞吸式挖泥船或斗轮式挖泥船，以黏土团块方式机淤固堤。

2. 机淤取土与造浆

（1）冲吸船的取土。冲吸船在开机前，应当根据工程实际情况，在保证一定含砂量的前提下，选择适宜的船位。船位一般选择在河槽内经常上水且杂草又难以生长的浅滩上，或者陡坎附近或两坝中间处。当船位位于坝岸附近时，抽吸笼头应离开根石台外沿30m以外，以免因抽砂坑而造成坝岸坍塌。

采用冲吸船抽取砂土，应在不淤塞管道的前提下尽量提高含砂的浓度。当含砂浓度低于200kg/m^3时，应调整抽吸笼头的位置，或移动船位以提高产量。在冲吸船的运转期间，每天应有一定的维修保养时间，主机应按额定的转速运行，不准长期超负荷或低转速运行，以保证机泵设备的正常工作。

（2）绞吸船的取土。当采用绞吸船取土时，应特别注意以下几个方面：

① 绞吸船在停产和施工期间，严格禁止两根定位桩同时插入土中，在需要提升定位桩时，应避免定位桩尖脱离水下抱箍而发生定位桩倾倒事故。

② 绞吸船所用的液压油要确保其清洁，避免混入水砂等杂物。

③ 在绞吸船施工运行时，应当经常检查其液压系统运转是否正常，有无渗漏现象，发现问题，及时处理。

3. 泥砂的管道输送

(1)冲吸船抽取砂性土时，单机输送距离应控制在2000m以内，当超过12000m时应增设接力泵输送。

(2)绞吸船挖滩取土时，输送距离与料场的土质有关。对于黏性土料场，单机输送距离应控制在1000m以内，超过1000m的应增设接力泵输送；对于壤土料场，单机输送距离应控制在2000m以内，超过2000m的也应增设接力泵输送。

(3)当采用两泵接力输送泥砂时，必须使用扬程较高且型号相同的泥浆泵和直径相同的排泥管。

(4)排泥管的线路应平整顺直，转弯应平缓。管道过堤顶不得使用胶管，埋设深度不得大于管道直径的1.2倍。

4. 淤区的技术要求

(1)淤区的工程施工

① 针对由填筑部位功能所确定的机淤土质，应选择合适的船、泵及冲、挖、抽施工方式。

② 淤区泄水口的位置及高程，应当根据施工进程进行适当调整，淤区尾水中的含砂量不应大于$3kg/m^3$。

③ 机淤填筑体的顶面高程，应按设计要求预留足够的沉降量，机淤填筑体沉降稳定后顶面不得出现欠填缺陷。

④ 在堤身的两侧填筑加固平台时，出泥口应适时向前延伸或增加出泥支管，每次填筑层厚度不宜超过1.0m，并应分段间歇施工，分层进行填筑。

⑤ 出泥管口距离大堤的坡脚，应当留有一定的安全距离，一般不宜小于5m，并应高出排泥面0.5m以上。

(2)淤区的质量控制

① 在淤区填筑中，保证淤填的质量和保持淤填体长期稳定的关键，是合理控制一次淤填的最大土层厚度和淤填的间隔时间。这是因为淤填体的沉降、固结要经过含水量的消失、土体密度的增大、孔隙水压力消散和土体强度增加等过程。时间过短土体难以沉降固结，淤填体不稳定，在此基础上连续向上淤填很容易造成滑塌等安全问题。

② 合理的一次淤填的最大土层厚度和淤填间隔时间与土料黏粒含量有关。试验结果表明，黏粒含量低于15%的砂性淤土，一次可淤厚1.0m左右，经过5个月时间即基本固结。如果淤填土料黏粒含量大于15%时，沉降固结的时间应适当延长。

5. 砂性土表面防护

砂性淤土固堤后，还应进行淤填体的包边盖顶工作。根据黄河流域淤填体的包边盖顶的实践经验，其他河流的砂性土淤填体表面防护，也可根据工程实际参考使用。

(1)人工包边盖顶

① 用于包边盖顶的土料应为黏粒含量大于15%的壤土或亚黏土。

② 在进行包边时，首先要按规定整理边坡，然后再按要求逐坯进行夯实，一定要确保包边填筑土料的质量。

③ 在进行盖顶时，首先要按规定整平淤区，保证盖顶的厚度均匀一致，并且与设计厚度误

差不大于5%。

（2）机淤盖顶要求

① 用于机淤盖顶的土料应为黏性土，放淤后土质黏粒含量应当达到20%以上。

② 在进行放淤前首先应修筑围堤和隔堤，隔堤内埋设串水管道，每个淤格内应进行平整。在进行放淤时，应当按照“先由上至下、后再由下至上”的顺序，逐格轮换放淤，使盖顶土质均匀，避免自然筛选。

③ 机淤盖顶结束后，其尾水中的含砂量最大不得超过$2kg/m^3$。

6. 质量的检测评定

机械放淤固堤的质量检测评定，是确保机淤质量的关键，必须严格按有关规定进行。主要包括质量检测频率和质量评定标准两个方面。

（1）质量检测频率

① 放淤填筑单元工程质量检测时，应按淤区长度每50~100m设一测量横断面，每个断面的测点不得少于4个。

② 包边盖顶单元工程厚度检测点数量为$100 \sim 200m^2$取一个测点，压实质量检测点数量为工程长每50m取3~6个测点。

（2）质量评定标准

机械放淤固堤的质量检测评定是非常重要的环节，应当按照《堤防工程施工质量评定与验收规程》（SL239—1999）中的有关规定执行。应在基本符合检查项目质量标准的前提下，检测点次合格率大于70%为合格，大于90%为优良。

第六章　河道病害工程维护技术

河道堤防工程在长期使用的过程中，随着时光流逝、流水作用、自然因素影响和人为的损坏等，其地质缺陷、结构缺陷表现出来，运行时间越久出现的问题越多，工程病害逐渐加重，甚至濒临溃坝的危险。因此，在堤防运行的过程中，如何对其进行经常维护和科学管理，是河道管理中必须引起足够重视的问题。

第一节　河道水工程病害的观测

在病害水工程的维护与管理中，水工程的安全监控与检测是一项极其重要的工作，它既是对水工程安全评估的基础，也是及时了解水工程发生病害险象程度的依据。

一、水工程病害险象检查观测项目

（一）堤坝病害险象检查观测项目

堤坝基础检查是一项非常重要的工作，主要应注意其稳定性、渗漏、管涌和变形等。主要检查观测项目如下：

（1）两岸坝肩区：主要包括绕渗、溶蚀、管涌、裂缝、滑坡和沉陷等。

（2）下游坝脚：主要包括集中渗流、渗流量变化、渗漏水的水质、管涌、沉陷，坝基冲刷、淘刷等。

（3）坝体与岸坡的交接处：主要包括坝体与岩体结合处错动、脱离，渗流，稳定情况。

（4）灌浆及基础排水廊道：主要包括排水量的变化、浑浊度、水质，基础岩石挤压、松动、鼓出和错动情况。

（5）坝基中的其他异常现象。

（二）土石坝病害险象检查观测项目

土石坝检查应注意其溶化、坝坡不稳定、过量渗流、固体材料与可溶性物质的流失和坝坡冲刷等。主要检查观测项目如下：

（1）坝顶：主要包括坝顶的高程、位移、沉降、裂缝、平整度等。

（2）上游面：主要包括护面破坏、滑坡、裂缝、鼓胀或凹凸、沉陷、冲刷、堆积、植物生长、动物洞穴。

（3）下游面及坝趾区：主要包括坝坡位移，滑坡、裂缝，泉水、渗水坑、水点、湿斑、下陷区，渗水颜色，浑浊度、管涌，植物生长，动物洞穴。

（4）下游排水反滤系统：主要包括堵塞或排水不畅，化学沉淀物、微生物，排水、渗水量的变化，测压管水位变化。

（5）土石坝的接头：主要包括土石坝与其他建筑物接头、界面工作状况与缺陷。

（6）观测仪器、设备：主要包括设置的合理性、工作状况。

（7）土石坝其他异常现象。

（三）混凝土坝病害险象检查观测项目

混凝土坝检查应注意沉陷，坝体渗漏，渗透的扬压力、水压力，施工期的裂缝以及混凝土的碱骨料和其他化学反应，冻融、溶蚀、水流侵蚀、气蚀等。主要检查观测项目如下：

(1)坝顶：主要包括坝面及防浪墙的裂缝、错动，坝体位移，相邻两坝段之间不均匀位移，沉陷变形，伸缩缝开合情况，止水破坏或失效。

(2)上游面：主要包括坝面裂缝，剥蚀，膨胀、伸缩缝开合。

(3)下游面：主要包括混凝土松软、脱落、剥蚀，裂缝、露筋，渗漏，杂草生长，膨胀、溶蚀、钙质离析、碱骨料反应，冻融破坏、溢流面冲蚀、磨损、气蚀。

(4)廊道：主要包括混凝土裂缝、漏水，剥蚀，伸缩缝开合情况。

(5)排水系统：主要包括排水不畅或堵塞、排水量的变化情况。

(6)观测仪器、设备：主要包括设置的合理性、工作状况。

(7)混凝土坝其他异常现象。

(四)溢洪设施病害险象检查观测项目

溢洪设施的检查观测，应着重于其泄洪能力和运行情况，主要对进水口、闸门及控制设备、过水部分和下游消能设施等各组成部分分项进行检查。主要检查观测项目如下：

(1)开敞式溢洪道

① 进水渠：主要包括进口附近库岸塌方、滑坡，漂浮物、堆积物，水草生长，渠道边坡稳定，护坡混凝土衬砌裂缝，沉陷，边坡及附近渗水坑、冒泡、管涌，动物洞穴，流态不良或恶化。

② 溢流堰、边墙、堰顶桥：主要包括混凝土气蚀、磨损、冲刷，裂缝、漏水，通气孔淤积，边墙不稳定，流态不良或恶化。

③ 泄水槽：主要包括漂浮物、混凝土气蚀(尤其是接缝处与弯道后)、冲刷、裂缝。

④ 消能设施(包括消力池、鼻坎、护坦)：主要包括堆积物；裂缝、沉陷、位移、接缝破坏、冲刷、磨损、鼻坎或消力戽振动气蚀、下游基础淘蚀、流态不良或恶化。

⑤ 下游河床及岸坡：主要包括冲刷、变形，危及坝基的淘刷。

⑥ 开敞式溢洪道的其他异常现象。

(2)泄洪隧洞或管道

① 进水口：主要包括漂浮物、堆积物，流态不良或恶化，闸门振动，通气孔(槽)通气不畅，混凝土气蚀。

② 隧洞、竖井：主要包括混凝土衬砌剥落、裂缝、漏水，气蚀、冲蚀，围岩崩塌、掉块、淤积，排水孔堵塞，流态不良或恶化。

③ 混凝土管道：主要包括裂缝、鼓胀、扭变，漏水及混凝土破坏。

④ 泄洪隧洞或管道的其他异常现象。

(3)闸门及控制设备

① 闸门、阀门：主要包括变形、裂纹、螺(铆)钉松动，焊缝开裂，油漆剥落、锈蚀，钢丝绳锈蚀、磨损、断裂，止水损坏、老化、漏水；闸门振动、气蚀。

② 控制设备：主要包括变形、裂纹、螺(铆)钉松动，焊缝开裂，锈蚀，润滑不良、磨损，电、油、气、水系统故障，操作运行情况。

③ 备用电源：主要包括容量、燃料油量，防火、排气及保卫措施，自动化系统故障。

④ 闸门及控制设备的其他异常现象。

(五)道路交通病害险象检查观测项目

道路交通指坝区为观测和事故处理所必需的主要交通干道。主要检查观测项目如下：

(1)公路：主要包括路面情况、路基及上方边坡稳定情况、排水沟堵塞或不畅。

(2)桥梁:主要包括地基情况、支承结构总的情况、桥墩冲刷、混凝土破坏、桥面情况。

(3)道路交通的其他异常现象。

(六)堤防工程观测项目

(1)三级以上的堤防工程,一般应设置以下基本观测项目:①堤身沉降、位移;②水位、潮位;③堤身浸润线;④表面观测(包括堤身堤基范围内的裂缝、洞穴、滑动、隆起及翻砂涌水等渗透变形现象)。

(2)三级以下的堤防工程,根据工程安全和管理运行的需要,应有选择地设置下列专门观测项目:①近岸河床冲淤变化;②水流形态及河势变化;③附属建筑物垂直、水平位移;④渗透压力;⑤减压排渗工程的渗控效果;⑥崩岸险工段土体崩塌情况;⑦冰冻情况;⑧波浪情况。

二、土石坝的病害观测

土石坝由于受自然和人为因素的破坏,许多大坝都程度不同地存在裂缝、渗漏、滑坡、护坡破坏等隐患,成为病险河道(水库)堤坝。准确、及时地诊断出土石坝的隐患和病害,及时采取处理和加固措施,对土石坝安全具有重大意义。土石坝的病害观测重点,在于坝体的水平位移、垂直位移、固结和渗流等四类病害的观测。

(一)土石坝水平位移观测

土石坝水平位移观测的方法,是用光学或机械方法设置一个基准线,每次测出土石坝上各测点相对基准线的位置,即可求得测点的位移。根据所设基准线的不同,可分为垂线、引张线、视准线和激光准直线等。

根据《土石坝安全监测技术规范》的规定,水平位移的正负号以向下游和向左岸为正,反之为负,通过观测土石坝上各测点与工作基点间相对位置的变化而得到各测点的位移。目前,在工程中常用的有激光经纬仪准直观测法、激光波带板准直观测法和水平位移真空激光准直观测法等。

1. 水平位移激光经纬仪准直观测法

激光经纬仪准直观测法的实质是利用可见的准直射线来观测土石坝的位移。具体讲激光经纬仪是在普通经纬仪上安装一个激光管,如在 J_2 型经纬仪望远镜上安装一个氦氖激光管则成为 $J_2—J_D$ 型激光经纬仪。

激光经纬准直观测法,当要求具有 $10^{-5}\sim10^{-4}$ 量级准直精度时,可采用 DJ_2 型经纬仪配置氦氖激光器的激光经纬仪及光电探测或目测有机玻璃方格网板;当要求具有 10^{-6} 量级准直精度时,可采用 DJ_1 型经纬仪配置高稳性氦氖激光器的激光经纬仪及高精度光电探测系统。

在进行观测时,由激光经纬仪发射一条可见的红色激光束照准目标,其原理与活动觇标视准线法完全相同。先在土石坝一端的固定工作基点上安置激光经纬仪,另一端的固定工作基点上安置固定觇标。激光管通电预热后,令激光束照射固定觇标,司标者指挥司仪者使激光光斑中心正好与觇标重合,即令司仪者固定激光经纬仪的照准部,这样就标定好了准直线的方向,此为简单的目视法。

为了正确判定光斑中心、提高照准精度,可采用光电接受靶进行接收。光电接收靶如图6.1所示,它是在觇标上安置硒光电池,如指针偏离零位,表示光斑未照准硒光电池的中心。硒光电池中心与觇标中心重合时,测微鼓上相应的读数值是预先测定的。因此,在标定准直线方向时,首先将接收靶安置于固定工作基点并整平,转动测微鼓,使读数恰为硒光电池中心与觇标中心重合时的读数值,然后指挥司仪者转动仪器的水平微动螺旋,移动激光束照准硒光电池,直至检流表的指针处于零位,这样就标定了准直线的方向。准直线方向标定后,激光经纬仪在水平方向不能再转动。如用目视法,则在位移标点上安置精密活动觇标,俯下望远镜,将激光投射在觇标上,转动活动觇标的微动螺旋,用目估使觇标的中心与光斑中心重合,然后按觇标上的游标读取偏离值。如采用光电接收靶,则转动接收靶上的测微鼓,直至检流表的指针指向零,然后从测微鼓读取偏离值。对每个位移标点重复重合 2 ~4 次,读取 2 ~4 个读数,取平均值。为了消除系统误差,采用正倒镜方法进行观测,并按精度要求测若干测回取平均值作为最后的观测结果。

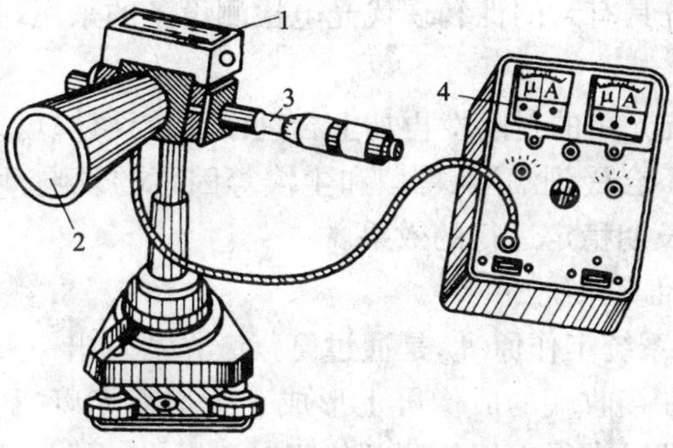

图 6.1　光电接收靶

(a)接收靶;(b)显示器

1—水准器;2—硒光电池;3—测微鼓;4—检流表

2. 水平位移激光波带板准直观测法

(1)激光波带板准直法原理。激光波带板准直系统由激光器点光源、波带板和接收靶 3 部分组成,如图 6.2 所示。从激光器发出的激光束照满波带板后,波带板起聚焦作用,对于圆形波带板在接收靶上会形成一个亮的圆点,如果是方形波带板,则形成十字形亮线。在接收靶上测定亮点或亮线中心位置的偏离值,由此可计算位移标点的偏离值。

(2)激光波带板准直法观测方法。如图 6.2 所示,在两端工作基点 A 和 B 上分别安置激光器点光源和接收靶(或精密活动觇标),在位移标点 C 上安置波带板,做好点光源、波带板和接收靶的对中整平工作,并使波带板的平面与测线方向垂直。然后将激光器通电预热 0.5h,再令激光束照准波带板中心,这时在接收靶上呈现十字亮线或亮点。司标者随即转动接收靶上的测微鼓,令接收靶的中心恰好与亮线或亮点的中心重合,然后从测微鼓上读数;之后再次转动接收靶的测微鼓,令接收靶中心移开亮线或亮点中心,再反向转动测微鼓,重新对准亮线或亮点并读数,如此反复 2 ~4 次,取平均值作为观测结果。

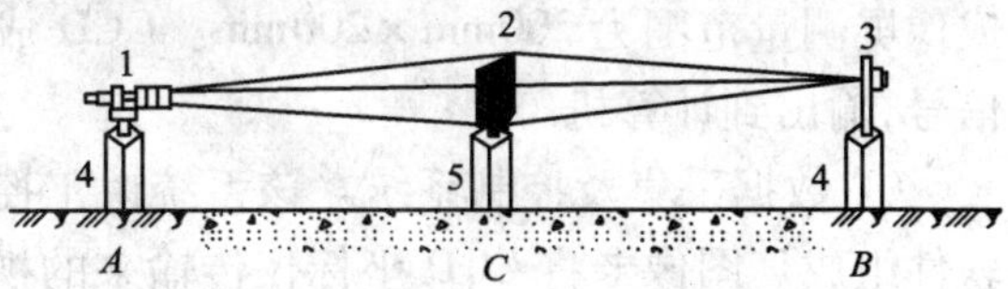

图 6.2　激光波带板准直系统示意图

1—激光器点光源;2—波带板;3—接收点;

4—工作基点;5—位移标点

3. 水平位移真空激光准直观测法

(1)真空激光准直观测法的主要特点

我国首创的真空激光准直观测法,采取三点法准直原理(如图 6.3 所示),将整个光路置于真空管道中,该方法与其他方法比较有以下特点:

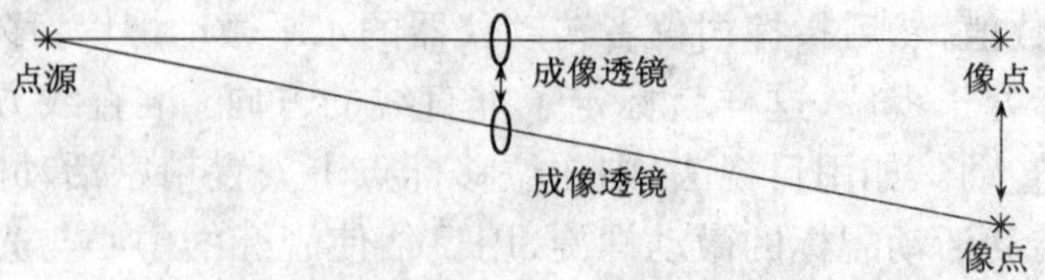

图 6.3　真空激光准直观测法示意图

① 高封闭性。光路在真空中传播，是唯一不受大气湍流、温度梯度、挂露结冰乃至雨雪扬尘等气候影响的方法，也具备了设计成完全封闭系统的基本条件。

② 高精度。基于系统具有封闭性和现代光电检测设备的采用，真空激光准直观测法的精度可以达到$(1\sim2)\times10^{-7}$。

③ 稳定性。基于系统光路的封闭性再加上合理的系统设计，可以使系统光学和机械系统全部密封在真空环境中，不会受到潮湿、霉菌和尘埃等因素的影响，可最大限度地排除自然条件和人为干扰，可以达到长期稳定运行的效果。

(2)NJG 型真空激光准直系统

NJG 型真空激光准直系统工作原理，是通过氦氖激光器发出一束激光，穿过与大坝待测部位固结在一起的波带板，在接收端的成像屏上形成一个衍射光斑，利用 CCD 坐标仪测出光斑在成像屏上的位移变化，即可求得大坝待测部位相对于激光轴线的位移变化。

1)NJG 型真空激光准直系统的构成

① 激光点光源。采用氦氖激光器作为准直系统的光源，单色性比较好，光束光强分布均匀。激光管前安设组合光栏，与发射端底板固定。激光管支撑在具有方向调节功能的支架上，以便于激光管的维修更换。

② 波带板及可控翻转机构。大坝待测部位设置一块波带板，及由单片机控制的翻转机构。在测量时由微机发送命令，启动该测点单片机，举起波带板进入激光束内，完成测量后即倒下波带板退出激光束，每次测量时，仅举起一块波带板进入光束。

CCD 坐标仪主要由成像屏和 CCD 成像系统两部分组成。成像屏是经特殊工艺制造的光学元件，主要功能是使激光束经波带板后形成的衍射图像在成像屏上留下一个清晰的光斑。成像屏测量范围为 200mm×200mm。CCD 成像系统是将成像屏上的光斑转化成相应的视频信号，输出到计算机。

③ 数据采集及控制系统。该系统由工控机、图像卡及专用图像分析处理软件和系统控制软件组成。图像卡将 CCD 坐标仪传输来的视频信号转换成数字信号后，供专用图像分析处理软件处理，得到各测点的位移量。

控制箱内装有通过 NDA6700 智能模块控制真空泵、冷却水、激光系统工作的电气箱，它带有人工操作的按钮，必要时可由人工启动来控制真空激光系统的工作。工控机在专用应用软件的支持下，控制系统各部件有序地工作，工作程序为：开启激光电源，定时开启冷却水泵，启动真空泵，关闭真空泵，关闭冷却水泵，然后依次控制各测点的测量，处理所得到的观测数据，通过光缆连接到监控中心，保存到服务器的数据库，并适时显示与打印输出。

④ 真空设备。真空设备主要由真空管道、平晶、不锈波纹管、真空泵、麦氏真空表 5 部分组成。

2)NJG 型真空激光准直系统技术指标。NJG 型真空激光准直系统测量范围为 200mm×200mm；最小读数为 0.01mm；测量精度为 0.1mm；真空管道工作真空度为 10～40Pa；真空管道漏气率小于 10Pa/d。

(二)土石坝垂直位移观测

土石坝垂直位移观测的周期与水平位移观测一样,通常是将水平位移和垂直位移观测同期进行。一般规定,垂直位移向下者为正,向上者为负。

观测土石坝垂直位移的原理,是在坝体上布设位移标点,在两岸坡布置起测基点,在受水位变化影响极小的地基稳定处设置水准基点。由水准基点引测起测基点的高程,再由起测基点引测位移标点的高程,位移标点的高程变化量即为测点处的坝体垂直位移。高程的引测方法常用水准测量法。

土石坝垂直位移观测分两步进行:一是由水准基点校测各起测基点高程;二是由起测基点测定各垂直位移标点的高程,最后计算标点垂直位移。

(1)起测基点校测。校测起测基点宜用二等水准测量。由水准基点的主点与所有起测基点构成水准环网联测,并应选用 S1 级精密水准仪配用铟钢水准尺施测。

水准测量的技术要求,按不同水准等级有不同规定,如表 6.1 所示。由于这种观测的路线不变,为了提高观测的精度,可以把测站和转点固定。起测基点的校测为精密水准测量,按照需要每年校测一次。

表 6.1 水准测量技术要求

项目	误差规定				备注
	一等水准	二等水准	三等水准	四等水准	
基辅(或红黑)面读数差(mm)	< ±0.3	< ±0.5	< ±2.0	< ±3.0	K 为平均路线长,L 为路线长,都以 km 计
基辅(或红黑)面所测高程之差(mm)	< ±0.5	< ±0.7	< ±3.0	< ±5.0	
视线长度(m)	≤35	≤50	≤75	≤80	
前后视距差(m)	≤0.5	≤1.0	≤2.0	≤3.0	
前后视距累计差(m)	≤1.5	≤3.0	≤5.0	≤10	
往返测高差不符值(mm)	$< \pm 2K^{1/2}$	$< \pm 4K^{1/2}$	$< \pm 12K^{1/2}$	$< \pm 20K^{1/2}$	
闭合(或附合)路线高差闭合差(mm)	$< \pm 2L^{1/2}$	$< \pm 4L^{1/2}$	$< \pm 12L^{1/2}$	$< \pm 20L^{1/2}$	

(2)垂直位移标点的观测。垂直位移标点的测量,一般按三等普通水准测量进行,所选用仪器的望远镜放大倍数不宜小于 30 倍。施测中从坝一端的起测基点开始,逐一测量各位移标点,到坝的另一端起测基点止,并进行返测。为了提高观测的精度与效率,应坚持人员、仪器、测站、时间的"四固定",并使每个测站的前后视距相等。具体施测方法与技术要求与普通水准测量相同,可参考《国家一、二等水准测量规范)(GB/T 12897—2006)和《国家三、四等水准测量规范》(GB/T 12898—2009)。

坝体各垂直位移标点的高程是由起测基点测算的。当起测基点校测有沉降时,应计算出起测基点的沉降量,并在计算出坝体各标点垂直位移后,对各标点垂直位移进行改正,从而得到以首次观测为参考的垂直位移。

三、土坝的渗流病害观测

水工建筑物的渗流观测是一项非常必要的经常性工作,渗流通过坝体、坝基和坝头两岸材料的孔隙向下外侧(下游)流动,这种渗流的形态对坝的破坏和破坏的过程,在表面很难觉察,一旦出现难以补救。在众多的水工建筑物中,土坝所涉及的渗流问题最广,技术要求极为复杂,失事后危害性甚大,所以对土坝渗流的观测非常重要。

(一)土坝坝体的渗流观测

土坝坝体的渗流观测,主要是在坝内埋设一定数量的测压管,通过量测测压管内的水位及其变化,掌握坝体内的渗流情况和浸润线的位置。测压管的布置应根据水库的重要性和规模,土坝的坝型、断面尺寸、坝基的地质条件、坝体的防渗和排水结构等情况确定。

布置测压管的观测断面,一般应选择在最重要、最有代表性、能控制主要渗流情况和估计出现异常渗流情况的横断面上,如最大坝高断面及地质情况比较复杂的断面等。布置测点断面的间距一般为100~200m,当坝体长度较长、断面情况基本相同时,断面间距可适当增大。

对于大型河流(水库)的堤坝,每个断面的测压管不少于3根。每个观测断面内,测压管的数量及位置,应根据坝型、坝体及防渗设施的尺寸、排水设备的型式、地基情况而定,应使观测结果能真实地反映各观测断面内浸润线的几何形状及其变化,以及坝体各部分(坝身、防渗与排水设施)的工作情况。各种坝型的坝体渗流测压管的布置,如图6.4所示。

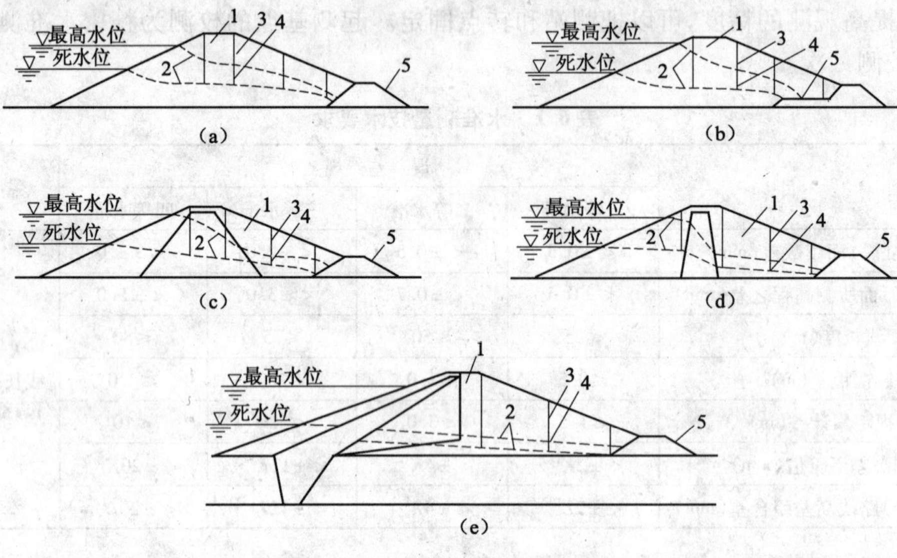

图6.4 土坝坝体测压管布置图

(a)有堆石排水棱体均质坝;(b)有褥垫式排水均质坝;(c)有堆石排水棱体宽心墙坝;
(d)有堆石排水棱体窄心墙坝;(e)堆石排水棱体斜墙坝
1—土坝;2—浸润线;3—测压管;4—进水管;5—排水体

(二)土坝坝基的渗流观测

土坝坝基渗流压力观测的目的,是为了了解坝基透水层中渗水压力的沿程分布,以判断坝基防渗和排水设施的工作效能,并决定是否需要在下游渗流出口处采取必要的导渗措施。为此,选择几个有代表性的渗流断面,每个断面上布置若干个测压管,用以观测各测点处的渗流压力水头,测压管的构造与坝体渗流观测相同。

坝基中测压管的布置主要与坝基土层情况、防渗及排水设施的结构型式、坝基可能产生渗透破坏的部位有关。对于比较均匀的透水地基,一般沿坝轴线选择2~3个有不同代表性的横断面,每个断面又可根据情况不同布置3~5根测压管。对于比较复杂的透水地基,应根据具体情况适当增加观测断面的数量和每个断面测点的个数。土坝透水地基中测压管布置图,如图6.5所示。

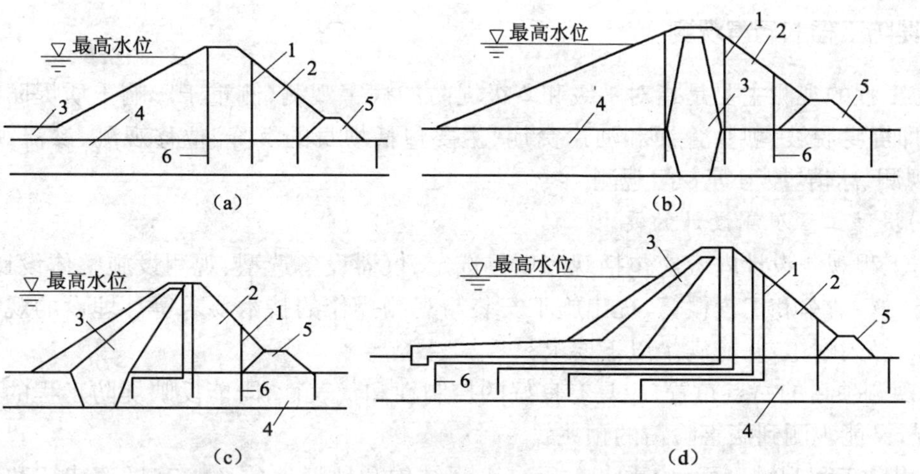

图 6.5　土坝透水地基中测压管布置图
(a)设水平铺盖的均质坝;(b)设截水槽的心墙坝;(c)设截水槽的斜墙坝;(d)设水平铺盖的斜墙坝
1—测压管;2—坝体;3—防渗体;4—透水地基;5—排水体;6—进水管

(三)土坝绕坝渗流的观测

河道行洪(水库蓄水)后,水绕过坝体防渗设备两端与建筑物接触部分向下游的渗流称为绕坝渗流。绕坝渗流观测主要用以分析这些部位的防渗和排水措施的工作状况,预防可能出现的渗透破坏。绕坝渗流观测是在上述部位埋设测压管或孔隙水压力计,测点的布置以能使渗流观测成果绘出渗流水面,并能够分析其变化规律为准。

绕坝渗流测点的布置,应根据坝体与坝基防渗和排水设施的型式与特点、两岸的地质情况或建筑物的轮廓形状而定。一般应满足以下要求:

① 两岸绕渗的测点应沿流线布置 2 ~3 排,每排设置 3 ~4 根测压管,如图 6.6 所示。

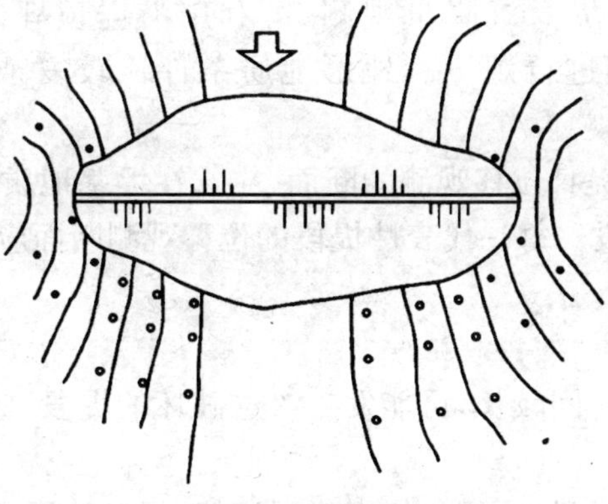

图 6.6　绕坝渗流测压管布置示意图

② 如果河槽两侧有台地,对于台地绕渗区的观测,应在垂直坝轴线方向设置 2 ~3 排测压管,每排测压管至少设 3 个测点。

③ 对有可能比较集中的透水层,应布设 1 ~2 排测压管。

④ 对于有自由水面的绕渗观测,其测点的埋设深度应当根据地下水的情况,至少应深入到筑坝前的地下水位以下。对于具有不同透水层的渗流观测,测压管应当深入到透水层中。

四、堤防工程的病害观测

堤防工程的观测主要是指对1级和2级堤防的病害观测，侧重于影响土质堤防工程的三大险情，即堤身脱坡、坝基管涌和河岸窝崩，主要包括坝身的沉降、位移观测、渗流观测、水位（潮位）观测、冰情、波浪等专门观测。

（一）堤防工程观测设计的要求

堤防工程观测设计内容应包括观测项目选定、仪器设备选型、观测设施整体设计与布置、编制设备材料清单和工程概算、提出施工安装与观测操作的技术要求等。埋设的观测设备应安装可靠、经久耐用，并能满足以下要求：

（1）观测项目的站点布置，应具有良好的控制性和代表性，既能反映堤防工程的主要运行工作状况，又能观测到病害险情的预兆。

（2）堤防工程观测剖面，应重点布置在工程结构和地形地质环境有显著特征和特殊变化的堤段或建筑物处，尽量做到一种观测设施，兼顾多种用途。

（3）对于地形地质条件比较复杂的地段，应当根据实际需要，可以适当增加观测项目和观测剖面。

（4）设置观测设施的场地，应当具有良好的交通、照明、通信等工作条件，保证在恶劣天气条件下能正常进行观测。

堤防工程沿线的观测网点，应建立统一的测量控制系统。测量控制系统的起测点和工作基点，应布置在堤防背水侧地基比较坚实，容易引测的地点。各专门观测项目，要统一进行规划，突出重点，并做好地质勘探、试验等前期基础工作。各观测项目的选点布置及布设方式，应进行必要的技术经济论证。

（二）堤防工程观测的具体设计

1. 堤身沉降和位移观测

（1）堤身沉降量观测。堤身沉降量观测，可利用沿堤顶埋的里程碑或专门埋设的固定测量标点，定期或不定期进行观测。地形地质条件比较复杂的堤段，应适当加密测量标点。

（2）堤身的位移观测。堤身位移观测的断面，应选在堤基地质条件较复杂，渗流位势变化异常，有潜在滑移危险的堤段。每一代表性堤段的位移观测断面应不少于3个，每个观测断面的位移观测点不宜少于4个。

2. 堤防工程的渗流观测

（1）汛期受洪水位浸泡时间较长，可能发生渗透破坏的堤段，应当选择若干有代表性和控制性的断面进行渗流观测。

（2）堤防工程渗流观测项目，主要包括堤身浸润线、堤基渗透压力及减压排渗工程渗控效果等。必要时，还应当配合进行渗流量、地下水水质等项目的观测。

（3）渗流观测项目一般应当统一布置，相互配合进行观测。必要时，也可以选择单一项目单独进行观测。

（4）渗流观测断面，应布置在有显著地形地质弱点，堤基透水性大、渗径比较短，对控制渗流变化有代表性的堤段。

（5）每一代表性堤段布置的观测断面应不少于3个。观测断面的间距一般为300～500m。如地形地质条件无异常变化，观测断面的间距可适当扩大。

(6)渗流观测断面上设置的测压管位置、数量、埋深等,应当根据场地的水文和工程地质条件,堤身断面结构形式及渗控措施的设计要求等进行综合分析确定。

(7)渗流观测应结合进行现场和试验室的渗流破坏性试验,测定和分析堤基土壤的渗流出逸坡降和允许水力坡降,判别堤基渗流的稳定性。

3. 堤防的水位、潮位观测

(1)堤防工程的沿线,应选择适当地点和工程部位进行水位或潮位的观测。主要应对以下部位进行观测:①水位或潮位变化比较显著的地段;②需要观测水流流态的工程控制剖面;③水闸、泵站等水工建筑物的进出口;④进洪、泄洪工程口门的上下游;⑤与工程观测项目相关联的水位观测点;⑥其他需要观测水位、潮位的地点或工程部位。

(2)水位、潮位观测设备的选型、布置及水尺零点高程的校测、改正等方面的技术要求,应按照国家标准《水位观测标准》(GB/T 50138—2010)中的有关规定执行。

4. 堤防工程专门观测项目

(1)汛期应对堤岸防护工程区的近岸及其上下游的水流流向、流速、波浪、漩涡、回流及折冲水流等流态变化进行观测,了解水流的变化趋势,监测工程防护效果。

(2)河型变化比较剧烈的河段,应对水流的流态变化、主流走向、横向摆幅及岸滩冲淤变化情况,进行常年观测或汛期跟踪观测,监测河势变化及其发展趋势。

(3)汛期受水流冲刷岸崩现象较剧烈的河段,应当对崩岸段崩塌体形态、规模、发展趋势及渗水点出逸位置等进行跟踪监测。

(4)受冻冰影响比较剧烈的河流,在凌汛期应当定期进行冰情观测,其观测的项目有:①结冰期,水流冰盖层的厚度及冰压力;②淌冰期,浮冰体整体移动的尺寸和数量;③发生冰塞、冰坝河段的冰凌阻水情况和壅水高度;④冰凌对河岸、堤身及附属建筑物的侵蚀破坏情况。

(5)受波浪影响比较剧烈的堤防工程,应当选择适当地点进行波浪情况的观测。

①波浪观测的项目:包括波向、波速、波高、波长、波浪周期及沿堤坡或建筑物表面的风浪爬高等。

②波浪观测站设置的位置,应选择在堤防或建筑物的迎风面水域比较开阔、水深适宜、水下地形较平坦的地方。

第二节　河道病害水工程维护与管理

河道工程建成后,经过长期运行或管理不善,工程会出现这样那样的病害,如果日常对工程不进行维护和管理,对已出现病害的工程不进行及时的维护和抢修,必然会导致工程快速损坏,丧失原设计的功能,甚至给社会和群众带来灾害。因此,河道病害水工程的维护与管理,是一项极其重要的工作,必须引起高度重视。

一、病害水工程的管理分类与趋势

根据国务院《水利工程管理体制改革实施意见》(国办发[2002]45 号)、水利部《水利工程管理单位定岗标准(试点)》(水办[2004]307 号)以及地方相关管理规定,病害水工程管理的重点在于管、养分离后的水库水坝、大中型水闸、大中型泵站、大中型灌区及一至四级堤防(海塘)中的公益性工程管理。公益性水工程管理分类图,如图 6.7 所示。

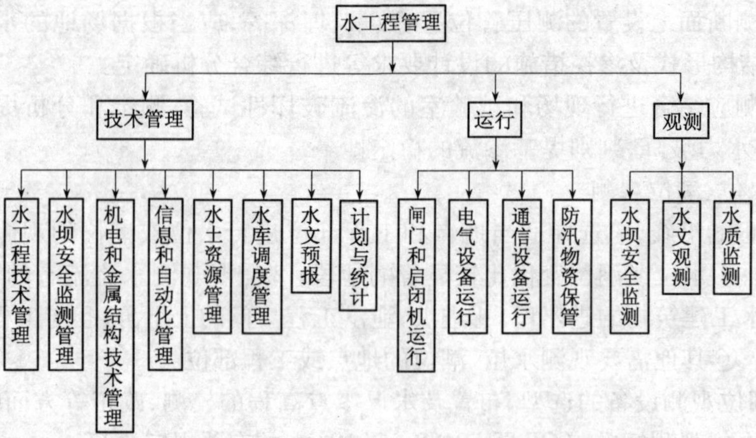

图 6.7　公益性水工程管理分类图

二、病害水工程管理目标与内容

水工程建成后，可发挥航运、防洪、蓄水灌溉、供水、发电、养殖、环保、娱乐等多方面的作用。同时，水工程的维护与管理涉及防洪安全、水质控制、土地利用、气候调节、河道交通、动植物保护、经济发展等重要方面。因此，国际上对于水工程的管理都是多目标的管理，既有灌溉、发电等经营性管理目标，又有航运、防洪、水质控制、环境保护等公益性管理目标。公益性管理目标在水工程管理中占据主导性位置，关系到全社会和广大群众的切身利益。对于公益性水工程管理项目，中央或地方政府应作为重点扶持项目，进行政策、资金等多方面的支持。

现代病害水工程管理其最终目标是水资源管理，但在我国水工程管理当前的重点和目标仍然是工程技术管理，因为水资源只有通过良好的水工程才能发挥其效益。根据国内外水工程实践证明，水工程管理多目标及其内容一般包括：水工程看管——初级管理；水工程运行——基本管理；水工程检查与观测——中间管理；水工程维护保养——基础管理；水工程安全鉴定至水工程报废——高级管理或终端管理。

(1)水工程看管与运行。看管是对水工程的看守与保护，使工程在建成后不受人为和其他因素的破坏；运行主要是指配套设施的操作运行，如河道的堤坝在行洪期间就自然处于挡水运行状态。

(2)水工程检查与观测。检查与观测是工程管理的前提和基础，其目的是为了确定工程设备的工作状态，及时发现工程出现的隐患。所谓确定工程设备的工作状态，是指通过检查与观测确定工程设备性能的完好程度，为安全运行提供可靠的依据。发现隐患是为便于修理、除险加固、乃至报废提供决策的依据。检查与观测是同一性质、同一目的、不同工作内容、不同方法的管理基础工作。

(3)水工程维护与保养。维护与保养是工程管理的基本内容，它是在工程设施处于完好状态下所采取的技术措施，不要等出了问题后再去修理。维护保养的目的是为了保持工程设施美观、完整的良好的状态，并延长其使用寿命。维护保养对于河道上水闸启闭设备、机电设备、堤坝的观测设施等尤为重要。

水工程维护保养与检查观测，共同构成了工程管理的基本内容，它们是工程管理中经常的、大量的、最基本的工作内容，是搞好工程管理工作的基础，所以它们是现代水工程管理的重点。

（4）水工程安全鉴定是最高级别的检查鉴定，它是在常规的工程检查观测、维护保养的基础上，聘请有关专家对工程设施进行全面检查分析，最终得出是否安全的结论，以确保工程设施的安全运行。实践充分证明，只有做好工程检查观测、维护保养工作，才是真正贯彻了“安全第一、预防为主”的全过程管理原则。

（5）更改修理、除险加固是工程设施出现问题及性能改变不满足使用要求时，采取的恢复工程性能和状态的技术措施，它与维护保养完全不同。

三、病害水工程管理要点

根据我国的基本国情和管理实践，对于病害国有水工程实行统一管理与分级管理相结合的原则。受益和保护范围在同一行政区域的国有水工程，由当地的水行政主管部门管理；跨行政区域的国有水工程，由共同上一级水行政主管部门或者主要受益地的水行政主管部门管理。受益和保护范围在一个乡镇行政区域内的小型水工程，可以由乡镇人民政府管理。为将水工程确实管好用好，在管理工作中应当注意以下方面：

（1）在依法制定国有水工程建设方案的同时，应制定可行的管理方案，明确管理体制、管理机构和运行管理经费来源；没有制定管理方案和无管理经费的，不得立项。水工程管理设施应与主体工程同时建设；管理设施未完成的，不得组织竣工验收。

（2）建设单位在水工程竣工验收合格，正式移交水工程管理单位时，必须同时移交水工程土地使用权证书、水工程建设档案及划定水工程管理和保护范围的文书。

（3）国有水工程管理单位根据其所承担的任务，分为纯公益性、准公益性和经营性三类，应按照不同类型区别进行管理。

① 纯公益性水工程管理单位的工程运行维修养护经费，按照水工程的隶属关系，由相应的地方财政承担，工程更新改造费用纳入基本建设投资计划。

② 准公益性水工程管理单位所承担的公益性功能部分所需经费按照前款规定执行，经营性功能部分所需经费由水工程管理单位自行承担。

③ 经营性水工程管理单位的工程运行维修养护经费，由水工程管理单位自行承担。

（4）县级以上地方人民政府水行政主管部门应当加强对水工程安全的监督管理，按照水工程的管理权限，定期对水工程进行安全检查，对存在安全隐患的水工程，应当及时向同级人民政府报告，并积极采取措施排除安全隐患，乡镇人民政府也应当加强本行政区域内小型水工程的管理，确定管理主体，定期组织检查，保证工程设施完好和正常运行。

（5）县级以上地方人民政府水行政主管部门设置的水工程管理单位，具体负责国有水工程的管理、运行和维护。国有水工程管理单位应当服从防汛抗旱等水资源方面的调度，建立健全管理制度，按照有关技术标准，定期对水工程进行安全监测，确保水工程完好和安全运行。发现水工程有安全隐患的，应当及时采取处理措施，并报告有管辖权的水行政主管部门。国有水工程管理单位应当按照精简效能的原则，推行管理养护分离，努力提高养护水平，降低运行成本。

（6）非国有水工程由其所有者依法自主经营管理。非国有水工程的所有者、经营管理者，应当保障工程完好和安全运行，依法服从防汛抗旱等水资源方面的调度，并接受县级以上水行政主管部门的业务指导和监督。

（7）国有水工程管理单位可以利用水工程管理范围内的水土资源、设施和设备，因地制宜地开展有关经营活动，纯公益性水工程管理单位应当实行管理和经营分开。其他单位和个人利用国有水工程管理范围内的水土资源开展经营活动的，应当经过水工程管理单位同意，实行有偿使用。

① 利用国有水工程管理范围内的水土资源开展经营活动，应经有管辖权的水行政主管部门批准，涉及其他部门的由水行政主管部门会同有关部门批准。

② 国有水工程管理单位所获得的经营收益，应当用于水工程的运行、管理和维护。

③ 在水工程管理范围内开展经营活动，不得影响工程安全和正常运行，不得违反水功能区划，不得破坏生态环境和污染水体。

(8)国有中、小型水工程和非国有水工程，可以依法转让、租赁、承包；改变工程原设计主要功能的，应当按照国家有关规定，报水行政主管部门批准。

四、河道工程的管理要点

(一)河道堤防的管理要点

河道堤防有着不可分割的管理体系，河道水流畅通需要两岸延绵的堤防安澜镇水，堤防工程稳定需要河道安全地将洪水有效下泄，以上两者缺一不可。为此，在河道管理体系中，首先是给出护堤地的范围，其次再确定工程保护范围，最后才是堤顶、堤坡、跌水坝、交通、通信设施、生物工程和其他维护设施的管理。

(1)护堤地范围

护堤地范围，应当根据水工程的级别并结合当地的自然条件、历史习惯和土地资源开发利用等进行分析确定。

① 护堤地的顺堤向布置，应当与堤防的走向一致。

② 护堤地的横向宽度，应从堤防内外坡脚线开始起算。设有戗堤或防渗压重铺盖的堤段，应从戗堤或防渗压重铺盖坡脚线开始起算。

③ 堤内、外护堤地宽度，可参照表6.2规定的数值确定。

表6.2　护堤地宽度数值表

工程级别	1级	2级、3级	4级、5级
护堤地宽度(m)	30~100	20~60	5~30

④ 堤防工程首尾端护堤地纵向延伸长度，应根据地形特点适当延伸，一般可参照相应护堤的横向宽度确定。

⑤ 特别重要的堤防工程或重点险工险段，根据工程安全和管理运用需要，可适当扩大护堤地范围。

⑥ 海堤工程的护堤地范围，一般临海一侧的护堤地宽度为100~200m；背海一侧的护堤地宽度为20~50m。背海侧顺堤向挖有海堤河的，护堤地的宽度应以海堤河为界。

⑦ 城市堤防工程的护堤地宽度，在保证工程安全和管理运用方便的前提下，可根据城区土地利用情况，对表6.2中规定的数值进行适当调整。

(2)护岸控导工程的管理范围

护岸控导工程的管理范围，除工程自身的建筑范围外，可按以下不同情况分别进行确定。

① 邻近堤防工程或与堤防工程形成整体的护岸控导工程，其管理范围应从护岸控导工程基脚连线起，向外侧延伸30~50m。但延伸后的宽度，不应小于规定的护堤地范围。

② 与堤防工程分建且超出护堤地范围以外的护岸控导工程，其管理的范围：横向宽度应从护岸控导工程的顶缘处和坡脚线起分别向内外侧各延伸30~50m；纵向长度应从工程两端

点分别向上下游各延伸30～50m。

③ 在平面布置上不连续，独立建造的坝垛、石矶工程，其管理范围应从工程基脚轮廓线起沿周边向外扩展30～50m。

河势变化比较剧烈的河段，根据工程安全方面的需要，其护岸控导工程的管理范围应适当扩大。

(3)工程保护范围

① 在堤防工程背水侧紧邻护堤地边界线以外，应划定一定的区域，作为工程保护范围。堤防工程保护范围的横向宽度，可参照表6.3中规定的数值确定。

表6.3　堤防工程保护范围数值表

工程级别	1级	2级、3级	4级、5级
保护范围的宽度(m)	200～300	100～200	50～100

② 堤防工程临水侧的保护范围，应按照国家颁布的《河道管理条例》有关规定执行。

(4)堤顶及道路

① 混凝土路面。混凝土路面应当完好，符合原设计的使用功能，破损面积不得大于2%，路面整洁、无杂物，堤肩线应顺直。

② 碎石、土路面。碎石、土路面应平整，无大的坑坎，无杂草杂物，车辆以40km/h的速度行驶时无明显颠簸，坝肩线应顺直。

③ 无道路堤顶。无道路堤顶应平整，植被高度保持一致，坝肩线应顺直。

④ 集水沟。集水沟的集水槽应完好，其破损率不得大于5%，槽内部无杂物。

⑤ 边道。堤防的边道应表面平整，与混凝土路面、集水槽上顶高程一致，自然植被的高度保持一致。

⑥ 路牙。堤防的路牙应顺直平整，与路面高程保持一致，偏差不超过±10mm，砌筑比较牢固，弧线曲率变化均匀自然。

(5)堤防的堤坡

① 土质坡面。坡面植被修剪良好，高度保持一致，无高杆杂草，无燎荒现象。坡面上无块石、碎石及其他杂物。坡面比较平整，每处坑洼或突起面积不超过0.5m^2，无雨淋冲沟及狼窝鼠洞。

② 框格坡面。混凝土框格护坡的破损率不得大于2%，松动、隆起、塌陷率不大于5%，框格内草皮修剪良好，高度保持一致，无高杆杂草，无燎荒现象。

③ 马道。堤防的马道坡肩线、坡脚线顺直，每处坑洼或突起面积不超过0.5m^2，两侧的草皮修剪良好，高度保持一致，无高秆杂草，无燎荒现象。

(6)堤防的生产桥

① 桥面。堤防生产桥桥面破损面积每处不超过0.5m^2，桥面排水系统应使桥面污水及时排到堤外，桥面排水孔应封堵。桥梁两侧应有明显的禁行、限载标示。

② 桥墩、栏杆、护栏。桥墩、栏杆应牢固无破损，混凝土无破损、露筋现象。护栏应安装牢固，整洁无破损。

(7)河道中的水面

河道中的水体应清洁，漂浮物面积不超过2m^2，河床内无明显淤积现象，无阻水的植物。

(8)护砌堤防坡面

① 浆砌石坡面。坡面护砌凸起、凹陷率不得超过2%，砌块缺失和破损率不得大于2%，勾缝破损率不得大于2%，坡面上不得有浮石和杂物。

② 联锁板坡面。坡面护砌凸起、凹陷率不得超过5%，砌板应当完好平整，缺失和破损率不得大于5%。坡面成片杂草的面积不得超过0.5m^2。

(9)堤防的跌水坝

① 坝身。跌水坝的坝身应当比较完整，无缺损、无裂缝、无坍塌。

② 消力池。跌水坝的消力池应无缺损、无裂缝，内部无淤积现象。

③ 海漫。跌水坝的海漫应完整，表面无杂物，抛石无缺失。

④ 消力坎(墩)。跌水坝的消力坎(墩)应完整，破损率不超过1%。

(10)河道支流口

河道支流口周围环境整洁，无杂物和浮石，杂草的高度保持一致。护砌坡面完好无损，表面无杂草和杂物。挡土墙破损面积不超过2m^2，出水口处无杂物。

(11)交通与通信设施

1)堤防交通管理系统是堤防管理的重要组成部分，主要包括对外交通和对内交通。

① 对外交通。应根据工程管理和抗洪抢险需要，沿堤线分段修建与区域性水陆交通系统相连接的上堤公路，以保证对外交通的畅通。

② 对内交通。应利用堤顶或背水坡顺堤作为对内交通干道，连接河道各管理处所、附属建筑物、险工险段、附属设施、土石料场、生产企业、场站码头、器材仓库等，以满足各管理点之间的交通联系。

2)内外交通系统，应根据工程管理和防汛任务的需要，参考《公路工程技术标准》(JTG B01—2003)的有关规定，确定公路等级和其他有关设计参数。

3)内外交通系统，应满足行车安全和运输质量的要求，设置必要的维修、管理、监控、防护等附属设施。

4)河道堤防管理单位应建立为堤防工程的维修管理、抗洪抢险、防凌防潮服务的专用通信网络。

5)河道堤防工程通信网的通信范围及应具备的功能：

① 国家、省(自治区、直辖市)、地(市)县(市)防汛指挥机构之间的专用通信。

② 各级河道堤防管理单位的内部通信，与邮电通信网的通信。

③ 河道堤防通信网应具有选呼、群呼、电话会议等功能。分洪、蓄洪区的通信网应有预警、疏散广播功能。

④ 河道堤防通信网一般应具有数据传输功能。特别重要的河道堤防工程可增加图像传输功能。

6)在河道防汛期间堤防通信网的可通过率不应低于99.9%。

(12)河道的生物工程

保护河道堤防安全和生态环境的生物工程，主要有防浪林带、护堤林带、草皮护坡等项目，其防护效果应满足以下要求：

① 消浪防冲，防止暴雨洪水、风沙、冰凌、海潮、波浪等对堤防工程的侵蚀破坏。

② 拦沙固滩，保护河道堤防和护岸工程的基脚安全。

③ 涵养水土资源、绿化堤容堤貌，优化生态环境，创建旅游景色。

防浪林带和护堤林带，应按照统一规格和技术要求，栽种在堤防工程临水、背水侧护堤地范围内。临水侧主要用于消浪防冲的防浪林带，可适当扩大其种植范围。

大型河道堤防防浪林带的优化结构，宜采用乔木、灌木、草本植物相结合的立体紧密型生物防浪工程。防浪林的种植宽度、排数、株行距等，应根据消浪防冲要求和不影响安全行洪的原则确定。必要时，应采用相似条件下防浪林观测试验成果，类比分析后确定。防浪林苗木，以选用耐淹性好、材质柔韧、树冠发育、生长速度快的杨柳科，或其他适用于当地生长的树种为宜。

护堤林带的种植宽度和植株密度应根据堤防背水侧护堤地范围内的土壤气候条件，以及防治风沙、涵养水土等环境因素确定。护堤林带宜种植适宜于当地土壤气候条件、材质较好、生长快、经济效益高的树种。堤身和戗堤基脚范围内，不宜种植树木。对已栽种树木的堤防工程，应进行必要的技术安全论证，确定是否保留。

为了防御暴雨、洪水、风沙、冰凌、波浪等环境因素对土堤坡面的侵蚀破坏，除种植防浪林带和护堤林带外，一般还应种植草皮进行护坡。护坡用的草皮，以选用适合当地土壤气候条件，耐干旱、盐碱、潮湿，根系比较发育，生命力强的草种为宜。

(13)其他维护管理设施

① 沿河道堤防工程的全程，应从起点到终点，依序进行计程编码，埋设永久性的公里碑。每两个公里碑之间，可根据实际需要，依次埋设计程百米断面桩。

② 沿堤建造的堤岸防护工程和工程观测设施的观测站或观测剖面，应设立统一制作的标志牌和护栏，并进行统一编号，以便于管理。

③ 在河道堤防工程管理范围内，如有血吸虫等地方病疫区，应设立警示牌。

④ 沿河道堤防工程的全程，两个不同行政区管辖的相邻堤段处和沿护堤地的分界线，应统一设置界碑和界标。

⑤ 沿河道堤防工程的全程，每隔 1 ~ 2km 应建造一所护堤房（兼作防汛哨所），每所护堤房的建筑面积一般不小于 $60m^2$。房屋设计宜采用标准化结构型式。护堤房宜建造在堤防背水侧的墩台、隙地或专门加宽的堤顶上。

⑥ 堤防工程的沿线与交通道路交叉的道路口，应设置交通管理标志牌和拦车卡。

(二)河道水闸的管理要点

河道上现代水闸的工程管理，主要包括水闸、启闭机、混凝土建筑物及通信设施 4 个方面，它们的管理要点分别有以下几个方面：

(1)水闸闸房

① 闸房的门窗齐全，封闭严密，内部清洁，无破损现象。

② 闸房的高度和宽度，应当满足安装、检修和操作的需要。

③ 闸房的房内照明应正常，满足安装、检修和操作的需要。

(2)水闸闸门

① 闸门应采取有效的防腐措施，使闸门表面清洁，没有附着水生物及大量的泥沙、污垢、杂物等。闸门无变形及锈蚀现象。

② 闸门的所有运转部位润滑完好，油路通畅，油压满足，油量适中，油质合格，运转速度正常。

③ 闸门止水装置密封完好、可靠。闭门时无翻滚、冒流现象，当闸门后无水时，应无明显水流散射现象，每米长度的漏水量 0.2L/s。

④ 闸门的行走支撑装置无锈蚀、磨损、裂缝和变形；其锁定装置完备，运行可靠；冬季破冰装置运行可靠。

(3)启闭机

① 启闭机的防护罩、机体表面保持清洁无锈,其连接件应保持牢固,无松动现象。

② 启闭机运行良好,制动装置可靠,传动部位润滑良好。

③ 启闭机的开度指示器准确可靠,限位装置运行可靠。

(4)电气及控制设备

① 水闸工程中的电气设备应接地可靠,绝缘性良好,触点接触紧密,无烧结现象。

② 电动机的外壳应保持无尘、无垢、无锈、油漆完好。接线盒应防潮防水,压线螺栓应牢固。

③ 电气屏柜应保持清洁,屏柜内接线整齐有序,仪表指示应当准确。

④ 变压器应保持清洁、无渗漏、无异响。设在台上的变压器必须设置防护装置。

⑤ 电气设备必须安装合格的漏电保护器,并设置安装防雷保护装置。

⑥ 对于防洪泄洪及重要的闸涵,必须配备专用的备用电源。

(5)启闭钢丝绳

① 对于水闸中所用的启闭钢丝绳,一定要精心保养,做到不缺油、不断丝、不锈蚀。

② 缠绕在启闭机滚筒上的预绕圈数应符合设计规定,无具体规定者应大于 5 圈,如压板螺栓设在卷筒翼缘的侧面,而且又用鸡心铁挤压的,则应大于 2.5 圈。

③ 钢丝绳的型号、直径、规格、抗拉强度、伸长率和安全系数等均应符合设计要求。

(6)混凝土建筑物

① 水闸两侧的护坡无松动、塌陷、隆起、底部淘空和垫层流失等问题,坡面上无杂草、杂物和垃圾。

② 水闸的反滤设施、减压井、导渗沟、排水设施等应确保通畅,不得有阻塞现象。

③ 水闸的消力池、闸门前、闸门后及门槽范围内,无大量杂草、垃圾及漂浮物。

④ 水闸的混凝土及钢筋混凝土建筑物无剥落、裂缝,表面应清洁卫生。

(7)水闸监控设施

河道中现代水闸的管理,应向着自动化、程序化、规范化方向发展,对水闸进行监控是非常必要的。因此,对于监控设施应尽量齐全,并做到完整清洁、运行可靠。

(8)垂直位移观测

① 根据河道水闸管理经验,对于水闸应每年在汛期前后各进行一次垂直位移观测,以分析确定水闸的稳定性。

② 当河道的水闸所在地区发生地震或洪水超过设计最高水位、最大水位差时,应根据情况适当增加观测次数。

③ 进行水垂直位移观测的基准点要完整无损,水准基点的高程应按时进行校测。

(9)通信设施

水闸管理单位应配备完善的通信设施,通信设施应保证使用可靠,尤其是在汛期绝对不能出现通信中断现象。

第三节 河道病害水工程养护与修理

在水工程的运行过程中,不可避免地经常遭受各种自然和人为因素的影响,使其功能逐渐退化而呈病害状态,如果不进行常规养护和及时修理将会进一步恶化,最终可能导致水工程的损坏乃至溃决。

所谓病害水工程的养护与修理，指的是水工程兴建完工、经验收合格后投入运行的过程中，因受到各种自然和人为影响因素呈病害状态下的保养与修理活动。病害水工程的养护修理与正常水工程的养护修理一样，一般可分为以下四类：

（1）经常性养护修理。根据巡视检查中发现的问题而进行的日常保养维修和局部修补，以便保持工程的完整和正常运行。

（2）岁修。指一年一度对水工程进行的全整修工作，这是水工程养护与修理中的重要组成内容。

（3）大修。水工程遭到较大程度的破坏后，需要进行工程加固整修处理，才能恢复工程的正常运行。

（4）抢修。水工程在意外情况下遭受突然破坏，造成一定程度的险情，危及工程安全的情况下，进行的紧急抢护措施。

经常性的养护修理，既是防患于未然，又是使已出现病害的水工程不致深度恶化；岁修是管理中例行定期保养修理，是一项非常必要的常规工作；大修是对水工程病害发生重大隐患的保养与修复；抢修则是工程出现险情时的重修。

一、堤防工程养护与维修

河道堤防从本质上是属于公益型保护两岸安全和保护水资源的水工程，但又因其跨地域和平时与汛期分布阶段性极强，加之国家财力不可能全部包揽其养护费用，所以形成实质上公益型的服务行业，而以形式上为经营型的企业对堤防运作实施的矛盾体构架。目前，我国河道堤防工程的这种养护模式，离“以人为本”的科学发展观的要求相距甚远，成为今后水工程管理维护的重点改革内容。

堤防养护是一种地域性和阶段性很强的工作。目前，我国的堤防总长度达28万多公里，堤防的养护问题繁杂且庞大。2002年以来，根据《国务院办公厅转发体改办〈关于水利工程管理体制改革实施意见〉的通知》进行水工程管理体制改革，实行了管理与养护分离，使堤防养护维修面貌发生较大变化，具体表现在保养和防护两个方面。

1. 河道堤防工程的保养

在堤防工程管养分离体制下，维护养护是指对工程的保养和防护。要按照经常养护、及时修复、养修并重的原则，正确处理养和护之间的关系。目前，我国对堤防工程养的方法已有所转变，由过去人工修补的粗放型管理向精细化转变，由过去人工作业方式向机械化、现代化作业方式转变，以此来解决养的标准不高、劳动强度大的问题。

保养要做好前期工作，根据管理单位安排的项目，做好施工组织设计，并根据变化的情况不断优化。如根据天气的变化、降雨量的多少和气温的高低，及时安排和调整班组任务；同时，做好保养物料的储备，保证保养的及时性。维修保养也要根据发展的情况，除了考虑原标准和功能外，还要考虑周围的社会环境及沿河群众的生活习性。

加强前期和保养过程的资料整理和分析，积累维修保养方面的经验教训，为逐步实现数字化管理做好准备。加大堤防隐患探测力度，增大科技含量，针对堤防工程老化的特点，恢复原设计标准和功能。

2. 河道堤防工程的防护

（1）充分认识河道堤防工程看护的重要性。人依水而居，大多数河道两岸村庄密集，人口密度很大,人们沿河活动非常频繁,人为活动对堤防工程影响较大,一旦发生危险对人的危害也很大。针对这一客观实际,要努力克服重养轻护的思想,看护不好就不能保持维修成果,效益和作用也就很难充分发挥。

(2)加大堤防工程防护宣传力度的投入。在标志牌、警示牌、媒体报道上,要创新方式和方法,征集通俗易懂、容易记忆和传播的宣传语言,达到家喻户晓的效果,以此提高沿河群众保护河道和堤防的自觉性。

(3)建立堤防联防看护体系。按照《国务院办公厅转发体改办〈关于水利工程管理体制改革实施意见〉的通知》要求,建立较为完善的政策、法律支撑体系,紧紧依靠沿河地方政府和群众,争取制定针对性强、便于操作的地方法规和文件,结合水行政执行,联合沿河公安部门建立河道堤防看护组织。

(4)在保护好河道堤防工程的同时,更要保护好河道、河岸、河坡、河道内砂石、河道中建筑物,并加强涉河项目的管理工作。

(5)组建专业化堤防维修养护队伍。新中国成立以来,大多数河道堤防的管理,一直延续着专管和群管相结合的管理体制。组建专业化堤防维修养护队伍,虽然是今后的发展方向,但还要考虑其发展历史及过程,要根据不同地区的实际情况,逐渐形成专业化的养护队伍,千万不要千篇一律。

二、河道水闸的养护与修理

河道及水库为了更好地进行控制运用,充分发挥水工程效益和较高的调节能力,常采用闸门来调节和控制水量。所以,对闸门和启闭机要经常进行养护和修理,以保证启闭灵活方便,不至于因闸门和启闭机而发生意外。

衡量闸门及启闭机养护工作好坏的标准是:动力保证、传动良好、润滑正常、制动可靠、操作灵活、结构牢固、启闭自如、支承坚固、埋件耐久、封水不漏、清洁无锈。

1. 对闸门的养护

(1)要经常清理闸门上附着的水生物、污垢、泥土和杂草等,避免钢材腐蚀、保持闸门清洁美观,运用灵活;防止门槽处出现卡阻,门槽处很易被块石或杂物卡阻,从而使闸门开度不足或关闭不严。因此,要经常用木竹等对门槽进行探摸,发现卡阻及时处理。

在泥沙的河流上浮体闸和橡胶坝,经常会遇到泥沙淤积问题,严重影响闸门的正常启闭,遇到这种情况需要用高压水定期进行冲淤或用机械清除。

(2)门叶是闸门的主体,要求叶门不锈不漏。防止产生门叶变形、杆件弯曲或断裂、焊缝开裂及气蚀等病害。另外,还要做好闸门的防振、抗振工作,加固原来刚度小的闸门,以改变结构的自振频率,使之不易发生振动。

为防止闸门发生气蚀现象,要修正闸门的边界形状,消除引水结构表面的不平整度,改变闸门的底缘形式,使水流的流线贴合边界,免除分离现象和出现负压,还需采用抗蚀性能高的材料。对于已经出现气蚀的部位,要用耐蚀材料修复或补强。

(3)支承行走的机构是闸门升降时主要活动和承力部件,要经常进行保养和维修,避免滚轮生锈而不灵活,并做好弧形闸门固定铰座的润滑工作。

(4)在门叶和门槽之间的止水(水封)装置要保证不漏水。要及时清理缠绕在止水装置上的杂草、冰凌或其他障碍物,对于松动、锈蚀的螺栓要及时更换,要使止水的表面光滑平整,防止橡胶止水老化,做好木质止水的防腐处理等。

(5)门槽及预埋件的养护。对于各种轮轨摩擦面要采用涂油保护,预埋铁件一定要涂防锈漆。要及时清理门槽的淤积堵塞泥沙及杂物,若发现预埋件有松动、脱落、变形、锈蚀等现象要及时进行加固处理。

2. 启闭机的养护

(1)要经常清扫电动机外壳的灰尘污物,轴承润滑油脂要足够并保持清洁,定子与转子之间的间隙要均匀,检查和量测电动机相间及相对铁芯的绝缘电阻是否受潮,平时一定使它们保持干燥状态。

(2)电动机主要操作设备应保持整齐、清洁,接触良好,机械传动部件要灵活自如,接头要连接可靠,限位开关要经常检查调整,保险丝严禁用其他金属丝代替。

(3)启闭机的润滑油料不得任意乱用,对高速滚动轴承要用润滑脂润滑,它是由钠皂与润滑脂制成钠基润滑脂,这种润滑脂溶点较高,温度达100℃使用,仍可保证安全。

钙基润滑脂由钙皂与矿物性油混合制成,它适用于水下及低速转动装置的润滑部件,如启闭机的起重机构,如齿轮、滑动轴承、起重螺杆、弧形闸门支铰、闸门滚轮、滑轮组等。对于变速器、齿轮联轴节等封闭或半封闭的部件,常用润滑油进行润滑。

3. 金属结构养护

水闸的闸门、启闭机、预埋件等金属结构,长期暴露于空气之中,受到风吹雨打、日晒露浸、干湿交替、高速水流冲刷等环境影响,很容易发生锈蚀。一旦金属结构锈蚀,会严重影响正常使用,必须及时进行防锈处理。

目前,我国水工金属结构的防锈措施有两类:一类是在金属表面涂上覆盖层,将基体与电解质隔开,杜绝形成腐蚀电池的条件;另一类是设法供给一个适当的保护电能,使金属表面聚集足够的电子,人为地使之成为一个整体阴极,从而得到保护,这种方法称为电化学保护法。

在金属表面涂上覆盖层,最简单的方法是在金属表面涂油漆材料。随着工业的发展和科学的进步,现在的油漆已成为人工合成树脂和有机溶剂。水工金属结构的所涂油漆要有一定的厚度,底漆和面漆必须合理配套,使其具有良好的结合力和适应性,要求做到漆膜均匀、无气孔、无流挂、无皱纹鼓包、附着牢固。

在金属表面涂上覆盖层,另一种方法就是在钢材外表膜上镀上一层防锈性能好的材料,如铝、锌、铬、镍等金属保护层。可用浸镀、喷镀和电镀三种方法。浸镀和电镀适用于闸门零件,喷镀适用于大尺寸的门叶或结构物。

外加电流阴极保护和涂料联合防腐是两种不同金属处于同一介质中时,阳离子由电位高的金属移向电位低的金属的趋势。利用这一原理,在两块相同的金属材料上,人为地造成不同电位,也能获得相同的电化效果,这就是外加电流阴极保护法。我国在水闸金属结构养护与防锈方面,采用外加电流阴极保护和涂料联合防护,已取得了成功的经验和更好的经济效果。

4. 钢丝网水泥结构养护与修理

钢丝网水泥是20世纪70年代以后我国采用的一种新型结构,这种结构具有重量较轻、造价较低、便于预制、弹性很好、强度较大、抗渗性和抗振性良好等优点。因此,在水工程中应用非常广泛,常制作成闸门、渡槽和压力管道等结构。钢丝网水泥结构都比较薄,保护层较小,常出现露网、裂缝、脱落、孔洞、破碎及钢丝网锈蚀等。对于这些病害的处理方法主要有:

(1)表面涂防腐材料加以保护,这是最简单易行的一种方法。如涂环氧沥青、聚苯乙烯、环氧煤焦油、环氧水泥砂浆等材料,增强其抗渗性和耐久性。

(2)裂缝的修补,应根据裂缝的大小,凿槽进行砂浆修补。

(3)露筋、钢丝网或钢筋锈蚀、断裂的修补都必须凿毛、清洗,将锈蚀的部分割去,再焊上新钢丝网,然后再浇筑高强度等级的水泥砂浆。

5. 木结构闸门的防腐防蛀

大中型水闸的闸门一般都采用钢结构或钢丝网结构,但由于木材质地轻而柔软,既有一定的强度,又很容易加工,因此在一些小型水工程中常用来制作闸门等。但是,木材常见的病害是腐烂和虫蛀,常用的防止方法有:

(1)干燥处理。这是防止木材腐朽最普通的方法,常采用大气干燥的方法,使腐朽和霉菌类无生长的条件。

(2)防腐处理。防腐处理主要是毒杀微生物和菌类,常采用涂刷、浸泡和热浸的方法。水溶性防腐剂有氟化钠、氟硅酸钠(铵、锌、镁)、二硝基碳酸钠等。防腐油剂有煤酚油、页岩油、泥炭酚油、煤焦油等。

(3)油漆涂层保护。油漆涂层保护目的在于完全填实和彻底封闭木材的空隙,隔绝木材与外界的接触。常用的涂料有油性调和漆、生桐油、沥青和水罗松等。

(4)虫害防治。在南方木材易受白蚁、蛀木水虱等虫害的影响,可用亚砷酸(砒霜)、氟化钠、五氯化酸钠、苯基苯酚钠、硫酸铜等材料防治。

6. 入海河口水工钢闸门腐蚀防护

入海河口水闸工程的钢闸门,部分长期浸泡于海水中,部分处于干湿交替的潮汐环境中,部分处于淤积的泥沙中,部分长期受到大气紫外线暴晒及海洋性空气环境的侵蚀,经受环境日益恶劣和四季变化大等各种不良工况的考验,使钢闸门分区受到腐蚀,各分区受腐蚀程度见表6.4。

表6.4 入海河口水工钢闸门分区受腐蚀程度

分区	大气区	飞溅区	潮差区	全浸区	海泥区
腐蚀速度(mm/a)	0.05	0.05~0.06	0.06~0.07	0.07~0.18	<0.07

针对水闸工程钢闸门各部位在不同的海洋环境中,腐蚀程度的不同特点,在满足腐蚀防护要求的前提下,为节约钢闸门防腐工程的投资,宜采用分区腐蚀防护方案。

(1)全浸区钢闸门采用防腐绝缘涂层和阴极联合保护,会取得良好的养护效果。采用防腐绝缘涂层覆盖全浸区钢闸门阻止铁离子的分离,起隔离腐蚀介质的作用。但屏蔽涂层破损处要继续腐蚀,且由于形成裸铁点是小面积阳极,会使腐蚀电流密度大大增加,比如涂层中有1%露铁,那么腐蚀电流会有99%集中在露铁点上,造成露铁点腐蚀速度加快,以致发生穿孔腐蚀。如采取配套阴极联合保护,将能有效地解决这个问题。

阴极保护是指采用外加电流法或牺牲阳极法,从外部向被保护体提供电子,大量电子跑到露铁点吸引铁离子不溶于水,消除露铁点阴极与阳极之间的电位差,消除电位差也就消除了腐蚀电流,则不会发生腐蚀。涂层越完整无损,露铁点也越少,消耗电流则越少,阴极保护越经济。另外,阴极保护对延长涂层寿命起到积极作用,因为露铁点处生锈,锈的体积膨胀会使涂层剥离,而阴极保护使铁不生锈,涂层附着力不被破坏也就延长了涂层寿命,两者是相辅相成的,防腐绝缘涂层和阴极保护联合保护,是目前金属闸门防护在技术上先进、经济上合理的防护措施。

(2)大气区、飞溅区、潮差区采用厚膜防腐涂层保护,能降低工程投资,有效地延长闸门使用年限。厚膜防腐涂料多以双组分环氧涂料为首选,这类涂料的特点是:附着力很强、环氧基能与界面金属原子反应形成牢固化学键结合，优异耐介质腐蚀性，坚硬柔韧致密性、隔离性，防渗透性较强，良好的物理力学和电绝缘性能。

厚膜防腐涂层通过形成一定厚度的保护层，主要起隔离氧气、水分、盐雾、灰尘和微生物等与金属结构的接触，阻止、延缓这些因素对钢闸门的侵蚀、破坏的发生和发展，从而起到保护作用。

(3)厚膜层在技术和质量上的注意事项

为了达到良好的防腐效果，切实延长钢闸门的腐蚀防护寿命，在具体的防腐工程施工中，对以下各项技术和质量问题应给予关注。

① 底材表面处理。工程实践经验表明，大部分的涂层缺陷都是来自于不良的表面处理，任何涂料在处理不良的表面上都无法发挥其最佳性能，高等级的表面处理，将会延长涂料的使用寿命。高性能涂料要求金属表面处理必须达到 Sa2.5 级，才能保证涂料与金属表面有良好的接触，有效地发挥保护作用。因此，金属表面除锈质量的好坏，将直接影响到腐蚀防护质量。在常用的金属除锈方法中，喷砂除锈能达到较好的表面处理效果。

② 底漆。底漆采用的是环氧富锌涂料，它是通过阴极保护的持续性和锌腐蚀产物沉淀形成稳定覆盖膜来保护的，因此涂料中锌粉的含量、纯度、颗粒度及分布，涂膜中锌粉的分布状况和成膜物固化状况等，都会影响富锌涂膜的耐久性，决定因素是锌粉有足够添加量保持彼此相接触。

③ 中间漆。中间漆采用的是环氧云铁或环氧玻璃鳞片涂料，它是起屏蔽型防腐作用。这类涂料能够形成致密的抗渗透性涂膜，有效阻止水汽和氧气等腐蚀介质与金属表面的接触，从而防止腐蚀发生。涂膜中的云铁或玻璃鳞片，呈层状水平排列形成隔离层，使水汽穿过涂膜的途径大大延长，屏蔽效果特别显著。

④ 面漆。面漆采用的是环氧煤沥青涂料，这种涂料适合水下及淤泥中使用，紫外线会使涂膜产生龟裂，不能用于大气区和潮差区。因此，面漆要选用性能良好的涂料。

水上部分为防止紫外线对环氧的粉化，可用脂肪族聚氨酯面漆、丙烯酸聚氨酯面漆、氯化橡胶厚膜型面漆、丙烯酸聚硅氧烷涂料和含氟树脂涂料等。

⑤ 涂层厚度。对海洋环境涂膜厚度应根据不同部位涂覆不同厚度。如潮差区、飞溅区的涂膜厚度要达到几个毫米，大气区、全浸区和海泥区在几百微米至 1 毫米左右才能保证其规定的使用寿命。

⑥ 阴极保护。阴极保护有两种方式：外加电流法和牺牲阳极法，水工程中常用牺牲阳极法，适用海水介质阳极材料有锌阳极和铝阳极两种。

比较铝、锌两种阳极材料，铝阳极从工作电位及发生电容量都比锌阳极优越，电化学性能好，且铝阳极比重仅是锌阳极的 1/3，本身重量较轻，阳极成本相对便宜，推荐海水中最好采用铝阳极，但不能在淡水中作为牺牲阳极。锌阳极适宜用于海水和咸水中，淡水中适宜用镁阳极。

⑦ 热喷涂锌、铝及其合金加涂料封闭。喷涂锌铝要求表面处理及施工环境条件十分苛刻，水闸工程现场施工很难保证环境要求。因此，对于已建工程进行喷涂锌铝涂层很难达到满意的防腐效果。但对于新建和除险加固水闸工程的钢闸门，可以在金属结构制造厂内进行热喷涂锌、铝及其合金加涂料封闭，经验收合格后运到现场安装，其腐蚀防护效果比较好。

第七章　河道堤防抢险实用技术

河道堤防由于各方面的原因会出现各种险情。河道堤防管理实践表明，堤防抢险工作是一项系统工程，它涉及社会的各个方面，关系到人民的生命财产安全；抢险工作又是一项政策性、时间性和技术性很强的应急工作。因此，堤防抢险工作既要有宏观的全局控制意识，又要有微观可操作的实施办法。

第一节　河道堤防抢险的前期工作

做好汛前准备工作是河道堤防出现险情后进行抢险的重要基础，根据我国河道堤防抢险的经验，主要应当做好以下几个方面的前期工作：

一、做好舆论宣传工作

利用广播、电视、报纸等多种方式，宣传防汛抗灾的重要意义，总结历年防汛抢险的经验教训，使广大干部和群众，克服麻痹思想和侥幸心理，坚定信心，增强抗洪减灾意识，树立团结协作、顾全大局的思想，加强组织纪律性，服从命令听指挥。同时加强法制宣传，使有关防汛工作的法规、办法家喻户晓，防止和抵制一切有碍防汛抢险行为的发生。

二、做好抢险组织准备

防汛抢险具有时间紧、任务急、技术性强、群众参与等特点，多年的防汛抢险实践，尤其是1998年抢险的实践证明，要取得抢险工作的全面胜利，一靠及时发现险情，二靠抢险方法正确，三靠人力、物料和后勤保障跟得上。人防工程在抢险工作中占有重要的地位，主要包括健全防汛抢险的领导机构、组织好防汛抢险队伍、做好抢险队伍的技术培训工作等内容。1998年，长江、松花江及嫩江出现特大洪水，仅长江干堤就出现险情6000多处，在解放军与当地群众的有力拼搏下，这些险情都转危为安。所以要求各级行政首长实行目标责任制，明确各级行政领导的第一把手是第一责任人。

(一)健全机构

各级防汛抗旱指挥部是防汛抢险的指挥中心，每年汛前要健全、完善防汛指挥机构。防汛抗旱指挥部与水利、水文、气象、交通运输、物资供应、邮电通讯等相关部门形成一个有效的指挥网络，实行纵向垂直领导与横向矩阵式领导相结合。

(二)组织队伍

多年的防汛抢险实践证明，堤防抢险采取专业队伍与群众队伍相结合，军民联防是行之有效的。

1. 专业防汛抢险队伍

专业防汛抢险队伍由国家、省、市防汛指挥部临时指派的专家组与各基层河道管理单位的工程技术人员及技术工人组成，是防汛抢险的技术骨干力量。专业防汛队伍成员必须熟悉堤防的工程资料，例如险工险段的具体部位、险情的严重程度，以便有针对性地进行抢险的准备工作。汛期到来即应进入防守岗位，随时了解并掌握汛情、工情，及时分析险情。要组织基层专业队伍学习堤防管理养护知识和防汛抢险技术，参加专业技术培训和实战演习。

近年来，为克服抗洪抢险料物运输多以人工为主、机械化程度低、人力消耗大、抢险效率低的问题，在一些重要江河组建了机动抢险队。今后应逐步建立具有较高抢险技术水平、先进的抢险机械装备、较强的全天候和全路况下的快速开进能力的快速、灵活、高效的抗洪抢险队伍。

2. 群众防汛抢险队伍

群众防汛抢险队伍是江河防汛抢险的基础力量。它是以青壮年劳力为主，吸收有防汛经验的人员参加，组成不同类别的防汛队伍。根据堤线防守任务的大小和距离，河道的远近，常划分一线、二线队伍，有的还有三线队伍。紧临堤防的县、乡、村组成常备队和群众抢险队，为一线防汛队伍；紧邻一线的县、乡组成预备队，为二线队伍；离堤线较远的后方县组成三线队伍。滩区、分滞洪区、水库库区内的群众要组织迁安救护队。

常备队是堤线防守的主力队伍，负责堤防防守、巡堤查险和一般险情的抢护。根据堤防的重要程度，分段驻守足够的常备队员。抢险队由常备队中有经验的人员组成，每县可组织多个抢险队，每队30～50人。

预备队是堤线防守的后备力量，负责运送抢险料物，必要时预备队也参加堤线防守和抢险。此外，每年汛前还应把沿河城镇、机关、工厂、学校的职工和居民组织起来，情况危急时动员他们参加防汛抢险。

3. 解放军、武警部队抢险队伍

解放军和武警部队是防汛抢险的主力军和突击力量，每当发生大洪水和紧急抢险时，他们总是不惧艰险，承担着重大险情抢护和救生任务。一般各级防汛指挥部主动与当地驻军联系，及时通报汛情、险情和防御方案，明确部队防守任务和联络部署制度。当遇到大洪水和紧急险情时，立即请求解放军和武警部队参加抗洪抢险。

（三）抢险技术培训

防汛抢险技术培训是防汛准备的一项重要内容，除利用广播、电视、报纸和因特网等媒体普及抢险常识外，对各类人员应分层次、有计划、有组织地进行技术培训。

1. 专业防汛队伍的培训

对专业技术人员应举办一些抢险技术研讨班，请有实践经验的专家传授抢险技术，并通过实战演习和抢险实践提高抢险技术水平。对专业抢险队的干部和队员，每年汛前要举办抢险技术学习班，进行轮训，集中学习防汛抢险知识，并进行模拟演习，利用旧堤、旧坝或其他适合的地形条件进行实际操作，增强抗洪抢险能力。

2. 群防队伍的技术培训

对群防队伍一般采取两种办法：一是举办短期培训班。进入汛期后，在县防汛指挥部的组织领导下，由县人民武装部门和水利管理部门召集常备队长、抢险队长集中培训，时间一般为3～5天，也可采用实地演习的办法进行培训。二是群众性的学习。一般基层管理单位的工程技术人员和常备队长、抢险队长分别到各村向群众宣讲防汛抢险常识，并辅以抢险挂图和模型、幻灯片、看录像等方式进行直观教学，便于群众领会掌握。

3. 防汛指挥人员的培训

应举办由防汛指挥人员、防汛指挥成员单位负责人参加的防汛抢险技术研讨班，重点学习和研讨防汛责任制、水文气象知识、防汛抢险预案、防洪工程基本情况、抗洪抢险技术知识等，使防汛抢险指挥人员能够科学决策，指挥得当。

三、做好抢险技术准备

技术准备是指险情调查资料的分析整理和与堤防有关的地形、地质、水情、设计图纸的搜集等。主要包括:

(1)险情调查。此项工作应在汛前进行。首先是搜集历年险情资料,进行归纳整理;其次是掌握上一年度及往年对险工险段的整治情况。根据上述资料,对重大险工险情进行初步判断,并告知于民。

(2)收集技术资料。汛前应收集堤防的设计资料及相关建筑物的设计图纸,绘制堤防的纵剖面图,标注出堤基地质特征、堤顶高程、堤坡坡比、历年最高水位线、堤脚处的一般地面高程。配备堤防辖区的1/50000地形图和1/5000~1/10000堤防带状地形图。

(3)堤防汛期巡查。汛前对堤防工程应进行全面检查,汛期更要加强巡堤查险工作。检查的重点是险情调查资料中所反映出来的险工、险段。巡查要做到两个结合,即"徒步拉网式"的工程普查与对险工险段、水毁工程修复情况的重点巡查相结合;定时检查与不定时巡查相结合。同时做到三加强三统一,即加强责任心,统一领导,任务落实到人;加强技术指导,统一填写检查记录的格式,如记述出现险情的时间、地点、类别,绘制草图,同时记录水位和天气情况等有关资料,必要时应进行测图、摄影和录像,甚至立即采取应急措施,并同时报上一级防汛指挥部;加强抢险意识,做到眼勤、手勤、耳勤、脚勤和发现险情快、抢护处理快、险情报告快,统一巡查范围、内容和报警方法。巡查范围包括堤身、堤(河)岸,堤背水坡脚200m以内水塘、洼地、房屋、水井以及与堤防相接的各种交叉建筑物。检查的内容包括裂缝、滑坡、跌窝、洞穴、渗水、塌岸、管涌、漏洞等。

统一报警方法包括:

① 警号规定。利用广播电视、移动电话、对讲机、报警器报警时,警号可现场约定;当没有条件采用现代设备进行报警时,可因地制宜地采用口哨、锣鼓,甚至鸣枪报警,警号应事先约定。

② 出险标志。出险和抢险的地点,要作出显著的标志,如红旗、红灯、绳索等。

③ 广而告之。无论用何种报警器具和方法,都要有严密的组织和纪律,并有安民告示,使之家喻户晓。

四、抢险料物准备与供应

防汛物料是防汛抢险的重要物质条件,须在汛前筹备妥当,以满足抢险的需要。汛期发生险情时,应根据险情的性质尽快从储备的防汛物资中选用合适的抢险物料进行抢护。如果物料供应及时,抢险使用得当,会取得事半功倍的效果,化险为夷。否则,将贻误时机,造成抢险被动的情况。

由于防汛物料使用量大,品种繁多,多年来实行国家、社会团体储备与群众筹集相结合的办法。

各级防汛指挥部按照一定的防汛物资储备定额进行储备,用后应及时补充。主要储备砂石料(砂料、石子、块石)、铅丝、袋类(编织袋、麻袋)、土工合成材料(编织布、无纺布、复合土工膜及相应的软体材料)、蓬布、麻绳、救生器材(冲锋舟、橡皮船、救生衣、救生圈)、发电机组等。

社会团体主要指工商企业一般代储一些大宗防汛物资,如苇席、竹竿、麻绳、麻袋、草袋、蓬布、电线、照明用品等。每年汛前预订合同,用后付款,不用时按照规定给予保管费,汛后由代储单位自行处理。

沿堤群众储备临时抢险所需的柳秸料、苇席、木桩、麻布袋、棉絮(棉衣、棉被)、草捆等,由各级防汛指挥部于每年汛前号料登记,议定价格,备而不集,用后付款。

五、通信联络的准备

汛前要检查维修各种防汛通信设施,包括有线、无线设施,对值机人员应组织培训,建立话务值班制度,保证汛期通信畅通。与电信部门通报防汛情况,建立联系制度,约定紧急防汛通话的呼号。蓄滞洪区应按照预报时限、转移方案和安全建设情况,布置配备通信报警系统。

六、实施交通管制

按照《中华人民共和国防洪法》第四十一条的规定:"当江河、湖泊的水情接近保证水位或者安全流量,水库水位接近设计洪水位,或者防洪工程设施发生重大险情时,有关县级以上人民政府防汛指挥机构可以宣布进入紧急防汛期。"

在紧急防汛期,按照《中华人民共和国防洪法》第四十五条的规定:"在紧急防汛期,防汛指挥机构根据防汛抗洪的需要,有权在其管辖范围内调用物资、设备、交通运输工具和人力,决定采取取土占地、砍伐林木、清除阻水障碍物和其他必要的紧急措施;必要时,公安、交通等有关部门按照防汛指挥机构的决定,依法实施陆地和水面交通管制。"

第二节 堤身漏洞险情的判别和抢护

河道堤防在汛期高水位情况下,洞口出现在背水坡或背水坡脚附近的横贯堤身的渗流孔洞,称为漏洞。堤防漏洞水流常为压力流,流速比较大,冲刷力较强,险情发展很快,特别是如果漏洞流出浑水,或由清变浑,或时清时浑,均表明漏洞正在迅速扩大,堤身有可能发生蛰陷、坍塌甚至溃决的危险,后果非常严重,是堤防最严重的险情之一。因此,对于发生漏洞险情,必须慎重对待,全力以赴,认真检查,迅速进行抢护。

一、漏洞产生的原因

漏洞产生的原因是多方面的,一般来说有:①由于历史原因,堤身内部遗留有屋基、墓穴、阴沟、暗道、腐朽树根等,筑堤时未清除;②堤身填土质量不好,未夯实,有土块或架空结构,在高水位作用下,土块间部分细料流失;③堤身中夹有砂层等,在高水位作用下,砂粒流失;④堤身内有蚁、蛇、鼠、獾等动物洞穴,在汛期高水位作用下,将平时的淤塞物冲开,或因渗水沿着隐患、松土串连而成漏洞;⑤在持续高水位条件下,堤身浸泡时间长,土体变软,更易促成漏洞的生成,故有"久浸成漏"之说;⑥位于老口门和老险工部位的堤段、复堤结合部位处理不好或产生过贯穿裂缝处理不彻底,一旦形成集中渗漏,即有可能转化为漏洞。

发生在堤脚附近的漏洞,很容易与一些基础的管涌险情相混淆,这样是很危险的。1998年汛期就有类似情况发生,幸好在堤临水侧及时发现了进水口,否则若一直当管涌抢险,其后果将不堪设想。

二、漏洞险情的判别

1. 漏洞险情的特征

从上述漏洞形成的原因及过程可以知道,漏洞贯穿堤身,使洪水通过孔洞直接流向堤背水侧。漏洞的出口一般发生在背水坡或堤脚附近,其主要表现形式有:

(1)漏洞开始因漏水量小,堤土很少被冲动,所以漏水较清,叫做清水漏洞。此情况的产生一般伴有渗水的发生,初期易被忽视。但只要查险仔细,就会发现漏洞周围"渗水"的水量较其他地方大,应引起特别重视。

(2)漏洞一旦形成后,出水量明显增加,且渗出的水多为浑水,因而湖北等地形象地称之为"浑水洞"。漏洞形成后,洞内形成一股集中水流,漏洞扩大迅速。由于洞内土的崩解、冲刷,出水水流时清时浑,时大时小。

(3)漏洞险情的另一个表现特征是水深较浅时,漏洞进水口的水面上往往会形成漩涡,所以在背水侧查险发现渗水点时,应立即到临水侧查看是否有漩涡产生。

2. 漏洞险情的探测

(1)水面观察。漏洞形成初期,进水口水面有时难以看到漩涡。可以在水面上撒一些漂浮物,如纸屑、碎草或泡沫塑料碎屑,若发现这些漂浮物在水面打漩或集中在一处,即表明此处水下有进水口。

(2)潜水探漏。漏洞进水口如水深流急,水面看不到漩涡,则需要潜水探摸。潜水探摸是有效的方法。由体魄强壮、游泳技能高强的青壮年担任潜水员,上身穿戴井字皮带,系上绳索由堤上人员掌握,以策安全。探摸方法:一是手摸脚踩,二是用一端扎有布条的杆子探测,如遇漏洞,洞口水流吸引力可将布条吸入,移动困难。

(3)投放颜料观察水色。适宜水流相对小的堤段。在可能出现漏洞且为水浅流缓的堤段分段分期分别撒放石灰或其他易溶于水的带色颜料,如高锰酸钾等,记录每次投放时间、地点,并设专人在背水坡漏洞出水口处观察,如发现出洞口水流颜色改变,记录时间,即可判断漏洞进水口的大体位置和水流流速大小。然后改变颜料颜色,进一步缩小投放范围,即可较准确地找出漏洞进水口。

(4)电法探测。如条件允许可在漏洞险情堤段采用电法探测仪进行探查,以查明漏水通道,判明埋深及走向。

三、漏洞险情的抢护原则

抢护漏洞是一项急促的工作,所以,抢护漏洞的原则是:"前截后导、抢早抢小、一气呵成。"首先在临水一侧找到漏洞进水口,及时进行堵塞,截断漏水来源,同时,在背水一侧漏洞出水口采用反滤和围井,降低洞内水流流速,延缓并制止土料流失,防止险情进一步扩大,切忌在漏洞出口处用不透水料强塞硬堵,以免造成更大险情。

一般漏洞险情发展很快,特别是出现浑水漏洞,将迅速危及堤防安全。所以,对漏洞险情要及早发现,力争在漏洞发展初期及时堵塞,切莫延误时机。漏洞险情抢护必须慎重、认真、严肃对待,一定要行动迅速,抢护中要竭尽全力、连续作战,中途不得停顿。

四、漏洞险情的抢护方法

堤防漏洞抢护的关键是"前截后导",即临水截堵和背河导渗。在抢护漏洞之前,必须首先进行洞口探摸，找到进水口的具体位置，根据漏洞进水口的具体情况，然后再采取相应的措施。

（一）临水截堵的方法

1. 塞堵法

塞堵漏洞进口是最有效最常用的方法，尤其是在地形起伏复杂，洞口周围有灌木杂物时更适用。一般可用软性材料塞堵，如针刺无纺布、棉被、棉絮、草包、编织袋包、网包、棉衣及草把等，也可用预先准备的一些软楔、草捆塞堵。在有效控制漏洞险情的发展后，还需用黏性土封堵闭气，或用大块土工膜、蓬布盖堵，然后再压土袋或土枕，直到完全断流为止。

在抢堵漏洞进口时，切忌乱抛砖石等块状料物，以免材料被块体架空，致使漏洞继续发展扩大。塞堵漏洞中应特别注意水下操作人员的人身安全。

2. 软帘盖堵法

当漏洞进水口的位置可大致确定，并且洞附近流速较小时，可采用软帘盖堵法。软帘一般可选用草帘、苇箔、篷布或土工织物布等重叠数层制成，也可临时用柳枝、秸料、芦苇等编扎软帘。铺盖前要先清理软帘覆盖范围内的堤坡。软帘的大小应根据洞口具体情况和需要盖堵的范围决定。软帘的上边可根据受力大小用绳索或铅丝拴牢于堤顶的木桩上，下边坠上适量的块石、土袋等重物，以利于软帘沉贴在边坡上。

在盖堵之前，先将软帘卷起，置放于洞口的上部，盖堵时用木杆将软帘顶推，使其顺着堤坡下滚，把洞口盖堵严密后，再盖压土袋，并抛填黏性土，达到封堵闭气的目的。软帘盖堵示意图如图 7.1 所示。除采用软帘材料外，还可以采用软体排和木板等覆盖物进行盖堵。

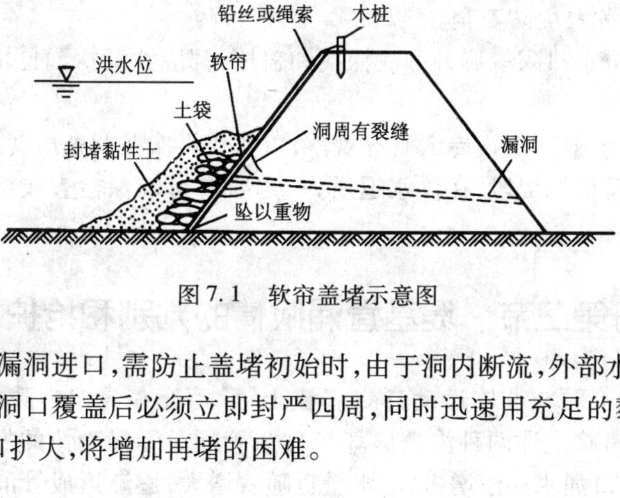

图 7.1 软帘盖堵示意图

采用盖堵法抢护漏洞进口，需防止盖堵初始时，由于洞内断流，外部水压力增大，洞口覆盖物的四周进水。因此洞口覆盖后必须立即封严四周，同时迅速用充足的黏土料封堵闭气。否则一旦堵漏失败，洞口扩大，将增加再堵的困难。

3. 戗堤法

当堤坝临水坡漏洞口较多、范围较大或地形比较复杂时，以及漏洞口位置在水下较深，或发生在夜间不易寻找洞口的情况下，可采用抛黏土填筑前戗或临水筑月堤的办法进行抢堵。

（1）抛填黏土前戗。在洞口附近区域连续集中抛填黏土，一般形成厚 3 ~ 5m、高出水面约 1m 的黏性土前戗，封堵整个漏洞区域，在遇到填土易从洞口冲出的情况下，可先在洞口两侧抛填黏土，同时准备一些土袋，集中抛填于洞口，初步堵住洞口后，再抛填黏土，闭气截流，达到堵漏目的。

（2）临水筑月堤。如果漏洞进水口较多、较小，难以找准且临水水深较浅，流速较小时，可在洞口外侧范围内用土袋迅速连续抛填，快速修成月牙形围堰，同时在围堰内快速抛填黏土，封堵洞口，临水筑月堤堵漏示意图如图 7.2 所示。漏洞抢堵闭气后，还应有专人看守观察，以防再次出险。

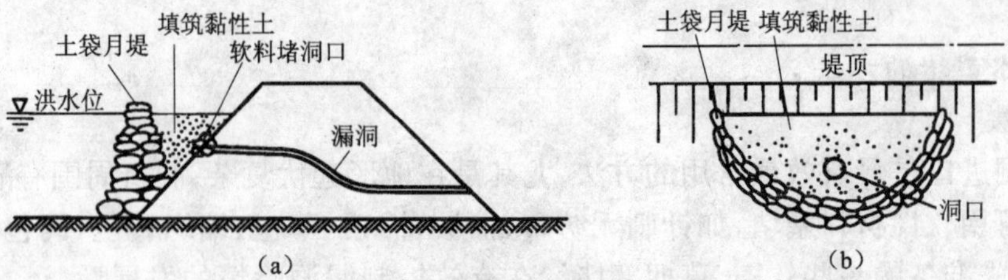

图 7.2 临水筑月堤堵漏示意图

(a)断面图;(b)平面图

(二)背河导渗的措施

探找漏洞进水口和抢堵,一般是在水面以下摸索进行。要做到准确无误不遗漏,并能顺利地堵住全部进水口,其难度非常大。为了保证工程安全,在临水坡查漏洞进口的同时,为减缓堤土流失,可在背水漏洞出口处构筑围井,反滤导渗,降低洞内水流流速。通常采用的方法有滤层围井法、滤层铺盖法和透水压渗台法等。这些方法适用于出水量小而漏洞多的情况,与“管涌险情抢护方法”基本相同。

五、漏洞抢护的注意事项

(1)发现堤防漏洞的出水口后,应采取多种措施尽快查找漏洞进水口,并标出位置。

(2)在抢堵漏洞进水口时,切忌在漏洞出口处用不透水料强塞硬堵,致使洞口土体进一步冲蚀,导致险情扩大,危及堤防安全。

(3)无论对漏洞进水口采取哪种办法探找和盖堵,都应注意探漏抢堵人员的人身安全,落实切实可行的安全措施。

(4)漏洞在抢堵闭气后,应设专人看守观察,以防止再次在此处出现漏洞。

(5)凡发生漏洞险情的堤段,在洪水退后,一定要进行锥探检查或锥探灌浆加固,如有必要时,应进行开挖翻筑。

第三节 堤基管涌险情的判别和抢护

在渗流水作用下土颗粒群体运动,称为“流土”。填充在骨架空隙中的细颗粒被渗水带走,称为“管涌”。通常将上述两种渗透破坏统称为管涌。管涌险情的发展以流土最为迅速,它的过程是随着出水口涌水挟沙增多,涌水量也随着增大,逐渐形成管涌洞,如将附近堤(闸)基下沙层淘空,就会导致堤身骤然下挫,甚至酿成决堤灾害。据统计,1998 年汛期,长江干堤近 2/3 的重大险情是管涌险情。当发生管涌时,决不能掉以轻心,必须迅速予以处理,并进行必要的监护。

一、管涌险情的判别

(一)管涌险情产生的原因

管涌形成的原因是多方面的。一般来说,堤防基础为典型的二元结构,上层是相对不透水的黏性土或壤土,下面是粉砂、细砂,再下面是砂砾卵石等强透水层,并与河水相通。在汛期高水位时,由于强透水层渗透水头损失很小,堤防背水侧数百米范围内表土层底部仍承受很大的水压力。如果这股水压力冲破了黏土层,在没有反滤层保护的情况下,粉砂、细砂就会随水流出,从而发生管涌。

堤防背水侧的地面黏土层不能抗御水压力而遭到破坏的原因大致为:

(1)河道洪水较大,堤坝防御水位提高,渗水压力增大,堤背水侧地面黏土层厚度不够。

(2)历史上溃口段内黏土层遭受破坏,在溃口处复堤后,堤背水侧留有渊潭,渊潭中黏土层较薄,则会有管涌发生。

(3)每年都在堤背水的一侧取土加高堤坝,使得堤背的黏土层渐渐挖薄,使其防渗效果大大降低。

(4)在河道中建闸后,使渠道挖方及水流冲刷,从而将黏土层减薄,防渗能力不满足。

(5)在堤背水侧钻孔或勘探爆破孔封闭不实和一些民用井的结构不当,形成渗流通道。

(6)由于其他原因将堤背水侧表土层挖薄,使堤的防渗能力不能满足原设计的要求。

(二)管涌险情的判别

管涌险情的严重程度一般可以从以下几个方面加以判别,即管涌口离堤脚的距离、涌水浑浊度及带沙情况、管涌口直径、涌水量、洞口扩展情况、涌水水头等。由于抢险的特殊性,目前都是凭有关人员的经验来判断。具体操作时,管涌险情的危害程度可从以下几方面分析判别:

(1)管涌一般发生在背水堤脚附近地面或较远的坑塘洼地。距堤脚越近,其危害性就越大。一般以距堤脚15倍水位差范围内的管涌最危险,在此范围以外的次之。

(2)有的管涌点距离堤脚虽远一点,但是,管涌不断发展,即管涌口径不断扩大,管涌流量不断增大,带出的砂越来越粗,数量不断增大,这也属于重大险情,需要及时抢护。

(3)有的管涌发生在农田或洼地中,多是管涌群,管涌口内有砂粒跳动,似"煮稀饭",涌出的水多为清水,险情比较稳定,可加强观测,暂不处理。

(4)管涌发生在坑塘中,水面会出现翻花鼓泡,水中带砂、色浑,有的由于水较深,水面只看到冒泡,可潜水探摸,是否有凉水涌出或在洞口是否形成砂环。

(5)堤背水侧地面隆起(牛皮包、软包)、膨胀、浮动和断裂等现象也是产生管涌的前兆,只是目前水的压力不足以顶穿上覆土层。随着水位的上涨,有可能将表面顶穿,因而对这种险情要高度重视并及时进行处理。

二、管涌险情的抢护方法

(一)管涌险情抢护原则

抢护管涌险情的原则应是制止涌水带砂,而留有渗水出路。这样既可使沙层不再被破坏,又可以降低附近渗水压力,使险情得以控制和稳定。

值得警惕的是,管涌虽然是堤防溃口的极为明显和常见的原因,但对它的危险性仍有认识不足,措施不当,或麻痹疏忽,贻误时机的。如大围井抢筑不及时,或高围井倒塌都曾造成决堤灾害。

(二)管涌险情抢护方法

1. 反滤围井

在管涌口处用编织袋或麻袋装土抢筑围井,井内同步铺填反滤料,从而制止涌水带砂,以防止险情进一步扩大,当管涌口很小时,也可用无底水桶或汽油桶做围井。这种方法一般适用于发生在背河地面或洼地坑塘出现数目不多和面积较小的管涌,以及数目虽多但未连成大面积,可以分片处理的管涌群。对位于水下的管涌,当水深比较浅时,也可以采用这种方法。

围井面积应根据地面情况、险情程度、料物储备等来确定。围井高度应以能够控制涌水带沙为原则,但也不能过高,一般不超过 1.5m,以免围井附近产生新的管涌。对管涌群,可以根据管涌口的间距选择单个或多个围井进行抢护。围井与地面应紧密接触,以防造成漏水,使围井水位无法抬高。

围井内必须用透水料铺填,切忌用不透水材料。根据所用反滤料的不同,反滤围井可分为以下几种形式。

(1)砂石反滤围井。砂石反滤围井是抢护管涌险情的最常见形式之一。选用不同级配的反滤料,可用于不同土层的管涌抢险。在围井抢筑时,首先应清理围井范围内的杂物,并用编织袋或麻袋装土填筑围井。然后根据管涌程度的不同,采用不同的方式铺填反滤料。对管涌口不大、涌水量较小的情况,采用由细到粗的顺序铺填反滤料,即先装细料,再填过渡料,最后填粗料,每级滤料的厚度为 20~30cm,反滤料的颗粒组成应根据被保护土的颗粒级配事先选定和储备;对管涌口直径和涌水量较大的情况,可先填较大的块石或碎石,以减弱涌出的水势,再按前述方法铺填反滤料,以免较细颗粒的反滤料被水流带走。

反滤料填好后应注意观察,若发现反滤料下沉可补足滤料,若发现仍有少量浑水带出而不影响其骨架改变(即反滤料不下陷),可继续观察其发展,暂不处理或略抬高围井水位。管涌险情基本稳定后,在围井的适当高度插入排水管(塑料管、钢管和竹管),使围井水位适当降低,以免围井周围再次发生管涌或井壁倒塌。同时,必须持续不断地观察围井及周围情况的变化,及时调整排水口高度,如图 7.3a 所示。

(2)土工织物反滤围井。首先对管涌口附近进行清理平整,清除尖锐杂物。管涌口用粗料(碎石、砾石)充填,以减小涌水压力。铺土工织物前,先铺一层砂,粗砂层厚 30~50cm。然后选择合适的土工织物铺上。需要特别指出的是,土工织物的选择是相当重要的,并不是所有土工织物都适用。选择的方法可以将管涌口涌出的水砂放在土工织物上从上向下渗几次,看土工织物是否淤堵。若管涌带出的土为粉砂时,一定要慎重选用土工织物(针刺型);若为较粗的砂,一般的土工织物均可选用。最后要注意的是,土工织物铺设一定要形成封闭的反滤层,土工织物周围应嵌入土中,土工织物之间用线缝合。然后在土工织物上面用块石等强透水材料压盖,加压顺序为先四周后中间,最终中间高、四周低,最后在管涌区四周用土袋修筑围井。围井修筑方法和井内水位控制与砂石反滤围井相同,如图 7.3b 所示。

(3)梢料反滤围井。梢料反滤围井用梢料代替砂石反滤料做围井,适用于砂石料缺少的地方。下层选用麦秸、稻草,铺设厚度 20~30cm。上层铺粗梢料,如柳枝、芦苇等,铺设厚度 30~40cm。梢料填好后,为防止梢料上浮,梢料上面压块石等透水材料。围井修筑方法及井内水位控制与砂石反滤围井相同,如图 7.3c 所示。

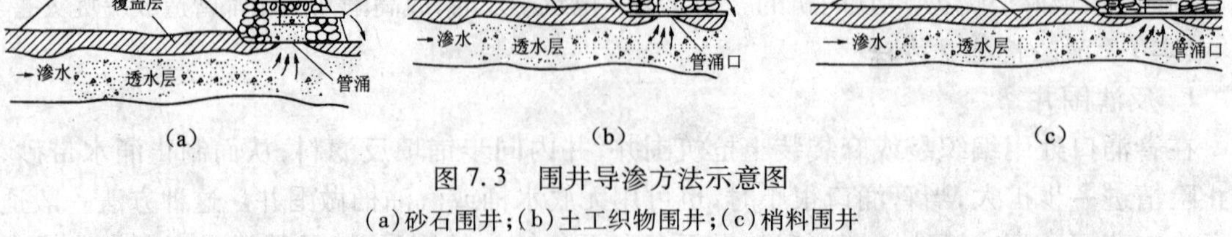

图 7.3　围井导渗方法示意图

(a)砂石围井;(b)土工织物围井;(c)梢料围井

2. 反滤压盖

在堤内出现大面积管涌或管涌群时,如果料源充足,可采用滤层压盖的方法,以降低涌水流速，制止地基泥砂流失，稳定险情。反滤层压盖必须用透水性好的材料，切忌使用不透水材料。根据所用反滤材料不同，可分为以下几种。

（1）砂石滤铺盖。在抢筑前，先清理铺设范围内的杂物和软泥，同时对其中涌水涌砂较严重的出口用块石或砖块抛填，削弱水势，然后在已清理好的管涌范围内，铺粗砂一层，厚约20cm，再铺小石子和大石子各一层，厚度均为20cm，最后铺盖块石一层，予以保护，如图7.4a所示。

（2）土工织物滤层铺盖。在抢筑前，先清理铺设范围内的杂物和软泥，然后在其上面满铺一层土工织物滤料，再在上面铺一层厚度为40～50cm的透水料，最后在透水料层上满压一层厚度为20～30cm的片石或块石，如图7.4b所示。

（3）梢料反滤铺盖。当缺乏砂石料时，可用梢料做铺盖。其清基和减弱水势措施与砂石滤压盖相同。在铺筑时，先铺细梢料，如麦秸、稻草等，厚10～15cm，再铺粗梢料，如柳枝、秫秸和芦苇等，厚约15～20cm，粗细梢料共厚约30cm，然后再铺席片、草垫或苇席等，组成一层。视情况可只铺一层或连铺数层，然后用块石或沙袋压盖，以免梢料漂浮。梢料总的厚度以能够制止涌水携带泥沙、变浑水为清水、稳定险情为原则，如图7.4c所示。

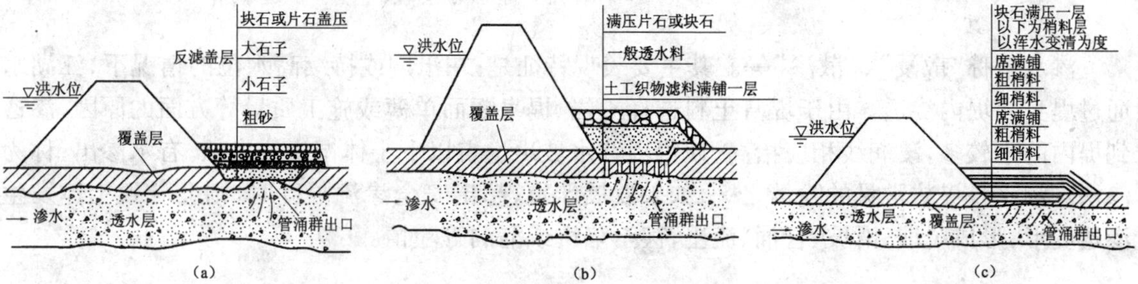

图7.4 滤层压盖方法示意图

（a）砂石滤层铺盖；（b）土工织物滤层铺盖；（c）梢料滤层铺盖

3. 背水月堤抢护

背水月堤抢护又称背水围堰。当背水堤脚附近出现分布范围较大的管涌群险情时，可在堤背出险情的范围外抢筑月堤，拦截涌出的水，抬台下游堤脚处的水位，使堤坝两侧的水位平衡，如图7.5所示。

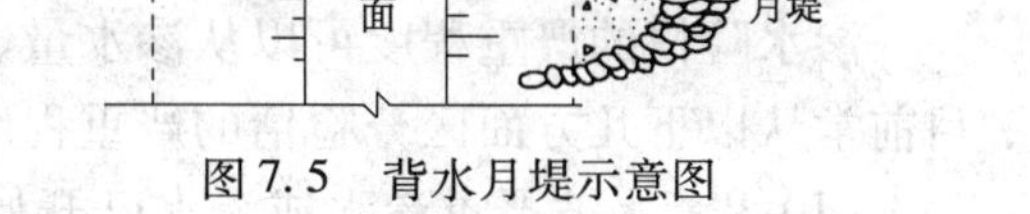

图7.5 背水月堤示意图

月堤可以随着水位的升高而加高，直到险情稳定为止，但月堤高度一般不超过2m，然后安设排水管将余水排出。背水月堤的修筑必须保证质量标准，同时要慎重考虑月堤填筑工作与完工时间是否能适应管涌险情的发展。

4. 水下导滤堆抢护

当水深较深，做反滤围井困难时，可采用水下抛填反滤层的办法。如管涌严重，可先填块石以减弱涌水的水势，然后从水上向管涌口处分层倾倒砂石料，使管涌处形成反滤堆，使砂粒不再带出，以控制险情的发展，从而达到控制管涌险情的目的。但这种方法使用砂石料较多，也可用土袋做成水下围井，以节省砂石滤料。

5. “牛皮包”的处理

当地表土层在草根或其他胶结体作用下凝结成一片时，渗透水压把表土层顶起而形成的鼓包，俗称为“牛皮包”。一般可在隆起的部位，铺麦秸或稻草一层，厚10～20cm，其上再铺柳枝、秫秸或芦苇一层,厚约 20 ~ 30cm。如厚度超过 30cm 时,可分横竖两层铺放,然后再压土袋或块石。

三、管涌险情抢护注意事项

(1)管涌口切忌不要用不透水的材料强填硬塞,各种抢护方法处理后排出的清水,应引至排水沟。

(2)堤防背水坡抢筑的压渗台,千万不能用黏性土料,以免造成渗水无法排出,从而更加加剧险情。

(3)对于严重的管涌险情抢护,应以滤层围井为主,并优先选用砂石滤层围井和土工织物滤层围井,再辅以其他措施。滤层盖层只能适用于渗水量较小、渗透流速较小的管涌,或普遍渗水的地区。

第四节　堤坡渗水险情的判别和抢护

渗水俗称"散浸"、"散渗"等。其主要表现特征是:在汛期或持续高水位的情况下,江湖水通过堤身向堤内渗透。由于堤身土料选择不当、堤身断面单薄或施工质量等方面的原因,渗透到堤内的水较多,浸润线相应抬高,使得堤背水坡出逸点以下土体湿润或发软,有水渗出,称为渗水。渗水是堤防常见的险情之一,如果发展严重,超出安全渗流限度时,则会导致土体发生渗透变形,形成脱坡、滑坡、管涌、流土,甚至陷坑或漏洞等险情。

一、渗水险情的原因

堤防产生渗水的主要原因有:①超警戒水位持续时间长;②堤防断面尺寸不足;③堤身填土含沙量大,临水坡又无防渗斜墙或其他有效控制渗流的工程措施;④由于历史原因,堤防多为民工挑土而筑,填土质量差,没有正规的碾压,有的填筑时含有冻土、团块和其他杂物,夯实不够等;⑤堤防的历年培修,使堤内有明显的新老结合面存在;⑥堤身隐患,如蚁穴、蛇洞、暗沟、易腐烂物、树根等。

二、渗水险情的判别

渗水险情的严重程度可以从渗水量、出逸点高度和渗水的浑浊情况等三个方面加以判别,目前常从以下几方面区分险情的严重程度:

(1)堤背水坡严重渗水或渗水已开始冲刷堤坡,使渗水变浑浊,有发生流土的可能,证明险情正在恶化,必须及时进行处理,防止险情的进一步扩大。

(2)渗水是清水,但如果出逸点较高(黏性土堤防不能高于堤坡的 1/3,而对于沙性土堤防,一般不允许堤身渗水),易产生堤背水坡滑坡、漏洞及陷坑等险情,也要及时处理。

(3)因堤防浸水时间长,在堤背水坡出现渗水。渗水出逸点位于堤脚附近,为少量清水,经观察并无发展,同时水情预报水位不再上涨或上涨不大时,可加强观察,注意险情的变化,暂不处理。

(4)其他原因引起的渗水。通常与险情无关,如堤背水坡江水位以上出现渗水,系由雨水、积水排出造成。

应当指出的是,许多渗水的恶化都与雨水的作用关系甚密,特别是填土不密实的堤段。在降雨过程中应密切注意渗水的发展,该类渗水易引起堤身凹陷,从而使一般渗水险情转化为重大险情。

三、堤身渗水的抢护原则

渗水的抢护原则应是“前堵后排”。“前堵”即在堤临水侧用透水性小的黏性土料做外帮防渗，也可用蓬布、土工膜隔渗，从而减少水体入渗到堤内，达到降低堤内浸润线的目的；“后排”即在堤背水坡上做一些反滤排水设施，用透水性好的材料如土工织物、砂石料或稻草、芦苇做反滤设施，让已经渗出的水，有控制地流出，不让土粒流失，增加堤坡的稳定性。需特别指出的是，背水坡反滤排水只缓解了堤坡表面土体的险情，而对于渗水引起的滑动效果不大，需要时还应做压渗固脚平台，以控制可能因堤背水坡渗水带来的脱坡险情。

四、渗水险情的抢护方法

1. 临水截渗

为减少堤防的渗水量，降低浸润线，达到控制渗水险情发展和稳定堤防边坡的目的，特别是渗水险情严重的堤段，如渗水出逸点高、渗出浑水、堤坡裂缝及堤身单薄等，应采用临水截渗。临水截渗一般应根据临水的深度、流速、风浪的大小，取土的难易，酌情采取以下方法。

(1)复合土工膜截渗。堤临水坡相对平整和无明显障碍时，采用复合土工膜截渗是简便易行的办法。具体做法是：在铺设前，将临水坡面铺设范围内的树枝、杂物清理干净，以免损坏土工膜。土工膜顺坡长度应大于堤坡长度 1m，沿堤轴线铺设宽度视堤背水坡渗水程度而定，一般超过险段两端 5～10m，幅间的搭接宽度不小于 50cm。每幅复合土工膜底部固定在钢管上，铺设时从堤坡顶沿坡向下滚动展开，土工膜铺设的同时，用土袋压盖，以免土工膜随水浮起，同时提高土工膜的防冲能力。复合土工膜截渗如图 7.6 所示。

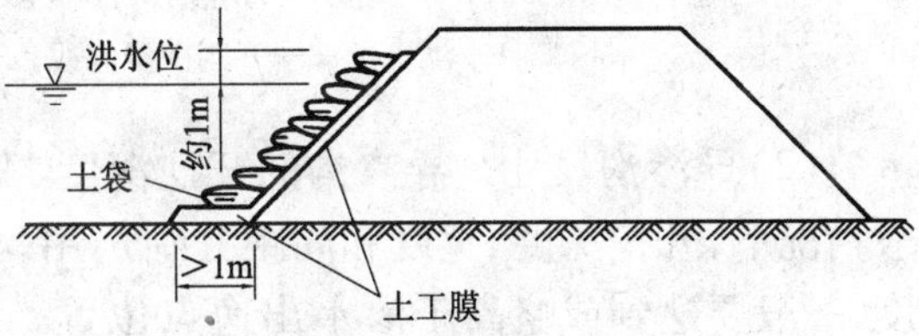

图 7.6　复合土工膜截渗示意图

(2)抛黏土截渗。当水流流速和水深不大且有黏性土料时，可采用临水面抛填黏土截渗。将临水面堤坡的灌木、杂物清除干净，使抛填黏土能直接与堤坡土接触。抛填可从堤肩由上向下抛，也可用船只抛填。当水深较大或流速较大时，可先在堤脚处抛填土袋构筑潜堰，再在土袋潜堰内抛黏。黏土截渗体一般厚 2～3m，高出水面 1m，超出渗水段 3～5m。抛黏土截渗如图 7.7 所示。

2. 背水坡反滤沟导渗

当堤背水坡大面积严重渗水，而在临水侧迅速做截渗有困难时，只要背水坡无脱坡或渗水变浑情况，可在背水坡及其坡脚处开挖导渗沟，排走背水坡表面土体中的渗水，恢复土体的抗剪强度，控制险情的发展。

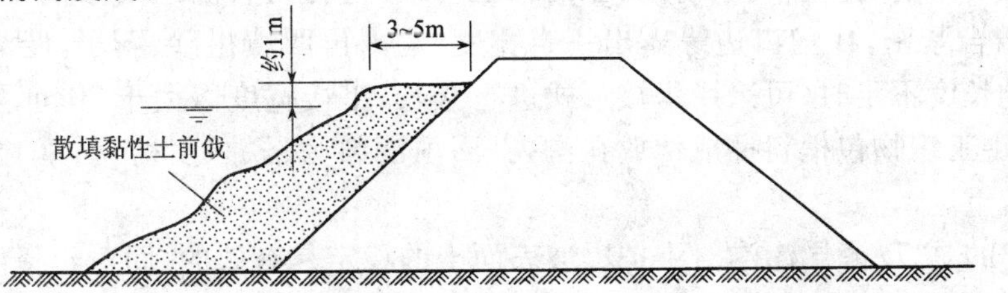

图 7.7　抛黏土截渗示意图

根据反滤沟内所填反滤料的不同,反滤导渗沟可分为三种:①在导渗沟内铺设土工织物,其上回填一般的透水料,称为土工织物导渗沟。②在导渗沟内填沙石料,称为沙石导渗沟。③因地制宜地选用一些梢料作为导渗沟的反滤料,称为梢料导渗沟。④在导渗沟内铺设透水软管,称为透水软管导渗沟。

(1)导渗沟的布置形式。导渗沟的布置形式可分为纵横沟、"Y"字形沟和"人"字形沟等。以"人"字形沟的应用最为广泛,效果最好,"Y"字形沟次之,排水纵沟应与附近的原排水沟渠连通。导渗沟开沟如图 7.8 所示。

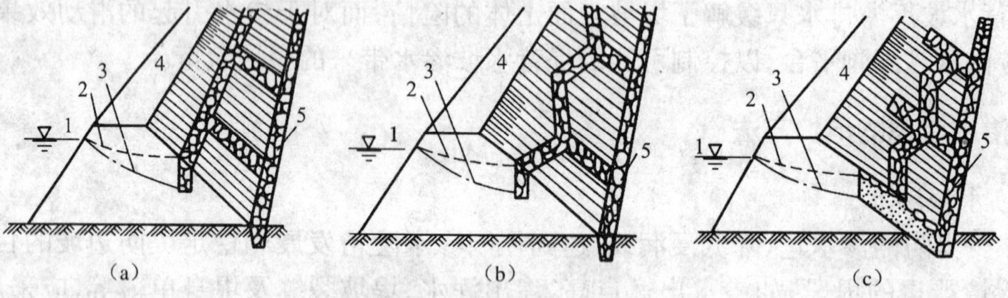

图 7.8 导渗沟开沟示意图

(a)纵横沟;(b)"Y"字形沟;(c)"人"字形沟

1—洪水位;2—开沟前浸润线;3—开沟后浸润线;4—堤顶;5—排水纵沟

(2)导渗沟尺寸。导渗沟的开挖深度、宽度和间距应根据渗水程度和土壤性质确定。一般情况下,开挖深度、宽度和间距分别选用 30~50cm、20~30cm 和 4~8m。导渗沟的开挖高度,一般要达到或略高于渗水出逸点位置。导渗沟的出口,以导渗沟所截得的水排出离堤脚 2~3m 外为宜,尽量减少渗水对堤脚的浸泡。

(3)滤料铺设。边开挖导渗沟,边回填反滤料,铺设滤料应因地制宜,如图 7.9 所示。

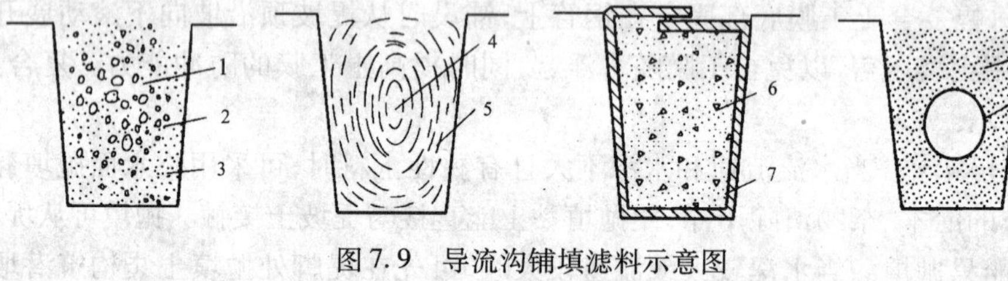

图 7.9 导流沟铺填滤料示意图

1—大石子;2—小石子;3—粗砂;4—粗梢料;5—细梢料;6—一般透水料;7—土工织物;8—软式透水管

滤料为砂石料时,渗沟内要按滤层要求分层填筑粗砂、小石子、大石子。小石子的粒径为 0.5~2.0cm,大石子的粒径为 4~10cm。应严格控制滤料的含泥量,并应符合下细上粗、两侧细中间粗、上下分层排列、两侧分层包住的要求,每层厚度应大于 15cm,以免影响导渗沟的排水效果。

滤料为土工织物时,应根据被保护土的颗粒特性,选择符合滤层要求的土工织物,并将其与沟的周边结合紧密,在沟口边缘露出一定宽度,沟内再回填粗砂、石子、砖渣等一般的透水料。土工织物长度不足时,可采用搭接形式进行接长,搭接宽度以大于 20cm 为宜。紧急情况下,也可以用土工织物包梢料捆成枕放在沟内,回填滤料为稻糠、麦秸、稻草、柳枝、芦苇等,其上应压透水盖重。

值得指出的是,反滤导渗沟对维护堤坡表面土的稳定是有效的,而对于降低堤内浸润线和堤背水坡出逸点高程的作用相当有限。要彻底根治渗水,还要视工情、水情、雨情等确定是否采用临水截渗和压渗平台。

3. 背水坡贴坡反滤导渗

当堤身透水性较强，在高水位下浸泡时间长久，导致背水坡面渗流出逸点以下土体软化，开挖反滤导渗沟难以成形时，可在背水坡作贴坡反滤导渗。在抢护前，先将渗水边坡的杂草、杂物及松软的表土清除干净；然后，按要求铺设反滤料。

根据使用反滤料的不同，贴坡反滤导渗可以分为三种：土工织物反滤层（图 7.10）、沙石反滤层（图 7.11）、梢料反滤层（图 7.12）。

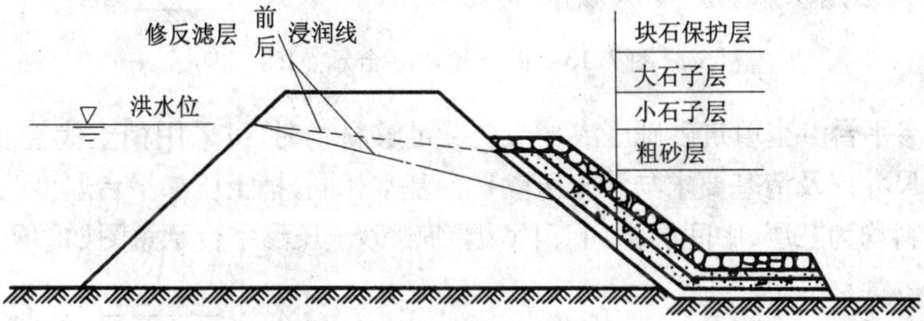

图 7.10　砂石滤层示意图

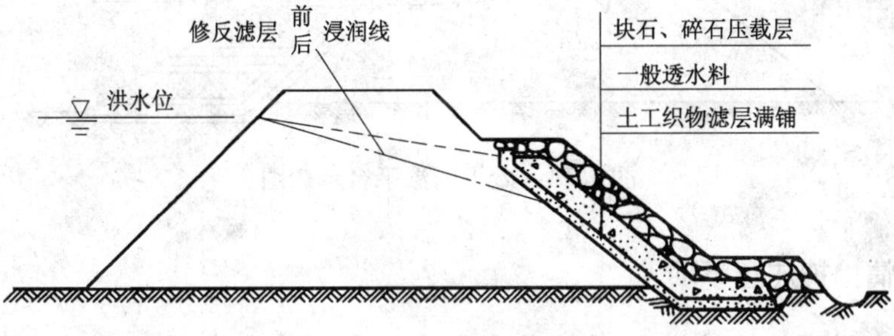

图 7.11　土工织物滤层示意图

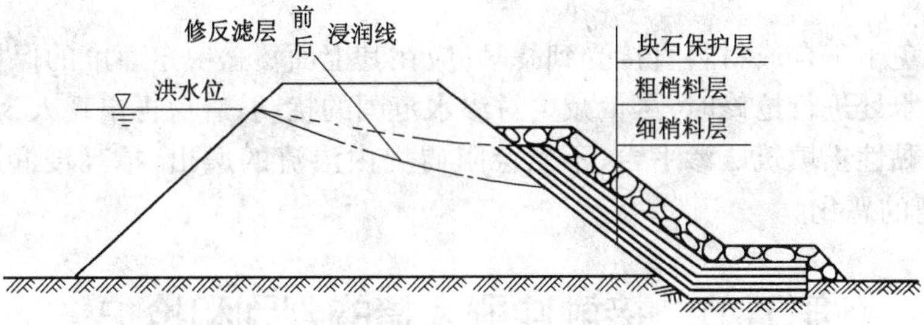

图 7.12　梢料滤层示意图

4. 透水压渗平台

当堤防断面单薄，背水坡较陡，对于大面积渗水，且堤线较长，全线抢筑透水压渗平台的工作量大时，可以结合导渗沟加间隔透水压渗平台的方法进行抢护。透水压渗平台根据使用材料不同，有以下两种方法：

（1）砂土压渗平台。首先将边坡渗水范围内的杂草、杂物及松软表土清除干净，再用砂砾料填筑后戗，要求分层填筑密实，每层厚度 30cm，顶部高出浸润线出逸点 0.5～1.0m，顶宽 2～4m，戗坡一般为 1：3～1：5，长度超过渗水堤段两端至少 3m。采用透水较大的粗砂、中砂修筑压渗平台,断面可以小些;相反,采用透水性较小的细砂、粉砂修筑压渗平台,断面应当大些。砂土压渗平台示意图如图 7.13 所示。

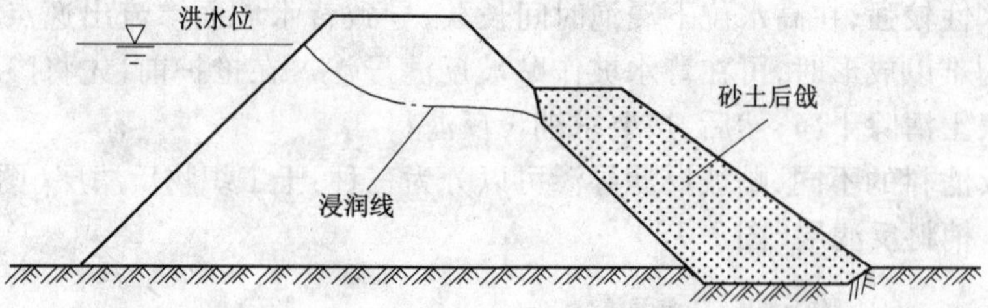

图 7.13　砂土压渗平台示意图

(2)梢土压渗平台。当填筑砂砾压渗平台缺乏足够料物时,可采用梢土代替沙砾,筑成梢土压浸平台。其外形尺寸以及清基要求与沙土压渗平台基本相同,梢土压渗平台厚度为 1.0~1.5m。贴坡段及水平段梢料均为三层,中间层粗,上、下两层细。砂土压渗平台示意图如图 7.14 所示。

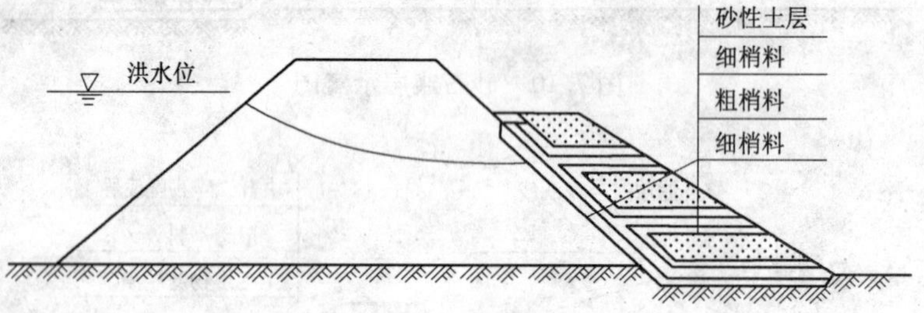

图 7.14　砂土压渗平台示意图

五、渗水险情抢护注意事项

(1)为了避免贻误抢险的时机,应在临水截渗实施的同时,更加注意在背面做滤层导渗。

(2)在渗水堤段背水坡脚附近有深潭、池塘的,在抢护时宜在背水坡脚处抛填块石或土袋进行固基。

(3)为了避免土工合成材料直接受到暴晒,应在其上面覆盖一定厚度的保护层。

(4)在对渗水处进行抢修时,尽量减少对渗水范围的扰动,避免再出现人为扩大险情。

(5)切忌用黏性土填筑压渗平台,不然会阻碍堤内渗流的逸出,抬高浸润线,导致渗水范围的扩大和险情的恶化。

第五节　接触冲刷险情的判别和抢护

接触冲刷险情发生在有穿堤建筑物的地方或土料层间系数大的堤段。由于穿堤建筑物多为刚性结构,在汛期高水位持续作用下,其与土堤的结合部位,极有可能产生位移张开,使水沿缝渗漏,形成接触冲刷险情。尤其是一些穿堤建筑物直接坐落在砂土地基上,其接触面渗水给建筑物安全带来极大的影响。

一、接触冲刷险情的判别

(一)接触冲刷险情产生原因

接触冲刷险情产生的原因主要有:①与穿堤建筑物接触的土体回填不密实;②建筑物与土

体结合部位有生物活动；③止水齿墙（槽、环）失效；④一些老的涵箱断裂变形；⑤超设计水位的洪水作用；⑥穿堤建筑物的变形引起结合部位不密实或破坏等；⑦土堤直接修建在卵石堤基上；⑧堤基土中层间系数太大的地方，如粉砂与卵石间也易产生接触冲刷。该类险情可以结合管涌险情来考虑，这里仅讨论穿堤建筑物的接触冲刷险情。

（二）接触冲刷的判别方法

汛期穿堤建筑物处均应有专人把守，同时新建的一些穿堤建筑物应设有安全监测点，如测压管和渗压计等。汛期只要加强观测，及时分析堤身、堤基渗压力变化，即可分析判定是否有接触冲刷险情发生。没有设置安全监测设施的穿堤建筑物，可以从以下几个方面加以分析判别：

（1）查看建筑物背水侧渠道内水位的变化，也可做一些水位标志进行观测，帮助判别是否产生接触冲刷。

（2）查看堤背水侧渠道水是否浑浊，并判定浑水是从何处流进的，仔细检查各接触带出口处是否有浑水流出。

（3）建筑物轮廓线周边与土结合部位处于水下，可能在水面产生冒泡或浑水，应仔细观察，必要时可进行人工探摸。

（4）接触带位于水上部分，在结合缝处（如八字墙与土体结合缝）有水渗出，说明墙与土体间产生了接触冲刷，应及早处理。

二、接触冲刷险情的抢护方法

（一）接触冲刷险情的抢护原则

穿堤建筑物与堤身、堤基接触带产生接触冲刷，险情发展很快，直接危及建筑物与堤防的安全，所以在进行抢险时，应抢早抢小，一气呵成。抢护原则是在建筑物临水面进行截堵，背水面进行反滤导水，特别是基础与建筑物接触部位产生冲刷破坏时，应抬高堤内渠道水位，减小冲刷水流流速。对可能产生建筑物塌陷的，应在堤临水面修筑挡水围堰或重新筑堤等。

（二）接触冲刷险情的抢护方法

抢护接触冲刷险情可以根据具体情况采用以下几种方法：

1. 临水堵截

（1）抛填黏土截渗

1）适用范围。临水不太深，风浪不大，附近有黏土料，且取土容易，运输方便。

2）备料。由于穿堤建筑物进水口在汛期伸入江河中较远，在抛填黏土时，需要土方量大，为此，要充分备料，抢险时最好能采用机械运输，及时抢护。

3）坡面清理。黏土抛填前，应清理建筑物两侧临水坡面，将杂草、树木等清除，以使抛填黏土能较好地与临水坡面接触，提高黏土抛填效果。

4）抛填尺寸。沿建筑物与堤身、堤基结合部抛填，高度以超出水面 1m 左右为宜，顶宽 2～3m。

5）抛填顺序。一般是从建筑物两侧临水坡开始抛填，依次向建筑物进水口方向抛填，最终形成封闭的防黏土斜墙。

（2）临水围堰

临水侧有滩地，水流流速不大，而接触冲刷险情又很严重时，可在临水侧抢筑围堰，截断进水，达到制止接触冲刷的目的。临水围堰一定要绕过建筑物顶端，将建筑物与土堤及堤基结合部位围在其中。可从建筑物两侧堤顶开始进占抢筑围堰，最后在水中合拢；也可用船连接圆型浮桥进行抛填，加大施工进度，即时抢护。

在临水截渗时，靠近建筑物侧墙和涵管附近不要用土袋抛填，以免产生集中渗漏；切忌乱抛块石或块状物，以免架空，达不到截渗目的。

2. 堤背水侧导渗

(1)反滤围井

当堤内渠道水不深时(小于2.5m)，在接触冲刷水流出口处修筑反滤围井，将出口围住并蓄水，再按反滤层要求填充反滤料。为防止因水位抬高引起新的险情发生，可以调整围井内水位，直至最佳状态为止，即让水排出又不带走沙土。具体方法见管涌抢护方法中的反滤围井。

(2)围堰蓄水反压

在建筑物出口处修筑较大的围堰，将整个穿堤建筑物的下游出口围在其中，然后蓄水反压，达到控制险情的目的。其原理和方法与抢护管涌险情的蓄水反压相同。

在堤背水侧反滤导渗时，切忌用不透水料堵塞，以免引起新的险情。在堤背水侧蓄水反压时，水位不能抬得过高，以免引起围堰倒塌或周围产生新的险情。同时，由于水位高，水压大，围堰要有足够的强度，以免造成围堰倒场而出现溃口性险情。

(三)筑堤

当穿堤建筑物已发生严重的接触冲刷险情而无有效抢护措施时，可在堤临水侧或堤背水侧筑新堤封闭，汛后作彻底处理。具体方法如下。

1. 方案确定

首先应考虑抢险预案措施，根据地形、水情、人力、物力、抢护工程量及机械化作业情况，确定是筑临水围堤还是背水围堤。一般在堤背水侧抢筑新堤要容易些。

2. 筑堤线路确定

根据河流流速、滩地的宽窄情况及堤内地形情况，确定筑堤线路，同时根据工程量大小，以及是否来得及抢护，确定筑堤的长短。

3. 筑堤清基要求

确定筑堤方案和线路后，筑堤范围也即确定。首先应清除筑堤范围内的杂草、淤泥等，特别是新、老堤结合部位应清理彻底。否则一旦新堤挡水，造成结合部集中渗漏，将会引起新的险情发生。

4. 筑堤填土要求

一般选用含沙少的壤土或黏土，严格控制填土的含水量、压实度，使填土充分夯实或压实，填筑要求可参考有关堤防填筑标准。

第六节　洪水漫溢险情的判别和抢护

漫溢是洪水漫过堤坝顶部的现象。堤防漫溢险情指实际洪水位超过现有堤顶高程，或风浪翻过堤顶，洪水漫堤进入背河一侧；坝垛漫溢险情指漫溢水流流速大于坝垛顶部土料的抗冲流速时，坝垛顶部会发生冲刷破坏，甚至出现断坝、垮坝事故。

一、漫溢险情的预测

（一）漫溢的主要原因

（1）实际发生的洪水超过了河道的设计标准。设计标准一般是准确而具有权威性的，但也可能因为水文资料不够，代表性不足或由于认识上的原因，使设计标准定得偏低，形成产生漫溢的可能。这种超标准洪水的发生属于非常情况。

（2）堤防本身未达到设计标准。这可能是投入不足，施工质量控制不严格，堤顶未达设计高程，也可能因地基软弱，夯填不实，沉陷过大，使堤顶高程低于设计值。

（3）河道水流中泥砂较大，长期使用出现严重淤积、过洪断面减小，并对上游流水产生顶托，使淤积河段及其上游河段洪水位升高。

（4）因河道上人为建筑物阻水或盲目围垦，减少了河道的过洪断面，或者河滩种植增加了糙率，影响了泄洪能力，造成洪水位增高。

（5）设计的防浪墙高度不足，或防浪墙损坏未及时维修，在风的作用下波浪翻越堤顶。

（6）河势发生较大的变化，或者由于潮汐顶托以及地震等引起水位增高。

（二）漫溢险情的预测

对已达防洪标准的堤防，当水位已接近或超过设计水位时以及对尚未达到防洪标准的堤防，当水位已接近堤顶，仅留有安全超高富余时，应运用一切手段，适时收集水文、气象信息，进行水文预报和气象预报，分析判断更大洪水到来的可能性以及水位可能上涨的程度。为防止洪水可能的漫溢溃决，应根据准确的预报和河道的实际情况，在更大洪峰到来之前抓紧时机，尽全力在堤顶临水侧部位抢筑子堰。

一般根据上游水文站的水文预报，通过洪水演进计算的洪水位准确度较高。没有水文站的流域，可通过上游雨量站网的降雨资料，进行产汇流计算和洪水演进计算，作洪峰和汇流时间的预报。目前气象预报已具有了相当高的准确程度，能够估计洪水发展的趋势，从宏观上提供加筑子堰的决策依据。

大江大河平原地区行洪需历经一定时段，这为决策和抢筑子堰提供了宝贵的时间，而山区性河流汇流时间就短得多，抢护更为困难。

二、漫溢险情的抢护原则

漫溢险情的抢护要以预防为主。堤防防漫溢抢修应按照“水涨坝高”原则，在堤顶修筑子堤。坝垛防漫溢抢修应按照“加高止漫”原则，在坝垛顶部修筑子堤；按照“护顶防冲”原则，在坝顶铺设防冲材料防护。

当洪水位有可能超过堤坝顶部时，为了防止出现洪水漫溢，应迅速果断地抓紧在堤坝的顶部，充分利用人力、物料、机械，因地制宜，就地取材，采取抢护措施，加强工程检查监督，确保子堤的施工质量，力争在洪水到来之前完成。

三、漫溢险情的抢护方法

防漫溢堤段的抢护，常采用的有效方法是：运用上游水库进行调蓄，削减河道的洪峰，加高加固堤防，加强巡逻防守，增大河道宣泄能力，或利用分洪、滞洪和行洪措施，减轻堤防的压力，对河道内的阻水建筑物或急弯壅水处，应采取果断措施进行拆除和裁弯清障，以保证河道行洪畅通，扩大排洪的能力。对于堤坝顶部的漫溢险情一般性抢护，可以采取以下不同的方法。

1. 黏性土子堤

黏土子堤应修筑在堤顶靠临水堤肩的一侧,其临水坡脚一般距堤肩 0.5～1.0m,顶宽 1.0m,边坡不应陡于 1∶1,子堤顶应超出推算最高水位 0.5～1.0m,如图 7.15 所示。在抢筑前,沿着子堤轴线先开挖一条结合槽,槽深为 0.2m,底宽为 0.3m。清除子堤底宽范围内原堤顶面的草皮、杂物,并把表层刨松或犁成小沟,以利于新老土的结合。在条件允许时,应在背河堤脚 50m 以外取土。土料宜选用黏性土,不要用砂土或有植物根叶的腐殖土,以及含有盐碱等易溶于水的土料。填筑时要分层填土夯实,像主堤体一样确保施工质量。

在个别堤段,如果水即将漫溢,来不及从远处取土时,在堤顶宽度较宽的情况下,可临时在背水堤肩取土筑子堤。这是在危急的情况下不得已抢堵漫溢的措施,一般不可轻易采用。待险情缓和后,应当抓紧时间,将所挖堤肩土加以修复。

2. 袋装土子堤

这是抗洪抢险中最为常用的形式,适用于堤顶较窄、风浪较大、取土困难、土袋供应充足的堤段。土袋临水可起防冲作用,广泛采用的是土工编织袋,麻袋和草袋亦可,汛期抢险应确保充足的袋料储备。此法便于近距离装袋和输送。

为确保子堤的稳定,袋内不得装填粉细砂和稀软土,这种颗粒容易被风浪冲刷吸出,宜用黏性土、砾质土装袋。装袋 7～8 成满,最好不要用绳索扎口,可用尼龙线缝合袋口,使土袋砌筑服贴,袋口朝背水面,排列紧密,错开袋缝,上下袋应前后交错,上袋稍微退后,成 1∶0.3～1∶0.5 的坡度。不足 1m 高的子堤临水面叠铺一排(或一丁一顺),较高于埝底层可酌情加宽为两排以上。土袋内侧缝隙可在铺砌时分层用沙土填密实,外露缝隙用稻草、麦秸等塞严,以免袋后土料被风浪抽吸出来。土袋的背水面修土戗,应随土袋逐层加高而分层铺土夯实。袋装土子堤示意图,如图 7.16 所示。

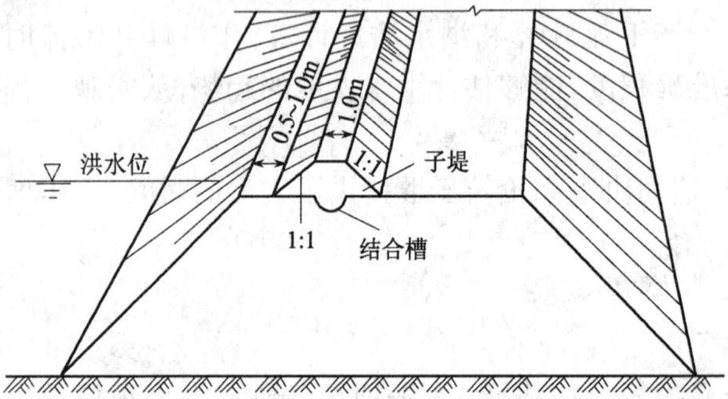

图 7.15　黏性土子堤示意图

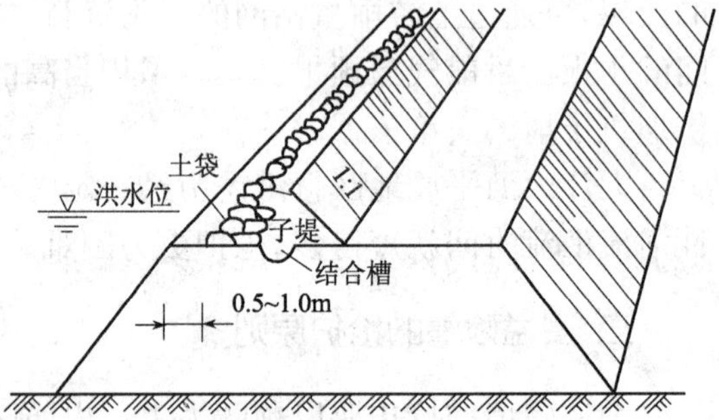

图 7.16　袋装土子堤示意图

3. 桩柳(桩板)枕子堤

当土质较差,取土困难,抢护堤段缺乏土袋时,可就地取材修筑桩柳(桩板)子堤。其具体做法是:将梢径 6～10cm 的木桩打入堤顶,深度为桩长的 1/3～1/2,桩长根据堰高而定,桩距 0.5～1.0m,起直立和固定柳把(木板或门板)的作用。柳把是用柳枝或芦苇、秸料等捆成,长 2～3m,直径 20cm 左右,用铅丝或麻绳绑扎于桩后(亦可用散柳厢修),自下而上紧靠木桩逐层叠捆。应先在堤面抽挖 10cm 的槽沟,使第一层柳把置入沟内。柳把起防风浪冲刷和挡土作用,在柳把后面散置一层厚约 20cm 的秸料,在其后分层铺土夯实(要求同黏性土堰)作成土戗。在水情紧急缺乏柳料时,也可用木板、门板、秸箔等代替柳把。

临水面单排桩柳(桩板)堰,顶宽 1.0m,背水坡 1∶1。见图 7.17a。当抢护堤段堤顶较窄时,可用双排桩柳或桩板的子埝,里外两排桩的净桩距:桩柳取 1.5m,桩板取 1.1m。对应两排桩的桩顶用 18 ~20 号铅丝拉紧或用木杆连接牢固。双排桩内侧分别绑上柳把或散柳、木板等，中间分层填土并夯实，与堤结合部同样要开挖轴线结合槽，见图 7.17b。

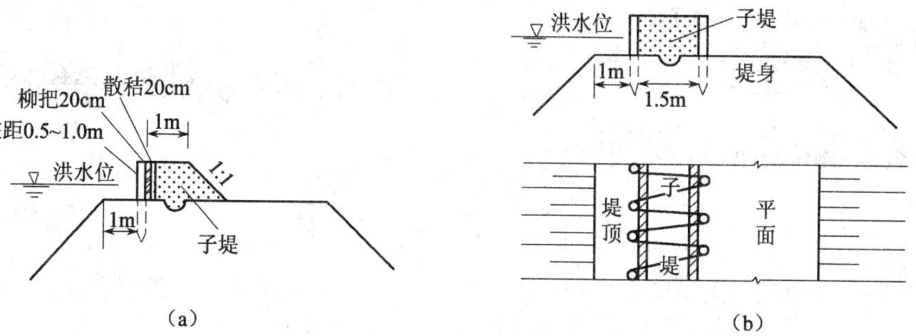

图 7.17　桩柳（桩板）子堤示意图

（a）单排桩柳子堤；（b）双排桩柳子堤

4. 柳石（土）枕子堤

对取土特别困难、土袋缺乏而当地柳源丰富的抢护堤段，可抢筑柳石（土）枕子堤。其具体做法是：用 16 号铅丝扎制直径 0.15m、长 10m 的柳把，铅丝扎捆间距 0.3m，由若干条这样的柳把，包裹起来作为枕芯的石块（或土），用 12 号铅丝间距 1m 扎成直径 0.5m 的圆柱状柳枕。若子埝高 0.5m，只需 1 个柳石枕置于临水面即可，若子埝是 1.0m 和 1.5m 高，则应需 3 个和 6 个柳石枕叠置于临水面（成品字形），底层第一枕前缘距临水堤肩 1.0m，应在该枕两端各打木桩一个，以此固定，在该枕下挖深 10cm 的条槽，以免滑动和渗水。枕后做法如同上述各种子堤，用土填筑戗体，埝顶宽不应小于 1.0m，边坡 1∶1。若土质较差，可适当加宽顶部放缓边坡。筑柳石（土）枕子堤示意图，如图 7.18 所示。

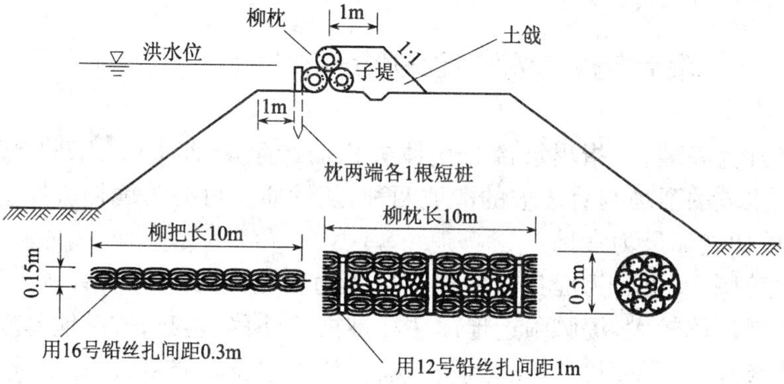

图 7.18　筑柳石（土）枕子堤示意图

5. 土工织物土子堤

土工织物土子堤的抢护方法，基本上与黏土子堤相同，不同的是将堤坡防风浪的土工织物软体，按设计要求铺设高度向上延伸覆盖至子堤顶部，使堤坡防风浪淘刷和堤顶防漫溢的软体排构成一个整体，这样可以取得更好的效果。土工织物土子堤示意图，如图 7.19 所示。

6. 坝顶防冲措施

为防止过坝水流将坝顶冲刷破坏，可在坝顶铺设防冲材料进行防护，常用的有柳料和土工织物等。柳料护顶是在坝顶前后各打一排桩，用绳或铅丝将柳料捆成直径 0.5m 左右的柳把，然后把柳把相互搭接铺在坝顶上，再用小麻绳或铅丝绑扎在桩上，防止坝顶被冲。如漫坝的水流水深流急，可在两侧木桩中间直接铺一层厚0.3~0.5m的柳料，再在柳料上面压上块石，以提高防冲能力。柳料护顶示意图，如图7.20所示。

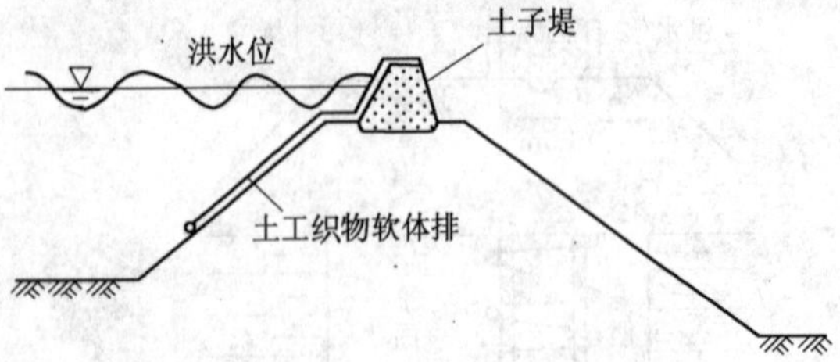

图7.19 土工织物土子堤示意图

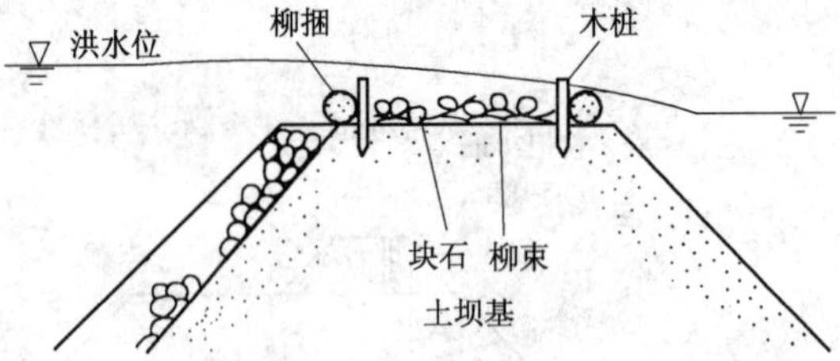

图7.20 柳料护顶示意图

土工织物护顶是将土工织物铺放于坝顶，用木桩将土工织物固定于坝顶之上，木桩的数量应根据具体情况而定，一般其行间距为3m。为使土工织物与坝顶结合严密，不被风浪掀起，可在其上铺压一层土袋。

四、漫溢险情的注意事项

(1)根据洪水预报估算洪水到来的时间和最高水位，做好抢护的料物、机具、劳力、进度、取土地点、施工路线、指挥机构、应急措施等方面的安排。

(2)根据洪水预报有可能有漫溢险情发生时，抢护工作要抓紧进行，务必抢在洪峰到来之前完成。

(3)为防止洪水从某一堤段漫溢，抢筑子堤时务必全线同时施工，更不得留有缺口。

(4)当河道中的洪水位开始降落，以后确实无后续洪水时，应当考虑拆除子堤，以防因上部压重过大出现滑坡险情。

第七节　堤防滑坡险情的判别和抢护

堤防滑坡又称为脱坡，系指堤坡部分土体失稳而产生滑动，同时出现趾部隆起外移的险情。滑坡包括临水坡的滑坡与背水坡的滑坡两种，从性质上可分为剪切破坏、塑性破坏和液化破坏3种，其中剪切破坏最为常见。

根据滑坡的范围，又可分为堤身与基础一起滑动和堤身局部滑动两种。前者滑动面比较深，多呈圆弧形，滑动体较大，堤脚附近地面往往被推挤外移、隆起，或沿地基软弱层一起滑动；后者滑动范围比较小，滑裂面较浅，虽然危害较轻，但也应及时修复，以免继续发展。

坝垛在自重和外力作用下失去稳定，使护坡、护脚连同部分土坝基从顶部沿弧形破裂面向河槽滑动的险情称为滑动险情，可分为缓滑和骤滑两种。骤滑险情突发性很强，历时非常短，易发生在水流直接冲刷处，抢护起来很困难，对防洪安全威胁也大，严重时会造成护脚、护坡体连同部分土坝体，从坝顶沿弧形破裂面直接滑向河内，是最严重的险情之一。这类险情严重威胁着堤防的安全，必须及时进行抢护。

一、堤防滑坡的判断

(一)滑坡产生的原因

堤防的临水面与背水面堤坡均有发生滑坡的可能，因其所处位置不同，产生滑坡的原因也不同，现分述如下。

1. 临水面滑坡的主要原因

(1)堤脚滩地迎着水流方向,崩岸逼近堤脚,堤脚失稳引起滑坡。

(2)水位消退时,堤身饱水,容重增加,在渗流作用下,使堤坡滑动力加大,抗滑力减小。堤坡失去平衡而滑坡。

(3)汛期风浪冲毁护坡,浸蚀堤身引起的局部滑坡。

2. 背水面滑坡的主要原因

(1)堤身渗水饱和而引起的滑坡。通常在设计水位以下,堤身的渗水是稳定的,然而,在汛期洪水位超过设计水位或接近设计水位时,堤身的抗滑稳定性降低或达到最低值。再加上其他一些原因,最终导致滑坡。

(2)遭遇暴雨或长期降雨而引起的滑坡。汛期水位较高,堤身的安全系数降低,如遭遇暴雨或长时间连续降雨,堤身饱水程度进一步加大,特别是对于已产生了纵向裂缝(沉降缝)的堤段,雨水沿裂缝很容易地渗透到堤防的深部,裂缝附近的土体因浸水而软化,强度降低,最终导致滑坡。

(3)堤脚失去支撑而引起的滑坡。平时不注意堤脚保护,更有甚者,在堤脚下挖塘,或未将紧靠堤脚的水塘及时回填等,这种地方是堤防的薄弱地段,堤脚下的水塘就是将来滑坡的出口。

(二)堤防滑坡的预兆

汛期堤防出现下列情况时,必须引起注意。

1. 堤顶与堤坡出现纵向裂缝

汛期一旦发现堤顶或堤坡出现了与堤轴线平行而较长的纵向裂缝时,必须引起高度警惕,仔细观察,并做必要的测试,如缝长、缝宽、缝深、缝的走向以及缝隙两侧的高差等,必要时要连续数日进行测试并做详细记录。出现下列情况时,发生滑坡的可能性很大。

(1)裂缝左右两侧出现明显的高差,其中位于离堤中心远的一侧低,而靠近堤中心的一侧高。

(2)裂缝开度继续增大,裂缝的尾部走向出现了明显的向下弯曲的趋势。

(3)从发现第一条裂缝起,在几天之内与该裂缝平行的方向相继出现数道裂缝。

(4)发现裂缝两侧的土体明显湿润,甚至发现裂缝中出现渗水。

2. 堤脚处地面变形异常

滑坡发生之前,滑动体沿着滑动面已经产生移动,在滑动体的出口处,滑动体与非滑动体相对变形突然增大,使出口处地面变形出现异常。一般情况下,滑坡前出口处地面变形异常情况难以发现。因此,在汛期,特别是在洪水异常大的汛期,应在重要堤防,包括软基上的堤防,曾经出现过险情的堤防堤段,临时布设一些观测点,及时对这些观测点进行观测,以便随时了解堤防坡脚或离坡脚一定距离范围内地面变形情况,当发现堤脚下或堤脚附近出现下列情况,预示着可能发生滑坡。

(1)堤脚下或堤脚下某一范围隆起。可以在堤脚或离堤脚一定距离处打一排或两排木桩,测这些木桩的高程或水平位移来判断堤脚处隆起和水平位移量。

(2)堤脚下某一范围内明显潮湿,变软发泡。

3. 临水坡前滩地崩岸逼近堤脚

汛期或退水期,堤防前滩地在河水的冲刷、涨落作用下,常常发生崩岸。当崩岸逼近堤脚时,堤脚的坡度变陡,压重减小。这种情况一旦出现,极易引起滑坡。

4. 临水坡坡面防护设施失效

汛期洪水位较高,风浪大,对临水坡坡面冲击较大。一旦某一坡面处的防护被毁,风浪直接冲刷堤身,使堤身土体流失,发展到一定程度也会引起局部的滑坡。

二、临水面滑坡的抢护方法

(一)临水面滑坡抢护的基本原则

造成滑坡的原因是滑动力超过了抗滑力,所以抢护的基本原则是:尽量增加抗滑力,尽快减小下滑力。具体地说,"上部削坡,下部固坡",先固脚,后削坡。

(二)临水面滑坡抢护的基本方法

汛期临水面水位较高,采用的抢护方法,必须考虑水下施工问题。

1. 增加抗滑力的方法

(1)做土石戗台。在滑坡阻滑体部分做土石戗台,滑坡阻滑体部位一时难以精确划定,最简单的办法是,戗台从堤脚往上做,分二级,第一级厚度1.5~2.0m,第二级厚度1.0~1.5m。采用本抢护方案的基本条件是:堤脚前未出现崩岸与坍塌险情,堤脚前滩地是稳定的。

(2)做石撑。当做土石戗台有困难时,比如滑坡段较长,土石料紧缺时,应做石撑临时稳定滑坡。该法适用于滑坡段较长,水位较高。石撑宽度4~6m,坡比1∶5,撑顶高度不宜高于滑坡体的中点高度,石撑底脚边线应超出滑坡下口3m以外。石撑的间隔不宜大于10m。

(3)堤脚压重,保证滑动体稳定,制止滑动进一步发展。滑坡是由于堤前滩地崩岸、坍塌而引起的,那么,首先要制止崩岸的继续发展,最简单的办法是堤脚抛石块、石笼、编织袋装土石等抗冲压重材料,在极短的时间内制止崩岸与坍塌进一步发展。

2. 背水坡贴坡补强

当临水面水位较高,风浪大,做土石戗台、石撑等有困难时,应在背水坡及时贴坡补强。贴坡的厚度应视临水面滑坡的严重程度而定,一般应大于滑坡的厚度,贴坡的坡度应比背水坡的设计坡度略缓一些。贴坡材料应选用透水的材料,如砂、砂壤土等。如没有透水材料,必须做好贴坡与原堤坡间的反滤层,以保证堤身在渗透条件不被破坏。背水坡贴坡的长度要超过滑坡两端各3m以上。

三、背水面滑坡的抢护方法

(一)背水面滑坡抢护的基本原则

减小滑动力,增加抗滑力。即上部削坡,下部堆土压重。如滑坡的主要原因是渗流作用时应同时采取"前截后导"的措施。

(二)背水面滑坡抢护的基本方法

1. 减少滑动力

(1)削坡减载。削坡减载是处理堤防滑坡最常用的方法,该法施工简单,一般只用人工削坡即可。但在滑坡还继续发展,没有稳定之前,不能进行人工削坡。一定要等滑坡已经基本稳定后(大约12h)才能施工。一般情况下,可将削坡下的土料压在滑坡的堤脚上做压重用。

(2)在临水面上做截渗铺盖,减少渗透力。当判定滑坡是由渗透力而引起的,及时截断渗流是缓解险情的重要措施。采用此法的条件是:坡脚前有滩地,水深也较浅,附近有黏土可取。在坡面上做黏土铺盖阻截或减少渗水,尽快减小渗透力,以达到减少滑动力的目的。

(3)及时封堵裂隙,阻止雨水继续渗入。滑坡后,滑动体与堤身间的裂隙应及时处理,以防雨水沿裂隙渗入到滑动面的深层。保护滑动面深处土体不再浸水软化，强度不再降低。封堵裂隙的办法有：用黏土填筑捣实，如没有黏土，也可就地捣实后覆盖土工膜。该法与上述截渗铺盖一样只能是维持滑坡不再继续发展，不能根治滑坡。在封堵滑坡裂隙的同时，必须尽快进行其他抢护措施的施工。

（4）在背水坡面上做导渗沟，及时排水，可以进一步降低浸润线，减小滑动力。

2. 增加抗滑力

增加抗滑力才是保证滑坡稳定，彻底排除险情的主要办法。增加抗滑力的有效办法是增加抗滑体本身的重量，见效快，施工简单，易于实施。

（1）做滤（透）水反压平台（俗称马道、滤水后戗等）。如用沙、石等透水材料做反压平台，因沙、石本身是透水的，因此，在做反压平台前无须再做导渗沟。用沙、石做成的反压平台，称透水反压平台。

在欲做反压平台的部位（坡面）挖沟，沟深 20 ~ 40cm，沟间距 3 ~ 5m，在沟内放置滤水材料（粗砂、碎石、瓜子片、塑料排水管等）导渗，这与第四章中所述的导渗沟相类似。导渗沟下端伸入排渗体内将水排出堤外，绝不能将导渗沟通向堤外的渗水通道阻塞。做好导渗沟后，即可做反压平台。砂、石、土等均可做反压平台的填筑材料。反压平台在滑坡长度范围内应全面连续填筑，反压平台两端应长至滑坡端部 3m 以外。第一级平台厚 2m，平台边线应超出滑坡隆起点 3m 以外；第二级平台厚 1m。

（2）做滤（透）水土撑。当用沙、石等透水材料做土撑材料时，不需再做导渗沟，称此类土撑为透水土撑。由于做反压平台需大量的土石料，当滑坡范围很大，土石料供应又紧张的情况下，可做滤（透）水土撑。滤（透）水土撑，与反压平台的区别是：前者分段，一个一个的填筑而成。每个土撑宽度 5 ~ 8m，坡比 1∶5。撑顶高度不宜高出滑坡体的中点高度。这样做是保证土撑基本上压在阻滑体上。土撑底脚边线应超出滑坡下出口 3m 以上，土撑的间隔不宜大于 10m。土撑的断面如图 7.21 所示。

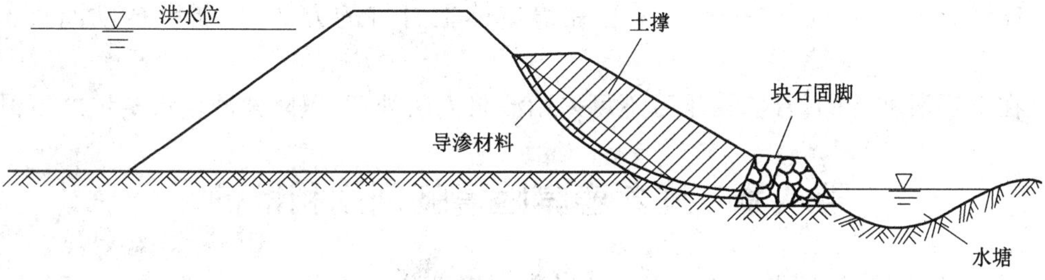

图 7.21　滤水土撑示意图

（3）堤脚压重。在堤脚下挖塘或建堤时，因取土坑未回填等原因，使堤脚失去支撑而引起滑坡时，抢护最有效的办法是尽快用土石料将塘填起来，至少应及时地把堤脚已滑移的部位用土石料压住。在堤脚稳定后基本上可以暂时控制滑坡的继续发展，争取时间，从容地实施其他抢护方案。实质上该法就是反压平台法的第　级平台。

在做压脚抢护时，必须严格划定压脚的范围，切忌将压重加在主滑动体部位。抢护滑坡施工不应采用打桩等办法，震动会引起滑坡的继续发展。

3. 滤水还坡

汛前堤防稳定性较好，堤身填筑质量符合设计要求，正常设计水位条件下，堤坡是稳定的。但是，如在汛期出现了超设计水位的情况，渗透力超过设计值将会引起滑坡，这类滑坡都是浅层滑坡，滑动面基本不切入地基中，只要解决好堤坡的排水，减少渗透力即可将滑坡恢复到原设计边坡，此为滤水还坡。滤水还坡有以下四种做法。

(1)导渗沟滤水还坡。先清除滑坡的滑动体，然后在坡面上做导渗沟，用无纺土工布或用其他替代材料，将导渗沟覆盖保护，在其上用沙性土填筑到原有的堤坡。导渗沟的开挖，应从上至下分段进行，切勿全面同时开挖。

(2)反滤层滤水还坡。该法与导渗沟滤水还坡法一样，其不同之处是将导渗沟滤水改为反滤层滤水。反滤层的做法与渗水抢险中的背水坡反滤导渗的反滤做法相同。

(3)梢料滤水还坡。当缺乏沙石等反滤料时可用此法。本法的具体做法是：清除滑坡的滑动体，按一层柴一层土夯实填筑，直到恢复滑坡前的断面。柴可用芦柴、柳枝或其他秸杆，每层柴厚0.2m，每层土厚1~1.5m。梢料滤水还坡断面。

用梢料滤水还坡抢护的滑坡，汛后应清除，重新用原筑堤土料还坡。以防梢料腐烂后影响堤坡的稳定。

(4)砂土还坡。因为砂土透水性良好，用砂土还坡，坡面不需做滤水处理。将滑坡的滑动体清除后，最好将坡面做成台阶形状，再分层填筑夯实，恢复到原断面。如果用细沙还坡，边坡应适当放缓。

填土还坡时，一定严格控制填土的速率，当坡面土壤过于潮湿时，应停止填筑。最好在坡面反滤排水正常以后，在严格控制填土速率的条件下填土还坡。

四、滑坡的抢护注意事项

(1)在滑坡险情出现或进行抢护时，还可能伴随着浑水漏洞、严重渗水以及再次滑坡等险情，应根据具体情况采取相应的抢护方法。

(2)在渗水严重的滑坡体上，要尽量避免大量抢护人员在险情处践踏。如果坡脚处泥泞严重，人在上面行动困难，可铺些芦苇、秸料、草袋等，让少数人在上面操作。

(3)在滑坡抢护的过程中，不宜采用在滑坡体上打桩的方法，以防因振动而使滑动更严重。

(4)在出现滑坡性的裂缝时，千万不可采用灌浆方法处理，以防浆液增大滑坡的下滑力。

第八节　河堤崩岸险情的判别和抢护

崩岸主要有崩塌、滑脱两种表现形式。其中崩塌又分为条崩和窝崩，条崩指由于水流将堤岸坡脚冲淘刷深，岸坡变得很陡，上层土体失稳而崩塌的险情，崩塌的土体多呈条形，其长度、宽度、体积比弧形坍塌小；窝崩是在平面上和横断面上均为弧形阶梯式的土体崩塌险情，其长度、宽度、体积远大于条崩。崩岸是堤防临水面滩岸土体崩落的重要险情。这一险情具有发生突然、发展迅速、后果严重的特点，如不及时抢护，将会危及堤防安全。

一、崩岸险情的判断

(一)崩岸险情的成因

崩岸险情发生的主要原因是：一是有环流强度和水流挟泥砂能力大的洪水；二是有些部位靠近河道的主流；三是修筑堤岸的土料抗冲能力比较差。

因水流冲淘刷深堤岸坡脚。在河流的弯道，主流逼近凹岸，深泓紧逼堤防。在水流侵袭、冲刷和弯道环流的作用下，堤外滩地或堤防基础逐渐被淘刷，使岸坡变陡，上层土体失稳而最终崩塌，危及堤防。

此外，为了整治河道，控导河势，与险工相结合，在河道的关键部位常建有垛(短丁坝、矶头)、丁坝和顺坝等。由于这些工程的阻水作用，常会在其附近形成回流和漩涡，导致局部冲刷深坑，进而产生窝崩，从而使这些垛、丁坝的自身安全受到威胁。

(二)崩岸险情的预兆

崩岸险情发生前，堤防临水坡面或顶部常出现纵向或圆弧形裂缝，进而发生沉陷和局部坍塌。因此，裂缝往往是崩岸险情发生的预兆。必须仔细分析裂缝的成因及其发展趋势，及时做好抢护崩岸险情的准备工作。

必须指出：崩岸险情的发生往往比较突然，事先很难准确判断。它不仅常发生在汛期的涨水或落水期，在枯水季节也时有发生；随着河势的变化和控导工程的建设，原来从未发生过崩岸的平工也会变为险工。因此，凡属主流靠岸、堤外无滩、急流顶冲的部位，都有发生崩岸险情的可能，都要加强巡查，加强观察。

勘查分析河势变化，是预估崩岸险情发生的重要方法。要根据以往上下游河道险工与水流顶冲点的相关关系和上下游河势有无新的变化，分析险工发展趋势；根据水文预报的流量变化和水位涨落，估计河势在本区段可能发生变化的位置；综合分析研究，判断可能的出险河段及其原因，作好抢险准备。

(三)崩岸险情的探测

探测堤防、护岸工程前沿或基础被冲深度，是判断险情轻重和决定抢护方法的首要工作。一般可用探水杆、铅鱼从测船上测量堤防前沿水深，并判断河底土石情况。通过多点测量，即可绘出堤防前沿的水下断面图，以大体判断堤脚基础被冲刷的情况及抛石等固基措施的防护效果。

选用全球定位仪(GPS)配套的超声波双频测深仪法，是测量堤防、堤岸前沿水深和绘制水下断面地形图的先进方法。在条件许可的情况下，可优先选用。实践证明，这一方法可十分迅速、准确地判断水下冲刷深度和范围，以赢得抢险时间。

在情况紧急时，可采用人工水下探查的方法，大致了解冲坑的位置和深度、急流游涡的部位以及水下护脚破坏的情况，以便及时确定抢护的方法，但要特别注意水下人员的安全。

二、崩岸险情的抢护原则

崩岸险情抢护应遵循“护基固脚、缓流挑流”的原则。崩岸抢修，宜抛投块石、石笼、土袋等防冲物体护基固脚，大流顶冲、水深流急，造成水流冲刷严重、基础冲塌较多的险情，应采用护岸缓流的措施。

三、崩岸险情的抢护方法

崩岸险情的抢护措施，应根据河势，特别是近岸水流的状况，崩岸后的水下地形情况以及施工条件等因素，酌情选用。首先要稳定坡脚，固基防冲。待崩岸险情稳定后，再酌情处理岸坡。处理崩岸险情的主要措施有：护脚固基抗冲、缓流挑流防冲、减载加帮等。

(一)护脚固基抗冲

一旦发生崩岸险情，首先应考虑抛投料物，如石块、石笼、土袋和柳石枕等，以稳定基础、防止崩岸险情的进一步发展。

1. 抛石块

抛投石块应从险情最严重的部位开始,依次向两边展开。首先将石块抛入冲坑最深处,逐步从下层向上层,以形成稳定的阻滑体。在抛石过程中,要随时测量水下地形,掌握抛石位置,以达到稳定坡度(一般为1:1~1:1.5)为止。

抛投石块应尽量选用大的石块,以免流失。在条件许可的情况下,应通过计算确定抗冲抛石粒径。在流速大、紊动剧烈的坝头等处,石块重量一般应达30~75kg;在流速较小,流态平稳的顺坡坡脚处,石块重量一般也不应小于15kg。

抛石的落点受流速、水深、石重等因素的影响,在抛投前应先作简单现场试验,测定抛投点与落点的距离,然后确定抛投船的舶位。

在水深流急情况下抛石,应选择突击抢抛的施工方法。集中力量,一次性抛入大量石块,避免零抛散堆,造成不必要的石块流失。从堤岸上抛投时,为避免砸坏堤岸,应采用滑板,保持石块平稳下落。当堤岸抛石的落点不能达到冲坑最深处时,这一施工方法不宜单独运用。应配合船上抛投,形成阻滑体,否则,起不到抛石的作用。

2. 抛石笼

当现场石块体积较小,抛投后可能被水冲走时,可采用抛投石笼的方法。抛笼应从险情严重部位开始,并连续抛投至一定高度。可以抛投笼堆,亦可普遍抛笼。在抛投过程中,需不断检测抛投面坡度,一般应使该坡度达到1:1。

应预先编织、扎结铅丝网、钢筋网或竹网,在现场充填石料。石笼体积一般应达1.0~2.5m^3,具体大小应视现场抛投手段而定。

抛投石笼一般在距水面较近的坝顶或堤坡平台上或船只上实施。船上抛笼,可将船只锚定在抛笼地点直接下投,以便较准确地抛至预计地点。在流速较大的情况下,可同时从堤顶和船只上抛笼,以增加抛投速度。

抛石笼完成以后,应当全面进行一次水下探摸,将石笼与石笼接头不严之处,用大块石抛填补齐。

3. 抛土袋

在缺乏石料的地方,可利用草袋、麻袋和土工编织袋充填土料进行抛投护脚。在抢险情况下,采用这一方法是可行的。其中土工编织袋又优于草袋、麻袋,相对较为坚韧耐用。每个土袋重量宜在50kg以上,袋子装土的充填度为70%~80%,以充填砂土、砂壤土为好,装填完毕后用铅丝或尼龙绳绑扎封口。

可从船只上,或从堤岸上用滑板导滑抛投,层层叠压。如流速过高,可将2~3个土袋捆扎连成一体抛投。在施工过程中,需先抛一部分土袋将水面以下深槽底部填平。抛袋要在整个深槽范围内进行,层层交错排列,顺坡上抛,坡度1:1,直至达到要求的高度。在土袋护体坡面上,还需抛投石块和石笼,以作保护。在施工中,要严防尖硬物扎破、撕裂袋子。

4. 抛柳石枕

对淘刷较严重、基础冲塌较多的情况,仅抛石块抢护,因间隙透水,效果不佳。常可采用抛柳石枕抢护。

柳石枕的长度视工地条件和需要而定,一般长10m左右,最短不小于3m,直径0.8~1.0m。柳、石体积比约为2:1,也可根据流速大小适当调整比例。

推枕前要先探摸冲淘部位的情况,要从抢护部位稍上游推枕,以便柳石枕入水后有藏头的地方。若分段推枕,最好同时进行,以便衔接。要避免枕与枕交叉、搁浅、悬空和坡度不顺等现象发生。如河底淘刷严重，应在枕前再加抛第二层枕。要待枕下沉稳定后，继续加抛，直至抛出水面 1.0m 以上。在柳石枕护体面上，还应加抛石块、石笼等，以作保护。

选用上述几种抛投料物措施的根本目的，在于固基、阻滑和抗冲。因此，特别要注意将料物投放在关键部位，即冲坑最深处。要避免将料物抛投在下滑坡体上，以免加重险情。

在条件许可的情况下，在抛投料物前应先做垫层，可考虑选用满足反滤和透水性准则的土工织物材料。无滤层的抛石下部常易被淘刷，从而导致抛石的下沉崩塌。当然，在抢险的紧急关头，往往难以先做好垫层。一旦险情稳定，就应立即补做此项工作。

抛块石、土袋防冲示意图，如图 7.22 所示；抛石笼防冲示意图，如图 7.23 所示。

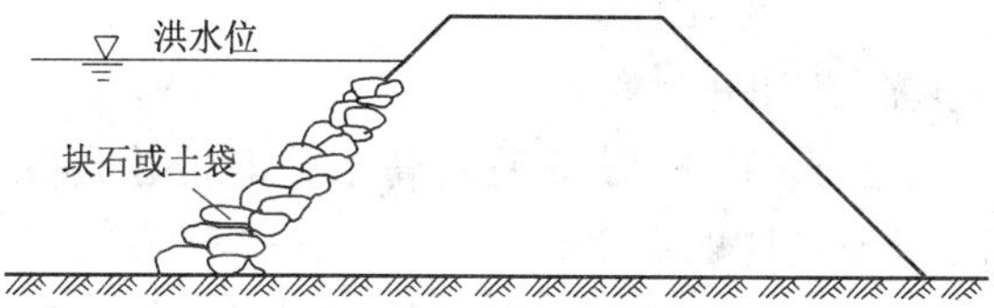

图 7.22　抛块石、土袋防冲示意图

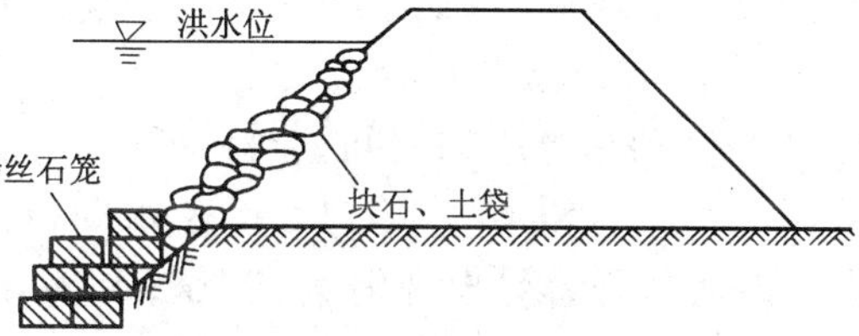

图 7.23　抛石笼防冲示意图

（二）缓流挑流防冲

为了减缓崩岸险情的发展，必须采取措施防止急流顶冲的破坏作用。

1. 抢修短丁坝

丁坝、垛、矶等可以导引水流离岸，防止近岸冲刷。这是一种间断性有重点的护岸形式，在崩岸除险加固中常有运用。

在突发崩岸险情的抢护中，采用这一方法困难较大，见效较慢。但在急流顶冲明显、冲刷面不断扩大的情况下，也可应急地采用石块、石枕、铅丝石笼、沙石袋等抛堆成短坝，调整水流方向，以减缓急流对坡脚的冲刷。

在抢险中，难以对短丁坝的方向、形式等进行仔细规划，但要求坝长不影响对岸。修建丁坝势必增强坝头附近局部河床的冲刷危险，因此要求坝体自身（特别是坝头）具有一定的抗冲稳定性。应尽量采用机械化施工，以赢得时间，争取主动。

2. 沉柳缓流防冲

沉柳缓流防冲方法对减缓近岸流速，抗御水流冲刷比较有效。在含沙量较大的河流中，采用这一方法效果更为显著。

首先应摸清淘刷堤脚的下沿位置等，以确定沉柳的底部位置和应沉的数量。

用船运载枝叶茂密的柳树头，用铅丝或麻绳将大块石等重物捆扎在柳树头的树杈上。然后，从下游向上游，由低到高，依次抛沉，要使树头依次排列，紧密相联。如一排不能完全掩护淘刷范围，可增加堆沉排数，层层相叠，以防沉柳之间空隙淘冲。

此外，还有挂柳缓流防冲等措施，具有防冲、落淤和防风浪作用。

上述缓流挑流防冲的几种措施，一般只能作为崩岸险情抢护的辅助手段，它们可以减缓险情的发展，但不能从根本上解决问题。

（三）减载加帮等其他措施

在采用上述方法控制崩岸险情的同时，还可考虑临水削坡、背水帮坡的措施。

为了抑制崩岸险情的继续扩大，维持尚未坍塌堤脚的稳定，应移走堤顶堆放的料物或拆除洪水位以上的堤岸。特别是坡度较陡的砌石堤岸，尽可能拆除，并将土坡削成 1∶1 的坡度，以减轻荷载。因坍塌或削坡使堤身断面过小时,应在堤的背水坡抢筑后戗或培厚堤身。

当崩岸险情发展迅速,一时难以控制时,还应考虑在崩岸堤段后一定距离抢修第二道堤防,俗称月堤。这一方法就是崩岸险工除险加固中常采用的退堤还滩措施。退堤还滩就是主动将堤防退后重建,以让出滩地,形成对新堤防的保护前沿。在抢险的紧急关头,为防止堤防的溃决,有时也不得不采用这一应急措施,以策安全。

四、崩岸险情抢护注意事项

(1)要从河势、水流态势及河床演变等方面分析坍塌发生原因、严重程度及可能的发展趋势,在对原出现险情处进行抢护的同时,也应加强对未发生坍塌堤段的巡查,以便及早发现险情,及时采取措施进行抢护。

(2)在河道涨水的期间,应特别注意迎溜顶冲部位造成的险情。

(3)在较大洪水、洪峰过后的落水期,特别是在水位骤降时,堤岸失去高水位时的水压平衡,有些堤段很容易出现坍塌,千万不可忽视落水时出现险情的可能性。

(4)要认真细致地检查堤防、堤岸顶部和边坡裂缝的发生和发展情况,要根据裂缝分布、部位、形状以及土壤条件,分析是否会发生坍塌,可能发生哪种类型的坍塌。

(5)圆弧形滑塌是危害最大的崩岸,应采取护岸、削坡减载、护坡固脚等措施进行抢护,尽量避免在堤顶、堤岸上打桩,因为打桩对堤坝的震动很大,在强大震动力的作用下,反而会加剧险情,给抢护带来更大难度。

第九节　堤身裂缝险情的判别和抢护

裂缝是堤防工程最常见的一种险情,它有时很可能是其他险情(如滑坡、崩岸等)的前兆。而且由于它的存在,洪水或雨水很容易入侵堤身,常会引起其他险情,尤其是横向裂缝,往往会造成堤身土体的渗透破坏,甚至更严重的后果。因此,对于堤身裂缝必须引起重视。

一、裂缝险情的分类和成因

(一)险情的分类

(1)按裂缝产生的成因可分为不均匀沉陷裂缝、滑坡裂缝、干缩裂缝、冰冻裂缝、振动裂缝。其中,滑坡裂缝是比较危险的。

(2)按裂缝出现的部位可分为表面裂缝、内部裂缝。表面裂缝容易引起人们的注意,可及时处理。而内部裂缝是隐蔽的,不易发现,往往危害更大。

(3)按裂缝走向可分为横向裂缝、纵向裂缝和龟纹裂缝。其中横向裂缝比较危险,特别是贯穿性横向裂缝,是渗流的通道,属于重大险情之一。即使不是贯穿性横缝,由于它的存在,可以大大缩短渗径,极易造成渗透破坏,也属于比较重大的险情。

(二)裂缝的成因

引起堤防裂缝的原因是多方面的,归纳起来,产生裂缝的主要原因有以下方面。

(1)不均匀沉降。堤防基础土质条件差别大,有局部软土层;或堤身填筑厚度相差悬殊,引起不均匀沉陷,产生裂缝。

(2)施工质量差。堤防施工时上堤土料为黏性土且含水量较大,失水后引起干缩或龟裂,这种裂缝多数为表面裂缝或浅层裂缝,但北方干旱地区的堤防也有较深的干缩裂缝;筑堤时,填筑土料夹有淤土块、冻土块、硬土块；碾压不实，以及新老堤结合面未处理好，遇水浸泡饱和时，易出现各种裂缝，黄河一带甚至出现蛰裂（湿陷裂缝）；堤防与交叉建筑物接合部处理不好，在不均匀沉陷以及渗水作用下，很容易引起裂缝。

（3）堤身存在隐患。害堤动物如白蚁、獾、狐、鼠、蛇等的洞穴，人类活动造成的洞穴如坟墓、藏物洞、军沟战壕等，在渗流作用下，引起局部沉陷产生的裂缝。

（4）水流作用。背水坡在高水位渗流作用下由于土体的抗剪强度降低，临水坡水位骤降或堤脚被掏空，往往可能引起弧形滑坡裂缝，特别是背水坡堤脚有塘坑、堤脚发软时，容易发生。

（5）振动及其他影响。如地震或附近爆破造成堤防基础或堤身砂土液化，引起裂缝；背水坡碾压不实，暴雨后堤防局部也有可能出现裂缝。总之，造成裂缝的原因往往不是单一的，常常多种因素并存。有的表现为主要原因，有的则为次要因素，而有些次要因素，经过发展也可能变成主要原因。

二、裂缝险情的判别和抢护原则

（一）险情判别

裂缝抢险，首先要进行险情判别，分析其严重程度。先要分析判断产生裂缝的原因，是滑坡性裂缝，还是不均匀沉降引起的；是施工质量差造成的，还是由振动引起的。而后要判明裂缝的走向，是横缝还是纵缝。对于纵缝应分析判断是否是滑坡或崩岸性裂缝，如果是横缝要判别探明是否贯穿堤身。如果是局部沉降裂缝，应判别是否伴随有管涌或漏洞。此外还应判断是深层裂缝还是浅层裂缝。必要时还应辅以隐患探测仪进行探测。

（二）抢护的原则

裂缝险情抢护应遵循“判明原因、先急后缓”的原则。即根据裂缝判别，如果是滑动或坍塌崩岸性裂缝，应先按处理滑坡或崩岸方法进行抢护。待滑坡或崩岸稳定后，再处理裂缝，否则达不到预期效果。纵向裂缝如果仅是表面裂缝，可暂不处理，但须注意观察其变化和发展，并封堵裂缝的口，以免雨水侵入，引起裂缝扩展。较宽较深的纵缝，即使不是滑坡性裂缝，也会影响堤防强度，降低其抗洪能力，应及时处理，消除裂缝。

横向裂缝是最为危险的裂缝。如果已横贯堤身，在水面以下时水流会冲刷扩宽裂缝，导致非常严重的后果。即使不是贯穿性裂缝，也会因缩短渗径，浸润线抬高，造成堤身土体的渗透破坏。因此，对于横向裂缝，不论是否贯穿堤身，均应迅速处理。窄而浅的龟纹裂缝，一般可不进行处理。较宽较深的龟纹裂缝，可用较干的细土填缝，用水洇实。

三、裂缝险情的抢护方法

裂缝险情的抢护方法，一般有开挖回填、横墙隔断、封堵缝口等。

（一）开挖回填

这种方法适用于经过观察和检查已经稳定，缝宽大于 1cm，深度超过 1m 的非滑坡（或坍塌崩岸）性纵向裂缝，施工方法如下。

（1）开挖。沿裂缝开挖一条沟槽，挖到裂缝以下 0.3 ~ 0.5m 深，底宽至少 0.5m，边坡的坡度应满足稳定及新旧填土能紧密结合的要求，两侧边坡可开挖成阶梯状，每级台阶高、宽控制在 20cm 左右，以利稳定和新旧填土的结合。沟槽两端应超过裂缝 1m。

（2）回填。回填土料应和原堤土类相同，含水量相近，并控制含水量在适宜范围内。土料过干时应适当洒水。回填要分层填土夯实,每层厚度约20cm,顶部高出堤面3~5cm,并做成拱弧形,以防雨水入浸。

需要强调的是,已经趋于稳定并不伴随有坍塌崩岸、滑坡等险情的裂缝,才能用上述方法进行处理。当发现伴随有坍塌崩岸、滑坡险情的裂缝,应先抢护坍塌、滑坡险情,待脱险并裂缝趋于稳定后,再按上述方法处理裂缝本身。

(二)横墙隔断

横墙隔断的方法适用于横向裂缝,其处理裂缝示意图如图7.24所示。其具体的施工方法如下:

(1)沿裂缝方向,每隔3~5m开挖一条与裂缝垂直的沟槽,并重新回填夯实,形成梯形横墙,截断裂缝。墙体底边长度可按2.5~3.0m掌握,墙体厚度以便利施工为度,但不应小于50cm。开挖和回填的其他要求与上述开挖回填法相同。

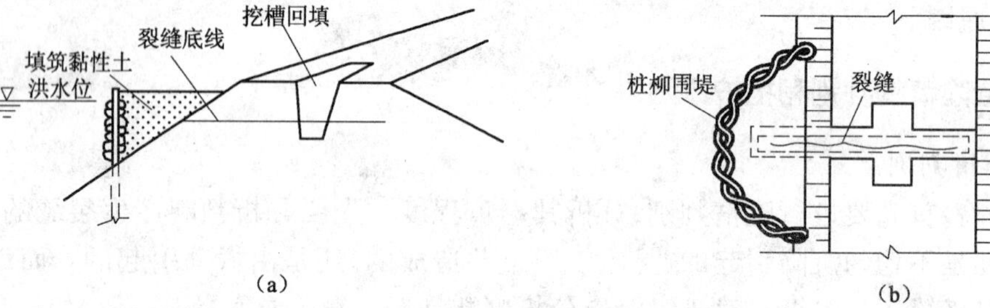

图7.24　横墙隔断处理裂缝方法示意图

(a)剖面图;(b)平面图

(2)如裂缝临水端已与河水相通,或有连通的可能时,开挖沟槽前,应先在堤防临水侧裂缝前筑前战截流。若沿裂缝在堤防背水坡已有水渗出时,还应同时在背水坡修做反滤导渗,以免将堤身土颗粒带出。

(3)当裂缝漏水严重,险情紧急,或者在河水猛涨,来不及全面开挖裂缝时,可先沿裂缝每隔3~5m挖竖井,并回填黏土截堵,待险情缓和后,再伺机采取其他处理措施。

(4)采用横墙隔断是否需要修筑前战、反滤导渗,或者只修筑前戗和反滤导渗而不做隔断横墙,应当根据险情具体情况进行具体分析。

(三)封堵缝口

1. 灌堵缝口

裂缝宽度小于1cm,深度小于1m,不甚严重的纵向裂缝及不规则纵横交错的龟纹裂缝,经观察已经稳定时,可用灌堵缝口的方法。具体作法如下:

(1)用干而细的沙壤土由缝口灌入,再用木条或竹片捣塞密实。

(2)沿裂缝作宽5~10cm,高3~5cm的小土埂,压住缝口,以防雨水浸入。

未堵或已堵的裂缝,均应当注意观察和分析,研究裂缝的发展趋势,以便及时采取必要的措施。如灌堵以后,又有裂缝出现,说明裂缝仍在发展中,应仔细判明原因,另选适宜方法进行处理。

2. 裂缝灌浆

缝宽较大、深度较小的裂缝,可以用自流灌浆法处理。即在缝顶开宽、深各0.2m的沟槽,先用清水灌下,再灌水土重量比为1∶0.15的稀泥浆,然后再灌水土重量比为1∶0.25的稠泥浆,泥浆土料可采用壤土或砂壤土,灌满后封堵沟槽。

如裂缝较深，采用开挖回填困难时，可采用压力灌浆处理。先逐段封堵缝口，然后将灌浆管直接插入缝内灌浆，或封堵全部缝口，由缝侧打眼灌浆，反复灌实。灌浆压力一般控制在50～120kPa，具体取值由灌浆试验确定。

压力灌浆的方法适用于已稳定的纵横裂缝，效果也较好。但是对于滑动性裂缝，将促使裂缝发展，甚至引发更为严重的险情。因此，要认真分析，采用时须慎重。

四、裂缝险情的注意事项

（1）对于未堵和已堵的裂缝，均应注意观察和分析，研究其发展情况，以便及时采取必要的措施。

（2）当采取“横墙隔断”时，是否需要做前戗、滤层导渗，或者只做前戗或滤层导渗而不做隔断墙，应当根据实际情况决定。

（3）当发现堤坝裂缝后，应尽快用土工膜、雨布等加以覆盖保护，不要让雨水流入缝中，并要加强观测，必要时采取措施处理。

第十节　堤防出现决口险情的抢险

江河、湖泊堤防在洪水的长期浸泡和冲击作用下，当洪水超过堤防的抗御能力，或者在汛期出险抢护不当或不及时，都会造成堤防决口。堤防决口对地区社会经济的发展和人民生命财产的安全危害是十分巨大的。

在条件允许的情况下，对一些重要堤防的决口采取有力措施，迅速制止决口的继续发展，并尽快实现堵口复堤，对减小受灾面积和缩小灾害损失有着十分重要的意义。对一些河床高于两岸地面的悬河决口及时堵口复堤，可以避免长期过水造成河流改道。

堤防决口抢险是指汛期高水位条件下，将通过堤防决口处的水流以各种方式拦截、封堵，使水流完全回归原河道。这种堵口抢险技术上难度较大，主要牵涉到以下几个方面：一是封堵施工的规划组织，包括封堵时机的选择；二是封堵抢险的实施，包括裹头、沉船和其他各种截流方式、防渗闭气措施等。

一、封堵决口的施工组织设计

（一）决口封堵时机的选择

堤防一旦出现决口重大险情，必须采取坚决措施，在决口口门较窄时，采用大体积料物，如篷布、石袋、石笼等及时进行抢堵，以免口门扩大，险情进一步发展。

在溃口口门已经扩开的情况下，为了控制灾情的发展，同时也要考虑减少封堵施工的困难，要根据各种因素，精心选择封堵时机。恰当的封堵时机选择，将有利于顺利地实现封堵复堤，减少封堵抢险的经费和减少决口灾害的损失。通常，要根据以下条件，综合考虑，作出封堵时机的决策。

（1）决口口门附近河道地形及土质情况，估计决口口门发展变化趋势。

（2）洪水流量、水位等水文预报情况，一段时间内的上游来水情况及天气情况。

（3）洪水淹没区的社会经济发展情况，特别是居住人口情况，铁路、公路等重要交通干线及重要工矿企业和设施的情况。

（4）决口封堵料物的准备情况、施工人员组织情况、施工场地和施工设备的情况。

(5)其他重要情况。

(二)决口封堵的组织设计

1. 水文观测和河势勘查

在进行决口封堵施工前,必须做好水文观测和河势勘查工作。要实测口门的宽度,绘制简易的纵横断面图,并实测水深、流速和流量等。在可能的情况下,要勘测口门及其附近水下地形,并勘查土质情况,了解其抗冲流速值。

2. 堵口堤线确定

为了减少封堵施工时对高流速水流拦截的困难,在河道宽阔并具有一定滩地的情况下,或堤防背水侧较为开阔且地势较高的情况下,可选择"月弧"形堤线,以有效增大过流面积,从而降低流速,减少封堵施工的困难。

3. 堵口辅助工程的选择

为了降低堵口附近的水头差和减少流量、流速,在堵口前可采用开挖引河和修筑挑水坝等辅助工程措施。要根据水力学原理,精心选择挑水坝和引河的位置,以引导水流偏离决口处,并能顺流下泄,以降低堵口施工的难度。

对于全河夺流的堤防决口,要根据河道地形、地势选好引河、挑水坝的位置,从而使引河、堵口堤线和挑水坝三项工程有机结合,达到顺利堵口的目的。

4. 抢险施工准备

在实施封堵前,要根据决口处地形、水头差和流量,做好封堵材料的准备工作。要考虑各种材料的来源、数量和可能的调集情况。封堵过程中不允许停工待料,特别是不允许在合龙阶段出现间歇等待的情况。要考虑好施工场地的布置和组织,充分利用机械施工和现代化的运输设备。传统的以人力为主,采用人工打桩、挑土上堤的方法,不仅施工组织困难,耗时长、花费大,而且失败的可能性也较大。因此,要力争采用现代化的施工方式,提高抢险施工的效率。

二、决口抢险的实施

堤防溃口险情的发生,具有明显的突发性质。各地在抢险的组织准备、材料准备等方面都不可能很充分。因此,要针对这种紧急情况,采用适宜的堵口抢险应急措施。

为了实现溃口的封堵,通常可采取以下步骤:

(一)抢筑裹头

堤防决口后,为防止水流冲刷扩大口门,应对口门两端的断堤头及时采取保护措施。及时抢筑裹头,可以防止险情的进一步发展,减少此后封堵的难度。同时,抢筑坚固的裹头,也是堤防决口封堵的必要准备工作。因此,及时抢筑裹头,是堤防决口封堵的关键之一。

要根据不同决口处的水位差、流速及决口处的地形、地质条件,确定有效抢筑裹头的措施。这里重要的是选择抛投料物的尺寸,以满足抗冲稳定性的要求,选择裹头形式,以满足施工要求。

通常,在水浅流缓、土质较好的地带,可在堤头周围打桩,桩后填柳或柴料厢护或抛石裹护。在水深流急、土质较差的地带,可在堤头铺放土工布软体排或抛柴石枕、做柴石搂厢埽裹头、采用抗冲流速较大的石笼等进行裹护。

除了传统的打桩施工方法,可采用螺旋锚方法施工。螺旋锚杆其首部带有特殊的锚针,可以迅速下铺入土,并具有较大的垂直承载力和侧向抗冲力。首先在堤防迎水面安装两排一定根数的螺旋锚，抛下砂石袋后，挡住急流对堤防的正面冲刷，减缓堤头的崩塌速度；然后，由堤头处包裹向背水面安装两排螺旋锚，抛下砂石袋，挡住急流对堤头的激流冲刷和回流对堤背的淘刷。亦有采用土工合成材料或橡胶布裹护的施工方案，将士工合成材料或橡胶布铺展开，并在其四周系重物使它下沉定位，同时采用抛石等方法予以压牢。待裹头初步稳定后，再实施打桩等方法进一步予以加固。

（二）沉船截流

根据防堤决口抢险的经验，沉船截流在封堵决口的施工中起到了关键的作用。沉船截流可以大大减小通过决口处的过流流量，从而为全面封堵决口创造条件。

在实现沉船截流时，最重要的是保证船只能准确定位。在横向水流的作用下，船只的定位较为困难，要精心确定最佳封堵位置，防止发生沉船不到位的情况。

采用沉船截流的措施，还应考虑到由于沉船处底部的不平整，使船底部难与河滩底部紧密结合的情况。这时在决口处高水位差的作用下，沉船底部流速仍很大，淘刷严重，必须迅即抛投大量料物，堵塞空隙。在条件允许的情况下，可考虑在沉船的迎水侧打钢板桩等阻水。有人建议采用在港口工程中已广泛采用的底部开舱船只抛投料物的方法。这种船只抛石集中，操作方便。在决口抢险时，利用这种特殊的抛石船只，在堵口的关键部位开舱抛石并将船舶下沉，可有效地实现封堵，并减少决口河床冲刷。

（三）进占堵口

在实现沉船截流减少过流流量的步骤后，应迅速组织进占堵口，以确保顺利封堵决口。常用的进占堵口方法有：立堵、平堵和混合堵三种。另外，还有一些其他的堵口方法。

（1）立堵法。立堵法是指从口门的两端或一端，沿着拟定的堵口堤线向水中进占，逐渐缩窄口门，最后将所留缺口抢堵实现合龙的方法。进占可采用填土进堵、打桩进堵、埽工进占等方法。采用立堵法，最困难的是如何实现合龙。在立堵到一定程度后，龙口处水头差大、流速高，使抛投物料难以到位。在这样的情况下，要做好施工组织，采用巨型块石笼抛入龙口，以实现合龙。在条件许可的情况下，可从口门的两端架设缆索，以加快抛投速率和降低抛投石笼的难度。

（2）平堵法。平堵法是指沿着选定的坝基线，自河底向上抛投料物，如柳石枕、石块、石枕、土袋等，逐层填高，直至高出水面，以堵截水流。这种方法从底部逐渐平铺加高，随着堰顶加高，口门单宽流量及流速相应减小，冲刷力随之减弱，有利于施工，可以实现机械化操作。这种平堵方式特别适用于前述拱型堤线的进占堵口。平堵有架桥和抛投船两种抛投方式。

（3）混合堵。混合堵是立堵与平堵相结合的堵口方式。堵口时，根据口门的具体情况和立堵、平堵的不同特点，因地制宜，灵活采用。如在开始堵口时，一般流量较小，可用立堵快速进占。在缩小口门后流速较大时，再采用平堵的方式，减小施工难度。对于较大的口门，可以正坝用平堵法，边坝用立堵法进行堵合。

（4）其他堵口方法。在河道堤防工程中，常用的其他堵口方法有：沉柳落淤法堵口、沉船法堵口和钢土结合坝堵口等。

（四）防渗闭气

防渗闭气是整个堵口抢险的最后一道工序。因为实现封堵进占后，堤身仍然会向外漏水，要采取阻水断流的措施。若不及时防渗闭气，复堤结构仍有被淘刷冲毁的可能。通常，可用抛投黏土的方法，实现防渗闭气。亦可采用养水盆法，修筑月堤蓄水以解决漏水。土工膜等新型材料，也可用以防止封堵口的渗漏。

三、堤防决口后的复堤

堵口时所筑成的截流坝,一般是临时抢修起来的,不仅坝体比较矮小,而且质量不符合防洪堤坝的要求,达不到防御洪水的标准。因此在堵口截流工程完成后,紧接着要进行复堤工作,将决口处的截流坝修筑成原设计的坝体断面形式。堵口复堤断面示意图,如图 7.25 所示。现将复堤工程的设计标准、断面、施工方法及防措施等简述如下:

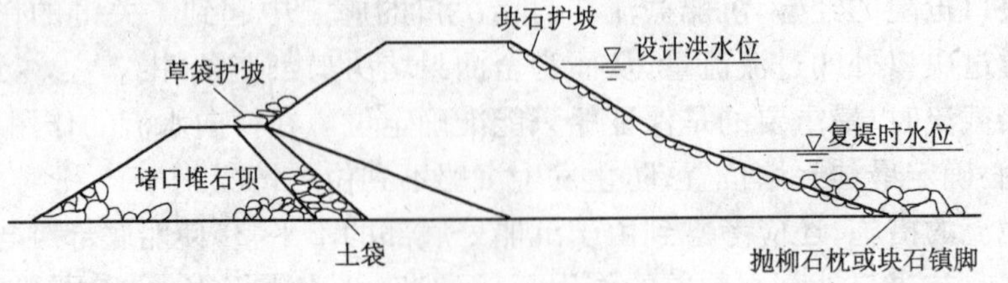

图 7.25　堵口复堤断面示意图

(1)复堤轴线和堤防高程。由于堵口断面存在堤身薄弱、堤基易透水、填土的土体混杂、背水有冲深潭坑等弱点,复堤轴线应当离开堵口轴线,堵口的土体不能作为新复堤的有效断面;新复堤的坝体有较大沉降,堤防还要有比较富裕的超高。

(2)断面设计。一般应恢复原设计的坝体断面尺寸,但为了防止堵口存在隐患,还应适当加大断面。断面布置可以将截流坝作为后戗,临河面填筑土坝,堤坡度应适当加大,水上部分为1:3,水下部分为1:5。

(3)堤防施工。首先对周围土场进行合理安排。如因决口后土壤的含水量过大,可先在土场开沟滤水,以降低土壤的含水量。其次在取土时应注意,按照"先远后近、先低后高、先难后易"的原则进行。在进行筑堤时,临水面用黏性土,背水面用砂性土。堤身填出水面后,要分层进行填土,分层碾压或夯实,严格按照设计要求施工,确保工程质量。

(4)护坡防冲。堵口复堤段是新修筑的堤防,未经洪水的考验,又多在迎流顶冲的地方,所以还应考虑在新堤上修筑护坡防冲工程。水下护坡以固脚防止坡脚滑动为主,水上护坡以防冲、防浪为主。

第十一节　风浪险情的判别和抢护

堤防临水坡在风浪一涌一退的连续冲击下,伴随着波浪往返爬坡运动,会对未设护坡或护坡薄弱的土堤产生冲蚀,尤其是吹程大、水面宽深的江河湖泊堤岸的迎风面,风浪所形成冲击力很强,容易造成土堤临水坡面的破坏,削弱土堤断面,可能造成一定的破坏。尤其是当波浪产生真空作用,出现较大的负压力时,使堤防土料或护坡被水流冲击淘刷,遭受更严重的破坏。轻者把堤防临水坡冲刷成悬崖式的陡坎,重者造成坍塌、滑坡、漫顶、决口等险情。

对于风浪险情严重的堤段应防患于未然,堤前设置坚实的护坡,若有外滩条件则可种植防浪林带,缓解风浪的危害。对那些临水面尚未设置护坡的土堤,汛期要特别重视防护风浪险情。

一、风浪险情的成因

(1)由于土质不符合要求,堤身碾压不密实,断面单薄,高度不足,护坡薄弱,垫层不合要求，造成堤坡抗冲能力差。

(2)堤防前水较深、水面宽、风速大、风向和吹程一致，则形成高浪及强大的冲击力。

(3)由于风浪顺着堤坡的爬高，水面以上堤身的饱和范围增大，从而降低了土体的抗剪强度。

(4)当堤顶高程低于风浪的高度时，一旦波浪越顶漫溢，直接冲刷坝顶土体极易造成堤防溃决。

二、风浪险情的抢护方法

(一)河段封航

根据《中华人民共和国防洪法》第四十五条中的规定，当宣布进入紧急防汛期，必要时，公安、交通等部门可按防汛指挥机构的决定依法实施水面交通管制，对部分或全部河段实行封航措施，消除船舶航行波浪的危害。

(二)堤坡防护

对未设置护坡的土堤，临时用防汛料物加工铺压临水堤坡面，增强其抗冲能力，这是常用的方法，具体有以下几种。

1. 土(石)袋防护

用编织袋、麻袋或草袋装土、砂、碎石或碎砖等，平铺迎水堤坡，装袋要求与前述袋装土埝相同。此法适于土堤抗冲能力差，缺少柳、秸等软料，风浪破坏较严重的堤段，4 级风可用土、砂袋，6 级以上风浪应使用石袋。

放置土袋前，对于水上部分或水深较浅的堤坡适当削平，并铺上土工织物，也可铺软草一层大约 0.1m 厚，起到反滤作用，防止风浪把土淘出，在风浪冲击的范围内摆放土袋底向外、口向里，互相叠压，袋间要挤压严密，上下错缝，铺设到浪高以上，确保防浪效果。如果堤坡稍陡或土质太差，土袋容易滑动。可在最下一层土袋前面打木桩一排，长度 1m，间隔 0.3 ~ 0.4m。此法制作和铺放简便灵活，可随需要增铺，但要注意土袋中的土易被冲失，土工编织布袋为佳；草袋容易腐烂，如使用时间长则需更换。土工织物软体排防浪见图 7.26。

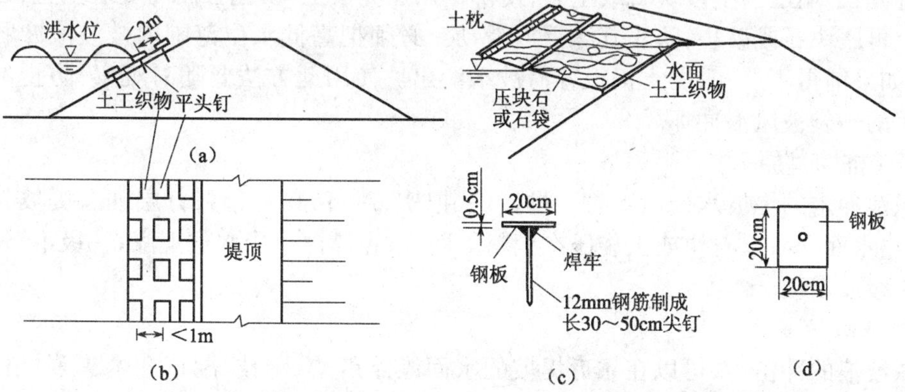

图 7.26 土工织物软体排防浪

(a)剖面图；(b)平面图；(c)平头钉放大立面图；(d)平头钉放大平面图

2. 土工织物防护

用土工织物或复合土工膜铺设在堤坡上，以抵抗波浪对堤防的破坏作用。使用土工合成材料，造价较低，施工容易，便于推广。由于老化是高分子材料目前还不能解决的难题，因此铺设土工织物或复合土工膜只是临时性的措施。其铺设的具体方法如下：

(1)在受风浪冲击的坡面铺置土工织物之前，应清除堤坡上的块石、土块、树枝等杂物，以免使织物受损。

(2)铺设宽度应按堤坡受风浪冲击的范围决定，一般不得小于4m，较高的堤防可宽达8～9m。土工织物或复合土工膜的宽度、长度不够时，应按需要预先粘贴或焊接牢固。其长度短于保护堤段的长度时，允许采用搭接的方式，顺堤搭接的长度不小于1m，并在铺设中钉压牢固，避免被风浪揭开。

(3)土工织物上沿一般应高出洪水位1.5～2.0m，其四周用平头钉与堤坡钉牢。如平头钉制作有困难时，可用20cm厚的预制混凝土压块，或碎石袋(土袋不宜)镇压，其位置与平头钉相同。如果堤坡过陡，压石袋可能向下滑脱，在险情紧迫时，应适当多压。此外，也可用土工织物叠缝成条形土枕或土工袋(内充填砂石料)，顺堤坡每隔2～3m将土工织物压住。土工织物或复合土工膜防浪示意图，如图7.27所示。

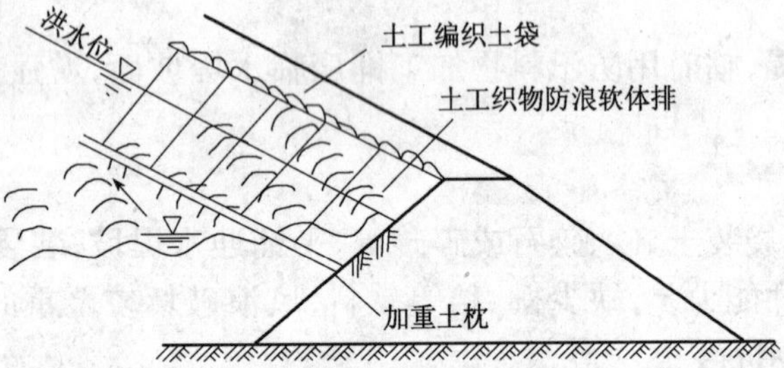

图7.27 土工织物或复合土工膜防浪示意图

3. 柳箔防护

将柳、苇、稻草或其他秸料编织成席箔，铺在堤坡并加以固定，其抗冲、抗淘刷性也较好。具体做法是用18号铅丝捆扎成直径0.1m、长约2m的柳把，再连成柳箔，其上端以8号铅丝或绳缆系在堤顶打牢的木桩上，木桩1m长，在距临水堤肩2～3m处，打上一排，木桩的间距为3m左右。柳箔下端适当坠以块石或土袋，使柳箔贴在堤坡上，柳把方向与堤线垂直，必要时可在柳箔面上再压块石或砂袋，防止其漂浮或滑动。必须把高低水位范围内被波浪冲刷的坡面全部护住，如果铺得不严密，堤土仍很容易被水淘出。使用此方法要随时观察，防止木桩以及起固定作用的砂袋被风浪冲坏。

4. 柴草(桩柳)防护

在受风浪冲击的堤坡水面以下打一排签桩，把柳、芦、秸料等梢料分层铺在堤坡与签桩之间，直到高出水面1m，以石块或土袋压在梢料上面，防止漂浮。当水位上涨，一级不够时，可退后同法做二级或多级。

(三)消浪防护

为削减波浪的冲击力，可以在靠近堤坡的水面漂浮芦柴、柳枝、湖草和木头等材料的捆扎体，设法锚定，防止被风浪水流冲走。消浪方法具体有以下几种。

1. 柳枝消浪

柳枝消浪实际上是一种挂柳缓溜防冲措施，凡沿堤防种植柳树很多的地方可用此法。用大柳树枝叶多的上部，要求干长1m以上，枝径0.1m左右，也可几棵捆扎使用，在堤顶打木桩，其桩长1.5～2m，直径0.1～0.15m，桩距2～3m。用8号铅丝或绳子把柳枝干的头部系在木桩上，树梢伸向堤外，并在树杈处捆扎石(砂)袋，使树梢沉入水下，顺堤边坡推柳入水。

如果堤坡已有坍塌,则从其下游向上游顺序逐棵压茬。应根据溜坡和坍塌情况确定棵间距及挂深,在主溜附近要挂密一些,边上挂稀一些,根据防护的需要可在已挂柳之间,再补茬签挂。此法一般在4~5级风浪下,枝梢面大,消浪作用较好,但要注意枝杈摇动损坏坡面。当柳叶腐烂时,可采取补救措施,防止效能的减低。挂柳缓溜防冲示意图,如图7.28所示。

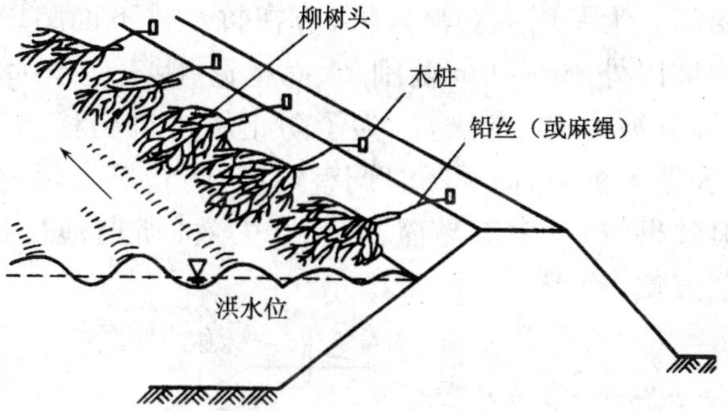

图7.28　挂柳缓溜防冲示意图

2. 枕排消浪

将柳枝、芦苇或秸料扎成枕,其直径0.5~0.8m;堤直的用长枕,可达30~50m,弯度大的堤用短枕,枕心卷入直径5~7cm的竹缆二根或粗3~4cm的麻绳做龙筋(芯),枕的纵向隔0.6~1.0m用10~14号铅丝捆扎。在堤顶距临水堤肩2~3m到背水坡之间打木桩,桩长0.8~1.2m,桩距3~5m,用绳缆将枕拴牢于桩上,绳索可以收紧或松开,使枕随水位变化而上下移动,起到消浪作用。

拴一个枕称为单枕,也可挂用两个或更多的枕,用绳缆木杆或竹竿把它们捆扎在一起成为枕排,也叫连环枕,要使最外面的枕高浮水面,枕径也要大一些,它直接迎击风浪,后面的枕径可小一些,以消除余浪。枕排要比单枕牢固,效果也高,可防七级以下的风浪。枕位不稳,可适当在枕上拴上块石或沙袋,此法不损坏堤坡面,消浪效果好,制作简单,但必须扎结牢实,柳枕使用时间较短,而造价低。

3. 湖草排消浪

在防汛期间,根据天气预报和洪水预报,在大风到来之前,将湖区生长菱草、茭草或其他各种浮生水草割下来,并编扎草排防浪,这是一些湖区和部分河流常采用的一种就地取材、费用较小、做法简便的防浪方法。这种防浪措施的具体做法是:

(1)利用湖中自然生长或人工培育的浮生草类,采割起来并编织成长5~10m、宽3~5m的湖草排。这种蔓殖的草类,本身相互交织,取之就可使用。如果不牢固,可用木杆、竹杆捆扎加固。用船拖运到需要防浪的堤段,再用铅丝或绳索将草排固定在堤顶木桩上,也可用锚固定草排,使其浮在距堤坡3~5m的水面上成为防浪草排。湖草排防浪示意图见图7.29。有的地方把这种防浪草排称为浮墩。在风浪较大的地方,可以将几块草排连接在一起,以提高防浪效能。

(2)在缺少湖草江河上,也可用其他软草代替,如芦苇等编织成草排,也可用竹排、木排代替草袋。此法防浪效果好,造价比较低,但易被风浪破坏,不能防御大风浪的冲击。随着洪水位的变化,随时注意调整拴排缆绳和锚索的长短,使湖草排能正常起到消浪的作用。

4. 木排消浪

使用木排或竹排消浪,效果较好,结构比其他排牢固、耐用,不易散架,汛后还可作其他运用。但用量比较大,锚链困难,属硬性材料,一旦断开,直接威胁堤坝安全,因此使用时要随时检查,及时加固。

将 5 ~ 15cm 的圆木以绳缆或铅丝捆扎,重叠 3 ~ 4 层,使厚度达到 30 ~ 50cm(一般为水深的 1/10 ~ 1/20 效果较好),宽度 1.5 ~ 2.5m(越宽效果越好),长度 3 ~ 5m,可把几个木排连接起来。圆木间的空隙约为圆木直径的一半,可夹以芦柴把和柳把等,节省木材用量,降低造价。楠竹与圆木处理办法相同。为了增强防浪效果,应在竹木排下面坠以块石或砂石袋。防浪竹木排应抛锚固定在堤边坡以外 10 ~ 40m 范围,水面越宽,距离应越远,避免撞击堤身。锚链长度应稍大于水深,防止锚链被拔起(走锚)。为了防止木排自己移动,锚链也不要过长。若木排较小,可以直接拴在堤顶木桩上,但要随时调整绳缆,防止撞击堤身。木排距堤坡一般为浪长的 2 ~ 3 倍,此时消浪效果较好,太近易撞,太远会失效(所谓浪长指两个浪峰的距离)。一般使用木排消浪要特别慎重,使用不是很多。

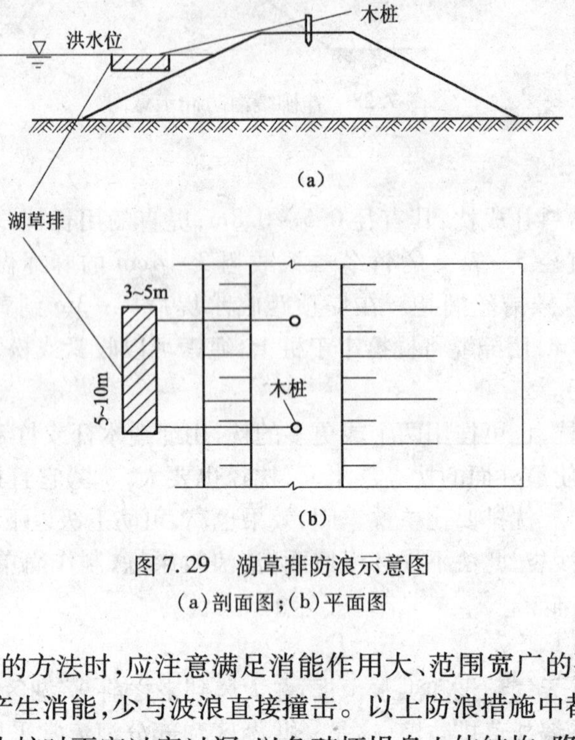

图 7.29 湖草排防浪示意图

(a)剖面图;(b)平面图

在选用漂浮物消浪的方法时,应注意满足消能作用大、范围宽广的要求,避免产生余波而淘刷,力争使水体本身产生消能,少与波浪直接撞击。以上防浪措施中都要注意不要对堤身造成过分损伤。例如,打木桩时不宜过密过深,以免破坏堤身土体结构,降低自身的抗洪能力。

第十二节 堤防抢险的善后处理

汛期抢险是防汛紧急时期所采取的应急措施,由于受到各种条件的制约,抢险中一般对用料不太讲究,方法比较粗放,具有抢修快、标准低的特点。有些也可能处理不当,技术上很难达到规范合理。因此,汛期过后,对达不到长期运用标准的抢险工程,必须进行善后处理。对某些情况,善后处理本身即可达到除险加固的目的。对另外一些情况,善后处理则是除险加固前必须的前期准备工作。

一、裂缝抢险的善后处理

在汛期,裂缝产生原因不完全清楚的情况下,有可能因判断失误而采取了不当的抢险措施,也有可能采用各种临时代用料进行封堵。汛期过后,应对裂缝的产状、分布、规模以及产生的原因作进一步的分析研究。经过论证确认裂缝已经稳定和愈合，不需重新处理的，须经上级主管部门批准。汛期采用临时代用料没有彻底处理或处理不当的，应根据裂缝的形状、规模及其成因采取合理的处理措施。

属于滑坡引起的裂缝，按滑坡除险加固方法进行处理，属于基础不均匀沉陷引起的裂缝，按地基加固的方法进行处理。其他原因引起的裂缝，如为纵向表面裂缝，可暂不处理，但应注意观察其变化和发展，并应堵塞缝口，以免雨水渗入。较宽较深的纵缝，则应及时处理。横向裂缝不论是否贯穿堤身，均应采用回填封堵或充填灌浆方法进行处理，龟纹裂缝一般不宽不深，可不进行处理，较宽较深时可用较干的细土予以填缝，或用水洇实。

二、渗水抢险的善后处理

渗水抢险常用背水坡开挖导渗沟、做透水后戗和临水坡做黏土防渗层的方法，汛后应对这些措施进行复核。凡是处理不当或属临时性措施的，均应按新的设计方案组织实施，在施工中要彻底清除各种所用的临时物料。如果背水坡采用了导渗沟，对符合反滤要求的可以保留，但要做好表层保护；不符合设计要求的，汛后要清除沟内的杂物及填料，按设计要求重新铺设。如果抢险时误用比堤身渗透系数小的黏土做了后戗台，则应予以清除，必要时可重做透水后戗或贴坡排水。

三、管涌抢险的善后处理

管涌抢险多数是采用回填反滤料的方法进行处理，有时也采用稻草、麦秆等作临时反滤排水材料。对于后者，汛后必须按反滤要求重新处理。对前者则应探明原因，重新复核后分别对待：若汛期无细砂带出，也没有发生沉陷，表明抢险工程基本满足长期运用要求，可不再进行处理；若经汛期证明不能满足反滤要求者，汛后则应按设计要求进行处理。

四、漏洞抢险的善后处理

在汛期抢险过程中，由于情况比较紧急在堵塞漏洞时可能采用了棉被、稻草、麦秆等其他临时物料，汛期过后应予以清除并按设计要求重新封堵漏洞。

五、滑坡抢险的善后处理

对汛期出现的滑坡，汛后应进一步查明滑坡原因及滑坡的规模，对抢险措施不当或不能满足要求的抢险工程，应按新的设计方案重新进行处理。对基本满足要求的抢险工程，适当修整加固后可直接变为永久加固工程。

对临水侧滑坡，如系堤身原因引起的，则在堤身加固中一并处理；如属崩岸引起的，则应在崩岸处理中一并考虑。

六、崩岸抢险的善后处理

汛后应查明崩岸性质、范围和该堤段的工程地质条件，对已采取的抢险措施进行认真复核。如果在因岸抢险时使用了木料、竹笼、芦苇枕、梢枕等临时代用料，则应进行清除并重新按设计进行固岸，对不满足设计要求的其他情况，也应按新的处理方案组织施工。在崩岸抢险的紧急情况下，采用抛石固基措施时，往往难以设置滤层。不做滤层或垫层的抛石护脚在运用一段时间后，其抛石下部常被淘刷，从而导致抛石的下沉崩塌。因此，在善后处理时，需考虑滤层的设置。

七、风浪抢险的善后处理

汛后应根据堤防的等级和具体堤段的险情，重新进行防浪设计，并对已采用的防浪措施进行评价，因地制宜地筛选设计方案。凡不符合选定方案的各种临时措施，均应拆除、清理，尤其是打入堤身的竹桩、木桩以及其他易腐物质，要认真彻底清除。

八、漫溢抢险的善后处理

汛期加高堤防多采用土料子埝、土袋子埝、桩柳（桩板）子埝、柳石（土）子埝等手段，这些子埝在汛末退水时即应拆除。在汛后进行堤防加高培厚时，若子埝用料是防渗性能好的土料，则可用于堤防的加高培厚；若是透水料则可放在背水坡用作压浸台或留作堆放防汛材料。其他杂物如树木、杂草、编织袋等，均应清除在堤外。

九、城市堤防的汛后清理

经过城市的堤防，汛后需进行全面清理。在进行堤防的加因处理时，要在确保防洪安全的前提下，除考虑其重要性和堤防等级外，还要与城市规划相协调，做到绿化、美化、方便群众，为发展旅游业创造条件。

十、复堤的基本要求

复堤通常是在汛期后或封堵截流后没有水过流的条件下进行的，应按照《堤防工程施工规范》（SL 260—1998）的有关质量标准要求执行，其质量标准要求与决口两端堤防的标准相同。

决口封堵形成的截流坝都是临时抢筑起来的，其质量难以控制，一般达不到正式堤防所要求的标准，因此，汛后必须对封堵工程进行彻底清查，弄清截流坝的结构、所用物料以及破坏情况，勘探堵口河段地质情况和地形的变化，分析截流坝与河势及原有堤防间的关系，然后制定出复堤计划，作出复堤设计。

若决口封堵形成的截流坝是堆石体，背水坡没有堵漏截渗的土袋和土料，周围地形没受到严重的冲刷破坏，截流坝体形状规则，堤线较顺畅，复堤时可以以此为后戗，在临河侧按设计标准修新堤。新堤断面适当预留一定沉降高度，并采取砌石、抛石等防冲固脚措施，和原有堤防妥善连接。

如决口封堵形成的截流坝汛后仍在挡水，可在背水侧另选堤线修堤。新堤线要尽可能与老堤平顺衔接，避开或处理好决口形成的深潭。

当汛后决口封堵形成的截流坝已不挡水，一般可拆除截流坝，尤其是要拆除采用桩、埽料结构的截流坝，再按设计的堤防标准和质量控制要求复堤。

第八章　堤防护岸工程的技术措施

堤防是保护沿江、滨河、临海生命财产安全的主要防护工程，然而堤防是否安全与岸坡稳定性有着直接关系。河道堤防管理实践表明，对于堤坝的防护必须先固岸护坡、稳定河势，以防止堤岸发生崩塌、急流逼近威胁堤脚。

第一节　护岸防冲工程概述

护岸工程是指为防止河流侧向侵蚀及因河道局部冲刷而造成的坍岸等灾害，使主流线偏离被冲刷地段的保护工程设施。防护措施通常有：①直接加固岸坡，在岸坡植树、种草；②抛石或砌石护岸。但是，在河道堤防的整治工程中，应当结合不同材料结构和施工方法，选择不同的护岸工程措施。

一、护岸防冲的工程措施

（1）护岸防冲的工程措施，从治河布局方面进行考虑有：①平顺护岸工程，以遏制近岸崩塌的可能性；②矶头、坝垛守点工程，谋求逐步连线的护岸；③丁坝群改造岸线工程。以上三种护岸防冲工程因河道性能不同，适应性也不相同。

顺坝岸工程，基本上不改变水流的边界条件，对水流结构影响较小，所以多用在水深、流速较大的河道（如长江等）沿岸急流或迎溜顶冲的河段。丁坝垛工程多用在游荡性的河道（如黄河等），以控导河势不在滩面上出现横河、斜河威胁大堤的安全。海河水系的河道多用下挑丁坝控制游荡性河势。

丁坝的作用不同于维持原河势的护岸工程，而是靠系列丁坝间的淤积形成新岸线改变河势的，特别是被顶冲有崩岸发展的河弯地段较为常用。对于崩岸严重、弯曲发展急剧的河湾，有时还会自然裁弯适应其河势，或需要人工裁弯取直改变河道形态。

（2）护岸防冲的工程措施，从工程结构型式上考虑有：①护坡式；②挡土墙或板桩墙式；③控导水流坝工式。铺面式护坡的稳定性取决于河流冲刷与基土的渗流，设计要求是局部的破坏；挡土墙设计还需要考虑水土压力下的抗滑与倾倒的整体稳定性，以及板桩的挠度和锚固；坝垛控导工程除迎背水作用下的稳定性外，更需考虑坝头绕流的局部冲深问题。结合结构型式的工程材料，有抛石、砌石、混凝土、石笼、沉排、土工织物以及种草植树等。

二、选择工程措施应考虑的因素

在了解以上护岸工程措施类型后，就可以根据水力破坏的种类（如冲刷、波浪及渗流等），结合有关堤岸问题的地形地貌、土质情况、防汛要求等进行调研分析，优化选择初步设计方案。在进行以上这些工作时，应当考虑以下因素：

（1）调研分析堤岸冲蚀破坏的部位及其可能的演变位置，确定必须进行护岸的范围；进行一些流域气象、河道水文和河岸调研与现场的勘察测量。

（2）对于需要进行防护的堤岸，结合其边岸的实际形势，列出在不同层位土质情况下所能提供的各种防护措施，一般是缓坡适宜选用铺面式护坡，陡坡适宜选用挡土墙或板桩墙式护岸。因此，通常会采取部分斜坡、部分垂直的综合防护方案，以适应河道各级水位范围的护坡要求，如图 8.1 所示。

在正常水位以上植草皮护坡，水下不易施工则打板桩墙，或者只对水面波动区局部护岸和采用土工织物充当过渡带护岸等。

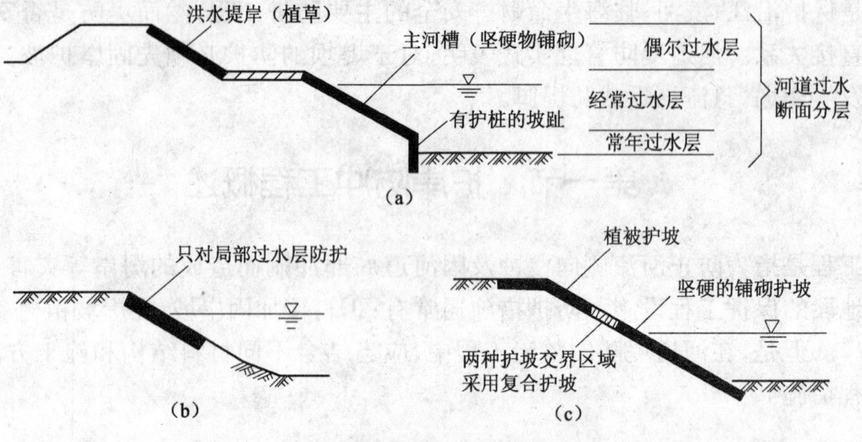

图 8.1　堤岸防护方案示意图

(a)一个边岸上不同的过水层；(b)局部防护层；(c)交界层

(3)经调研和分析比较确定护岸结构外形后，所用材料还必须适应各种荷载的强度。对于荷载冲蚀护坡的严重性，可初步以表 8.1 所示的特征值，作为考虑选用材料结构的参考。更严重的水流、波浪冲击荷载条件，应特别考虑其结构型式。

表 8.1　水力荷载冲蚀护坡的特征值

冲蚀程度	流速(m/s)	波浪高(m)	冲蚀程度	流速(m/s)	波浪高(m)	冲蚀程度	流速(m/s)	波浪高(m)
较轻	<1	0.15	中等	1~2	0.40	严重	2~4	1.00

(4)刚性、柔性材料，透水或不透水材料的选用，与结构型式和土质条件有关；另外还得考虑经济效益、就地取材和适应环境问题。一般对硬黏性土的岸坡防护，可采取刚性不透水材料整体性结构；对于透水性较大的砂壤土岸坡防护，可采用柔性透水材料；对于沉陷很大的软土岸坡防护，可采用土工织物席垫沉排护坡。未经实践检验成功的新材料护岸措施，一定要慎重采用。当需要丁坝、潜坝等控导护岸工程时，还应进行几何形状不变态的水工模型试验加以研究确定。

第二节　抛石护堤岸措施

抛石护岸是常见的一种治理河岸崩塌的方法。它具有可充分利用当地天然材料、施工程序简单、直接覆盖在河床冲刷面、防护效果明显等特点。

一、抛石作用和要求

崩岸治理无论是预防或抢险，大多数采用水下抛石护岸的措施。它不仅防护水流的冲刷，也有压载岸坡脚的抗滑作用。

抛石护岸与其他防护方法相比，在施工、维修和使用等方面，具有以下优点：①石料的密度较大，容易抛投于水下；②石块可组成各种形状，适应不平整的坡面；③抛石表面糙率高，消浪效果好；④便于护岸的修补，维修要求较低；⑤石料坚硬耐冲，耐久性很好。

但是，在防洪抢险时，一般抛石数量很大，相应工程投资高。因此，采用抛石护岸需要对抛石的效果、位置、布局和方法进行详细了解，要对河湾水流和河道演变有所预测，以避免出现浪费大、效果差的结果，取得可靠的护岸防冲效果。

二、抛石级配与大小

抛石护岸所用抛石的级配和大小，一般要求级配曲线光滑良好，使小于 W_{15} 的石料不超过较大石块的孔隙体积，细长石料尺寸不超过最小尺寸的 3 倍，以及少圆滑等以取得较好的稳定性。

在选择抛石时，抛石级配质量的最大、最小和平均值之间的比例范围上、下限可参考设计如下：$W_{100}/W_{50}=2\sim5$；$W_{85}/W_{50}=1.7\sim3.3$；$W_{15}/W_{50}=0.1\sim0.4$；$W_{85}/W_{15}=4\sim12$。

平均石块质量 W_{50} 常以平均石块尺寸 D_{50} 表示，它的确定方法有直接测量法、筛分法、体积转换法等。在计算中多考虑采用等容积球体直径或立方体的边长。

抛石护岸石块的尺寸，一般规定 $D_{50}\geqslant0.15\sim0.20$m；护面石块的厚度不小于 $1.5D_{50}$，通常取 $1.8\sim2.0D_{50}$。其要求是不被水流或波浪冲动表面石块，也不能冲动面层下的垫层材料。因此重要的护岸工程仍需计算特殊水力条件下（水流和波浪）的抛石大小和布局。

水流作用下抛石的大小，可根据情况采用冲刷基本公式、斯蒂芬森公式、伊斯巴什公式、皮拉斯克公式和梅诺德公式进行计算；波浪冲击下抛石的大小，可根据情况采用赫德森公式、英国推荐的公式、培什金公式进行计算。

三、抛石护岸范围布局

抛石护岸不仅常用于崩岸的抢险，更应当预测淘刷岸坡的发展趋势，早日加以防范。根据河湾水流特征和抛石护岸试验，抛石范围必须向河床延伸一段距离，应越过靠近凹岸的主流和淘刷最深的位置，一般约为河宽的 1/10～1/5 或 2 倍水深的距离。水下抛石的稳定坡面一般为 1∶1.5 左右。

单纯抛石抢险只是暂时性的稳定，但抛石层内仍有一定流速及紊动水流的淘刷，同时还有岸坡地下水渗流的冲蚀，因此，需要在抛石下设置垫层、滤层或土工织物，以保持抛石层下泥土的稳定性。如图 8.2 所示，抛石层的厚度为 0.6m，砌石可为 0.4m，其下垫层和土工织物厚度为 0.10～0.15m。至于水的坡度陡缓主要取决于土质；从抛石的休止角 35°～42°之间设计，抛石护坡不宜陡于 1∶1.3。

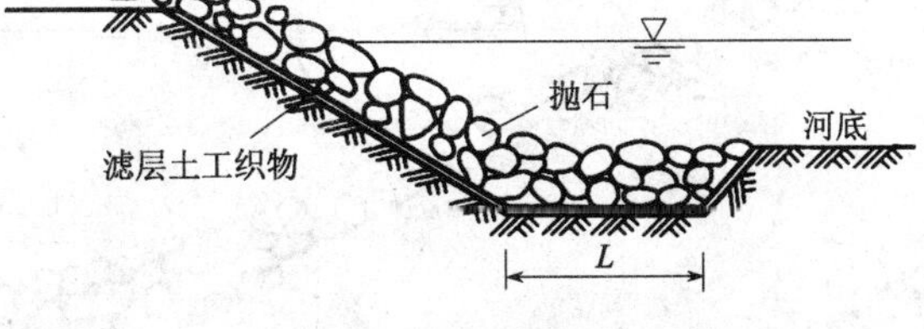

图 8.2　抛石护岸护脚及其垫层布局示意

单纯抛石河岸和护坡下的基土是否会被紊流冲刷，取决于抛石中间的孔隙大小与其下基土的抗冲性，迄今尚无可靠的计算公式，需要通过试验研究确定。

抛石护岸的布局还可以参考一些成功的实例工程。在实践抢险护岸中根据实际情况加以参考和选用。

(1)图 8.3 是德国运河抛石护岸抢险常用的,即在不同施工条件下采用护河底顺坡延伸,或者打板桩以及在坡脚利用护底的土工织物末端做成袋装粗砂或掺水泥土料,挡住块石落入冲刷坑内。

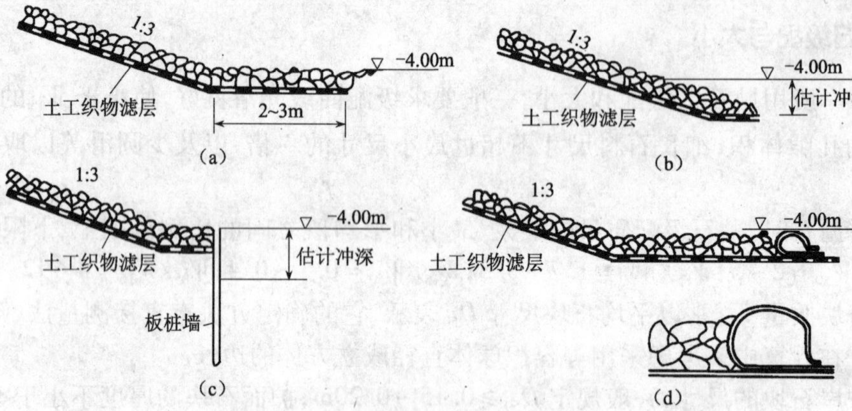

图 8.3　德国运河抛石护岸坡脚防冲措施

(2)图 8.4 是美国密西西比河入海口的抛石护坡实例,将土工织物滤层介于岸与护面层之间,以防止护层下的土层被淘刷。

(3)图 8.5 是英国的一个抛石护岸实例,其基本做法是在坡脚处多抛石料以填补预估冲刷坑坡面,使堤岸坡脚处达到稳定,基本上与我国的块石防冲槽类似,这样可以防止岸坡继续下切。

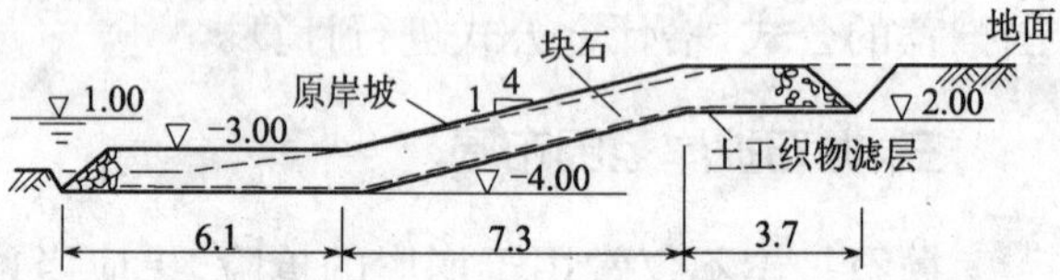

图 8.4　美国密西西比河入海口护岸防冲措施(单位:m)

以上所有推荐的抛石护岸工程,底面均有垫层或土工织物滤层,我国也曾在闸下冲刷坑底铺设土工织物再抛石,从而论证有防止基砂被波动紊流冲出流失的作用,但在深水下施工以及抛石抢险崩岸问题上却还有很大难度,因此抛石护岸及抛护河床,仍多数未采用垫层或土工织物滤层,这样抛石或混凝土块及类同的四面体框架群等措施,除非抛体的厚度很大,否则只能短期有效。即使洪水过后现场检查有落淤覆盖抛体,也不能说明洪水期间不会再被冲走,仍然有从抛体缝隙淘刷基土的可能。

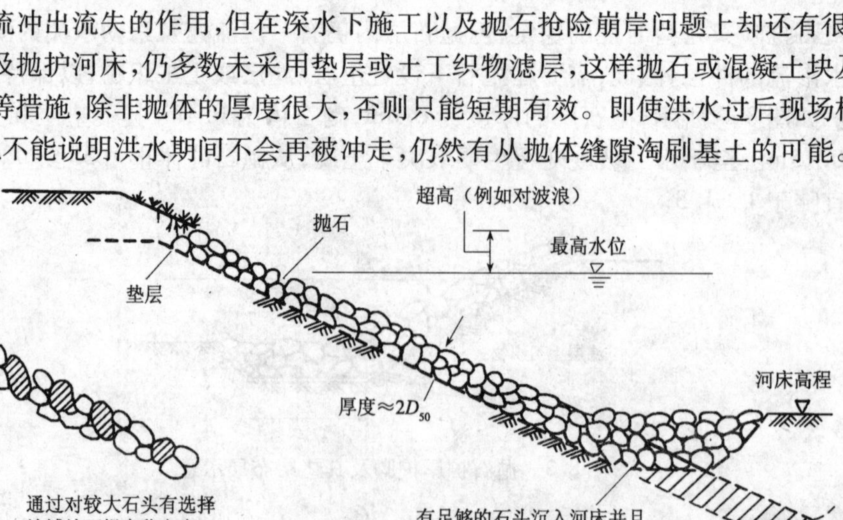

图 8.5　英国抛石护岸工程实例示意

第三节　砌石及石笼护坡措施

人工铺砌石块和利用碎块石以网筋包装成石笼，或排垫（沉排）进行护坡，能更好地利用开采的大小石料。由于对石块和石笼的加工情况不同，很难像抛石护岸那样，以试验或理论研究分析求得计算公式，其具体实施主要是靠实践经验或基本抛石公式的折算。砌块石及石笼护坡措施，主要包括干砌块石、浆砌块石和石笼护坡。

一、干砌块石

人工铺砌块石护坡与抛石护坡相比，受到水上施工的限制，表面比较平整，受流水冲击较小，但比抛石坡面的波浪爬高要大50%左右。干砌石的方法多样，如图8.6所示的单层铺砌护坡，排放大石块使其表面平整，以小石块挤塞缝隙。图8.6(a)是基土坡面上设有垫层，图8.6(b)是大小石块齿状排放在不设置垫层的压实黏土坡面上。

人工铺砌的单层块石大小，可采用抛石大小计算公式进行确定，并根据石块的方整度、互相咬合挤紧间隙的大小等牢固情况，将计算结果再减小15%～30%。但平均面层的厚度不得小于0.20m，块石下面砂性土坡上的垫层，也不得被缝隙间的水流冲动。

二、浆砌块石

浆砌块石护坡是利用水泥砂浆或沥青胶黏物灌入石块缝隙，将石块黏结成一体形成的护面整体结构，其抗冲刷能力更强，也可充分利用开采的大小石块进行铺砌。由于灌浆的程度不同，其牢固性及面层透水性很难定量评价，所以设计中必将保守一些。当做不透水考虑时就应留冒水孔，并在孔底附近做好垫层排除沿坡面的积水，如图8.7所示。

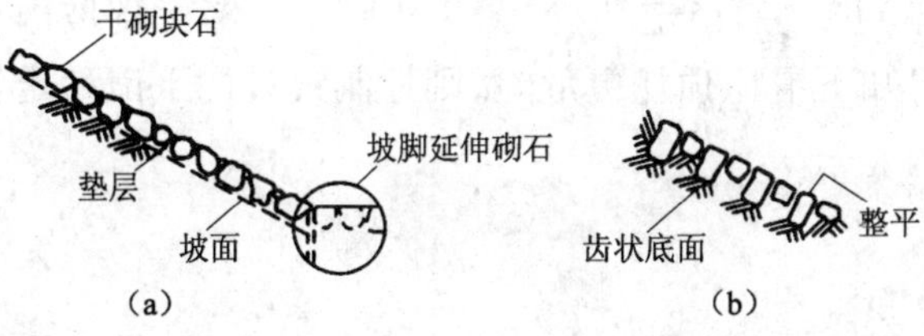

图8.6　干砌块石护坡示意图

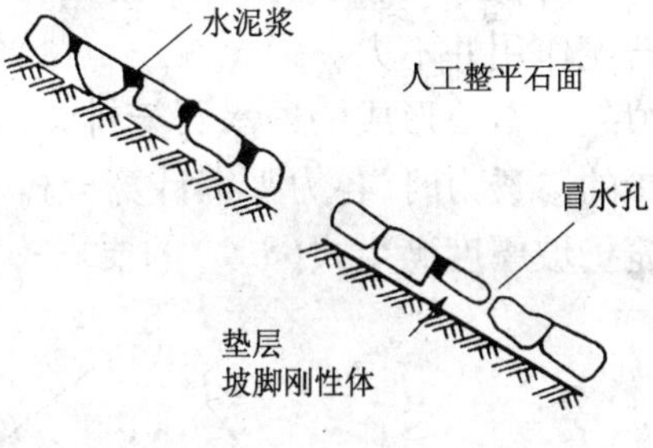

图8.7　浆砌块石护坡示意图

在干砌块石护坡上，以水泥砂浆抹缝的施工方法有以下几种：①以较干的灰浆抹平所有的缝隙，露出块石的表面；②以较稀的灰浆灌注所有的缝隙，这样连接的石块比较牢固；③手工填塞灰浆逐一进行勾缝，这样连接牢固、比较美观，但费工费时。

由于浆砌块石施工方法和灌浆量不同，所以其稳定性多数按经验进行考虑。例如在波浪冲击作用下的浆砌块石大小与干砌块石相比，当灰浆填满全部表面缝隙的30%时，块石可以减小10%；当灰浆填满全部表面缝隙的60%时，块石可以减小40%。但护面层块石的厚度最小不得小于0.20m。

三、石笼护坡

以铁丝、钢筋、聚合物筋，甚至用竹筋编制成的网状箱、笼、排垫等形状，其中间充填石块，即为石箱、石笼和石排等。这种类型的护坡具有显著的柔性透水优点，常用于防冲及浪击的护岸、护底、护坡工程，如图8.8中的①~③所示。石笼的一般尺寸为长3~4m、宽1~3m、厚0.3~1m。大面积薄的石排（厚度小于0.5m）作为排垫时，可将编制好的网先铺在坡面上，然后在网中充填石块和碎石，最后再封闭上口。

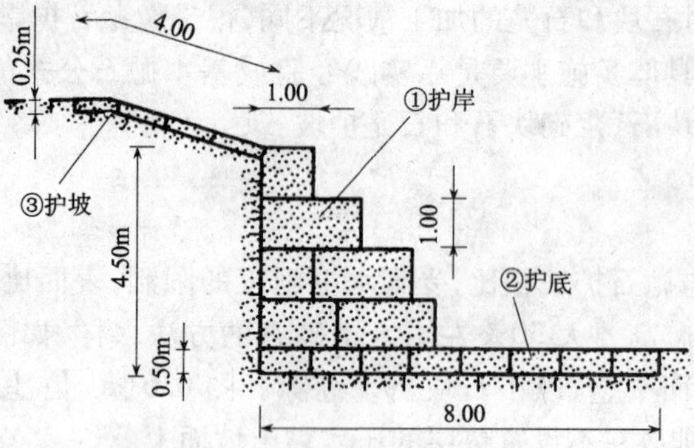

图8.8 石笼护坡示例（单位：m）

石笼的破坏多是石块受冲击来回摇动割断网筋或铁丝锈蚀。也就是说，石笼护坡的危险水力条件是波浪回落的时刻，一方面受波浪回落的拖拽力，再者是石笼中自由水面将沿缓坡面方向的渗流，发生较大的渗流力，促使这部分石笼下滑；当下滑力超过石笼与土坡面的摩擦力时就会产生下滑，或顶托力大于重力时个别石笼块体隆起移动而破坏；或者冲动坡面土粒穿过石笼流出，甚至坡面土体产生滑坡。

一般石笼护坡中的水流是沿着坡面流动，此时在波浪回落点向上到渗流自由面间的一段护坡下滑的简单判别方法是：该段石笼坡的下方支承力不够，或者大致估计$f<2\tan\theta$。因此要想求得下滑稳定，放缓坡角θ和增大石笼与土坡之间的摩擦系数f是首要考虑的，实践证明只加厚石笼作用并不大。

填装小石块形成的透水石笼排垫（沉排）护坡的稳定性，如图8.9所示。考虑到坡内地下水外渗的渗透力时，各力平衡计算分析后可知下滑比顶托更危险，则控制设计的下滑稳定性应使石笼护坡厚度满足式(8.1)的要求：

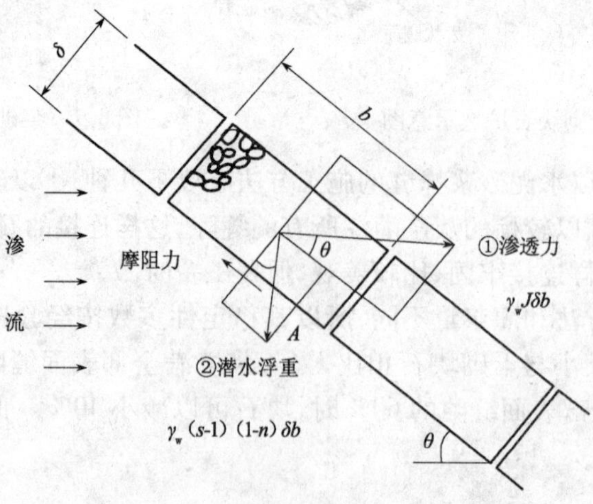

图8.9 石笼护坡稳定性示意图

$$\delta \geqslant h(1+\tan\theta\tan\varphi)\sin\theta/[(s-1)(1-n)(\tan\varphi-\tan\theta)] \tag{8.1}$$

式中　h——石笼面层块体内外水头差，可由穿过石笼渗流坡降推算或渗流值计算求得；

θ——为河岸的坡角（°）；

φ——为摩擦角（°）；

s——为填石的密度，一般取 2.4；

n——为石笼填石的孔隙率，$n=0.2\sim0.3$。

石笼护坡在波浪冲击下的稳定性，据分析式（8.1）中 h 与波浪高 H 的关系为 $h=0.12H$，即控制设计的下滑稳定性应使石笼护坡厚度应满足式（8.2）的要求：

$$\delta \geqslant 0.12H(1+\tan\theta\tan\varphi)\sin\theta/[(s-1)(1-n)(\tan\varphi-\tan\theta)] \tag{8.2}$$

对于不规则的波浪，波高 H 宜采用有效波高 H_s。

对于波浪冲击下的石笼排垫的稳定性，可采用布朗经验公式（8.3）计算其厚度：

$$\delta \geqslant 0.43H_s/[(s-1)(1-n)\cot\theta] \tag{8.3}$$

第四节　块体铺面护坡措施

块体铺面护坡的面层种类很多，常见的有砌条石、预制混凝土块、就地浇制混凝土板、沥青混凝土板等。这些面层铺在堤岸土坡上，主要是抗拒水流和波浪的冲刷，同时也要适应地面排水以及防止地下水渗流的顶托和基土表面的冲蚀；而且面层下面的土坡必须是整体稳定的，不得出现滑坡现象。

一、块体铺面护坡的组成

块体铺砌面层的主要特点是透水性比较好，非常有利于消散内外的水压力；其次具有较好的柔性，能适应因沉陷而产生的较小变形。块体铺砌面层的部件结构如图 8.10 所示，主要由护面层和垫层组成。

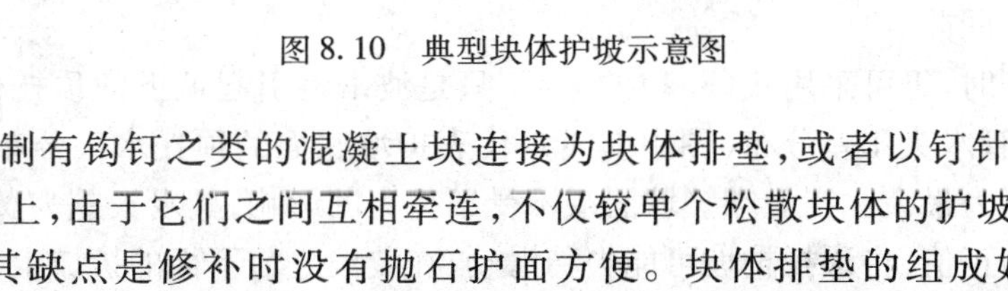

图 8.10　典型块体护坡示意图

用缆索把预制有钩钉之类的混凝土块连接为块体排垫，或者以钉针、胶黏剂等方法锚固在土工织物上，由于它们之间互相牵连，不仅较单个松散块体的护坡更为牢固，而且可在水下铺放，其缺点是修补时没有抛石护面方便。块体排垫的组成如图 8.11 所示。设计要求及法则同单个块体铺面，其牢固性的增加程度，至今也无公式量化计量，多是经验性的。

块体排垫是不允许有大的移动变形（图 8.11），免得下部滤层也发生移动，为此只允许护坡有5%～10%护坡厚度的移动,其连接力等于块体的重量。缆索的连接刚度大,土工织物连接只有在块体发生显著位移时受力,块体间距2cm左右的缝中填料可以强化其连接。铺放排垫时必须先清理平整坡面,并使块体紧贴土面;当采用土工织物垫底时,接头处应互相搭接0.5～1.0m,排垫的土下边角都应进行锚固。

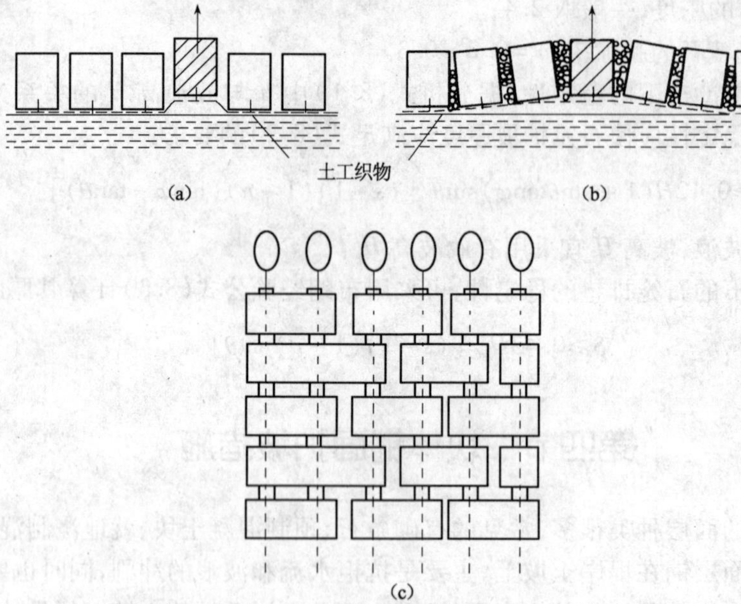

图8.11 块体排垫示例

(a)标准块体排垫;(b)缝填粒料;(c)缆索连接

二、护坡面层块体的稳定性

护坡面层块体的稳定性,在内外水压力的作用下应考虑到其下滑的可能性,也要考虑到被内水压力顶托隆起的可能性,并且着重考虑下滑的危险。设计时,除非考虑坡脚有支座或锚固承担,必须使面层的下滑力小于其下接触面的摩擦力。按照单个块体静力平衡的原理,应当满足式(8.4)中的要求:

$$LBD\gamma_c \sin\theta = LBD\gamma_c \cos\theta \tan\varphi \tag{8.4}$$

式中 L、B、D——分别为块体的长度、宽度和厚度;

γ_c——为铺石或混凝土的表观密度,$\gamma_c = 2400\text{kg/m}^3$;

其他符号含义同前。

当有波浪打击时,仍可采用式(8.4)的关系,只是波击将引起坡下的顶托力,如图8.12所示,波浪上的测压管水头压差分布(图中虚线),代表护坡底面的顶托水头分布,以波峰回落最低点处的顶托水压力最大。在上端护坡面层不受顶托力的影响,其水头差为负值;下部护坡上的测压管水头差为正值,将顶托护坡可能失稳滑动;在波浪之前下面的护坡上水头差又将出现负值。

工程实例证明,这样护坡块体发生滑动只有在块体的下滑力大于摩擦力时出现,这些块体包括最高的一块下滑块体以下坡面各块体。

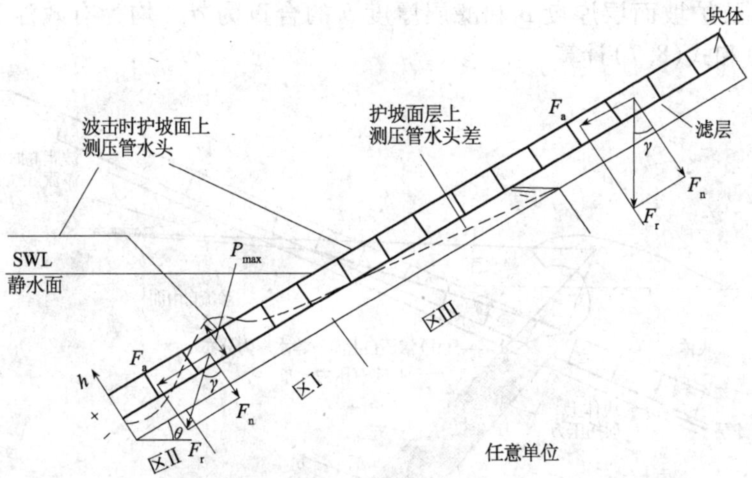

图 8.12　波浪破碎前护坡上测压管水头分布及块体受力示意图

三、块体护坡堤内土体的稳定性

护坡面层的稳定性验算后，还应进行面层下土粒的冲蚀防护和堤内土体滑动的稳定性验算。前者需要使面层下垫层、滤层符合设计的规格；后者即验算垂直于护坡下土体某一深度的滑动可能性。

(一)孔隙水压力的计算

堤坡内土体受波浪冲击诱发的孔隙水压力是浅层滑动变形的主要破坏力，当波浪爬高时，堤坡内渗流自由面高于平均水面；当波浪回落时，自由面低于平均水面，如图 8.13 所示。当波浪回落时刻的孔隙水压力，沿垂直坡面 z 的深处，其孔隙水压力分布若能等于相应回落时刻水面下的静水压力分布，即图 8.13 中的线(Ⅰ)，则波浪回落降低外水位将对护坡的稳定性不产生影响。

但是在实际情况下，波浪回落前的原有渗流自由面下的静水压力仍维持一定的孔隙水压力，等于原有渗流自由面下的静水压力，如图 8.5 中的线(Ⅱ)。从点 A 向上到护坡，其孔隙水压力就在(Ⅰ)和(Ⅱ)两条线之间的某处。因此，图 8.13 中的格子影线面积就代表护坡(面层及其下的土体)受波动影响的压差，护坡上荷载 $p_0 - p_1$ 即使局部护坡顶托或滑动的破坏力。此压差与渗流自由面到最大回落水面的距离成正比。这种估算的方法是最保守的，相当于水库水位出现骤然下降的情况。

在设计护坡时，应当了解波浪作用下的护坡上荷载 $p_0 - p_1$，当护坡面层透水性较小时，此处就可能发生大的荷载；透小性大时，荷载就集中在堤内的土体上。

(二)堤坡土体强度与其稳定性计算

堤内土体的稳定性与土体的强度有关，即剪应力与其正交应力之比必须小于摩擦角的正切，即 $\tau/\sigma < \tan\varphi$。

当没有渗流时，自然是应核算平行坡面的平面滑动稳定性；当有渗流时，非静水压力分布的孔隙水将促使破坏面不是平行坡面的平面，此时需要按照圆弧滑动面等的计算或有限元法计算。为了避免复杂的有限元计算，在初步设计时可从剪应力与重力沿坡面的分力相平衡的概念出发，计算护坡下某一深度 z_0 处滑动面的稳定性。

如图 8.14 所示，假设渗流垂直土体坡面渗出而不影响剪应力时，深度 z_0 处滑动面的正应

力 σ、剪应力 τ 及护坡面层厚度 δ 和滤层厚度 b 的合重为 σ_b（均为有效浮重），可分别用式(8.5)、式(8.6)和式(8.7)计算：

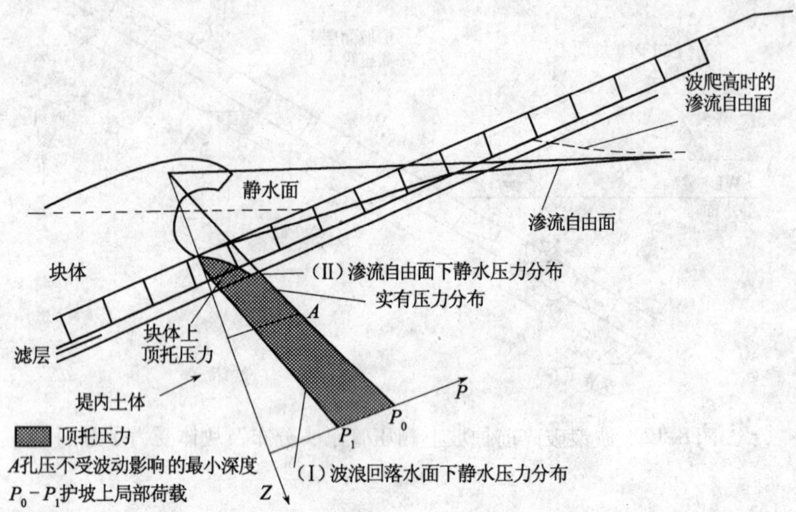

图 8.13　波浪回落时刻的孔隙水压力分布

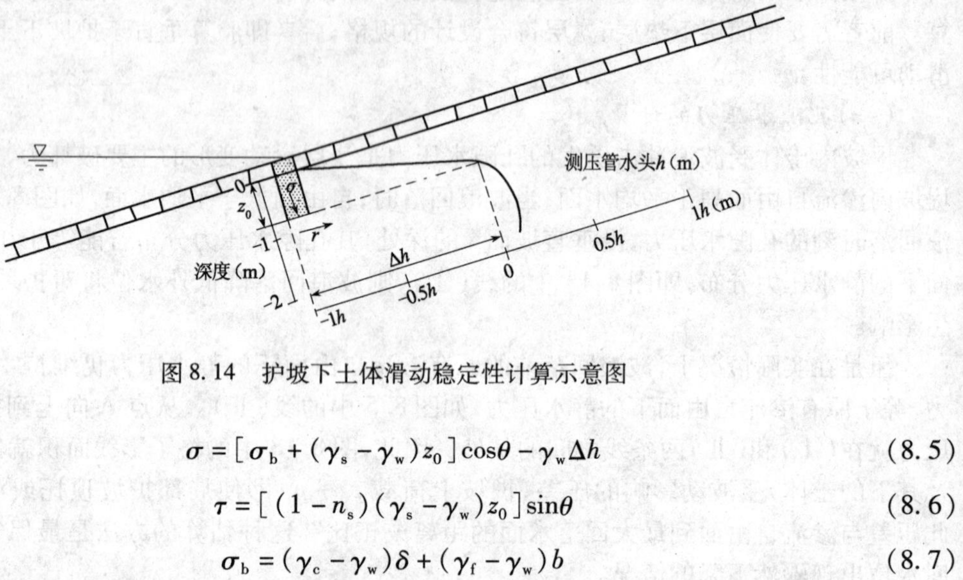

图 8.14　护坡下土体滑动稳定性计算示意图

$$\sigma = [\sigma_b + (\gamma_s - \gamma_w) z_0]\cos\theta - \gamma_w \Delta h \tag{8.5}$$

$$\tau = [(1 - n_s)(\gamma_s - \gamma_w) z_0]\sin\theta \tag{8.6}$$

$$\sigma_b = (\gamma_c - \gamma_w)\delta + (\gamma_f - \gamma_w) b \tag{8.7}$$

式中　Δh——为计算深度的土柱上下面的测压管水头差；

γ_s、γ_c、γ_f、γ_w——依次为土体、混凝土板块护块、滤层及水的表观密度。

在一般情况下堤坡是按抗滑控制设计，顶起护坡的可能性较小，所以经常不予考虑。

（三）波浪冲击下块体护坡厚度

预制块体护坡表面比抛石护坡平整，沿岸水流的冲刷影响较小，主要是波浪往返循环的冲击破坏，其破坏机理是波浪爬高时破碎波打击冲动坡面块体，同时也穿过块体缝隙引起堤内水的浸润线升高，接着波浪很快回落跌至波谷，而堤内水下降缓慢形成顶托力。这样冲击、顶托的内外交替作用造成平整铺砌块体的失稳，而且最危险情况是波浪回落到最低点的时刻。因此，需要计算浪爬高破碎后击打坡面的压力分布及其诱发内水的渗流顶托力，然后就可计算力的平衡，确定块体的稳定性。

有关学者研究结果表明，坡面的允许波浪高度与波浪前峰陡度、护坡厚度、坡比有关，由荷兰学者提供的块体护坡厚度设计图解图（如图 8.15 所示），可以计算所需要的护坡厚度 δ。

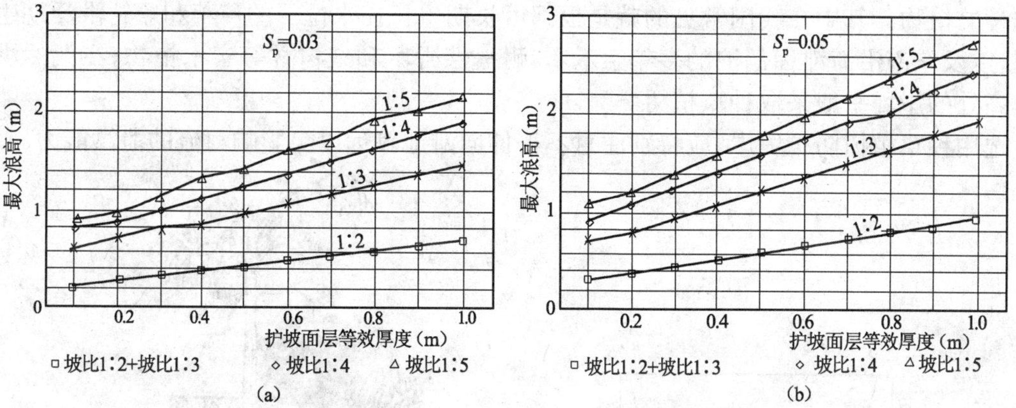

图 8.15　块体护坡厚度设计图解

（a）底土的滑动、波峰陡度 $S_p=0.03$；（b）底土的滑动，波峰陡度 $S_p=0.05$

考虑到块体面层下设有垫层或滤层，对阻止土体局部滑动变形的作用，用图 8.15 图解的护坡厚度 δ，需要再用式(8.8)加以修正：

$$\delta_e = \delta + b/(s-1) \tag{8.8}$$

式中　δ——图解求得的面层厚度；

b——为粒状滤层的厚度；

s——面层的表观密度，混凝土或石料块体 $s=2.3\sim2.4$。

按照诱发渗流的计算分析，控制块体下滑稳定性的面层厚度还应满足式(8.9)的要求：

$$\delta \geqslant 0.12H(1+\tan\theta\tan\varphi)\sin\theta/(s-1)(1-n)(\tan\varphi-\tan\theta) \tag{8.9}$$

（四）水流顶冲时块体护坡厚度

铺砌块体护坡，坡面平整不同于抛石，一般情况沿堤岸坡面的顺河水流不会冲动面层块体。但如果有斜向或迎面来水顶冲坡面，如进入弯道水流、宽河缩窄水流、支流交汇水流及泄洪闸下游的折冲水流等，就有冲坏迎面护坡块体的可能。

根据工程实测可知，水流顶冲对块体的破坏比波浪冲击要小，故常以波浪控制面板厚度设计。

第五节　种草植树防护堤岸措施

国内外经验证明，利用植物进行护坡、固岸和保滩是最经济的措施，不仅可以防止水流和波浪的冲刷，而且在农牧、生态和美化环境方面起到重要的作用。据试验表明，透过植物蒸散作用所失去的水分，一般为地面蒸发的 3 倍以上，将降低土壤含水量及地下水位，减少孔隙水压力，减轻土体的自重，有利于水平方向作用剪应力的降低，从而增加坡面的稳定性，提高下次降雨的入渗容量。

当这些植被不能抵抗冲刷时，还可辅助以各种加筋组合措施，如以土工织物网格或网垫加固植被的抗冲能力，混凝土格子中种草等组合式护坡，以及选种适用和培植生长密集较矮的植物,使其能发挥定期或季节性的抗冲效果和绿化岸堤美化环境的作用。

各种水位条件下适宜种植的岸边植物分类可参考图 8.16,说明沿边岸及附近滩面都有可以选种的植物。其中在我国常见的就是根部可长期生长在水位下的芦苇和短暂洪泛期生长的柳树,以及东南沿海滩面消浪的多年生禾木、耐盐性野草和红树林等亲水植物;在偶然洪泛带及其高处的岸堤一般采取种草植树。

选用种草植树防护堤岸,应特别注意不得伸向滩地较远以免影响河流的泄洪能力。

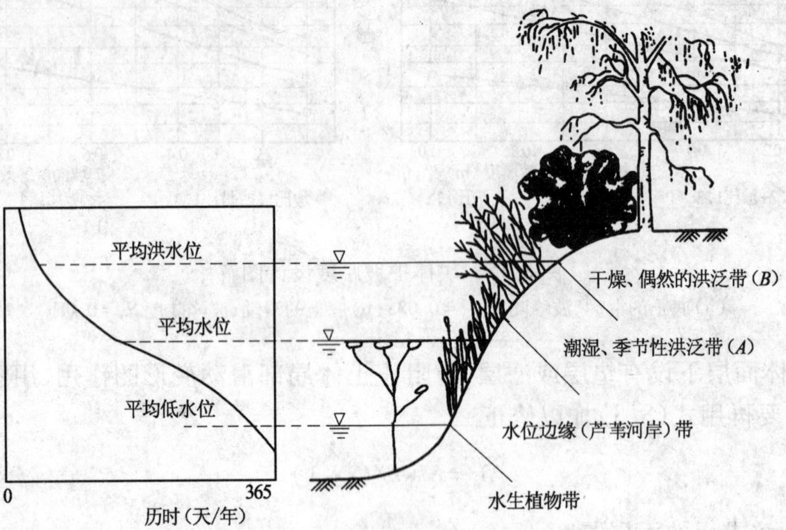

图 8.16　河岸的植被分层示意图

一、草皮护坡及其抗冲能力

堤防用种草植被进行护坡,这是我国自古就采取的护坡措施,为便于种植和管理维护工作,应当熟悉此项种草技术及其功效,图 8.17 所示为草皮护坡的各部分组成名称。坡面种草土层厚度一般为 15 ~ 35cm,它不仅是供给种草的养分和水分,还必须在草未长好前压实具有一定的抗冲刷能力。最上面的表层土以砂质黏土较好,草根土层厚 5 ~ 15cm,由于网状根系互相牵连及胶质物固结作用,则可以抗拒较长期的缓慢冲蚀。

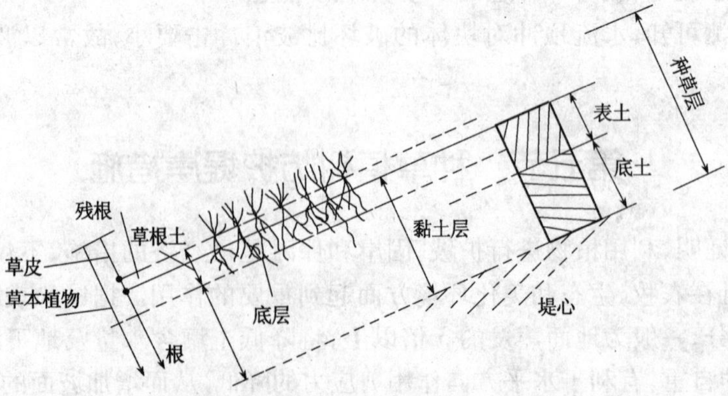

图 8.17　种草护坡各部位的名称

种草护坡要选用适宜当地的草皮植被,按季节性收割或牧羊,妥善养护草皮生长,及时弥补被碎波冲刷或损坏的裸露土面。对于培修堤防也要注意利用原有堤防的草皮。近年来,欧美各国极为重视种草护堤的综合作用,并已取得很多研究成果。

堤坡种草对波浪爬高、碎波回落的冲刷和次要一些浪溅越堤的内坡冲刷或河道水流冲刷的抵抗能力,均有显著提高,一般可以抗御2m/s的流速。如图8.18所示的三条曲线为一般草坪的抗冲流速与经历时间(h)的关系。

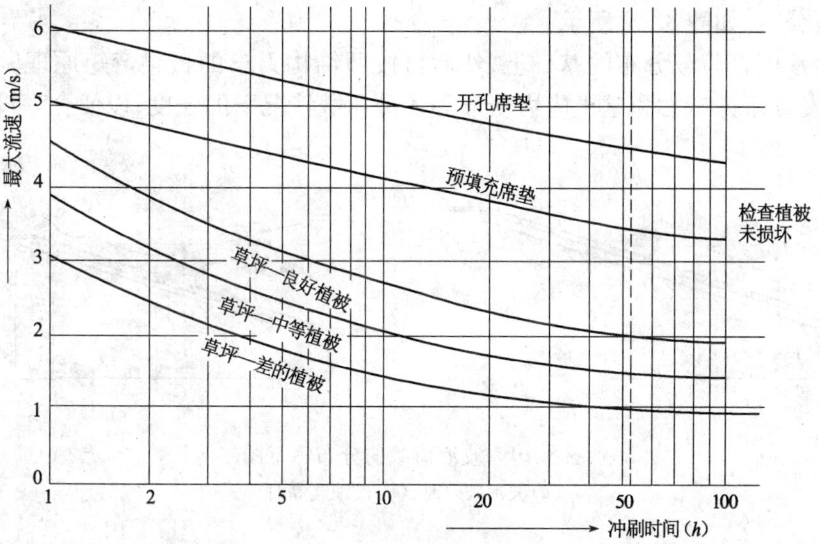

图8.18　一般草坪与席垫加固草坪的抗冲流速比较

二、植树固滩护堤岸

柳树易成活、耐水淹,甚至经过数十日淹没也能正常生长,我国历代有植柳树防冲消浪治河的传统。结合绿化国土面积、调节气候、水土保持等要求,可推广生物治河护堤的传统技术。即在险工河段,如河湾凹岸的滩地缓坡种植耐水树木;对于河势不稳、摇摆不定威胁堤防的河段,则可选定左右两堤岸边的适当滩地缓坡种树,达到束水攻砂、淤滩冲槽控制河势的目的。

据长江中下游防浪林带消浪效果观测,6~9排防浪林可消浪33%~38%,10~15排防浪林可消浪49%~57%,20~25排防浪林可消浪64%~71%。

美化环境,调节气候,作为景观,植树护堤也是非常必要的。德国某河道靠近常水位及较陡岸坡种草或垂柳,更上面的平缓岸种植枫林等,到平面岸顶种植一排高大的白杨树,可获得很好的景观效果。

作为治河工程,靠近堤岸边种树要有一定规划,最好布局是形成下挑丁坝的树排,例如已比较成功的经验,行距为2~3m、株距为1~2m的排柳树下挑(15°左右)丁坝长15m左右,空开间距为20m,沿河插枝栽柳深3m,种植几年后,形成树粗0.2m、高3~5m左右的活体丁坝。洪水过后,杂草泥土淤积在柳坝之间,对护滩固堤成效显著。这种透水的柳树丁坝与不透水的石丁坝相比,具有挑流较缓、对各种流量适应性强、影响泄洪小、泥砂淤积均匀、遍及全柳坝空间等优点。

沿堤防内外种树植柳也是储备汛期抢险梢料,例如在河道防洪抢险中,对抢护堤岸受风浪迎溜的冲刷,常采用挂柳、沉树、沉梢等方法,可即时就地取材砍伐柳树倒挂于顶冲塌岸水中,起到以柔克刚、挑溜落淤沉砂的固基作用。

第六节　浇铺混凝土板护坡措施

现场就地浇铺大面积混凝土板护坡是一种很好的技术措施，在很多国家的大型河流上均有成功的实例。但它的设计区别于小块体护坡的简单估算，必须计算波浪爬高碎波冲击区的动水压力荷载分布，如图8.19所示。

在计算动水压力荷载分布的基础上，然后再按照结构力学的板梁弯矩原理验算板厚在波浪冲击力、诱发渗流扬压力和基土应力变形等各种荷载情况下的强度，以便合理设计较经济的厚度。

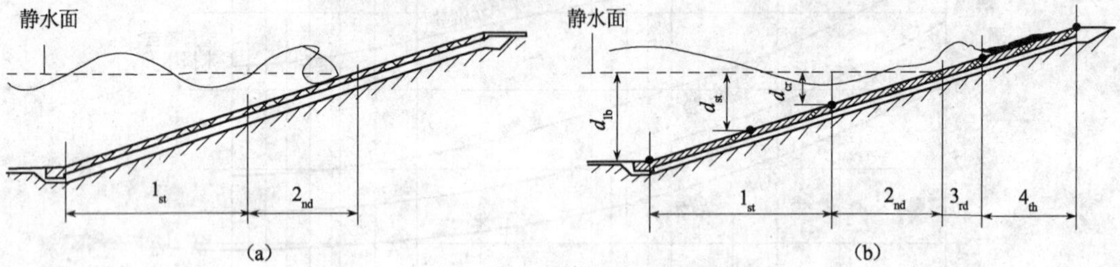

图8.19　波浪荷载的分布示意图

(a)波浪破碎时；(b)波浪爬高时

一、波浪爬坡水压力分布

波浪沿着岸坡爬高，当水深变浅小于临界值时将失去稳定而崩解破碎，损耗大部分能量，对护坡面板有冲击破坏作用，同时也将穿进板缝或孔口到护板底面形成同步动水扬压力，在瞬息变化过程中底部扬压力也会大于板面上的波压力，可能局部顶破面板。如果面板全部封闭，此种底面诱发的动水扬压力基本消除，只受到地下水渗流的静水压力。

为说明波浪爬坡时破碎后的最大波压力分布，可划分成4个区间，如图8.19所示。以区界点a、b、c、d、e定其相对波压力作为设计依据，区间2是受破碎波打击的最大动水压力区，其水深小于临界值；区间1是基本上受波浪水面下的静水压力区；区间3是受碎波爬高水面的往返动水压力；区间4是以波及到顶点为界，所受荷载很小。

根据大量的试验资料，给出各区界点a、b、c、d、e的相对波浪压力值曲线图8.20和区界点在静水面以下深度的位置曲线图8.21，可供现场浇铺混凝土板护坡设计时参考。

图解曲线图8.20和图8.21的相对压力p和位置z是相对于不规则波谱中超值概率$j=1\%$的波高，即$H_{\%}$；如果设计波高为其他概率的，则相对波高在换算时，自然要改用相应的引用波谱或公式。

二、浇筑混凝土板坡面的渗流场分布

工程测定表明，混凝土面板除受到外水波浪力外，还有波浪诱发的渗流场分布的内水压力。现场浇筑的混凝土板护坡可考虑两种情况：一是面板留缝或冒水孔透水，另一是将板全封闭不透水。开缝面板在浪击下水冲进板缝会形成局部高压区，浪回落到波谷又形成低压；而且面板直接铺在土坡上与铺有垫层相比，此种高低压脉冲现象更为集中，这充分说明垫层具有对浪击的缓冲均布作用。

全封闭面板浪击的集中区并不显著，这说明不必设置垫层。但是，堤岸护坡很难真正做到

全封闭，加上垫层具有均匀传递荷载的过渡作用，并增大面板的下滑安全性，改善土坡面的接触冲刷等优越性，一般仍多采用铺设简易的垫层，除非是不发生地下水位较大变化，浇筑在不沉陷变形的平整坚实的黏土坡上的全封闭面层。

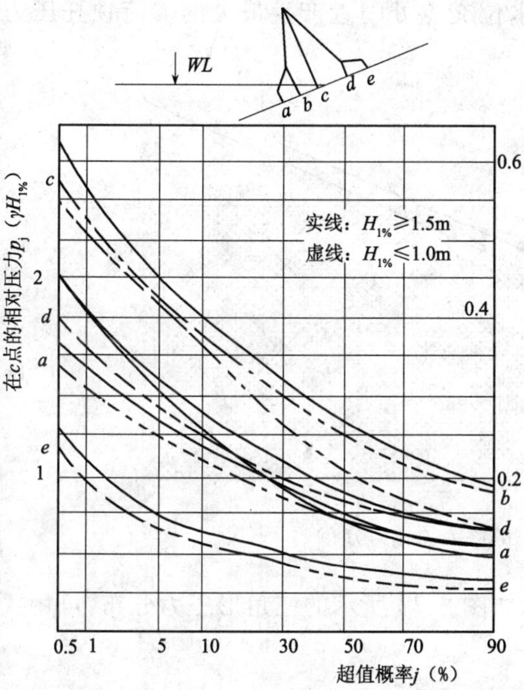

图 8.20　沿坡面各特征点的波浪相对压力水头
（坡比 1∶2.5～1∶4.0）

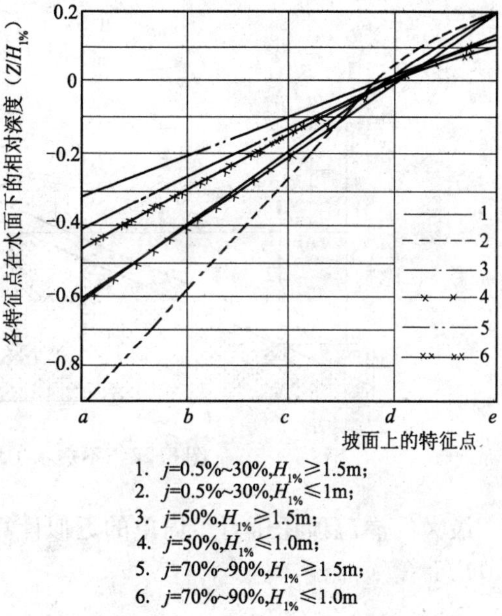

图 8.21　沿坡面各特征点的水下深度位置
（坡比 1∶2.5～1∶4.0）

根据上述浪击作用的面板上、下最不利组合瞬间水力条件，可计算设计板块的下滑和绕任一端抗转动的稳定性，再计算弹性地基上梁板结构的最大弯矩验算其强度。

三、混凝土板浇筑厚度的确定

（一）开缝或有冒水孔混凝土板的厚度确定

对于开缝或有冒水孔混凝土护坡面板整体稳定性在极限平衡时其厚度，可按式（8.10）进行计算：

$$\delta = 0.66H^{5/4}/(s-0.3k_u)B^{1/4}\cos\theta \qquad (8.10)$$

式中　H——平均波浪高度；

s——混凝土的表观密度，一般取 2.4；

B——沿坡面上下的设计板面长度；

θ——堤岸的坡角；

k_u——波浪冲击下的动水扬压力系数，是 B/H 的函数，可查表 8.2。

表 8.2　*B/H* 的函数表

B/H	≤1.0	1.2～1.5	2.2～2.8	3.5～4.3	5.0～6.0
k_u	1.0	0.8	0.7	0.6	0.5

(二)封闭面层受渗流顶托力的厚度确定

以上所述面板厚度计算是基于波浪冲击作用下的。在风浪较小的河道堤防,不透水护坡面层的厚度将控制板的内外水头差,特别是河道洪水位降落很快又有雨水补给地下水位时,将发生更大的内外水头差,此时不透水面层将在外水位交点处附近产生最大的渗流顶托压力 p_{max},如图 8.22 所示。

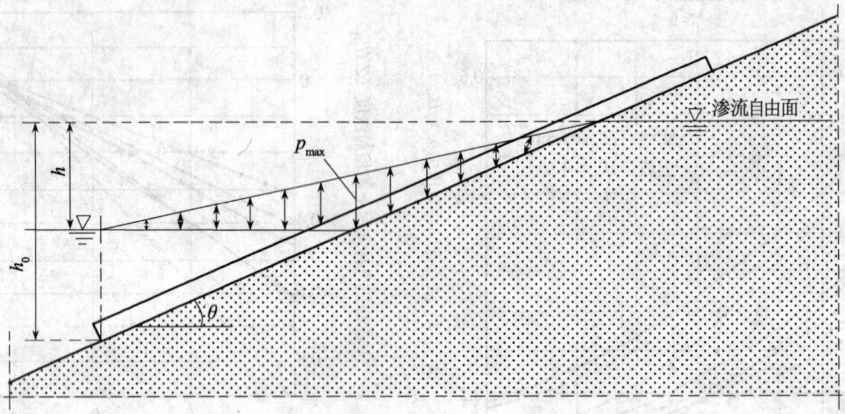

图 8.22　不透水护坡面层下的渗流顶托力分布

最大的渗流顶托压力最简单的近似计算方法,如图 8.22 所示的三角形压力分布,可用式(8.11)计算:

$$p_{max}=\rho_w gh(1-h/h_0) \tag{8.11}$$

式中　ρ_w——水的密度;

g——重力加速度;

h——地下水位高出外水位的水头;

h_0——地下水位高出不透水面层下端的水头。

求得面层下的最大的渗流顶托压力 p_{max},就可取该处单位面积重量正交坡面分力与护坡下顶托力相平衡验算所需要的面层厚度 δ,即用式(8.12)计算:

$$\rho_c g\delta\cos\theta \geqslant p_{max} \tag{8.12}$$

式中　ρ_c——混凝土密度。

再取面板重量平行坡面分力与摩擦阻滑力相平衡验算所需要的面层厚度 δ,即用式(8.13)计算:

$$(\rho_c g\delta\cos\theta-p_{max})\tan\varphi \geqslant \rho_c g\delta\sin\theta \tag{8.13}$$

一般情况下是下滑控制面板的厚度,不够厚时还可考虑由其下面坡段面层分担承受多余的下滑力。如果顶托力大,面板厚度不够时将发生面层变形,需要考虑剪应力及弯矩应力的新的平衡演算。

为了降低外水位处护坡下顶托压力 p_{max},可在此高程以上护坡布设几排冒水孔减压,如布设开孔面达 5%,就可使顶托力或扬压力基本消失。

第七节　沥青材料护坡措施

沥青混合物材料用于护坡工程，具有施工速度快、柔性比较好、适应轻度变形、抗冲性较高、防渗性能好等优点，一般可用于石料少而沥青材料方便的地区。常用的沥青油渣混合物护坡的结构形式如图 8.23 所示，在冰冻地区以采用沥青块石或预制块较好，防止冰盖升降引起护面剪切破坏。

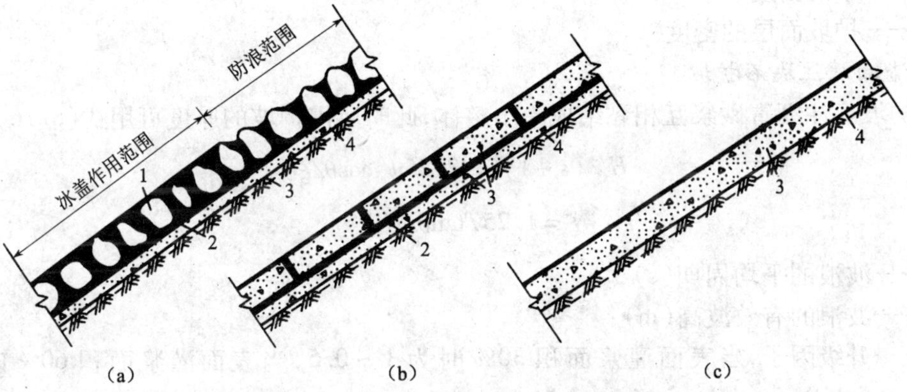

图 8.23　沥青油渣混合物护坡的结构形式示意图

(a)沥青渣油块石护坡；(b)预制沥青渣油混凝土护坡；(c)沥青渣油混凝土护坡

1—块石；2—沥青油渣砂浆；3—沥青油渣混凝土；4—垫层

沥青油渣混合物在荷兰围海工程中采用较多，如沥青油渣混凝土可用于护坡、护底、防冲或防渗；沥青砂浆可用于灌注石缝，掺少量沥青(4% ~5%)的砂在护坡块体与其下面土层之间形成滤层，或者做成透水滤层块体，堆砌于堤岸边及防护土粒的流失等。

一、波浪冲击时的应力及厚度计算

波浪冲击时的应力及厚度计算，一般应考虑两种有关沥青的护坡，即沥青渣油混凝土板护坡和渣油灌注块石护坡。

(一)沥青渣油混凝土板护坡

在波浪冲击下沥青渣油混凝土板不透水护坡，其最大的弯曲应力(N/m^2)可用式(8.14)计算：

$$\sigma = P_m / 4\beta^2(\beta z) \times \{1 - \exp(1 - \beta z)[\cos(\beta z) + \sin(\beta z)]\} \times 6/\delta^2 \tag{8.14}$$

其中

$$\beta = [3c(1 - v^2)S\delta^2]^{1/4}$$

式中　c——地基反力模量(N/m^3)，压实砂取$(1 \sim 3) \times 10^8 N/m^3$，黏土取$5 \times 10^7 N/m^3$；

S——沥青刚度模量，一般取$7 \times 10^9 N/m^3$；

v——沥青的泊松比，一般取 0.25；

δ——护坡的厚度(m)；

z——波击压力荷载三角形分布的半宽，$z = 0.5H$，H为波高(m)；

P_m——波击三角形荷载的最大压力，$P_m = \rho_w gKH$，波击因数K与坡比$1:n$有关，当$n = 2$、3、4、6 时，K值分别为 3.20、4.25、5.00、5.30。

由式(8.14)按照最大允许弯曲应力值计算出所需要的护坡厚度，一般都是很薄的。但实际上沥青混凝土板的最小厚度为 10～15cm；有掺石料大小 20～40mm 的沥青混凝土板厚为 12cm；有掺石料大小 16～22mm 的沥青混凝土板厚为 10cm；灌注沥青砂浆的石料至少厚度是石料大小的 1.5 倍。

对于护底的沥青板较长时，设计准则为使板重大于最大的水头差，其板厚应用式(8.15)计算：

$$\delta = 0.5H\rho_w/\rho_b \tag{8.15}$$

式中 ρ_w——水的密度；

ρ_b——护坡面层的密度。

(二)渣油灌注块石护坡

块石护坡灌注沥青砂浆互相黏结成一个整体，此时所需护坡的厚度可用式(8.16)计算：

$$H_s/(s-1)\delta \leqslant 2.25\psi_u\cos\theta/\xi \tag{8.16}$$

其中 $$\xi = 1.25T\tan\theta/H_s^{1/2}$$

式中 T——波浪的平均周期(s)；

H_s——波浪的有效波高(m)；

ψ_u——升级因子，当表面灌浆面积 30% 时为 1～0.5，当表面灌浆面积 60% 时为 1.5～1.9；

s——护坡面层的表观密度。

二、水流冲刷时的护坡应力及厚度计算

沥青混凝土具有柔性、耐冲刷、耐磨损等优点，只有部分灌注沥青的石块因粗糙阻水，仍可抵抗 6m/s 的流速。有柔性的沥青板适用于坡脚的防护，其护底长度可用式(8.17)计算：

$$l = z(4+\cos\theta) \tag{8.17}$$

式中 z——为冲刷坑的深度；

θ——为堤岸的坡角。

护底沥青板的最大弯曲应力(N/m)，可用式(8.18)计算：

$$\sigma = 3\rho_b g v^2 t^2/\delta \tag{8.18}$$

其中 $$t = 5[2\delta z\eta/\rho_b g(1-v^2)V^4]^{1/2}$$

式中 t——为时间(s)；

δ——护坡面层的板厚(m)；

η——为动力黏滞性(Pa·s)；

v——沥青的泊松比，一般取 0.25；

ρ_b——护坡面层的密度(kg/m^3)；

V——为冲刷流速(m/s)。

在实际工程中，沥青板的最小厚度一般为 10～15cm。

第八节 丁坝挑流防护岸堤措施

在河道工程中丁坝是从河道岸边伸出的挑流体，在平面上与岸线构成丁字形的河工建筑

物。丁坝是广泛使用的河道整治和维护构筑物,其主要功能为保护河岩不受来流直接冲蚀而产生淘刷破坏,同时它也在改善航道、维护河相以及保全水生生息场多样化方面发挥着作用。

一、丁坝的布局及作用

丁坝是稳定河势最常用的治河工事,它的作用不同于维持原河势的护岸工程,而是靠系列丁坝间的淤积形成新的岸线改变河势的。这种工事不仅排除了堤岸被顶冲淘刷的危险,而且可在河湾的凹岸部位布置丁坝群挑流防冲以控制主流,如图 8.24 所示。

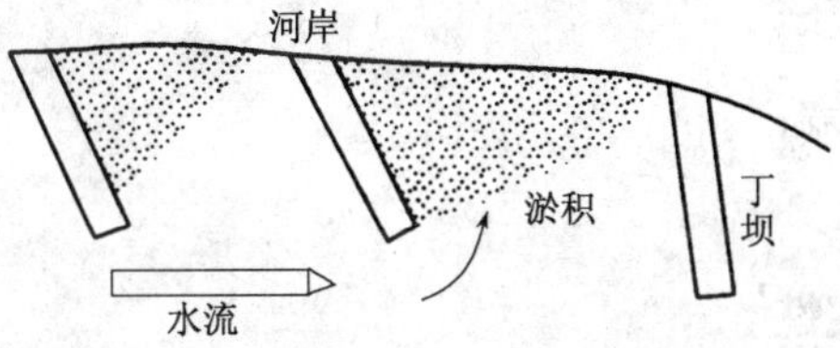

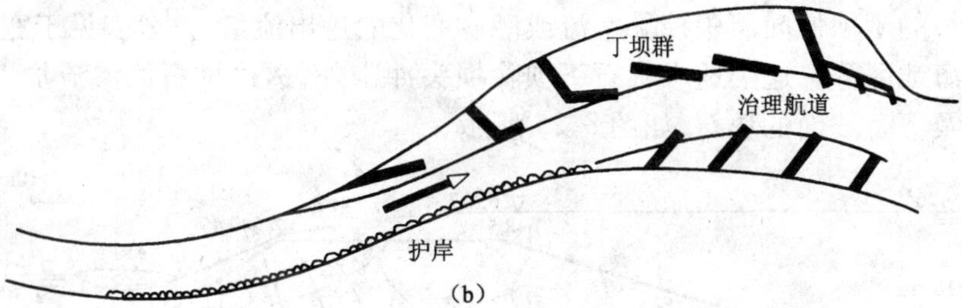

图 8.24　河湾的凹岸丁坝群挑流防冲示意图

对于改造河湾的新岸线距老岸线较远时,还可在施工中分期实施,开始筑一系列较短的丁坝,待淤积后做好护岸再延长丁坝,这样可避免淤浅的沙洲离开岸坡远并在近岸处留下深塘。丁坝布局以下挑丁坝为宜,其偏角以 15°左右为宜。

工程实践和水工试验证明,上挑式土石丁坝难以适应各级流量,在涨落水时险工段将随流量变化而上提下挫,不断改变顶冲的位置;特别是游荡型河流,上挑丁坝容易引导水流坐湾钻档"入袖"冲刷堤岸,带来新的威胁。因此,除非进行针对性的河工模型试验,一般情况下不宜采用上挑式丁坝。

堆石体丁坝或者土心堆石体较多,以适应滩地的沉陷及淘刷,坝顶潜水或者向河心倾斜逐渐潜入水下,减轻坝头的冲刷。这类抛石体丁坝头必须抛石足够大,确保根石不走失,并使抛石外延平铺一段,甚至考虑设置底脚垫层,以稳定坝岸结构。

二、不透水丁坝头冲深及防护

丁坝头绕流处的河床冲深,取决于坝头水流的最大单宽流量 q_{max},对于不透水正挑单个丁坝,其值根据势流理论分析可取距丁坝头 1m 处的绕流最大单宽流量,可用式(8.19)计算:

$$q_{max} = q_0 / [1 - b/(1 + b)^2]^{1/2} \tag{8.19}$$

其中

$$q_0 = Q/B$$

式中　q_0——河流的平均单宽流量;

b——丁坝的长度;

Q——河道的流量;

B——原河的宽度。

丁坝头冲深计算公式很多，目前多采用式(8.20)进行计算：

$$\Delta z/H_0=(1+1.2U_0{}^2/gH_0)[(B/B_1)^{2/3}-1] \tag{8.20}$$

式中 Δz——河床冲深；

H_0——原河道水深；

U_0——原河流速；

B——原河宽度；

B_1——丁坝缩窄的河宽；

g——重力加速度。

三、透水堆石坝体的稳定性

以抛石较长的丁坝伸向河中控导水流或潮汐变化的进出流量，一般多见于宽广的水域，例如河口港湾围海地区等。这类透水堆石丁坝除坝头冲刷外，透过堆石体渗流加上坝顶溢流将容易冲毁坝顶及下游坡面的块石，如图8.25所示。

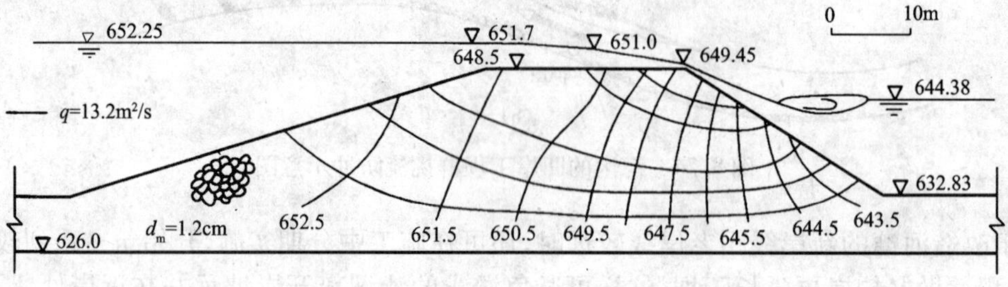

图8.25 堆石坝过水试验

很多水利科技工作者曾对堆石坝过水进行过试验，主要取决于过水单宽流量和坝坡的陡缓。溢流加渗流的堆石坝，如果过水单宽流量 $q>2m^2/s$，坝坡石块将会失稳，必须采取护顶及护坝肩措施。如果堆石坝河床为砂基，自然还得设置土工织物垫层，以避免产生接触冲刷破坏。

第九节 各种墙体防护岸堤措施

前面所述的堤岸护坡工程措施，都是较缓的土坡自身比较稳定，在土坡的面层上采取防护的。当坡陡难以长期稳定或治导河岸抗拒河水冲刷，又要抵御边岸土压力和地下水压力时，则需要建造垂直型的墙体护岸，依靠墙身自重维持整体稳定性。

一、重力墙护岸

(一)重力墙受力与破坏形式

根据对重力墙的受力分析，作用墙上的主要力有：墙体自重 W、摩擦力 F_F、被动土压力 F_P、主动土压力 F_A、超载力 F_L、静水压力 F_H、扬压力 F_U、地基反力 F_R 等，其中被动土压力 F_P 取决于墙的有限位移，摩擦力 F_F 作用在墙背的力常被忽略不计，扬压力 F_U 取决于渗流场的流网。

重力墙的受力如图 8.26 所示。

由混凝土、砌石、砌砖建造的挡土墙，在正常情况下，墙内任何部位不能出现拉应力，或在极端条件下不能出现大于允许的有限拉应力。作为整体考虑，在外力作用下，重力墙的破坏形式如图 8.27 所示。

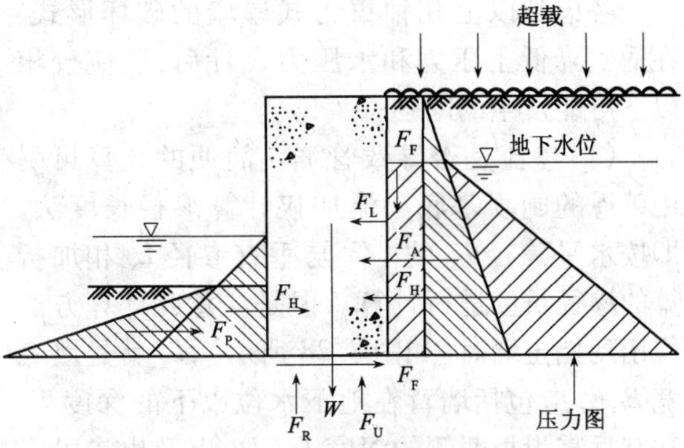

图 8.26　重力墙体的受力示意图

1. 重力式岸墙的破坏形式

(1)图 8.27(a)是超载情况，主动土压力和静水压力等综合水平推力超过阻抗力所发生的沿墙底滑动，在底部设置齿墙可防止滑动。

(2)图 8.27(b)是墙底趾部角点的最大压力超过地基承载力而有沉陷发生的墙体倾斜变形。

(3)图 8.27(c)是墙后填土抗剪强度低或高的超荷载和土荷重所导致的绕墙顶旋转滑动，常因为墙背不排水，增大水土压力或外水位骤然下降引起。

(4)图 8.27(d)是倾覆力矩(ΣM_0)超过抵抗倾覆力矩(ΣM_R)所导致的绕墙底趾部的倾倒破坏，常因超载过大，外水位骤然下降和冲深引起。

(5)图 8.27(e)是绕墙底渗流坡降超过允许值所导致的管涌冲蚀破坏，可设置板桩齿墙加以防止。

(6)图 8.27(f)是外部水动力冲刷墙脚逐渐降低抵制滑动、倾覆、承载力的能力而破坏，可打板桩墙或抛石防冲。

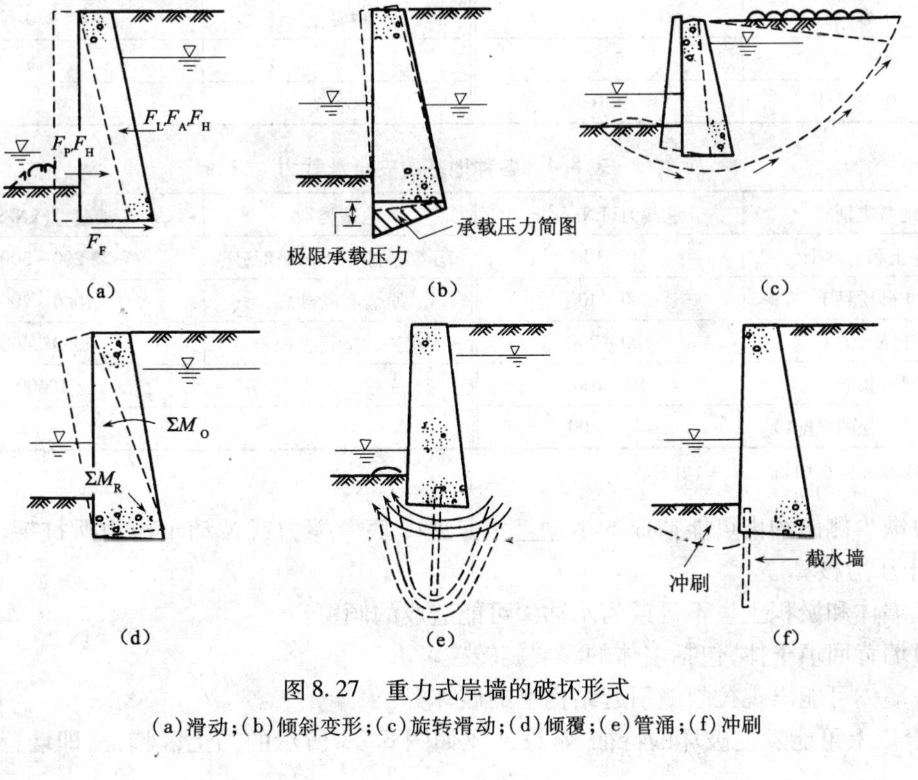

图 8.27　重力式岸墙的破坏形式

(a)滑动；(b)倾斜变形；(c)旋转滑动；(d)倾覆；(e)管涌；(f)冲刷

2. 重力式岸墙设计注意事项

考虑到以上几种重力式岸墙的破坏形式，在适当降低土压力和水压力设计后，还应校核以下可能发生的问题：

(1)渗流是否导致管涌。简便的核算可引用莱恩的闸坝基底渗流加权计算渗径长度法，即按水平渗径 L_x 的 1/3 与垂直渗径 L_y 相加折算的渗径长度进行计算。但是注意此计算方法应用到挡土墙时(如图 8.28 所示)，L_x 就是墙底宽 B，L_y 应包括墙背在地下水位以下的深度 D_1 和有垂直齿板两侧的深度 D_2、D_3 以及出渗段埋入土基中的墙深 D_4，因此渗径长度可用式(8.21)表示：

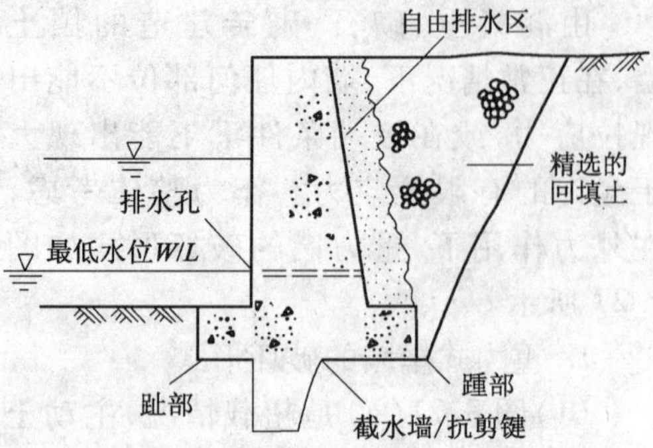

图 8.28　挡土墙设计特征

$$L = B/3 + \sum D \tag{8.21}$$

该渗径长度 L 与水头差 H 的比值 L/H 必须小于表 8.3 中的最小比值，水头 H 应用于挡土墙则是墙背地下水位高出墙外河流水位之差。

(2)地基承载力不够而产生显著位移的可能性。可参考表 8.4 中所列各种地基的安全承载力加以核算。

表 8.3　各种土基上沿墙或闸坝底板的渗径长度最小值

地基土质类别	莱恩法最小比值 L/H	地基土质类别	莱恩法最小比值 L/H
粉细砂	8.5	粗砾夹卵石	3.0
中砂	6.0	中黏土	2.0
粗砂	5.0	硬黏土	1.8
细砾	4.0		

表 8.4　各种地基的安全承载力

地基类别	承载力(kN/m^2)	地基类别	承载力(kN/m^2)
软黏土和粉砂土	50~100	压实砂或浸水的级配砂	200~300
坚实砂质黏土	200~400	页岩和软砂岩	1000~2000
干松砂(大)	100~200	灰岩和坚硬沉积岩	3000~4000
浸水松砂	50~100	完整的火成岩	10000
压实砂或干松的级配砂	400~600		

注：$1kN/m^2 = 0.01kg/cm^2 = 1kPa$。

(3)缺少侧向约束可能造成的滑动。常是由基底摩擦力或被动土压力所抗拒，所以应考虑被动土压力核算。

(4)墙体和淤积土量不足或河水冲深可能造成的倾覆。

(5)墙背回填土体，包括墙体的深层旋转破坏。

(6)墙体可能出现拉裂缝引起结构上的破坏等。

结合以上可能发生破坏的特征，常设计成如图 8.28 所示的挡土墙特征，即墙背设滤层能自由排水，由排水孔出流以降低孔隙水压；回填土于墙后宜选用较粗的土料；加宽墙底面积减少承载力强度；齿墙阻滑以及岸墙脚抛石防冲等措施。图8.28所示排水孔出口应设在最低外水位边，孔底由墙背滤层引出，墙后地面也应避免过多的雨水渗入。

（二）重力墙的具体设计方法

重力墙体受到被动土压力 F_P 的作用，这是弹塑性土体在墙发生位移时发挥的抵抗位移之力，也是区别于水只计算主动压力的特征。土的侧向水平压强 p_x 与垂直压强 p_y 之比，以压力系数 K 表示，则任意深度的土压强关系为：

$$p_x = Kp_y = K\gamma_s z \tag{8.22}$$

式中 γ_s——土的表观密度；

z——土的计算点深度。对于回填土深度（墙高）D 的正交墙面土压力应为：

$$P_x = 0.5K\gamma_s D^2 \tag{8.23}$$

按照压力的三角形分布，沿墙深 D 的压力作用点应当在距离底部 $D/3$ 处。

计算主动土压力的系数以 K_a 表示，被动土压力系数以 K_p 表示，其值对于砂土作用于光滑墙面时，可分别用式（8.24）和（8.25）进行计算：

$$K_a = \tan^2(45° - \varphi/2) \tag{8.24}$$

$$K_p = \tan^2(45° + \varphi/2) \tag{8.25}$$

一般沉积静止状态的砂土 K 值在 K_a 和 K_p 之间，松砂 $K=0.4$，密实砂 $K=0.5$，分层夯实砂可达到0.8。对于软黏土 $\varphi=0$，则 $K=1.0$。

对于墙背黏性土深度 D 作用在垂直光滑墙面推力的主动土压力为：

$$P_a = 0.5K\gamma_s D^2 - 2cDK_a^{1/2} \tag{8.26}$$

对于墙前深度 D 作用在垂直光滑墙面抗力的被动土压力为：

$$P_p = 0.5K\gamma_s D^2 + 2cDK_p^{1/2} \tag{8.27}$$

式中 c——土的黏聚力；

软黏土 $P_a = P_p = 1.0$；砂性土可参考式（8.24）和式（8.25）进行计算，也可参考有关表格中所列经验数值。

二、石笼墙护岸

石笼墙护岸多数属于规则的土工织物或PVC涂面及电镀防腐蚀金属丝编织网箱式石笼，网箱内可装填碎块石，可以经济利用采石料，这种墙护岸具有柔性和透水性，竣工后能适应地基的固结沉陷及墙背排水。因此不宜覆盖以刚性顶盖，其墙前面也不宜垂直，以防止出现前倾位移。

石笼墙护岸的设计，不仅需要核算墙体的整体稳定性，而且也需要考虑有渗流时的个体石箱的稳定性。

（一）石笼墙整体稳定性

石笼墙整体稳定性，主要包括倾覆稳定性和抗滑稳定性。工程实践证明，石笼墙的滑动控制设计与倾覆设计相比较，对滑动控制设计，石笼墙的坡角 θ 应取小值，一般为45°左右。

（二）个体石箱的稳定性

当堆砌石笼有过水渗流时，需要核算单个石笼的稳定性，如图 8.29 所示，单个石笼受力平衡计算可得抗滑安全的渗流坡降为：

$$J \leqslant [(1-n)s+n]\frac{1+\dfrac{b}{a}}{2+\dfrac{b}{a}\tan\theta}\tan\varphi \tag{8.28}$$

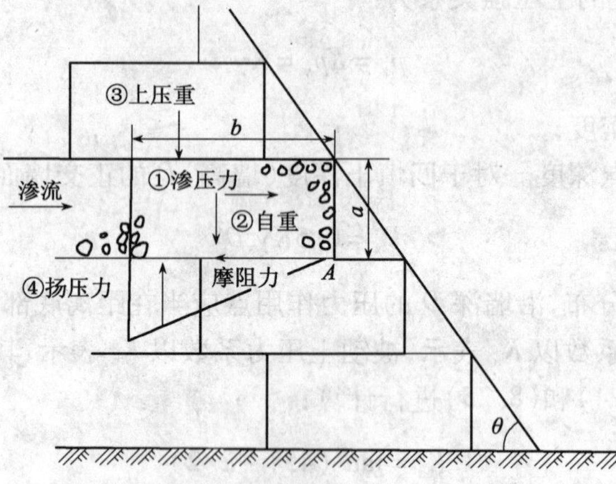

图 8.29　石笼砌筑陡墙稳定性分析

抗倾覆安全（绕 A 点）的安全的渗流坡降为：

$$J \leqslant [(1-n)s+n]\frac{\dfrac{b}{2a}+\dfrac{2b^2}{3a^2}\tan\theta}{1+\dfrac{2b^2}{3a^2}} \tag{8.29}$$

由以上两式可知，穿过墙体单个石笼的渗流坡降必须小于式（8.28）和式（8.29）右端的值，此坡降可从渗流穿过石笼宽度 b 的水头损失 h 求得，即 $J=h/b$。如以此代入式（8.28）和式（8.29），则可求得单个石笼抗滑出和抗倾覆的安全尺寸：

（1）当 $a=b$ 时

滑出 $$b \geqslant \frac{h(2+\tan\theta)}{[(1-n)s+n](1+\tan\theta)\tan\varphi} \tag{8.30}$$

倾覆 $$b \geqslant \frac{1.43h}{[(1-n)s+n]\tan\varphi} \tag{8.31}$$

（2）当 $b/a=2$ 时

滑出 $$b \geqslant \frac{2h(1+\tan\theta)}{[(1-n)s+n](1+2\tan\theta)\tan\varphi} \tag{8.32}$$

倾覆 $$b \geqslant \frac{h}{[(1-n)s+n]\tan\theta} \tag{8.33}$$

据有关试验资料分析，当石笼的宽高比 $b/a>0.70$ 时按滑动控制设计；当 $b/a<0.70$ 时按倾覆控制设计。由于重叠压载的作用，对于单个石笼的稳定性来说，坡愈陡愈稳定，但对其整体稳定性不利，还需对石笼墙的整体性稳定进行安全核算。

三、板桩墙护岸

当垂直护岸受到施工限制时,可采取打桩(如钢板桩、混凝土板桩等)护岸技术措施。钢板桩墙有悬臂式和锚固式两种,如图 8.30 所示。悬臂式板桩的稳定性主要取决于桩的入土深度,墙高则弯矩大,当墙高超过 2.5m 时,采用锚固式较为经济。

悬臂式板桩墙设计,其抵制力只有被动土压力,则必须使板桩产生一有限位移。这样计算被动土压力和主动土压力对板桩墙底部产生的弯矩,结合所用板桩材料设计断面,此时安全系数可取 3,以限制弯曲变形和填土夯实振动增加主动土压力的影响。在坚实土里只有很小的位移,但沿墙长度方向的荷载和土性不同,就会出现位移差,墙顶位移将特别显著而不美观。因此,有时需要加钢筋混凝土重帽梁来阻止过大变形。

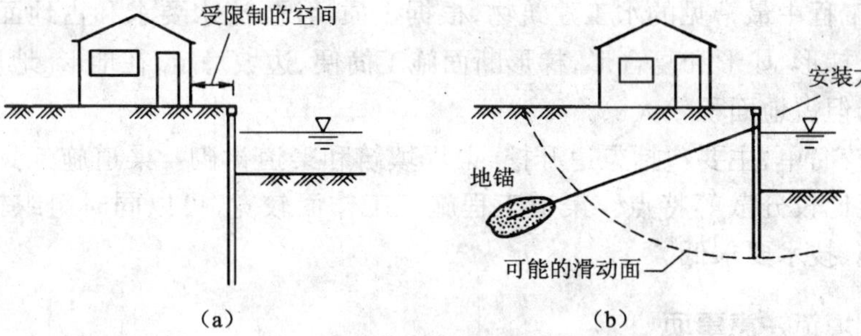

图 8.30　悬臂式和锚固式板桩墙示意

(a)悬臂墙;(b)锚固墙

锚固式板桩墙在顶部设有锚固水平拉杆,使顶部及底部都受到约束,这样可大大减小墙的弯矩,采用经济的板墙厚度。锚块应设置在可能滑动面以外,拉杆呈水平向或斜向。设计时可作为上下端点自由的简支梁或固定端梁设计。但在设计中要特别注意墙背排水和防止墙前脚冲刷。

第九章　河道水利工程的施工技术

河道中水利工程种类很多，主要包括河道两侧的堤坝，跨越河道的水闸、桥梁，穿越河道的涵管、渡槽，与河道交叉的渠道等。这些水利工程与河道密切相连，甚至关系到河道功能发挥和安全。因此，在河道建设与管理的过程中，也要懂得一些水利工程的基本知识和施工技术。

第一节　渠道施工技术

渠道是水利工程中最常见的水工建筑物，根据土质情况、流水要求和占地面积等因素，其断面形式有矩形、梯形、U 形和复合形，梯形断面施工简便、边坡稳定，在地形、地质无特殊问题的地区普遍采用，但占地面积较大。

渠道施工比较简单，主要包括渠道开挖、渠堤填筑和渠道衬砌。渠道施工具有工程量大、施工路线长、场地比较分散等特点。渠道工程施工工作面较宽，可以同时组织较多的劳力施工，其工种很单纯、技术要求低。

一、渠道基础填筑注意事项

1. 新建渠道基础填筑注意事项

(1)为确保渠道施工质量符合设计要求，在填筑前应消除填筑范围内的草皮、树根等杂物，刨松原来的地面表面，适当洒水进行湿润，然后摊铺选定的土料，分层进行压实。

(2)每层的铺土厚度必须符合要求，采用机械施工时，不大于 30cm；采用人工施工时，不大于 20cm。

(3)土料的含水量一般应按最优含水量控制。小型工程或无条件进行土工试验时，可按表 9.1 选用最优含水量。也可用经验方法确定，用手将土捏成紧密的圆球后，挤不出水来，松手后土球仍能保持不散时的含水量，可近似地认为是这种土的最优含水量。

表 9.1　土壤的最优含水量参考值

土壤名称	砂壤土	轻黏壤土	黄土	中黏壤土	重黏壤土	黏土	黑土
含水量(%)	12~15	15~17	19~21	21~23	22~25	25~28	22~30

(4)在填筑施工过程中，要特别注意做好新土与老土、新填土与岸边土、铺筑层之间的连接，使之紧密结合成为一个整体，防止在结合部位产生渗漏。

2. 旧土质渠道填筑时注意事项

旧的土质渠道多为梯形断面，但经过长期输水运输，在水面以下的断面均已变成弧形等不规则的断面。要在这种渠槽基础上修建防渗工程，必须对基础进行填筑。在填筑时应注意以下事项：

(1)如果渠基含水量很大，甚至为饱和状态时，为了填筑施工，应当提前停止输水，使基土风干或采用抽排、翻晒等方法降低其含水量。如果以上方法无效时，宜采用干土、湿土掺混的方法填筑。对大型工程或有防冻要求的工程，可考虑采用换土的方法填筑。

(2)旧的渠道运用中往往长草，产生泥土淤积，或砖块、石子等杂物堆积较多，填筑时应按要求彻底清除。

(3)一般应尽量把全渠槽填满至设计高程后,再按设计开挖至防渗层铺筑断面。这样施工工程质量虽好,但土方量较大,所以往往采用局部填筑补齐的方法进行填筑。用此法填筑时,填筑面的宽度应比设计加宽50cm,并要求新老土结合紧密,以免新填土沿旧渠坡滑塌。

二、渠道基槽开挖的施工方法

渠道基槽开挖是渠道施工质量好坏的关键,其施工方法也很多,常用的主要有人工开挖、机械开挖和爆破开挖等。选择何种开挖方法,取决于技术条件、土壤种类、渠道纵横断面尺寸、地下水位等因素。

人工开挖渠道应自其中心向外分层开挖,先深后宽。为方便施工,加快工程进度,边坡处可按设计坡比先挖成台阶状,待挖至设计深度时再进行削坡。开挖后的弃土,应先进行规划,尽量做到挖填平衡。必须弃土时,做到远挖近倒,近挖远倒,先平后高。受地下水影响的渠道应设排水沟,开挖方式有一次到底法和分层下挖法。

(1)一次到底法适用于土质较好,开挖深度2~3m的渠道。开挖时先将排水沟挖到低于渠底设计高程0.5m处,然后按阶梯状向下逐层开挖至渠底,如图9.1(a)所示。

(2)分层开挖法适用于土质较软、含水量较高、渠道挖深较大的情况。可将排水沟布置在渠道中部,逐层下挖排水沟,直至渠底,如图9.1(b)所示。当渠道宽度较大时,可采用翻滚排水法,如图9.1(c)所示。

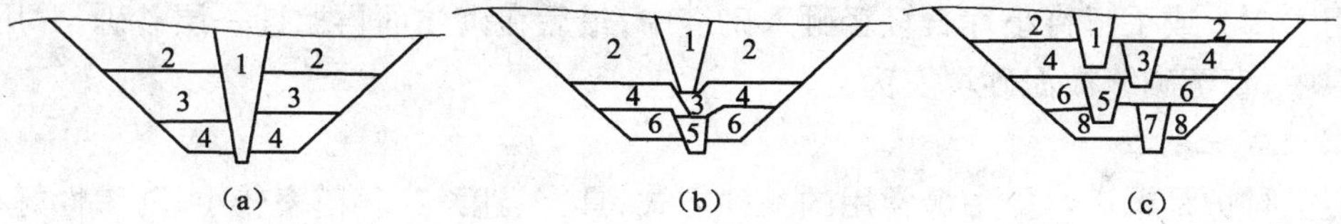

图9.1　人工开挖排水法

(a)一次到底法;(b)中心排水法;(c)翻滚排水法

1、3、5、7—排水沟次序;2、4、6、8—开挖顺序

三、渠道机械开挖与爆破开挖

渠道采用机械和爆破开挖,是一种生产效率高、劳动强度小的开挖方法。机械开挖主要有推土机和铲运机,它们分别适用于不同的场合。

(1)推土机开挖。采用推土机开挖的渠道,其开挖深度不宜超过1.5~2.0m,填筑堤顶高度不宜超过2~3m,其坡度不宜陡于1:2。在施工过程中,推土机还可以平整渠底,清除植土层,修整渠道边坡,压实渠堤等。

(2)铲运机开挖。铲运机开挖适用于半挖半填渠道或全挖方渠道,如果就近弃土最为有利,需要在纵向调配土方渠道,如运距不远也可用铲运机开挖。铲运机开挖渠道的开行方式有环形开行和"8"字形开行。

(3)爆破开挖。当开挖渠道遇到岩石渠段时,施工作业可采用钻孔爆破配合挖掘机、装载机及自卸汽车进行。

四、渠道衬砌的施工工艺

原来,我国所用的渠道多数是土质修建的,不仅有严重的渗漏,而且很容易被流水冲刷。

渠道衬砌就是用灰土、水泥土、块石、沥青、混凝土、土工织物等材料，在渠道内壁铺砌一衬护层。在实际工程中，常用的是灰土衬护、砌石衬护、混凝土衬护和土工织物衬护。

(一)灰土衬护

灰土是由石灰和土料混合而成。灰土衬护渠道，防渗效果较好，一般可减少渗漏量的85%以上，造价也比较低。但其防冲能力低，输水流速较大时应另设砌石防冲层。衬护的灰土配合比为1∶2～1∶6(质量比)，衬护的厚度一般为20～40cm。

在灰土施工时，先将过筛后的细土和石灰粉干拌均匀，再加适量的水进行拌和，然后堆放一段时间，使石灰粉充分熟化，待稍干后即可分层铺筑夯实，拍打坡面消除裂缝。对于边坡较缓的渠道，可不立模板填筑，铺料应自下而上、先渠底后边坡。渠道边坡较陡时必须立模填筑。一般模板高0.5m，分三次上料夯实。灰土夯实后不要立即进行通水，应当养护一段时间。

(二)砌石衬护

砌石衬护是石料充足地区常用的一种衬护方式，分为干砌块石、干砌卵石和浆砌块石三种形式。干砌块石和干砌卵石用于土质较好的渠道，主要起防冲作用；浆砌块石用于土质较差的渠道，起抗冲防渗的作用。

在以上三种形式中，卵石因其表面光滑，尺寸和质量较小，形状不一，稳定性差，所以要特别注意干砌卵石的砌筑质量。砌石衬护的砌筑顺序应遵循“先渠底、后边坡”的原则，砌筑质量要达到“横成排、三角缝、六面靠、踢不动、拔不掉”的要求。

干砌块石和干砌卵石砌筑完后，还应进行灌缝和卡缝。灌缝是用较大的石子灌进砌缝中；卡缝是用木榔头或手锤将小片石轻轻砸入砌缝中，最后在砌体面再撒铺一层砂砾，并用水将其冲入缝隙中，直至砌缝被泥砂填实为止。

(三)混凝土衬护

混凝土衬护是渠道衬护中最常用的一种方式，具有强度较高、糙率较小、防渗性好、适应性强和便于维护等优点。混凝土衬护分为现浇式、预制装配式和喷射混凝土等几种型式。

(1)现浇式混凝土衬护。大型渠道的混凝土衬护多采用现浇混凝土施工。在渠道开挖和压实后，先设置排水、铺设垫层，然后浇筑混凝土。浇筑时按结构段分缝，以适应地基与混凝土的变形，一般段长为10m左右。先浇筑渠底，后浇筑坡面。混凝土浇筑宜采用跳仓浇筑法，用溜槽将混凝土送至浇筑面，用表面式振捣器进行振捣。为方便混凝土衬护的施工，坡面模板可边浇筑边安装，结构缝应根据设计要求设止水，安装填缝板，混凝土凝固拆模后，灌注填缝材料。

(2)预制装配式混凝土衬护。预制装配式混凝土衬护，是一种效率高、质量好的方法。在预制厂按要求制作混凝土衬护板，运至现场后进行安装，然后再灌注填缝材料。混凝土预制板的尺寸和重量，应与起吊、运输设备、施工搬运能力相适应。采用人工安装时，单块预制板的面积为0.4～1.0m^2。铺砌时应将板的四周刷净，并铺在已夯实的垫层上。横缝可以砌成通缝，但纵缝必须错开。装配式混凝土衬护，施工受气候影响小，施工质量容易保证，但接缝较多，防渗和抗冻性能较差，适用于中小型渠道工程。

(3)喷射混凝土衬护。喷射混凝土衬护，是一种适用范围广、施工速度快、质量易保证的方法。在喷射混凝土前，对砌石渠道应将砌筑面冲洗干净，对土质渠道应进行修缮。喷射混凝土时，原则上是一遍成功，达到平整光滑的要求。喷射混凝土也要分块，按顺序一块一块地喷。

在进行正式喷射时，每块衬砌板应从渠道底向两边对称进行，喷射枪口与喷射面应尽量保持垂直，距离一般为0.6～1.0m，喷射机的工作风压为0.1～0.2MPa，不要过大或过小。喷射后要及时洒水养护。

（四）土工织物衬护

土工织物是用锦纶、丙纶、维纶等高分子合成材料通过纺织、编制或无纺的方式加工出的一种新型土工材料，广泛用于工程防渗、反滤和排水等场合。渠道衬护分为混凝土模袋衬护和土工膜衬护两种，最常用的是土工膜衬护。

土工膜衬护是在塑料薄膜的一侧或两侧贴以土工织物，以此保护防渗薄膜不受破坏，增加土工膜与土体之间的摩擦力，防止土工膜产生滑移，提高铺贴的稳定性。复合土工膜具有极高的抗拉、抗撕裂能力，具有良好的柔性，适应变形的能力强；具有一定的透水性，使孔隙水压力和浮托力易于消散；具有一定的保温作用，减小了土体冻胀对土工膜的破坏。

土工膜的接缝处理是关键工序。一般接缝方式有：①搭接，一般要求搭接长度在 15cm 以上；②缝纫后用防水涂料处理；③焊接，用较厚的无纺布基材；④粘接，用与土工膜配套的粘结剂进行粘合。

渠道衬护的目的主要有：(1)防止渠道受水流的冲刷，保护渠道不被损坏；(2)减少输水过程中的渗漏，提高水的利用率；(3)加快流水的速度，提高渠道的输水能力；(4)减小渠道的断面尺寸，减少占用农田面积；(5)降低工程造价，便于渠道的维修和管理。

五、渠道衬砌机械化施工

衬砌机械化施工就是通过设立基准线，在同一控制线上采用削坡机、布料机、振动滑模（碾压）衬砌机、切缝机、填缝机等施工机械，进行削坡、垫层铺设、自动上料、振动滑模（碾压）成型、抹面等一次衬砌成型的混凝土衬砌渠道的施工方法。

1. 衬砌机械化施工的主要特点

衬砌机械化施工适用于大型渠道的衬砌施工，其具有以下特点：

(1)衬砌机械化施工比人工衬砌生产效率高，不仅单位时间内衬砌的数量较大，工人的劳动强度较小，而且衬砌机械化施工受夜间影响很小。

(2)衬砌机械化施工采用机械流水作业，各个工序的质量容易得到控制，施工管理也比人工衬砌简单。

(3)机械化施工完成的衬砌能够在较长的时间内保持良好的工作状态，在渠道的运行管理及维护等方面，都优于人工衬砌。

(4)机械化衬砌用机械种类较多，加上受设备数量和价格的限制，施工作业点不可能很多，而人工衬砌可以采用多点作业。

(5)机械化衬砌的混凝土板的厚度，一般比人工衬砌的厚度大一些，所以材料的成本比较高。

衬砌机械化施工的主要设备包括：衬砌机、削坡机、混凝土布料机、磨光机、切缝机、填缝机和台车等。其基本特性和用途见表 9.2。

表 9.2　衬砌机械化施工主要设备的基本特性和用途

机械名称	基本特性	主要用途
振动滑模衬砌机	频率≥8000 次/min	混凝土衬砌
振动碾压衬砌机	击振力≥2kN，频率≥8000 次/min	混凝土衬砌
混凝土搅拌运输车	容量≥6m^3	混凝土运输

续表

机械名称	基本特性	主要用途
削坡机	挠度≤1/750	坡面修整
布料机	效率≥60m³/h	垫层、混凝土布料
工作台车	挠度≤3/1000	混凝土表面局部处理
磨光机	—	衬砌表面磨光处理
切缝机	根据实际需要确定锯片直径	切缝
填缝机	—	伸缩缝处理

2. 国产衬砌机的类型和技术参数

衬砌机按衬砌混凝土成型方式不同,可分为振动滑模衬砌机和振动碾压衬砌机两类;衬砌机按其行走方式不同,可分为轨道式衬砌机和履带式衬砌机两种。表9.3中列出了在水利工程中常用的几种衬砌机,可供施工时选用。

表9.3 水利工程中常用的几种衬砌机

序号	机械种类	功率(kW)	适应条件	摊铺厚度(m)	设计工效(m³/h)	实用工效(m³/h)	行走方式	整机质量(t)
1	SCFM05-Ⅱ型国产滑模衬砌机	80~120	坡长≤28m M≥1.0	0.06~0.35	60	19~35	轨道	15~40
2	CCFM05-Ⅱ型修坡、振动碾压配套机	45~55	坡长≤28m M≥1.5	0.06~0.35	25	—	轨道	6~15
3	SCFM05-Ⅰ型国产滑模衬砌机	65~80	坡长≤13m M≥1.5	0.06~0.35	40	10~25	轨道	10~22
4	CCFM05-Ⅰ型修坡、振动碾压配套机	48	坡长≤13m M≥1.0	0.06~0.35	18	—	轨道	6~11
5	MCP9000-4意大利产滑模衬砌机	305	坡长≤13m M≥1.0	0.06~0.35	60	10~25	履带	48
6	GP4000美国产滑模衬砌机	320	坡长≤12m M≥1.0	0.06~0.35	60	15~25	履带	45
7	SCFM05-Ⅲ型国产滑模衬砌机	80~150	坡长≤35m M≥1.0	0.06~0.35	60	10~35	轨道	15~50
8	SCFM05-Ⅳ型国产滑模衬砌机	80~100	坡长≤35m M≥1.0	0.06~0.35	60	10~30	轨道	15~45

3. 衬砌机械化施工设备选配原则

衬砌机械化施工设备选配的原则是:机械性能可靠,工作稳定高效,操作简便适用,使用费用合理。具体应根据渠道工程的坡度、坡长、垫层型式、施工部位、时间要求、质量标准等合理选配衬砌机。

振动滑模成型衬砌机,可一次完成渠道混凝土的布料、振捣密实、提浆、成型,施工速度快,生产效率高,衬砌质量好,宜优先选用。其需要配备的设备有:削坡机、切缝机、填缝机和人工台车等。

振动碾压成型衬砌机，可兼作渠道边坡修整和垫层压实用，是一机多用的施工机械，但衬砌效率较低，使用条件受限，当衬砌厚度超过8cm，斜坡长度大于10m时，衬砌质量难以保障。在坡长较短、衬砌厚度较小时，可选用振动碾压成型衬砌机。其需要配备的设备有：削坡机、混凝土布料机、切缝机、填缝机和人工台车等。

4. 衬砌机械化施工的工艺流程

衬砌机械化施工的工艺流程主要包括：施工准备、衬砌基面处理、施工现场检查、进行衬砌施工、混凝土伸缩缝施工等。

施工准备工作很多，主要包括：编制施工技术方案、设置混凝土拌合系统、设置混凝土运输系统、建立工地试验室。

衬砌基面的处理是保证衬砌质量的关键，一般包括设置永久性排水设施，进行削坡，铺设垫层、防渗层及保温层等工作。

施工现场检查是确保施工顺利进行和工程质量的基础，检查的主要内容包括垫层基面是否合格、施工基准线是否准确、拌合系统运转是否正常、运输车辆是否准备就绪、衬砌机的位置是否正确、其他各方面准备是否良好。

衬砌施工是衬砌机械化施工的主体，其具体施工工艺流程如图9.2所示。其中包括以上所有的施工准备和现场检查工作，也包括衬砌施工后对混凝土伸缩缝的施工。

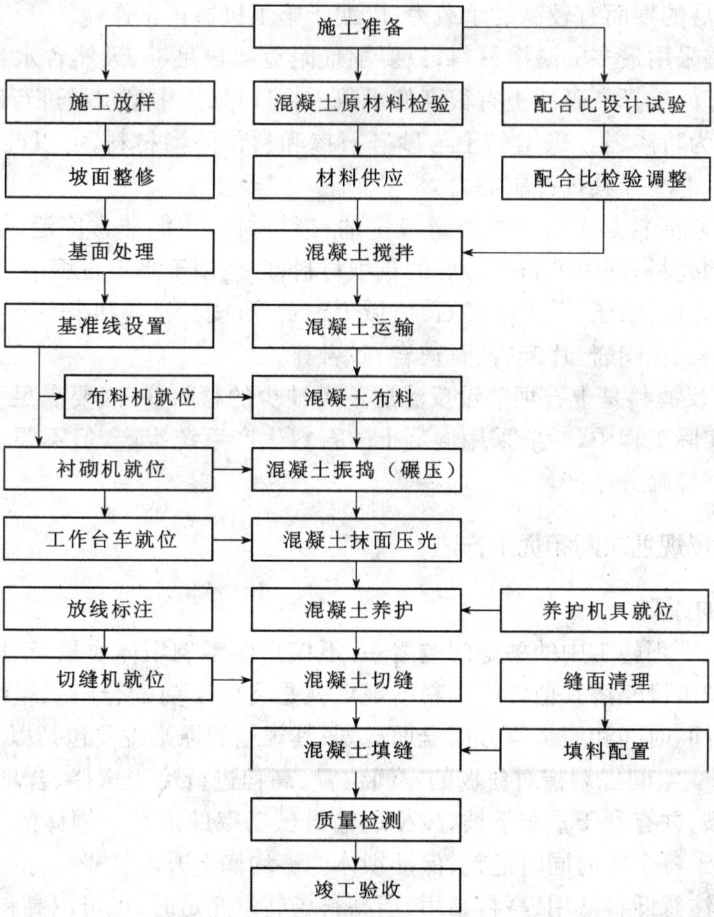

图9.2　混凝土衬砌机械化施工工艺流程图

第二节 土石坝施工技术

土石坝(堤)是我国建成水利工程中所占比例最多的一种坝(堤)型,土石坝(堤)施工的特点是:对于坝基地质条件要求不高,可以就地取材节省三大材料,使工程成本大大降低,施工技术比较简单,很易为群众所掌握,但工程量较大,耗用人力比较多,施工导流也比混凝土结构复杂。

一、土石坝筑坝的材料及质量要求

水利工程中的土石坝材料,多数是采用当地的建筑材料而修筑的,按其功能不同分为防渗料、坝壳料和反滤料三类。

(1)防渗料。防渗料是土石坝中的核心材料,是决定坝体防渗效果的关键。作为防渗的土料最基本的要求是防渗性,当渗透系数不大于 1×10^{-5}cm/s 时,一般可满足土石坝的防渗要求。同时,要求防渗料还应具有一定的抗剪强度,有较好的渗流稳定性,有适应坝体变形的塑性,有良好的施工性、低压缩性,不存在影响坝体稳定的膨胀性或收缩性,尤其不能有过量的可溶盐和有机物等。在施工性方面,一般要求土料的天然含水量在最优含水量附近,无影响压实的超径材料,压实后的坝面有较高的承载力,以便于施工机械正常作业。

细粒土是我国采用最多的防渗材料,只要坝址附近数量足够、天然含水量适中的细粒土,是作为防渗料最好的选择。砾质土有很高的承载力,可以采用中型机械进行碾压,在良好的级配情况下,也可作为防渗料。采用黏土与砂砾石掺和料作防渗材料,可以改善防渗体的施工性,减小其压缩性,并增强其抗冲刷能力。

(2)坝壳料。坝壳料是土石坝中用量最多的材料,材料来源非常广泛,堆石、砂砾石及风化料等均可作为坝壳料,其中堆石是最好的筑坝材料,广泛用于高土石坝中。堆石按施工方式不同,可分为抛填、分层碾压、手工干砌石、机械干砌石等;按其材料和来源不同,可分为采石场玄武岩、变质安山岩、花岗岩、片麻岩、石灰岩、砂岩等。

(3)反滤料。反滤料是土石坝铺设反滤层不可缺少的材料,一般要满足坚固度要求,要有良好的级配。在实际工程中,一般采用混凝土砂石料生产系统生产,但不要求冲洗,也可采用天然冲积层砂砾石经筛分生产。

二、土石坝料场规划原则和优化方法

1. 料场规划的原则

料场规划是土石坝施工中的关键问题之一,不仅直接影响坝体质量、工期和投资,而且影响工程生态环境和国民经济其他部门。料场规划就是在施工前配合施工组织设计,对料场进行深入勘测,从空间、时间和质量等方面全面规划,其规划的原则主要包括以下方面:

(1)空间规划。空间规划指对料场的空间位置、高程进行恰当选择、合理布置。土石料场应尽可能靠近大坝,并有利于重车下坡,减少运输机械功率的消耗。坝体的上下游、左右岸最好都有料场,以利于各个方向同时进料,保证坝体能够均衡上升。

在用料时,要注意低料低用、高料高用,当高料场储量充足时,也可以高料低用。料场的位置应有利于布置开采设备、交通及排水畅通。另外,石料场的位置还应考虑与重要建筑物、构筑物、机械设备等,保持足够的防爆、防震安全距离。

(2)时间规划。时间规划指料场的选择要考虑施工强度、季节和坝前水位的变化。在用料规划上力求做到近料和上游易淹没料场先用,远料和下游不易淹没料场后用;含水量高的料场旱季用,含水量低的料场雨季用。上坝强度高时充分利用运距近、开采条件好的料场,上坝强度低时用运距远的料场,以平衡运输任务。在料场使用计划中,还要保留一部分料场供合龙段填筑和拦洪度汛施工高峰时使用。

(3)质量规划。质量规划是指料场材料质量和储量进行合理规划,这是料场规划中最基本的要求,也是决定料场位置和取舍的重要因素。在选择和规划使用料场时,应对料场的地质成因、产状、埋深、储量及物理力学指标进行全面勘探和试验。不仅应使料场的总储量满足坝体总方量的要求,而且应满足施工各个阶段最大上坝强度的要求。

2. 料场优化的方法

土石坝工程施工,既有大量的开挖,也有大量的填筑,如果将开挖和填筑有机地结合,做到科学调度、挖填平衡,是土石坝施工组织设计的重要内容。土石方平衡的原则是:充分而合理地利用建筑物开挖料。根据建筑物开挖料和料场开采料的料种与品质,安排开采、供应、废弃规划,做到优料优用、劣料劣用,保证工程质量,便于管理,便于施工。

料场优化主要包括对填挖料平衡计算和土石方调度优化两个方面:

(1)填挖料平衡计算。根据建筑物设计填筑工程量统计各种材料填筑方量。根据建筑物设计开挖工程量、地质资料、建筑物开挖料分选标准,进行经济比较,确定并计算可用料和不可用料数量;根据施工进度计划和材料储存规划,确定可用料的直接上坝数量和需要储存数量;根据折方系数、损耗系数,计算各种建筑物开挖料的设计使用数量、舍弃数量和由料场开采的数量,进行"挖、填、堆、弃"综合平衡。

(2)土石方调度优化。土石方调度优化的目的是找出总运输量最小的调度方案,从而达到运输费用最低,降低工程造价。土石方调度是一个物资使用调动问题,可用线性规划的方法进行优化处理。对于大型土石坝,可进行土石方平衡及坝体填筑施工动态仿真,优化土石方调配,论证调度方案的经济性、合理性和可行性。

三、筑坝材料的开采与加工

(一)土料的开采与加工

(1)土料的开采。土料的开采一般有立面开采和平面开采两种。当土层比较厚,天然含水量接近填筑含水量,土料中的层次较多,各层土质差异较大时,宜采用立面开采方法。规划中应确定开采方向、掌子面尺寸、先锋槽位置、采料条带布置和开采顺序。

在土层较薄,土料中层次较少,土质相对均匀,天然含水量偏高需要翻晒的情况下,宜采用平面开采方法。规划中应根据供料要求、开采和处理工艺,将料场划分成若干区,组织流水作业,以便连续供料。

(2)土料的加工。土料的加工包括调整土料含水量、掺和料掺加、超径料处理和某些特殊的处理等。

① 调整含水量。调整土料含水量包括降低含水量和提高含水量两种情况。降低土料含水量的方法有:挖装运卸中的自然蒸发、翻晒、掺料、烘烤等方法。提高土料含水量的方法有:在料场加水、料堆加水,在开挖、装料和运输过程中加水。

② 掺和料掺加。土料按设计要求掺加一定的掺和料,加工成均匀的混合料,可以减小土料压缩性,防止防渗体开裂,改变土料含水量,改善土料施工特性,提高土料防渗性能,节约土

料等。掺加掺和料的方法有:立面开采掺和法、填筑面堆放掺和法和带式输送机掺和法。

③ 超径料处理。砾质土中超径石含量不多时,常用装耙的推土机先在料场中初步清除,然后在坝体填筑面上再进行进一步清除。当超径石含量较多时,可用料斗加设格筛或其他筛分装置加以筛除,也可采用高坡下料,使粗细骨料分离的方法清除粗粒料。

④ 其他的处理。在进行反滤料、垫层料等小区料的开采和加工时,如果级配合适,可用砂砾石料直接开采上坝或经简易破碎筛分后上坝。如果无砂砾石料可供使用,则可用开采碎石加工制备。

(二)石料的开采与加工

砂砾石料的开采,主要有陆上和水下开采两种方式。陆上开采用一般的挖运机械即可。水下开采需采用采砂船和索铲开采。当水下开采砂砾料含水量高时,需堆放排水后再装运。

块石料的开采一般是结合建筑物岩基开挖或由石料场开采,开采的布置要形成多工作面流水作业方式。开采方法一般采用深孔梯段爆破。对于超径的石料,一般可采用浅孔爆破法和机械破碎法。

四、土石坝材料复查与使用规划

(一)土石坝坝料的复查

土石坝坝料的复查是一项重要工作,如果前期勘察工作不充分,很可能导致筑坝开始后,会因筑坝坝料质量和数量不能满足工程安求,而致使工程停工而拖延工期。因此,筑坝材料进行认真复查是十分必要的。

土石坝坝料的复查是在技术设计的基础上,在料场开采之前进行的准备工作,是为了更加准确地确定筑坝料场的数量、性质、分布、施工开采条件及其处理方法,以便作为料场规划、开采、运输道路布置等施工组织设计的依据,同时也是为了进一步核实筑坝材料设计的可靠性,这项工作主要应由施工单位完成。

施工单位对勘测设计单位所提供的各天然料场勘察报告,以及可供利用的枢纽建筑物开挖料的调查及试验资料进行核查。对合同文件中选定的各种料源的储量和质量,应辅以适量的坑探和钻孔取样复查。如果复查的筑坝材料达不到《水利水电工程天然建筑材料勘察规程》(SL 251—2000)中的要求时,应及时报告监理工程师。

施工期间如果发现有更合适的料场可供使用,或者因设计方案变更,需要新开辟料源或扩大料源时,应当进行补充调查。其调查试验的项目和精度等,应符合上述规程的有关规定。

1. 对于天然料源的复查内容

对于天然料源的复查,主要包括以下内容:

(1)天然料源的覆盖层或剥离层厚度、料层的地质变化及夹层的分布情况。

(2)天然料源的具体位置、运输距离、道路情况、开采条件及运输工具条件。

(3)天然料场的水文地质条件,特别是在洪水期间与汛期水位的关系。

(4)根据天然料场的施工场面、地下水位、地质情况、施工方法及施工机具可能开采的深度等因素,复查料场的开采范围、占地面积、弃料数量,以及可用料层的厚度和有效储量。

2. 开挖利用料源的复查内容

对于枢纽建筑物开挖利用料源的复查或补充调查工作,应根据材料开挖后可能填筑的顺序,在正式开始填筑前完成。这项复查的内容包括以下方面:

(1)枢纽建筑物开挖可供利用材料的分布、运输条件及堆存回采条件。

（2）根据枢纽建筑物工程的地质、地形条件，复查主要可供利用的建筑物开挖料的工程特性，是否满足填筑土石坝用料的要求。

（3）根据枢纽建筑物开挖出来的材料，复查有效挖方的利用率，估算可利用材料的数量。

筑坝材料根据其性质不同，有黏性土、砾质土、软岩、风化料、砂砾料和堆石料等类型，复查的具体要求和重点也不相同，应按照行业标准《碾压土石坝施工规范》（DL/T 5129—2001）中的规定执行。

施工前对料场的实际可开采的总量进行规划时，应考虑料场的调查精度、料场的天然密度与坝面压实密度的差值，以及开挖与运输、雨后坝面清理、坝面返工及削坡等方面的损失。其与坝体填筑数量的比例一般为：土料2.0～2.5；砂砾料1.5～2.0；水下砂砾料2.0～2.5；堆石料1.2～1.5；天然反滤料应根据筛取的有效方量确定，但一般不宜小于3.0。

料场复查完毕后，应当编制料场复查报告，其内容应包括：料场地形图、试坑与钻孔平面图、地质剖面图（当地质构造简单时可不绘制）、含水率、地下水位随季节变化情况、试验分析成果、代表性坝料样品、有效开采面积、实际可开采数量计算书、料场全部或部分坝料与建筑物可利用开挖料适用于填筑坝体某一部位的说明书、材料是否加工处理的结论，并说明开采和运输条件等。料场复查报告应尽量详细、准确，具有较高的参考价值。

（二）坝料的使用规划

土石坝的施工，要求在一定的时段内从料场将大量的土石料，有计划、有次序地分期分批开采出来，运至填筑地点，并达到一定的质量要求，这就必须认真做好坝料的使用规划。

坝料使用规划的编制是一项技术性和协调性要求较高的工作，应根据坝的型式、料场地形、坝料类别、施工方法、使用程序、导流方式和施工分期等具体条件，并按照施工方便、投资经济、保证质量、少占耕地以及在施工期间各种坝料综合平衡的原则进行编制。

根据工程实践证明，坝料使用规划主要应根据坝料使用程序、根据筑坝材料类别和环境保护及水土保持要求进行规划。

（1）根据坝料使用程序进行规划。在坝体材料使用程序上，应考虑建筑物开挖料、料场开采料与坝体填筑之间的相互关系，并考虑施工期间河道水位与流量的变化，以及由于导流而使河道上游水位升高的影响。在选用筑坝材料时，一般情况下应符合以下规定：

① 必须充分利用符合设计要求的建筑物开挖料，尽量使土石方挖填平衡。

② 优先选用库区距坝体较近、采运条件好、覆盖层或剥离层薄、施工干扰较小的料场。

③ 当料场的地面高程不同时，尽可能做到高料高用、低料低用，减少垂直运输。

④ 先用上游料场，后用下游料场，上游料场用于填筑上游坝体，下游料场用于填筑下游坝体，左岸料场用于左坝段填筑，右岸料场用于右坝段填筑，减少过坝和交叉运输造成的干扰。

⑤ 先用水上料场，后用水下料场，在枯水季节可多用河滩料场，雨季施工时应优先选用含水率低的料场。

⑥ 应有计划地保留一部分离坝较近的料场，供合龙坝段填筑和拦洪度汛的高峰坝段填筑期使用。

⑦ 上坝强度高时宜选用近料场，强度低时宜选用远料场，以平衡运输，提高施工效率。

⑧ 先使用施工场面宽阔、料层较厚、储量集中的主料场，并规划一定数量的备用料场。

（2）根据筑坝材料类别进行规划。当根据筑坝材料类别进行规划时，一般应符合以下具体要求：

① 对黏性土、砾质土的使用规划，应优先选用土质均匀、含水率适当的料场，并考虑将天

然含水率较高的料场用于干燥季节，天然含水率低的料场用于多雨潮湿或低温季节。

② 对砂砾料可水上、水下分别开采，也可混合开采。料场需要进行水下开采时，应根据开挖设备的机械性能，以及在汛期便于防洪和撤退等施工条件进行规划。应对砂砾料场与混凝土筛分骨料和反滤料场统一安排。对筛余料应通过技术经济比较后进行综合利用，同时还要考虑冬季施工对砂砾料场的要求。

③ 对堆石料场宜采用深孔梯段微差爆破或挤压爆破法开采。应优先选用岩性单一，剥离层较少，便于高强度开采和运距较短，对当地居民和施工干扰少的料场。在开采堆石料前，宜根据设计的级配要求进行相应规模的爆破试验。

反滤器和垫层料的料源规划，其数量和质量应当有可靠保证，并应有一定的储备。垫层料及特殊垫层料可以用料场爆破块石料进行破碎、筛分和掺配，也可从新鲜或中等强度开挖料和砂砾料中加工筛选后掺配，其加工和掺配工艺应按设计级配要求通过试验确定。反滤料及过渡料宜在天然料场筛选获得，也可从石料场用钻孔爆破直接生成，或从枢纽地下洞室等工程的开挖渣料中选用。当采用人工制备需要加工和掺配时，应按设计级配要求进行试验。

(3)根据环境保护及水土保持要求进行规划。坝料应根据环境保护及水土保持要求进行规划，这是现代水工程建设的基本要求。坝料规划应使用合同规定的坝料加工、储存和弃料场地。应分别设置弃料和可利用料的存放场地。可用料应根据地形条件分层存放或回采，严禁弃料随意堆放，以致影响河道泄洪和堤防安全。坝料加工与储存场地应做好排水工作。料场应不占或少占耕地、林地，以满足环境保护和水土保持的要求。

五、土石坝的清基与坝基处理

清基是水工建筑物施工中非常重要的一个工序，直接关系到水土建筑物的稳定与安全。清基就是把坝基范围内的所有草皮、树木、坟墓、乱石、淤泥、细砂、有机质表土等全部清除干净，清除深度一般为0.3～0.8m，对于勘探孔中的积水和杂物全部清除，并用筑坝的土料分层回填夯实。

土坝坝体与两岸岸坡的结合部位是土坝施工的薄弱环节，处理不好会引起绕坝渗流和坝体裂缝。因此，岸坡与塑性心墙、斜墙或均匀土坝的结合部位均应清理至不透水层。对于岩石岸坡，清理坡度不应陡于1∶0.75，并应挖成坡面，不得削成台阶和反坡，也不能有突出的变坡点；在回填前应涂3～5mm厚的黏土浆，以利于其与填土的结合。对于黏土或湿陷性黄土岸坡，清理坡度不应陡于1∶1.50。岸坡与坝体的非防渗体的结合部位，清理坡度不得陡于岸坡土在饱和状态下的稳定坡度，并且不得反坡。

对于河床基础，当覆盖层较浅时，一般可采用截水墙(槽)处理。截水墙(槽)施工受地下水的影响较大，因此必须注意解决不同施工深度的排水问题，特别要注意防止软弱地基的边坡受地下水影响引起滑坡。对于施工区内的裂隙水或泉眼，在回填前必须认真处理。

对于截水墙(槽)，施工前必须对其基面进行处理，清除基面上已松动的岩块、石碴和杂物等，并用水冲洗干净。坝体土方回填工作应在地基处理和混凝土截水墙浇筑完毕并达到一定强度后进行，回填时要用小型机具。截水墙两侧的填土，应保持均衡上升，避免因受力不均而引起截水墙断裂。

六、土石坝结合部位处理方法

在土石坝填筑施工中，坝体的防渗土料不可避免地要与地基、岸坡、周围其他建筑的边界相结合，由于施工导流、施工方法、分期分段分层填筑等要求，要设置纵横向的接坡和接缝。所有这些结合部位，都是影响坝体整体性和质量的关键部位，也是施工中的薄弱环节，质量不易控制。因此，对结合部位的施工，必须采取可靠的技术措施，加强质量控制和管理。

（1）坝基结合面的处理。对于基础部位的填土，一般应采用薄层、轻碾的方法，不允许用重型机械，以免破坏基础造成渗漏。对于黏性土、砾质土坝基，应将其表层含水量调整至施工含水量上限范围，用与防渗体土料相同的碾压参数压实，然后刨毛 3～5cm，再铺土压实。

对于非黏性土地基应当先压实，再铺第一层土料，含水量为施工含水量的上限，采用轻型机械压实，压实干表观密度可略低于设计要求。

对于岩基接触面，首先应当把凹凸不平的岩石修理平整，封闭岩基表面节理、裂隙，防止渗水冲蚀防渗体。如果岩基干燥可适当洒水，并使用含水量略高的土料，以便使土料与岩基紧密结合。另外，对岩基凹陷处，应进行填土夯实处理。

无论是何种坝基，必须在填筑厚度达到2m 以上后，才能使用重型压实机械。

（2）岸坡和混凝土建筑结合面的处理。在正式填土前，先将结合面上的污物冲洗干净，清除松动的岩石，并洒水将结合面湿润，再涂一层厚度为5mm 的浓黏土浆或浓水泥黏土浆，这样可防止产生危险的接触冲刷和渗透。涂刷浆体时，应当边涂刷、边铺土、边碾压。

防渗体与岸坡结合处，宽度 1.5～2m 范围内或边角处，不得使用羊足碾、夯板等重型机具，应选用轻型机具压实，并保证与坝体碾压搭接宽度在 1m 以上。

混凝土齿墙或坝下埋管两侧及顶部 0.5m 范围内填土，必须采用小型机具压实，其两侧填土应保持均衡上升。

岸坡、混凝土建筑物与砾质土、掺和土的结合处，应填筑 1～2m 宽塑性较高而透水性低的土料，避免直接与粗料接触。

（3）坝体纵横向接坡及接缝的处理。土石坝施工中，坝体接坡具有高差较大、停歇时间长、要求坡长稳定的特点。土石坝施工实践经验证明，几乎任何部位都可以适当设置纵横向接坡，关键在于有无必要和采取什么施工措施。一般情况下，填筑面应力争平起，斜墙及窄心墙不应留有纵向接缝。

防渗体及均质坝的横向接坡不应陡于 1∶3，高差不应超过 15m。均匀坝的纵向接缝，宜采用不同高度的斜坡和平台相间形式，坡度及平台宽度根据施工要求确定，并要满足稳定性要求，平台高差不大于 15m。

坝体接坡面可用推土机自上而下削坡，适当留有保护层，配合填筑上升，逐层清至合格层，接合面削坡合格后，要控制其含水量为施工含水量范围的上限。

七、土坝施工工艺和质量控制

（一）土坝压实机械

1. 土坝压实机械选择的原则

土坝的抗渗透能力，关键在于压实质量，压实效果关键又在于压实机械的选择。在进行土坝压实机械选择时，应遵循以下原则：（1）与压实土料的物理力学性质相适应；（2）能够满足设计要求的压实标准；（3）现有的压实机械能满足要求；（4）压实速度能满足施工强度的要求；（5）设备类型、规格与工作面的大小、压实部位相适应；（6）施工队伍现有装备和施工经验符合要求。

2. 各种压实机械的适用情况

土坝压实的机械主要有气胎碾、羊足碾、振动平碾、夯板、振动凸块碾、尖齿碾等，不同类型的碾压机械，具有不同的性能和适应性。各种碾压机械的适用情况见表 9.4。

表 9.4 各种碾压机械的适用情况

土类种类 碾压机械	堆石	砂、砂砾料		砾质土	黏性土	黏土		软弱风化土石混合料
		优良级配	均匀级配			低中强度黏土	高强度黏土	
5～10t 振动平碾	△	○	○	○	△	△	△	
10～15t 振动平碾	○	○	○	○	△	△	△	
振动凸块碾			△	△	○	○	△	
振动羊足碾				△	△	○	△	
气胎碾		○	○	○	○	○	○	
羊足碾				○	○	○	○	
夯板		○	○	○	○	△	△	
尖齿碾								○

注：○表示适用；△表示可用。

（二）土坝特殊天气施工工艺

1. 土坝冬季施工技术措施

在寒冷地区的冬季土坝施工，由于土料中水产生冻结，给土坝施工带来很大困难。《水利水电施工组织设计规范》中规定，当日平均气温低于 0℃时，黏性土应按低温季节施工；当日平均气温低于 -10℃时，一般不宜填筑土料，否则应进行技术经济论证。

土坝冬季施工的关键技术问题是防止土料的冻结，通常可以采用以下三方面的措施：

（1）防冻。这是土坝冬季施工的重要技术措施，是比较经济、简单易行的措施。

① 降低土料含水量。在入冬前，采用明沟截、排地表水或降低地下水位，使砂砾料的含水量降低到最低限度；对黏性土的含水量降低到塑限的 90% 以下。

② 降低土料冻结温度。在土料中加入适量的食盐，降低土料的冻结温度。这种方法施工比较复杂，在一般情况下不宜采用。

③ 加大施工强度，保证填土连续作业。采用严密的施工组织，严格控制各工序的施工速度，使土料在运输和填筑中热量损失最小，保证下层土料未冻结前被上层土料覆盖。

（2）保温。这也是土坝冬季施工的重要技术措施，也是比较经济、简单易行的措施。

① 覆盖隔热材料。对于开挖面积不大的料场，可覆盖干草、锯末、树叶等保温材料。

② 覆盖积雪。积雪保温是利用雪这种天然隔热保温材料进行保温。实践证明，覆盖一定厚度的积雪可达到一定的保温效果。

③ 冰层保温。采取一定措施，在土料表面形成 10～15cm 厚的冰层，冰下的空气不仅隔绝外界的冷空气，而且对下面的土料保温。

④ 松土保温。在寒潮到来之前，对将要开采的料场表层土料进行翻松、击碎，并平整至 5～35cm 厚，利用松土内的空气隔热保温。

（3）加热。这是在特殊情况下采取的一种技术措施。当气温低、风速过大，一般保温措施不能满足要求，但土坝需要继续填筑施工时，可采用加热和保温相结合的暖棚作业，在棚内用火炉或蒸汽升温。这种措施不仅费用很高,而且设备复杂,只有在冬季较长、工期很紧、质量要求高、工作面狭长的情况下采用。

2. 土坝雨季施工技术措施

在多雨地区进行土坝工程施工,特别是采用黏性土时,常因含水量过大而影响土坝的施工质量和施工进度。因此,在水利工程现行规范中要求:土料施工尽可能安排在少雨季节,若在雨季或多雨地区施工,应选用合适的土料和施工方法,采取可靠的防雨措施。根据工程实践经验,雨季作业通常可采取以下措施:

(1)改进黏性土原来的特性,使其适应雨季作业。即在黏性土中掺入一定比例的砂砾料或岩石碎屑,滤出原来土料中的水分,降低土料的含水量。

(2)合理安排施工,改进施工方法。对含水量高的料场,采用推土机平层松土取料的方法,以利于降低含水量;晴天时多采土料,加以翻晒后堆成土堆,并将土堆表面压实抹光,以利于排水和防止水的渗入,形成储备土料的临时土库;充分利用天气预报,晴天安排黏性土施工,雨天安排非黏性土施工。

(3)增加防雨措施,保证更多有效工作日。对于作业面较小的填筑工程,雨季施工可采用搭建防雨棚的方法,避免在雨中施工;或在雨天到来时,用防雨用具进行覆盖;当雨量不大、历时较短时,可采用将土料表面压实的方法。

(三)土坝工程施工质量控制

1. 料场的质量检查和控制

(1)对于土料场的质量检查和控制。对于土料场的土料,应经常检查土料的土质情况、土块大小、含水量和杂质含量等是否符合上坝的要求。尤其要注意对黏性土含水量的检查和控制。

(2)对于石料场的质量检查和控制。对于石料场的石料,应经常检查石料的石质、风化程度、石料大小和石料形状等是否符合上坝的要求。如果发现不合格,应查明原因,并及时处理。

2. 坝面的质量检查和控制

(1)土料填筑质量检查和控制。在土料填筑过程中,应对铺土厚度、填土块度、含水量、压实后的干密度等进行检查,并提出质量控制措施。对于黏性土应用含水量测定仪进行测定,也可采用经验法判断,即手握土料能成团,手搓可成碎块,则含水量合格。

土料的干密度是质量控制的重要指标,所测定的干密度合格率应不小于90%,不合格干密度不得低于设计值的98%。

(2)对防渗体的质量检查和控制。对于防渗体应选定若干固定断面取样检查,沿坝高5~10m取一次试样,取代表性试样的总数不应少于30个,在室内进行物理力学性能试验。对工程特征部位,如坝顶、坝基、坝肩等结合部位,与刚性建筑物连接处,各种土料的过渡地带等均应取样进行检查。

(3)对土坝的其他质量检查和控制。主要是指对反滤层、过渡层、坝壳等的质量检查和控制。对这些部位土料的填筑,除按要求进行取样外,主要应控制压实参数,发现问题应及时纠正。在填筑排水反滤层时,每层在25m×25m范围内取样1~2个;对于条形反滤层,每隔50m设一个取样断面,每个取样断面每层取样不得少于4个,且应均匀分布在断面的不同部位;对于铺筑厚度、是否混有杂物、填筑质量等,应进行全面检查。反滤料和过渡料的级配应在筛分现场进行控制,如果不符合要求,应重新进行筛选。

以上所有的质量检查,必须要有书面记录,并应随时进行整理,分别编号存档备查,作为工程验收和运行管理的重要依据。

八、土石坝施工质量控制

土石坝工程施工中的质量检查和控制，是保证工程达到施工质量和设计标准的重要措施，它贯穿于土石坝施工的坝基处理、坝料选择、坝料采运、坝体填筑、护坡修筑及排水反滤等施工内容的各个环节和各道工序中。在土石坝施工中必须建立健全质量管理体系，施工过程中出现的质量问题、处理结果和在施工现场做出的决定，必须由主管技术的负责人签署，作为施工质量控制的原始记录。当发生质量事故时，施工单位应立即向监理工程师提出书面报告，并及时研究处理措施。

土石坝施工质量控制，主要包括料场质量控制要点和坝体填筑质量控制两个方面。

(一)料场质量控制要点

各种坝料的质量控制应以料场控制为主，必须是经检验合格坝料才能运输上坝，不合格的坝料应在料场处理合格后才能上坝，否则应加以废弃。

在采运坝料时，应在料场设置质量控制站，按照设计要求和施工技术规范进行料场质量控制，主要包括以下几个方面：

(1)坝料是否在规定的料区范围内进行开采，开采时是否将坝料中的草皮、覆盖层和杂物清除干净。

(2)坝料的开采和加工方法是否符合现行有关规定，是否符合环境保护和水土保持的要求。

(3)坝料开采现场的排水系统、防雨措施、负温下施工措施是否完善。

(4)坝料性质、级配、含水率(指黏性土、砾质土)是否符合设计要求。

各种坝料现场鉴别的控制指标与项目，应符合表9.5中的规定。现场鉴别方法主要以目测、手试为主，并取一定数量的代表样进行试验。

表9.5 坝料现场鉴别项目与指标

坝料类别		鉴别项目与指标
防渗土料	黏性土	含水率、黏粒含量
	砾质土	允许最大粒径、砾石含量、含水率
反滤料		级配、含泥量、风化软弱颗粒含量
过渡料		级配、允许最大粒径、含泥量
坝壳砾质土		粒径小于5mm的颗粒含量、含水率
坝壳砂砾料		级配、砾石的含量、含泥量
堆石料	硬岩	允许最大块度、粒径小于5mm的颗粒含量、含泥量、软岩含量
	软岩	单轴抗压强度、粒径小于5mm的颗粒含量、含泥量

反滤料铺筑前应取试样进行质量检查，规定每200~500m^3取一个试样，检查颗粒级配、含泥量及软弱颗粒含量。如果不符合设计要求和规范规定时，应重新进行加工和掺配，经检查合格后方可使用。

(二)坝体填筑质量控制

坝体填筑质量控制是确保坝体质量的最重要控制措施，主要应检查以下项目是否符合设计和规范要求。

（1）坝体各填筑部位的边界控制及坝料质量、防渗体与反滤料、部分坝壳料的填筑进度等情况。

（2）坝体所选用碾压机具的规格、质量，振动碾的振动频率、激振力，气胎碾的气胎压力等。

（3）坝体填筑时铺料厚度和施工技术参数（如碾压遍数、土料最佳含水率等）。

（4）坝体中的防渗体碾压面有无光面、剪切破坏、弹簧土、漏压或欠压、裂缝等。

（5）坝体中的防渗体在每层铺土前，压实表面是否按照施工要求进行刨毛处理。

（6）与防渗体接触岩石上的石粉、泥土及混凝土表面乳皮等杂物的处理情况。

（7）与防渗体接触的岩石或混凝土表面是否按要求涂抹浓泥浆等。

（8）过渡料、堆石料中是否有超径石、大块石集中和夹泥等现象。

（9）坝体与坝基、岸坡、刚性建筑物等的结合，纵横向接缝的处理与结合，土砂结合处的压实方法及施工质量。

（10）坝体坡度的控制情况，内外坡度是否符合设计规定的数值。

坝体压实质量是坝体填筑质量的主要控制项目，其压实检查项目及取样次数应符合表9.6中的规定。

表9.6　坝体压实检查项目及取样次数

坝料类别及部位			检查项目	取样（检测）次数
防渗体	黏性土	边角夯实部位	干密度 含水率	(2~3)次/层
		碾压面		1次/(100~200)m^3
		均质坝		1次/(200~500)m^3
	砾质土	边角夯实部位	干密度、含水率、大于5mm砾石含量	
		碾压面		1次/(200~500)m^3
反滤料			相对密度、颗粒级配、含泥量	1次/(200~500)m^3，每层至少一次
过渡料			相对密度、颗粒级配	1次/(500~1000)m^3，每层至少一次
坝壳砂砾（卵）料			相对密度、颗粒级配	1次/(5000~10000)m^3
坝壳砾质土			干密度、含水率、小于5mm颗粒含量	1次/(3000~6000)m^3
堆石料			孔隙率、颗粒级配	1次/(10000~100000)m^3

堆石料颗粒级配试验组数可比干密度试验适当减少。

防渗体压实控制指标即压实标准，采用干密度（ρ_d）、压实度（R_c）和最优含水率（ω）表示。必须按规定取样和在防渗体所有压实可疑部位，以及坝体所有结合面处进行取样，测定其干密度和含水率。防渗体填筑时，经取样检查压实合格后，方可继续铺土填筑，否则应进行补压直至合格。进入防渗体填筑面上的路口段处，应检查土层经碾压后有无剪切破坏，一经发现必须按要求处理。对于防渗土料，干密度或压实度的合格率不得小于90%，不合格干密度不得低于设计干密度的98%。

反滤料、过渡料及砂砾料的压实控制指标，采用干密度（ρ_d）和相对密度（D_r）表示。反滤料、过渡料的填筑还必须严格控制颗粒级配，不符合设计要求的应进行返工。

堆石料的压实控制指标，采用孔隙率（n）表示。对于堆石料、砂砾料，应按照表9.6取样所测定的相对密度，平均值不应小于设计值，标准差应不大于0.1。当样本数小于20组时，应按合格率不小于90%，不合格干密度不得低于设计干密度的95%控制。

土石坝压实质量的检验方法应遵循《土工试验规程》（SL 237—1999）及经部级鉴定的新

技术和国际上公认的检测方法。对于黏性土的含水率的检测,最简单的方法是采用"手检",若手握能使土成团,指搓可以成为条状,则含水率比较适宜。施工规范中推荐含水率快速测定法有:酒精燃烧法、红外线烘干法和电炉烤干法等。酒精燃烧法和红外线烘干法多适用于黏性土;电炉烤干法主要用于砾质土,也可用于黏性土。另外,核子水分密度仪法是目前快速高效的检测新技术。测量干密度的方法,对于黏性土可用环刀法、表面型核子水分密度仪法和三点击实试验法;对于砂砾料、砂土和反滤料可用灌砂法或灌水法。以上质量检验方法的具体操作,均按照《土工试验规程》(SL 237—1999)和《碾压土石坝施工规范》(DL/T 5129—2001)中的规定执行。

除了按照表 9.6 对坝体各部分压实坝料进行检查外,还要取固定断面进行室内试验。对防渗体,根据坝址的地形、地质及坝体填筑土料性质、施工条件,选定若干固定取样断面,沿坝高每 5 ~ 10m 取代表性试样进行室内物理力学性质试验,作为复核设计及工程管理的依据。对于坝壳料也应在坝面取适当组数的代表性试样进行试验室复核试验。

雨季施工时应检查施工措施落实情况。雨前应检查防渗土体表面的松土是否已适当平整和压实;雨后复工前应检查填筑面上的土料是否合格。

负温下施工时应检查填筑面防冻措施,坝基已压实的土层有无冻结现象,填筑面上的冰雪是否清除干净,填筑的土料是否有较大的冻土块。施工中应对气温、土温、风速、雨雪等进行观察记录。在春季,应对冻结深度以内的填土层质量进行复查。

第三节　水闸施工技术

水闸是修建在河道、渠道或湖、海口等部位,利用闸门控制流量和调节水位的水工建筑物,是河道上调节和控制水流的重要建筑物,通常分为开敞式和涵洞式两种形式,在河道上常见的是开敞式水闸。

水闸施工具有场地开阔便于布置;地基处理复杂,施工排水困难;河床上建水闸浇筑仓面较小,容易产生施工干扰等特点。通常情况下,水闸是在原河床上建造的,其首要工序是完成围堰建造与施工导流等临时性工程。

一、河道水闸的组成

水闸是水利工程中的主要水工建筑物,一般由闸室、上游连接段和下游连接段三部分组成。其具体组成如图 9.3 所示。

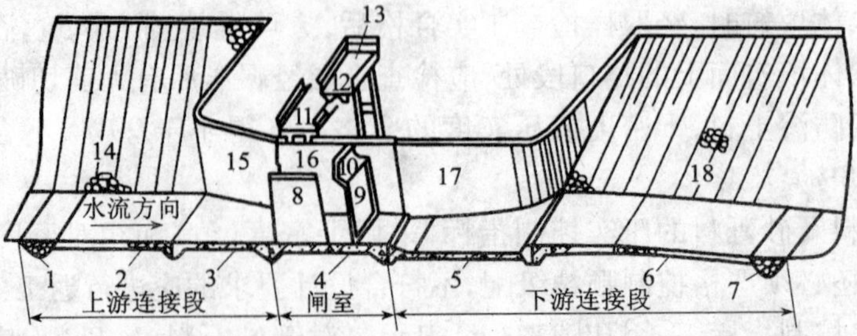

图 9.3　水闸组成示意图

1—上游防冲槽;2—上游护底;3—铺盖;4—底板;5—护坦(消力池);6—海漫;7—下游防冲槽;8—闸墩;9—胸墙;10—连接段;11—交通桥;12—工作桥;13—启闭机;14—上游护坡;15—上游翼墙;16—边墩;17—下游翼墙;18—下游护坡

(1)闸室。闸室是水闸的主体,主要包括闸门、闸墩、边墩(岸墙)、底板、胸墙、工作桥、交通桥、启闭机等。闸门用来挡水和控制过闸流量;闸墩用以分隔闸孔和支承闸门、胸墙、工作桥、交通桥;启闭机是控制闸门开启和关闭的机具;底板是闸室的基础,用以将闸室上部结构的荷载均匀地传至地基,并兼有防渗和防冲的作用;工作桥是用来安装启闭设备、操作闸门的工作场所;交通桥用来联系两岸的交通。

(2)上游连接段。上游连接段包括两岸的翼墙和护坡及河床部分的铺盖,有时为保护河床免受冲刷加做防冲槽和护底。其主要作用是引导水流平顺地进入闸室,保护两岸及河床免受冲刷,并与闸室等共同构成防渗地下轮廓,确保在渗透水流作用下两岸和闸基的抗渗稳定性。

(3)下游连接段。下游连接段包括护坦、海漫、防冲槽及两岸的翼墙和护坡等。其主要作用是消除过闸水流的剩余能量,引导出闸水流的均匀扩散,调整流速分布和减缓流速,防止水流出闸门后对下游的冲刷。

二、水闸施工包括内容及施工分块

1. 水闸施工的主要内容

一般大中型水闸的主体部分(如闸室)大多数为混凝土及钢筋混凝土工程,其他部分根据工程实际需要为混凝土、钢筋混凝土或砌石工程。

水闸的施工内容一般可分为以下几个部分:(1)导流工程与基坑排水;(2)基坑开挖与基础处理;(3)闸室段底板、闸墩、边墩、胸墙、交通桥、工作桥施工;(4)上、下游连接段的铺盖及护坦、海漫、防冲槽的施工;(5)两岸的上、下游翼墙和刺墙以及上、下游护坡的施工;(6)闸门及启闭设备的安装。

2. 施工次序应遵循的原则

为便于水闸的施工,利于加快施工进度、避免施工干扰和提高施工质量,在施工过程中,应当根据水闸的结构组成特点,遵循一定的施工次序进行作业。根据工程实践经验,各部分施工次序应遵循以下原则:

(1)先深后浅的原则。即先浇筑深基础,后浇筑浅基础,以免浅基土体受扰动破坏(如沉降、滑动、断裂破坏等)。同时,可以降低基坑排水工作的难度。

(2)先重后轻的原则。即先浇筑荷重较大的部分,待其完成部分沉陷后,再浇筑与其相邻的荷重较小的部分,以减小两者之间的沉陷差。

(3)先高后低的原则。即某些高度较大、需要分多次浇筑的部位,或有上层建筑物的部位应先浇筑。如底板与闸墩应尽量先安排浇筑,以便于上部桥梁与启闭设备的安装,而翼墙、消力池等则可安排稍后施工。

(4)先主后次的原则。也就是在水闸施工中次要项目服从主要项目的原则。所谓次要项目,是指那些工程部位不论排前或排后,对其他部位的施工进度和工程质量无影响或影响很小的项目。在施工中要集中力量进行主要项目施工,次要项目可以插于其间进行。

3. 水闸的分缝分块方法

水闸通常被结构缝、沉陷缝、温度缝分成许多结构块,在施工过程中必须按设计要求进行分缝分块,以满足不同功能的要求。当结构块较大时,为了施工方便,需要用施工缝分成若干小块,在工程上称为筑块。筑块的大小是根据施工条件(如混凝土生产和运输能力)以及浇筑的连续性而确定的。

水闸分缝分块的控制方法，主要有按筑块面积和筑块体积两种。

(1)筑块面积。筑块面积是以混凝土不产生“冷缝”作为控制条件，筑块面积可用下式进行计算：

$$A \leqslant Qk(t_2 - t_1)/h \tag{9.1}$$

式中 Q——混凝土拌合实用生产率(m^3/h)

k——混凝土运输延误系数，一般取0.80~0.85；

t_2——混凝土的初凝时间(h)；

t_1——混凝土运输及浇筑占用时间(h)；

h——混凝土的铺料厚度(m)。

(2)筑块体积。筑块体积是以混凝土的实际生产能力为控制条件，筑块面积可用式(9.2)进行计算：

$$V \leqslant mQ \tag{9.2}$$

式中 m——非三班制作业时连续生产的时间(h)。

在满足式(9.1)和式(9.2)的前提下，划分筑块的数目应尽可能少些，以减少对施工缝的处理，方便混凝土的浇筑，加快施工进度。

三、闸室基础施工和闸墩施工

(一)闸室基础的施工

在闸室地基处理完毕后，软土基上应先铺筑厚度为8~10cm素混凝土垫层，以保护地基、找平基面。在基础混凝土正式浇筑前，应进行绑扎钢筋、安装模板、搭设仓面脚手架和清理仓面工作。

闸室基础在水闸的最底部，在浇筑底板混凝土时，应特别注意选择正确的入仓方式，确保混凝土拌合物的均质性。运送混凝土入仓的方法很多，既可以用载重汽车装载立罐通过起重机吊运入仓，也可以用自卸汽车通过卧罐、起重机入仓。采用以上两种方法入仓时，都不需要在仓面搭设脚手架。

如果采用手推车、斗车或机动翻斗车等运输工具运送混凝土入仓时，必须在仓面搭设脚手架，以便使混凝土运送到需要浇筑的地点。

底板的上、下游一般都设有齿墙。浇筑混凝土时，可组成两个作业组分层进行浇筑。先由两个作业组共同浇筑下游齿墙，待齿墙浇筑平后，第一组由下游向上游进行，抽出第二组去浇筑上游齿墙。当第一组浇到底板的中部时，第二组的上游齿墙已基本浇平，然后将第二组转到下游开始浇筑第二层混凝土。当第二组浇到底板的中部时，第一组已到达上游底板的边缘，第一组再转回到下游开始浇筑第三层混凝土。如此连续进行，可以缩短每层混凝土的间隔时间，从而可以避免“冷缝”的发生，提高底板的施工质量，加工施工进度。

水闸闸室部分质量很大，沉陷量必然也大；而相邻的消力池，则质量较轻，沉陷量自然也小。如果两者同时浇筑，由于沉陷量有较大差异，必然会造成沉陷缝的较大差异，可能将止水片撕裂而使止水失效。为避免以上缺陷的出现，应按照“先重后轻”的原则，先浇筑闸室部分，让其充分沉陷一段时间，然后再浇筑消力池混凝土。

(二)水闸闸墩的施工

水闸闸墩具有高度大、厚度小、门槽处钢筋稠密、位置要求严格、垂直度要求精确等施工特点。因此，如何根据其施工特点进行施工，是闸墩施工中重点要解决的技术问题。工程实践证明，闸墩施工的难点是安装模板和浇筑混凝土。

(1)闸墩模板的安装。为使闸墩混凝土能一次浇筑达到设计高程,确保闸墩的整体性,其模板应具有足够的强度和刚度。因此,闸墩模板可采用以下两种方式:对于中小型闸墩宜采用"铁板螺栓、对拉撑木"的立模支撑方法。这种方法虽然用材料较多、工序繁杂,但施工比较方便。对于高大的闸墩可以采用液压滑模的方法,既节省大量材料,又能加快施工进度,保证施工质量。

(2)闸墩混凝土浇筑。闸墩模板安装完毕经检查合格后,随即进行清仓工作,用压力水冲洗模板内侧和闸墩底面,将污水从底层模板的预留孔中排出。清仓完毕堵塞排水孔,便于进行混凝土浇筑。

闸墩混凝土的浇筑,主要应解决好两个问题:一是每块底板上的闸墩混凝土应均衡上升;二是流态混凝土的入仓及仓内混凝土的铺筑。

为了保证混凝土浇筑能够均衡上升,运送混凝土入仓时应很好地调度和组织,使在同一时间运到同一底板各闸墩的混凝土方量大致相同。

为防止流态混凝土由 8 ~ 10m 高度自由下落时产生离析,应在仓内设置溜管,可每隔 2 ~ 3m 设置一组。由于闸墩宽度不大,仓内工作面狭窄,浇捣人员走动困难,可把仓内浇筑面分为几个区段,每个区段固定浇捣工人,这样可以明确职责、提高工效、互不干扰。

为确保混凝土振捣密实,使闸墩成为一个整体,混凝土应分层进行浇捣,每层的厚度应根据所用的振捣器而确定,一般可控制在 30cm 左右。

四、水闸门槽的二期混凝土施工

采用平面闸门的中小型水闸,在闸墩部位均要设置门槽。为了减少闸门的启闭力及闸门的密封,门槽部分的混凝土中埋有导轨等铁件,如滑动导轨、主轮、侧轮及反轮导轨等。这些铁件的埋设可采取预埋或预留槽后浇两种方法。

小型水闸的导轨铁件较小,可在闸墩立模时将其预先固定在模板的内侧,进行闸墩混凝土浇筑时,导轨等铁件即浇筑于混凝土中。

由于大中型水闸导轨较大且笨重,在模板上固定比较困难,宜采用预留槽后浇二期混凝土的施工方法。二期混凝土浇筑法,最关键的问题是如何控制门槽的垂直度、怎样进行二期混凝土的浇筑。

(一)门槽垂直度的控制

门槽垂直度控制是二期混凝土导轨埋设的核心,门槽及导轨的垂直度必须符合设计的要求,在立模及浇筑混凝土过程中,应随时用吊锤或仪器校正。采用吊锤校正时,可在门槽模板顶端内侧,将一根大铁钉钉入长度的 2/3,然后把吊锤系在铁钉端部,待吊锤不再摆动后,用钢尺量取上部与下部吊锤线到模板内侧的距离,如上下距离相等则模板垂直,否则按偏斜方向予以调整。

(二)门槽二期混凝土浇筑

在闸墩立模时,在门槽部位应留出比门槽尺寸大的凹槽。闸墩浇筑时,预先将导轨的基础螺栓按设计要求固定在凹槽的侧壁及正壁模板上,模板拆除后基础螺栓即埋入混凝土中。导轨安装前,要对基础螺栓进行校正,安装过程中必须随时用垂球进行校正,确保其垂直度无误。导轨就位后即可立模浇筑二期混凝土。

浇筑二期混凝土时,应采用细骨料混凝土,并注意认真捣固,不要振动已装好的金属构件。当门槽高度较高时,混凝土不要直接从高处下料,而应采取分段安装和浇筑的方法。二期混凝土达到规定的强度拆模后，对埋件要进行复测，并做好复测记录，同时检查混凝土表面尺寸，清除遗留的杂物、钢筋头，以免影响闸门的启闭。

第四节　渡槽施工技术

渡槽是输送渠道水流跨越河道、道路、山冲、谷口等的架空交叉建筑物，在我国应用渡槽已有2700多年的历史。钢筋混凝土渡槽的施工，分为预制装配和现场浇筑两种，而应用最广泛的是预制装配式渡槽，这种渡槽具有质量好，工期短，节省劳力、木材和资金等优点。当槽身自重大、整体预制与吊装确有困难时，才采用现场直接浇筑的施工方法。

现场浇筑钢筋混凝土渡槽，施工工序比较复杂，工程质量控制任务非常艰巨，其中不仅涉及对高大排架外形与垂直度的控制、槽身模板的制作与固定，而且还涉及模具的空中架设、薄壁壳槽的接头防漏、槽壁的防渗、混凝土运输与浇筑、施工中的安全等一系列问题，所以一般情况下不宜采用。

一、渡槽的组成、类型和特点

渡槽又称高架渠，也称过水桥，是一组由桥梁、隧道或沟渠构成的输水系统，主要由进口段、槽身、出口段和支承结构等部分组成。

渡槽按支承结构形式不同，可分为梁式渡槽和拱式渡槽两大类，拱式渡槽又分为板拱渡槽和肋拱渡槽两种，如图9.4所示。

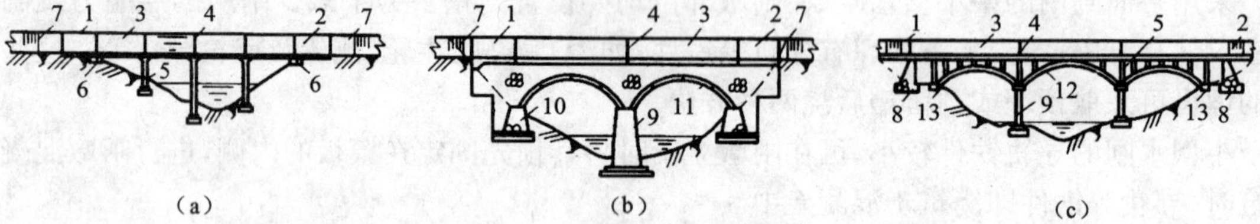

图9.4　渡槽的主要类型

(a)梁式渡槽；(b)板拱渡槽；(c)肋拱渡槽

1—进口段；2—出口段；3—槽身；4—伸缩缝；5—排架；6—支墩；7—渠道；

8—重力式槽台；9—槽墩；10—边墩；11—砌石板拱；12—肋拱；13—拱座

渡槽按施工方法不同，可分为现浇式渡槽和装配式渡槽两种类型。装配式渡槽具有质量较高、施工简便、缩短工期、减轻劳动强度、节约钢木材料、降低工程造价等特点，但对构件预制质量要求高，大的构件需要较强的运输能力和吊装能力。现浇式渡槽可就地制作、施工方便、容易拼装、不需较强的运输能力和吊装设备，但需要较多的支承和模板材料。

二、装配式渡槽槽架和槽身的预制

装配式渡槽的预制，关键是槽架、槽身和拱肋这三个大的构件，它们的预制质量如何，对整个渡槽的安装起着决定性作用。

(一)槽架的预制

槽架是渡槽中的支承构件，承担着渡身及水等的质量，由它传给地基，是一种细长轴向受压的杆件。为了便于吊装，最好在渡槽槽址的安装现场进行预制。制作的方式有地面立模和砖土胎模两种。

(1)地面立模。在平坦夯实的地面上,用1∶3∶8的水泥黏土砂浆抹面,其厚度为1cm左右,压抹光滑作为槽架的底模,立上侧模并涂刷隔离剂,安放好绑扎好的钢筋骨架后,即可就地浇筑混凝土槽架。在混凝土强度达到设计强度的70%时,可拆除模板移出存放,以便重复利用场地。

(2)砖土胎模。砖土胎模也称为阴胎模,即槽架的底模和侧模均采用砖或夯实土做成,与混凝土构件的接触面用水泥黏土砂浆抹面,并涂上一层脱模剂。在采用砖土胎模时,要特别注意做好四周的排水工作,千万不要让水浸入。

对于高度在15m的排架,如果起重设备能力较强,最好是整体预制,这样可确保排架的整体性,也省去拼接的工序。如果起重设备能力较差,可以分段进行预制、空中榫接的施工。分段浇筑的槽架,要保持上下段纵向钢筋逐根处于同一直线位置,因而宜采用"整体绑扎钢筋、分段浇筑混凝土构件、硬化后截断纵向钢筋"的工艺。

分段预制的槽架,在榫接处的端头部位应增焊一段角钢和钢板,并要求接头处上下端的钢板紧密交接、角钢保持同一直线。在构件吊装定位并经榫接校正固定后,应立即将上下端的角钢和钢板焊接牢固。为避免榫接处的二期混凝土开裂,宜用膨胀水泥在槽身吊装就位后再进行浇筑。

(二)槽身的预制

槽身流水的容器,是渡槽中最重的构件,也是位于渡槽最上部的构件。为了便于预制后直接吊装,整个槽身预制宜在两排架之间或排架一侧进行,槽身的方向可垂直或平行于渡槽的纵向轴线,根据吊装设备和方法而确定。要避免因预制位置选择不当,而在起吊时发生摆动或冲击。

U形薄壳梁式槽身的预制,有正置和反置两种浇筑方式。正置浇筑是槽口向上,这种方式具有内模板拆除方便、吊装时不需要翻身等优点,但槽身底部的混凝土不易捣实,适用于大型渡槽或槽身不便翻身的工地。反置浇筑是槽口向下,这种方法具有捣实比较容易、质量易于控制、拆除模板方便、用料比较少等优点,但要增加一个翻身的工序,使吊装施工增加了难度。

U形槽身的施工程序比较简单,主要包括立模、铺网、扎筋、浇制、养护、刷涂料和接缝处理等。

(1)立模。U形槽身的立模比较简单,当采用槽口向下方案浇筑时,仅设置内模便可;当采用槽口向上方案浇筑时,仅设置外模便可。

(2)铺网、扎筋。按照自槽中向两侧展开的铺设程序,平顺分层铺设钢丝网与钢筋,钢丝网的搭接长度不小于10倍网格,用22~24号铅丝按间距10~20cm呈梅花形绑扎。

保护层厚度以直径3~4mm、间隔20~30cm交错排列的垫筋加以控制,垫筋的一端伸出槽外,在抹压砂浆时,边抹压边抽出垫筋。纵向钢筋两端的弯钩,应与支座内的钢筋骨架点焊连成整体。

(3)浇制。除了混凝土拉杆可以事先预制外,浇制时先由下向上依次抹制槽身砂浆,再浇筑边梁和端肋的混凝土。为保证浇筑混凝土的密实性,应采用小型平板式振捣器进行振捣,再用木擦板或钢泥镘压实抹光,混凝土浇筑要一次完成,中间不得出现时间过长的停顿,直至构件表面无泌水现象且平整光滑为止。

(4)养护。槽身养护是确保施工质量的重要环节。为使混凝土构件保持湿润状态,并达到设计要求的强度,在常温下一般需要洒水养护14d,同时要搭临时工棚并加盖塑料薄膜护罩；在特殊情况下，必要时可通入低压蒸气养护，使罩内温度保持在15～20℃，相对湿度达到90%以上。

(5)刷涂料。在渡槽槽身表面涂刷环氧沥青漆或聚苯乙烯涂料，可以提高槽身的抗渗性，并可使钢筋和钢丝网免遭锈蚀。环氧沥青漆涂料与固化剂按7：1的比例拌匀后边配边用，并要在2h内使用完毕。

聚苯乙烯涂料分底层和面层两次涂刷，在1～2d内用完。由于以上两种涂料均易燃，施工时要特别注意防火。

矩形槽身的预制，可以根据体积大小和吊装能力，进行整体预制或分块预制。中小型渡槽工程，槽身的预制可采用砖土材料作为模板，从而可降低工程造价。砂土材料模板的U形渡槽槽身制作，如图9.5所示。

图9.5 砖土材料U形渡槽槽身的内外模

(a)反置泥土内模；(b)反置砖内模；(c)正置砖外模；(d)正置泥土外模

1—水泥砂浆层(配比为1：4，厚3～5cm)；2—砖砌体；3—渡槽；4—填土

反置浇筑钢丝网水泥渡槽槽身，是水利工程中常用的预制方法，其关键工序是制作安装槽身的内模，它关系到槽身的形状和尺寸的准确，也关系到施工过程中的稳定性。反置浇筑钢丝网水泥渡槽槽身的木内模结构，如图9.6所示。

(三)拱肋的预制

拱肋预制的基本要求是：每根拱肋一次浇筑，不留施工缝；对分段预制的拱肋，在其分段处要预埋钢板，以便在空中吊装对接就位时焊接，并用二期混凝土浇筑封填；施工时拱度、拱轴线等技术指标要符合设计要求，做到放样要准确，中线要处于同一平面，吊环与横系梁预埋件的位置要准确无误，拱肋接头和肋座的施工质量应当特别严格控制。

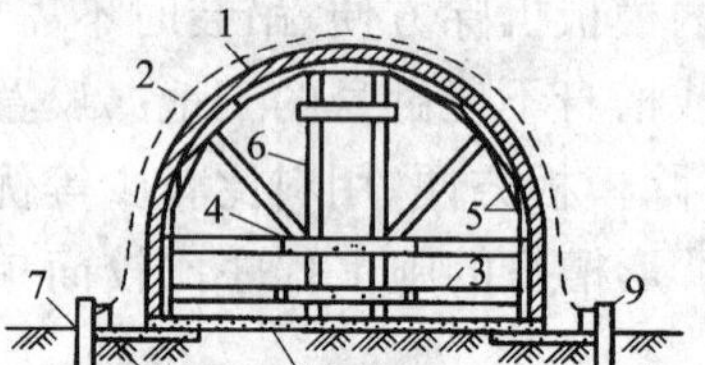

图9.6 反置浇筑渡槽槽身的木内模结构

1—木内模；2—待浇槽身；3—活动横撑；4—活动销；5—内龙骨；6—内支架；7—木桩；8—底模；9—倒模；10—预制横拉梁

拱肋的预制方法有立式预制和卧式预制两种。截面为倒"T"形与槽形的拱肋、大跨度预制拱肋，则需要增加侧向受力钢筋，以抵抗拱肋侧立时的侧向受力。

三、梁式渡槽的槽身吊装方法

渡槽的吊装工作是装配式渡槽施工中的主要环节，也是渡槽工程施工成败的关键。必须根据渡槽的结构型式、形状尺寸、构件重量、吊装设备能力、地形和自然条件、施工队伍素质及进度要求等因素，进行具体分析比较，选定快速简便、经济合理和安全可靠的吊装方案。在所有构件的吊装中，槽架和槽身的吊装是主要工序。

(一)槽架的吊装

槽架下部结构有支柱、横梁和整体排架等构件。支柱和排架的吊装通常有垂直起吊插装和就地转起立装两种:垂直起吊插装是用起重设备将构件垂直吊离地面后,插入预制好的杯形基础内,先用木楔或钢楔将其临时固定,校正标高、平面位置和垂直度后,再填充混凝土进行永久固定。就地转起立装法与起重扒杆的竖立法相同。

两支柱间的横梁,仍可用起重设备进行吊装。吊装的次序由下而上,将横梁先放置在固定在支柱的三角撑铁上。位置校正无误后,则焊接梁与柱连系钢筋,并立即浇筑二期混凝土,使支柱与横梁成为一个整体。待混凝土达到设计强度的50%以上后,再将三角撑铁拆除。

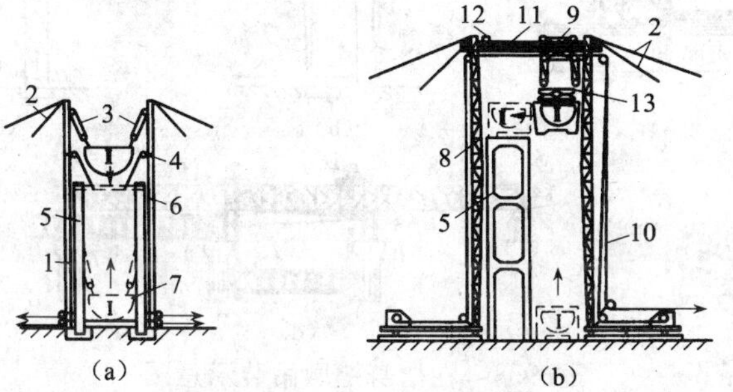

图9.7　地面吊装槽身示意图

(a)独脚扒杆抬吊;(b)龙门架抬吊

1—扒杆;2—缆风绳;3—主滑轮组;4—副滑轮组;5—排架;6—枕头木;7—预制槽身位置;8—龙门架;9—行车;10—行车控制索;11—横梁;12—行车止动块;13—蝴蝶铰

(二)槽身的吊装

装配式渡槽槽身的吊装,基本上可分为两类:即起重设备架立于地面上吊装及起重设备架立于槽墩或槽身上吊装。这两类吊装方法具有不同的施工工艺,也有不同的优缺点和适用场合。梁式槽身不同吊装方法的比较见表9.7。

起重设备架立于地面上吊装槽身的方法,如图9.7所示。槽身质量和起吊高度不大时,也可采用两台或四台独脚扒杆抬吊,如图9.7(a)所示。当槽身起吊到空中后,用副滑车组将枕头梁吊装在排架上。这种方法起重扒杆移动比较困难,吊装速度比较慢。

表9.7　梁式槽身不同吊装方法的比较

项目	起重设备架立于地面上	起重设备架立于槽墩或槽身上
优点	(1)起重设备在地面上进行组装、拆除,工作比较便利,工作效率高; (2)设备立足于地面上,其安全性较高	(1)起重设备架立在槽墩上或已安装好的槽身上进行吊装,不受地形的限制; (2)起重设备的高度不大,从而降低了制造设备的费用
缺点	(1)起吊高度比较大,因而增加了起重设备的高度,也增加了制造设备的费用; (2)易受地形的限制,特别是在跨越河床水面时,架立和移动设备更为困难	(1)起重设备的组装、拆除均为高空作业,比地面操作困难,安全性也较差; (2)有些吊装方法还使已架立的槽架产生很大的偏心荷载,必须加强槽架结构和基础
适用范围	适用于起吊高度不太大和地形比较平坦的渡槽吊装工作	这类吊装方法的适应性强,在吊装渡槽工作中采用最广泛
采用的吊装起重机或起重机构	可利用扒杆成对组成扒杆抬吊、龙门扒杆吊装、摇臂扒杆或缆式起重机进行吊装。此外,履带式起重机、汽车式起重机等均可应用	在槽墩上架立T形钢塔、门形钢塔进行吊装;在槽墩上利用推拖式吊装进行整体槽身架设;在槽身上设置摇头扒杆或双人字扒杆吊装槽身等已被广泛应用

起重设备架立于槽身式槽墩上吊装槽身的方法，要比起重设备架立于地面上吊装复杂一些。如图 9.8 所示。

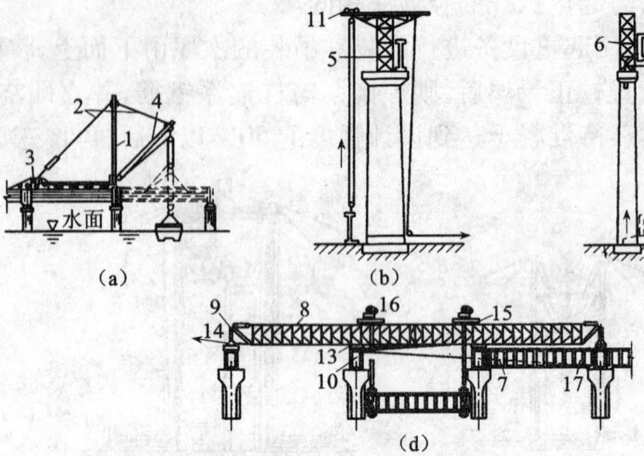

图 9.8　在槽身槽墩吊装示意图

(a)双人字扒杆吊装槽身法；(b)T 形钢架抬吊槽身法；(c)门形钢架抬吊槽身法；(d)推拖式钢架吊装槽身法

1—钢管人字架；2—钢拉杆；3—起重卷扬机；4—人字形起重臂；5—T 形钢架；6—门形钢架；7—推拖索；8—钢架；9—扒杆；10—现浇短槽身；11—推拖定滑车；12—承重工字架；13—滚轮拖架；14—牵引绳；15—平移装置底盘；16—平移小车；17—卷扬机

四、渡槽的缝隙处理

分节及分段预制的渡槽在吊装至排架顶部后，各节段之间均存在一个缝隙处理的问题。经校核吊装位置准确后，紧接着就应进行缝隙处理，以确保渡槽的整体性、节间的抗渗性和抗裂性。

对分节施工的槽身，一般应采取对称施工的作业方案，吊装后节间应保留宽 1.5mm 的缝隙，并让混凝土槽身在空气中收缩三周以上。在年平均气温低于 10 ~ 15℃时，用膨胀混凝土填满缝隙。清华大学、河海大学、中国水利科学研究院等单位联合攻关的一项最新成果表明，对于各跨槽身之间的伸缩缝采用复合橡胶止水带、聚乙烯嵌缝板和 GB 聚硫密封膏，外加丙乳砂浆保护的复合处理方式，可以有效地解决渡槽节间渗漏难题。

第五节　倒虹吸施工技术

当渠道与道路或河沟高程接近，处于平面交叉时，需要修一建筑物，使水从路面或河沟下穿过，其形状如倒置的虹吸管，即此建筑物通常叫做倒虹吸。

倒虹吸是常用的一种穿越渠道、山谷、河流、道路等的交叉建筑物。在我国的《管子·度地》中对有压倒虹吸水流作过精辟的描述：“水之性，行至曲，必留退，满则后推前，地下则平行，地高即控。”

根据我国的应用实践，倒虹吸管主要由进口段、管身和出口段三部分组成。在一般情况下，采用倒虹吸管与渡槽相比，具有工程量小、造价低、施工方便、便于管理等优点，但水头损失比较严重，维修不如渡槽方便。

一、倒虹吸管座的施工

修建倒虹吸的材料有很多，目前最常用的是现浇钢筋混凝土。这种现浇混凝土倒虹吸的施工具有施工质量好、省去管道之间连接、不需要大的吊装设备等优点，其施工工艺主要包括：施工放样、清理地基、地基处理、管座施工、管模板制作与安装、管钢筋制作与安装、管道接头止水施工、混凝土浇筑、混凝土养护、拆除模板。

管座施工是管道施工的基础，基础施工质量关系到整个工程的质量。因此，必须十分重视。在清理地基、地基处理之后，即可进行管座施工。常见倒虹吸的管座，分为刚性弧形管座、两点式刚性管座和中空式刚性管座。

(1)刚性弧形管座。刚性弧形管座通常是一次将管座做好，然后再进行管道施工。当管径较大时，管座事先做好，在浇捣管底混凝土时，则需要在内模底部设置活动口，以便混凝土进料和振捣，这种施工方法对混凝土浇筑和振捣比较方便。

有的工程为避免在内模底部开口，采用了管底分次施工的办法，即先做底部范围(中心角约 80°)的小弧形座，以此作为外模的一部分，待管底混凝土浇到一定程度时，即边砌小弧座旁的浆砌管座，边浇筑混凝土，直到砌完整个管座为止。

(2)两点式及中空式刚性管座。两点式及中空式刚性管座均事先砌好管座(如图 9.9 所示)。在进行管座施工时，对底部的回填土要仔细夯实，以防止在浇筑混凝土的过程中，土壤产生压缩变形而导致混凝土开裂。当管道浇筑完毕投入运行时，倒虹吸管及管座的全部垂直荷载实际上由刚性管座承受。

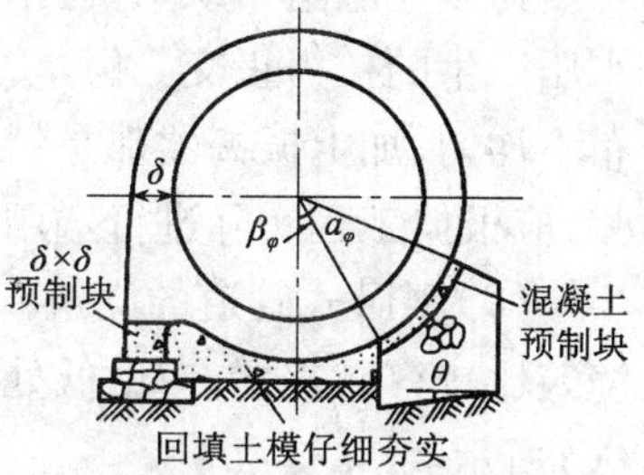

图 9.9　管座土模示意图

二、倒虹吸管身的施工工艺

由于倒虹吸管中的水流产生突然变向，使水流易产生较大的压力和冲击力。因此，在水工建筑物中，倒虹吸管混凝土对抗拉、抗渗和抗冲击要求，比一般结构的混凝土要严格得多。倒虹吸管所用的混凝土，其水灰比应控制在 0.50～0.60 范围内，有施工条件的最好控制在 0.40 左右。当采用机械振捣时，混凝土的坍落度为 4～6cm；采用人工振捣时，混凝土的坍落度不应大于 6～9cm。混凝土的砂率常用值为 30%～38%，以采用偏低值为宜。为满足抗拉强度高和抗渗性强的要求，配制时可掺加适量的塑化剂、减水剂、加气剂等外加剂。

倒虹吸管混凝土的浇筑，关键是确定浇筑顺序和浇筑方式，这是影响施工质量和施工速度的主要因素。

1. 倒虹吸管浇筑顺序

为便于整个倒虹吸管的施工，可采用间隔浇筑法，也称跳节浇筑法。例如先浇筑 1 号、3 号、5 号管，再浇筑 2 号、4 号、6 号管。

2. 倒虹吸管浇筑方法

水利工程中常见的倒虹吸管有卧式和立式两种。在卧式管中，又可分为平卧和斜卧，平卧大都是管道通过水平或缓坡地段所采用的一种方式，斜卧多用于进出口山坡陡峻的地区。立式管道则多采用预制管进行安装。

(1)平卧式管道的浇筑。平卧式混凝土倒虹吸管的浇筑有两种方法：一种是混凝土浇筑层与管的轴线平行，如图9.10(a)所示，一般由中间向两端发展，以避免仓中产生积水，从而增大混凝土的水灰比。这种浇捣方式的缺点是混凝土浇筑全部与管的轴线平行，刚好和水压产生的拉力方向垂直，一旦混凝土发生“冷缝”，管道最易沿浇筑层产生纵向裂缝。

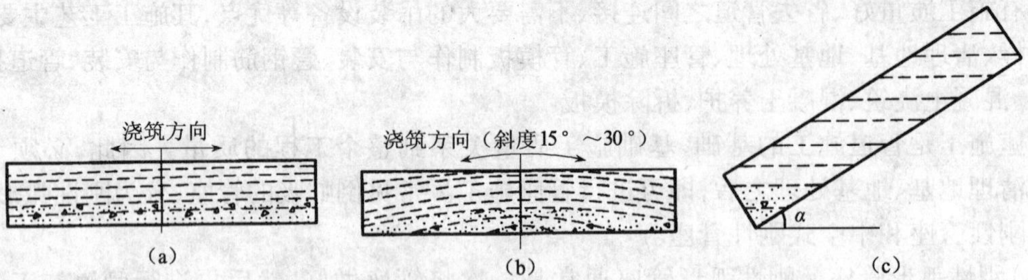

图9.10 倒虹吸管道混凝土的浇筑

(a)平卧式浇筑层与管轴线平行；(b)平卧式斜向分层浇筑；(c)斜卧式混凝土浇筑

为了克服这一缺点，可采用斜向分层浇筑法，如图9.10(b)所示，以避免混凝土浇筑缝与水压产生的拉力正交。但是，当斜度较大时，浇筑的混凝土都呈现斜增高，使砂浆和粗骨料分布不均匀，加上振捣器都是斜向振捣，不如竖向振捣的质量易保证。以上两种浇筑方法各有利弊，应根据工程实际进行选用。

(2)斜卧式管道的浇筑。倒虹吸在山坡上的进出口常有斜卧式管道，这种管道的混凝土浇筑比较容易掌握，应由低处开始逐渐向高处浇筑，并使每层混凝土保持水平状态，如图9.10(c)所示。

在混凝土入仓时，如果混凝土搅拌机至浇筑面距离较远时，为防止混凝土拌和物出现离析，在入仓前应将运到的混凝土在拌合板上用人工再拌一遍，用铁锹等工具送入仓内。

3. 倒虹吸管混凝土振捣

混凝土要认真进行捣实，除达到混凝土捣实的一般要求外，还应严格控制振捣时间和间歇时间，以防止出现“冷缝”。

4. 倒虹吸管混凝土养护

倒虹吸管混凝土的养护比一般混凝土构件要求更高，养护过程中一定要做到“早”、“勤”、“足”。所谓“早”就是要及时洒水养护，一般是混凝土达到初凝时，应立即进行洒水养护。在夏季施工时，混凝土浇筑后2～3h，即用草帘、麻袋等覆盖，进行洒水养护，夜间揭开覆盖物散发热量；所谓“勤”就是昼夜不间断地进行洒水，其标准是混凝土表面不得出现干燥现象；所谓“足”是指养护时间一定要足，在常温、洒水正常的情况下，压力管道至少要养护21d。但是，要特别注意在低温(气温低于5℃)时，不得再洒水养护。

5. 倒虹吸管混凝土拆模

倒虹吸管模板的拆除时间，主要应根据施工气温和模板承重情况而确定。混凝土管座模板和管道的外模系非承重模板，在混凝土达到终凝后则可以拆除，以利于混凝土的养护和模板的周转。

管道的内模为承重模板，不宜过早拆除，以防止混凝土出现坍塌。一般要求管壁的混凝土达到设计强度的70%以上时，方可将内模拆除。倒虹吸管模板的拆除时间，可参考表9.8中的数值。

表 9.8　倒虹吸管模板的拆除时间　　(d)

模板所处部位	夏季拆模时间	正常温度(℃)	冬季拆模时间
管座部位	1 ~ 2	2 ~ 4	3 ~ 5
管道外模	2 ~ 4	3 ~ 5	5 ~ 7
管道内模	4 ~ 6	5 ~ 7	7 ~ 10

第十章　河道特殊河段的治理方法

河道中的水是一种运动的物质，时刻在不断地变化。由于水流条件不同和河床边界条件的不同，不同河流或者同一河流的不同河段，河道的特性是不相同的。水流条件及河道状况的千差万别，必然导致在特殊河段需要进行特殊治理。

对于冲积河流的河床，每时每刻都可能发生冲淤变化，河流与河道中构造物相互作用明显。冲淤河段、与道路交叉河段都需要采用适应自然条件，并与社会需求相和谐的治理方案。对于具有河心滩、分汊、弯曲、汇流、感潮和崩岸等复杂形态的河段，治理改善工作必须十分慎重。因此，逐渐达到最终目标的治理方法常常被优先采用。

第一节　冲淤河段的治理方法

在河道发生弯曲时，由于水的流向和流速均发生较大变化，所以天然河流的含砂条件与河床形态也要发生改变。河道外侧的流量、流速变大，水流携砂能力以及对河岸的冲刷作用增强，形成冲刷区；而在河道内侧的流速减缓，泥砂在此处产生沉积形成淤积区，对河道外侧河岸堤防安全造成更大威胁。为保护堤防工程安全和冲淤河段特有的生态系统特征，可以采用修建低水护岸，实施散布石工程等对其进行治理。

一、冲淤河段的治理措施

（一）低水护岸的施工

低水护岸就是在河道转弯处的外侧，为确保被冲刷的安全和稳定，选用较大的石块，采用干砌的方法，把河道岸边保护起来，以抵抗转弯水流的冲击，保证河床不发生大的变化，同时也减少河道内侧泥砂的淤积。

从安全角度出发，低水护岸所用的石块宜选用 2t 左右的巨石，这样才能抵抗快速水流的冲击，但施工中搬运就位比较困难。石材最好应是施工地点附近生产的，否则采石及运输费用非常大。低水护岸施工完成后，等到植物移植期，在巨石的缝隙间插植本地植物，可以起到绿化、防淘的作用。

最近几年，日本、韩国为解决河道的冲淤和防洪问题，采取了多种多样的技术措施和生态措施。其中以块石、卵石和其他材料建造低水护岸，营造亲水空间，对沿河生态环境采用覆土护岸和种植水生植物等措施，恢复河岸的自然属性与生态景观，并根据河流两岸动植物生存状况，构建最佳护岸，为水生生物和陆生生物提供交流的廊道等方面，取得了显著的社会效益、经济效益和生态环境效益。

（二）散布石的施工

在河底及其河床的低水路之间，把巨石排成纵列状，以提高河床的抗冲能力和改变水流的方向，这种施工方法建成的工程称为散布石工程。散布石工程设置了顶端高程较低的开口，以便使冲刷河段的水位随着主流低水路的流量变化而变动。

二、确保水循环和湿润状态的方法

在布置散布石的河床附近，为了维持不同河岸的水循环，应当根据实际需要设置木笼栅栏和透水管等设施。设置这些设施是为了在水位较低或产生堆砂的情况下，尽可能维持群落交错区的湿润状态，改善河道的环境湿度，防止因天气干燥而出现河道场尘现象。此外，考虑到群落交错区内的幼鱼、小虾和螃蟹等生息环境及外敌防御，群落交错区内平时最深的水位在1m左右。

三、草本植物生长地的整治

草本植物在保护河滩和堤岸方面有着重要的作用，所以尽可能利用各种条件对草本植物生长地进行整治，使草本植物在上面茁壮生长。在低水护岸的上部利用河道施工开挖的土壤，提供草本植物生长的条件；对于河道的堤岸，依据在那里布置的散布石，构成适应于草本植物生长的地形；在散布石施工刚结束时，石块露出滩地面很不美观，但等草本植物生长繁茂后，这些散布石则逐渐被隐蔽起来。但是，对于高水河滩上的巨石设置，应考虑与河道景观吻合的问题，在采用草本植物时要慎重对待。

第二节　与道路交叉河段的治理方法

与道路交叉的河流，由于桥梁中的引堤、桥墩和桥台等建筑物对水流的束狭和阻碍干扰作用，使河道中的水流状况发生很大变化，从而促使河床的形态也发生相应的调整。这种水流与河床的重新调整作用，在许多情况下不仅涉及桥梁的安全运行问题，而且对沿河水利设施以及桥梁的上游、下游河段的河床演变产生新的影响。因此，在进行跨河桥梁设计时，必须事先对上述问题作出正确的预测，以确保工程安全并预防河道可能出现的问题。

在与道路交叉河段的整治过程中，不仅要考虑设施的安全问题，还要考虑与环境生态的密切结合的问题。对于安全问题的处理，一般是采用修建导流坝、对桥墩进行防护等措施，同时结合周边区域进行综合治理，确保工程安全。

一、修建导流坝

平原地区河流上桥梁的引堤，在汛期隔断洪水的漫滩水流，使水流沿着堤坝横向流动，然后急转方向进入桥孔收缩口，形成一股流速较大的集中水流斜冲河道主槽，从而使桥孔的有效长度减少，使水流处于紊乱状态。无导流坝时桥孔水流情况，如图10.1所示。

为了解决这一问题，常采用修建导流坝的工程措施。导流坝是引导桥孔以外河滩的水流平顺进入桥孔的主要导流建筑物。导流坝一般依据河道设计洪水位确定，要求有足够的高度和超高，避免出现洪水漫顶而破坏的现象。如果导流坝的线形设计不当，水流不能平顺地进入桥孔，则桥的边孔将不能完全发挥其泄洪能力，甚至在桥梁下游两侧产生漩涡，危及两岸的河岸安全。导流坝线形不好时桥孔水流情况，如图10.2所示。

导流坝的平面布置应符合以下要求：

（1）在河流上游区段转变为中游区段的过渡性河段，洪水从上游河床输送来大量泥砂，河床上多余的泥砂沉积形成许多各式各样的边滩状和岛状砂滩。当桥位河段比较顺直时，导流坝可采用非封闭式曲线导流坝，必要时在上游岸边加设丁坝或种植防水林，对桥头引道路堤进行加固。过渡性河段导流坝示意图，如图10.3所示。

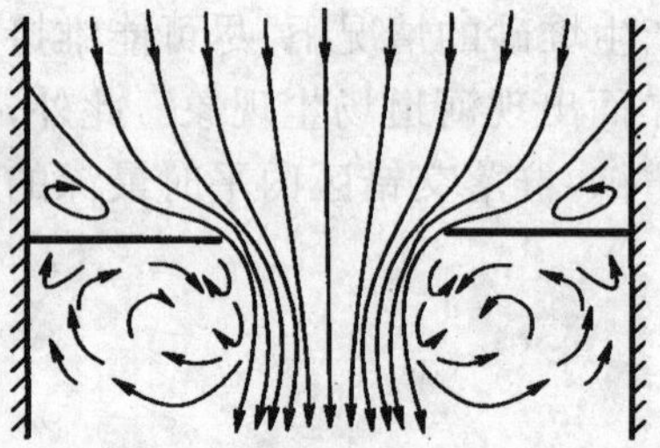

图 10.1　无导流坝时桥孔水流情况

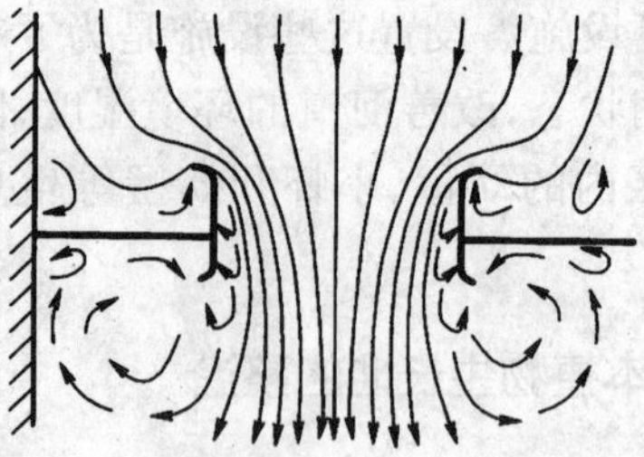

图 10.2　导流坝线形不好时桥孔水流情况

(2)流经坡度平缓的平原地区的河段,一般洪水涨落比较缓慢。这类河段的河槽一般都比较窄,河滩比较宽阔。被阻断的河滩水流,将在桥台处转一个急弯而进入桥孔。这样,桥下河滩部分的流量非常集中,并易在桥台处产生漩涡,使桥下冲刷集中在桥台周围,严重威胁桥台的安全。

是否需要设置导流坝,主要应根据河滩流量占总流量的比例而定。通常认为,单侧河滩阻断河滩流量占总流量的15%以上,双侧河滩阻断河滩流量占总流量的25%以上时,应当设置导流坝,当小于上述数值时,可设置梨形导流坝,如图10.4所示;当小于5%时,加固桥头锥形护坡即可。当河滩水深小于1m或桥下一般冲刷前平均流速小于1.0m/s时,一般也不需要设置导流坝。

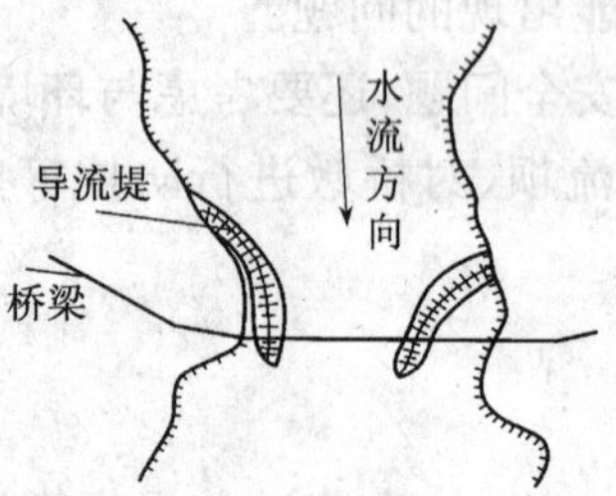

图 10.3　过渡性河段导流坝示意图

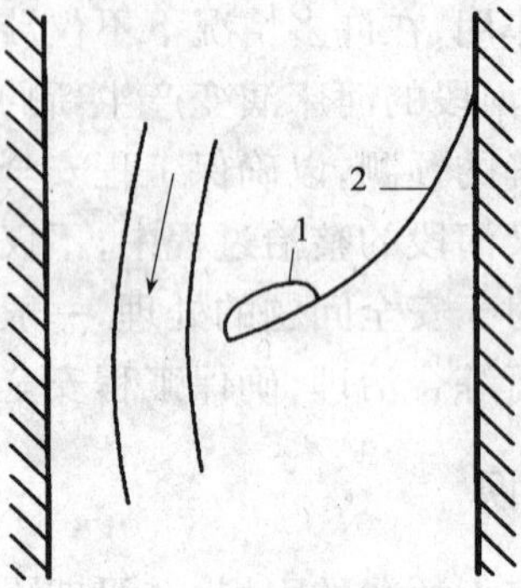

图 10.4　梨形导流坝布置图

1—梨形坝;2—丁坝

二、桥墩的防护

在多数河流环境中,冲刷孔围绕桥墩基础形成。由于桥墩导致的强大的漩涡运动冲走了桥墩基础周围的河床沉积物,因此,桥梁浅基础的防护问题成为桥梁设计和施工中的重要课题。根据近年来科研和生产实践的经验,可把桥梁浅基础防护工程分成以下几种重要类型。

(1)桥墩的生物防护与加固。即根据河水流速及水深采取不同形式的生物防护措施。

① 若河水流速较高,可采取抛石挂柳的形式对桥墩进行防护。这样,抛石能阻止洪水淘刷桥墩基础,挂柳(柳枝)则可降低墩身附近的水流流速,有利于减缓冲刷及墩身外围泥砂沉积。

② 若河水流速较低,可于枯水期在桥墩冲刷严重部位分层填埋(或栽植)亲水性强的树木。这样,桥墩局部冲刷坑内填埋的树枝被洪水淤积后会与泥砂紧密结合,形成加固的土体结构,有利于阻止洪水冲刷;若填埋的树枝成活生长,其防护效果会不断增强。

(2)最普遍应用的抗侵蚀作用技术是采用给河床装“铠甲”装置，如抛石。以抛石充当自然屏障来承受水流的冲蚀力。

(3)桥梁整孔防护工程的主要类型有：浆砌片石护底、混凝土护底、拦砂坝等。

(4)局部防护工程：平面防护时有浆砌片石护基、混凝土护基、混凝土块排、混凝土包基等；立面防护时有钻孔桩加承台、桩围堰内填片石等。

① 浆砌片石(混凝土)防护工程。某桥防护工程结构图如图 10.5 所示。

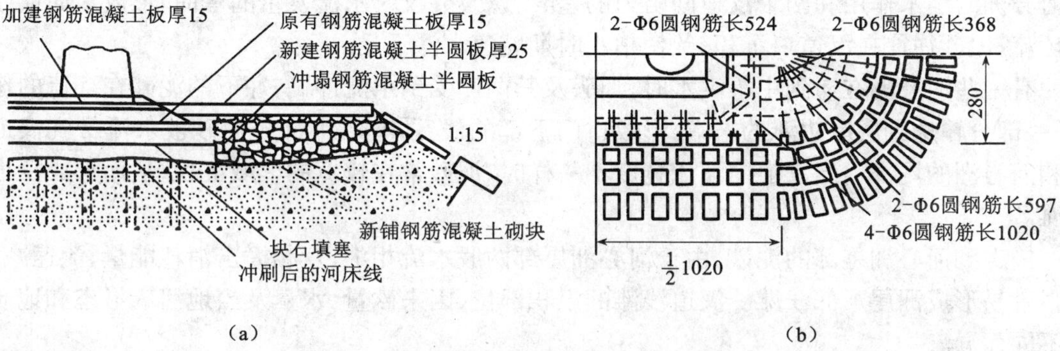

图 10.5　某桥墩混凝土块锥体防护(单位：cm)

(a)1/2 侧面图；(b)1/4 平面图

② 挑坎式防护工程。为了保证桥涵和路基工程的安全，常对桥涵下游出口河床的一定长度范围进行铺砌加固以防冲刷。挑坎防护是最常采用的一种构造物，以此来改变桥涵出口下游河床的水流条件，使紧靠桥涵出口铺砌加固段的末端变冲为淤的防护方法。挑坎式防护工程示意图，如图 10.6 所示。

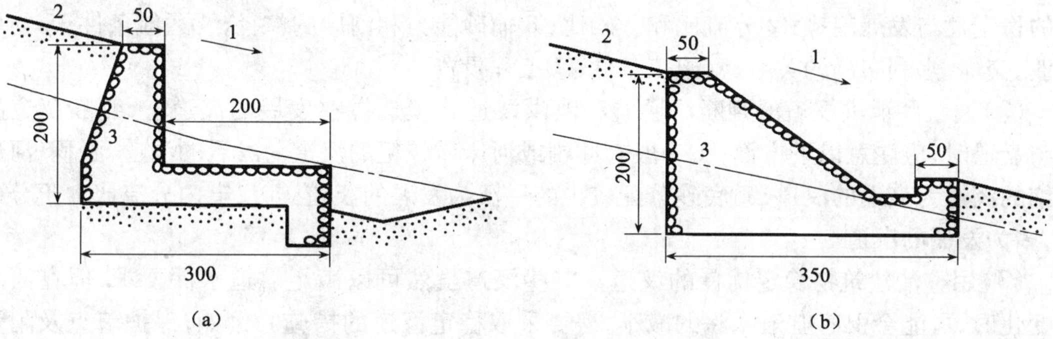

图 10.6　挑坎式防护工程示意图(单位：cm)

(a)抛石台阶式挑坎；(b)滚水坝式挑坎

1—流向；2—回淤河床面；3—原河床面

三、交叉口治理的要求

桥梁道路和河流的交叉口区域的治理，不但要满足交通方面的要求，还要满足河流防洪泄洪的要求，同时还要注意与周围环境的协调，又要考虑生态的保护与恢复。

第三节　汊道浅滩河段的治理方法

一、汊道浅滩的状况

在河道分汊的进出口或汊道内，由于水流所具有的特点常常形成浅滩。在汊道入口处，由于河心洲的壅水作用和两个汊道间阻力的差异，以及分汊时水流发生的弯曲，形成水面横比降及环流，泥砂往往在汊道口沉积，致使枯水时期航道水深不足。

有一些河心洲在遇到中等洪水时，洲头及其两侧受到水流冲刷，冲下的泥砂在环流的作用下，一部分输送到两岸边滩的末端，形成口门下部的浅区，有时大部分泥砂被水流带到汊道内部和河心洲的尾部。当汊道内河床宽度不一样时，泥砂常在较宽的区域沉积，从而形成汊道内浅滩。

输送到河心洲尾部的泥砂，由于河心洲尾部两股水流相汇，互相撞击消耗能量，流速减小，也很容易形成洲尾下部浅滩。汊道浅滩的淤积部位，因来砂量、水量及当地河床形态和地质条件不同而异。

分汊河段各汊道的分流比及分砂比，随着水位的不同而变化，汊道的河床冲淤也因此而发生变化。汊道演变的一般趋势是：一分汊向有利于通行方向发展，另一分汊则逐渐淤塞而衰退。

二、汊道浅滩的整治措施

(1)通航和泄洪汊道的选择。选择通航和泄洪汊道，应根据下列因素综合分析比较：①汊道的稳定性与发展趋势；②分流比和分砂比；③输砂能力和河床的粒径；④通航条件；⑤与城镇工业、交通、水利布局的关系；⑥施工条件；⑦工程投资。

(2)通航和泄洪汊道的判断。通航和泄洪汊道必须选择在发展的汊道上，判断汊道的发展与衰退时，应注意以下方面：①一般有冲刷或河床质较粗的汊道为发展的汊道，淤积、河床质较细的汊道为衰退的汊道；②底砂分配较少的一汊为发展的汊道；③汊道内分流比大于分砂比时，多为发展的汊道。

(3)用整治建筑物稳定优良的汊道。有些汊道虽然可以满足航道水深要求，但在河势发生变化时，可能会引起航道水深的减小，需要采取稳定汊道的措施。例如，保护节点及附近的河床，稳定汊道进口段的边界；用洲头分流坝控制河心洲的洲头，用岛尾坝控制周围方向，使其有利于船舶的航行。汊道浅滩整治建筑物布置图，如图 10.7 所示。

(4)改善通航汊道的通航条件。当选定的通航汊道的分流量已能满足要求时，宜稳定现有分流比；否则应在非通航汊道建锁坝或采取其他工程措施，以满足通航汊道所需流量。

当汊道进口有浅滩，不能完全满足航行要求时，一般可采用洲头分流坝，改变分流点的位置，从而人为调整流势，使水流集中，冲刷进口浅滩。当汊道的中部有浅滩时，可采用丁坝等建筑物调整水流，冲刷航槽。汊道浅滩整治工程布置图，如图 10.8 所示。

如果因汊道流量不足，可用洲头分流坝来调节进口的流量，从而加大汊道的冲刷能力。当河心洲尾部有浅滩存在时，通常在周围建岛尾坝，以减小两股水流交汇的角度，集中水流冲刷浅区。

(5)根据实际情况堵塞支汊。当河道中的流量较小，分汊后两汊的流量会更小，使在枯水期通航汊道内的水深不能满足通航要求。此时可采用丁坝或锁坝，将不通航的支汊堵塞，集中部分或全部水流于通航汊道内，从而增加航道的水深。

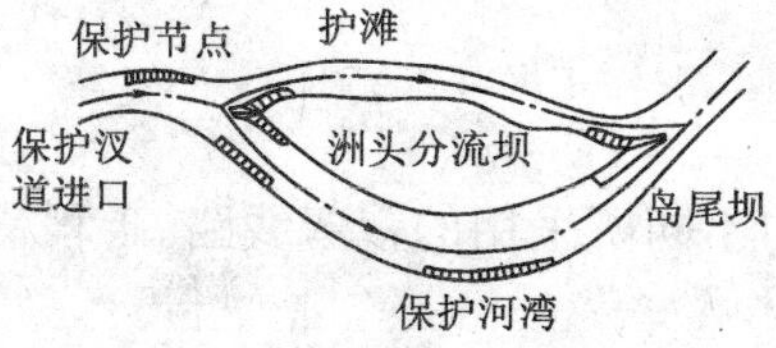

图 10.7　汊道浅滩整治建筑物布置图

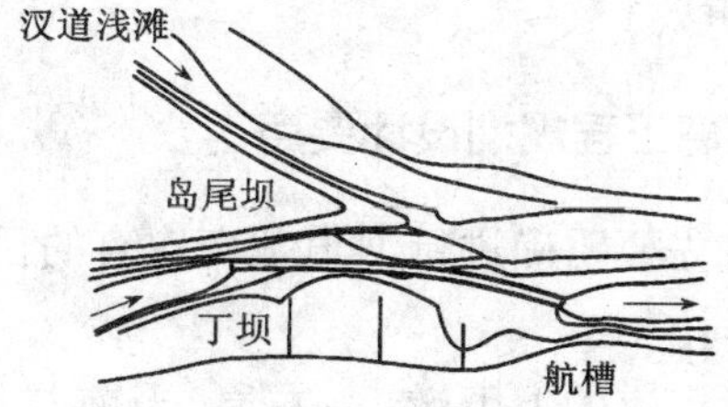

图 10.8　汊道浅滩整治工程布置图

第四节　弯曲河段的治理方法

由于水流条件、泥砂变化、自然条件改变、河床地质等的作用，河床演变使河道形成弯曲，这是很普遍的规律。如果河道弯曲不大，则对河水泄洪影响比较小。但如果河道弯曲很大，洪水期内水流会受到弯曲的阻碍，水面的纵坡减缓，使弯道河段上游洪水位抬高，从而对堤防工程的威胁增加，造成防汛抢险的困难。在河道的凌汛期，弯道处很可能有冰凌堆积，形成阻水、阻凌的冰坝，很容易引起堤防的决口。

一、河道裁弯取直的特点

对于弯曲河段治理的方法，目前我国主要是采取裁弯取直的工程措施。但是，对河流进行裁弯取直涉及很多不利的方面，所以采用河流的裁弯取直工程要充分论证，采取极其慎重的态度。河流的裁弯取直工程彻底改变了河流蜿蜒的基本形态，使河道的横断面规则化，使原来急流、缓流、弯道及浅滩相间的格局消失，水域生态系统的结构与功能也会随之发生变化。所以，在一些国家和地区，提出要把已经取直的河道恢复为原来自然的弯曲，还河流以自然的姿态。

二、河道裁弯取直的方法

河道裁弯取直工程大体上可以分为两种：一种是自然裁弯，另一种是人工裁弯。

河道在弯道横向环流的作用下，造成横向输砂不平衡，加上水流对凹岸顶冲作用，凹岸出现坍塌，凸岸产生淤积，致使弯道的曲率半径变小，中心角增大，河道长度加长，形成很大的河环。河环的起点与终点相距很近，称为狭颈。由于狭颈两侧的直线距离短，水位差较大，如遇漫滩水流，容易形成串沟。洪水时可能冲开狭颈并发展成新河，即发生自然裁弯。自然裁弯的结果可使河势发生变化，发生强烈的冲淤现象，给河流的治理带来被动，同时侵蚀农田等其他设施，在有通航要求的河道，还会严重影响航运。

为了避免自然裁弯产生的一些不利影响，可遵循河道发展的自然规律，实行人工裁弯。人工裁弯取直是一项改变河道天然形状的大型工程措施，应遵循因势利导的治河原则，使裁弯新河与上、下游河道平顺衔接，形成顺其自然的发展河势。如云南某河道在实施新河道过程中，采取了全线开挖的方式，没有考虑实施程序，对河道的平面形态改变过大，致使河道的水流泥砂运动规律发生了较大改变，水流流速加大，上游河床产生了剧烈的冲刷。

在进行河道裁弯取直的实践中，我们可以深刻地体会到，裁弯取直作为一种主要的河道整治工程措施，应当全面进行规划，上游下游通盘考虑，充分考虑上下游河势变化，及其所造成的影响。盲目的遇弯就裁,违背河流的自然规律,将会以失败而告终。在裁弯取直工程实施过程中,还应对河势的变化进行密切观测,根据河势的变化情况,对原设计方案进行修正或调整,这一点非常重要。

三、裁弯工程规划设计要点

(1)首先要明确进行河道裁弯取直的目的,目的不同所采用的裁弯线路、工程量和实施方法也不相同。

(2)对河道的上下游、左右岸、当前与长远、对环境和生态产生的利弊、对取得的经济效益、工程投资等方面,要进行认真分析和研究,要使裁弯取直后的河道能很好地发挥综合效益。

(3)引河进口、出口的位置要尽量与原河道平顺连接。进口布置在上游弯道顶点的稍下方,引河轴线与老河轴线的交角以较小为好。

(4)裁弯取直后的河道能与上下游河段形成比较平顺的衔接,避免产生剧烈的河势变化和长久不利的影响。

(5)人工河道裁弯取直是一项工程量巨大、投资较大、效果多样的工程,应拟订几种不同的规划设计方案进行优选。

(6)在确定规划设计方案后,需要对新挖河道的断面尺寸,护岸位置、长度以及其他相关项目进行设计。

(7)河道裁弯取直通水后,需要对河道水位、流量、泥砂量、河床冲淤变化等进行观测,为今后的河道管理提供参考。

四、取直河道的复弯工程

河道裁弯取直能使河流的输水能力增强,也可以减少占地面积,比较容易施工,但是,裁弯取直工程也会带来一定的不利影响。如中游河道的坡降增加或裁弯取直会导致洪水流速加快,加大中下游洪水灾害,减少本地降雨入渗量和地下水的补给,从而改变了水循环状态。最直接的后果是地下水位下降,湿地面积大幅度减少,生态系统严重退化。

在十分必要的情况下,对于取直河道可以进行复弯工程。弯曲河道的恢复是比较复杂的,同样有很多工程和其他问题需要研究与分析。如原河道修复后的冲刷稳定问题,现有河道和原河道的分流比例问题,原河道的生态恢复问题等。有时还需要在分析计算或模型试验的基础上进行规划和设计。

第五节　崩岸河段的治理方法

我国平原地区的河流两岸有许多淤积形成的滩地,这种滩地抗冲性能比较差,大部分堤防工程是经过多年维修加高而筑成。随着人类活动和自然因素的破坏,这些滩地和堤防都存在着多种隐患,每年都有许多崩岸险情的发生,仅1998年大洪水期间,长江中下游就发生崩岸险情达327处。

崩岸有多种不同类型的大体积坍塌事故,包括延深破裂面的滑坡、浅层滑动以及大块塌陷。在枯水季节也常常发生特大崩岸事故,同样在水位上升期或水位下降期也会出现崩塌事故。崩岸是河道一种严重的险情,它会直接导致堤防的溃决,严重威胁堤防工程的安全。

由于崩岸给江岸堤防工程、两岸工农业生产及人民生命财产带来严重的威胁。因此开展对河道崩岸治理问题的研究,具有重要的现实与长远意义。

一、河流崩岸的形式与成因

河流崩岸是堤防临水面滩岸土体产生崩落的重大险情,是河床演变过程中水流对河岸的冲刷、侵蚀作用产生累积后的突发性事件。这一险情具有发生突然、不可预测、发展迅速、后果严重等特点。崩岸从破坏形式上可分为滑落式和倾倒式两种。

滑落式崩岸的破坏过程是以剪切力破坏为主,分为主流顶冲产生的窝崩和高水位状态下水位快速下降过程中产生的溜崩。倾倒式崩岸的破坏过程主要是拉裂破坏,可分为主流顺岸贴流造成的条崩和表面流入渗产生的洗崩。一般窝崩强度最大,一些重要崩岸段大多数都属于窝崩,主要分布于弯道顶部和下部;条崩多位于深泓近岸,且平行于岸线,水流不直接顶冲的河段。

崩岸的原因是复杂的,有时是多种因素造成的后果。崩岸险情发生的主要原因是:水流淘刷深堤岸的坡脚,造成坡岸悬空失稳而崩塌。在河流的弯道处,主流逼近凹岸,深泓紧逼堤防。在水流侵袭、冲刷和弯道环流的作用下,堤外滩地或堤防基础逐渐被淘刷,使岸坡变陡,上层土体失稳而最终崩塌,危及堤防工程。

根据崩岸实际工程观察可知:地质条件差、土质疏松是崩岸的内在基本因素,而水流条件(主流顶冲、弯道环流、高低水位突变等)则是造成崩岸的重要外在原因。另外,土壤中孔隙水压力增大,会使土壤抗剪强度降低甚至丧失,当承受瞬时冲击荷载时,土壤即发生液化,这是土力学因素;还有人为因素(河道非法采砂、堤边取土成塘、船行波浪等)加剧了崩岸的强度和频率,而近岸过度采砂则是导致崩岸的重要原因之一。

二、国内外崩岸治理工程概况

治理崩岸首先要确保堤防工程安全和防洪安全;其次是稳定现有河势,为今后河道综合治理创造条件;同时还要兼顾国民经济各部门的要求,满足沿河地区社会经济发展的需要。

由于崩岸的机理比较复杂,对不同的河段,应根据崩岸成因、现场施工条件、堤防运行要求及综合经济效益等因素综合考虑,选择最优的治理措施。目前,崩岸治理的方法和形式很多,如采用抛石护坡、各种沉排护底等平顺式护坡或采用木桩、钢板桩等垂直护岸方法,在河床宽阔、水流较缓的地方还可以修建丁坝、顺坝等间断性护岸方法。近年来,随着土工合成材料在堤防除险加固工程中的应用,各种复合式护岸方法不断被采用和推广。通常堤防护岸工程包括水上护坡和水下护脚两部分。水上与水下之分均指枯水施工期而言。

水上护坡工程是堤防或河岸坡面的防护工程,它与护脚工程是一个完整的防护体系。护坡工程的形式很多,主要有块石护坡、混凝土护坡、模袋混凝土护坡、水泥土护坡、天然植被护坡等几类。

水下护脚工程位于水下,经常受水流的冲击和淘刷,需要适应水下岸坡和河床的变化,所以需采用具有柔性结构的防护形式,常采用的有抛石护坡、石笼护脚、沉枕护脚、铰链混凝土板沉排、铰链混凝土板-聚酯纤维布沉排、铰链式模袋混凝土沉排、各种土工织物软体沉排等。抛石护脚示意图,如图10.9所示。

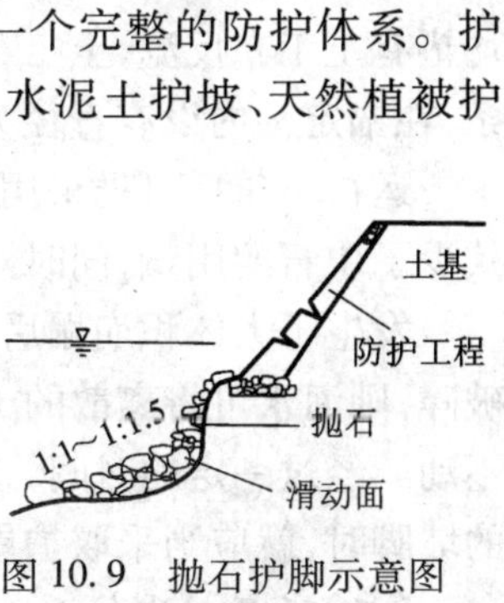

图10.9　抛石护脚示意图

抛石护脚是平顺式护岸下部固基的主要方法,也是处理崩岸险情的一种常见的、优先选用的措施。抛石护脚具有就地取材、施工简单、造价较低,可以分期实施的特点。平顺坡式护岸方式较均匀地增加了河岸对水流的抗冲能力,对河床边界条件改变较小。所以,在水深、流速较大以及迎流顶坝冲部位的护岸,通常宜采用抛石护脚的方式。

此外,为了减缓崩岸险情的发展,必须采取措施(如抢修短丁坝等)防止急流顶冲的破坏作用。

三、江新洲试验工程中使用的新型护岸技术

中国水科院根据国家计委“水利科技救灾实用技术推广项目”的要求与江西省水利厅协作,在长江九江河段开展了崩岸治理工程的试验研究工作。试验工程位于江新洲洲头北侧崩岸频发段,堤防桩号 15 +500 ~ 16 +500 间,总长 1000m。试验工程于 1999 年 12 月底开工到 2000 年 5 月底竣工,当年 9 月由江西省长江干流堤防加固整治建设总指挥部组织进行了完工验收。经过汛期和枯水期的考验,试验段崩岸治理已取得初步成效。2004 年 3 月由水利部科教司又组织了成果鉴定。获得三项护岸工程措施的实用新型专利,一项拖拉铺排施工方法的发明专利已公开。在试验工程中使用了一些新的工程措施和施工方法。

(一)带锚桩的钢筋混凝土框架梁组成护坡工程的锚固系统

水上护坡工程施工相对水下工程而言要容易得多,坡度最好为 1∶3,再陡也不要超过 1∶2.5。崩岸严重的河岸多为砂性土,黏结力较差,而且经过挖方或填方整出的岸坡,其填方处力学性能更差。如何能使这种岸坡承受整个护坡工程的下滑力,是护岸工程能否稳定的重要问题。为此可在岸坡上设计一套带有钢筋混凝土锚桩(2m 长)的钢筋混凝土框架梁,每格框架的宽 15m,高约 12m,梁截面为 20cm × 40cm 的矩形;锚桩每 4m 布设一根,截面为 20cm × 20cm 的正方形。底层框架梁与锚定沟浇筑在一起,可使水下护坡工程的下滑力通过锚定沟及钢筋混凝土框架梁分散到各个锚桩上。在每格框架梁中铺入坡面防护材料。框架梁也同样可通过锚桩阻止这些水上护坡材料的下滑。

(二)防冲、反滤、环保的护坡措施

汛期水位上升,水上护坡工程将经受风浪的冲刷,因此坡面防护材料需具有抗冲能力。如试验工程的框架梁中铺入的坡面防护材料为预制混凝土锁块(50cm × 50cm × 12cm)、部分为现浇混凝土面板或模袋混凝土护坡(厚 12cm)。

当水位由高处向下降落时,岸坡内的水分必须能较快地排出来,否则对护坡工程的稳定不利,因此护坡工程的排渗问题需要认真考虑。水下冲砂模袋排渗没问题,模袋混凝土每隔 1.1m 左右就有一处加筋带,这些加筋带正好是排渗的好地方。水上护坡工程在混凝土锁块下均垫有土工布反滤,土工布下的坡面上还开挖了截面为 30cm × 30cm 的排水盲沟,每隔 5m 一条,在锚定沟内设有直径为 5cm 的排水管,确保水上护坡工程的排渗需要。

运行一年后可见采用预制锁块防护的坡面,在锁块间的缝隙内长满了蒿草。护坡工程中减少了块石的用量,同时对环保也有利,但是因大量开山采石,对生态环境是一种破坏。

发生了大体积崩塌后,将有大量废土堆积在河岸的下部。如果崩塌后的土块或土体已经破碎,则河水可将离散的土粒挟带运走。如果黏性土壤会被植物的根簇拉住,则仍可保持原封不动。经过一定的时间,这些土块本身将因风化及河水的冲刷而破碎。当废土仍堆积在滑坡的坡脚时,就应当采取护岸措施,以防止出现进一步的塌陷。

(三)长年枯水位以下的框格型充砂模袋

水下护坡工程是整个护岸工程的重点,试验工程在水位变动区采用模袋混凝土,在长年水下则采用框格型充砂模袋护脚。模袋排布上部 20m 为充混凝土的模袋,厚 20cm,强度 C20。

下部36m为框格型充砂模袋软体排，铺至近岸深槽。在生产厂家加工成长56m、宽15.3m一整块，沿岸线铺了850m，每块搭接1~2m。

框格型模袋排布采用410g/m^{2}的高强机织丙纶长丝土工布制成，有效孔径由充灌泥砂的粒径确定。框格型模袋尺寸的设计需考虑抗漂浮能力，试验工程在模袋铺完后，还在坡脚处抛长砂袋压脚，既抗滑又抗漂。框格型充砂模袋在垂直水流方向有主管袋，充砂后直径达到34~38cm，每隔25cm布设一条。

为了防止铺设时两条主管袋之间不能展平，每隔0.64m布设一条肋袋，肋袋顺水流方向，充泥后直径为27cm。这种充砂模袋可均匀加糙，减缓水流对坡面的冲刷。为了不致某处破损后管内泥砂都漏出，在横向每6m缝合为一段，而沿纵向每1.1m左右又缝有7cm宽的双层加筋带，使其互相隔开。这些加筋带除隔仓外，主要功能是传递拉力。用江中的淤砂注入特制的模袋中，作为护坡材料，其最大的优点是材料费比混凝土低，另外，充砂模袋具有柔性特点，在护脚时能较好地适应河床及坡面的变形。

(四)模袋固化砂浆的应用

试验中采用的模袋固化砂浆为水泥基的复合材料。其主要优点是成本比较低，虽然采用了品质较差的三级粉煤灰，但固化砂浆的强度仍然能够达到设计要求，即模袋固化砂浆28d龄期的抗压强度不低于5MPa。

对于不同细度模数的砂料，在满足泵送性和强度要求的前提下，单方胶凝材料的用量也是不同的。根据施工现场砂料细度模数的实测资料，得出模袋固化砂浆单方胶凝材料为500kg/m^3(水泥用量一般约200kg/m^{3}左右)。虽然固化砂浆在强度性能上不及混凝土，但它在工程成本上占有一定优势。

第六节　感潮河段的治理方法

河口是河流与集水区之间的连接段，即为河流进入海洋、湖泊和水库的地段及支流汇入干流处。河口中以入海的潮汐河口的问题最为复杂，入海河口往往又是人口稠密、城市集中、工农业生产特别发达的地区，是对外经济贸易交往的口岸。因此，研究河口的治理问题，重点应是入海的潮汐河口。

一、河口区潮汐涨落过程

在一般情况下，河口区潮汐涨落过程可以分为以下四个阶段：

第一阶段：海洋中的涨潮，海水流向河口与河水相遇，因海水和河水存在密度差，于是密度大的海水潜入河底并向上游推进。此时河口水位上升，水面壅高，坡度变小，但仍向下游倾斜，河水流速仍大于潮水流速，所以表层水仍流向下游，如图10.10所示。在径流较强的某些情况下，底层也可能不出现方向相反的水流，称其为涨潮落潮流。

第二阶段：随着海水的不断上涨，河口水面继续壅高，涨潮流速逐渐增大，以至于大于河水流速，水面坡降也转为向上游倾斜。此时整个断面上的水流都转向上游推进，如图10.11所示，称其为涨潮涨潮流。

第三阶段：当潮波向上游推进相当距离后，海洋中的水已开始落潮，河口的水面也随之下降，潮水流速逐渐减弱，但潮水仍大于河水的流速。此时水流仍流向上游，水面坡降仍倾向上游，但逐渐趋于平缓，如图10.12所示，称其为落潮涨潮流。

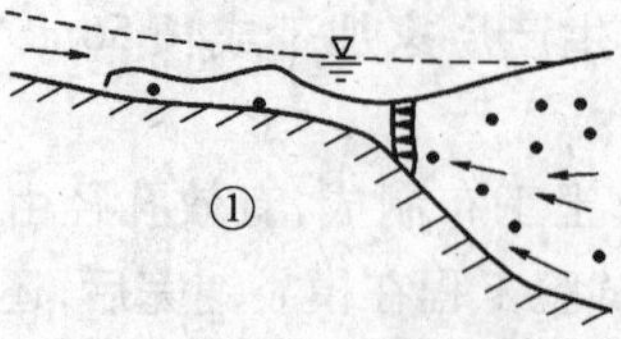

图 10.10　第一阶段涨潮落潮流

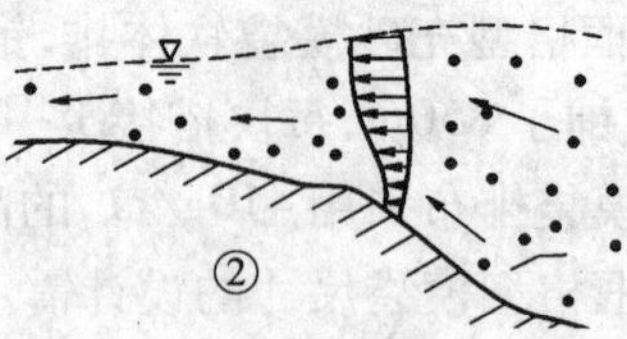

图 10.11　第二阶段涨潮涨潮流

第四阶段:由于海水落潮的关系,河口的水位将继续下降,潮水流速进一步减弱,水流终于由流向上游而转为流向河口,水面坡降也转为向下游倾斜,如图 10.13 所示,称其为落潮落潮流。

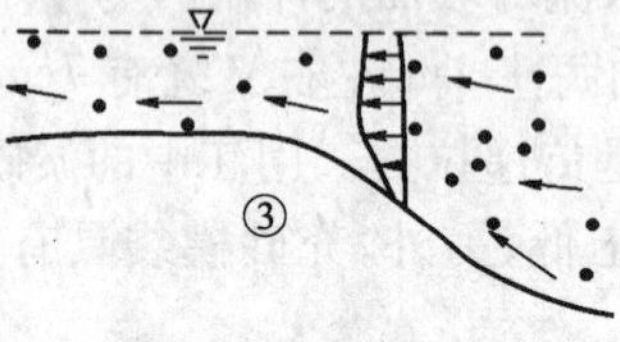

图 10.12　第三阶段落潮涨潮流

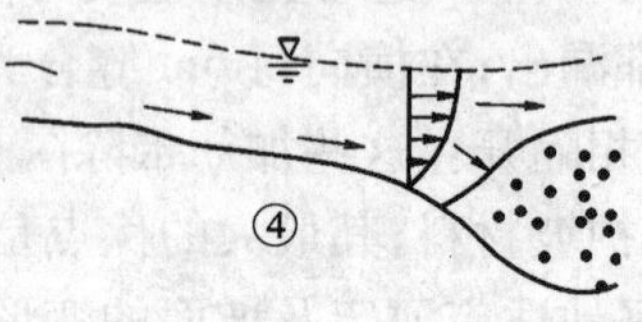

图 10.13　第四阶段落潮落潮流

二、潮汐河口的河床演变

潮汐河口是径流与潮流互相影响、互相消长的地区。但是对于不同河段,这两种力量对河床演变的作用是不同的,我们可以根据径流和潮流两种力量的消长情况及其对河床演变的影响,将河口分为河流段、潮流段与过渡段;除了上述分段外,以前还习惯把河口分为河流进口段、河流河口段及口外海滨段。

在一定边界条件下,来水来砂条件是决定河床演变的主导因素。对于潮汐河口的来水来砂大都是双向的,因此分析潮汐河口的河床演变,不仅要考虑上游来水来砂或海域来水来砂各自的变化规律,而且还要善于分析他们之间互相消长的关系,此外,有些河口还要考虑咸水与淡水混合的影响。

三、感潮河段的治理措施

(1)河口的航道整治。本着从实际出发、区别对待的原则,对河口航道的整治主要从扩大进潮量和限制进潮量两方面考虑,解决这一问题主要从以下两个方面着手:

① 清除妨碍潮流进出的障碍物,以减小河床的局部阻力,提高涨潮或落潮的流速。为此,可采取裁弯取直、堵塞河汊、调整束窄段或放宽段等整治措施。

② 河道必须设计成具有合适的平面和断面形式,以保证在给定河口潮位过程线和河水流量条件下,河床达到冲淤平衡,变幅不大;同时还保证在低水位时有一定的航深。为此,河口平面宜设计成喇叭形,横断面宜设计成具有低水河槽的复式断面。

(2)修筑挡潮闸,控制淤积现象。修筑挡潮闸是中小河口防洪排涝、挡咸蓄淡的重要措施。但是,在修筑挡潮闸后,闸的上下游常发生严重淤积,降低了河流的泄洪排涝功能,甚至影响河道通航。究其原因是在修筑挡潮闸后,潮波发生了变形。目前防止和减轻淤积的办法是适时闭启闸门,利用上游来水或潮流冲淤,在闸下游修建一系列下挑潜丁坝。

(3)感潮河段河口的防洪。河口防洪的主要措施是修建海堤和护岸工程。海堤的规划和设计与一般河堤相比,存在一定的差异,应当合理地选择消波效果好的断面形式,正确确定堤顶的高程;护岸常见的有直立式或斜坡式岸墙的纵向护岸工程、丁坝工程及潜堤工程,应根据工程实际情况进行选用。

第十一章　河道堤防工程的安全管理

新中国成立后，我国进行了大规模的堤防工程建设，全国已建堤防的总长达 27 万 km。这些堤防工程在历次抗洪、抗潮灾害中发挥了重要作用，在国民经济和社会发展中产生了巨大的效益。随着我国水利建设事业的迅猛发展，堤防工程作为江河治理和抗洪防灾的重要措施之一，在水利工程中具有举足轻重的地位。

堤防工程安全问题不仅事关大局，而且特点十分显著。我国河道堤防工程主要是修建在河流中下游冲积平原上，因此基础大都为砂基。而且这些堤防往往是民工历年逐渐堆积培修加固而筑成的，大都没有进行地质勘探及基础处理，填筑质量也未严格控制。经过多年的洪水浸渍、多次抢险、动物破坏、人为损坏，堤身和堤基情况复杂，隐患越来越多。因此，当遇到洪水时，经常发生基础渗透破坏和塌坡等险情，极易导致大堤溃决。

从安全监测的角度来看，堤防战线很长，水文地质条件、隐患分布沿线随机性变化很大，安全监测的难度必然增大；从运行条件来看，河道水位和河势难以做到有效的调控，呈现出河水来去迅猛、河势多变的特点，甚至中小洪水也会直接影响堤防的安全；从安全的保障措施角度来看，堤防隐患分布及发生险情的随机性，增加了查险、抢险等人为非工程措施在堤防安全保障中所占的比重。

由于在堤防的规划设计、堤防与水环境的关系、堤防工程隐患探测、堤防工程除险加固、堤防的防汛抢险等方面还存在很多不足，因此堤防工程管理工作任务艰巨、事关全局、责任重大，大力加强堤防工程安全管理势在必行。

第一节　堤防工程的检查

对堤防工程进行检查是一项非常重要的工作，不仅可以及早地发现堤防工程存在的隐患，而且可以有效地避免出现因堤防缺陷而造成的巨大损失。堤防工程的检查，主要包括经常性检查、定期性检查和特别性检查。

一、堤防工程经常检查

1. 检查的方法

堤防工程经常性检查主要是指对堤防的外观检查，外观检查应通过眼看、耳听、手摸和相应的仪器、工具进行。检查时应有清晰、完整、准确、规范的检查记录，有条件的最好采用拍照或录像方式记录检查情况。

2. 检查的内容

堤防工程经常性检查应着重检查堤防险工、险段及其工程变化情况。检查的主要内容包括堤防外观检查、堤身隐患检查和其他方面检查。

(1)堤防外观检查。①检查堤防有无雨淋冲沟、陷坑、洞穴、裂缝、渗漏、滑坡、崩岸；②检查堤基的薄弱环节，如取土坑、池塘、坑道、未封堵的钻坑、违章水井等；③检查有无害虫、害兽的活动痕迹；④检查堤岸有无崩塌，护坡工程有无松动、塌陷、架空现象；⑤检查排水沟有无堵塞、损坏情况；⑥检查背水堤脚以外有无管涌、渗水等现象；⑦检查堤防穿堤建筑物与堤身结合部有无变形、裂缝、渗漏、淘空等现象;⑧对险工、险段在每次洪水后检查一次,探明堤脚有否冲深、割脚,并做好记录。

(2)堤身隐患检查。堤身隐患检查主要有:检查堤身有无洞穴、植物腐烂形成的空隙;有无堤内暗沟、暗管、废井、坟墓;检查有无堤身填筑隐患,如新旧堤结合面、裂缝等。

(3)其他方面检查。其他方面检查主要有:河道主流的流向有无变化,对河岸、滩地有无影响;沿堤设施(如各种标志牌、界桩、通信线路、观测设施及其他附属设施等)有无损坏、丢失;护堤林、草的生长情况,有无缺损等。

二、堤防工程定期检查

1. 检查的时机

为确保堤防工程的安全,在汛前、汛期、汛后、凌汛期及大潮、台风前后,应进行堤防工程定期检查。在一般情况下,汛前、汛后和大潮、台风前后各检查一次,遇到特殊情况还应增加检查次数。当汛期洪水漫滩、偎堤或达到警戒水位时,应当按照防汛指挥部门的规定和要求,对堤防工程进行巡视检查。

2. 检查的内容

(1)汛前检查内容

① 堤身断面及堤顶高程是否符合设计标准,堤身内部有无安全隐患,外部有无水沟、洞穴、裂缝、陷坑、堤身残缺、防渗铺盖及盖重有无损坏,以及有无影响防汛安全的违章建筑等。特别应对重要堤段,如穿堤建筑物与堤防工程的结合部位,新建、改建和除险加固而未经洪水考验的堤段,及其他可疑性堤段进行重点检查。对于专门性观测设施,应当进行特殊检查。

② 对于堤岸防护工程,通过汛前河势查勘预估靠河岸水流部位,检查护脚、护坡完整情况,以及历次检查发现问题的处理情况。

③ 当穿堤建筑物的底部高程在堤防设计洪水位以下时,其为防洪所设置的闸门或阀门是否能在防洪要求的时限内关闭,并能够正常挡水。

(2)汛期检查内容

汛期堤防检查是确保堤防安全的重要措施,应当按防汛抢险指挥部门所规定的巡堤查险内容和要求进行,在洪水超过警戒水位时,应昼夜不停地进行检查。

(3)汛后检查内容

汛后检查应检查堤身在汛期被洪水损坏情况、险情记录和洪水水印标记保管及施测情况,检查观测设施有无损坏,检查堤岸防护工程洪水后发生的沉陷、滑坡、崩塌、块石松动、护脚走失等情况。

(4)凌汛期检查内容

凌汛期检查内容,除按汛期要求进行巡堤查险外,还应对淌凌、岸冰、封河、冰盖等情况进行观测。

(5)大潮、台风前后检查内容

大潮、台风之前应检查工程标准和坚固程度能否抗御大潮、台风;大潮、台风后应检查工程的破坏情况及最高潮水位的观测记录,以便进行工程整修。

三、堤防工程特别检查

1. 检查的时机

当发生大洪水、大暴雨、台风、地震、爆破等工程非常运用情况或发生重大事故时,应及时进行堤防工程的特别性检查。特别性检查可分为事前检查和事后检查。

2. 检查的内容

堤防工程的特别检查,主要包括如下检查项目和内容:

(1)事前检查。事前检查是指在大洪水、大暴雨、台风、暴潮、地震到来之前,应对防洪、防雨、防台风、防地震、防暴潮的各项准备工作和堤防工程存在的问题,以及可能出现险情的部位进行检查。

(2)事后检查。事后检查是指应检查大洪水、大暴雨、台风、暴潮、地震等工程非常运用及发生重大事故后堤防工程,以及附属设施的损坏和防汛料物和设备动用情况。

第二节　堤防工程的观测

堤防工程的观测是堤防管理工作的重点,其观测的项目主要包括基本观测项目和专门观测项目两种。

(1)基本观测项目。3 级以上的堤防工程,一般设置的基本观测项目有:①堤身沉降、水平位移;②水位、潮位变化情况;③堤身内部的浸润线;④表面观测:包括堤身堤基范围内的裂缝、洞穴、滑动、塌陷、隆起及翻砂涌水等渗透变形现象。

(2)专门观测项目。3 级以上的堤防工程,根据工程安全管理的需要,应有选择地设置以下专门观测项目:①近岸河床冲淤变化;②堤岸防护工程的变位;③水流形态及河势的变化;④附属建筑物的垂直位移和水平位移;⑤渗透压力、渗透流量、渗流水质;⑥减压排渗工程的渗控效果;⑦崩岸险工段土体崩塌情况;⑧河水冰冻情况;⑨河水波浪情况等。

一、堤防具体观测项目

(一)堤防的沉降观测

堤防沉降观测主要是观测堤身的沉降量。为便于记忆和观测,观测断面桩点的设置可利用沿堤顶埋设的里程碑,也可根据实际需要专门埋设固定测量标点。对于地形、地质条件比较复杂和特殊的堤段,应适当加密测量的标点。

堤防工程在竣工验收后,无论是在运行初期还是在正常运行期,都应当定期进行堤身沉降量的观测。在堤防工程运行初期,堤身填土还未完全固结稳定,大部分沉降量将在这一时期内发生,因此要加强对堤身沉降量的观测,以了解土体的沉降速度和稳定性。当堤防工程进入正常运行阶段后,堤身填土固结逐步趋于稳定,堤身的年观测次数可以减少,但至少每年汛后要进行一次全面观测,为次年的岁修工程提供依据。

(二)堤防的裂缝观测

裂缝是堤防工程中最常见的一种险情,有时很可能是其他险情(如滑坡、崩岸等)的前兆。由于堤体上裂缝的存在,雨水或河水易于入侵堤身,从而会引起其他险情的发生。一旦发现裂缝,应分析判断裂缝类别及产生的可能原因,并进行随时观察和观测,及时了解其发展趋势,为采取正确的处理措施提供依据。

堤防工程的裂缝观测,主要包括裂缝位置、走向、缝宽、缝长和缝深等项目。常用的方法多采用人工观测,当条件允许时,还可利用堤防隐患探测仪进行探测。采用人工观测,可在裂缝堤段以定长间隔撒白灰网格线的方法,每间隔一定的时间,测量记录缝长和缝宽,并按适当比例绘制平面图。当需要了解缝深时,一般是采用坑探法量取,探坑的开挖应注意坑壁支撑,防止发生坑壁坍塌事故。事后要及时按照筑堤时的质量要求,分层回填夯实。

(三)堤防的渗流观测

堤防工程在汛期高水位期间,由于河水的浸泡、流动、冲刷和涨落,极易发生堤坡滑移、堤基翻砂涌水等渗透性破坏现象,而这些渗透破坏所造成的后果往往是非常严重的。因此,要按照有关规定通过渗流观测,了解堤身浸润线的位置和变化情况,了解渗流量及渗流水质的变化情况,从而判断堤防工程运用过程中的渗流是否正常。

(1)堤防浸润线及堤基承压水观测。堤防浸润线和强透水堤基承压力,分别是判断堤身稳定性和背水侧坡脚是否发生管涌的重要参数,常用的观测方法是测压管法。

① 观测断面的布置原则。观测断面的布置应根据堤防工程情况,在有显著地形地质弱点、堤基透水性大、渗径短、对控制渗流变化有代表性、最有可能出现异常渗流的堤段布置观测断面,并埋设一定数量的测压管。每个有代表性的堤段布置观测断面应不少于3个,断面间距一般为300~500m。如果堤段内的地形地质条件无异常变化,断面间距还可适当放宽。

② 测压管的具体布置。观测断面上测压管的布置,应以能反映断面上浸润线的情况为原则,测压管的位置、数量、埋深和结构等,应根据堤段的水文地质条件、堤身断面的结构形式以及采取的渗流控制措施等情况进行综合分析确定。

③ 测压管的结构组成。堤防工程中的测压管一般由透水管、导管与管口保护设备三部分组成。透水管(代表某处点压力)要求能进水滤土,起到导渗作用;导管与透水管连接,引出堤表与管口保护设备连接,用于量测测压管管内水位;管内保护设备用于防止杂物进入管内堵塞测压管。

④ 测压管的水位观测。测压管的水位观测,常采用吊索法和电测水位计法,通过量测测压管管口至水面的距离,由管口高程换算出测压管内的水位高程。为保证量测的精度,应定期校测管口高程和吊索长度。

(2)渗透流量的观测。渗透流量的观测是监视堤基、堤身渗流安全状况的重要技术手段,常用的方法有"容积法"或"量水堰法"。对于渗水流量比较大的排水减压井(沟),可用直角三角形或梯形量水堰进行量测。

(3)渗流水质的观测。正常情况渗流的渗水是清澈的,如果渗水中含有泥砂颗粒,或含有某种可溶盐成分,则会表现为浑浊不清,这说明堤身或堤基的土料受到溶滤,而这些常常是有害渗流或管涌等渗透破坏的前兆。

根据观测实际需要,可结合渗流量的观测,测验渗水的透明度。如果事先测定出透明度和含砂量的关系曲线,在检测出渗水的透明度后,即可判断出渗水的含砂量。

透明度的观测一般用透明度管进行。透明度管由直径3cm、高35cm的平底玻璃管制成,在管壁上标有刻度。在进行检测时,用一块印有5号字体的汉语拼音字母板,置于管底以下4cm处,从管口通过检测水样观看,看清字母时管中水深数值即为透明度。当透明度为30cm时为清水,透明度愈小,则说明含砂量愈大。

二、河道和堤岸防护工程观测

河道和堤岸防护工程观测,也是堤防工程观测的重要内容之一。管理实践经验表明,河道和堤岸防护工程的安危,直接关系到堤防工程的安危。

(一)堤岸防护工程观测项目

堤岸防护工程观测项目有:①堤岸护脚体位移(走失)的观测;②堤岸坝垛的位移监测;③

堤坝前水位、流速、流向和波浪的观测。

（二）河道中河水流势的观测

河水的流势主要包括流量和流向，河势观测一般采用目估法和实测法。

1. 河势观测的目估法

目估河势就是用肉眼观察估计，将水边线、主流线绘制在已绘制的河道地形图上。目估法观测较为简单，技术要求低，观测速度快，但精度较差。如果查勘时所用的河道地形图非常准确，又能利用无标尺测距仪进行测距，则目估河势绘制的图也能满足要求。

目估河势可以乘船进行观测，也可以沿着河滩岸步行或利用代步工具（自行车、汽车等）进行观测。在观测过程中，目估水边线位置、水面宽度、塌滩还滩情况时，可借助河道两岸滩地上相对稳定的自然地物、地貌确定，必要时可设置专门的断面桩，并将目测的情况随时绘制在河道地形图上。

为了提高目测的精度，除了目估观测外，还应对基层管理单位和沿岸居民进行调查访问。目估法主流线的测绘，主要是根据河道的水流特征，依靠观测者的经验进行估计。

2. 河势观测的实测法

实测河势法是应用测量仪器进行观测。以前一般采用经纬仪或六分仪进行测绘，有条件的也可以用平板仪进行测绘。实测河势法的优点是成果精度高、河势准确可靠，但施测过程较为复杂，技术要求较高，工作进度较慢。目前，在河势观测中常用 GPS（全球定位系统）和激光测距仪进行施测，当条件允许时，也可利用 ArcGPS 和卫星影像绘制河势图。

河道中的水流每时每刻都在变化之中，不论采用什么观测方法，绘制的河势图都必须注明观测的时间，河道控制站的流量、流速和水位等。

（三）河道断面的具体测量

通过河道断面测量可以确定河道断面形态、河段比降及河道深泓线比降。利用不同时间的测量成果进行比较，可以反映出两个测次之间河道断面的冲淤变化，并能比较准确计算出其冲淤量，判断河床的具体变化。河道断面测量成果是分析研究河道纵向、横向冲淤变化规律、研究河道排洪能力的重要依据。

进行河道断面测量，首先要布设准备测量的断面，确定测量的范围和施测次数。测量断面的布设应按照河道防洪要求和河道平面形态确定，断面的位置选择要具有代表性；测量范围包括水道断面测量和岸上水准测量两部分，有堤防的河道应测至堤防背水侧的地面，无堤防的河道应测至历史最高洪水位以上 1.0m。

对于比较稳定的河床，在无特大洪水的情况下，一般每年施测一次；对于不稳定的河床，除了每年汛期前、后各测一次外，每次较大洪水后应根据实际增加施测次数。

（四）穿堤闸涵工程的观测

穿堤闸涵工程的观测，也是河道管理观测中不可缺少的一部分，在河道水流的长期侵蚀作用下，往往在闸涵工程与堤防工程的结合部出现险情，所以对穿堤闸涵工程的观测应当引起足够的重视。

（1）穿堤闸涵工程观测项目

穿堤闸涵工程的观测项目主要包括：①闸涵与堤防工程结合部渗流观测；②闸涵与堤防工程结合部开合、错动位移观测；③闸涵的上下游水位观测；④闸基的扬压力观测；⑤水闸建筑物水平和垂直位移观测；⑥闸体裂缝观测等。

（2）闸涵与大堤结合部观测

闸涵工程与堤防工程的结合部是堤防工程安全的薄弱环节。闸涵工程与堤防工程结合部观测的主要内容有:渗流观测和开合、错动位移观测,观测的具体方法可参考"堤防的渗流观测"。

(3)水闸工程的观测

在行业标准《水闸技术管理规程》(SL 75—1994)和《水闸工程管理设计规范》(SL 170—1996)中,对水闸工程的观测均有详细而明确的规定,必须按照以下规定进行。

①《水闸设计规范》提出:水位、流量、沉降、裂缝、扬压力、冲刷、淤积等为水闸一般性观测项目,结合各地区观测工作实际开展情况,为达到监视工程安全、充分发挥工程效益的目的,将上列各项列为大、中型水闸的必须观测项目,是完全必要的。

② 工程建成初期沉降量较大,必须加强观测。随着时间的推移,沉降趋于稳定后,可适当减少测次。沉降是否稳定,可通过绘制垂直位移过程线确定。据国家标准《建筑地基基础施工质量验收规范》(GB 50202—2002)中的有关规定,建筑物和构筑物沉降稳定时间一般为:砂土地基两年、黏性土地基五年、软土地基十年。取沉降稳定时间最短的砂土地基为低限,在建成初期两年内每月观测一次。

当发生地震或超标准运用时,有可能加大地地基沉降,危及工程安全,故应加强观测。

③ 水闸的水平位移观测,可以采用《混凝土大坝安全监测技术规范》(DL/T 5178—2003)(试行)规定。

④ 扬压力和绕渗观测。内河水闸一般水位变化较小,每十天观测一次即可满足监视要求。位于感潮河口的挡潮闸,由于受潮汐影响,外河水位变化较大,为掌握潮水位与测压管水位的关系及对工程的影响,应在大潮期内连续观测。

⑤ 混凝土裂缝观测。细微的表面裂缝,对结构安全影响不大,可不设标点进行观测,但应详细记录裂缝的位置和分布情况等,为混凝土表面维护提供依据。对于影响结构安全的裂缝,特别是位于结构主要受力部位的裂缝,裂缝宽度超过允许值时,则应设标点进行观测。

⑥ 混凝土碳化观测。混凝土碳化观测目前一般采用打孔的方法。用酚酞试剂测定,属损伤性观测,因此不宜多测,可根据工程检查情况不定期进行。为保持结构的完整及防止进一步碳化,观测结束后必须采用高强度等级砂浆将凿孔封闭,并应严格掌握封孔的质量。

⑦ 水闸伸缩缝观测。水闸伸缩缝的胀缩主要随温度的变化而变化,因此选择在气温较高和较低时观测比较合适。另一方面,当结构荷载发生较大变化、出现最高水位或最大水位差等情况时,建筑物可能出现较大的沉降或倾斜,从而引起伸缩缝的异常变化,所以也应当加强观测。

第三节　堤防工程的隐患探测

历史经验证明,堤防工程的质量是保证防洪安全的重要物质基础。但是,堤防在长期的运行过程中,不可避免地要受到自然灾害、动物损坏和人为破坏,再加上管理和维修不善,必然使堤身、堤基存在许多隐患,给防洪安全构成极大威胁。因此,在堤防管理中及时探测堤防的隐患,是堤防工程安全管理面临的重大技术课题。

一、堤防隐患及危害性

堤防隐患是指由于自然或者人为等各种因素作用与影响,所造成的威胁堤防安全的险情因素。堤身内部经常发生的隐患主要有：裂缝（如不均匀沉陷、干缩、龟裂、施工工段接头、新旧堤结合面裂缝等）、空洞（动物洞穴、天然洞穴等）、人为洞穴（地下房屋、藏物地窖、墓穴等）、松散土体、软弱夹层、植物腐烂形成的孔隙、堤内暗沟、废旧涵管等。

众多堤防决口灾害事例表明，造成堤防决口除堤身高度不足所发生的少量漫溢决口和因河势顶冲造成的决口外，绝大多数是因为堤防存在隐患而造成的溃决。

二、堤防隐患探测方法

关于堤防隐患的探测，在《堤防隐患探测规程》（SL 436—2008）中规定了很多方法，如直流电阻率法、自然电场法、瞬变电磁法、探地雷达法、拟流场法、弹性波法、温度场法和同位素示踪法等。

（一）堤防隐患探测方法简介

（1）电剖面法。将某一装置保持固定，沿测线观测一定深度内电阻率在水平方向的变化，依据隐患与周边介质的电阻率差异探测堤防隐患的一种电法勘探方法。

（2）电测深法。在同一测点上逐次扩大电极距，以观测测点处电阻率沿垂直方向的变化，依据隐患与周边介质的电阻率差异探测堤防隐患的一种电法勘探方法。

（3）高密度电阻率法。电剖面法和电测深法的组合，可同时探测电阻率沿水平方向和垂直方向的变化情况，依据隐患与周边介质的电阻率差异探测堤防隐患的一种电法勘探方法。

（4）自然电场法。通过观测地下水与岩土的渗透、过滤作用和溶液中离子的扩散、吸附作用，以及地下介质的电化学作用等因素而产生的自然电场的规律和特点，探测堤防渗漏及管涌通道的一种电法勘探方法。

（5）瞬变电磁法。向地下发送脉冲电磁波，通过测量由该脉冲电磁场感应的地下涡流产生的二次电磁场探测堤防隐患的一种电法勘探方法。

（6）探地雷达法。利用雷达发射天线向地下发射高频脉冲电磁波，由接收天线接收目的体的反射电磁波，以探测堤防隐患的一种勘探方法。

（7）拟流场法。利用电流场模拟渗漏水流场，用于查明堤防渗漏和管涌进水口位置的一种探测方法，也可用于追踪存在集中渗漏的均质土坝中的渗漏通道。

（8）浅层地震折射波法。利用地震波的折射原理，对具有波速差异的地层或隐患进行探测的一种地震勘探方法。

（9）浅层地震反射波法。利用地震波的反射原理，对具有波阻抗差异的地层或隐患进行探测的一种地震勘探方法。

（10）瑞雷波法。利用瑞雷波在介质中的频散特征，对地层或隐患进行探测的一种地震勘探方法。

（11）温度场法。用温度传感器连续探测地下一定深度处或钻孔中的垂向温度值，计算分析地下温度场，判断堤防及其基础中集中渗漏、管涌通道的方法。

（12）同位素示踪法。采用人工放射性同位素标记天然流场或人工流场中的地下水流，用示踪或稀释原理来探测渗漏、管涌的放射性测量方法。

（13）锥探法。以人工或机械的方式，沿着布设的断面或测点，通过探杆探测根石深度的方法。

（二）堤防隐患探测常用方法

1. 人工锥探方法

据历史记载，早在清代的堤防隐患探测中就开始采用人工锥探“签堤”措施。每年初春时期,堤防人员用长约三尺、上安木柄的铁签,“将大堤南北两坡逐细进行签试”,发现异常情况后“令兵大刨挖录其根底”。目前,我国堤防上所用的人工锥探的方法,是黄河修防工人在20世纪50年代创造的。

在进行人工锥探时,将钢筋锥从堤顶或堤坡锥入堤身内部,根据锥头的入土速度、阻力大小、声音等,凭感觉判断堤内是否存在隐患。在人工锥探过程中,遇到砂土、黏土、砖石、树根、空洞等,均凭经验予以判定。锥探中,还可以向锥孔内灌入细砂或泥浆,在进行隐患探测的同时,也对隐患进行了处理。人工锥探虽然消耗人力、工效很慢、技术落后,但仍是一种简单易行、非常有效的方法。

(1)锥探工具。人工锥探的工具主要是钢筋锥,选用碳素工具钢制作而成,由锥身、锥头、钳夹、锥架等部分组成。锥身直径为10~22mm,长度比预计锥眼深度超出1.0m,锥身要顺直。锥长超过8m时可用活节套丝锥,接长比较方便,操作非常简便。锥头应加工成三棱尖或四棱尖,锥头的长短大小与锥身的直径相适应,锥头过粗则锥探费力,过细则夹锥难入土,对土体的感觉不灵。

根据实践经验,三棱尖锥适用于砂土,下锥顺利,阻力较小,锥尖长度可采用锥身直径的1.2倍;四棱尖锥适用于黏硬土,一般不夹锥,锥尖长度可采用锥身直径的1.3~1.5倍。钳夹用以钳紧锥身,便于工人的操作,提高工作效率。锥架用以稳定锥身,防止产生摆动,锥身长度超过8m的,必须使用锥架。

(2)锥探准备及锥眼布置。在进行锥探前,首先要对锥探的堤防工程进行勘查、测量,结合调查访问,查找历史资料,了解堤身情况,以确定锥探范围、深度、工作程序等。如果利用灌浆或灌砂的方法判断隐患,应对所用土砂料进行选择,并按照各堤段锥眼数目计算使用量,运贮在施工现场适当地点,存贮的土砂料应注意妥善保管。

锥眼的排列,一般情况下顺堤方向为0.5m,横向为1.0m,以梅花形布置。如发现隐患还应加密。锥探深度要超过临背河堤脚连线以下1m。如果是几个锥眼同时锥探,要相隔一定的距离,以免相互影响。当遇有坚硬表土或黏土时,可在锥眼部位浇少量水,润湿表土,以利下锥。

(3)锥探的具体操作。锥探一般由4人扶锥,动作要协调一致。开始将锥提高,照准锥眼,垂直猛击,入土深度达70cm后,高提下打,一次进锥以30~50cm为宜,过深感觉不灵。在入土深度达到要求后,可将锥高提猛举,当锥头快要拔出地面时,要慢速轻拔,防止锥杆倾斜伤人。对于不同的土质,锥探也要采取相应的方法。

(4)堤坝隐患的鉴别。这种方法是凭操作者的感觉发现隐患。操作者打锥时要集中精力认真辨别虚实情况,以免漏掉隐患。虚土下锥较快感觉轻松;腐烂木料虽松软而微发涩;遇洞穴和裂缝下锥感觉空虚、锥身闪动;遇砖石则发生锥体不下沉现象。

(5)锥眼的处理。锥探完毕后,无论有无隐患,均要按要求灌注锥眼。灌注锥眼的目的是:①将锥孔灌注密实,不使堤身内留下锥孔而产生新的隐患;②以灌注的泥浆或细砂的多少判断洞穴、裂缝等隐患是否存在,这样也可顺便处理一部分隐患。

2. 机械锥探方法

机械锥探是在人工锥探的基础上发展起来的,机械锥探具有锥孔深、速度快、效率高等优点。主要缺点是在锥孔过程中不易发现隐患,机具比较笨重。所以现在一般不再进行单一的锥探隐患,而是结合压力灌浆发现并消除隐患,达到加固堤防的目的。

机械锥探灌浆是将土料加水后用机械搅拌成泥浆,通过压力灌浆机加压灌入锥孔,压进缝穴，析出水分，从而使堤身内部的缝穴隐患为泥土充填，达到处理隐患的目的。为了使泥浆更快更多地进入隐患缝穴，满足灌浆要求，需要规定所用泥浆标准，然后按照标准进行拌浆。

国内生产和使用的打锥机种类很多，至今尚无统一的定型产品。其中黄河委员会河南黄河河务局研制的 ZK24 型锥孔机、湖北省洪湖县水工机械厂研制的 PQ244 型全液压锥探机和山东泰山灌浆有限公司水利机械厂研制的 Z15 型锥探机较为常用。

3. 抽水洇堤方法

抽水洇堤是堤防隐患探测的一种传统而有效的方法，其基本方法是在堤顶开挖纵向沟槽，在槽底进行锥孔灌水，根据锥孔渗水和漏水的实际情况，分析判断堤身隐患。

当采用抽水洇堤法探测隐患时，应符合以下三个基本要求：(1)在堤顶挖槽蓄水，槽内打锥眼。(2)水由锥眼渗入堤身，应当等土体浸泡变形密实后停水。(3)不得在汛期进行抽水洇堤处理隐患。

4. 地球物理勘探

国内采用地球物理探测堤防隐患的方法，从原理上可分为电法、电磁波法、瑞雷波法等。对于不同的堤防隐患，以上方法各有利弊。

(1)电法是目前探测堤防隐患的主要方法之一。电法中的直流电阻率法，对探测堤身横向裂缝、空洞、松散不均匀体效果较好。1987 年开始，山东黄河河务局采用直流电阻率法进行堤坝隐患探测试验研究，先后采用了 DDC-2Z、DDC-2M 等电法仪和新型 TZT-1 型数字式探测仪查找隐患，获得非常显著的效果和效益。

电法中的充电法、自然电场法、激发极化法对探测渗漏通道和管涌的效果较好。

(2)电磁波法可分为瞬变电磁波和脉冲地质雷达法。

① 瞬变电磁波是利用敷设在地面的不接地回线通以脉冲电流发射一次脉冲磁场，使地下低电阻介质在此脉冲磁场激励下产生感应涡流，感应涡流产生二次磁场，根据二次磁场的衰变特性来确定堤防隐患的性质，从而可以探测裂缝、空洞、松散不均匀体。

② 脉冲地质雷达法应用脉冲电磁波来探测隐蔽介质分布和目标物。当仪器向地下发射高频宽频带脉冲电磁波时，其波形将随通过介质的介电特性及几何形态而变化，根据接收到反射波的旅行时间、频率和振幅等参数，可以推断介质内部的结构和目标物的埋藏深度及形态。这种方法在砂性土中探测深度较浅，对于浅层的空洞、松散不均匀体等杂物感应明显。

(3)瑞雷波法勘探实质上是根据瑞雷面波传播的频散特性，利用人工震源激发产生多种频率成分的瑞雷面波，寻找出波速随频率的变化关系，根据横波速度与剪切模量的关系，从而最终确定出地表岩土的瑞雷波速度随场点坐标(x,z)的变化关系，以确定堤身强度及软弱层的分布。

第四节　堤坝抛石护脚的探测

堤岸防护工程是堤防工程的重要组成部分，其结构一般要比堤防工程复杂。堤岸防护工程的类型可划分为四类：即坡式护岸、坝式护岸、墙式护岸和其他防护形式。堤岸防护工程一般以设计枯水位为界，其上部为水上护坡工程，下部为水下护脚工程。有的河流的堤岸防护工程，以护脚平台顶进行划分，其上部为水上护坡工程，下部为水下护脚工程。

一、护脚要求和护脚探测

护脚是堤岸防护工程中最重要的组成部分，既是最容易出现险情的地方，也是用料最多、占用投资最大的部位。在我国的河堤防中常见的结构型式是抛石护脚。抛石护脚是在堤岸防护工程运用期间，根据实际情况经过若干次抢险而逐步形成的，并且经数次不利水流条件的冲淘，才能达到相对稳定。

1. 对护脚施工的要求

进行抛石护脚施工是一项技术要求高、劳动强度大的工作，在实施过程中应符合以下要求：①石料尺寸和质量应符合设计要求；②抛投时机宜在枯水期内选择；③在正式进行抛石前，首先进行抛石护脚探测，即应测量抛投区的水深、流速和断面形状等基本情况；④必要时应通过试验掌握抛石位移规律；⑤抛石应从最能控制险情的部位抛起，依次展开；⑥船上抛石应准确定位，自下而上逐层抛投，并及时探测水下抛石坡度及厚度；⑦水深流急时，应先用较大石块在护脚部位下游侧抛一石埂，然后再逐次向上游侧抛投。

2. 抛石护脚的探测

进行抛石护脚探测是为了及时掌握抛石护脚的深度及相应的坡度，以便做好防汛抢险的料物等准备，减少抢险的被动性，保证堤岸防护工程安全。抛石护脚一般位于水面以下，较深部分的抛石护脚可能埋于淤泥层之下。因此，抛石护脚探测技术实际上是一项水下基础探测技术。

抛石护脚探测技术的发展经历了三个阶段，即从人工探测、机械探测，逐步发展到仪器探测阶段。探测的内业资料整理，也从手工绘图发展到计算机自动成图，探测速度越来越快，技术水平得到提高，探测精度越来越高。

二、抛石护脚的常规探测

（一）抛石护脚的探测方法

目前，在堤防工程中抛石护脚的常规探测方法，仍然是通过直接接触及凭借操作者的经验，来判断水下护脚体工程状况。主要有以下几种方法：

（1）探水杆探测法。由护脚的探测人员在岸边直接用长6~8m并标有刻度的竹制长杆探测，在探测中要特别注意操作人员的安全。

（2）铅鱼探测法。这种探测方法是在船上放置铅鱼至水下，用系在铅鱼上并标有尺度的绳索测量抛石护脚的深度。

（3）人工锥探法。人工锥探法又称锥探法，即在船上用一定长度的钢锥直接触及抛石护脚，遇到淤泥层时人工打锥杆穿过淤泥层直至抛石护脚，则可测量护脚的深度。

（4）电动探测机。电动探测机是模仿人工探测的提升、下压、脉冲等动作而设计的机械。

上述的几种常规探测方法，均需要直接触及堤岸防护工程水下抛石护脚面层才能得出结果，因而受到水流冲击、船体定位、尺杆挠曲变形、探测深度等因素的限制，并且存在操作不便、判断不准等缺陷。其中，探水杆探测法和铅鱼探测法，只能探测出水深，遇有淤泥层时，尚不能探测出抛石护脚的真正深度。电动探测机探测效率较高，但只能在旱地上进行。

目前，抛石护脚探测普遍采用的方法仍是人工锥探法，这种方法虽然简捷、直观、易掌握，但存在以下问题：一是费工费时，劳动强度大；二是探摸深度有限，一般情况下只能达到8~10m；三是水深流急时船只不易定位，探测人员的安全也不易保证；四是对新结构坝（如土工织物沉排坝）探摸危害性较大，容易使坝体受到破坏，不便于使用。

抛石护脚探测可划分为汛前、汛期及汛后探测。汛前探测一般在每年4月底前完成，对于上年汛后探测以来河势发生变化后靠大溜的坝垛，其探测数量不得少于靠大溜坝垛的50%；

在汛期期间,对靠溜时间较长或有出险迹象的坝垛应及时进行探测;汛后探测一般在 10 ~ 11 月进行,探测的坝垛数量不得少于当年靠大溜坝垛总数的 50%。

(二)抛石护脚的探测程序

1. 探测断面的布设

(1)抛石护脚探测断面布设的原则,是坝垛的上、下跨角处各设一个,圆弧段设 1 ~ 2 个,迎水面根据实际情况设 1 ~ 3 个断面。

(2)探测断面的方向应与裹护面垂直,并设置固定的石桩或混凝土桩,断面桩应不少于两根。

2. 探测断面的测量

(1)锥探用锥杆在探测深度 10m 以内时,可以采用钢筋锥;探测深度超 10m 时,为了防止锥杆弯曲,影响测量的精度,可以采用适宜直径的钢管锥。

(2)水下部分应沿断面水平方向每隔 2m 探测一个点。遇到抛石护脚深度有突变时,应适当增加测点数量。当探测不到抛石护脚时,应再向外 2m、向内 1m 各测一个点。

(3)在进行探测时,测点要保持在施测的断面上,量距要水平,下锥要垂直。测量数据要精确到厘米。

3. 资料整理与分析

(1)每次探测工作结束后,都要按照有关要求对探测资料进行整理分析,绘制出有关图表,编制探测报告。

(2)抛石护脚断面图应根据现场记录,经校对无误后进行绘制。断面图纵横比例必须一致,一般取 1 : 100 或 1 : 200。图上应当标明坝号、断面编号、坝顶高程、抛石护脚台高程、抛石护脚底部高程、测量时的水位或滩面高程。

三、抛石护脚的探测机具

在河道堤防抛石护脚探测中所用的探测机具很多,常用的主要有:抛石护脚电动探测机和 X—STAR 全谱扫频式数字水底剖面仪。

(一)抛石护脚电动探测机

抛石护脚电动探测机采用双驱动的两个同步旋转滚轮,靠一端能自锁的偏心套挤压探杆,两滚轮驱动探杆向下探测,人工可随时操纵偏心套杠杆结合与分离,使探杆工作或停止。为了使探杆产生脉冲下探,探测机两端设计两个偏心曲柄构件,带动箱体及探杆同时上下振动。当探杆碰到石块时,探杆不能再继续下探,会将整个机器顶起,此时操作者立即松开操纵杆,两滚轮与探杆即可自行分离,停止对探杆下压,然后操纵反转开关,使探杆拔出地面,即可完成抛石护脚探测工作。

抛石护脚电动探测机由电机、变速箱、探石箱体、底盘、地轮等组成,配用 220V 的供电设施。此探测机的探杆下探速度为 5 ~ 12m/min,脉冲行程为 50mm,脉冲次数为 80 次/min,功率为 1. 1kW。

抛石护脚电动探测机设有两个喇叭状的导向,从而使探杆插进非常容易,定位导向也比较准确。这种探测机结构紧凑,体积较小,重量较轻,搬运方便。根据工程实地试验,5 ~ 10min 可完成一个测点的作业,其劳动强度较人力探测大为减轻,探测的精度比较高。

(二)X—STAR 全谱扫频式数字水底剖面仪

1. 仪器工作原理

美国 EG&G 公司研制的"X—STAR512 型全谱扫频式数字水底剖面仪",主要由 Sparc 工作站、DSP 数字信号处理机、1kW 信号放大器、水中拖鱼和信号电缆组成。Bottom 是在 Unix 操作系统下 Sparc 工作站中运行的系统软件，仪器测试通过软件控制完成。

在进行测试时，首先运行 Bottom 系统软件，根据拖鱼型号和测试条件，选择一定频带宽度的数字信号。信号被 DSP 数字信号处理机记忆，并送到一个 20 位的 D/A 转换器，生成高精度模拟信号，然后经功率放大器进行放大，并通过拖鱼中的发射阵列向水下发射声波信号，信号在传播过程中如果遇到泥砂、抛石护脚等波阻抗界面，则产生向上的反射信号，反射信号被拖鱼中接收阵列采集放大和 D/A 转换器后，送到 DSP 数字信号处理机，DSP 数字信号处理机根据记忆信号对接收信号进行处理。处理后的反射信号能够清楚反映地层变化。由于整个过程在水中连续进行，依据各点测试信号即可在显示器上绘出水下地层剖面图像。

2. 仪器性能指标

X—STAR 全谱扫频式数字水底剖面仪，具有良好的水下探测性能，是目前世界上比较先进的水下工程基础探测设备。其技术指标：在水深 2～15m、含砂量 40～150kg/m^3、泥砂覆盖层厚度小于 15m、抛石护脚厚度小于 3m、水的流速小于 4m/s、抛石护脚粒径 0.2～0.7m 的条件下，可测出坝岸水下基础断面分层图。

第五节　堤防工程的养护修理

堤防工程养护修理是堤防工程管理的重要内容，也是堤防管理部门的主要职责。养护修理最大的特点就是保持工程的完整性。在堤防工程养护修理中主要对堤防工程经常进行维修和养护，及时处理表面缺损，保持工程的完整、安全和正常运用。

堤防工程养护修理的内容按工程构成分为堤防工程、堤岸防护工程、穿堤闸涵工程及附属设施养护修理；按照工作性质不同分为养护、岁修、大修和抢修。

一、堤防工程养护修理原则与性质

（一）堤防工程养护修理原则

堤防工程的养护修理是一项具有经常性和突击性特点的工程管理工作，应遵循"经常养护、随时维修、以防为主、防重于修、修重于抢"的原则。首先，要做好经常性的养护和防护工作，这也是最重要的日常工作，以防止工程缺陷的发生和发展；其次，当堤防工程产生缺陷后，要按照有关规定和要求及时进行养护或修理，做到小坏小修，不等大修，随坏随修，不等岁修，防止工程缺陷扩大，保持工程经常处于良好的工作状态。

（二）堤防工程的维修

堤防工程的维修是指工程的养护和岁修，在进行维修的过程中应遵循养护和岁修的修理原则。养护的原则是：对经常检查发现的缺陷和问题，应随时进行保养和局部修补，以保持工程的完整性。岁修的原则是：根据汛后全面检查发现的工程损坏和问题，对工程设施进行必要的整修和局部改善，以保持工程正常的工作状态。

（三）堤防工程的大修

由于堤防工程建设受到各种因素的影响，工程质量存在着先天性不足，内部存在多种隐患，如裂缝、孔洞、松软夹层等，也有的存在堤身断面不足、堤防高度不够、抗渗性较差等病险问题，这些问题通过一般性的养护修理或岁修项目难以解决，应列为大修或除险加固项目，进入基本建设程序加以解决。

从以上分析可以看出，堤防工程的大修是工程发生较大损坏或缺陷时，修复工作量大，技术比较复杂，或抢修后未做永久工程处理的整修工程。在进行大修的过程中，应当根据工程实际，进行技术论证和工程设计，以确保工程达到规定的要求。

（四）堤防工程的抢修

抢修是当发生危及堤防工程安全的各种险情时所采取的抢护措施。堤防工程一旦出现险情，河道堤防管理部门应按照预案立即组织抢修，防止险情的扩大和恶化。在组织抢修时，要首先弄清楚出险情况，分析出险的原因，慎重研究抢险措施，制订周密的抢险方案。

抢险方案必须充分考虑当时的人力、物力及技术条件，因地制宜，就地取材，争取时机，快速进行。在进行抢险的过程中，首先要采取措施尽快使险情稳定，不再继续扩大和发展，然后采取进一步的技术措施，消除险情。

为争取工程抢修的主动，平常应根据所管辖堤防工程的实际情况，分析预测可能出现险情的种类和地点，针对不同情况编制工程抢修预案。预案中应包括抢修的方法措施、人员组织、物料供应、工具器材、交通通讯、供电照明、后勤保障、安全、医护等内容。

二、堤防工程养护修理具体要求

（一）堤顶的养护修理

1. 土堤顶的养护修理

（1）堤顶顺直、饱满平坦，无杂草、垃圾及杂物堆放，无明显车槽、凹陷和波状起伏，平均每5m长堤段纵向高差不大于15cm。

（2）土质堤顶宜用黏土覆盖，整平压实。堤顶一般应修成向单侧或两侧倾斜，坡度以1：30～1：50为宜，以利于堤顶排水。

（3）堤肩线平顺规整、坚实，无明显坑挖，堤肩杂草高度不超过50cm。堤肩土质堤埂发生损坏，宜采用含水量适宜的黏性土按原标准修复。

（4）雨后及时或定期对堤顶洼坑进行补土垫平、夯实。当结构严重受损，应刨毛、洒水、补土、刮平、压实，按原标准修复。

（5）如因天气干燥或土质不好使堤顶出现局部坑洼等缺陷时，应及时洒水湿润，填平压实。冬季堤顶积雪，应及时清扫。

2. 硬堤顶的养护修理

（1）硬化堤顶的结构应当保持完整，顶面平顺，无明显裂缝、塌陷、破损或翻浆，路面干净整洁。

（2）硬化堤顶的路缘石应顺直平整，与路面高程保持一致，砌筑要牢固可靠，弧线曲率变化均匀自然。

（3）两侧土堤顶、堤肩平整、坚实、无弃物，堤肩杂草高度不超过50cm。对出现的局部破损应照原结构与相应的施工方法按计划及时修补。

（4）硬化堤顶（非土质堤顶）的养护，应根据其结构和采用材料的不同，采取相应的养护方法和措施。如泥结碎石堤顶应适时补充磨耗层和洒水养护，对水泥混凝土和沥青混凝土堤顶，可按照公路的养护修理方法处理 。

（二）堤坡的养护修理

堤坡养护修理是确保堤身安全的重要措施，一旦堤坡出现滑坡、崩塌，堤身必然受到严重损坏，在河水冲刷的情况下会出现溃堤事故。因此，对于不同的堤坡应符合下列要求：

(1)土坝坡:坡面平顺,草皮覆盖完好,无高秆杂草、雨淋冲沟、浪窝浪坎、残缺、裂缝、洞穴、塌陷、凹坑,保持堤身经常处于完整无缺的状态。

(2)散抛块石护坡:坡面平顺,无浮石、无游石、无缺石,无明显外凸里凹现象,保持坡面清洁。

(3)干砌石护坡:坡面平顺、砌块完好、砌缝紧密,无松动、塌陷、架空,灰缝无脱落,坡面清洁。

(4)浆砌石护坡:坡面平顺、清洁,灰缝无脱落,石块无松动、无变形、无架空等现象,保持坡面清洁完好。

堤坡出现破损、产生缺陷的因素很多,主要有人为破坏、工程施工质量、风雨霜雪侵蚀、河道水流冲刷、波浪冲击淘刷、工程地质和其他自然因素等。对于人为破坏要依法进行制止,并根据情节轻重程度进行水行政处罚;对于因工程施工质量造成的堤坡破坏,应要求施工单位在工程完成后,按照有关标准的要求,恢复堤坡工程原貌;对于因自然因素造成的损坏,要分析产生的原因,对症进行处理,以求从根本上解决问题。

(三)生物防护工程

生物防护工程是堤防工程防护的重要组成部分,它起着保护堤防安全和生态环境的作用。生物防护工程主要有护坡草皮、防浪林带、护堤林带、抢修用林等。

1. 堤防工程的草皮养护

堤防工程的护坡草皮应选用适合当地气候环境、根系发达、低矮匍匐、抗冲效果良好的草种。在临靠城镇的河道堤段,也可种植美化环境的草种。草皮养护内容主要是清除杂草、整修平茬、洒水保墒、灭虫防病、保持草皮生长旺盛。另外,还应根据草皮生长周期,当草皮出现老化迹象时,要适时进行草皮更换。对于草皮养护修理的具体要求主要包括以下方面:

(1)草皮护坡应经常修整、清除杂草,保持完整美观,干旱时应及时洒水养护。

(2)堤防工程的草皮护坡遭雨水冲刷流失或干枯坏死后,应及时还原坡面,采用补植更换的方法进行修理。

(3)草皮护坡中有大量的茅草、艾蒿、霸王蔸等高杆杂草或灌木时,宜采用人工挖除或化学药剂除杂草的方法进行清除,使用化学药剂时,应注意防止污染水源。

2. 堤防工程的树木养护

堤防植树以"临河防浪、背河取材、美化环境"为原则。栽植新树时,宜选择容易成活、生长速度快、防护效益好、兼顾经济效益的乡土树种,或经过引进试验、适宜推广栽植的树种。根据树木的生长情况,应适时进行更新。在更新树木时,在防浪要求高、林带宽度大的地方,不宜一次全部砍伐,应分期分批进行,以满足防浪的要求。

树木从幼苗栽植成活到成材,一般需要很长的时间,期间必须加强抚育管理,特别要注意防病灭虫和避免人为破坏,保持树木生长旺盛,才能起到对堤防的防护作用。对堤防林带养护修理的具体要求主要包括以下方面:

(1)林带养护应当做到:适时浇水施肥,结合水和肥管理,可适当地进行中耕、锄草和种植绿肥;必须经常注意防治树木的病虫害,合理对其进行疏枝,形成分布均匀的树冠,随时清除遭受病虫害的树株。

(2)林带管理应当做到:对于已开始老化的树木,根据实际情况进行采伐更新;对于树木缺损较多的林带,应及时选择同类型的树木,以同样的株行距进行补植,维持林带的完整。日常要加强对林带的巡逻,防止人为对树木的砍伐破坏。

三、堤防工程各种隐患处理方法

常见的堤防工程隐患可分为两类：一类是堤身隐患，主要是“洞、缝、松”等；另一类是堤基隐患，主要是基础渗流和接触渗流等。

（一）对堤身隐患的处理

对堤身隐患的处理，应根据隐患的具体情况，采用开挖回填、充填（锥探）灌浆、劈裂灌浆等方法及时处理。

1. 开挖回填的处理方法

对于位置明确、埋藏较浅的堤身隐患，宜采用开挖回填的方法进行处理，处理后并符合下列要求：

（1）将洞穴、裂缝等隐患的松土和杂物全部挖除，选用与堤身相同的土，再分层填土夯实，恢复堤身的原状。

（2）对于位于临水侧的堤身隐患，宜采用黏性土料进行回填；对位于背水侧的堤身隐患，宜采用砂性土料进行回填。

2. 灌浆的处理方法

（1）对于范围不明确、埋藏较深的洞穴和裂缝等堤身隐患，宜采用充填（锥探）灌浆、劈裂灌浆等方法处理。

（2）对于混凝土、砌石堤防的隐患，宜采用压力灌浆法处理，其处理质量应符合《水工建筑物水泥灌浆施工技术规范》（DL/T 5148—2001）中的规定。

（二）对堤基隐患的处理

堤基隐患的主要处理措施是截渗和排渗。截渗的措施一般采用抽槽换土法和黏土斜墙法，排渗的措施一般采用铺设导渗滤层。

（1）抽槽换土。抽槽换土法就是在临水堤脚附近开挖沟槽，将地基中的透水土层清除干净，然后换填黏性土，分层夯实，用以截堵基础渗流。开槽深度应尽可能挖断透水层。抽槽换土形成的黏土防渗齿墙，最好与防渗斜墙连成一体，共同发挥截渗作用。

（2）黏土斜墙。黏土斜墙法就是在堤防临水坡用黏土顺坡修筑一层截渗墙，用以减少堤身的渗水。斜墙顶部应高于设计洪水位 0.5 ~ 1.0m，斜墙的垂直厚度为 1 ~ 2m，外表设保护层，垂直厚度不应小于 0.8m，以保护黏土斜墙不干裂、不冻融和不受其他侵害。

（3）滤层导渗。配合以上截渗措施，根据现场具体条件，还可在背水堤脚处采取滤层导渗措施，即在背水堤坡近堤脚处铺设滤层，或在堤脚附近开挖导渗沟，以降低堤内浸润线高度，减小渗水出逸比降。

四、堤岸防护工程的养护与修理

（一）堤岸防护工程的养护

堤岸防护工程的养护应当做到：封顶严密、整齐美观，表面无积水洼坑、陷坑脱缝、雨淋冲沟、洞穴、杂草，土石结合部无脱缝等现象，护脚石排砌紧密，护脚平台平整，护脚坡度平顺，无明显凸凹现象。

（二）堤岸防护工程的修理

（1）发现堤岸有大的雨淋冲沟和陷坑时，宜采用开挖回填的方法修理，挖除松动的土体，由下至上分层填土夯实，达到堤岸原设计的要求。

(2)当堤岸发生裂缝时,应当根据裂缝特征进行修理,并要符合下列规定:

① 对于表面干缩、冰冻裂缝及缝深小于1.0m的龟纹裂缝,宜采用灌堵缝口法修理。

② 对于缝深不大于3.0m的沉陷裂缝,待裂缝发展稳定后,宜采用开挖回填方法修理。

③ 非滑动性质的深层裂缝,宜采用充填式黏性土灌浆方法,或者上部开挖回填与下部灌浆相结合的方法进行处理。

(3)土坝基(土芯)出现滑坡,应当根据滑坡产生的原因和具体情况,采用开挖回填、改修缓坡等方法进行处理。

(4)及时修复散抛石、干砌石、浆砌石、混凝土等护坡的残缺或损坏,应及时恢复。

(5)混凝土墙式护岸表面脱壳、剥落和人为损坏,应当根据实际情况,分别采取砂浆补抹、喷浆或混凝土修补等措施。

(6)位于水面以上的抛石护脚平台发生凹陷时,应抛石排整到设计断面,排整时应做到大石在外,小石在里,层层错压,排挤密实。

(7)位于水面以下的护脚,当坡度陡于稳定坡度或护脚出现走失时,应当抛散石或石笼加固修理。

五、穿堤闸涵工程的养护与修理

(一)穿堤闸涵运行中常出现的问题

穿堤闸涵工程由于设计、施工和管理等方面的原因,在运行中常出现的问题有:①不均匀沉陷;②混凝土裂缝;③止水设施失效;④混凝土渗水;⑤闸门震动;⑥闸门漏水;⑦下游消能工程破坏。

(二)穿堤闸涵工程的养护与修理

在行业标准《水闸技术管理规程》(SL 75—1994)中,对穿堤闸涵工程的养护与修理有明确的规定,应当符合以下具体要求:

1. 水闸养护修理的一般规定

水闸养护修理工作可分为养护、岁修、抢修和大修,其划分界限应符合下列规定:

(1)养护:对经常检查发现的缺陷和问题,应随时进行保养和局部修补,以保持工程及设备完整清洁,操作灵活。

(2)岁修:根据汛后全面检查发现的工程损坏和问题,对工程设施进行必要的整修和局部改善。

(3)抢修:当工程及设备遭受损坏,危及工程安全或影响正常运用时,必须立即采取抢修措施。

(4)大修:当工程发生较大损坏或设备老化,修复工程量大,技术较复杂,应有计划进行工程整修或设备更新。

2. 水闸养护修理的基本要求

养护修理工作应本着"经常养护、随时维修,养重于修、修重于抢"的原则进行,并应符合下列要求:

(1)岁修、抢修和大修工程,均应以恢复原设计标准或局部改善工程原有结构为原则;在施工过程中应确保工程质量和安全生产。

(2)抢修工程应做到及时、快速、有效,防止险情发展。

(3)岁修、大修工程应按批准的计划施工,影响汛期使用的工程,必须在汛前完成。完工后，应进行技术总结和竣工验收。

（4）养护修理工作应作详细记录。

3. 水闸管理范围环境和工程保护

水闸管理范围内环境和工程设施的保护，应遵守以下规定：

（1）严禁在水闸管理范围内进行爆破、取土、埋葬、建窑，倾倒和排放有毒或污染的物质等危害工程安全的活动。

（2）按有关规定对管理范围内建筑的生产、生活设施进行安全监督。

（3）禁止超重车辆和无辅垫的铁轮车、履带车通过公路桥。禁止在没有路面的堤（坝）顶上雨天行车。

（4）妥善保护机电设备、水文、通讯、观测设施，防止人为毁坏。

（5）严禁在堤（坝）身及挡土墙后填土地区上堆置超重物料。

六、堤防附属设施的养护与修理

堤防附属设施的养护与修理，主要包括堤防排水设施的养护与修理、工程观测设施的养护与修理、堤防交通道路的养护与修理、其他管理设施的养护与修理。

（一）堤防排水设施的养护与修理

堤防排水沟（管）养护修理的一般要求是：及时清理沟内的杂物，避免产生堵塞，保持排水通畅。如有轻微损坏，应及时进行修补。如有严重的冲蚀或损毁，应分析产生损坏的原因，是因排水断面不足，还是因为布局不合理，或是其他原因造成，并根据具体情况及时进行改建或修补恢复。

（二）工程观测设施的养护与修理

工程观测设施包括在堤身及管理范围内设置的沉降、位移、水位、潮位、浸润线、渗压和河道断面观测仪器设备等。其养护和修理的基本要求是：

（1）技术要求较高的专用设施、仪器、工器具，应当由专业人员操作使用，按规定的技术要求由具备养护修理资格的人员对其进行养护与修理。

（2）工程观测设施和测量标志，应由专业人员定期检查校正，如果发生变形或损坏，应当及时修复和校测。

（三）堤防交通道路的养护与修理

（1）已硬化的堤顶道路、路肩及上、下堤辅道，应根据结构不同，可参照公路工程养护有关规定，结合工程实际适时进行洒水、清扫保洁、开挖回填修补等养护修理工作。

（2）如果交通道路发生老化、洼坑、裂缝和沉陷等损坏，应参照公路工程修理的有关规定及时进行修理。

（3）与交通道路配套的交通闸口，如发现有损坏时应及时维修，恢复正常工作状态。

（四）其他管理设施的养护与修理

（1）各种管理设施应当位置适宜、结构完整，若发现有损坏与丢失，应及时修复或补设。

（2）各种设施、设备、工器具，应按其相关的操作程序正确运用，发现故障应及时修理。

（3）小型混凝土构件和机械设施的易损配件，应当有一定数量的备件，发现损坏和丢失及时更换。

（4）对于管理基地的设施应当定期进行检查，对门窗损坏、油漆脱落、屋顶漏雨等缺陷应及时进行修理，以免缺陷的扩大。

(5)堤防工程设置的里程碑、百米桩、界桩(碑)、交通标志、护路标杆等,应定期进行检查和刷新,如果发现损坏和丢失,应及时进行修复和补设。

第六节　堤防工程的数字工程管理

数字化管理是指利用计算机、通信、网络等技术,通过统计技术量化管理对象与管理行为,实现研发、计划、组织、生产、协调、销售、服务、创新等职能的管理活动和方法。数字化管理的本质就是将现代化管理思想、管理方法、管理技术、管理手段充分加以数字化,从而全面提高管理的效益和效率。

“数字工程管理”是数字化管理在工程管理中的具体应用,是作为“数字河流”工程五大应用系统之一的水利工程运行与管理现代化。“数字工程管理”涉及到工程管理信息采集、传输、存储、标准与管理、业务应用模型建立等建设项目。“数字工程管理”系统主要包括基础设施、信息服务平台和应用系统三部分。

“数字工程管理”借助工程内部埋设的安全监测传感器和工程外部全数字摄影测量、遥测、遥感(RS)、地理信息系统(GIS)、全球定位系统(GPS)等现代化手段采集基础数据信息,通过微波、超短波、光缆、卫星等快捷传输方式,对防洪工程内外部安全运行、环境等要素,构建一体化的数字集成平台和虚拟环境。在这一平台和环境中,以功能强大的系统软件与数学模型对防洪工程的安全状况进行模拟、分析和综合评估,并在可视化的条件下提供除险加固、维修养护决策支持,增强工程运行管理决策的科学性和预见性。

图 11.1 为一个“数字工程管理”系统物理架构示意图。

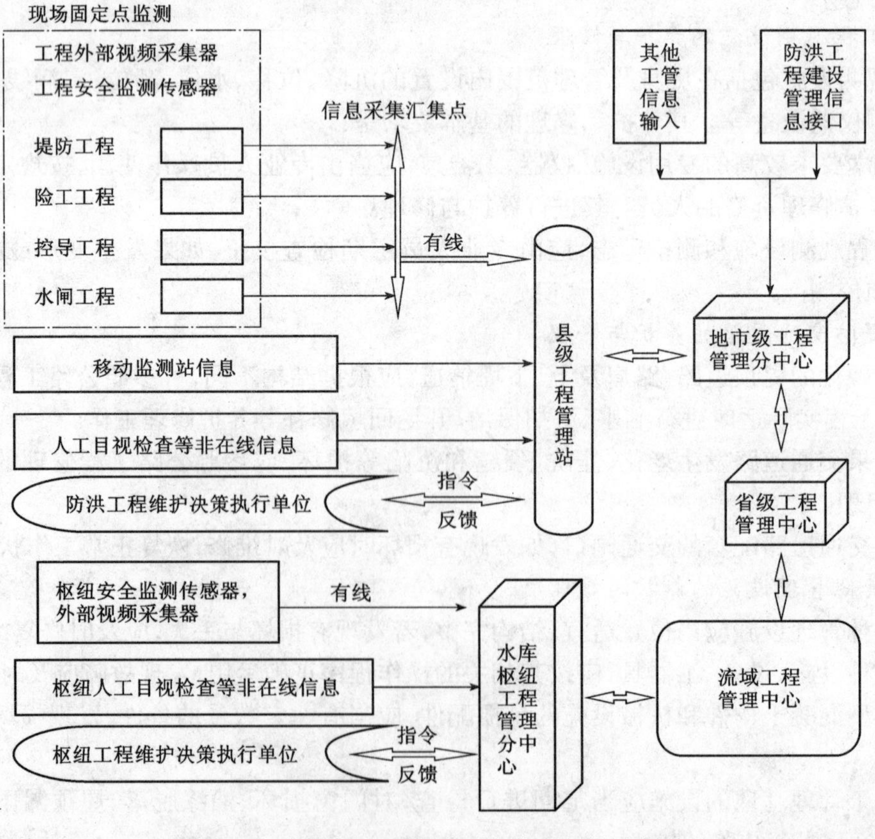

图 11.1　“数字工程管理”系统物理架构示意图

一、数字工程管理系统建设目标

数字工程管理系统的建设目标是以高新技术为支撑，运用先进的管理技术和管理手段，建设具有一定实用性、先进性、可靠性、开放性的现代化工程管理体系。这个管理体系能对于支流控制性水利枢纽、堤防、堤岸防护工程，以及闸涵工程的安全运行状况进行实时安全监测；通过实时数据的采集、传输、信息存储管理和在线分析处理等功能，实现对防洪工程运行状态的安全评估和预测预报。通过快速查询有关工程基础信息，实时掌握防洪工程的运行状态，为快速、准确、科学制定防洪工程维护策略提供决策支持。同时，也为防汛抢险、水资源统一调度管理、防洪规划、工程设计、工程施工及科学研究等，提供全面、及时、准确的信息服务和技术支持。

二、数字工程管理系统基本构成

数字工程管理系统主要包括工程安全监测系统、工程安全评估系统、工程维护管理系统和工程运行管理系统等 4 个子系统。

1. 工程安全监测子系统

工程安全监测子系统主要是通过在堤防、堤岸防护工程、水闸、涵洞等防洪工程内外部采用传感器和人工巡视检查以及无损探测等先进技术来采集信息，监视所有防洪工程运行状况。工程管理实践证明，工程安全监测子系统是“数字工程管理”建设的关键和基础。

2. 工程安全评估子系统

工程安全评估子系统主要是利用工程安全监测子系统采集的基础数据信息，对工程运行安全状况进行综合评价。其工作流程分为：

(1)利用建立的安全评价模型对监测子系统采集的各种基础数据进行智能化综合分析。

(2)将安全评价模型分析计算结果置身于由知识库、专家经验库等构成的工程安全评价体系中进行综合评估。

(3)根据综合评估的结果，最后提出反映工程安全运行状态的指标。

3. 工程维护管理子系统

工程维护管理子系统主要是根据工程监测成果和工程安全质量评价成果，通过已建立的工程维护标准化模型，提出最优化的工程维修养护策略，从而提高防洪工程维护决策水平，实现资源优化配置。

4. 工程运行管理子系统

工程运行管理子系统主要是工程运行过程中的基本信息管理，为工程管理决策服务。其中包括管理目标考评、工程环境管理、附属设施管理和队伍现代化建设等。

第三篇　河道治理工程实例

第十二章　卫运河治理工程实例

漳卫南运河是海河流域主要行洪河道，流域面积 3.7 万 km^2，地跨晋、冀、鲁、豫、津五省市。卫运河为漳卫南运河重要行洪河道，上承漳河、卫河来水，下泄至漳卫新河、南运河，通过漳卫新河和南运河入海。卫运河上起漳河、卫河汇合口的徐万仓，下至四女寺枢纽，全长 157km。地处河北、山东两省交界处，涉及河北省的馆陶县、临西县、清河县和故城县，山东省的冠县、临清市、夏津县及武城县。

卫运河河道特点是：上游段和下游段的断面大，中游段断面小，滩地行洪水位高，河流含砂量大，弯道险工多，滩地一般高出堤外地面，属半地上河。

20 世纪 70 年代初卫运河曾经进行过治理，采用设计标准为 1963 年型洪水，相当于 50 年一遇标准，即卫运河设计行洪能力 $4000m^3/s$。当年的治理为卫运河安全行洪奠定了基础。

经过三十多年的运用，下游河道淤积严重，堤岸、滩地险工增多，堤防超高不足，排涝水位抬高，堤身隐患亟待处置，挡水建筑物、穿堤建筑物年久失修。以上众多因素严重影响卫运河河道的行洪能力和堤身安全。

第一节　工程任务与规模

卫运河是漳卫南运河防洪体系的重要组成部分，上起徐万仓，下至四女寺，全长 157km。上承漳河和卫河来水，下接漳卫新河及南运河。1963 年洪水发生后，于 1972 年冬天至 1973 年春天实施了卫运河扩大治理工程。

一、河道基本情况

（一）河道

河道总长 157km，河道宽度 500～2700m。1972 年扩大治理时，河道设计横断面为复式断面。主槽底宽徐万仓至馆陶段 110m，馆陶至临清为 90m，临清至四女寺 100m，边坡 1∶3.0。子槽底宽 25m，边坡 1∶4.0，子槽底高程比主槽底高程低 1.5m。

河道比降徐万仓至吊马桥（46＋852）为 1/8760，吊马桥至青年桥（83＋365）为 1/9270，青年桥至新宅北甘泉（132＋257）为 1/8260，新宅北甘泉至故城（145＋861）为 1/7510，故城至四女寺（155＋645）为 1/7640。河道情况如表 12.1 所示。

表 12.1　河道 1972 年设计基本情况表

序号	河道里程	地点	设计断面			行洪		除涝	
			河底高程(m)	底宽(m)	河道比降	流量(m^3/s)	水位(m)	流量(m^3/s)	水位(m)
1	0+000	徐万仓	33.76				43.69		40.04
2	1+527	秤钩湾		110			43.48		39.90
3	6+401	南馆陶桥上					42.73		39.30
4	13+738	前罗头			1/8760		41.67		38.14
5	30+007	王庄桥					39.90		36.07
6	41+747	李圈		90			38.91		34.99
7	46+852	吊马桥	28.41				38.59		34.53
8	62+753	临清桥上			1/9270		36.71		32.67
9	83+365	青年桥				4000	34.40	1150	30.46
10	104+624	武城桥上					32.02		28.00
11	107+428	祝官屯船闸			1/8260		31.60		27.67
12	117+017	甲马营	20.44	100			30.29		26.51
13	132+257	新宅北甘泉					28.48		24.77
14	137+907	西郑庄口门			1/7510		27.72		24.21
15	145+861	故城					26.69		23.32
16	155+645	四女寺			1/7640		25.40		22.08
17	156+645	四女寺枢纽	15.17	90			25.20		21.88

(二)堤防

卫运河两岸堤防堤身高度大部分为 5～8m,堤顶宽度一般堤段 8m,个别险工堤段 10m,前后边坡均为 1:3.0。堤高超过 6m 的堤段,在堤顶 3.5m 以下加筑前后戗台。现状堤防高程情况见表 12.2。

表 12.2　现状堤防高程情况表　　m

序号	河道里程	地点	原设计		现状堤顶高程		堤顶高程差值	
			洪水位	堤顶高程	左堤	右堤	左堤	右堤
1	0+000	徐万仓	43.69	45.69	45.91	45.8	0.22	0.11
2	1+527	秤钩湾	43.48	45.48	45.87	45.5	0.39	0.02
3	6+401	南馆陶桥上	42.73	44.73	44.91	44.53	0.18	-0.2
4	13+738	前罗头	41.67	43.67	43.83	43.6	0.16	-0.07
5	30+007	王庄桥	39.90	41.90	41.79	41.92	-0.11	0.02
6	41+747	李圈	38.91	40.91	41.03	41.06	0.12	0.15
7	46+852	吊马桥	38.59	40.59	40.64	40.4	0.05	-0.19
8	62+753	临清桥上	36.71	38.71	39.04	38.88	0.33	0.17
9	83+365	邢庄	34.40	36.40	36.65	37.61	0.25	1.21
10	104+624	武城桥上	32.02	34.02	33.8	33.47	-0.22	-0.55
11	107+428	祝官屯船闸	31.60	33.60	33.230	33.280	-0.37	-0.32

续表

序号	河道里程	地点	原设计		现状堤顶高程		堤顶高程差值	
			洪水位	堤顶高程	左堤	右堤	左堤	右堤
12	117+017	甲马营	30.30	32.30	32.070	31.950	-0.23	-0.35
13	132+257	新宅北甘泉	28.48	30.48	30.38	30.35	-0.1	-0.13
14	137+907	西郑庄口门	27.72	29.72	29.47	29.29	-0.25	-0.43
15	145+861	故城	26.69	28.69	28.77	28.55	0.08	-0.14
16	155+645	四女寺	25.40	27.40	27.59	27.48	0.19	0.08
17	156+645	四女寺枢纽	25.27	27.27	27.36	27.76	0.09	0.49

(三)险工

卫运河河道较弯曲,堤距在500~2700m左右,河道设计水深6m左右,设计条件下的最大流速1.62m/s,加之堤身、堤基多为粉质壤土,土质较差,行洪时极易造成河道堤防冲刷,酿成险情,增加河道防洪难度。卫运河虽经裁弯治理,但河道主槽仍蜿蜒曲折,贴近堤身,形成险工60余处,详见表12.3。

险工大致可以分为两种形式,一种形式为"滩地险工",该类险工处于弯道,迎流顶冲,滩地不断受到淘刷。滩地是河道行洪的第一道防线,滩存则堤固,滩失则堤险;另一种形式为"堤防险工",该类险工堤防险工位于弯道凹岸,洪水上滩后,座弯迎流,直接淘刷堤防的坡脚和坡面,造成大堤坍塌,威胁大堤安全。

表12.3 险工基本情况表

左岸险工				右岸险工			
序号	险工名称	起始桩号	长度(m)	序号	险工名称	起始桩号	长度(m)
1	路庄险工	0+300	180	1	北幺庄险工	9+500	635
2	秤钩湾险工	1+000	1150	2	郭庄险工	11+800	365
3	孙庄险工	4+200	475	3	许庄险工	21+000	400
4	南陶险工	7+350	510	4	乔马庄险工	26+000	1300
5	后罗头险工	16+250	650	5	吊马桥险工	48+400	750
6	冀浅险工	18+300	424	6	车庄险工	53+900	200
7	东徐村险工	19+800	517	7	西窑险工	57+100	655
8	马头险工	24+800	935	8	东窑险工	58+300	180
9	铺上险工	30+100	280	9	胡家湾险工	59+900	1365
10	滩上险工	31+800	470	10	头闸口险工	62+200	325
11	肖村险工	34+300	150	11	先锋桥险工	64+500	930
12	马兰厂险工	34+550	200	12	莲花庵险工	65+900	500
13	申街险工	38+470	250	13	白庄险工	75+000	212
14	尖庄险工	41+400	640	14	三店险工	77+600	552
15	赵圈险工	46+500	865	15	曲家月河险工	78+562	938
16	江庄险工	50+000	150	16	姜家月河险工	79+500	200
17	铁窗户险工	66+300	1188	17	土龙头险工	81+200	950
18	先锋桥险工	69+000	700	18	燕窝险工	86+900	300

续表

左岸险工				右岸险工			
序号	险工名称	起始桩号	长度(m)	序号	险工名称	起始桩号	长度(m)
19	邢庄险工	70 +000	130	19	黄营险工	88 +000	730
20	陈尧险工	74 +800	650	20	五里墩险工	102 +957	384
21	丁家码头险工	76 +300	722	21	祝官屯险工	110 +000	600
22	汪江险工	77 +250	1360	22	李贤屯险工	130 +850	580
23	南李庄南王庄	86 +550	960	23	青苏厂险工	134 +750	540
24	油坊险工	87 +788	1470	24	西郑庄险工	138 +900	190
25	朱唐口险工	92 +400	640	25	朱家圈险工	141 +000	200
26	郭屯险工	94 +500	1430	26	八屯险工	144 +800	783
27	建国险工	109 +115	815	27	达官营险工	153 +950	700
28	天水屯险工	114 +256	514	28	四女寺险工	156 +987	760
29	温庄险工	129 +410	200				
30	郑口险工	135 +000	1300				
31	前香坊险工	136 +647	495				
32	东南镇险工	153 +983	200				
33	芦庄险工	155 +000	600				

注:起始桩号为上游侧桩号。

(四)穿堤建筑物

卫运河自徐万仓至四女寺枢纽全长157km的两岸,分布了183座涵闸、涵管以及扬水站等穿堤建筑物,主要承担两岸部分排涝和灌溉的任务。其中,左堤河北一侧99座,右岸山东一侧84座。

这些穿堤建筑物主要结构形式为单孔或双孔圆管涵、厢涵;圆管涵管径在0.3~1.5m,材质有混凝土管、陶瓷管等;厢涵尺寸0.4m×0.6m~2.5m×2.7m不等,材质为浆砌石或钢筋混凝土或砖砌;闸门有预制混凝土门,法兰盘,有的甚至没有或丢失。

(五)拦河闸等建筑物

卫运河上的拦河蓄水闸、分洪闸及退水闸为四女寺枢纽、祝官屯枢纽、西郑庄分洪闸及牛角峪退水闸。四女寺枢纽工程位于山东省武城县境内卫运河末端,由北进洪闸、南进洪闸、南运河节制闸和船闸组成;祝官屯枢纽工程位于山东省武城县老城东北约3km的卫运河主河槽上,其所处河槽桩号为107+070,由节制闸、船闸及滩地超洪便桥组成;西郑庄分洪闸位于山东省德州市武城县西郑庄村东,卫运河右堤桩号139+000附近,四女寺枢纽工程以上22km处,是卫运河向恩县洼分洪的控制性工程,为11孔闸;牛角峪退水闸是恩县洼滞洪区的退水建筑物,位于老减河右堤,由低水涵闸、二孔闸和五孔闸组成。

跨河桥梁

沿河道分布24座桥梁,其中21座为公路或铁路交通桥、1座浮桥和2座滩地桥,浮桥和滩地桥均位于主槽上,连接两岸滩地。

二、河道现状及行洪排涝能力复核

(一)复核依据及基本资料

(1)河道设计流量。河道行洪流量为4000m^3/s,排涝流量为1150m^3/s。

(2)控制水位。卫运河起点为漳河和卫河汇合口徐万仓,终点为四女寺枢纽,全长157km,四女寺枢纽闸上原设计洪水位为25.20m,原设计排涝水位为21.88m,本次复核以四女寺枢纽闸上水位作为水面线计算的起始水位。以表12.2中所列控制断面的洪水位作为本次复核计算的控制水位。

(3)河道断面资料。河道断面资料采用2007年实测的河道横断面资料。

(二)河道糙率率定

1996年8月,漳卫南运河发生了自1963年以来的最大洪水,卫河南陶站洪峰流量约1950m^3/s(1996.8.9),卫河临清站洪峰流量约1840m^3/s,四女寺枢纽洪峰流量1518m^3/s(1996.8.13)。"96.8"洪水卫运河主要控制点实测洪水位见表12.4。

表12.4 "96.8"洪水卫运河主要控制点实测洪水位表

桩号	地点	洪水位(m)	设计洪水位(m)	水位差(m)
6+328	南陶水文站	40.40	42.73	2.33
24+35	北馆陶	38.33	40.62	2.29
46+852	吊马桥	36.27	38.59	2.32
62+728	临清水文站	34.45	36.71	2.26
107+428	祝官屯闸	29.89	31.60	1.71
156+645	四女寺闸上	23.17	25.20	2.03

本次可行性研究设计,采用1996年汛后实测的河道横断面资料,结合"96.8"洪水实测资料,对河道糙率进行了率定,采用主槽糙率0.0225,滩地糙率0.065时的计算结果见表12.5,可以看出本次计算的水位与"96.8"洪水时实测的水位相近。

表12.5 河道糙率率定结果表

桩号	地点	洪水位(m)	本次计算采用流量(m^3/s)	本次计算水位(m)
6+328	南陶水文站	40.40	1895	40.73
24+35	北馆陶	38.33	1895	38.44
46+852	吊马桥	36.27	1895	36.32
62+728	临清水文站	34.45	1679	34.08
107+428	祝官屯闸	29.89	1679	29.89
156+645	四女寺闸上	23.17	1679	23.17

注:表中计算采用流量为上下两个控制断面实测流量的平均流量。

1972年扩大治理工程设计中提到:"根据1963年、1964年、1970年三次洪水实测水文成果分析,主槽糙率为0.0225,滩地糙率为0.06左右。"本次率定的滩地糙率为0.065,比1972年扩大治理时率定的糙率稍高,原因是1972年扩大治理后至1996年滩地上的林地、高秆作物和大棚增多的缘故。

1972年扩大治理工程设计中提到虽然率定的滩地糙率为0.065,但"考虑河道整治后,行洪条件得到较大改善,故采用糙率主槽为0.0225,滩地为0.045"。采取的行洪条件改善措施包括:裁弯、清障等内容。考虑近几年河道滩上的护堤树增多,农作物的种植面积增大,因此按本次工程治理要求清障后,滩地糙率也很难恢复到0.045,根据实际情况,滩地糙率取0.05是比较合理的。

综上所述,现状河道的糙率取:主槽0.0225,滩地0.065;治理后河道的糙率取:主槽0.0225,滩地0.05。

（三）河道清障

根据河道糙率率定的结果，由于河道滩地和主槽多年水位以上的林地、高秆作物、大棚等的影响，现状糙率很大，严重影响了河道的行洪排涝能力。《中华人民共和国河道管理条例》第21、24条的规定：在河道管理范围内，水域和土地的利用应当符合江河行洪、输水和航运的要求；滩地的利用，应当由河道主管机关会同土地管理等有关部门制定规划，报县级以上地方人民政府批准后实施。在河道管理范围内，禁止：修建围堤、阻水渠道、阻水道路；种植高秆农作物、芦苇、杞柳、荻柴和树木（堤防防护林除外）；设置拦河渔具；弃置矿渣、石碴、煤灰、泥土、垃圾等。

本次设计要求按上述规定进行河道清障：由排涝水位所确定的主槽内禁止种植任何作物，禁止设置其他阻水物。滩地上禁止种植高秆作物、芦苇、杞柳、荻柴和树木（堤防防护林除外），禁止设置大棚等。漳卫南局应当会同土地管理等有关部门制定滩地利用规划，报县级以上地方人民政府批准后实施。

根据《中华人民共和国河道管理条例》第36条的规定，按照“谁设障，谁清除”的原则，由漳卫南局提出清障计划和实施方案，由防汛指挥部责令设障者在规定的期限内清除。逾期不清除的，由防汛指挥部组织强行清除，并由设障者负担全部清障费用。

（四）水面线复核成果

按以上计算条件，采用天然河道恒定非均匀流方法推算水面线，现状断面下的主要控制断面计算成果及主要控制断面水位增加值见表12.6。

表12.6　现状河道水面线计算成果表　　m

河道桩号	地点	原设计		现状断面糙率：主槽0.0225，滩地0.065		水位增加值	
		设计洪水位	设计排涝水位	现状洪水位	现状排涝水位	洪水位	排涝水位
0+000	徐万仓	43.69	40.04	44.68	40.58	0.99	0.54
1+527	秤钩湾	43.46	39.9	44.41	40.27	0.95	0.37
6+401	南馆陶桥上	42.73	39.3	43.69	39.65	0.96	0.35
13+738	前罗头	41.67	38.14	42.77	38.73	1.1	0.59
30+007	王庄闸	39.9	36.07	40.95	36.82	1.05	0.75
41+747	李圈	38.91	34.99	39.96	35.82	1.05	0.83
46+852	吊马桥	38.59	34.53	39.76	35.26	1.17	0.73
62+753	临清桥上	36.71	32.67	37.49	33.17	0.78	0.5
83+365	邢庄	34.4	30.46	34.94	30.79	0.54	0.33
104+624	武城桥上	32.02	28.07	32.56	29	0.54	0.93
107+428	祝官屯闸上	31.6	27.67	32.43	28.86	0.83	1.19
117+017	甲马营	30.29	26.51	31.30	27.88	1.01	1.37
132+257	新宅北甘泉	28.48	24.77	29.21	25.61	0.73	0.84
137+907	西郑庄口门	27.72	24.21	28.35	24.78	0.63	0.57
145+861	故城	26.69	23.32	27.52	23.85	0.83	0.53
155+645	四女寺	25.4	22.08	25.64	22.29	0.24	0.21
156+645	四女寺枢纽	25.20	21.88	25.20	21.88	0	0

（五）现状河道行洪能力

（1）由于河道淤积造成的行洪能力下降。由于河道主槽淤积，部分河段现状河道行洪能力下降。在原设计行洪水位下，仅临清桥至武城桥之间河段和四女寺河段的行洪能力达到4000m^3/s，其他河段行洪能力不同程度地下降，其中西郑庄以下至故城过流能力最低为3400m^3/s左右，下降15%。各河段控制断面过流能力见表12.7。

表12.7 河道主槽淤积造成的行洪能力下降计算成果表 m^3/s

河道桩号	地点	原设计洪水位	现状洪水位（采用原设计糙率）	水位增加值（m）	原设计洪水位原设计糙率下的过流量
0+000	徐万仓	43.69	43.9	0.21	3750
1+527	秤钩湾	43.46	43.64	0.18	3800
6+401	南馆陶桥上	42.73	42.88	0.15	3800
13+738	前罗头	41.67	41.93	0.26	3650
30+007	王庄闸	39.9	40.06	0.16	3800
41+747	李圈	38.91	39.08	0.17	3800
46+852	吊马桥	38.59	38.87	0.28	3600
62+753	临清桥上	36.71	36.72	0.01	4000
83+365	邢庄	34.4	34.39	-0.01	4000
104+624	武城桥上	32.02	31.93	-0.09	4000
107+428	祝官屯闸上	31.6	31.73	0.13	3800
117+017	甲马营	30.29	30.64	0.35	3500
132+257	新宅北甘泉	28.48	28.73	0.25	3650
137+907	西郑庄口门	27.72	27.92	0.2	3750
145+861	故城	26.69	27.18	0.49	3400
155+645	四女寺	25.4	25.51	0.11	3800
156+645	四女寺枢纽	25.20	25.20	0	4000

注：原设计糙率为：主槽0.0225，滩地0.045。

（2）河道淤积和堤防超高不足共同造成的行洪能力下降。除河道主槽淤积外，卫运河堤防的堤顶高程大部分没有达到原设计堤顶高程，详见表12.8。

表12.8 原设计糙率下保证堤防超高2m的过流能力表 m^3/s

河道桩号	地点	现状洪水位（采用原设计糙率）	现状堤顶高程		堤顶超高（m）		堤顶超高不足值（m）	保证堤防超高2m原设计糙率下的过流量
			左堤	右堤	左堤	右堤		
0+000	徐万仓	43.90	45.91	45.80	2.00	1.89	0.10	3900
1+527	秤钩湾	43.64	45.87	45.50	2.23	1.86	0.14	3800
6+401	南馆陶桥上	42.88	44.91	44.53	2.03	1.65	0.35	3500
13+738	前罗头	41.93	43.83	43.60	1.91	1.68	0.33	3500
30+007	王庄闸	40.06	41.79	41.92	1.72	1.85	0.27	3700
41+747	李圈	39.08	41.03	41.06	1.96	1.99	0.05	4000
46+852	吊马桥	38.87	40.64	40.40	1.77	1.53	0.47	3400

续表

河道桩号	地　点	现状洪水位（采用原设计糙率）	现状堤顶高程		堤顶超高(m)		堤顶超高不足值(m)	保证堤防超高2m原设计糙率下的过流量
			左堤	右堤	左堤	右堤		
62+753	临清桥上	36.72	39.04	38.88	2.36	2.20	0	4000
63+500~68+000							0.42	3400
83+365	邢庄	34.39	36.65	37.61	2.23	3.19	0	4000
104+624	武城桥上	31.93	33.80	33.47	1.88	1.55	0.46	3400
107+428	祝官屯闸上	31.73	33.23	33.28	1.53	1.58	0.5	3400
117+017	甲马营	30.64	32.07	31.95	1.45	1.33	0.69	3200
132+257	新宅北甘泉	28.73	30.38	30.35	1.68	1.65	0.38	3500
137+907	西郑庄口门	27.92	29.47	29.29	1.6	1.42	0.63	3250
145+861	故城	27.18	28.77	28.55	1.67	1.45	0.63	3250
155+645	四女寺	25.51	27.59	27.48	2.28	2.17	0	4000
156+645	四女寺枢纽	25.20	27.36	27.76	2.09	2.49	0	4000

由于河道的淤积以及堤防超高不足两个因素的共同作用，在保证2m超高情况下的安全行洪能力更低，大部分河段的行洪能力达不到4000m^3/s，其中甲马营至故城过流能力为3200m^3/s左右，下降20%。

（3）河道淤积、堤防超高不足及滩地糙率增大造成的行洪能力下降。由于河道内的林地、高秆作物、大棚等的影响，现状滩地糙率在0.065左右，使现状河道过流能力大幅降低。目前河道的安全行洪能力仅能达到2400m^3/s左右，下降约40%。详见表12.9。

表12.9　采用现状糙率保证堤防超高2m的过流能力表　　m^3/s

河道桩号	地　点	现状洪水位（采用现状糙率）	现状堤顶高程		过设计流量时的堤顶超高(m)		堤顶超高不足值(m)	保证堤防超高2m现状糙率下的过流量
			左堤	右堤	左堤	右堤		
0+000	徐万仓	44.68	45.91	45.80	1.23	1.12	0.88	2900
1+527	秤钩湾	44.41	45.87	45.50	1.46	1.09	0.91	2800
6+401	南馆陶桥上	43.69	44.91	44.53	1.22	0.84	1.16	2600
13+738	前罗头	42.77	43.83	43.60	1.06	0.83	1.17	2600
30+007	王庄闸	40.95	41.79	41.92	0.84	0.97	1.16	2600
41+747	李圈	39.96	41.03	41.06	1.07	1.10	0.93	2800
46+852	吊马桥	39.76	40.64	40.4	0.88	0.64	1.36	2400
62+753	临清桥上	37.49	39.04	38.88	1.55	1.39	0.61	3300
63+500~68+000							1.02	2500
83+365	邢庄	34.94	36.65	37.61	1.71	2.67	0.29	3500
104+624	武城桥上	32.56	33.8	33.47	1.24	0.91	1.09	2500
107+428	祝官屯闸上	32.43	33.23	33.28	0.80	0.85	1.15	2600
117+017	甲马营	31.30	32.07	31.95	0.77	0.65	1.35	2400
132+257	新宅北甘泉	29.21	30.38	30.35	1.17	1.14	0.86	2800

续表

河道桩号	地　点	现状洪水位（采用现状糙率）	现状堤顶高程		过设计流量时的堤顶超高（m）		堤顶超高不足值（m）	保证堤防超高2m现状糙率下的过流量
			左堤	右堤	左堤	右堤		
137+907	西郑庄口门	28.35	29.47	29.29	1.12	0.94	1.06	2500
145+861	故城	27.52	28.77	28.55	1.25	1.03	0.97	2600
155+645	四女寺	25.64	27.59	27.48	1.95	1.84	0.16	3800
156+645	四女寺枢纽	25.20	27.36	27.76	2.16	2.56	0	4000

注：现状糙率为：主槽0.0225，滩地0.065。

（六）现状河道排涝能力

根据淤积计算结果分析，泥砂主要淤积在四女寺枢纽前50km河道主槽内，河道淤积对武城桥至四女寺段排涝能力影响最大，武城桥以下约有35km河道排涝能力不足900m³/s；最严重的祝官屯闸至甲马营附近长约20km河道原设计排涝水位下排涝能力不足500m³/s；武城桥以上徐万仓至邢庄河段排涝能力800～1150m³/s，排涝能力下降较少。详见表12.10。

表12.10　现状河道排涝能力计算表　　m³/s

河道桩号	地　点	原设计排涝水位	现状排涝水位（采用现状糙率）	水位增加值（m）	原设计排涝水位下的过流量
0+000	徐万仓	40.04	40.58	0.54	900
1+527	秤钩湾	39.90	40.27	0.37	1000
6+401	南馆陶桥上	39.30	39.65	0.35	1000
13+738	前罗头	38.14	38.73	0.59	850
30+007	王庄闸	36.07	36.82	0.75	800
41+747	李圈	34.99	35.82	0.83	800
46+852	吊马桥	34.53	35.26	0.73	800
62+753	临清桥上	32.67	33.17	0.50	900
83+365	邢庄	30.46	30.79	0.33	1000
104+624	武城桥上	28.07	29.00	0.93	600
107+428	祝官屯闸上	27.67	28.86	1.19	500
117+017	甲马营	26.51	27.88	1.37	450
132+257	新宅北甘泉	24.77	25.61	0.84	650
137+907	西郑庄口门	24.21	24.78	0.57	900
145+861	故城	23.32	23.85	0.53	900
155+645	四女寺	22.08	22.29	0.21	1000
156+645	四女寺枢纽	21.88	21.88	0	1150

由于河道淤积，导致排涝水位抬高，邢庄以下部分河滩地将淹没。初步统计，在排涝流量1150m³/s时，两岸河滩地淹没面积约97964亩。

三、工程存在的主要问题

卫运河自1972年治理以来，经过三十多年的运用，下游深槽严重淤积，堤防超高不足，行洪能力下降,排涝水位增高,险工增多,堤身隐患亟待处置,穿堤建筑物年久失修。严重影响河道的行洪能力及堤防安全。

(一)行洪排涝能力不足

根据河道现状行洪排涝能力的复核成果,行洪排涝能力有不同程度的下降,安全行洪能力最大下降40%,排涝能力最大下降60%。

(二)堤防险工险段多

(1)堤防险工。卫运河河道主槽弯曲,许多河段堤防坐湾迎流,险工多达60多处,“96.8”洪水期间,洪水淘刷堤脚,使堤身坍塌、护坡冲毁,部分多年前已经脱险的工程重新出险,如左岸南孟庄险工,右岸七里亭险工、祝官屯险工、青苏厂险工等。其他险工也普遍遭到不同程度的毁坏,严重危及堤防安全。洪水过后陆续对部分险工进行了治理。但目前仍存在一些险工尚未治理。

(2)堤防险段。左3+750~6+800、36+500~38+600堤防为1972年扩大治理时退堤缩堤而成,1972年扩大治理时形成的新堤防,多次加高而成,由于清基不彻底、碾压不实,施工质量差,1991年和1993年德州河务局、1994年聊城河务局邢衡河务局等对堤防进行电测时发现,堤身存在裂缝、孔洞和薄弱夹层;左49+700~49+900为“65.8”洪水决口堵堤段,碾压不实,施工质量差。

(三)穿堤建筑物隐患多

根据河道管理部门统计,卫运河现有小涵闸及穿堤涵管183座。这些小建筑物大多是二十世纪六七十年代所建,有些质量较差、与大堤接触部位处理不严,有些建筑物长度不够,且年久失修,损坏严重。洪水时极易造成事故。”96.8”洪水时大量人力物力耗费在这些小涵闸的防护上。

(1)设计标准低。早期建设的穿堤建筑物大部分为乡村自建自管,没有图纸,没有施工资料和记录,多数涵闸和涵管设计标准偏低;混凝土预制管的接头和涵的分缝没有止水结构或止水过于简单,可靠性差;进出口护砌短,抗冲能力低;闸门简陋,止水不可靠。

(2)施工质量差。大部分涵闸、涵管是乡村自力更生修建的,施工质量差,导致浆砌石、混凝土及土方填筑都不同程度地存在缺陷。

(3)洞身短,形成险工。部分穿堤建筑物洞身短,造成堤身单薄、渗径不足,在此处形成险工。

(4)建筑物的损坏。由于上述原因,并经历了三十多年的运用,工程各部位存在不同程度的损坏:涵洞顶部裂缝,接口错位;进出口挡墙和引渠护砌断裂、坍塌,局部块石松动或冲毁;闸室和机架桥混凝土碳化、剥蚀露筋甚至倒塌;木闸门腐烂,混凝土闸门剥蚀,钢闸门锈蚀,止水老化;部分启闭机没有维修,导致失灵而失去启闭能力,有的启闭机已丢失。

(四)管理设施老化,防汛手段落后

卫运河管理设施严重老化,影响工程正常管理,不能适应正常河道管理的需要。堤顶路况差,特别是雨天,道路泥泞,通行困难,影响防汛抢险工作。

卫运河现有的水文站,建站多年,现有的测报及管理设施都是建站时建造的,房屋年久失修,设备陈旧落后,影响正常的水文测报工作。结合本次治理工程对该河水文测报设施和管理设施进行必要的改造。

四、治理的必要性

卫运河设计行洪标准4000m^3/s,自1972年扩大治理以来,基本未遇较大洪水。只遇1977

年平原涝水及1996年较大洪水,并发挥了重要作用。由于河道淤积等原因,河道在"96.8"洪水期间暴露出许多问题,洪水水位普遍抬高,行洪能力降低;险工险段影响堤身安全;穿堤涵闸成为堤防隐患。

卫运河左岸为河北省的馆陶县、临西县、清河县和故城县,右岸为山东省的冠县、临清市、夏津县及武城县。同时,卫运河两堤还保护着津浦、京九铁路及京沪高速公路等国家运输动脉。

目前卫运河安全行洪能力仅能达到原设计的60%左右,这与卫运河两岸保护对象对防洪的要求是极不适应的。而且堤防还存在很多险工险段,穿堤建筑物存在的隐患还很多,这些因素又影响着堤防的安全,一旦发生大洪水,将直接威胁清凉江夹道7187km^{2}和卫(运河)马(颊河)夹道8687km^{2}的广大面积内国家和人民财产的安全。

目前卫运河排涝能力达到原设计的40%左右,河道内约10万亩河滩地受到涝水威胁,而且还会影响到两岸区域涝水的及时排除。

卫运河管理设施严重老化,堤顶路况差,影响了正常的工程管理和防汛抢险工作。

卫运河现有的水文站,年久失修,设备陈旧落后,影响了正常的水文测报工作。

综上所述,对卫运河进行全面治理,保障两岸地区的防洪排涝安全是非常必要的。

五、设计水面线

(一)设计条件

(1)起始水位:根据四女寺闸的改建设计情况,确定四女寺闸上河道的行洪设计水位为25.20m(与1972年扩大治理时采用指标相同),排涝设计水位为22.08m。

(2)按本报告第四、五章所列内容进行河道治理,包括河道清障和清淤。

(3)治理后河道的糙率取:主槽0.0225,滩地0.05。

(二)设计水面线

排涝水位由于起始水位的提高,四女寺比原设计排涝水位高,其他段通过河道清淤基本恢复到原设计排涝水位,因此对四女寺以上河段本次仍维持原设计排涝水位,见表12.11。

由于本次设计提高了河道滩地糙率和下游河道清淤两个因素的影响,本次推算的水位上游和下游河道水位高于原设计洪水位,而中间河段低于原设计洪水位,河道设计水面线采用本次推算和原设计水面线的外包线,见表12.11。

表12.11 河道设计水面线

河道桩号	地点	设计洪水位(m)	设计排涝水位(m)	河道桩号	地点	设计洪水位(m)	设计排涝水位(m)
0+000	徐万仓	43.83	40.04	104+624	武城桥上	32.02	28.00
1+527	秤钩湾	43.60	39.90	107+428	祝官屯闸上	31.60	27.67
6+401	南馆陶桥上	42.79	39.30	117+017	甲马营	30.29	26.51
13+738	前罗头	41.78	38.14	132+257	新宅北甘泉	28.57	24.77
30+007	王庄闸	39.90	36.07	137+907	西郑庄口门	27.72	24.21
41+747	李圈	38.91	34.99	145+861	故城	26.93	23.32
46+852	吊马桥	38.59	34.53	155+645	四女寺	25.50	22.26
62+753	临清桥上	36.71	32.67	156+645	四女寺枢纽	25.20	22.08
83+365	邢庄	34.40	30.46				

六、建设内容和规模

卫运河是漳卫南运河防洪体系的重要组成部分，上起徐万仓，下至四女寺，全长157km，河道宽度500～1600m。河道设计横断面为复式断面。主槽底宽徐万仓至馆陶段110m，馆陶至临清为90m，临清至四女寺100m，边坡1∶3.0。子槽底宽25m，边坡1∶4.0，子槽底高程比主槽底高程低1.5m。

堤顶宽度8m。堤高一般5～6m，个别堤段8m。左右堤防距离为500～1600m，局部2700m。

本次治理任务恢复1972年扩大治理的设计洪水标准与排涝标准，即洪水能力4000m^3/s，排涝流量1150m^3/s。为此，河道治理内容为：

（一）河道清淤

清淤范围为祝官屯至四女寺枢纽之间河段（107+428～156+645），长度49.217km，清淤量为702.23万m^3。

清淤主槽断面底宽分为两种：K107+428～K119+534.09之间清淤断面底宽110m，K119+534.09～K156+645清淤断面底宽100m，两岸边坡均为1∶3.0。河床纵坡K107+428～K137+458.35之间为1/8260，K137+458.35～K156+645之间为1/7510。

（二）堤防加高

根据2007最新实测堤防断面分析，在左右两岸321km的堤防中，绝大部分堤防的堤顶宽度等于或大于8.0m，仅仅在起点徐万仓附近有个别断面堤顶宽度不足8.0m，但都大于7.5m。本次设计仅对设计流量下两岸堤顶超高不足1.5m的堤段加高至2m。加高范围为左堤长8900m，右堤长35871m，总长44771m。土方填筑46.04万m^3。

（三）险工、险段整治工程

① 险工护坡。设计对12处险工进行防护，马头险工、铺上险工、滩上险工、赵圈险工、郑口险工、乔马桩险工、胡家湾险工、先锋桥险工、莲花庵险工、李贤屯险工、青苏厂险工、八屯险工。土方开挖16.30万m^3，土方回填8.27万m^3，砌石5.25万m^3，混凝土预制块0.88万m^2，水下抛石11819m^3，框格草皮护坡13013m^2。

② 险段加戗。3处堤防险段加筑戗台，总长度6250m。戗台填筑土方量9.65万m^3。

③ 堤防截渗墙。左岸51+450～52+350堤防为1956年洪水时决口封堵段，设计采用"多头小直径搅拌桩截渗墙"进行防渗。堤防截渗墙长度900m，成墙面积11700m^2。

（四）穿堤建筑物维修加固

两岸堤防现有穿堤建筑物183座，包括涵闸、穿堤管等。这些建筑物大部分存在问题，是堤防安全行洪的隐患，需要进行加固，重建或拆除、合并等，涵闸拆除重建30座（其中有两座合并成一座后重建），涵闸、涵管拆除封堵67座，加固、维修66座。

（五）堤顶路面硬化

城镇及周边段硬化为沥青路面结构形式，长度57.92km，路面宽度为5.5m，两侧设50cm×15cm×10cm的混凝土路缘石。

非城镇段硬化为泥结石路面结构，路面宽度为5.5m，两侧设50cm×15cm×10cm的混凝土路缘石。

（六）堤防整修

整修范围为：堤防加高、加戗及清淤弃土堤段在施工时一并整修，不再单独安排，其他堤段单独整修。堤防加高段,仅考虑护堤地整修及浪窝回填;堤防加戗台段仅考虑戗台以上坡面的整修及整个坡面的浪窝回填;弃土场段仅考虑弃土高度以上坡面的整修及整个坡面的浪窝回填;没有实施工程的堤段视情况,进行护堤地整修、堤坡整修、弃土整修、戗台整修及浪窝回填中的一项或几项整修。

第二节　河道治理工程设计

一、河道治理标准

根据《堤防工程设计规范》(GB 50286—1998)的规定,卫运河堤防级别为2级,堤顶高程为设计洪水位加2m超高,左右堤标准相同。

根据《海河流域防洪规划》,卫运河防洪标准为50年一遇,设计行洪流量为4000m^3/s;排涝标准为3年一遇,设计排涝流量1150m^3/s。

二、河道治理方案

(一)河道基本情况

卫运河河道总长157km,河道宽度500~1600m,局部至2700m。1972年扩大治理时,河道设计横断面为复式断面,即主槽加子槽的复式断面。主槽底宽分为三种:徐万仓至馆陶段(K0+000~K6+401)110m,馆陶至临清(K6+401~K62+753)为90m,临清至四女寺(K62+753~K156+645)100m,边坡1∶3.0。子槽底宽25m,边坡1∶4.0,子槽底高程比主槽底高程低1.5m。

河道比降徐万仓至吊马桥(46+852)为1/8760,吊马桥至青年桥(83+365)为1/9270,青年桥至新宅北甘泉(132+257)为1/8260,新宅北甘泉至故城(145+861)为1/7510,故城至四女寺(155+645)为1/7640。

(二)河道淤积情况

自1972年扩大治理以来,河道经过三十多年的运用,部分河段出现不同程度的淤积。

淤积范围主要发生在K107+428~K156+645。淤积位置主要发生在主槽,淤积深度(主槽两岸岸边位置)2.5~3.5m;小部分河段子槽淤积,在K74+149~K104+667河段呈现比较大的不连续,淤积深度1.0~1.5m,仅在K104+667~K111+181河段(祝官屯闸附近)偏于严重且比较连续。上游段(K0+000~K74+149)基本没有淤积,甚至有的断面冲淤大于淤积。

根据2007年最新测量成果计算,河道总淤积量为1219万m^3,其中,K107+428~K156+645淤积量785.65万m^3,合计16.00万m^3/km,160m^3/m。

淤积导致河道行洪能力下降,排涝水位抬高。排涝水位抬高最严重的发生在K107+428~K156+645河段,最大抬高1.39m;行洪能力下降最严重的也发生在K107+428~K156+645河段,行洪能力只有2400m^3/s,仅相当于原设计行洪流量的60%。

(三)治理方案比选

从表12.6、表12.9可以看出,由于河道的淤积影响,河道行洪水位抬高,排涝能力降低。在甲马营(K117+017)~四女寺(K155+645)之间行洪水位抬高最大值1.17m,在王庄闸(K30+007)~四女寺(K155+645)之间排涝水位抬高最大值1.37m。

为恢复河道行洪与排涝能力，可以通过清淤或加高两岸堤防或清淤与加高两岸堤防相结合的方式。由于加高两岸堤防虽然能够恢复河道防洪能力，却无法恢复排涝能力，为此，比较了如下两个方案，即方案一单纯清淤方案、方案二清淤与加高两岸堤防相结合方案。

(1)方案一(单纯清淤方案)

该方案仅通过清淤，解决河道行洪和排涝能力不足问题，从而恢复河道行洪与排涝能力。该方案以满足行洪能力为控制清淤断面尺寸。

如前所述，河道淤积多发生在 K107 +428 ~ K156 +645 之间，从表 12.6 现状河道水面线计算成果表也可以看出，在 K107 +428 ~ K156 +645 之间行洪水位普遍高出原设计水位，排涝水位普遍高于原设计水位。其中，最严重河段 K117 +017(甲马营)行洪水位抬高 1.17m，行洪流量下降至 $2400m^3/s$；排涝水位抬高 1.37m，排涝流量下降至 $450m^3/s$。因此，清淤范围拟定为 K107 +428 ~ K156 +645。

参照 1972 年扩大治理时的设计参数，本次设计参数为：清淤断面底宽经比较、试算后确定为 200m，四女寺闸前(K156 +645)清淤主槽底高程 15.27m，两岸边坡均为 1 ∶ 3.0，清淤纵坡在 K107 +428 ~ 137 +458 之间 1/8260，K137 +458 ~ K156 +645 之间 1/7510，基本与河道原设计纵坡吻合。

(2)方案二(清淤与加高两岸堤防相结合方案)

该方案通过清淤和加高堤防相结合的措施，恢复河道的行洪和排涝能力。

该方案主要意图，尽量恢复原设计排涝能力的前提下，防洪能力的不足通过堤防加高实现。由于 1972 年扩大治理时，临清至四女寺(K62 +753 ~ K156 +645)段河道主槽底宽 100m，所以，本次设计先拟定清淤范围内主槽底宽也为 100m，力求恢复原河道的设计断面，从而恢复河道的设计行洪和排涝能力。

但通过计算，K119 +534 ~ K156 +645 之间能够达到原设计排涝能力，而在 K107 +428 ~ K119 +534 之间略高于原设计排涝水位，从表 12.6 也可以看出，在 107 +428 和 K119 +017 断面排涝水位太高，分别达到 1.19 和 1.37m，说明该段河槽淤积比较严重。因此，将 K107 +428 ~ K119 +534 之间清淤断面底宽加宽到 110m，从而能够在全部河道达到原设计排涝能力。100 ~ 110m 底宽清淤断面水面线见表 12.12。

表 12.12　100 ~ 110m 底宽清淤断面水面线表

序号	河道桩号	清淤后河床底宽(m)	$Q=4000m^3/s$			$Q=1150m^3/s$				
			清淤后设计洪水位(m)	左堤超高(m)	右堤超高(m)	现状水位(m)	清淤后排涝水位(m)	原设计排涝水位(m)	左侧滩地高程(m)	右侧滩地高程(m)
1	K156 +645	100	25.2	2.79	2.56	21.88	22.08	21.88		
2	K155 +645	100	25.5	2.09	1.98	22.29	22.26	22.08	25.23	26.43
3	K145 +861	100	26.93	1.84	1.62	23.85	23.32	23.32	24.36	24.46
4	K137 +907	100	27.72	1.75	1.57	24.78	24.21	24.21	23.83	24.18
5	K132 +257	100	28.57	1.81	1.78	25.61	24.77	24.77	26.38	26.41
6	K117 +017	110	30.29	2.18	1.86	27.88	26.51	26.51	28.80	26.29
7	K107 +428	100	31.60	1.83	1.78	28.86	27.67	27.67		
8	K104 +624	100	32.02	2.21	2.31	29.00	28.00	28.00		28.93

续表

序号	河道桩号	清淤后河床底宽（m）	$Q=4000m^3/s$			$Q=1150m^3/s$				
			清淤后设计洪水位（m）	左堤超高（m）	右堤超高（m）	现状水位（m）	清淤后排涝水位（m）	原设计排涝水位（m）	左侧滩地高程（m）	右侧滩地高程（m）
9	K83 +365	100	34.40	2.25	3.21	30.79	30.46	30.46	32.27	31.35
10	K62 +753	90	36.71	2.33	2.17	33.17	32.67	32.67	33.15	
11	K46 +852	90	38.59	2.02	1.98	35.21	34.53	34.53	33.36	34.45
12	K41 +747	90	38.91	2.12	2.15	35.80	34.99	34.99	35.42	36.07
13	K30 +007	90	39.90	2.06	2.27	36.82	36.07	36.07	35.50	37.43
14	K13 +738	110	41.78	2.05	1.82	38.80	38.14	38.14	38.48	38.85
15	K6 +401	110	42.79	2.12	1.74	39.65	39.30	39.30	38.73	40.43
16	K1 +527	110	43.60	2.27	1.90	40.29	39.90	39.90	40.53	41.13
17	K0 +000	110	43.83	2.38	2.03	40.58	40.04	40.04	40.88	41.18

注：在 K6 +401、K30 +007、K46 +852、K117 +017、K137 +907 附近，1972 年扩大治理时的排涝水位就比滩地要高。

(3)治理方案选择

方案一，河道清淤后，除堤防个别断面外，超高均在 2.0 ~ 2.5m，行洪能力都达到 $4000m^3/s$，同时排涝水位均低于原设计排涝水位。该方案清淤 3829.59 万 m^3，由于清淤断面大，堤内清淤切滩永久占地 5400 亩，堤外清淤弃土临时占地 20310 亩，清淤总占地 25710 亩，投资达 7.6 亿元（仅为清淤、加高堤防和清淤与加高堤防占地的可比投资）。

方案二，通过清淤和加高堤防，在恢复河道行洪能力的同时，也可恢复排涝能力。该方案清淤 702.23 万 m^3，占地 4048.6 亩，加高堤防长度 44.77km，加高堤防 46.04 万 m^3，该方案投资 1.88 亿元（仅为清淤、加高堤防和清淤与加高堤防占地的可比投资）。

由以上可以看出，方案一既能恢复河道行洪能力，又能恢复原设计排涝水位，但投资过大；方案二相对方案一投资少，而且既能恢复河道行洪能力，又能恢复原设计排涝能力。

因此，方案二作为推荐方案，即清淤与加高两岸堤防相结合，K107 +428 ~ K119 +534.09 之间清淤断面底宽 110m，K119 +534.09 ~ K156 +645 之间清淤断面底宽 100m。

(四)推荐方案设计

1. 清淤断面及纵坡

(1)清淤断面。如前所述，清淤断面底宽分两种，即 K107 +428 ~ K119 +534.09 之间清淤断面底宽 110m，K119 +534.09 ~ K156 +645 之间清淤断面底宽 100m。清淤断面两边边坡均为 1∶3.0。

(2)清淤纵坡及控制高程。为了维持原河道的纵坡，尤其是很好衔接祝官屯闸与四女寺闸的底板高程，本次设计基本沿用原设计的清淤高程与纵坡。即起始点（四女寺闸前）清淤断面主槽底部高程 15.27m，纵坡河道比降徐万仓至吊马桥（K46 +852）为 1/8760，吊马桥至青年桥（K83 +365）为 1/9270，青年桥至西郑庄口门附近（K137 +907）为 1/8260，西郑庄口门附近至四女寺（K155 +645）为 1/7510。

主槽河底高程分别为 K156 +645（四女寺闸）15.27m，K137 +458（西郑庄口门附近）17.83m，K107 +428（祝官屯闸下）21.46m。清淤后河道参数如表 12.13 所示。

表 12.13 本次河道设计基本情况表

序号	河道里程	地点	设计断面 河底高程(m)	设计断面 底宽(m)	设计断面 河道比降	行洪 流量(m^3/s)	行洪 水位(m)	除涝 流量(m^3/s)	除涝 水位(m)
1	0+000	徐万仓	33.72				43.83		40.04
2	1+527	秤钩湾		110			43.60		39.90
3	6+401	南馆陶桥上					42.79		39.30
4	13+738	前罗头			1/8760		41.78		38.14
5	30+007	王庄桥					39.90		36.07
6	41+747	李圈		90			38.91		34.99
7	46+852	吊马桥	28.35				38.59		34.53
8	62+753	临清桥上					36.71		32.67
9	83+365	青年桥		110	1/9270	4000	34.40	1150	30.46
10	104+624	武城桥上					32.02		28.00
11	107+428	祝官屯船闸					31.60		27.67
12	117+017	甲马营	20.37		1/8260		30.29		26.51
13	132+257	新宅北甘泉					28.48		24.77
14	137+907	西郑庄口门		100			27.72		24.21
15	145+861	故城			1/7510		26.69		23.32
16	155+645	四女寺					25.40		22.26
17	156+645	四女寺枢纽	15.27				25.20		22.08

注:K107+428 以前的参数为 1972 年扩大治理时的参数,本次设计没有变动。

2. 清淤主槽的中心线

清淤主槽中心线基本沿现状河槽中心线布置,个别主河槽紧偎险工段,清淤主槽中心线向另一侧偏移一些,以免对险工形成威胁。

3. 清淤边坡稳定分析

对清淤边坡在施工期无水工况和河道行洪之后水位骤降工况下的抗滑稳定进行验算。

(1)施工期无水工况

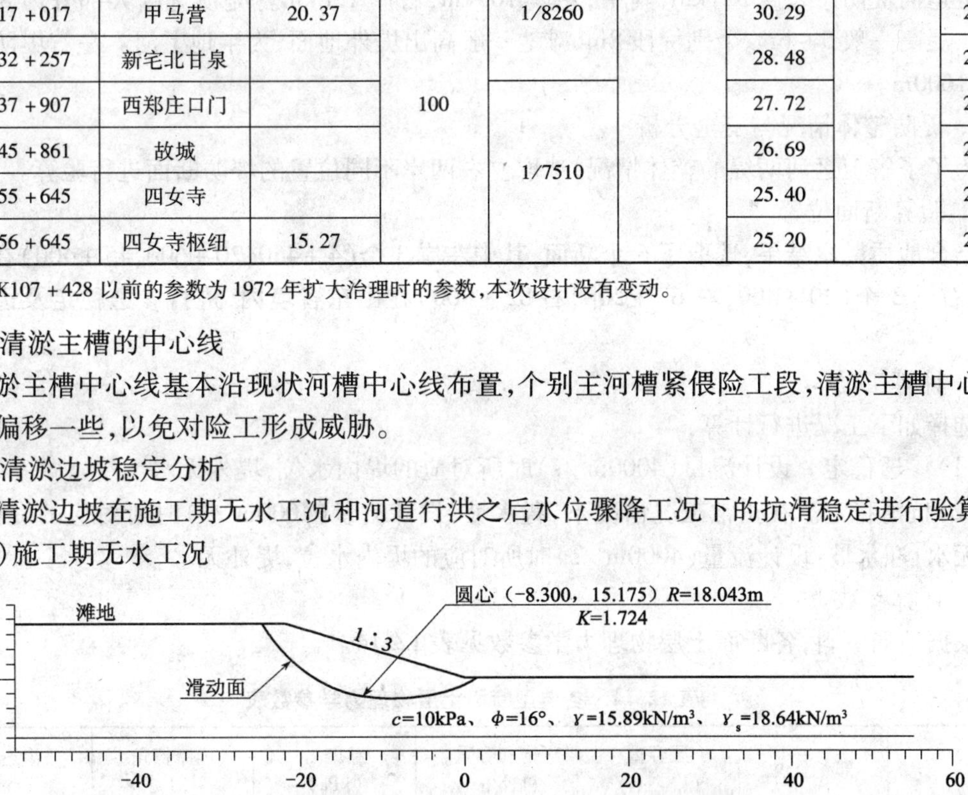

图 12.1 施工期无水情况下清淤边坡稳定计算结果

(2)水位骤降工况

洪水过后,河道内水位迅速降低,滩地土壤内空隙水排出较慢,浸润线稍有下降。

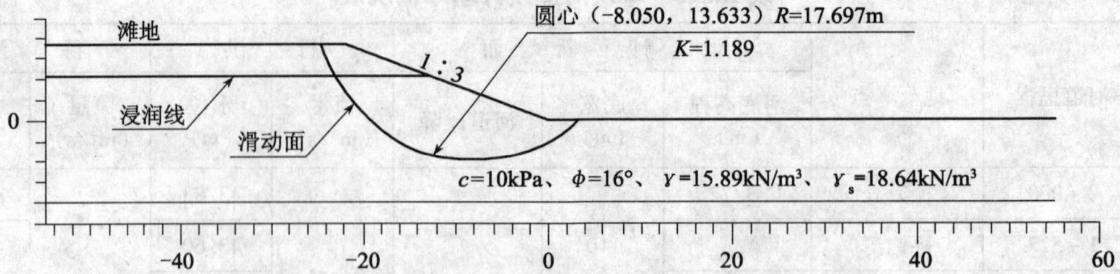

图 12.2　水位骤降情况下清淤边坡稳定计算结果

由计算结果可知，清淤两侧边坡是稳定和安全的。

4. 清淤工程量

经初步计算，河道中的清淤总量为 702.23 万 m^3。

三、堤防加高加固

(一) 堤防总体评价

1. 堤防基本情况

卫运河堤防总长度 321km，其中，左岸 163km，右岸 158km。堤顶宽度大部分为 8m，局部略窄。堤高一般 5 ~ 6m，个别堤段 8m，滩地一般高出堤外地面，为半地上河。左右堤防距离为 500 ~ 1600m。

2. 堤防整体情况与安全分析

为了了解卫运河两堤的整体情况，选取左右两岸不同位置的堤防断面进行验算。

3. 验算断面位置

结合地质勘察结果，选取了 6 个断面，其中左岸 3 个(4 +450，20 +600，45 +400) 在河北省境内，右岸 3 个(20 +400，右 68 +208，右 82 +800) 在山东省境内，进行渗透稳定及边坡稳定复核。

4. 计算工况

选择如下工况进行计算：

(1) 渗透稳定。设计流量($4000m^3/s$)时所对应的堤内水位，堤外无水。

(2) 抗滑稳定。在正常工况情况下，背水坡：设计流量($4000m^3/s$)时所对应的堤内水位，堤外无水；迎水坡：设计流量($4000m^3/s$)时所对应的堤内水位，堤外无水。

5. 计算参数

根据地质资料，各断面土层物理力学参数见表 12.14。

表 12.14　各典型断面土层物理力学参数表

桩　号	部　位	湿容重 (kN/m^3)	饱和容重 (kN/m^3)	黏聚力 (kPa)	内摩擦角 (°)	渗透系数 (cm/s)
Z4 +400	堤身	14.21	18.13	5	16	2.1×10^{-4}
	堤基	17.05	18.82	10	17	6.8×10^{-5}
Z20 +600	堤身	16.37	18.62	5	16	2.1×10^{-4}
	堤基	17.05	18.82	10	17	6.8×10^{-5}

续表

桩　号	部　位	湿容重（kN/m^3）	饱和容重（kN/m^3）	黏聚力（kPa）	内摩擦角（°）	渗透系数（cm/s）
Z45 +400	堤身	16.56	19.01	6	17	2.1×10^{-4}
	堤基	17.35	18.52	5	15	2.4×10^{-4}
Y20 +400	堤身	16.27	19.01	10	20	7.7×10^{-5}
	堤基	16.66	18.42	8	22	3.1×10^{-4}
Y68 +208	堤身	16.56	19.01	5	18	2.8×10^{-4}
	堤基	16.66	18.82	8	20	6.4×10^{-5}
Y82 +800	堤身	16.07	18.13	7	17	3.7×10^{-5}
	堤基	17.15	18.23	12	21	1.3×10^{-4}

6. 计算结果

根据以上条件，计算结果如图 12.3～图 12.5 和表 12.15 所示。

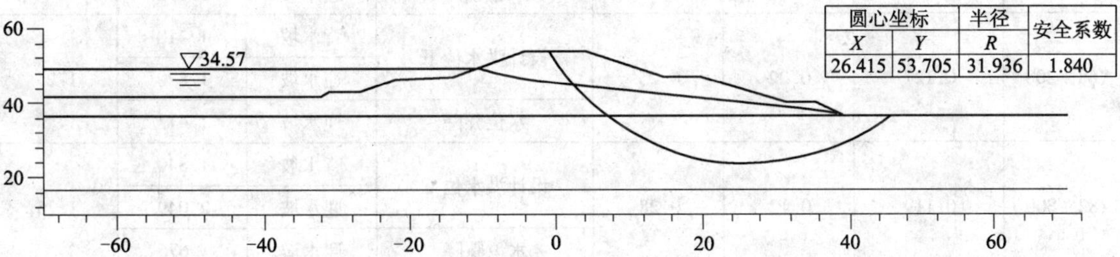

图 12.3　设计水位下背水坡稳定（Y82 +800）

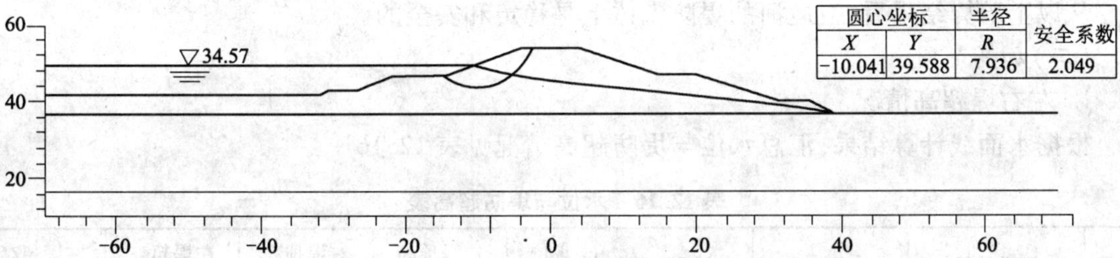

图 12.4　设计水位下迎水坡稳定（Y82 +800）

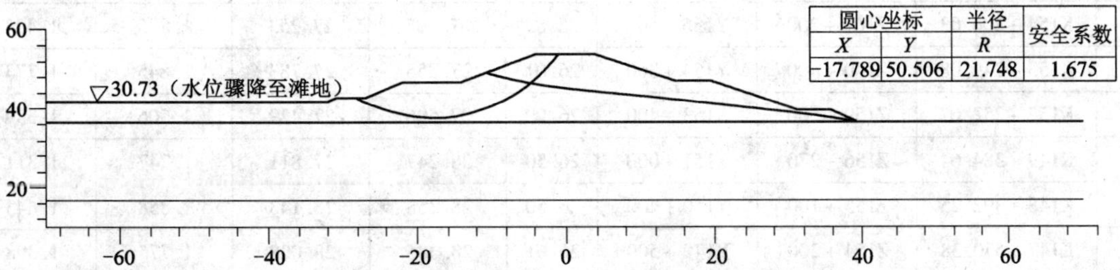

图 12.5　水位骤降至滩地工况下迎水坡稳定（Y82 +800）

表 12.15 堤防渗透稳定、抗滑稳定计算结果

<table>
<tr><th rowspan="2">计算断面桩号</th><th rowspan="2">稳定渗流单宽渗流量</th><th rowspan="2">计算渗透坡降</th><th rowspan="2">允许渗透坡降</th><th rowspan="2">计算工况</th><th rowspan="2">位置</th><th colspan="2">抗滑安全系数</th></tr>
<tr><th>计算值</th><th>允许值</th></tr>
<tr><td rowspan="3">Z4 +400</td><td rowspan="3">0.047</td><td rowspan="3">0.07</td><td rowspan="3">0.23</td><td rowspan="2">设计洪水位下</td><td>背水坡</td><td>1.379</td><td rowspan="3">1.25</td></tr>
<tr><td>迎水坡</td><td>1.565</td></tr>
<tr><td>水位骤降</td><td>迎水坡</td><td>1.323</td></tr>
<tr><td rowspan="3">Z20 +600</td><td rowspan="3">0.052</td><td rowspan="3">0.22</td><td rowspan="3">0.25</td><td rowspan="2">设计洪水位下</td><td>背水坡</td><td>1.424</td><td rowspan="3">1.25</td></tr>
<tr><td>迎水坡</td><td>1.644</td></tr>
<tr><td>水位骤降</td><td>迎水坡</td><td>1.426</td></tr>
<tr><td rowspan="3">Z45 +400</td><td rowspan="3">0.159</td><td rowspan="3">0.15</td><td rowspan="3">0.25</td><td rowspan="2">设计洪水位下</td><td>背水坡</td><td>1.441</td><td rowspan="3">1.25</td></tr>
<tr><td>迎水坡</td><td>1.921</td></tr>
<tr><td>水位骤降</td><td>迎水坡</td><td>1.647</td></tr>
<tr><td rowspan="3">Y20 +400</td><td rowspan="3">0.146</td><td rowspan="3">0.22</td><td rowspan="3">0.23</td><td rowspan="2">设计洪水位下</td><td>背水坡</td><td>1.616</td><td rowspan="3">1.25</td></tr>
<tr><td>迎水坡</td><td>2.795</td></tr>
<tr><td>水位骤降</td><td>迎水坡</td><td>2.078</td></tr>
<tr><td rowspan="3">Y68 +208</td><td rowspan="3">0.127</td><td rowspan="3">0.22</td><td rowspan="3">0.25</td><td rowspan="2">设计洪水位下</td><td>背水坡</td><td>1.410</td><td rowspan="3">1.25</td></tr>
<tr><td>迎水坡</td><td>1.870</td></tr>
<tr><td>水位骤降</td><td>迎水坡</td><td>1.471</td></tr>
<tr><td rowspan="3">Y82 +800</td><td rowspan="3">0.119</td><td rowspan="3">0.12</td><td rowspan="3">0.28</td><td rowspan="2">设计洪水位下</td><td>背水坡</td><td>1.840</td><td rowspan="3">1.25</td></tr>
<tr><td>迎水坡</td><td>2.049</td></tr>
<tr><td>水位骤降</td><td>迎水坡</td><td>1.675</td></tr>
</table>

7. 堤防安全分析

从以上验算结果看,卫运河的堤防整体上是稳定和安全的。

(二)加高范围

1. 左右堤超高情况

根据水面线计算结果,汇总水位与堤防超高情况见表 12.16

表 12.16 水位与堤防超高表

序号	河道桩号	左堤桩号	右堤桩号	水位(m)	左堤顶高(m)	右堤顶高(m)	左堤超高(m)	右堤超高(m)
1	K155 +095.64	Z162 +100	Y156 +400	25.60	27.393	27.543	1.793	1.943
2	K154 +206.03	Z161 +200	Y155 +500	25.83	27.705	27.253	1.875	1.423
3	K153 +249.08	Z160 +400	Y154 +300	26.01	27.855	27.783	1.845	1.773
4	K152 +252.67	Z159 +500	Y153 +400	26.09	27.596	27.429	1.506	1.339
5	K149 +384.64	Z156 +270	Y151 +000	26.50	28.247	27.811	1.747	1.311
6	K148 +392.25	Z155 +100	Y150 +400	26.50	28.358	28.143	1.858	1.643
7	K147 +570.38	Z154 +200	Y149 +500	26.61	28.385	28.008	1.775	1.398
8	K144 +984.54	Z151 +500	Y146 +200	27.00	28.941	28.401	1.941	1.401
9	K143 +979.69	Z150 +900	Y145 +300	27.17	29.118	28.545	1.948	1.375
10	K143 +115.76	Z149 +700	Y144 +400	27.17	29.033	28.778	1.863	1.608

续表

序号	河道桩号	左堤桩号	右堤桩号	水位（m）	左堤顶高（m）	右堤顶高（m）	左堤超高（m）	右堤超高（m）
11	K142 +267.88	Z148 +800	Y143 +200	27.33	29.097	28.728	1.767	1.398
12	K141 +335.33	Z147 +700	Y142 +000	27.37	29.242	28.792	1.872	1.422
13	K140 +416.89	Z146 +100	Y141 +400	27.44	29.402	28.683	1.962	1.243
14	K139 +432.38	Z145 +200	Y140 +500	27.59	29.403	29.088	1.813	1.498
15	K127 +427.36	Z132 +750	Y130 +300	29.18	30.281	30.533	1.101	1.353
16	K126 +633.45	Z132 +000	Y129 +400	29.28	30.865	30.741	1.585	1.461
17	K125 +762.84	Z131 +100	Y128 +500	29.34	31.067	30.886	1.727	1.546
18	K124 +867.31	Z130 +200	Y127 +750	29.41	31.154	30.688	1.744	1.278
19	K122 +189.08	Z127 +500	Y125 +200	29.71	31.757	31.185	2.047	1.475
20	K121 +396.03	Z126 +600	Y124 +300	29.78	31.86	31.62	2.080	1.840
21	K111 +994.99	Z116 +600	Y113 +800	30.98	32.968	32.595	1.992	1.619
22	K111 +181.27	Z115 +700	Y112 +900	31.09	32.874	32.28	1.787	1.193
23	K110 +344.40	Z114 +800	Y112 +000	31.20	32.983	32.75	1.781	1.548
24	K98 +985.06	Z103 +600	Y100 +200	32.65	34.78	34.304	2.129	1.653
25	K98 +486.17	Z103 +200	Y98 +800	32.71	34.593	34.163	1.886	1.456
26	K97 +911.72	Z102 +600	Y98 +200	32.77	34.591	34.177	1.820	1.406
27	K97 +359.55	Z102 +000	Y97 +600	32.83	34.633	34.288	1.800	1.455
28	K86 +615.44	Z91 +200	Y87 +200	34.04	35.514	35.968	1.478	1.932
29	K67 +014.31	Z71 +800	Y68 +600	36.23	37.483	38.311	1.251	2.079
30	K66 +595.82	Z71 +200	Y68 +208	36.28	37.626	38.079	1.347	1.800
31	K66 +170.55	Z70 +600	Y67 +800	36.33	37.944	37.55	1.617	1.223
32	K65 +716.22	Z70 +200	Y67 +200	36.38	37.971	37.64	1.593	1.262
33	K65 +181.48	Z69 +600	Y66 +800	36.44	38.048	37.843	1.610	1.405
34	K63 +449.41	Z67 +800	Y64 +929	36.63	38.436	38.044	1.804	1.412
35	K63 +054.17	Z67 +400	Y64 +592	36.68	38.721	38.726	2.045	2.050
36	K29 +177.93	Z32 +000	Y29 +600	39.90	42.062	41.753	2.162	1.853
37	K28 +453.33	Z31 +200	Y29 +200	40.22	41.998	41.537	1.778	1.317
38	K27 +953.46	Z30 +600	Y28 +800	40.22	42.049	41.824	1.829	1.604
39	K22 +924.82	Z25 +600	Y24 +400	40.94	42.542	42.77	1.602	1.830
40	K22 +134.35	Z24 +800	Y23 +800	41.16	42.625	42.26	1.465	1.100
41	K21 +449.46	Z24 +200	Y22 +800	41.18	42.694	42.567	1.514	1.387
42	K20 +712.26	Z23 +600	Y21 +600	41.27	42.612	42.575	1.342	1.305
43	K20 +109.72	Z22 +800	Y21 +000	41.32	42.837	42.997	1.517	1.677
44	K19 +279.52	Z21 +600	Y20 +000	41.33	42.566	43.245	1.236	1.915
45	K17 +225.83	Z19 +200	Y17 +810	41.48	43.223	42.956	1.743	1.476
46	K16 +600.03	Z18 +200	Y17 +200	41.50	43.474	43.25	1.974	1.750
47	K7 +879.59	Z9 +000	Y8 +000	42.68	45.125	44.244	2.445	1.564
48	K7 +092.99	Z8 +200	Y7 +400	42.79	45.087	44.192	2.297	1.402
49	K6 +390.66	Z7 +500	Y6 +400	42.79	44.909	44.532	2.119	1.742

2. 加高范围

根据清淤后的河道水面线(表12.16)计算成果,同时,为施工方便,本次设计仅对设计流量下两岸堤顶超高不足1.5m的堤段按超高2.0m加高。依据以上原则,确定加高范围如表12.17所示,总长44771m。

表12.17 两岸堤防加高范围表

岸别	两岸堤防加高范围	长度(m)
左堤	Z21+000~Z25+600、Z70+600~Z72+400、Z90+800~Z91+800、Z132+000~Z133+500	8900
右堤	Y6+400~Y8+000、Y17+200~Y18+400、Y21+000~Y24+400、Y28+800~Y29+600、Y64+592~Y65+605、Y66+200~Y68+208、Y97+200~Y100+200、Y112+000~Y113+800、Y124+300~Y126+100、Y127+000~Y131+250、Y139+600~Y147+100、Y148+000~Y151+600、Y152+500~Y156+400	35871
合计		44771

(三)堤身设计

1. 设计标准

设计堤顶高程为设计洪水位加堤顶超高2.0m,对堤顶高程不满足设计高程要求的堤段进行加高。

2. 堤顶高程

根据《堤防工程设计规范》(GB 50286—1998),堤顶超高按下式计算:

$$Y = R + e + A$$

式中 Y——堤顶超高(m);

R——设计波浪爬高(m),对于不允许越浪的堤防,取爬高累计频率2%对应的爬高为设计波浪爬高;

e——风雍水面高度(m)。

A——安全加高值(m),取0.8。

经计算,$Y=1.14+0.01+0.8=1.95$m。

根据《堤防工程设计规范》(GB 50286—1998),二级堤防的堤顶超高值不应小于2.0m,故取堤防超高2.0m

3. 堤防顶宽及边坡

根据《堤防工程设计规范》(GB 50286—1998),考虑防汛抢险及工程管理需要,结合现有堤防宽度,设计堤顶宽度取8.0m。迎水坡和背水坡坡度均为1:3.0

4. 堤防加高土方压实标准

根据堤防工程设计规范(GB 50286—1998),二级堤防土方压实标准为压实度不小于0.92。填筑前,应先清除堤顶和堤坡的表土再填筑。

(四)堤防加高工程量

堤防加高工程量:左岸长度为8900m,加高工程量为11.80万m^3;左岸长度为44771m,加高工程量为34.24万m^3。

四、河道险工的整治

(一)本次治理险工情况

卫运河河道主槽弯曲,许多河段堤防坐弯迎流,险工多达60多处。“96.8”洪水过后陆续对大部分险工进行了治理。本次设计对所有险工进行了查勘,选择了仍需治理的 12 处险工纳入本次设计。

(1)马头险工位于左堤桩号 K24 + 800 ~ K25 + 200,长 400m,未曾治理过,主流直冲,本次设计对该险工护滩。

(2)铺上险工位于左堤桩号 K30 + 100 ~ K30 + 400,长 300m,主槽直冲堤防,滩很窄。老护坡基础悬吊,破损严重,本次设计对该险工护滩。

(3)滩上险工位于左堤桩号 K31 + 800 ~ K32 + 270,长 470m,未曾治理过,该险工坐弯迎流,堤外滩地窄,“96.8”洪水期间发生过险情,本次设计对该险工护滩。

(4)赵圈险工位于左岸桩号 K46 + 500 ~ K47 + 000,长 500m,原有 7 个导流排,“96.8”洪水期间,该处冲深很大,已露出导流排基础,本次设计对导流排基础进行加固。

(5)郑口险工位于左堤桩号 K135 + 000 ~ K136 + 300,长 1300m。紧临故城县城,主槽紧靠大堤,堤防高大,洪水对县城的威胁较大。

(6)乔马庄险工位于右堤桩号 K26 + 000 ~ K26 + 900,长 900m。该险工处主流逼近大堤,险工总长 1300m,“96.8”洪水期间原护滩大面积毁坏,1997 年重建一部分,本次重建剩余部分。

(7)胡家湾险工、先锋桥险工、莲花庵险工三个险工位于右堤临清县城附近,总长 2795m,“96・8”洪水时主槽摆至险工处,坐弯迎流,原有护坡基础悬吊,严重危及堤防安全。

(8)李贤屯险工位于右堤桩号 K130 + 850 ~ K131 + 430,长 580m。坐弯迎流,1988 年和“96・8”洪水时都出险情,现状已无护砌,本次设计对该险工护滩。

(9)青苏厂险工位于右堤桩号 K134 + 750 ~ K135 + 290,长 540m。坐弯迎流,“96・8”洪水时出现险情,原有干砌护滩被冲毁,本次设计重建护滩。

(10)八屯险工位于右堤桩号 K144 + 800 ~ K145 + 100,长 300m。该险工总长 783m,主槽上原建有 5 座网格坝,建坝后顶冲点下移,同时现状下游的 5 号网格坝倒塌,本次设计针对顶冲点下移和 5 号网格坝倒塌的情况,自 4 号网格坝向下游护滩 300m。

本次设计的 12 个险工,郑口险工为护岸,胡家湾险工、先锋桥险工、莲花庵险工三个险工对原护岸基础进行防护,赵圈险工对原护滩导流排基础进行加固,其他 7 处险工均是对逼近堤防的主槽边坡进行防护以达到护滩和保护堤防安全的目的。

(二)险工底部及顶部结构

1. 冲刷深度

各险工河槽及滩地的土质主要为沙壤土、壤土、粉土,其允许不冲流速一般小于 0.8m/s,根据《堤防工程设计规范》(GB 50286—1998)中推荐的计算公式计算堤岸冲刷深度:各险工计算的冲刷深度见表 12.18。

$$\Delta h_{\mathrm{p}} = \frac{23\mathrm{tg}\,\dfrac{\alpha}{2}V_j^2}{\sqrt{1 + m^2} \times g} - 30d$$

式中　Δh_{p}——从河底算起的局部冲刷深度(m);

α——水流与岸坡交角(度);

m——防护建筑物迎水面边坡系数,一般取 $m = 3.0$;

V_j——水流的局部冲刷流速(m/s);

d——坡脚处土壤计算粒径(m),取 $d = 0.5$cm。

表 12.18 各险工计算的冲刷深度

序号	工程项目	岸别	起始桩号	防护类型	α	m	V_j	d	Δh_p
1	滩上险工	左岸	31+800	护滩	21	2	2.94	0.005	1.67
2	郑口险工	左岸	135+000	护滩岸	21	2	2.82	0.005	1.53
3	李贤屯险工	右岸	130+850	护滩	20	2.5	1.75	0.005	0.46
4	青苏厂险工	右岸	134+750	护滩	30	3	1.84	0.005	0.66
5	马头险工	左岸	24+800	护滩	18	3	2.79	0.005	0.90
6	铺上险工	左岸	30+100	护滩	17	3	2.73	0.005	0.81
7	乔马桩险工	右岸	26+000	护滩	23	3	2.32	0.005	0.80
8	八屯险工	右岸	144+800	护滩	24	3	2.25	0.005	0.78

2. 底部护砌结构型式

根据计算的局部冲刷深度，考虑本地的最大冻土深度0.51m，同时结合已建护坡工程，确定滩上险工和郑口险工护脚齿墙高1.5m，其他险工护脚齿墙高1.0m，采用浆砌石砌筑，宽1m，埋入地下1m。

3. 顶部高程及结构型式

根据堤防工程设计规范要求，护岸的顶部高程按设计洪水位加0.5m超高确定，护滩的顶高程根据滩面高程确定。封顶采用浆砌石，宽度100cm，厚度40cm。

(三)郑口险工结构设计

郑口险工段堤防前面没有滩地，主槽临近堤脚，堤防高达15m左右。险工处为大弯道，坐弯迎流，水流的冲刷作用非常明显，对面滩地高程较高。堤防直接保护的是故城县城，位置重要，同时对该险工治理措施的生态和景观要求较高。

该险工纵向分为两段，上游段长约450m，堤前有滩地；下游段堤前无滩地。

下游段险工因堤防高大，设计护砌横断面分为下部、中部和上部三个部分，中间设两个马道平台，以满足护砌结构的稳定和安全要求，同时也作为景观平台。平台根据稳定和人行观景要求设计为3m宽。

下部为护脚至河道常水位高程20m，护坡高度约6m。该部分位于堤防下部，常年有水，受洪水冲刷的几率也最大，因此该段设计为浆砌石护砌。

中部高程至三年一遇排涝水位约25m处，护坡高度约5m，该部分水流的冲刷几率较少，考虑景观和生态要求设计为植被混凝土块护坡。

上部至设计洪水位以上0.5m，该部分受水流的冲刷几率最少，考虑节省投资，并兼顾景观和生态要求设计为生物护坡，采用卫运河上已有的框格混凝土植草护坡的形式。

上游段的结构与下游段基本相同，但因上游段滩地高程在25.5m左右，中部高程改为25.5m，并做浆砌石封顶，取消中部的马道平台。

险工从下游桥位起每隔100m设一个坝头，共6个。坝头设计为1.5m厚浆砌石包裹土料。坝头底高程设计为12.5m，顶高程20m，底面尺寸为13m×13m，顶面尺寸前部宽3m，后部宽13m。

(四)胡家湾、先锋桥、莲花庵险工结构设计

这三个险工已有护砌，现状主槽已摆至险工处，滩地较窄，部分河段已无滩地，由于冲刷作用，现有护砌的基础悬吊。本次设计治理的措施为：采用对老护坡进行水平固基的方案，水平固基沿老护坡底通长布置，根据河道的深泓高程和老护坡底高程的情况，确定水平固基的宽度

为 20m。为保证滩地耕种并考虑老护坡护脚深 1m 的情况，水平固基埋入地面以下 0.5m。

比较了铅丝石笼和雷诺护垫两个方案：铅丝石笼厚 0.8m，雷诺护垫厚 0.3m，下面均铺设 300g 的土工布。

铅丝石笼和雷诺护垫两者的投资比较见表 12.19，雷诺护垫价格便宜而且相对寿命较长。经比较，本次推荐雷诺护垫方案。

表 12.19　铅丝石笼和雷诺护垫方案比较表

序号	险工名称	雷诺护垫方案				铅丝石笼方案			
		工程量(m^3)			投资（元）	工程量(m^3)			投资（元）
		土方开挖	土方回填	雷诺护垫		土方开挖	土方回填	铅丝石笼	
1	胡家湾	24024	15015	9009	4129581	39039	15015	24024	6899933
2	先锋桥	16368	10230	6138	2813561	26598	10230	16368	4701053
3	莲花庵	8800	5500	3300	1512667	14300	5500	8800	2527448

（五）赵圈险工

赵圈险工属滩地险工，已用导流排进行了整治，但是由于主槽冲刷作用，导流排处已被冲出大坑，导流排基础原设计埋深 10m，现已冲刷了约 5m 左右，严重威胁导流排的安全。本次设计治理的措施为在冲刷部位先填土将冲出的大坑基本填平，然后做 1.5m 厚的抛石进行保护。

（六）祝官屯闸以下护滩险工结构设计

李贤屯险工、青苏厂险工、八屯险工位于祝官屯闸以下，可以结合清淤工程通过祝官屯闸的调度来实现干地施工。

1. 护砌形式比选

参照以往对护滩险工处理的工程经验，主要应对浆砌石护砌、干砌石护砌、预制混凝土板块护砌等形式进行比较。

干砌石护砌施工质量不易保障。浆砌石护砌或预制混凝土板护砌，护砌形式简单，施工方便，边坡整体较稳定，抗冲刷能力较强。结合当地材料情况、卫运河上现有的护坡形式，以及漳卫新河已治理的险工护砌形式和护险效果，确定各险工护砌形式选择浆砌石护砌或预制混凝土板护砌。浆砌石的抗冲刷能力比预制混凝土板相对要好，因此险工所处断面流速较大时选择浆砌石护砌，流速小时选择预制混凝土板护砌。

李贤屯、青苏厂两处险工水流流速相对较小，采用预制混凝土板护砌，八屯险工采用浆砌石护砌。

2. 护面厚度确定

(1)浆砌石护坡厚度。参考国内其他已建护坡工程的厚度，尤其是下游漳卫新河的工程经验，确定八屯险工采用的砌石厚度为 0.40m。

(2)混凝土块护坡厚度。采用混凝土块护坡时，满足其整体稳定所需要的混凝土块厚度 t 按下式计算：

$$t = \eta H \sqrt{\frac{rL}{(r_b - r)Bm}}$$

式中　t——混凝土块厚度(m)；

η——系数，上部开缝，下部闭缝，取 0.1；

H——计算波高(m),取 $H_{1\%}$,$H/d=0.044$ 查表得换算系数 2.35,$H=0.522$m;

γ_b——植被混凝土块的重度(kN/m^3),$25kN/m^3$;

γ——水的重度,$9.8kN/m^3$;

L——计算波长,6.83(m);

B——沿斜坡方向(垂直与水边线)预制混凝土块护面板长度(m),为0.346m;

m——斜坡坡率。

计算得出 $t=0.093$m,李贤屯、青苏厂两处险工采用12cm厚边长为0.2m的预制混凝土正六角块满足稳定要求。

(七)祝官屯闸以上护滩险工结构设计

马头险工、铺上险工、滩上险工、乔马庄险工位于祝官屯闸上,要实现干地施工则必须修建围堰。对这4个险工比较了修围堰干地施工浆砌石护砌和在枯水位时水下抛石防护+水上浆砌石护砌两个方案。

(1)修围堰浆砌石护砌。修建施工围堰,保证浆砌石能在干地施工。浆砌石厚0.4m,坡比1:2~1:3,护至滩顶。该方案主要工程量和投资见表12.20。

表12.20 修围堰浆砌石护砌方案主要工程量和投资

序号	名称	浆砌石方案工程量(m^3)					投资(元)
		土方开挖	土方填筑	浆砌石	碎石垫层	土工布(m^2)	
1	马头险工	10494.00	1465.20	6296.40	751.30	15026.00	2983833
2	铺上险工	18960.48	2815.12	4835.60	520.52	10410.40	2399195
3	滩上	4348.96	2815.12	4835.6	520.52	10410.4	2313279
4	乔马庄	12899.70	1346.40	13523.40	1534.50	30690.00	6050725

(2)水下抛石+水上浆砌石。以枯水位为界分为上下两部分,下部采用水下施工,上部为干地施工。

水下抛石厚1m,坡比1:3,顶高程高于枯水位0.5m,底部自河底向河中心布置抛石水平防护。水平防护的长度按冲刷深度的两倍考虑,滩上险工不少于3m,马头险工、铺上险工和乔马庄险工不少于2m。

水上浆砌石厚0.4m,坡比根据现场地形滩上险工为1:2,马头险工、铺上险工和乔马庄险工为1:3,自枯水位护至滩顶。该方案主要工程量和投资见表12.21。

表12.21 水下抛石方案主要工程量和投资

序号	名称	工程量(m^3)					投资(元)
		土方开挖	土方填筑	浆砌石	土工布(m^2)	水下抛石	
1	马头险工	6314.80	470.80	5116.00	10996.00	3148.00	2733103
2	铺上险工	13889.10	353.10	3780.00	8097.00	6117.00	2852199
3	滩上险工	2452.00	553.20	1532.20	2246.60	9127.40	2496053
4	乔马庄险工	8763.30	1770.30	7020.00	13653.00	22158.00	7411494

经比较,修围堰浆砌石护砌方案相对价格较低,马头险工推荐采用水下抛石方案,铺上险工、滩上险工和乔马庄险工推荐采用修围堰浆砌石护砌方案。

（八）险工的工程量

险工护砌工程主要工程量为，土方开挖16.30万m^3，土方回填8.27万m^3，砌石5.25万m^3，混凝土预制块（厚12cm）0.88万m^2，雷诺护垫（厚度为0.3m）1.84万m^2，抛石1.18万m^3，框格草皮护坡13013m^2。卫运河险工护砌工程量汇总见表12.22。

表12.22　卫运河险工护砌工程量汇总表

序号	工程项目	岸别	起始桩号	处理长度（m）	土方开挖（m^3）	土方回填（m^3）	浆砌石（m^3）	混凝土预制块（m^2）	碎石垫层（m^3）	土工布（m^2）	框格草皮（m^2）	雷诺护垫（m^2）
1	马头	左岸	24+800	400	6314.8	470.8	5116			10996		
2	铺上	左岸	30+100	300	18960.48	2815.12	4835.6		520.52	10410.4		
3	滩上	左岸	31+800	470	4348.96	2815.12	4835.6		520.52	10410.4		
4	赵圈	左岸	46+500	500		26011.56						
5	郑口	左岸	135+000	1300	52257	12924	18400		1216	24310	13013	混凝土16016m^2
6	乔马庄	右岸	26+000	900	12899.7	1346.4	13523.4		1534.5	30690		
7	胡家湾	右岸	59+900	1365	24024	15015						9009
8	先锋桥	右岸	64+500	930	16368	10230						6138
9	莲花庵	右岸	65+900	500	8800	5500						3300
10	李贤屯	右岸	130+850	580	3445	1531	995	3841	205	4506		
11	青苏厂	右岸	134+750	540	5304	3374	927	4948	348	7664		
12	八屯	右岸	144+800	300	10276.2	623.7	3828		432.3	8646		
合计				8085	162998.14	82656.70	52460.6	8789	4776.84	107632.8	13013	18447

五、险工段的整治

（一）险段加戗

1. 加戗堤段堤防情况

左K3+750~K6+800、K36+500~K38+600两段堤防，现堤顶宽度8.0m左右，坡度1:2.3~1:3.0，为1972年扩大治理时退堤缩堤而成，清基不彻底、碾压不实，施工质量差；左K49+000~K49+700段为“65.8”洪水决口堤段，堵口抢险填筑质量差。地质报告中指出“目前堤防工程质量可能满足抗滑稳定核算的要求，但渗透变形破坏往往是从最薄弱的环节开始的，因此，从渗透稳定的角度去考虑整个堤防的稳定性，是不容忽视的问题”。

经过实际观测和验算，尽管验算结果（如图12.6）没有出现渗透不稳定的情况，但针对这几段堤防形成的时间及当时的施工条件，堤身填筑土料质量差（包括土质、均匀性等），为填筑质量控制不严所致。结构疏松造成堤身土体在长时间浸水状态下，可能出现塌坡、散浸、渗透变形等问题，从而造成险情。因此，对这几段堤防加戗是适宜的。

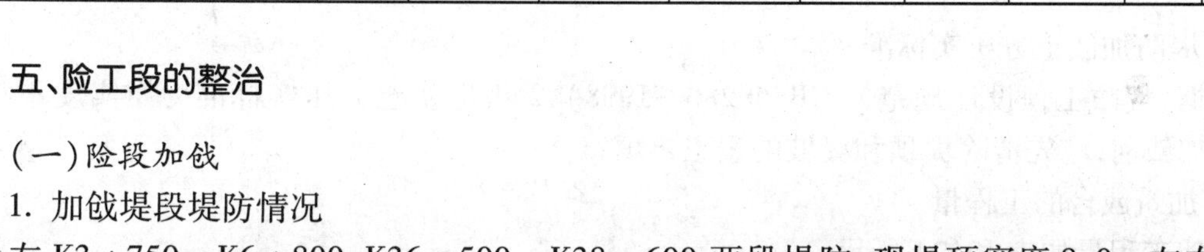

图12.6　25+400堤防断面加戗前渗流场分布图

2. 加筑戗台的堤段

根据地质报告及“96·8”洪水所暴露的问题和日常管理所发现的问题，对3处堤防险段加筑戗台，总长度6250m。加戗堤段见表12.23。

表12.23 加筑戗台堤段表

序号	起止桩号	长度(m)	岸别	存在问题	处理措施	备注
1	3+750~6+800	3050	左岸	新堤穿老堤段	背河加戗	
2	36+500~39+000	2500	左岸	退堤缩堤新堤段	背河加戗	
3	49+000~49+700	700	左岸	决口抢险堤段	背河加戗	
		6250				

3. 加筑戗台结构设计

从图12.6可以看出，浸润线溢出点距堤顶3.88m，取戗台设计高程为堤顶以下3.0m，戗台宽度5.0m。加戗后，堤防渗流场分布图如图12.7所示，渗流出溢点降低至戗台坡脚，说明加戗的结构形式是合理的。

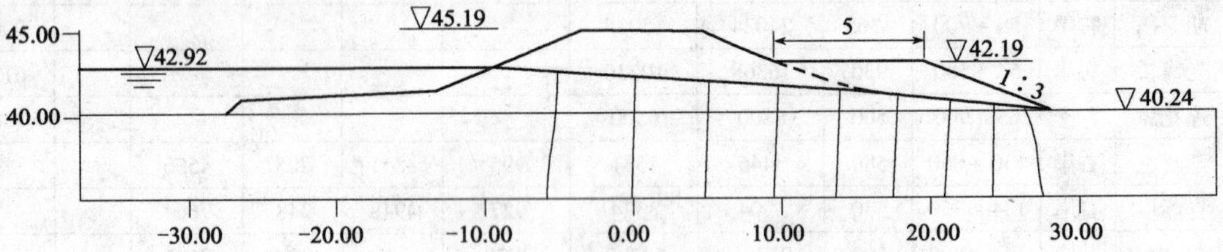

图12.7 25+400堤防断面加戗后渗流场分布图

4. 堤防加戗土方压实标准

根据《堤防工程设计规范》(GB 50286—1998)，2级堤防土方压实标准为压实度不小于0.92。加戗前，应先清除堤顶和堤坡的表土再填筑。

5. 加筑戗台的工程量

加戗工程量如表12.24所示。

表12.24 加戗工程量

起止桩号	长度(m)	岸别	处理措施	填筑量(m^3)
3+750~6+800	3050	左岸	背河加戗	50325
36+500~39+000	2500	左岸	背河加戗	34650
49+000~49+700	700	左岸	背河加戗	11550
合计	6250			96525

(二)防渗墙

1. 防渗墙存在问题

左岸51+500~52+300江庄子口门险段，长度800m，对应的河道滩地狭窄，1956年洪水时曾经决口，在对决口进行封堵时，大量麦秆、树枝和乱石埋于堤下，麦秆、树枝历经多年已经腐烂。1983年钻探时发现堤下7.0m和12.0m处存在乱石及孔洞现象。

2. 防渗墙处理范围

根据管理单位提供的历史记载资料及1983年钻探资料，对该段堤防进行防渗处理，设计处理范围为左岸 51 +450 ~52 +350 段。经比较,采用多头小直径搅拌桩防渗墙方案,处理深度堤顶以下 14.0m,成墙高度 13.0m。成墙面积 11700m²。

3. 防渗墙主要设计指标

(1)"多头小直径搅拌桩防渗墙"所用固化剂为普通硅酸盐水泥,强度等级为 42.5,掺入量为 13%左右(占土体质量的百分比)。外加剂的使用可视工程需要而定,但应避免污染环境。

(2)防渗墙的设计厚度为 160mm。

(3)防渗墙的无侧限抗压强度 R90 大于 1.0MPa,室内试块渗透系数为 E(E 为 1 ~10 的自然数) $\times 10^{-6}$cm/s,渗透破坏比降不小于 100。

(4)水灰比为 0.8 ~2.0,通过现场试验确定。

(5)防渗墙的顶部高程在设计堤顶以下 1.0m。

(6)防渗墙位置距堤内肩 2.5 ~3.0m。

六、堤顶路面硬化

(一)堤顶路现状

卫运河堤防总长度约 321km,堤顶路面已经硬化总长度有 8.445km,其余全部为土路,雨后堤顶路面泥泞,无法通行;靠近城区堤段历年来是堤防管理的老大难,车辆碾压频率相对较高,常年凸凹不平,阴雨天气车辆很难通行,给防汛抢险带来很大难度;堤防两侧有大量上下堤坡道,坡道宽度、长度各不同,上下堤坡道处极易损坏已硬化的路面或"啃咬"堤防断面。

为了满足堤防管理及防汛抢险需要,本次设计对部分堤顶路面硬化。靠近城区堤段,车辆碾压频率相对较高,常年凸凹不平,阴雨天气车辆很难通行,给防汛抢险带来很大难度,而重要的防汛物资正是通过城镇堤段运输到各个相应位置,因此,靠近城区堤顶硬化为沥青混凝土路面,其他堤顶硬化为泥结石路面。

由于卫运河两岸分布很多上下堤坡道,而上下堤坡道处极易损坏已硬化的路面或"啃咬"堤防断面。因此,结合防汛管理,对部分上下堤坡道硬化为泥结石路面,以防止继续损坏已硬化的路面或"啃咬"堤防断面。按每 4km 一条,每条长 260m 计,共 20.9km。

按照以上原则,结合目前已经硬化的路面,本次设计硬化路面情况如表 12.25 所示。

表 12.25　卫运河堤顶(沥青混凝土)路面硬化表

序号	岸别	起止桩号	本次设计计划硬化长度(km)	城镇名称	已硬化长度(km)	备注
一	左岸		21.22			
1		6 +280 ~7 +800	1.52	馆陶县城		
2		40 +500 ~43 +000	2.5	尖庄镇		
3		68 +000 ~71 +000	3.0	河西镇		
4		85 +200 ~90 +000	4.8	油坊镇	0 +000 ~3 +200	
5		109 +600 ~112 +000	2.4	建国镇	9 +300 ~10 +500	
6		134 +000 ~139 +000	5.0	故城县城	27 +200 ~28 +000	
7		153 +000 ~155 +000	2.0	故城镇	64 +000 ~68 +060	
二	右岸		36.7			
1		5 +100 ~7 +800	2.7	东古城镇		

续表

序号	岸别	起止桩号	本次设计计划硬化长度(km)	城镇名称	已硬化长度(km)	备注
2		24 +000 ~27 +000	3.0	北馆陶镇		
3		60 +000 ~68 +000	8.0	临清市		
4		84 +000 ~86 +000	2.0	郑堡屯镇		
5		92 +000 ~94 +000	2.0	东渡口驿	3 +300 ~6 +600	
6		105 +000 ~111 +000	6.0	祝官屯镇至老武城镇	66 +090 ~76 +190	
7		118 +000 ~120 +000	2.0	甲马营镇	95 +900 ~96 +700	
8		130 +000 ~133 +000	3.0	北甘泉镇	131 +800 ~132 +100	
9		137 +000 ~140 +000	3.0	腾庄镇(西郑庄)	148 +500 ~148 +800	
10		153 +000 ~158 +000	5.0	四女寺镇		
合计			57.92			

(二)路面结构形式

1. 沥青路面结构形式(城镇及周边段)

考虑到防汛物资(如块石、木料等)在恶劣气候条件下运输,很容易损坏路面,为保持路面的耐久性,可以适当提高路面材料等级,参照下游漳卫新河堤顶路面结构形式,计划按照公路四级标准修建,堤顶道路设计为沥青混凝土路面,路面的宽度为5.5m,路面的拱度为1.5%,以现状堤顶中心线作为路面的设计中心线,在两侧设置50cm×15cm×10cm的混凝土路缘石。

底基层采用20cm的石灰稳定土,基层采用15cm的水泥稳定碎石,底基层和基层的设计宽度为6.0m。面层采用2.5cm细粒式沥青混凝土(AC-13型)加3cm中粒式沥青混凝土(AC-16型),面层与基层之间设0.5cm的沥青石屑下封层,面层的设计宽度为5.5m。

2. 泥结石路面结构形式(非城镇及周边段)

堤顶道路设计为泥结石路面,路面宽度为5.5m,拱度为1.5%,以现状堤顶中心线作为路面的设计中心线,两侧设50cm×15cm×10cm的混凝土路缘石。对现状堤顶重新碾压,厚度20cm,碾压宽度为6.0m。面层采用15cm泥结石,面层的设计宽度为5.5m。

路口布设钢筋混凝土障碍桩,以防大型车辆通行。

七、堤防的整修工作

卫运河堤防总长321km,现状堤顶防汛路多为土质路面,经多年运用,坑洼不平;上堤路口处堤防高度欠缺,堤坡经多年雨水冲淋,存在冲沟、塌坑。堤防管理上,也需要进行堤防整修,以改变堤防面貌,建设标准化堤防。设计对堤防进行整修。

整修范围为:堤防加高、加戗及清淤弃土堤段在施工时一并整修,不再单独安排,其他堤段单独整修,具体范围如表12.26及表12.27所示。

整修内容主要包括护堤地整修、堤坡整修、弃土整修、戗台整修及浪窝回填。堤防加高段,仅考虑护堤地整修及浪窝回填;堤防加戗台段仅考虑戗台以上坡面的整修及整个坡面的浪窝回填;弃土场段仅考虑弃土高度以上坡面的整修及整个坡面的浪窝回填;没有实施工程的堤段视情况,进行护堤地整修、堤坡整修、弃土整修、戗台整修及浪窝回填中的一项或几项整修。具体整修范围及内容见表12.26及表12.27。

表 12.26　左堤整修统计表

范　围	长度（m）	护堤地整修（m^3）	堤坡整修（m^3）	弃土整修（m^3）	戗台整修（m^3）	浪窝回填（m^3）	备注
Z0 +000 ~ Z3 +750	3750	3750	1900	1851	1065	1416	
Z3 +750 ~ Z6 +800	3050		773			576	加戗台
Z6 +800 ~ Z21 +000	14200	14201	7194	7011	4031	5363	
Z21 +000 ~ Z25 +600	4600	4600				1737	加高
Z25 +600 ~ Z36 +500	10900	10901	5522	5382	3094	4117	
Z36 +500 ~ Z39 +000	2500		633			472	加戗台
Z39 +000 ~ Z40 +508	1508	1508	764	745	428	570	
Z40 +508 ~ Z49 +000	8492	8647	4548	4193	7423	1697	
Z49 +000 ~ Z49 +700	700		187			70	加戗台
Z49 +700 ~ Z70 +600	20900	21282	11194	10319	18270	4176	
Z70 +600 ~ Z72 +400	1800	1833				360	加高
Z72 +400 ~ Z90 +800	18400	18736	985	9085	16084	3676	
Z90 +800 ~ Z91 +800	1000	1018				200	加高
Z91 +800 ~ Z115 +440	23640	24072	12662	11672	20665	4723	
Z115 +440 ~ Z116 +480	1040		279			104	弃土场
Z116 +480 ~ Z119 +900	3420	3482	1832	1689	2990	683	
Z119 +900 ~ Z120 +470	570		153			57	弃土场
Z120 +470 ~ Z124 +160	3690	3757	1976	1822	3226	737	
Z124 +160 ~ Z125 +730	1570		420			157	弃土场
Z125 +730 ~ Z132 +000	6270	6384	3358	3096	5481	1253	
Z132 +000 ~ Z132 +580	580	591				116	加高
Z132 +580 ~ Z133 +500	920					92	加高 + 弃土场
Z133 +500 ~ Z133 +980	480		129			48	弃土场
Z137 +800 ~ Z139 +200	3820	3890	2046	1886	3339	763	
Z139 +200 ~ Z145 +500	1400		375			140	弃土场
Z139 +200 ~ Z145 +500	6300	6415	3374	3110	5507	1259	
Z145 +500 ~ Z146 +650	1150		308			115	弃土场
Z146 +650 ~ Z153 +600	6950	7077	3722	3431	6075	1389	
Z153 +600 ~ Z154 +700	1100		295			110	弃土场
Z154 +700 ~ Z160 +000	5300	5397	2839	2617	4633	1059	
Z160 +000 ~ Z161 +100	1100		295			110	弃土场
Z161 +100 ~ Z163 +000	1900	1935	1018	938	1661	380	
小计	163000	149475	77651	68846	103971	37724	

表 12.27　右堤整修统计表

范　　围	长度（m）	护堤地整修（m^3）	堤坡整修（m^3）	弃土整修（m^3）	戗台整修（m^3）	浪窝回填（m^3）	备注
Y0 +000 ~ Y6 +400	6400	6441	3220	4206	1855	2130	
Y6 +400 ~ Y8 +000	1600	1610				532	加高
Y8 +000 ~ Y17 +200	9200	9259	4628	6047	2666	3061	
Y17 +200 ~ Y18 +400	1200	1208				399	加高
Y18 +400 ~ Y21 +000	2600	2617	1308	1709	753	865	
Y21 +000 ~ Y24 +400	3400	3422				1131	加高
Y24 +400 ~ Y28 +800	4400	4428	2214	2892	1275	1464	
Y28 +800 ~ Y29 +600	800	805				266	加高
Y29 +600 ~ Y64 +592	34992	35216	17604	22998	10140	11644	
Y64 +592 ~ Y65 +605	1013	1019				337	加高
Y65 +605 ~ Y66 +200	595	599	299	391	172	198	
Y66 +200 ~ Y68 +208	2008	2021				668	加高
Y68 +208 ~ Y74 +520	6312	6352	3175	4149	1829	2100	
Y74 +520 ~ Y97 +200	22680	4398	45720	14906	11877	6441	
Y97 +200 ~ Y100 +200	3000	582				852	加高
Y100 +200 ~ Y111 +480	11280	2187	22739	7414	5907	3203	
Y111 +480 ~ Y112 +000	520		524			74	弃土场
Y112 +000 ~ Y112 +800	800					114	加高 + 弃土场
Y112 +800 ~ Y113 +800	1000	194				284	加高
Y113 +800 ~ Y116 +900	3100	601	6249	2037	1623	880	
Y116 +900 ~ Y118 +100	1200		1210			170	弃土场
Y118 +100 ~ Y123 +600	5500	1066	11087	3615	2880	1562	
Y123 +600 ~ Y124 +300	700		706			99	弃土场
Y124 +300 ~ Y124 +540	240					34	加高 + 弃土场
Y124 +540 ~ Y126 +100	1560	302				443	加高
Y126 +100 ~ Y127 +000	900	175	1814	592	471	256	
Y127 +000 ~ Y128 +330	1330	258				378	加高
Y128 +330 ~ Y129 +250	920					131	加高 + 弃土场

续表

范　　围	长度(m)	护堤地整修(m^3)	堤坡整修(m^3)	弃土整修(m^3)	戗台整修(m^3)	浪窝回填(m^3)	备注
Y129 +250 ~ Y131 +250	2000	388				568	加高
Y131 +250 ~ Y134 +300	3050	591	6148	2005	1597	866	
Y134 +300 ~ Y134 +850	550		554			78	弃土场
Y134 +850 ~ Y139 +600	4750	921	9575	3122	2487	1349	
Y139 +600 ~ Y142 +600	3000	582				852	加高
Y142 +600 ~ Y143 +400	800					114	加高 + 弃土场
Y143 +400 ~ Y147 +100	3700	717				1051	加高
Y147 +100 ~ Y148 +000	900	175	1814	592	471	256	
Y148 +000 ~ Y148 +600	600	116				170	加高
Y148 +600 ~ Y149 +200	600					85	加高 + 弃土场
Y149 +200 ~ Y151 +600	2400	465				682	加高
Y151 +600 ~ Y152 +500	900	175	1814	592	471	256	
Y152 +500 ~ Y152 +950	450	87				128	加高
Y152 +950 ~ Y153 +850	900					128	加高 + 弃土场
Y153 +850 ~ Y156 +400	2550	494				724	加高
Y156 +400 ~ Y158 +000	1600	310	3225	1052	838	454	
小计	158000	89783	145630	78317	47315	47478	

第三节　穿堤建筑物加固工程设计

一、穿堤建筑物概况

卫运河自徐万仓至四女寺枢纽全长157km,除汛期渲泄上游洪水外,还承担两岸部分排涝和灌溉的任务。目前,两岸为排涝和引水灌溉保留了183座涵闸、涵管以及扬水站等穿堤建筑物,详见表12.28。这些穿堤建筑物大部分为乡村自建自管,没有图纸,没有施工资料和记录。而且,当时的施工条件和水平较低,质量无法保证;许多建筑物建设年代久远,老化失修,有的砖涵使用年限已超过四十年;部分涵洞洞身塌陷、裂缝、错位。

由于工程建设标准低,施工质量差,管理体制不落实,正常维修经费无来源,再加上已运行多年。因此,各种建筑物均有不同程度的损坏,既降低了灌溉和排涝能力,又严重影响着河道的行洪安全。特别是"96·8"洪水期间,许多穿堤建筑物发生险情,给防洪抢险造成极大困难。

表 12.28 穿堤建筑物现状表

省份	序号	名称	设计处理方式	位置(桩号)	类型	建设时间	建设标准			运用情况	存在问题
							孔数	管径(m)	设计流量(m^3/s)		
河北省	1	新幸福闸	维持原状	Z0 +500	钢混	1973	5		50	使用	
	2	路庄扬水站	重建 2-2 ×2.5	Z0 +559	钢混	1981	2		8	使用	进出口裂渗,洞身部分毁坏,无闸门
	3	卫西扬水站	重建 $\phi1.5$	Z1 +460	砖拱	1965	1		2	使用	进出口裂渗,洞身部分毁坏,无闸门
	4	孙庄南涵洞	重建 $\phi0.5$	Z2 +449	砖石拱	1972	1		0.5		进出口裂渗,洞身部分毁坏,无闸门
	5	滩南涵洞	重建 $\phi0.5$	Z9 +985(原) Z6 +385(核)	砖石拱	1973	1		0.5	使用	管节渗漏严重、进出口裂缝,闸室沉陷
	6	徐街南涵洞	重建 $\phi0.5$	Z7 +837	钢管	1973	1		0.5	有时使用	进出口及洞身塌裂
	7	罗头扬水站	重建 $\phi1.5$	Z15 +715	砖石	1960			2	不能使用	进出口及洞身塌裂
	8	后罗头涵洞	重建 $\phi0.5$	Z16 +215	砖石	1960	1		0.5	不能使用	洞身及进出口毁坏
	9	东徐村北涵洞	重建 $\phi0.5$	Z20 +572	砖石拱	1973	1		0.5	有时使用	进出口及洞身裂渗
	10	康庄涵洞	拆除封堵	Z22 +217	砖石	1973	1		0.5	不能使用	洞身及进出口毁坏
	11	颜窝头北涵洞	拆除封堵	Z25 +014	砖石拱	1966	1		0.5	不能使用	洞身及进出口塌裂
	12	马头扬水站南涵洞	拆除封堵	Z25 +469	砖石	1972	1		0.5	不能使用	洞身及进出口毁坏
	13	马头扬水站	重建 2-$\phi1.5$	Z25 +509	砖石拱	1970	2		3	使用	进出口裂渗,洞身部分毁坏,无闸门
	14	马头大队涵洞	拆除封堵	Z26 +250	砖石拱	1972	1		0.5	不能使用	进出口损坏、已封堵
	15	马圈村南涵洞	重建 $\phi0.5$	Z28 +251	砖石拱	1968	1		0.5	有时使用	进出口毁坏
	16	刘圈南涵洞	重建 $\phi0.5$	Z29 +029	砖混	1968	1		0.5	不能使用	进出口及洞身塌裂
	17	铺上西涵洞	重建 $\phi0.5$	Z30 +088	砖石拱	1968	1		0.5	有时使用	进出口及洞身裂渗
	18	滩上西涵洞	拆除封堵	Z31 +050	砖石拱	1968	1		0.5	不能使用	进出口及洞身裂渗

续表

省份	序号	名　称	设计处理方式	位置(桩号)	类型	建设时间	建设标准			运用情况	存在问题
							孔数	管径(m)	设计流量(m^3/s)		
河北省	19	滩上北涵洞	重建 ϕ0.5	Z32+660(原) Z32+200(核)	砖石拱	1966	1		0.5	有时使用	进出口已封堵
	20	肖村汤水站	重建 ϕ1.5	Z34+700	砖石	1960	1		1.5	不能使用	进出口及洞身塌裂
	21	前符渡涵洞	重建 ϕ0.5	Z35+283	砖石拱	1972	1		0.5	有时使用	进出口及洞身部分毁坏
	22	后符渡涵洞	重建 ϕ0.5	Z36+877	砖石拱	1966	1		0.5	不能使用	进出口裂渗,洞身部分毁坏
	23	山才南涵洞	重建 ϕ0.5	Z38+610	砖石拱	1973	1		0.5	不能使用	进出口裂渗,洞身部分毁坏,无闸门
	24	山才北涵洞	重建 ϕ0.5	Z38+610	砖石拱	1973	1		0.5	不能使用	进出口裂渗,洞身部分毁坏
	25	申街涵洞	重建 ϕ0.5	Z39+563	砖石拱	1967	1		0.5	有时使用	管节塌陷,进出口损坏
	26	西尖涵洞	拆除封堵	Z40+950	砌石	1973	1	1.4	0.1	未用	老化失修
	27	东尖涵洞	拆除封堵	Z41+800	砌石	1973	2	1.4	3.0	未用	老化失修
	28	跃进闸	维持原状	Z41+900	砌石	1958	10		30	运用	
	29	李蓙涵洞	维持原状	Z46+500	砌石	1973	1	1	0.1	运用	
	30	赵蓙涵洞	拆除封堵	Z47+900	砌石	1973	2	1.5	3	运用	老化失修
	31	江庄涵洞	拆除封堵	Z50+900	混凝土	1973	1	1	0.024	未用	老化失修
	32	大营西涵洞	维持原状	Z54+100	砌石	1972	1	1.5	2.4	运用	
	33	大营涵洞	拆除封堵	Z54+900	混凝土管	1973	1	0.6	0.124	未用	老化失修
	34	丁村涵洞	加法兰盘	Z57+300	砌石	1972	1	1	1.8	运用	进口缺失闸门
	35	江村涵洞	拆除封堵	Z58+100	混凝土管	1973	1	0.6	0.235	未用	老化失修
	36	赵村涵洞	拆除封堵	Z60+300	混凝土	1973	1	1	0.61	未用	老化失修
	37	西温涵洞	加法兰盘	Z62+700	混凝土	1972	1	1	0.35	未用	进口缺失闸门
	38	刘口引水闸	维持原状	Z64+500	钢筋混凝土	1994	3		引水 75	运用	运行良好
	39	教厂涵洞	加法兰盘	Z66+400	混凝土	1972	1	1	0.365	运用	进口缺失闸门

续表

省份	序号	名　称	设计处理方式	位置(桩号)	类型	建设时间	建设标准			运用情况	存　在　问　题
							孔数	管径(m)	设计流量(m^3/s)		
河北省	40	北队涵洞	加法兰盘	Z69 +100	混凝土管	1973	1	0.6	0.43	运用	进口缺失闸门
	41	邢庄涵洞	加法兰盘	Z70 +000	混凝土	1973	1	1	0.37	运用	进口缺失闸门
	42	北三里涵洞	拆除封堵	Z72 +100	混凝土管	1973	1	0.6	0.10	未用	老化失修
	43	郑庄涵洞	拆除封堵	Z73 +150	混凝土	1973	1	1	0.235	未用	老化失修
	44	陈尧涵洞	加法兰盘	Z74 +150	砌石	1972	1	1.5	1.8	未用	进口缺失闸门
	45	枣元涵洞	拆除封堵	Z76 +300	混凝土	1973	1	1	0.22	未用	老化失修
	46	汪江排水闸	维持原状	Z76 +400	钢筋混凝土	1974	2		15	运用	
	47	汪江引水闸	维修进口,2 孔 2×2.5,闸室、启闭机	Z76 +500	钢筋混凝土	1974	2		15	运用	进口损坏,启闭机及闸门损坏
	48	汪孟涵洞	拆除封堵	Z78 +200	混凝土	1973	1		0.12	运用	老化失修
	49	焦庄	重建 2-φ1.5	Z82 +170	砌石	1974	1	2×2	4.5	带病运行	管节裂缝、渗水严重,进出口损坏
	50	焦庄		Z82 +285	砌石	1974	1	1.6×1.6	3.6	带病运行	
	51	南李庄扬水站	维持原状	Z86 +849	混凝土	1974	2	1.8×2	12		
	52	油坊扬水站	灌浆	Z87 +890	砌石	1970	1	1.5×1.5	2.0	因泵站未提水停用	老化裂缝、渗水严重
	53	油坊北扬水站	拆除封堵	Z89 +661	砌石	1968	1	0.5×1.1	1.0	因泵站未提水停用	老化渗水,地方同意拆除
	54	劝礼扬水站	拆除封堵	Z90 +645	砌石	1968	1	0.5×0.9	1.2	因泵站未提水停用	老化渗水,地方同意拆除
	55	朱唐口扬水站	更换闸门及启闭机	Z93 +210	混凝土	11992 年改建	1	1.5×1.5	1.6	因泵站未提水停用	闸门及启闭设备严重毁坏
	56	郭屯扬水站	更换闸门及启闭机	Z95 +910	混凝土	1992 年改建	1	1.1×1.6	2.0	因泵站未提水停用	闸门及启闭设备严重毁坏

续表

省份	序号	名　　称	设计处理方式	位置(桩号)	类型	建设时间	建设标准			运用情况	存　在　问　题
							孔数	管径(m)	设计流量(m^3/s)		
	57	渡口驿扬水站	拆除封堵	Z97 + 768	浆砌砖	1973	1	0.6×0.9	1.0	因泵站未提水停用	老化渗水,地方同意拆除
	58	叶庄引水涵洞	拆除封堵	Z100 + 663	浆砌砖	1970		0.25	0.2	报废	浆砌砖风化严重,失去承载能力
	59	草寺闸	上游护坡接长20米、加高5米	Z102 + 557	钢筋混凝土	1995	2	2.5×2.5	14	基本正常	上游护坡损毁,护砌矮短
	60	姜圈引水涵洞	拆除封堵	Z104 + 500	浆砌砖	1965		1×1	1.0	报废	年久失修,报废
	61	曹口引水涵洞	维修进出口护坡	Z105 + 800	混凝土箱涵	1990		0.8×1.2	1.0	基本正常	前后护坡损毁
	62	褚庄引水涵洞	拆除封堵	Z107 + 412	浆砌石	1979		0.5×0.7	2.5	不能正常使用	洞身多处出现裂缝
	63	梁尧引水涵洞	拆除封堵	Z108 + 244	浆砌砖	1970		0.5×0.8	0.3	不能正常使用	洞身沉陷,裂缝
	64	建国引水涵洞	拆除封堵	Z109 + 200	浆砌石	1979		0.7×0.9	2.0	不能正常使用	涵洞底板漏水,已成空洞
河北省	65	和平闸	维持原状	Z110 + 300	钢筋混凝土	1984	3	3×2	58	正常使用	
	66	高庄引水涵洞	拆除封堵	Z110 + 500	浆砌砖	1970		0.5×0.7	2.0	不能正常使用	年久失修
	67	庞堂引水涵洞	维修进出口护坡	Z112 + 100	混凝土箱涵	1990		0.7×1.1	1.0	运行基本正常	前后护坡损毁
	68	天水屯引水涵洞	后面维修、接长20米、戗台加盖	Z114 + 446	混凝土箱涵	1981		1.4×1.5	6.0	运行基本正常	前后护坡损毁
	69	齐庄引水涵洞	拆除封堵	Z121 + 054	浆砌砖	1965		0.6×0.8	0.5	不能正常使用	洞身风化严重,失去承载能力
	70	小街子引水涵洞	拆除封堵	Z122 + 820	浆砌石	1974		1.2×1.5	3.0	不能正常使用	底板裂缝,沉陷
	71	孟古庄引水涵洞	拆除封堵	Z124 + 741	浆砌砖	1968		0.5	0.3	不能正常使用	洞身沉陷,风化严重
	72	寨子引水涵洞	拆除封堵	Z126 + 138	浆砌砖	1968		0.5	0.2	不能正常使用	洞身沉陷,风化严重
	73	东排引水涵洞	拆除封堵	Z128 + 156	浆砌砖	1974		0.5	0.2	不能正常使用	洞身沉陷,风化严重
	74	温庄引水涵洞	拆除封堵	Z129 + 652	浆砌石	1970		1.2×1.6	2.0	不能正常使用	底板漏水,形成空洞
	75	温庄引水闸	拆除封堵	Z129 + 700	浆砌石	1971	3	3×2		不能正常使用	地方同意拆除

续表

省份	序号	名称	设计处理方式	位置(桩号)	类型	建设时间	建设标准			运用情况	存在问题
							孔数	管径(m)	设计流量(m^3/s)		
河北省	76	刘辛庄引水涵洞	拆除封堵	Z130+258	浆砌砖	1960		0.5×0.7	0.5	不能正常使用	年久失修,风化严重
	77	五股河引水涵洞	拆除封堵	Z132+451	浆砌石	1975		1×1.4	1.5	不能正常使用	洞身多处出现裂缝
	78	徐庄引水涵洞	拆除封堵	Z135+500	浆砌石	1978		2×1.7	3	不能正常使用	风化严重,失去承载能力
	79	郑口扬水站	拆除封堵	Z136+000						不能正常使用	地方同意拆除
	80	后香坊引水涵洞	拆除封堵	Z137+431	浆砌砖	1972		0.8×0.5	0.5	不能正常使用	风化严重,失去承载能力
	81	青年闸	进口出口增护坡护底20米	Z137+755	钢筋混凝土	1958	2	2×1.7	25	带病运行	上下游护坡损毁严重
	82	新宅引水涵洞	拆除封堵	Z139+250	浆砌砖	1964		1×1.5	1.5	不能正常使用	风化严重,失去承载能力
	83	刁孝子引水涵洞	拆除封堵	Z140+346	浆砌砖	1971		1	1	报废	风化严重,失去承载能力
	84	刁南庄引水涵洞	拆除封堵	Z142+093	浆砌砖	1977		0.5	0.5	报废	洞身裂缝,漏水
	85	秘孝子引水涵洞	重建φ1.5	Z142+900	浆砌砖	1976		1	1	不能正常使用	洞身裂缝,漏水,进出口损坏严重
	86	第什引水涵洞	拆除封堵	Z144+257	浆砌砖	1966		1	1	报废	洞身裂缝,漏水
	87	南王庄引水涵洞	拆除封堵	Z145+850	浆砌砖	1965		1	1	不能正常使用	洞身裂缝,漏水
	88	小第八引水涵洞	拆除封堵	Z147+548	浆砌砖	1966		0.7×1	1	不能正常使用	洞身裂缝,漏水
	89	大第八引水涵洞	拆除封堵	Z148+573	浆砌砖	1970		0.8×1	1	不能正常使用	年久失修,风化严重
	90	马厂引水涵洞	拆除封堵	Z149+638	浆砌石	1983		0.8×1	1	不能正常使用	底板不均匀沉陷,裂缝
	91	西南镇引水涵洞	维修进出口护坡	Z151+490	混凝土箱涵	1987		1×1.5	1	运行基本正常	护坡损坏
	92	东南镇引水涵洞	重建φ1.5	Z153+983	浆砌石	1966		1×1.5	1	不能正常使用	底板漏水,形成空洞,进出口损坏严重
	93	三里口引水涵洞	拆除封堵	Z154+800	浆砌砖	1968		0.6×0.9	0.5	不能正常使用	年久失修,风化严重
	94	东芦庄引水涵洞	拆除封堵	Z156+489	浆砌砖	1971		0.5×0.8	0.5	不能正常使用	洞身多处出现裂缝
	95	芦庄闸	灌浆修补裂缝	Z156+800	浆砌石	1974	2	3×2	20	带病运行	多处裂缝,漏水

续表

省份	序号	名称	设计处理方式	位置(桩号)	类型	建设时间	建设标准			运用情况	存在问题
							孔数	管径(m)	设计流量(m^3/s)		
河北省	96	南二屯引水涵洞	拆除封堵	Z157+074	浆砌砖	1998		0.7×0.9	0.8	带病运行	风化严重,失去承载能力
	97	北二屯引水涵洞	拆除封堵	Z158+840	浆砌砖	1987		0.7×0.9	1	带病运行	风化严重,失去承载能力
	98	头屯引水涵洞	灌浆	Z161+265	浆砌石	1975		1.1×1.6	2	不能正常使用	底板漏水,形成空洞
	99	河北涯引水涵洞	拆除封堵	Z162+250	浆砌石	1968		0.5×0.75	0.5	报废	
山东省	100	焦庄西涵洞	拆除封堵	Y2+720	钢筋混凝土管	1974	1	ϕ0.8	1	不能正常使用	地方同意拆除
	101	古城北涵洞	拆除封堵	Y8+500	钢筋混凝土管	1974	1	ϕ1.0	1.5	不能正常使用	地方同意拆除
	102	郭庄引水涵管	重建2-2×2.5	Y11+700	钢筋混凝土管	1974		2×2.5			底板漏水,形成空洞,管身塌陷,进出口损坏
	103	罗头西涵洞	进出口加固,增设闸门、启闭机	Y16+630	钢筋混凝土管	1974	1	1	1.5	使用	无闸门
	104	薛圈涵洞	进出口加固,增设闸门、启闭机	Y18+875	钢筋混凝土管	1974	1	0.8	1	使用	无闸门
	105	许庄涵洞	拆除封堵	Y20+650	钢筋混凝土管	1974	1	0.8	1		地方同意拆除
	106	乔马庄涵洞	重建ϕ1.5	Y26+340	钢筋混凝土管	1966	1	1	1.5	使用	洞身及上下游护坡损坏
	107	王庄扬水点	拆除封堵	Y31+100	混凝土管	1975	1	ϕ0.7	0.2	废弃	
	108	王庄闸	维修护砌、排架,更换闸门,更换启闭机	Y31+276	混凝土箱式	1975	6	2×2.8	58	使用	护砌损坏,进出口损坏,闸门漏水
	109	拳厂扬水点	拆除封堵	Y32+080	混凝土管	1975	1	ϕ1.2	0.6	废弃	
	110	位厂扬水点	增设混凝土叠梁门	Y35+370	混凝土管	1975	1	ϕ1.2	0.6	使用	无闸门
	111	郑厂扬水点	增设混凝土叠梁门	Y36+900	混凝土管	1975	1	ϕ1.2	0.6	使用	无闸门
	112	王集扬水点	拆除封堵	Y38+440	混凝土管	1975	1	ϕ1.2	0.6	使用	一节闸门损坏,地方同意拆除
	113	李圈闸	背河面护砌、安装启闭机	Y43+376	料石箱式	1965	4	2.2×2.6	40	使用	背河面护砌、无启闭机

续表

省份	序号	名称	设计处理方式	位置(桩号)	类型	建设时间	建设标准			运用情况	存在问题
							孔数	管径(m)	设计流量(m^3/s)		
山东省	114	李圈扬水点	维持原状	Y43 +576	混凝土管	1975	1	φ1.5	1.6	使用	
	115	李官寨涵	维持原状	Y46 +256	混凝土管	1965	1	φ1.5	1.5	使用	
	116	西桥扬水点	拆除封堵	Y47 +900	陶瓷管	1965	1	φ0.47	0.2	废弃	进口封堵
	117	东桥倒虹吸	增设混凝土叠梁门，出口10m维修	Y48 +560	混凝土管	1959	1	φ1.05	0.8	使用	背河护砌损坏，无闸门
	118	东桥涵	重建φ1.5	Y48 +890	混凝土管	1959	1	φ1.5	0.8	使用	闸门启闭机已坏，洞身漏水
	119	东桥扬水点	拆除封堵	Y49 +090	混凝土管	1987	1	φ0.35	0.2	废弃	拆除
	120	反町倒虹吸	进口段5m，闸室，增设闸门、启闭机	Y50 +550	混凝土管	1974	1	φ1.5	0.8	使用	背河护砌短，无闸门
	121	反町扬水点	拆除封堵	Y50 +750	混凝土管		1	φ0.35	0.2	废弃	
	122	房村厂西扬水点	拆除封堵	Y51 +300	混凝土管	1972	1	φ0.75	0.5		无闸门，护坡损坏，地方同意拆除
	123	房村厂倒虹吸	拆除封堵	Y52 +430	混凝土管	1975	1	φ1.0	0.5	废弃	拆除
	124	房村厂东扬水点	维持原状	Y53 +550	混凝土管	1976	1	φ1.0	0.5	使用	完好
	125	车庄闸	维持原状	Y54 +400	混凝土拱	1977	1	2.5×2.7	40	使用	完好
	126	东窑扬水点	维修护砌、增设闸门	Y58 +738	石墙混凝土板	1982	1	1×1.2	1	使用	护砌损坏，无闸门
	127	北关涵	维持原状	Y59 +255	混凝土管	1974	1	φ1.5	1.5	使用	完好
	128	胡家湾扬水点	拆除封堵	Y60 +020	混凝土管	1974	1	φ1.0	0.5	废弃	拆除
	129	入卫闸	维持原状	Y60 +650	混凝土箱式	1994	3	4×3.8		使用	
	130	济津闸	维持原状	Y60 +700	混凝土箱式	1983	3	3×2.7	50	使用	
	131	头闸口涵洞	更换闸门、启闭机	Y62 +290	石墩混凝土拱	1975	1	2.5×2.7	13	使用	出口护坡损坏、闸门漏水，启闭机损坏
	132	西夹道涵	增设跌水	Y62 +740	混凝土管	1988	1	φ1.5	1.8	使用	入主槽口冲刷严重

续表

省份	序号	名　称	设计处理方式	位置(桩号)	类型	建设时间	建设标准			运用情况	存　在　问　题
							孔数	管径(m)	设计流量(m^3/s)		
山东省	133	北大洼涵	维持原状	Y67+190	混凝土管	1973	2	φ1.5	8.6		
	134	塔湾涵管	增加闸门	Y68+106	混凝土管	1974	1	φ1.05	0.8	偶有使用	无闸门,护砌短
	135	白庄闸	洞身东接长20米,重建消能工程,堤顶灌浆,换钢闸门、启闭机	Y75+118	拱涵式	1958	3	2×2	21.4	使用	洞身短,消能工程短,回填不实,闸门漏水、启闭机锈蚀
	136	白庄涵管	堤身管周灌浆	Y75+320	拍门	1967	1	φ0.5	0.2	使用	沉陷、裂缝
	137	三店涵管	重建φ1.5	Y78+625	拱涵式	1965	1	φ1.0	1.8	使用	沉陷、裂缝
	138	土龙头涵管	重建2.0×2.5	Y81+337	拱涵式	1962	1	3×2.5	2.4	使用	沉陷、裂缝
	139	土龙头闸	40米坡护砌、消力池	Y81+470	拱涵式	1971	4	2.7×3.3	30	使用	护砌消能工程沉陷裂缝
	140	杨中涵管	拆除封堵	Y83+179	拍门	1968	1	φ0.5	0.3	废弃	
	141	邢庄涵管	堤身管周灌浆	Y83+310	拍门	1966	1	φ0.6	0.3	使用	沉陷、裂缝
	142	杨庄闸	维持原状	Y84+400					使用		
	143	北口涵管	堤身管周灌浆	Y86+100	拍门	1966	1	φ0.5	0.5	使用	沉陷、裂缝
	144	燕窝涵管	重建φ1.5	Y86+897	拱涵式	1974	1	φ1.0	0.5	使用	沉陷、裂缝
	145	李庄涵管	堤身管周灌浆	Y87+334	拍门	1966	1	φ0.5	0.3	使用	沉陷、裂缝
	146	珠中涵管	拆除封堵	Y89+720	拱涵式	1968	1	1×0.8	1.8	废弃	
	147	珠西涵管	重建φ1.5	Y90+456	拍门		1	φ1.0			沉陷、裂缝
	148	珠西北涵管	拆除封堵	Y90+811	拍门	1968	1	φ0.5	0.3	废弃	
	149	渡口驿涵管	堤身管周灌浆	Y91+779	拱涵式	1965	1	1.5×1.5	2.6	使用	沉陷、裂缝
	150	渡西涵管	拆除封堵	Y92+033	拍门		1	φ0.5		废弃	
	151	渡东涵管	堤身管周灌浆	Y93+536	拍门	1965	1	φ0.5	0.3	使用	沉陷、裂缝

续表

省份	序号	名称	设计处理方式	位置(桩号)	类型	建设时间	建设标准			运用情况	存在问题
							孔数	管径(m)	设计流量(m^3/s)		
山东省	152	万厂涵管	堤身管周灌浆	Y95+211	拍门	1966	1	φ0.5	0.3	使用	沉陷、裂缝
	153	吕洼西涵管	设机架桥、更换启闭机、闸门	Y96+253	钢筋混凝土	1966	1	1.0×1.0	2	使用	机架桥启闭机损坏、闸门漏水严重、护坡损坏
	154	吕洼闸	维修闸门槽	Y96+520	钢筋混凝土	1971	3	3.5×3.0	40	使用	闸门漏水
	155	南屯涵洞	增设机架桥、启闭机、钢闸门	Y103+010	钢筋混凝土	1966	2	1×1.5	4.0	使用	无机架桥、启闭机,木闸门
	156	南屯闸	维修上游护坡,10×5(两侧)	Y103+816	钢筋混凝土	1992	2	3×2.5	20	使用	上游护坡损坏
	157	王庄北涵管	更换启闭机、加闸门	Y108+575	钢筋混凝土	1966	1	φ1.0	1.0	使用	无闸门、启闭机
	158	祝官屯南涵闸	配置闸门、启闭机、机架桥	Y109+000	钢筋混凝土	1966	1	1×1	1.35	使用	无闸门、启闭机、机架桥
	159	祝官屯北涵管	配置闸门、启闭机、机架桥	Y111+121	钢筋混凝土	1966	1	φ1.0	1.0	使用	无闸门、启闭机、机架桥
	160	潭庄南涵管	配置闸门、启闭机、机架桥	Y112+632	钢筋混凝土	1966	1	φ1.0	1.0	使用	无闸门、启闭机、机架桥
	161	甲马营干渠闸	配启闭机2台	Y120+489	钢筋混凝土	1966	2	2×2.5	6.5	使用	无启闭机
	162	七级营西涵管	增设混凝土叠梁门	Y122+128	钢筋混凝土	1966	1	φ1.0	1.0	使用	闸门护坡已坏
	163	钱户营西涵洞	维持原状	Y125+439	钢筋混凝土	1966	1	φ1.0	1.0	使用	
	164	后曹店涵闸	维持原状	Y126+349	钢筋混凝土	1966	1	φ1.0	1.0	使用	
	165	东堤口西涵管	更换闸门、启闭机	Y126+816	钢筋混凝土	1966	1	φ0.8	0.6	使用	闸门启闭机已坏
	166	小堤口西涵管	更换闸门、启闭机	Y129+735	钢筋混凝土	1966	1	1.5×1.5	1.5	使用	闸门损坏,无启闭机
	167	李贤屯西涵管	更换闸门、启闭机	Y131+237	钢筋混凝土	1966	1	1.2×1.5	1.25	使用	闸门损坏,无启闭机
	168	邢庄西涵管	更换闸门、启闭机	Y134+406	钢筋混凝土	1966	1	φ0.8	0.6	使用	闸门损坏,无启闭机

续表

省份	序号	名　　称	设计处理方式	位置(桩号)	类型	建设时间	建设标准			运用情况	存　在　问　题
							孔数	管径(m)	设计流量(m^3/s)		
山东省	169	罗厂北涵闸	更换闸门、启闭机	Y135 +975	钢筋混凝土	1966	1	ϕ0.6	0.5	使用	闸门损坏,无启闭机
	170	袁厂东涵闸	维持原状	Y137 +131	钢筋混凝土	1966	1	1.5×1.5	1.3	使用	
	171	西郑庄东涵闸	更换闸门、启闭机	Y138 +450	钢筋混凝土	1966	1	ϕ1.0	1.0	使用	无机架桥、启闭机、闸门
	172	大于庄北涵管	更换闸门、启闭机	Y139 +150	钢筋混凝土	1966	1	ϕ0.6	0.5	使用	闸门损坏,无启闭机
	173	大史庄西涵闸	增混凝土叠梁门	Y139 +200	钢筋混凝土	1966	1	ϕ0.6	0.5	使用	无闸门
	174	第十北涵闸	增混凝土叠梁门	Y140 +300	钢筋混凝土	1966	1	ϕ0.6	0.5	使用	无闸门
	175	朱圈北涵闸	增混凝土叠梁门	Y141 +600	钢筋混凝土	1966	1	1×1.35	1.0	使用	无闸门
	176	八屯北涵闸	配置闸门、启闭机、机架桥	Y145 +100	钢筋混凝土	1966	1	1×1.35	1.0	使用	无闸门、启闭机、机架桥
	177	西良北涵管	增混凝土叠梁门	Y146 +890	钢筋混凝土	1966	1	ϕ0.6	0.5	使用	无闸门
	178	东良北涵管	增混凝土叠梁门	Y147 +300	钢筋混凝土	1966	1	ϕ0.8	0.6	使用	无闸门
	179	北宋庄北涵管	增混凝土叠梁门	Y148 +200	钢筋混凝土	1966	1	ϕ1.0	1.0	使用	闸门已坏
	180	王屯北涵管	配启闭机、钢闸门	Y150 +700	钢筋混凝土	1966	1	ϕ0.8	0.6	使用	闸门启、闭机已坏
	181	头屯北涵闸	维修闸门槽	Y152 +990	钢筋混凝土	1966		2×2.5	5.0	使用	闸门漏水
	182	头屯北涵闸	拆除封堵	Y153 +000	钢筋混凝土	1966	1	1.5×1.5	3.0	停用	拆除
	183	达官营涵闸	增混凝土叠梁门	Y154 +150	钢筋混凝土	1966	1	ϕ0.8	0.6	使用	无闸门

二、工程存在的主要问题

经历了三十多年的运用，穿堤建筑物大部分存在不同程度的损坏，主要表现在：

① 闸门丢失或无闸门或木闸门腐烂，混凝土闸门剥蚀，钢闸门锈蚀；

② 闸室和机架桥混凝土碳化、剥蚀露筋甚至倒塌；

③ 机架桥墩沉陷裂缝、沉降；

④ 混凝土预制管的接头和涵的分缝没有止水结构或止水过于简单，可靠性差，管节裂缝、破裂、沉陷；

⑤ 启闭机损毁，闸门止水破坏；

⑥进出口护坡破坏；

⑦ 部分穿堤建筑物洞身短，渗径不足，在此处形成险工。

三、工程加固设计

堤防是防洪工程的生命线，而穿堤建筑物则是堤防中较薄弱的部位，其挡水的可靠性及自身的稳定、结构的安全直接关系到堤防的安危，关系到两岸人民群众生命财产的安全，以及经济发展和生活水平的提高。

鉴于穿堤建筑物数量多，没有图纸，没有施工资料和记录，所以，对这部分建筑物进行分类典型设计。

在现场查勘和充分尊重地方意见的基础上，确定了对30座涵闸进行拆除重建（其中有两座合并为1座），对66座进行维修加固，对67座拆除封堵，其余20座维持原状。

（一）维持现状工程

对距堤防距离远，不影响堤防安全以及目前已经废弃的扬水站等建筑物维持原状，见表12.29。

表12.29 维持原状穿堤建筑物现状与处理方式表

省份	序号	名称	设计处理方式	位置（桩号）	类型	建设时间	建设标准			运用情况	存在问题
							孔数	管径（m）	设计流量（m^3/s）		
河北省	1	新幸福闸	维持原状	Z0+500	钢混	1973			50	使用	
	2	跃进闸	维持原状	Z41+900	砌石	1958	10		30	运用	
	3	李圈涵洞	维持原状	Z46+500	砌石	1973	1	1.0	0.1	运用	
	4	大营西涵洞	维持原状	Z54+100	砌石	1972	1	1.5	2.4	运用	
	5	刘口引水闸	维持原状	Z64+500	钢筋混凝土	1994	3		引水75	运用	良好
	6	汪江排水闸	维持原状	Z76+400	钢筋混凝土	1974	2		15	运用	
	7	南李庄扬水站	维持原状	Z86+849	混凝土	1974	2	1.8×2	12		
	8	和平闸	维持原状	Z110+300	钢筋混凝土	1984	3	3×2	58	正常使用	
山东省	9	李圈扬水点	维持原状	Y43+576	混凝土管	1975	1	ϕ1.5	1.6	使用	
	10	李官寨涵	维持原状	Y46+256	混凝土管	1965	1	ϕ1.5	1.5	使用	
	11	房村厂东扬水点	维持原状	Y53+550	混凝土管	1976	1	ϕ1.0	0.5	使用	完好
	12	车庄闸	维持原状	Y54+400	混凝土拱	1977	1	2.5×2.7	40	使用	完好
	13	北关涵	维持原状	Y59+255	混凝土管	1974	1	ϕ1.5	1.5	使用	完好
	14	入卫闸	维持原状	Y60+650	混凝土箱式	1994	3	4×3.8		使用	

续表

省份	序号	名　　称	设计处理方式	位置（桩号）	类　　型	建设时间	建设标准			运用情况	存在问题
							孔数	管径（m）	设计流量（m^3/s）		
山东省	15	济津闸	维持原状	Y60 +700	混凝土箱式	1983	3	3×2.7	50	使用	
	16	杨庄闸	维持原状	Y84 +400	混凝土管					使用	
	17	北大洼涵	维持原状	Y67 +190		1973	2	ϕ1.5	8.6		
	18	钱户营西涵洞	维持原状	Y125 +439	钢筋混凝土		1	ϕ1.0	1.0	使用	
	19	后曹店涵闸	维持原状	Y126 +349	钢筋混凝土		1	ϕ1.0	1.0	使用	
	20	袁厂东涵闸	维持原状	Y137 +131	钢筋混凝土		1	1.5×1.5	1.3	使用	

（二）拆除重建工程

对于涵闸遭到严重损坏、洞身漏水等将危及堤防安全，又确系灌溉或排涝必须的工程，将予以拆除重建。

在现场查勘和充分尊重地方意见的基础上，拆除30座重建29座（其中有2座合并为一座），其中山东省7座，河北省23座。

考虑卫运河目前的现状，可引水量不大，拆除重建涵闸的设计原则为：拆除现有涵闸，在原址按原设计规模进行重建，恢复涵闸原有设计功能。为了统一设计标准和方便施工，对洞径接近的涵闸适当调整。重建涵闸与卫运河大堤标准一致，按2级建筑物进行设计。

（1）涵闸布置

进出口：采用八字形，其结构简单，水流条件好，施工方便。进出口两侧堤岸采用厚度为300～500mm的浆砌石护坡。

闸室：布置在堤内侧，采用钢筋混凝土结构形式。为控制水流和便于管理运用，设置平板工作闸门，闸门用螺杆式启闭机操作。

洞身：洞径尺寸为ϕ0.5m、ϕ1.5m或2孔ϕ1.5m的采用预制钢筋混凝土承插式涵管，由于目前生产的这类涵管只适用埋深小于6m的情况，因此，对于埋深大于6m的涵管段需外包厚度为150mm的混凝土，以满足涵管抵抗外压稳定的要求；洞径尺寸为2.0m×2.5m的采用现浇钢筋混凝土拱涵结构，2孔一联，洞身纵向分缝长度不大于8m，缝间设置塑料止水。

（2）管周防渗

为了有效控制涵闸洞身与土堤结合部位的渗流，沿管周设一层厚度为0.8～1.0m的防渗黏土；为防止管周外壁与黏土结合处产生集中渗流，沿管长布设间距为10～20m的现浇钢筋混凝土截渗环，现浇截渗环与管周外壁间涂抹沥青隔离层。

（3）基础

现有涵闸拆除和清基后，开挖或回填并进行平整压实至设计基础高程，在Φ1.0m和Φ1.5m预制涵管底沿管长设置现浇混凝土座垫，涵管与座垫间设二毡三油垫层。在现浇钢筋混凝土拱涵底铺筑厚100mm的C10素混凝土垫层。

（4）出口消能与防冲

对洞径尺寸大于2.0m×2.5m的涵闸出口采用消力池消能方式。消力池长11.2m，深0.8m，底板厚0.5m。消力池用浆砌石砌筑。

拆除重建穿堤建筑物现状与处理方式见表12.30。

表 12.30　拆除重建穿堤建筑物现状与处理方式

省份	序号	名称	设计处理方式	位置（桩号）	类型	建设时间	建设标准			运用情况	存在问题
							孔数	管径（m）	设计流量（m^3/s）		
河北省	1	路庄扬水站	重建 2-2×2.5	Z0+559	钢混	1981	2		8	使用	进出口裂渗，洞身部分毁坏，无闸门
	2	卫西扬水站	重建φ1.5	Z1+460	砖拱	1965	1		2	使用	进出口裂渗，洞身部分毁坏，无闸门
	3	孙庄南涵洞	重建φ0.5	Z2+449	砖石拱	1972	1		0.5	不能使用	进出口裂渗，洞身部分毁坏，无闸门
	4	滩南涵洞	重建φ0.5	Z9+985（原） Z6+385（核）	砖石拱	1973	1		0.5	使用	管节渗漏严重、进出口裂缝，闸室沉陷
	5	徐街南涵洞	重建φ0.5	Z7+837	钢管	1973	1		0.5	不能使用	进出口及洞身塌裂
	6	罗头扬水站	重建φ1.5	Z15+715	砖石	1960			2	不能使用	进出口及洞身塌裂
	7	后罗头涵洞	重建φ0.5	Z16+215	砖石	1960	1		0.5	不能使用	洞身及进出口毁坏
	8	东徐村北涵洞	重建φ0.5	Z20+572	砖石拱	1973	1		0.5	不能使用	进出口及洞身裂渗
	9	马头扬水站	重建 2-φ1.5	Z25+509	砖石拱	1970	2		3	不能使用	进出口裂渗，洞身部分毁坏，无闸门
	10	马圈村南涵洞	重建φ0.5	Z28+251	砖石拱	1968	1		0.5	不能使用	进出口损坏
	11	刘圈南涵洞	重建φ0.5	Z29+029	砖混	1968	1		0.5	不能使用	进出口及洞身塌裂
	12	铺上西涵洞	重建φ0.5	Z30+088	砖石拱	1968	1		0.5	不能使用	进出口及洞身裂渗
	13	滩上北涵洞	重建φ0.5	Z32+660（原） Z32+200（核）	砖石拱	1966	1		0.5	有时使用	进出口已封堵
	14	肖村扬水站	重建φ1.5	Z34+700	砖石	1960	1		1.5	不能使用	进出口及洞身塌裂
	15	前符渡涵洞	重建φ0.5	Z35+283	砖石拱	1972	1		0.5	不能使用	进出口及洞身部分毁坏
	16	后符渡涵洞	重建φ0.5	Z36+877	砖石拱	1966	1		0.5	不能使用	进出口裂渗，洞身部分毁坏
	17	山才南涵洞	重建φ0.5	Z38+610	砖石拱	1973	1		0.5	不能使用	进出口裂渗，洞身部分毁坏，无闸门
	18	山才北涵洞	重建φ0.5	Z38+610	砖石拱	1973	1		0.5	不能使用	进出口裂渗，洞身部分毁坏
	19	申街涵洞	重建φ0.5	Z39+563	砖石拱	1967	1		0.5	有时使用	管节塌陷，进出口损坏
	20	焦庄	重建 2-φ1.5	Z82+170	砌石	1974	1	2×2	4.5	带病运行	管节裂缝、渗水严重，进出口损坏焦庄
		焦庄		Z82+285	砌石	1974	1	1.6×1.6	3.6	带病运行	

续表

省份	序号	名称	设计处理方式	位置（桩号）	类型	建设时间	建设标准			运用情况	存在问题
							孔数	管径（m）	设计流量（m^3/s）		
河北省	21	秘孝子引水涵洞	重建 ϕ1.5	Z142 +900	浆砌砖	1976		1	1	不能正常使用	洞身裂缝，漏水，进出口损坏严重
	22	东南镇引水涵洞	重建 ϕ1.5	Z153 +983	浆砌石	1966		1 ×1.5	1	不能正常使用	底板漏水，形成空洞，进出口损坏严重
山东省	23	郭庄引水涵管	重建 2-2 ×2.5	Y11 +700	钢筋混凝土管	1974	2	2 ×2.5	10	使用	底板漏水，形成空洞，管身塌陷，进出口损坏
	24	乔马庄涵洞	重建 ϕ1.5	Y26 +340	钢筋混凝土管	1966	1	1	1.5	使用	洞身及上下游护坡损坏
	25	东桥涵	重建 ϕ1.5	Y48 +890	混凝土管	1959	1	ϕ1.5	0.8	使用	闸门启闭机已坏，洞身漏水
	26	三店涵管	重建 ϕ1.5	Y78 +625	拱涵式	1965	1	ϕ1.0	1.8	使用	沉陷、裂缝
	27	土龙头涵管	重建 2-2 ×2.5	Y81 +337	拱涵式	1962	1	3 ×2.5	2.4	使用	沉陷、裂缝
	28	燕窝涵管	重建 ϕ1.5	Y86 +897	拱涵式	1974	1	ϕ1.0	0.5	使用	沉陷、裂缝
	29	珠西涵管	重建 ϕ1.5	Y90 +456	拍门		1	ϕ1.0			沉陷、裂缝

拆除重建穿堤建筑物主要工程量见表 12.31。

（三）维修加固工程

维修加固穿堤建筑物的设计原则为：维修完善现有涵闸或涵管，恢复原涵闸、涵管的设计功能。需维修加固的涵闸、涵管共计 66 座，其中山东省 48 座，河北省 18 座。

针对各涵闸、涵管存在的问题，分别进行维修加固，主要内容有：

（1）排架、机架桥损坏的将拆除更新。

（2）洞身裂缝、渗漏的将洞身清淤后，对洞身外壁进行接触灌浆；浆砌石结构的洞身裂缝采用挂网喷混凝土；对混凝土洞身裂缝采用环氧砂浆进行修补；管间开裂者将缝间清理干净后用止水条封堵，并用砂浆勾缝。

（3）涵管洞身短、堤坡不足的将接长涵管，填筑堤坡，满足设计堤坡要求。

（4）挡土墙、护坡、护底损坏的将进行翻修；护砌范围不足的将加大保护范围，防止水流冲刷破坏，以确保堤防安全。

（5）对现有涵闸闸门和启闭机损坏或丢失的将更换闸门和启闭机，并相应对闸门槽进行改造。维修加固穿堤建筑物现状与处理方式见表 12.32。

维修加固涵闸、涵管主要工程量见表 12.33。

（四）拆除封堵工程

部分穿堤建筑物修建时间早，损坏严重，根据灌排系统的调整，已废弃多年不用，成为隐患，严重威胁着大堤的安全，因此，对已废弃不用的穿堤涵闸、涵管将予以拆除，并对堤身开挖部分进行填筑封堵。

需拆除封堵的涵闸、涵管共计 67 座，其中山东省 17 座，河北省 50 座。拆除封堵穿堤建筑物现状与处理方式见表 12.34。

表 12.31 拆除重建穿堤建筑物工程量表

省份	序号	名称	桩号	重建尺寸	土方开挖 (m^3)	钢筋混凝土拆除 (m^3)	混凝土管拆除 (m)	浆砌石拆除 (m^3)	土方填筑 (m^3)	管周防渗黏土 (m^3)	碎石垫层 (m^3)	反滤料 (m^3)	土工布 (m^2)	混凝土浇筑 (m^3)	钢筋制安 (t)	浆砌石砌筑 (m^3)	钢筋混凝土管 (m)
河北省	1	路庄	Z0+559	2-2.0×2.5	1990	65		1115	1891	703	84	15	79	451	48	470	—
	2	卫西	Z1+460	1-φ1.5	1609	20	52	593	1529	286	65	5	61	147	3	347	47
	3	孙庄南	Z2+449	1-φ0.5	1564	16	42	476	1486	224	51	4	48	115	2	272	37
	4	滩南	Z6+385	1-φ0.5	1388	16	42	474	1319	228	52	4	49	117	2	277	37
	5	徐街南	Z7+837	1-φ0.5	1347	16	41	471	1280	227	52	4	49	117	2	276	37
	6	罗头	Z15+715	1-φ1.5	1408	20	51	581	1338	280	64	5	60	144	3	340	46
	7	后罗头	Z16+215	1-φ0.5	1264	16	42	477	1200	230	53	4	49	118	2	279	38
	8	东徐村	Z20+572	1-φ0.5	1345	16	42	475	1278	229	52	4	49	118	2	278	38
	9	马头扬水站	Z25+509	2-φ1.5	1835	36	113	524	1743	663	97	8	91	339	5	469	106
	10	马圈村南	Z28+251	1-φ0.5	1383	16	41	471	1314	227	52	4	49	117	2	275	37
	11	刘圈南	Z29+029	1-φ0.5	1296	16	40	459	1232	221	51	4	47	114	2	269	36
	12	铺上西	Z30+088	1-φ0.5	1288	17	42	479	1224	231	53	4	50	119	2	281	38
	13	滩上北	Z32+200	1-φ0.5	1271	16	41	472	1207	228	52	4	49	117	2	276	37
	14	肖村	Z34+700	1-φ1.5	1499	20	50	569	1424	274	63	5	59	141	2	333	45
	15	前符渡	Z35+283	1-φ0.5	1282	16	41	473	1218	228	52	4	49	117	2	277	37
	16	后符渡	Z36+877	1-φ0.5	1336	16	41	468	1269	225	52	4	48	116	2	274	37
	17	山才南	Z38+610	1-φ0.5	1488	16	42	474	1413	228	52	4	49	117	2	277	37
	18	山才北	Z38+610	1-φ0.5	1470	16	42	478	1396	230	53	4	49	119	2	280	38
	19	申街	Z39+563	1-φ0.5	1475	16	41	465	1401	224	51	4	48	115	2	272	37
	20	焦庄	Z82+170	2-φ1.5	12693	35	111	514	12738	650	95	7.5	89	332	5	460	104
	21	秘孝子	Z142+900	1-φ1.5	1340	20	51	581	1273	280	64	5	60	144	2.5	340	46
	22	东南镇	Z153+983	1-φ1.5	1516	21	54	610	1440	294	67	5	63	151	3	357	48
山东省	23	郭庄	Y11+700	2-2.0×2.5	2042	70		1126	1940	710	85	15	80	455.5	48	475	—
	24	乔马庄	Y26+340	1-φ1.5	1558	21	53	598	1480	288	66	5	62	148	3	350	47
	25	东桥	Y48+890	1-φ1.5	4317	22	55	627	4101	302	69	5	65	156	3	367	50
	26	三店	Y78+625	1-φ1.5	2413	20	50	574	2293	277	63	5	59	142	2	336	45
	27	土龙头	Y81+337	2-2.0×2.5	3305	69		1103	3140	696	83	15	78	446	47	466	—
	28	燕窝	Y86+897	1-φ1.5	1625	20	50	575	1544	277	63	5	59	143	2	337	46
	29	珠西	Y90+456	1-φ1.5	2509	20	51	581	2384	280	64	5	60	144	2.5	340	46
合计					60857	705	1322	16885	58493	9441	1820	167	1707	5119	207	9649	1199

表 12.32　维修加固穿堤建筑物现状与处理方式表

省份	序号	名　称	设计处理方式	位置(桩号)	类型	建设时间	建设标准			运用情况	存　在　问　题
							孔数	管径(m)	设计流量(m^3/s)		
河北省	1	丁村涵洞	加法兰盘	Z57+300	砌石	1972	1	1	1.8	运用	进口缺失闸门
	2	西温涵洞	加法兰盘	Z62+700	混凝土	1972	1	1	0.35	未用	进口缺失闸门
	3	教厂涵洞	加法兰盘	Z66+400	混凝土	1972	1	1	0.365	运用	进口缺失闸门
	4	北队涵洞	加法兰盘	Z69+100	混凝土管	1973	1	0.6	0.43	运用	进口缺失闸门
	5	邢庄涵洞	加法兰盘	Z70+000	混凝土	1973	1	1	0.37	运用	进口缺失闸门
	6	陈尧涵洞	加法兰盘	Z74+150	砌石	1972	1	1.5	1.8	未用	进口缺失闸门
	7	汪江引水闸	维修进口,2 孔 2×2.5,闸室、启闭机	Z76+500	钢筋混凝土	1974	2		15	运用	进口损坏,启闭机及闸门损坏
	8	油坊扬水站	灌浆	Z87+890	砌石	1970	1	1.5×1.5	2	因泵站未提水停用	老化裂缝、渗水严重
	9	朱唐口扬水站	更换闸门及启闭机	Z93+210	混凝土	1992 年改建	1	1.5×1.5	1.6	因泵站未提水停用	闸门及启闭设备严重毁坏
	10	郭屯扬水站	更换闸门及启闭机	Z95+910	混凝土	1992 年改建	1	1.1×1.6	2	因泵站未提水停用	闸门及启闭设备严重毁坏
	11	草寺闸	上游护坡接长20 米、加高 5 米	Z102+557	钢筋混凝土	1995	2	2.5×2.5	14	基本正常	上游护坡损毁,护砌矮短
	12	曹口引水涵洞	维修进出口护坡	Z105+800	混凝土箱涵	1990		0.8×1.2	1	基本正常	前后护坡损毁
	13	庞堂引水涵洞	维修进出口护坡	Z112+100	混凝土箱涵	1990		0.7×1.1	1	运行基本正常	前后护坡损毁
	14	天水屯引水涵洞	后面维修、接长20 米、戗台加盖	Z114+446	混凝土箱涵	1981		1.4×1.5	6	运行基本正常	前后护坡损毁
	15	青年闸	进口出口增护坡护底 20 米	Z137+755	钢筋混凝土	1958	2	2×1.7	25	带病运行	上下游护坡损毁严重
	16	西南镇引水涵洞	维修进出口护坡	Z151+490	混凝土箱涵	1987		1×1.5	1	运行基本正常	护坡损坏
	17	芦庄闸	灌浆修补裂缝	Z156+800	浆砌石	1974	2	3×2	20	带病运行	多处裂缝,漏水
	18	头屯引水涵洞	灌浆	Z161+265	浆砌石	1975		1.1×1.6	2.0	不能正常使用	底板漏水,形成空洞

续表

省份	序号	名称	设计处理方式	位置(桩号)	类型	建设时间	建设标准			运用情况	存在问题
							孔数	管径(m)	设计流量(m^3/s)		
山东省	19	罗头西涵洞	进出口加固,增设闸门、启闭机	Y16+630	钢筋混凝土管	1974	1	1	1.5	使用	无闸门
	20	薛圈涵洞	进出口加固,增设闸门、启闭机	Y18+875	钢筋混凝土管	1974	1	0.8	1.0	使用	无闸门
	21	王庄闸	维修护砌、排架,更换闸门,更换启闭机	Y31+276	混凝土箱式	1975	6	2×2.8	58	使用	护砌损坏,进出口损坏,闸门漏水
	22	位厂扬水点	增设混凝土叠梁门	Y35+370	混凝土管	1975	1	ϕ1.2	0.6	使用	无闸门
	23	郑厂扬水点	增设混凝土叠梁门	Y36+900	混凝土管	1975	1	ϕ1.2	0.6	使用	无闸门
	24	李圈闸	背河面护砌、安装启闭机	Y43+376	料石箱式	1965	4	2.2×2.6	40	使用	背河面护砌、无启闭机
	25	东桥倒虹吸	增设混凝土叠梁门,出口10m维修	Y48+560	混凝土管	1959	1	ϕ1.05	0.8	使用	背河护砌损坏,无闸门
	26	反町倒虹吸	进口段5m,闸室,增设闸门、启闭机	Y50+550	混凝土管	1974	1	ϕ1.5	0.8	使用	背河护砌短,无闸门
	27	东窑扬水点	维修护砌、增设闸门	Y58+738	石墙混凝土板	1982	1	1×1.2	1.0	使用	护砌损坏,无闸门
	28	头闸口涵洞	更换闸门、启闭机	Y62+290	石墩混凝土拱	1975	1	2.5×2.7	13	使用	出口护坡损坏、闸门漏水,启闭机损坏
	29	西夹道涵	增设跌水	Y62+740	混凝土管	1988	1	ϕ1.5	1.8	使用	入主槽口冲刷严重
	30	塔湾涵管	增加闸门	Y68+106	混凝土管	1974	1	ϕ1.05	0.8	偶有使用	无闸门,护砌短
	31	白庄闸	洞身东接长20米,重建消能工程,堤顶灌浆,换钢闸门、启闭机	Y75+118	拱涵式	1958	3	2×2	21.4	使用	洞身短,消能工程短,回填不实,闸门漏水、启闭机锈蚀
	32	白庄涵管	堤身管周灌浆	Y75+320	拍门	1967	1	ϕ0.5	0.2	使用	沉陷、裂缝
	33	土龙头闸	40米坡护砌、消力池	Y81+470	拱涵式	1971	4	2.7×3.3	30	使用	护砌消能工程沉陷裂缝
	34	邢庄涵管	堤身管周灌浆	Y83+310	拍门	1966	1	ϕ0.6	0.3	使用	沉陷、裂缝

续表

省份	序号	名称	设计处理方式	位置(桩号)	类型	建设时间	建设标准			运用情况	存在问题
							孔数	管径(m)	设计流量(m^3/s)		
山东省	35	北口涵管	堤身管周灌浆	Y86+100	拍门	1966	1	φ0.5	0.5	使用	沉陷、裂缝
	36	李庄涵管	堤身管周灌浆	Y87+334	拍门	1966	1	φ0.5	0.3	使用	沉陷、裂缝
	37	渡口驿涵管	堤身管周灌浆	Y91+779	拱涵式	1965	1	1.5×1.5	2.6	使用	沉陷、裂缝
	38	渡东涵管	堤身管周灌浆	Y93+536	拍门	1965	1	φ0.5	0.3	使用	沉陷、裂缝
	39	万厂涵管	堤身管周灌浆	Y95+211	拍门	1966	1	φ0.5	0.3	使用	沉陷、裂缝
	40	吕洼西涵管	设机架桥、更换启闭机、闸门	Y96+253	钢筋混凝土		1	1.0×1.0	2.0	使用	机架桥启闭机损坏、闸门漏水严重、护坡损坏
	41	吕洼闸	维修闸门槽	Y96+520	钢筋混凝土		3	3.5×3.0	40	使用	闸门漏水
	42	南屯涵洞	增设机架桥、启闭机、钢闸门	Y103+010	钢筋混凝土		2	1×1.5	4.0	使用	无机架桥、启闭机,木闸门
	43	南屯闸	维修上游护坡,10×5(两侧)	Y103+816	钢筋混凝土		2	3×2.5	20	使用	上游护坡损坏
	44	王庄北涵管	更换启闭机、加闸门	Y108+575	钢筋混凝土		1	φ1.0	1.0	使用	无闸门、启闭机
	45	祝官屯南涵闸	配置闸门、启闭机、机架桥	Y109+000	钢筋混凝土		1	1×1	1.35	使用	无闸门、启闭机、机架桥
	46	祝官屯北涵管	配置闸门、启闭机、机架桥	Y111+121	钢筋混凝土		1	φ1.0	1.0	使用	无闸门、启闭机、机架桥
	47	潭庄南涵管	配置闸门、启闭机、机架桥	Y112+632	钢筋混凝土		1	φ1.0	1.0	使用	无闸门、启闭机、机架桥
	48	甲马营干渠闸	配启闭机2台	Y120+489	钢筋混凝土		2	2×2.5	6.5	使用	无启闭机
	49	七级营西涵管	增设混凝土叠梁门	Y122+128	钢筋混凝土		1	φ1.0	1.0	使用	闸门护坡已坏
	50	东堤口西涵管	更换闸门、启闭机	Y126+816	钢筋混凝土		1	φ0.8	0.6	使用	闸门启闭机已坏
	51	小堤口西涵管	更换闸门、启闭机	Y129+735	钢筋混凝土		1	1.5×1.5	1.5	使用	闸门损坏,无启闭机
	52	李贤屯西涵管	更换闸门、启闭机	Y131+237	钢筋混凝土		1	1.2×1.5	1.25	使用	闸门损坏,无启闭机
	53	邢庄西涵管	更换闸门、启闭机	Y134+406	钢筋混凝土		1	φ0.8	0.6	使用	闸门损坏,无启闭机
	54	罗厂北涵闸	更换闸门、启闭机	Y135+975	钢筋混凝土		1	φ0.6	0.5	使用	闸门损坏,无启闭机

续表

省份	序号	名称	设计处理方式	位置(桩号)	类型	建设时间	建设标准			运用情况	存在问题
							孔数	管径(m)	设计流量(m^3/s)		
山东省	55	西郑庄东涵闸	更换闸门、启闭机	Y138+450	钢筋混凝土		1	$\phi1.0$	1.0	使用	无机架桥、启闭机、闸门
	56	大于庄北涵管	更换闸门、启闭机	Y139+150	钢筋混凝土		1	$\phi0.6$	0.5	使用	闸门损坏,无启闭机
	57	大史庄西涵闸	增混凝土叠梁门	Y139+200	钢筋混凝土		1	$\phi0.6$	0.5	使用	无闸门
	58	第十北涵闸	增混凝土叠梁门	Y140+300	钢筋混凝土		1	$\phi0.6$	0.5	使用	无闸门
	59	朱圈北涵闸	增混凝土叠梁门	Y141+600	钢筋混凝土		1	1×1.35	1.0	使用	无闸门
	60	八屯北涵闸	配置闸门、启闭机、机架桥	Y145+100	钢筋混凝土		1	1×1.35	1.0	使用	无闸门、启闭机、机架桥
	61	西良北涵管	增混凝土叠梁门	Y146+890	钢筋混凝土		1	$\phi0.6$	0.5	使用	无闸门
	62	东良北涵管	增混凝土叠梁门	Y147+300	钢筋混凝土		1	$\phi0.8$	0.6	使用	无闸门
	63	北宋庄北涵管	增混凝土叠梁门	Y148+200	钢筋混凝土		1	$\phi1.0$	1.0	使用	闸门已坏
	64	王屯北涵管	配启闭机、钢闸门	Y150+700	钢筋混凝土		1	$\phi0.8$	0.6	使用	闸门启、闭机已坏
	65	头屯北涵闸	维修闸门槽	Y152+990	钢筋混凝土			2×2.5	5.0	使用	闸门漏水
	66	达官营涵闸	增混凝土叠梁门	Y154+150	钢筋混凝土		1	$\phi0.8$	0.6	使用	无闸门

表 12.33 维修加固涵闸、涵管工程量表

省别	序号	名称	桩号	土方开挖(m^3)	混凝土拆除(m^3)	浆砌石拆除(m^3)	土方填筑(m^3)	混凝土浇筑(m^3)	钢筋制安(t)	接触灌浆(m^2)	裂缝修补(m^2)	挡墙、护坡、护底砌筑(m^3)	碎石垫层(m^3)	闸门套/型号	启闭机台/型号	法兰盘套/型号	混凝土叠梁门套/型号
河北省	1	丁村涵洞	Z57+300													1/$\phi1.0$	
	2	西温涵洞	Z62+700													1/$\phi1.0$	
	3	教厂涵洞	Z66+400													1/$\phi1.0$	
	4	北队涵洞	Z69+100													1/$\phi0.6$	
	5	邢庄涵洞	Z70+000													1/$\phi1.0$	

续表

省别	序号	名称	桩号	土方开挖（m^3）	混凝土拆除（m^3）	浆砌石拆除（m^3）	土方填筑（m^3）	混凝土浇筑（m^3）	钢筋制安（t）	接触灌浆（m^2）	裂缝修补（m^2）	挡墙、护坡、护底砌筑（m^3）	碎石垫层（m^3）	闸门套/型号	启闭机台/型号	法兰盘套/型号	混凝土叠梁门套/型号
河北省	6	陈尧涵洞	Z74 + 150													1/ϕ1.5	
	7	汪江引水闸	Z76 + 500	400	30	30	500	90.5	48			100.8	23.5	2/PGZ2.0×2.5	2/LQ-10		
	8	油坊扬水站	Z87 + 890							400							
	9	朱唐口扬水站	Z93 + 210											1/PGZ1.5×1.5	1/LQ-5		
	10	郭屯扬水站	Z95 + 910											1/PGZ1.5×2.0	1/LQ-5		
	11	草寺闸	Z102 + 557									216	48				
	12	曹口引水涵洞	Z105 + 800									180	45.1				
	13	庞堂引水涵洞	Z112 + 100									184.8	44.4				
	14	天水屯引水涵洞	Z114 + 446									182.4	44.6				
	15	青年闸	Z137 + 755									403.2	94.1				
	16	西南镇引水涵洞	Z151 + 490									187.2	45.6				
	17	芦庄闸	Z156 + 800								200						
	18	头屯引水涵洞	Z161 + 265							400							
山东省	19	罗头西涵洞	Y16 + 630	200	20	30	300					146.4	32.6	1/PGZ1.0×1.0	1/LQC-3A		
	20	薛圈涵洞	Y18 + 875	200	20	30	300					146.4	32.6	1/PGZ1.0×1.0	1/LQC-3A		
	21	王庄闸	Y31 + 276					2				30	7.5	6/PGZ2.0×3.0	6/LQ-10		
	22	位厂扬水点	Y35 + 370														1/1.5×1.5
	23	郑厂扬水点	Y36 + 900														1/1.5×1.5
	24	李圈闸	Y43 + 376									120	30		4/LQ-10		
	25	东桥倒虹吸	Y48 + 560									73.2	16.3				1/1.5×1.5
	26	反町倒虹吸	Y50 + 550	200	20	20	300	29	2.5			36.6	8.16	1/PGZ1.5×1.5	1/LQ-5		
	27	东窑扬水点	Y58 + 738									36.6	8.16				1-1.0×1.5

续表

省别	序号	名称	桩号	土方开挖（m^3）	混凝土拆除（m^3）	浆砌石拆除（m^3）	土方填筑（m^3）	混凝土浇筑（m^3）	钢筋制安（t）	接触灌浆（m^2）	裂缝修补（m^2）	挡墙、护坡、护底砌筑（m^3）	碎石垫层（m^3）	闸门套/型号	启闭机台/型号	法兰盘套/型号	混凝土叠梁门套/型号
山东省	28	头闸口涵洞	Y62 +290											1/PGZ2. 5 ×3. 0	1/LQ-10		
	29	西夹道涵	Y62 +740									151. 2	35. 3				
	30	塔湾涵管	Y68 +106														1-1. 0 ×1. 0
	31	白庄闸	Y75 +118					200		400		500	150	3/PGZ2. 0 ×2. 0	3/LQ-10		
	32	白庄涵管	Y75 +320							300							
	33	土龙头闸	Y81 +470									900	240				
	34	邢庄涵管	Y83 +310							300							
	35	北口涵管	Y86 +100							300							
	36	李庄涵管	Y87 +334							300							
	37	渡口驿涵管	Y91 +779							400							
	38	渡东涵管	Y93 +536							300							
	39	万厂涵管	Y95 +211							300							
	40	吕洼西涵管	Y96 +253					6						1/PGZ1. 0 ×1. 0	1/LQC-3A		
	41	吕洼闸	Y96 +520		5			7	1								
	42	南屯涵洞	Y103 +010					10						2/PGZ1. 0 ×1. 5	2/LQC-3A		
	43	南屯闸	Y103 +816									72	24				
	44	王庄北涵管	Y108 +575											1/PGZ1. 0 ×1. 0	1/LQC-3A		
	45	祝官屯南涵闸	Y109 +000					6						1/PGZ1. 0 ×1. 1	1/LQC-3A		
	46	祝官屯北涵管	Y111 +121					6						1/PGZ1. 0 ×1. 0	1/LQC-3A		
	47	潭庄南涵管	Y112 +632					6						1/PGZ1. 0 ×1. 0	1/LQC-3A		
	48	甲马营干渠闸	Y120 +489												2/LQ-10		

续表

省别	序号	名称	桩号	土方开挖（m^3）	混凝土拆除（m^3）	浆砌石拆除（m^3）	土方填筑（m^3）	混凝土浇筑（m^3）	钢筋制安（t）	接触灌浆（m^2）	裂缝修补（m^2）	挡墙、护坡、护底砌筑（m^3）	碎石垫层（m^3）	闸门套/型号	启闭机台/型号	法兰盘套/型号	混凝土叠梁门套/型号
山东省	49	七级营西涵管	Y122 +128														1-1.0×1.0
	50	东堤口西涵管	Y126 +816											1/PGZ0.8×0.8	1/LQC-3A		
	51	小堤口西涵管	Y129 +735											1/PGZ1.5×1.5	1/LQ-5		
	52	李贤屯西涵管	Y131 +237											1/PGZ1.5×1.5	1/LQ-5		
	53	邢庄西涵管	Y134 +406											1/PGZ0.8×0.8	1/LQC-3A		
	54	罗厂北涵闸	Y135 +975											1/PGZ0.6×0.6	1/LQC-3A		
	55	西郑庄东涵闸	Y138 +450											1/PGZ1.0×1.0	1/LQC-3A		
	56	大于庄北涵管	Y139 +150											1/PGZ0.6×0.6	1/LQC-3A		
	57	大史庄西涵闸	Y139 +200														1-0.6×0.6
	58	第十北涵闸	Y140 +300														1-0.6×0.6
	59	朱圈北涵闸	Y141 +600														1-1.0×1.5
	60	八屯北涵闸	Y145 +100					6						1/PGZ1.0×1.5	1/LQ-5		
	61	西良北涵管	Y146 +890														1-0.6×0.6
	62	东良北涵管	Y147 +300														1-0.8×0.8
	63	北宋庄北涵管	Y148 +200														1-1.0×1.0
	64	王屯北涵管	Y150 +700											1/PGZ0.8×0.8	1/LQC-3A		
	65	头屯北涵管	Y152 +990		4			6	1								
	66	达官营涵闸	Y154 +150														1-0.8×0.8
合计				1000	99	110	1400	374.5	52.5	3400	200	3666.8	930	33 扇	39 台	6 个	13 扇

表 12.34　拆除封堵穿堤建筑物现状与处理方式表

省份	序号	名　称	设计处理方式	位置(桩号)	类型	建设时间	建设标准			运用情况	存　在　问　题
							孔数	管径(m)	设计流量(m^3/s)		
河北省	1	康庄涵洞	拆除封堵	Z22+217	砖石	1973			0.5	不能使用	洞身及进出口毁坏
	2	颜窝头北涵洞	拆除封堵	Z25+014	砖石拱	1966			0.5	不能使用	洞身及进出口塌裂
	3	马头扬水站涵洞	拆除封堵	Z25+469	砖石	1972			0.5	不能使用	洞身及进出口毁坏
	4	马头大队涵洞	拆除封堵	Z26+250	砖石拱	1972			0.5	不能使用	进出口损坏、已封堵
	5	滩上西涵洞	拆除封堵	Z31+050	砖石拱	1968			0.5	不能使用	进出口及洞身裂渗
	6	西尖涵洞	拆除封堵	Z40+950	砌石	1973	1	1.4	0.1	未用	老化失修
	7	东尖涵洞	拆除封堵	Z41+800	砌石	1973	2	1.4	3.0	未用	老化失修
	8	赵圈涵洞	拆除封堵	Z47+900	砌石	1973	2	1.5	3.0	运用	老化失修
	9	江庄涵洞	拆除封堵	Z50+900	混凝土	1973	1	1	0.024	未用	老化失修
	10	大营涵洞	拆除封堵	Z54+900	混凝土管	1973	1	0.6	0.124	未用	老化失修
	11	江村涵洞	拆除封堵	Z58+100	混凝土管	1973	1	0.6	0.235	未用	老化失修
	12	赵村涵洞	拆除封堵	Z60+300	混凝土	1973	1	1	0.61	未用	老化失修
	13	北三里涵洞	拆除封堵	Z72+100	混凝土管	1973	1	0.6	0.1	未用	老化失修
	14	郑庄涵洞	拆除封堵	Z73+150	混凝土	1973	1	1	0.235	未用	老化失修
	15	枣元涵洞	拆除封堵	Z76+300	混凝土	1973	1	1	0.22	未用	老化失修
	16	汪孟涵洞	拆除封堵	Z78+200	混凝土	1973	1		0.12	运用	老化失修
	17	油坊北扬水站	拆除封堵	Z89+661	砌石	1968	1	0.5×1.1	1.0	因泵站未提水停用	老化渗水,地方同意拆除
	18	劝礼扬水站	拆除封堵	Z90+645	砌石	1968	1	0.5×0.9	1.2	因泵站未提水停用	老化渗水,地方同意拆除
	19	渡口驿扬水站	拆除封堵	Z97+768	浆砌砖	1973	1	0.6×0.9	1.0	因泵站未提水停用	老化渗水,地方同意拆除
	20	叶庄引水涵洞	拆除封堵	Z100+663	浆砌砖	1970		0.25	0.2	报废	风化严重,失去承载能力
	21	姜圈引水涵洞	拆除封堵	Z104+500	浆砌砖	1965		1×1	1.0	报废	年久失修,报废
	22	褚庄引水涵洞	拆除封堵	Z107+412	浆砌石	1979		0.5×0.7	2.5	不能正常使用	洞身多处出现裂缝

续表

省份	序号	名　称	设计处理方式	位置(桩号)	类型	建设时间	建设标准			运用情况	存　在　问　题
							孔数	管径(m)	设计流量(m^3/s)		
河北省	23	梁尧引水涵洞	拆除封堵	Z108 +244	浆砌砖	1970		0.5×0.8	0.3	不能正常使用	洞身沉陷,裂缝
	24	建国引水涵洞	拆除封堵	Z109 +200	浆砌石	1979		0.7×0.9	2.0	不能正常使用	涵洞底板漏水,已成空洞
	25	高庄引水涵洞	拆除封堵	Z110 +500	浆砌砖	1970		0.5×0.7	2.0	不能正常使用	年久失修
	26	齐庄引水涵洞	拆除封堵	Z121 +054	浆砌砖	1965		0.6×0.8	0.5	不能正常使用	风化严重,失去承载能力
	27	小街子引水涵洞	拆除封堵	Z122 +820	浆砌石	1974		1.2×1.5	3.0	不能正常使用	底板裂缝,沉陷
	28	孟古庄引水涵洞	拆除封堵	Z124 +741	浆砌砖	1968		0.5	0.3	不能正常使用	洞身沉陷,风化严重
	29	寨子引水涵洞	拆除封堵	Z126 +138	浆砌砖	1968		0.5	0.2	不能正常使用	洞身沉陷,风化严重
	30	东排引水涵洞	拆除封堵	Z128 +156	浆砌砖	1974		0.5	0.2	不能正常使用	洞身沉陷,风化严重
	31	温庄引水涵洞	拆除封堵	Z129 +652	浆砌石	1970		1.2×1.6	2.0	不能正常使用	底板漏水,形成空洞
	32	温庄引水闸	拆除封堵	Z129 +700	浆砌石	1971	3	3×2		不能正常使用	地方同意拆除
	33	刘辛庄引水涵洞	拆除封堵	Z130 +258	浆砌砖	1960		0.5×0.7	0.5	不能正常使用	年久失修,风化严重
	34	五股河引水涵洞	拆除封堵	Z132 +451	浆砌石	1975		1×1.4	1.5	不能正常使用	洞身多处出现裂缝
	35	徐庄引水涵洞	拆除封堵	Z135 +500	浆砌石	1978		2×1.7	3.0	不能正常使用	风化严重,失去承载能力
	36	郑口扬水站	拆除封堵	Z136 +000						不能正常使用	地方同意拆除
	37	后香坊引水涵洞	拆除封堵	Z137 +431	浆砌砖	1972		0.8×0.5	0.5	不能正常使用	风化严重,失去承载能力
	38	新宅引水涵洞	拆除封堵	Z139 +250	浆砌砖	1964		1×1.5	1.5	不能正常使用	风化严重,失去承载能力
	39	刁孝子引水涵洞	拆除封堵	Z140 +346	浆砌砖	1971		1	1.0	报废	风化严重,失去承载能力
	40	刁南庄引水涵洞	拆除封堵	Z142 +093	浆砌砖	1977		0.5	0.5	报废	洞身裂缝,漏水
	41	第什引水涵洞	拆除封堵	Z144 +257	浆砌砖	1966		1	1.0	报废	洞身裂缝,漏水
	42	南王庄引水涵洞	拆除封堵	Z145 +850	浆砌砖	1965		1	1.0	不能正常使用	洞身裂缝,漏水
	43	小第八引水涵洞	拆除封堵	Z147 +548	浆砌砖	1966		0.7×1	1.0	不能正常使用	洞身裂缝,漏水
	44	大第八引水涵洞	拆除封堵	Z148 +573	浆砌砖	1970		0.8×1	1.0	不能正常使用	年久失修,风化严重
	45	马厂引水涵洞	拆除封堵	Z149 +638	浆砌石	1983		0.8×1	1.0	不能正常使用	底板不均匀沉陷,裂缝

续表

省份	序号	名称	设计处理方式	位置(桩号)	类型	建设时间	建设标准			运用情况	存在问题
							孔数	管径(m)	设计流量(m^3/s)		
河北省	46	三里口引水涵洞	拆除封堵	Z154+800	浆砌砖	1968		0.6×0.9	0.5	不能正常使用	年久失修,风化严重
	47	东芦庄引水涵洞	拆除封堵	Z156+489	浆砌砖	1971		0.5×0.8	0.5	不能正常使用	洞身多处出现裂缝
	48	南二屯引水涵洞	拆除封堵	Z157+074	浆砌砖	1998		0.7×0.9	0.8	带病运行	风化严重,失去承载能力
	49	北二屯引水涵洞	拆除封堵	Z158+840	浆砌砖	1987		0.7×0.9	1.0	带病运行	风化严重,失去承载能力
	50	河北涯引水涵洞	拆除封堵	Z162+250	浆砌石	1968		0.5×0.75	0.5	报废	
山东省	51	焦庄西涵洞	拆除封堵	Y2+720	钢筋混凝土管	1974	1	ϕ0.8	1.0	不能正常使用	地方同意拆除
	52	古城北涵洞	拆除封堵	Y8+500	钢筋混凝土管	1974	1	ϕ1.0	1.5	不能正常使用	地方同意拆除
	53	许庄涵洞	拆除封堵	Y20+650	钢筋混凝土管	1974	1	0.8	1.0		地方同意拆除
	54	王庄扬水点	拆除封堵	Y31+100	混凝土管	1975	1	ϕ0.7	0.2	废弃	
	55	拳厂扬水点	拆除封堵	Y32+080	混凝土管	1975	1	ϕ1.2	0.6	废弃	
	56	王集扬水点	拆除封堵	Y38+440	混凝土管	1975	1	ϕ1.2	0.6	使用	闸门损坏,地方同意拆除
	57	西桥扬水点	拆除封堵	Y47+900	陶管	1965	1	ϕ0.47	0.2	废弃	进口封堵
	58	东桥扬水点	拆除封堵	Y49+090	混凝土管	1987	1	ϕ0.35	0.2	废弃	拆除
	59	反町扬水点	拆除封堵	Y50+750	混凝土管		1	ϕ0.35	0.2	废弃	
	60	房村厂西扬水点	拆除封堵	Y51+300	混凝土管	1972	1	ϕ0.75	0.5		无闸门损坏严重,地方同意拆除
	61	房村厂倒虹吸	拆除封堵	Y52+430	混凝土管	1975	1	ϕ1.0	0.5	废弃	拆除
	62	胡家湾扬水点	拆除封堵	Y60+020	混凝土管	1974	1	ϕ1.0	0.5	废弃	拆除
	63	杨中涵管	拆除封堵	Y83+179	拍门	1968	1	ϕ0.5	0.3	废弃	
	64	珠中涵管	拆除封堵	Y89+720	拱涵式	1968	1	1×0.8	1.8	废弃	
	65	珠西北涵管	拆除封堵	Y90+811	拍门	1968	1	ϕ0.5	0.3	废弃	
	66	渡西涵管	拆除封堵	Y92+033	拍门		1	ϕ0.5		废弃	
	67	头屯北涵闸	拆除封堵	Y153+000	钢筋混凝土		1	1.5×1.5	3.0	停用	拆除

拆除封堵涵闸、涵管主要工程量见表12.35。

表12.35　拆除封堵涵闸、涵管工程量表

省份	序号	名　　称	位置(桩号)	建设标准			土方开挖(m^3)	土方回填(m^3)	混凝土拆除(m^3)	混凝土管拆除(m)	浆砌石拆除(m^3)
				孔数	管径(m)	设计流量(m^3/s)					
河北省	1	康庄涵洞	Z22+217			0.5	1339	1499			25
	2	颜窝头北涵洞	Z25+014			0.5	1333	1493			20
	3	马头扬水站南涵洞	Z25+469			0.5	1336	1497			25
	4	马头大队涵洞	Z26+250			0.5	1330	1490			20
	5	滩上西涵洞	Z31+050			0.5	1263	1415			20
	6	西尖涵洞	Z40+950	1	1.4	0.1	1556	1743			25
	7	东尖涵洞	Z41+800	2	1.4	3.0	1804	2020			35
	8	赵圈涵管	Z47+900	2	1.5	3.0	1730	1938			35
	9	江庄涵洞	Z50+900	1	1.0	0.024	1319	1477		40.6	15
	10	大营涵洞	Z54+900	1	0.6	0.124	1476	1653		41.2	15
	11	江村涵洞	Z58+100	1	0.6	0.235	1270	1423		43.1	15
	12	赵村涵洞	Z60+300	1	1.0	0.61	1373	1538		42.3	15
	13	北三里涵洞	Z72+100	1	0.6	0.1	1305	1462		40.7	15
	14	郑庄涵洞	Z73+150	1	1.0	0.235	1441	1614		44.3	15
	15	枣元涵洞	Z76+300	1	1.0	0.22	1567	1755		42.5	15
	16	汪孟涵洞	Z78+200	1		0.12	1290	1445		40.2	15
	17	油坊北扬水站	Z89+661	1	0.5×1.1	1.0	1487	1666			25
	18	劝礼扬水站	Z90+645	1	0.5×0.9	1.2	1405	1574			25
	19	渡口驿扬水站	Z97+768	1	0.6×0.9	1.0	1393	1561			25
	20	叶庄引水涵洞	Z100+663		0.25	0.2	1381	1547			20
	21	姜圈引水涵洞	Z104+500		1×1	1.0	1352	1514			30
	22	褚庄引水涵洞	Z107+412		0.5×0.7	2.5	1302	1458			25
	23	梁尧引水涵洞	Z108+244		0.5×0.8	0.3	1281	1434			25
	24	建国引水涵洞	Z109+200		0.7×0.9	2.0	1457	1631			25
	25	高庄引水涵洞	Z110+500		0.5×0.7	2.0	1282	1436			25
	26	齐庄引水涵洞	Z121+054		0.6×0.8	0.5	1450	1624			25
	27	小街子引水涵洞	Z122+820		1.2×1.5	3.0	1424	1595			35
	28	孟古庄引水涵洞	Z124+741		0.5	0.3	1362	1525			20
	29	寨子引水涵洞	Z126+138		0.5	0.2	1316	1474			20
	30	东排引水涵洞	Z128+156		0.5	0.2	1292	1447			20
	31	温庄引水涵洞	Z129+652		1.2×1.6	2.0	1422	1592			30
	32	温庄引水闸	Z129+700	3	3×2		2594	2906			55
	33	刘辛庄引水涵洞	Z130+258		0.5×0.7	0.5	1258	1409			25

续表

省份	序号	名称	位置(桩号)	建设标准			土方开挖(m^3)	土方回填(m^3)	混凝土拆除(m^3)	混凝土管拆除(m)	浆砌石拆除(m^3)
				孔数	管径(m)	设计流量(m^3/s)					
河北省	34	五股河引水涵洞	Z132+451		1×1.4	1.5	1413	1583			30
	35	徐庄引水涵洞	Z135+500		2×1.7	3.0	1688	1891			30
	36	郑口扬水站	Z136+000				1333	1493	20		25
	37	后香坊引水涵洞	Z137+431		0.8×0.5	0.5	1395	1563			25
	38	新宅引水涵洞	Z139+250		1×1.5	1.5	1443	1616			30
	39	刁孝子引水涵洞	Z140+346		1.0	1.0	1375	1540			30
	40	刁南庄引水涵洞	Z142+093		0.5	0.5	1369	1534			20
	41	第什引水涵洞	Z144+257		1.0	1.0	1356	1519			30
	42	南王庄引水涵洞	Z145+850		1.0	1.0	1427	1599			30
	43	小第八引水涵洞	Z147+548		0.7×1	1.0	1315	1473			30
	44	大第八引水涵洞	Z148+573		0.8×1	1.0	1453	1627			30
	45	马厂引水涵洞	Z149+638		0.8×1	1.0	1375	1540			30
	46	三里口引水涵洞	Z154+800		0.6×0.9	0.5	1453	1628			25
	47	东芦庄引水涵洞	Z156+489		0.5×0.8	0.5	1397	1565			25
	48	南二屯引水涵洞	Z157+074		0.7×0.9	0.8	1403	1571	51		15
	49	北二屯引水涵洞	Z158+840		0.7×0.9	1.0	1440	1613	47		15
	50	河北涯引水涵洞	Z162+250		0.5×0.75	0.5	1452	1626			25
山东省	51	焦庄西涵洞	Y2+720	1	ϕ0.8	1.0	1472	1648		47.0	21
	52	古城北涵洞	Y8+500	1	ϕ1.0	1.5	1486	1664		45.5	21
	53	许庄涵洞	Y20+650	1	0.8	1.0	1341	1502		46.0	21
	54	王庄扬水点	Y31+100	1	ϕ0.7	0.2	1877	2102		46.7	21
	55	拳厂扬水点	Y32+080	1	ϕ1.2	0.6	2087	2338		44.2	21
	56	王集扬水点	Y38+440	1	ϕ1.2	0.6	1684	1886		47.6	21
	57	西桥扬水点	Y47+900	1	ϕ0.47	0.2	1549	1735		44.5	16
	58	东桥扬水点	Y49+090	1	ϕ0.35	0.2	1505	1685		43.6	26
	59	反町扬水点	Y50+750	1	ϕ0.35	0.2	1286	1440		47.2	16
	60	房村厂西扬水点	Y51+300	1	ϕ0.75	0.5	1466	1642		49.0	21
	61	房村厂倒虹吸	Y52+430	1	ϕ1.0	0.5	1577	1767		46.7	21
	62	胡家湾扬水点	Y60+020	1	ϕ1.0	0.5	1464	1640		51.1	16
	63	杨中涵管	Y83+179	1	ϕ0.5	0.3	1831	2051		43.7	21
	64	珠中涵管	Y89+720	1	1×0.8	1.8	1982	2220		45.4	21
	65	珠西北涵管	Y90+811	1	ϕ0.5	0.3	2229	2497		48.1	21
	66	渡西涵管	Y92+033	1	ϕ0.5		1759	1970		47.0	21
	67	头屯北涵闸	Y153+000	1	1.5×1.5	3.0	7897	8845		43.6	21
合计							105771	118463	117	1122	1580

第四节　工程管理设计

一、管理现状

(一)现行管理体制、机构设置

卫运河自漳、卫两河汇合口的徐万仓起,流经河北省的邯郸、邢台、衡水和山东省的聊城、德州,至四女寺接漳卫新河。河道总长157公里,堤防总长321公里,是漳卫南运河系的骨干行洪河道。

目前,卫运河的河道堤防和闸坝枢纽工程实行三级管理,由水利部海河水利委员会所属的漳卫南运河管理局作为河道管理的一级单位对卫运河进行统一管理,并负责监督检查河道堤防闸坝枢纽的运行管理、维修养护等工作。管理卫运河的二级单位共6个,即4个市级河务局、水闸管理局和四女寺枢纽工程管理局,三级单位共9个,即8个县级河务局和祝官屯枢纽管理所,具体负责各自范围内卫运河的维护、管理等各项水务工作。其管理机构设置及管辖范围见表12.36。

由于四女寺枢纽和祝官屯枢纽另行立项报审,因此工程管理的设计也不再考虑这两个枢纽的管理单位。

表12.36　卫运河现状管理机构及管辖范围表

一级管理单位	二级管理单位	三级管理单位	管辖范围	管辖范围堤防桩号
漳卫南运河管理局	邯郸河务局	馆陶河务局	40.508km	左堤:0+000~40+508
	邢衡河务局	临西河务局	39.202km	左堤:40+508~162+700
		清河河务局	18.890km	
		故城河务局	64.100km	
	聊城河务局	冠县河务局	30.336km	右堤:0+000~74+520
		临清河务局	44.184km	
	德州河务局	夏津河务局	21.189km	右堤:74+520~157+784
		武城河务局	西郑庄分洪闸、牛角峪退水闸、堤防62.075km	
	四女寺枢纽管理局		四女寺枢纽	
	水闸管理局	祝官屯枢纽管理所	祝官屯枢纽	

(二)现有管理人员

负责卫运河管理的所有二、三级管理单位在岗在编管理人员共有277人,其中二级单位101人,三级单位176人。

负责卫运河管理的二级管理单位中,邯郸河务局、德州河务局和水闸管理局除了管理卫运河上的工程外,还负责管理其他河道的工程,表中所列为在岗在编总人数中从事卫运河管理的人数。

(三)现有管理设施

目前,卫运河的二、三级管理单位共有各类办公用房(含配套房)共8332.5m^2;各类职工宿舍29156.3m^2;各种车辆4辆;各种观测设施10台套。详见表12.37。

表12.37 卫运河各管理单位现有管理设施一览表

单位名称		办公用房(m^2)		职工宿舍(m^2)		车辆	工程观测设备
		办公房	配套房	家属楼	平房	越野车	
邯郸河务局	机关	2600.0	120.0	4300.0		1	
	馆陶河务局	994.0	398.0		510.5		水准仪1台
邢衡河务局	机关	438.0	145.0	2000.0	1140.0	1	水准仪2台,经纬仪1台
	临西河务局	143.5			348.5		
	清河河务局	120.0			252.8		
	故城河务局	183.0		1950.0			
聊城河务局	机关	1708.0	248.0	2700.0	365.0	1	聊城局机关:水准仪1台,经纬仪1台,水位计1架,测流船1艘
	冠县河务局	127.0	191.0		568.5		
	临清河务局	245.0	277.0		178.0		
德州河务局	机关			12535.0		1	水准仪1台,经纬仪1台
	夏津河务局	60.0	100.0		120.0		
	武城河务局	90.0	100.0		220.0		
合计		6753.5	1579.0	25453.0	3703.3	4	

二、工程管理设计的依据

(1)《国务院办公厅转发国务院体改办关于水利工程管理体制改革实施意见的通知》(国办发[2002]45号)。

(2)《国务院批转国家计委、财政部、水利部、建设部关于加强公益性水利工程建设管理若干意见的通知》(国发[2000]20号)。

(3)行业标准《堤防工程管理设计规范》(SL171—1996)和国家标准《堤防工程设计规范》(GB50286—1998)。

(4)《水闸工程管理设计规范》(SL170—1996)。

三、工程建设期管理设计

为了给工程运行期的经营管理创造良好条件,必须搞好工程的建设期管理。本工程建设期管理采取业主责任制。因为卫运河由漳卫南运河管理局负责管理,为了工程项目的顺利实施,实现建管结合,建议由漳卫南运河管理局作为卫运河治理工程的项目业主。

工程建设应采用“小管理,大承包”的模式,由漳卫南运河管理局负责组建精简高效的卫运河治理工程建设管理局作为业主代表,负责组织实施工程建设,具体落实业主在工程建设管理中的权力、义务和责任,实行建设监理制和招标承包制等相关制度,保证工程建设的质量、工期和投资控制,保证工程的顺利实施。

四、工程运行期管理设计

(一)管理体制、机构设置及人员编制

1. 管理体制和机构设置

卫运河目前的管理体制,便于漳卫南运河管理局统一管理,与相关省市的行政划分也是协

调一致的，同时水利部海河水利委员会下发的《漳卫南运河管理局主要职责、机构设置和人员编制方案》（海人教[2002]84 号）也确认了卫运河管理的体制和机构设置，因此本次设计维持现有管理机构的层次、级别及机构设置，保持河道管理二级以上单位的权利和职责。

对河道管理的三级单位即县级河务局，目前漳卫南运河管理局已完成了管养分离工作，分离后的卫运河县级河务局是非盈利性的事业单位，其职能是在上级主管部门的组织指导下，行使国有水利资产管理、工程安全与完整、组织维修养护招标及对维修养护作业水平的监督检查等高层次的管理权利。

2. 卫运河管理人员编制

卫运河河道堤防为二级，长度为 321km，参照《水利工程管理单位编制定员试行标准》、《水利工程管理单位岗位设置标准》，本着精简高效的原则，合理设置管理岗位，按岗定人。

水利部海河水利委员会下发的《漳卫南运河管理局主要职责、机构设置和人员编制方案》（海人教[2002]84 号）确定了整个漳卫南运河管理局，包括其下属的所有单位，事业编制的总人数为 1376 人，漳卫南运河管理局根据该文件提供的卫运河管理的定编人数见表 12.38。

表 12.38　卫运河二级和三级管理单位的人员定编情况表

二级管理单位		三级管理单位		总人数
单位名称	卫运河的定编人数	单位名称	卫运河的定编人数	
邯郸河务局	9	馆陶河务局	16	25
邢衡河务局	33	临西河务局	13	73
		清河河务局	9	
		故城河务局	18	
聊城河务局	45	冠县河务局	10	70
		临清河务局	15	
德州河务局	26	夏津河务局	7	51
		武城河务局	18	
合计	113		106	219

本次设计根据有关规定对漳卫南运河管理局提供的定编人数进行了复核，经复核漳卫南运河管理局提供的定编人数基本合理，因此本次设计维持漳卫南运河管理局根据海委文件确定的定编人数，共 219 人。

（二）工程管理范围和任务

1. 工程管理范围

遵照《中华人民共和国防洪法》和《中华人民共和国河道管理条例》，卫运河河道管理范围应为两岸堤防之间的水域、滩地（包括可耕地）、行洪区、堤防及护堤地。护堤地的宽度本工程设计为 20m。堤防工程的保护范围设计为护堤地边界线外 200m。管理单位会同有关县级以上地方政府，依照管理范围和保护范围的有关规定，进行划界确权。

卫运河自 20 世纪 60 年代中期实现统一管理以来，对两岸堤防的内、外堤脚按照堤防内堤脚以内为 3m、外堤脚以外为 5m 的标准征用护堤地，归漳卫南运河管理局统一管理。如果在堤外原征用 5m 宽护堤地的基础上再征 15m 宽的护堤地，使护堤地的宽度达到 20m，需征地 7210 亩，考虑到征地的难度较大，因此本次设计不安排征用这两部分占地，建议尽快列专项解决。

目前,卫运河管理范围内尚有河道主槽占地、滩地占地共127110亩未确权,另外四女寺枢纽工程和管理设施占地共1057亩多年来一直供四女寺管理局使用但未征用,以上两部分合计共128167亩。本次设计不安排征用这两部分占地,建议尽快专项解决。卫运河管理范围内划界确权情况详见表12.39。

表12.39　卫运河管理范围内划界确权情况表(单位:亩)

单　位	完成情况	河槽占地	滩地占地	堤防或工程占地	管理设施占地	小　计
卫运河合计	未完成	20873	106237	650	407	128167
	已完成	36234	71564	30642	16	138456
	总　数	57107	177801	31292	423	266623
聊城河务局	已完成	8535	0	8040		16575
	总　数	8666	54237	8164		71067
德州河务局	已完成	0	0	11217		11217
	总　数	20873	52000	11217		84090
邯郸河务局	已完成	3099	21544	2723		27366
	总　数	3099	21544	2723		27366
邢衡河务局	已完成	24469	50020	8464		82953
	总　数	24469	50020	8464		82953
水闸管理局	已完成			74	16	90
	总　数			74	16	90
四女寺管理局	已完成			0	0	0
	总　数			650	407	1057

2. 工程管理任务

(1)根据《中华人民共和国河道管理条例》的要求,应加强河道管理,保证防洪安全,充分发挥河道的综合效益。

(2)按照国家有关河道堤防工程管理的政策、法规及技术标准,对河道堤防工程进行巡查和安全观测,随时掌握堤防工程的运行状况,发现问题,及时组织开展养护、修理和除险加固等工作;汛期作好雨情、水情、工情观测,配合防汛部门做好度汛工作,确保河道堤防工程的安全与完整,充分发挥防洪排涝效益,保障经济社会的可持续发展。

(3)加强枢纽及拦河蓄水闸的管理,做好洪水的调度运用工作。

(4)开展综合经营,充分发挥工程优势,增加经济效益,改善管理人员的福利待遇。

(三)生产管理与生活用房

卫运河各级管理机构现有的生产管理与生活用房基本满足要求,本次设计不再考虑。但为了有利生产、方便生活,根据有关规定,对聊城河务局机关驻地进行搬迁。

聊城河务局成立于1954年,现机关位于山东省临清市,现有在职职工81人,离退休职工34人,机关占地4.0亩,机关现有一幢办公楼,无室外活动场所,其他车库、锅炉房等附属配套设施相对简陋。

(1)防汛业务工作备受制约。聊城河务局是聊城市防汛指挥部主要成员,由于驻地在临清市,离聊城有50km,参加防汛会、举行防汛会商等工作非常不方便,市防汛指挥部举办的日常会议或活动,由于相距较远,聊城河务局往往不能参加,上级决策、防汛精神得不到及时有效传达。同时漳卫河的汛情险情也不能被聊城市防汛指挥部及时掌握，防汛工作往往处于被动。局机关搬至聊城市将能增强聊城河务局与聊城市有关部门的协调沟通，也将促进聊城河务局与黄河河务局的交流联系，也会促进卫运河的管理和防汛工作。

(2)机关基础设施陈旧、办公设施简陋。聊城河务局始建于1954年，办公、生活区混融，管理难度极大，机关院内办公楼、家属区均建于20世纪70年代，机关院内地势低洼，每逢雨季，院外积水倒灌，车辆、人员无法通行。办公楼建筑面积1708m^2，建设标准较低，功能不足，供电、给排水设施老化失修，现已接近设计年限。

(3)属地管理体制不顺。临清市政府考虑级别和管理权限的因素，许多工作往往疏于与我单位沟通、协调，造成职工入党、医疗、养老保险等工作得不到及时落实，单位的精神文明建设也难以获得地方政府的支持和认可，给各项工作的顺利有效开展带来诸多不利，同时也制约了聊城河务局的发展进步。

(4)所处临清市交通道路闭塞。临清市虽处于冀鲁两省的交界处，但交通路并不顺畅，路况不佳，给工作往来带来不便。而聊城市交通便利，西北可通临清、向西可达冠县、北可至德州，道路顺捷，加之京沪高速、冀聊馆高速贯穿东西，京九铁路纵贯南北，出行工作便捷。

(5)机关地理位置偏僻。聊城河务局地处临清市西部，由于近年来临清市城市建设的快速发展，所处位置已逐渐成为临清市的老城区、偏僻地区，社会治安秩序混乱。局机关周围的交通道路、市政建设也已成为临清市建设的盲区，通讯、网络建设也很难满足聊城局工作的需要，对聊城局的管理工作产生很大影响。

(6)和谐单位建设受地理位置严重制约。海河水利委员会自2007年实施和谐单位建设以来，漳卫南局除聊城局外所属二级局均进行了搬迁改造，聊城局职工群众对机关搬迁呼声日益高涨，特别是在机关处于目前地理位置下，很难留住和引进人才，近年来一些刚到聊城水务局报到的大学生看到单位现状后立即辞职或要求重新分配，单位的发展受到极大影响。同时现有职工信息闭塞，思想陈旧，思想境界、综合素质、家庭生活水准受到制约，职工子女的就读、就业受到影响，看病难、上学不便一直困扰广大干部职工，很难使职工安心工作，和谐单位建设进展缓慢。

综上所述，聊城河务局搬迁是必要的。机关搬至聊城市有如下几点优势：一是搬迁后有利于与地方政府和有关单位的沟通协调；二是有利于漳卫河的防汛安全；三是有利于单位的和谐健康发展；四是有利于改善职工的办公生活条件；五是有利于单位内部管理；六是有利于单位职工的稳定。

根据有关规范，本次设计采用的标准为：办公房人均12m^2，职工宿舍按国家房改政策筹建。

办公附属建筑根据有关规范，并参照目前各河务局的配置水平，图书室、接待室、医务室、职工活动室、阅览室、公用食堂、门卫等文化福利设施的建筑面积按400m^2考虑，生产维修车间、设备材料仓库、防汛专用仓库、车库等的建筑面积按350m^2考虑，水政听证室、网络机房、防汛会商室、防汛值班室等的建筑面积按375m^2考虑。

在聊城市征地8亩，建办公房675m^2，相应的配套设施1125m^2；新建住房面积共1800m^2。

(四)管理设施

管理设施包括工程观测设施、交通设施、办公设备和通讯设施等。

目前卫运河的二、三级管理单位的工程观测设施简陋，且年久失修，部分设备已属淘汰产品。卫运河各河务局现有各种交通车辆7辆。

为保证河道堤防工程观测和工程管理工作的正常进行，配置相应的观测仪器、设备。共配备各种车辆 27 辆，观测设施 21 台套，办公设施 38 台套，通讯设施 24 台套。详见表 12.40。

表 12.40　管理设施配备表

单位名称		车辆			观测设施				办公设备					通讯
		载重汽车	面包车	越野车	GPS	全站仪	J_2 经纬仪	S_3 水准仪	投影仪	笔记本	摄像机	照相机	计算机	对讲机
漳卫南局机关			1	1	1				1	3	1	1		
邯郸局	机关		1	1		1					1	1	2	2
	馆陶局	1		1			1	1				1	1	2
邢衡局	机关													
	临西局	1		1			1	1				1	1	2
	清河局	1		1			1	1				1	1	2
聊城局	机关		1	1		1					1	1	2	2
	冠县局	1		1			1	1				1	1	2
	临清局	1		1			1	1				1	1	2
德州局	机关		1	1		1					1	1	2	2
	夏津局	1		1			1	1				1	1	2
	武城局	1	1	1			1	1				1	1	2
合计		8	6	13	1	4	8	8	1	3	5	13	16	24

（五）附属管理设施

（1）防汛屋建设。卫运河大堤上目前约有 70 座护堤屋（兼作防汛屋），这些防汛屋已运用 30 多年，年久失修，根据规定和防汛抢险和日常护堤管理实际需要，本次设计将原有防汛屋拆除，同时沿堤防全程，每隔 2km 建一座防汛屋，共 150 座，每座 $60m^2$，共 $9000m^2$。

（2）堤防标志牌、拦车卡等。为推进堤防工程管理标准化、规范化建设，加强堤容堤貌整治，本次主要补齐缺失的标志牌、界碑等，共计 4433 个。牌、桩、卡统计表见表 12.41。

表 12.41　有关的牌、桩、卡统计表

名称	数量（个）	备注	名称	数量（个）	备注
险工牌	12	12 处险工	护堤地界桩	3211	每百米 2 个
界碑	9	9 个县级分界	拦车卡	40	
宣传牌	160	每 2 公里 1 个	交通管理牌	40	
里程碑	321	每公里 1 个	路口警示桩	640	

（六）通讯恢复

聊城河务局驻地临清市搬往聊城市，需要解决专网通信接入问题。临清水务局为德州–岳城微波干线的中继站，也是距聊城最近的微波站。该站与聊城黄河河务局间曾建有微波电路，容量为 34M，由临清水务局和聊城黄河河务局共同负责运行维护。由于该电路带宽已远不能满足聊城黄河水务局日益增长的数据、视频等业务对传输的要求，且运行模式不能满足漳卫南局内部通信网络管理的要求，因此，需在现驻地临清和聊城市新驻地间建设新的微波通信系统，彻底解决该局搬迁后的语音、计算机网络、视频会商等业务接入问题。

1. 恢复方案

现驻地临清与新驻地聊城市之间的距离约为50km,适合建设微波通信系统。

(1)微波容量及频段,根据聊城黄河水务局的业务需求及未来规划,需新建SDH微波系统,容量155M。工作频段暂定为8G,具体频点需经山东省无线电管理部门批准。

(2)天线口径,根据计算,天线采用3.2m高性能抛物面天线。由于距离较远,天线接收需采用空间分集方式。

(3)电源系统,临清微波站已建有完善的开关电源及蓄电池系统,可以直接利用;聊城站需配置开关电源及蓄电池组。根据该站设备功耗及供电情况,确定开关电源容量为90A,蓄电池组容量为400AH,另外给该站配备一台6kVA逆变器,为网络设备提供不间断交流电供应。

(4)计算机网络系统,在聊城局新驻地建设计算机网络系统,对新办公楼进行综合布线,相应配置路由器、网络交换机,并通过微波系统提供的接口与漳卫南局的计算机网络联网。

(5)程控交换机,为聊城黄河水务局新驻地配置一台交换机远端模块(RSUD),以解决该局的语音通信问题。该交换机通过微波系统提供的接口与漳卫南局的语音交换网络联网。

(6)铁塔和机房,临清站可直接利用现有机房和铁塔设施。聊城站需新建铁塔。根据传输计算并考虑当地周围建筑物的情况,铁塔高度定为78m。

2. 费用估算

该工程共需资金约149.19万元。其中设备及主要材料费75.06万元,工程安装费10.13万元,铁塔及基础64.00万元。

第五节　施工组织设计

一、施工条件

(一)工程条件

卫运河自徐万仓,至四女寺枢纽,接漳卫新河入海口,全长157km,是河北、山东两省的界河。

由于淤积造成行洪能力下降,严重危及河道的安全运行,加上大堤、穿堤小涵闸存在的隐患,多处发生险情,造成防汛工作极度被动。因此,对卫运河治理是必要的。

施工组织设计主要项目分布在157km的河道上,河道清淤长度50km,清淤土方702.23万m^3,险工加戗3处,总长度6250m,加戗土方96525m^3;险工护坡12处,总长度8065m;涵闸拆除重建30座(其中有两座合并为一座),涵闸、涵管拆除封堵67处,加固、维修66处。

(二)自然条件

本工程地处中部温和地区,属温带大陆性季风气候,冬季寒冷干燥,夏季温暖多雨,多年平均降雨量560mm,多集中在7~8月,全年平均风速3.9m/s,年平均气温12.9℃,年最高气温41.4℃,年最低气温-22.1℃,蒸发量2200mm。冻结日期平均在12月17日,解冻日期平均在2月8日。最大平均风速13m/s,冬季最大冻土深0.51m。本流域汛期为6~9月,枯水期为10月~次年5月。

1. 对外交通条件

两岸大堤可作为对外交通,沿岸分布许多村庄,建有许多跨河桥,可作为两岸联系交通,对外交通便利。

2. 施工期水电供应条件

施工战线长，施工地点分散，除拦河闸或靠近大的闸管所的地方能够利用现有的水、电外，全线几乎没有现成的供水、供电条件。

二、施工期水流控制

（一）施工围堰

本工程占线长，施工点多，施工时加强上游来水控制，尽量选择在非汛期施工，合理安排施工时间，降低导流临建工程量。

卫运河地处华北冲积平原的南部，河道断面大多由主槽、两侧滩地和左右堤防构成。自1973年以来，汛期河水有三次上滩；汛后河道蓄水，秋、春季灌溉后河道基本无水，多年来枯水期只有河道主槽有少量蓄水。

根据河道水文特性，为减少施工导流工程量，除不受河水影响的堤顶路面硬化、堤身灌浆、堤身截渗墙等项目外，其他受汛期河水影响较大的项目主要安排在枯水期施工，具体安排如下：

（1）河道清淤。河道清淤安排在枯水期11月~次年5月，导流标准选定5年一遇枯水期，10月~次年5月流量225m^3/s，2~4月128m^3/s，流量如表12.42所示。

表12.42　分期设计洪峰流量成果表（单位：洪峰m^3/s）

站　　名	分　　期	各频率设计值		
		5%	10%	20%
南陶站	6~9月	1415	914	481
	10月~次年5月	275	165	76
临清站	6~9月	1524	1081	668
	10月~次年5月	442	332	225
	2~4月	247	187	128

因此，河槽底部淤泥开挖拟分两个时段，第一时段为10月至来年1月，导流流量225m^3/s，这期间来水量较大，河床两侧只开挖水位以上部分；而在2~4月三个月由于来水量少，导流流量128m^3/s，利用这个时间挖除河槽下部淤泥，这期间设围堰维护一侧河槽，在围堰维护下清淤，该侧河槽清淤完成后，利用已有的纵向围堰维护另一侧河槽，由已经完成清淤的河槽过水。基本完成清淤后，挖掘机采用后退方式挖除纵向围堰。根据河槽走势及清淤量大小设置若干个清淤施工段，清淤量小的河段约每隔3km设一施工段，清淤量大的河段约每隔1km设一施工段，共设23个施工段。

围堰填筑后，过水断面宽度平均45m，流速0.9~1.0m/s，水深约3.0m，堰高3.5m，顶宽3m，边坡1：2.5，共计围堰填筑量96.74万m^3。施工采用挖掘机挖装，自卸汽车运输方案。

（2）堤防加高加戗。堤防加高加戗堤内侧填筑部位均位于滩地以上，安排在枯水期施工，不需修筑围堰。

（3）险工护坡。险工护坡坡脚大部分落在滩地内，少部分伸入河槽内。坡脚落在滩地内的不需要修筑围堰；坡脚伸入河槽的部位，在护砌河段的上下游修筑拦河围堰，排干该河段积水，干地砌筑施工。经统计胡家湾险工、先锋桥险工和莲花庵险工均需修建拦河围堰3道，按堰高3m，顶宽3m，边坡1：2.5，每道长155m计算，围堰工程量为1.61万m^3。

(4)穿堤建筑物维修加固。穿堤涵闸和涵管拆除、重建、维修加固共163座,从施工期水流控制角度,涵闸、涵管可分为两类,一类为滩地涵闸、涵管(涵管底高程与滩地高程接近),另一类为滩地深槽涵闸、涵管(涵管底高程与河道主槽高程接近,涵管通过滩地深槽与主河槽相连)。

第一类涵闸、涵管在滩地以上施工,不需修筑围堰。

第二类涵闸、涵管的用途多为排涝,位于滩地深槽,枯水期也有水,需要在滩地深槽的出口处修筑挡水围堰,拦挡主河槽枯水期滞水。该类涵闸、涵管共51座,每座需修筑围堰长12m,堰高3m,顶宽3m,边坡1:2.5。总计围堰填筑量2.12万m^3。

(二)施工排水

由于施工安排在枯水期进行,仅考虑清淤初期一次性排水,降雨等经常性排水暂不考虑。多年来枯水期河道主槽有少量蓄水,水深多在1.5~2.0m,由于河道底坡只有1/8000左右,依靠自流无法排除两道围堰之间的滞水,设计选用水泵抽水至相邻的施工区段的方法抽干施工部位的滞水。如果只考虑清淤主河道排除积水,按主槽宽度70m,水深2.0m计算,需排水总量130万m^3。

三、施工方法

针对主体工程的设计方案及有关工程量(如表12.43),各主体工程采用不同的施工方法。具体施工方法如下:

表12.43　主体工程工程量汇总

序号	工程项目及部位	单位	工程量	备注	序号	工程项目及部位	单位	工程量	备注
一	河道清淤				10	雷诺护垫	m^2	18447	厚0.3m
1	清淤量	m^3	7022329		11	栏杆	m	2750	
二	堤防加高				七	穿堤建筑物			
1	清基土方	m^3	91621		1	土方开挖	m^3	167628	
2	土方填筑	m^3	460424		2	土方填筑	m^3	178356	
三	堤防加戗				3	管周防渗黏土	m^3	9441	
1	清基土方	m^3	27200		4	碎石垫层	m^3	2750	
2	土方填筑	m^3	96525		5	反滤料	m^3	167	
四	防渗墙	m^2	11700		6	土工布	m^2	1707	200g/m^2
五	路面硬化				7	浆砌石砌筑	m^3	13315.8	
1	沥青混凝土路面硬化	km	57.92		8	浆砌石拆除	m^3	18575	
2	泥结石路面硬化	km	283.98		9	混凝土拆除	m^3	921	
六	险工护坡				10	混凝土管拆除	m	2444	
1	土方开挖	m^3	162998		11	混凝土浇筑	m^3	5493.5	
2	土方回填	m^3	82657		12	钢筋制安	t	259.5	
3	浆砌石砌筑	m^3	52461		13	预制混凝土涵管	m	1199	
4	混凝土预制块	m^3	8789		14	钢闸门	扇	67	
5	碎石垫层	m^3	4777		15	混凝土叠梁门	扇	13	
6	土工布	m^2	107633		16	法兰盘闸门	个	6	
7	水下抛石	m^3	11819		17	启闭机	台	73	
8	植被混凝土	m^2	16016		18	接触灌浆	m^2	3400	
9	框格草皮护坡	m^2	13013		19	裂缝修补	m^2	200	

(一)清淤

清淤河段为祝官屯闸至四女寺枢纽(主河槽桩号107+428~156+645),全长约49km。河道宽度约500~1600m,清淤纵坡在K107+428~137+458之间1/8260,K137+458~K156+645之间1/7510,堤防平均高度5~6m,即107+428~119+534.09之间清淤断面底宽110m,119+534.09~156+645之间清淤断面底宽100m。两边边坡均为1:3。

本段淤积多为水流携上游泥砂而形成的淤积。河道目前多为季节性河流,枯水期水量较少,3~5月份灌溉期有时断流,通过祝官屯闸拦断河水。滩地基本上呈常年无水状态,且多为农田或耕地,采用挖掘机或履带式挖掘机与汽车联合作业的挖运方式比较合适。

施工时挖掘机尽量在滩地作业,挖水位以上的土,待3~5月份灌溉期断流时,铺荆条片约40000m^2,承载挖掘机和汽车,完成整个断面清淤。采用1m^3挖掘机装8t自卸汽车运输,或加高堤防或至弃土场。清淤土方部分用来加高堤防,剩余部分弃置弃土场,弃土场位于堤外,堆高3~3.5m。根据清淤工程量的分布,沿岸设17个弃土场,其中左岸8个,右岸9个。清淤弃土场位置及指标见表12.44。

表12.44 清淤弃土场位置及指标表

岸别	序号	容量(万m^3)	设计堆高(m)	长(m)	宽(m)	占地(亩)	起止桩号
左岸	左1#	36.24	3.48	1040	100	156	Z115+440~Z116+480
	左2#	19.71	3.46	570	100	85	Z119+900~Z120+470
	左3#	65.92	3.50	1570	120	283	Z124+160~Z125+730
	左4#	96.16	3.43	1400	200	420	Z132+580~Z133+980
	左5#	48.95	3.50	1400	100	210	Z137+800~Z139+200
	左6#	59.96	3.48	1150	150	259	Z145+500~Z146+650
	左7#	76.14	3.46	1100	200	330	Z153+600~Z154+700
	左8#	75.97	3.45	1100	200	330	Z160+000~Z161+100
右岸	右1#	40.92	3.10	1320	100	198	Y111+480~Y112+800
	右2#	38.53	3.21	1200	100	180	Y116+900~Y118+100
	右3#	37.71	3.34	940	120	169	Y123+600~Y124+540
	右4#	34.95	3.17	920	120	166	Y128+330~Y129+250
	右5#	48.45	3.44	1410	100	211	Y130+390~Y131+800
	右6#	38.23	3.48	550	200	165	Y134+300~Y134+850
	右7#	49.17	3.07	800	200	240	Y142+600~Y143+400
	右8#	44.94	3.26	600	230	207	Y148+600~Y149+200
	右9#	73.06	3.25	900	250	337	Y152+950~Y153+850
合计		884.98				3946	

注:弃土量中扣除加高堤防用土。

河道清淤每隔2km,左右岸各布置一条临时上堤坡道,共计48条,总长40.80km。上堤坡道路基宽4.5m,两侧各0.75m占地,纵坡10%。占地367.20亩。清淤临时上堤道路分布位置见表12.45。

表 12.45　清淤临时上堤道路分布位置表

岸别	临时上堤道路分布位置	长度(km)	占地(亩)
左岸	Z112 + 800、Z114 + 430、Z116 + 600、Z119 + 300、Z122 + 360、Z123 + 750、Z125 + 250、Z127 + 300、Z129 + 350、Z131 + 500、Z133 + 200、Z135 + 000、Z136 + 950、Z138 + 700、Z142 + 000、Z143 + 900、Z145 + 700、Z148 + 600、Z150 + 900、Z152 + 700、Z154 + 700、Z157 + 000、Z159 + 200、Z161 + 000	20.40	183.60
右岸	Y110 + 880、Y112 + 600、Y114 + 400、Y116 + 150、Y118 + 100、Y121 + 300、Y123 + 950、Y126 + 100、Y127 + 900、Y129 + 800、Y131 + 800、Y132 + 250、Y134 + 100、Y136 + 100、Y137 + 900、Y140 + 100、Y141 + 800、Y144 + 280、Y146 + 200、Y148 + 300、Y150 + 700、Y152 + 100、Y154 + 000、Y156 + 400	20.40	183.60
总长度		40.80	367.20

(二)堤防加高

设计加高范围如表 12.17 所示,地质勘探结果显示,堤内两岸滩地的土料除腐质层、无用土层外,均满足规范要求,取土深度高于河道滞水位以上 0.5m。

(1)加高用土料有两个来源,一是取自土料场,土料场位于堤内河滩地,距大堤内坡脚 30m 以外,取土深度大部分在 2.5m 左右,其中,无效土层厚度 0.5m,有效取土厚度 2.0m 左右;二是清淤土料,位于清淤范围内的堤防加高所用土料均取自清淤土料。为此,专门做了清淤土料试验,基本满足上堤填筑要求。因此,清淤时将滩地土料清除腐殖土后上堤。另外,个别加高量少,又距土料场和清淤段较远的加高段,外购土料。

采用 $1m^3$ 挖掘机装 8t 自卸汽车运输,土料来自清淤弃土和土料场。

(2)堤防加高除利用清淤弃土外,还需从土料场取土和少量外购土,该部分施工道路已在清淤和土料场中考虑,不再计列。详细设置情况如表 12.46 所示。

表 12.46　堤防加高土料场布置情况一览表

料场编号	加高土料场位置	土料场占地(m^2)	施工临时道路长度(m)	施工临时道路占地(m^2)
加高取土场 1	Y7 + 850 ~ Y8 + 150(右岸)	30000	500	3000
加高取土场 2	Z23 + 350 ~ Z23 + 850(左岸)	50000	500	3000
加高取土场 3	Y23 + 550 ~ Y24 + 050(右岸)	50000	500	3000
合计		130000(195 亩)	1500	9000(13.5 亩)

(三)堤防加戗

(1)堤防加戗土方规划。堤防加戗共有 3 处,总长度为 6250m,加戗土方总计 $96525m^3$。

(2)加戗土料场。土料场的土料主要用于险工加戗,根据工程位置不同,共设 3 个取土场,取土场的位置及占地见表 12.47。

(3)土料场临时施工道路。各土料场至用土点之间分别布置一条临时施工道路,以便于土料运输。对于背河加戗工程还应设置临时上堤坡道。临时施工道路长度及占地见表 12.47。

表 12.47　土料场布置情况一览表

料场编号	土料场位置	土料场占地(m^2)	施工临时道路长度(m)	施工临时道路占地(m^2)
加戗取土场 1	Z5 + 300 ~ Z6 + 150	21137	500	3000
加戗取土场 2	Z37 + 300 ~ Z37 + 800	14553	500	3000
加戗取土场 3	Z49 + 300 ~ Z49 + 650	4830	500	3000
合计		40520(60.75 亩)	1500	9000(13.5 亩)

(4)土料场的开采。由于地下水位较深,勘探3m未见地下水,据调查,地下水埋深一般大于10m,拟订取土总深度3.0m左右,其中,无效土层厚度0.5m,有效取土厚度2.5m左右。

取土前先用推土机将表层腐植土清除,就近堆放,再用$1m^3$挖掘机挖装、8t自卸汽车运土上堤。

加戗施工前,先对加戗部位清基,采用74kW推土机推至加戗范围以外,待加戗完工后再推至戗台上或坡面上。加戗土方采用74kW拖拉机碾压,碾压时对含水量进行控制。碾压遍数根据现场试验确定。

(四)险工护坡

险工护坡共12处,每处相距几公里至十几公里,每一处险工考虑独立施工。每一处险工点的土方回填可利用开挖料。因此,先将开挖土方就近堆放,待护坡完成后再将其回填。剩余部分由于量很小,可就近堆存地脚。

清基采用74kW推土机推运,土方开挖采用$1m^3$挖掘机开挖,就近堆放,以备土方回填之用。待砌筑等工程完工后,用推土机将该部分土方推回,并用拖拉机压实。

护坡所用的块石、碎石、粗砂等均从德州市或临近的县城购买。每一处护坡工作量不大,可考虑安排在非冬季施工,但避开洪水的影响。

施工占地主要包括每处险工首位各布置一条,共布置2条施工道路,堤高平均按7m计,路纵坡5%,每条路长140m,总长3360m。每条路宽4.5m,计入路两边各0.75m占地,总占地30.24亩。

(五)穿堤建筑物拆除、重建及加固维修

穿堤建筑物工程施工包括涵闸拆除重建30座,涵闸、涵管拆除封堵67处、维修加固66处。穿堤建筑物涉及的工程项目有钢筋混凝土管拆除、钢筋混凝土拆除、浆砌石拆除、土方挖填、钢筋混凝土浇筑、钢筋混凝土管安装、浆砌石砌筑等。

土方开挖采用$0.5m^3$反铲机开挖就近堆存;钢筋混凝土及浆砌石拆除采用风镐拆除,钢筋混凝土管拆除采用拖拉机运至弃渣场,土方回填利用开挖料,74kW推土机推运,打夯机夯实,不足土料外购;混凝土管周的黏土利用人工回填,蛙夯夯实;混凝土浇筑采用$0.4m^3$拌和机拌制,人工手推车入仓,2.2kW插入式振捣器振捣;钢筋混凝土管从构件厂购置,汽车运至工地,吊车吊装;浆砌石和抛石采用人工施工。

考虑安排在非冬季施工,但避开洪水的影响。在维修加固和拆除封堵、重建处,考虑每处1亩的施工临时占地,另修建一条临时道路,作为施工与临时绕行用,每条路长240m,宽6m。临时施工占地163亩,施工临时绕行路用地351.90亩。

四、施工布置

(一)施工交通道路

(1)对外交通道路。施工对外交通可利用两岸大堤堤顶路。沿岸分布许多村庄,建有多座跨河桥,可作为两岸联系交通。对外交通方便,不需要新修道路和桥梁。

(2)场内交通道路。场内交通道路主要为各工程区与对外交通道路之间的连接道路,以及场内施工区与料场、弃渣场、布置区之间的联系道路。

河道清淤每隔2km布置一条临时上堤坡道,共计48条,总长40.8km。上堤坡道路基宽6m,两侧边坡1:2,纵坡10%。占地367.2亩。

险工加戗从土料场取土,该部分施工道路已在土料场中考虑,不再计列。

防渗墙施工可利用堤顶路作为施工交通道路,不需要新修道路。

险工护坡按每处险工布置 280m 临时施工道路,共 3360m,占地 30.24 亩。

穿堤建筑物的拆除重建、拆除封堵和维修加固每处布置 240m 临时绕行施工道路,路基宽 6m,占地 351.9 亩。

(二)施工场区布置规划

本工程项目多,分布在线性河道上,难以集中布置施工设施。施工时可根据实际情况分散布置,基本上每个施工点均布置一个施工场地。

(三)施工期水电供应

(1)施工用水。由于施工线路较长,用水量分散,除清淤工程外,其他生产用水可租用农用机井,或取至堤外村庄,有偿使用;生活用水可利用居民生活用水一并解决。

(2)施工用电。由于每个施工点用电量不大且分散,除拦河闸和靠近大的闸管所在的施工点采用网电外,其他施工点宜采用移动式柴油发电机组供电。

(四)施工临时占地汇总

(1)河道清淤。清淤土方部分用来加高堤防,剩余部分弃置弃土场,土方利用部分约为 32.3 万 m^3,运至临时堆放场,堆高 4m,临时占地面积为 121.2 亩。

河道清淤长度为 49km,左右岸每 4km 各设一布置区,共计 25 个布置区,每个布置区考虑 $40m^2$ 施工临时办公用房和仓库,共 $1000m^2$。

为便于土料上堤,每隔约 2km 布置一条临时上堤坡道,共计 48 条。临时施工道路总长 40.8km,占地 367.2 亩。

(2)堤防加高。堤防加高、加戗所用土料,部分来自于清淤弃土,部分来自于土料场,可利用堤顶道路作为临时施工道路。加戗部分的施工道路已计入相应的清淤或土料场中。

堤防加高沿途分散,基本每个县都有,因此,在沿堤 8 个县每个县设置一个布置区,共设 8 个布置区,每个布置区考虑 $30m^2$ 施工临时办公用房和仓库,共 $240m^2$。

(3)堤防加戗。堤防加戗所用土料来自于土料场,可利用堤顶道路作为临时施工道路。加戗部分的施工道路已计入相应的土料场中。

堤防加戗沿左岸分散,主要分布在馆陶和临西,因此,在左岸沿堤 2 个县每个县设置一个布置区,共设 2 个布置区,每个布置区考虑 $30m^2$ 临时办公用房和仓库,共 $60m^2$。

(4)险工护坡。险工护坡共 12 处,临时施工道路共 3.36km,占地 30.24 亩;每处险工设一个布置区,每个布置区考虑 $30m^2$ 临时办公用房和仓库,共 $360m^2$。

(5)穿堤建筑物。穿堤建筑物维修加固和拆除封堵、重建共计 163 处,施工临时道路共 39.12km,占地 351.90 亩。

穿堤建筑物沿途分散,每个县都有,因此,在沿堤 8 个县每个县设置一个布置区,共设 8 个布置区,每个布置区考虑 $30m^2$ 临时办公用房和仓库,共 $240m^2$。

(6)土料场。为了将土料运至各用土点,各土料场至大堤之间需布置临时施工道路,共计有 6 个土料场,临时施工道路总长 3.0km,占地 27.0 亩。

五、施工总进度

施工总工期 3 年,施工准备 3 个月。工程开工时间为第一年的 1 月初,工程结束时间为第 3 年的 12 月底。

(一)基本原则

(1)穿堤建筑物数量多,工程量较小,因而三年中避开严冬期,均衡安排穿堤建筑物施工。

(2)堤防加戗土方部分利用清淤弃土,在工期安排上考虑与清淤工程相结合。

(3)险工护坡贯穿3年的工期,但应避开汛期和严冬期。

(4)加戗工程、灌浆工程施工时,与穿堤建筑物施工冲突时,因加戗工程、灌浆工程施工工期富裕度大,应给予协调。

(5)清淤工程工程量大,贯穿3年的工期,但应避开汛期。

(二)进度安排

河道清淤安排在10月初至第三年的5月底,包括临时围堰的施工。

堤防加高部分利用清淤弃土,安排在第一年的10月初开工、第三年的10月底完工。期间避开严冬期和汛期。

堤防加戗部分利用清淤弃土,在工期安排上考虑与清淤工程相结合,安排在第一年的10月初至第三年的10月底。

险工护坡数量少,应服从清淤等主要工程并避开严冬期和汛期。

穿堤建筑物的维修与加固安排在第一年10月至第三年的11月底。在堤防加高或加戗位置应先完成穿堤建筑物的施工。

本工程平均高峰人数为1600人。

主要施工机械为1m^3挖掘机89台,自卸汽车138台,推土机97台。

主要材料用量:水泥16960t,钢筋259.5t,块石8.29万m^3,砂4.61万m^3,碎石29.04万m^3,沥青2478t,柴油13210t。

第六节　环境影响评价

一、工程所在地区环境状况

(一)自然环境状况

(1)区域地形地貌及地质。地形地貌:工程所涉及的区域地处华北冲积平原南部,地势平坦,地形总体自南西向北东倾斜,海拔高程41.2~21.7m,地面坡降在1/7000左右。地貌可分为河滩高地、斜坡地(高坡、洼坡)和河槽洼地等几种主要类型。

地质构造与地震:工程区位于华北平原沉降带的南部,为新生代的强烈拗陷区,第三、第四系地层厚达数千米,基底构造以断裂为主,主要可分为北东向(属新华夏系)和北西向两组。地震分布与基底断裂构造相关。从1∶400万"中国地震烈度区划图"看,本工程区除卫运河末端四女寺地区位于Ⅶ度区内边缘地带外,其他地段均位于Ⅵ度区内。

地层岩性:区内发育有深厚的第四系松散堆积物,厚度可达数百米。工程涉及和钻探揭露到的地层均为浅部第四系全新统冲积松散堆积物,主要为粉质壤土和粉质砂壤土,夹有黏土和淤泥质土薄层或透镜体,下部有厚度较大的粉土、粉细砂层。

(2)水文、气象。卫运河承泄漳河、卫河洪水,漳河、卫河于徐万仓汇流入卫运河,卫运河防洪标准为1963年型洪水,相当于50年一遇洪水。当遇3~30年一遇洪水时,卫运河承泄洪水流量为4000m^3/s。

本流域地处半湿润半干旱地区,属温带大陆性季风气候,多年平均气温15℃。气温年内变化明显,一月份最低,平均为-2℃;七月份最高,平均为27℃。极端最低气温为-20℃,极端最高气温为42.6℃。年日照小时为2591小时。无霜期多年平均为215天,年蒸发量为

838.8mm。降雨主要受太平洋东南季风影响，多年平均降雨量为550mm，但年际变化较大，最大降雨量1250mm（1963年），最小降雨量343mm（1979年），而且常出现多年连续丰水年或枯水年。一般汛期在6~9月份，暴雨主要发生在7~8月份。

（3）生态环境。卫运河两岸植被以人工栽培植物为主，属典型的农业生态区系。主要农作物有小麦、玉米、高粱、谷子、大豆等；经济作物主要有棉花、花生、芝麻等；林果资源主要有枣、梨、苹果、桃、葡萄等；林木资源主要有常青树、落叶乔木、灌木等；牧草主要有芦草、水獐茅等。

陆生动物除人工养殖的畜禽品种外，野生动物有獾、黄鼬、野兔、野鸡、蝙蝠、蝎、蛇、刺猬等。由于受水质污染的影响，河道水生生物、水产资源贫乏。工程区内无珍稀动、植物。

（4）地表水环境。根据海河流域水功能区划，卫运河为冀鲁缓冲区（因为是边界河流）水质目标Ⅳ类，应符合《地表水环境质量标准》（GB 3838—2002）中的Ⅳ类水标准。海河流域水环境监测中心漳卫南运河分中心（以下简称漳卫南监测分中心）于2007年对卫运河4个断面（北馆陶、先锋桥、白庄桥、四女寺）进行的常规水质监测资料表明：卫运河水质达不到《地表水环境质量标准》Ⅳ类水标准，主要为有机污染，污染物为COD_{cr}（超标1.1~6.8倍）、BOD_5（超标0.8~9.3倍）、高锰酸盐指数（超标1.2~6.3倍）、NH_3-N（超标4.7~6.8倍）、挥发酚（超标1.2~14.9倍）、总磷（超标1.2~2.7倍）、总氮（超标6.9~9倍），可见卫运河河水污染情况相当严重，基本成为“纳污河”，已无纳污环境容量，属严重污染河段。

（5）地下水环境。本区地下水主要有浅层淡水、中层咸水和深层淡水。浅层水属卫运河（古黄河）古河道带孔隙潜水，浅层淡水含水层底板埋深在40m左右，矿化度在0.6~2.0g/L；中层咸水矿化度在3.5g/L左右；深层淡水矿化度在0.8g/L左右。浅层地下水因地表污水渗漏，形成二次污染，已危及城乡人民的身体健康。

海河流域水环境监测中心2008年10月23日对项目所在区域地下水进行了一次性采样监测分析，监测点沿卫运河共布置了北馆陶、先锋桥、塔湾、白庄桥、祝官屯闸（滩）、祝官屯闸（边）、东堤口、西郑庄闸、吕庄子、四女寺10个监测点。地下水监测项目选取pH值、总溶固体、总硬度、氯化物、高锰酸盐指数、氟化物、硫酸盐、氨氮、亚硝酸盐氮、硝酸盐氮、挥发酚、氰化物、砷、六价铬、铜、铅、锌、镉、铁、总汞，共计20项。采用《地下水质量标准》（GB/T 14848—1993）中Ⅲ类水质标准评价。

从地下水水质监测结果分析，卫运河沿线的地下水均受到了不同程度的污染，10个监测点的水质现状均不满足《地下水质量标准》Ⅲ类的要求，主要污染物为硫酸盐、氟化物、氨氮、总硬度、挥发酚、溶解性总固体和氯化物。各监测点硫酸盐均不满足标准要求，超标倍数在0.1~7.8倍，超标倍数最大为先锋桥；各监测点氟化物均不满足标准要求，超标倍数在1倍以内，超标倍数最大为吕庄子；氨氮除北馆陶满足标准外，其他9个监测点不满足标准要求，超标倍数在0.4~3.5倍，超标严重的为东堤口；先锋桥、塔湾、白庄桥、东堤口、西郑庄闸、吕庄子、四女寺7处的总硬度超标；北馆陶、先锋桥、塔湾、白庄桥4处的挥发酚轻度超标；塔湾、白庄桥2处溶解性总固体超标；塔湾氯化物超标0.9倍。各监测点地下水中重金属含量均满足Ⅲ类的要求，其中六价铬、铅、镉和汞全部未检出。各监测点氰化物全部未检出。

评价结果表明，卫运河沿线浅层地下水水质不能满足《地下水质量标准》（GB/T 14848—1993）Ⅲ类标准，地下水水质较差。

（二）社会环境状况

（1）社会经济。卫运河左岸涉及河北省馆陶、临西、清河、故城四县，主要以农业生产为主,据有关资料统计,上述地区人口141.24万人,耕地238.73万亩,工农业总产值174.77亿元,农民年人均纯收入2701元。卫运河右岸涉及山东省冠县、临清、夏津、武城四县(市),其农业生产方式和农作物种类与左岸相近,人口230.07万人,耕地面积358.12万亩,工农业总产值93.26亿元,农民年人均纯收入2224元。工业主要有造纸、纺织、机械制造、棉花加工、榨油、酿造、水果加工等。

卫运河沿线人口较集中的县、市是山东省的冠县和临清市,人口分别为73.42万人和71.82万人,其他各县人口均在50万人以下。

河道两岸现有取水口53个,其中左岸14个,右岸39个,年取水量约1.82亿m^3,取水性质为农业灌溉。

卫运河两岸跨河交通由两座铁路桥和六座公路桥组成,铁路桥分别是邯济线和京九线,公路桥分别是南馆陶桥、北馆陶桥、先锋桥、白庄桥、油坊桥、四女寺枢纽。

(2)污染源。卫运河是河北省和山东省的边界河流,由于大量污水排入,加上近几年河道径流量减少,河道稀释能力下降,致使卫运河水质很差,现状调查为劣Ⅴ类。

由于上游地区水库蓄水的影响,目前漳卫南运河水系主要支流漳河基本没有污水下泄,卫运河的污染主要来自另一条主要支流——卫河上游河南省的焦作、鹤壁、新乡和安阳四个市,主要通过卫河下泄进入卫运河。根据调查,卫河上游共有入河排污口58个,入河污水总量6.07亿t,主要污染物COD_{Cr}入河量9.38万t,氨氮入河量1.22万t。其中卫河干流排污口11个,污水入河量6601万t,COD_{Cr}入河量3.34万t,氨氮入河量0.2万t;卫河支流排污口47个,污水入河量5.41亿m^3,COD_{Cr}入河量6.04万t,氨氮入河量1.02万t。

面源污染调查,根据2004年漳卫南运河水系各地市年鉴统计,调查范围涉及山西、河南、河北、山东4省的14个地市。目前,调查范围内耕地面积为9080.07万亩,年化肥用量294.6万t,其中氮肥153万t,磷肥64.7万t,钾肥23.9万t,复合肥53万t,年农药用量72697t。由此计算,亩均化肥用量32.4kg,亩均农药用量0.80kg。

(3)人群健康状况。区域内近年常见传染病种为肝炎、肺结核、痢疾、流行性出血热、麻疹、流脑、伤寒、百日咳等;常见地方病主要是个别地区高碘性甲状腺肿和地方性氟中毒。其中出血热发病多在春季,痢疾发病季节为夏、春、秋,其他几种疾病没有明显的季节性。

(4)文物古迹及其他。在山东省临清市北大洼附近,距卫运河右岸300m左右有一处明代万历年间建造的临清舍利塔,共九层,2001年被认定为国家级文物保护单位,本工程建设不涉及。工程区没有旅游景点,也没有发现其他环境敏感点。

(5)主要气候灾害。洪、涝、旱灾是本区的主要气候灾害,其中以旱、涝灾害对农业生产危害最大,不仅直接影响农作物产量,也是引起和加剧土壤盐碱化的主要原因。

(三)存在的主要环境问题

(1)河道行洪隐患多。卫运河自1972年治理以来,经过近40年的运用,下游深槽严重淤积,险工增多,堤身隐患多,挡水建筑物、穿堤建筑物年久失修。上述众多因素严重影响着卫运河的行洪安全。

(2)河流水污染引发的一系列问题。受污染的河水不仅影响两岸的农业生产,而且严重影响着沿岸百姓的日常生活。大量污水在河道长期滞留,渗入地下,使地下水受到不同程度的污染。长期污水灌溉,还导致土壤板结、碱化,使农作物产量下降,一些有毒、有害重金属多年积聚于土地中,使粮食、蔬菜中带有残毒。长期饮用被污染的地表水、地下水,以及由于污灌造成粮食、蔬菜污染,直接或间接危害着人体健康。

二、工程建设对环境影响的预测评价

根据本工程所在地区的环境特点和对工程的初步分析，工程对局部气候、环境地质、珍稀动植物及重要公共设施等因子不产生影响或影响较小。主要影响是工程占地和工程施工对土地资源、地表水、周围生态环境等的影响。工程建成后，对提高河道行洪能力，改善沿河两岸生态环境，促进地区农业经济发展等都将产生积极影响。项目区无自然保护区和生态环境敏感区。

（一）工程建设对环境的有利影响

（1）恢复河道原设计行洪能力。“96.8”洪水期间，卫运河出现多处水毁工程及险工、险段，实际行洪能力已达不到原设计标准，亟须全线治理，恢复行洪 4000m^3/s，以保证漳卫河系洪水入海通道的畅通。

祝官屯闸至四女寺枢纽间距离（深槽）49.83km，多年来由于河道来水挟砂，四女寺枢纽前蓄水淤积，造成深槽行洪能力降低。

卫运河不但有行洪任务，而且兼有排涝任务，深槽设计断面按排涝流量 1150m^3/s 设计。由于深槽淤积，中小洪水时即上滩，不但使滩地农田受灾，而且使老河道及险工受冲刷。“96.8”大水实际过流最大流量约 1800m^3/s，卫运河全线多处出现险情，深槽淤积是造成险情的主要原因。

经过本项目治理后，可恢复河道原设计行洪能力，消除威胁沿河两岸人民生命、财产安全的洪水隐患，有利于社会稳定、安定团结。

（2）有利于流域水土保持。两岸生态绿化工程实施后，植被覆盖率增加，可降低向下游输砂量，减少河道淤积。

（3）有利于农村经济发展。随着两岸植被增加，局地小气候改善，水土流失减少，土壤涵养水分、肥力增加，对提高当地种植业水平、增加农民收入有利，从而促进城乡经济发展。

（4）降低流行、传染病的发生几率。本工程能有效地减少洪涝灾害，从而降低由蚊蝇孳生引起的流脑、疟疾等传染病的发生，对提高当地群众的健康水平十分有利。

（二）工程建设对环境的不利影响

工程对环境的不利影响主要表现在工程施工对大气、声环境、水质、人群健康等的影响；因工程取、弃土，施工开挖等对地表植被、水土流失的影响；工程占地对农业生产的影响等。

1. 施工期污染影响

（1）施工期的基本情况。卫运河治理工程施工工区分布在河道两岸的大堤上，人口较集中的生产区有 2 处（拦河枢纽闸加固工区、加饿工区）。施工期 3 年，施工高峰人数 1600 人，平均施工人数 1300 人。工程弃土量为 875.45 万 m^3。施工期材料消耗总量：水泥 9062t，钢筋 196t，块石 4.09 万 m^3，砂 2.03 万 m^3，柴油 13210t。生产用水指标 300m^3/h，施工机械及车辆计 324 台（辆）。

（2）施工废水排放的环境影响。施工废水主要由生产废水和生活污水两部分组成，如果施工废水随意排放，将对周围地表水环境产生不良影响。

生产废水主要来自混凝土拌和及养护、车辆和施工机械清洗等，一般不含易溶于水的有毒物质，主要成分是泥砂等悬浮物。据有关资料分析，生产废水约占工地供水的 80%，考虑到生产废水的不均衡性，再乘以 0.75 的折减系数。卫运河施工生产供水定额为 300m^3/h，则生产废水排放量为 180m^3/h。

生活污水包括施工人员盥洗用水、食堂排水和卫生用水,主要污染物为有机污染物、氨氮、粪大肠菌群等。施工高峰人数有1600人,平均施工人数1300人,日产生活污水104t。生活污水若不加处理直接排入河道,将会增加原本已受污染的卫运河污染负荷,甚至造成介水传染病的流行。

(3)对环境空气的影响。恶臭影响分析:施工期产生的恶臭气体来自河道底泥,涉及河道清淤和堤防加高两类工程。河道清淤采用的是干法疏挖,先将水排干后,底泥稍干化后进行疏挖,疏挖底泥时,河床附近空气中的 H_2S、NH_3 等浓度增高产生恶臭。由于卫运河河道两岸堤距一般在500~2700m,河滩地宽一般在350~800m,两岸的村镇均位于大堤外侧,距离现有河道主漕300m范围内没有人居住,因此涉及邻近村镇仅有极微弱的臭味,对周围居民影响较小。主要是对施工人员有一定的影响,但是施工期较短,影响是短期的,在施工过程中应注意施工人员的防护措施。在底泥监测采样过程中发现,采样时底泥散发的腥臭气体很轻微,在阴凉通风处风干半日后,底泥散发的腥臭气体极微弱。因此,利用清淤底泥加高堤防,恶臭气体不会对加高段周边村镇的环境空气造成影响。

施工机械废气排放:施工区的燃油设备主要是施工机械和运输车辆,其排放的尾气在施工期间对施工作业点和交通道路附近大气环境造成污染。根据有关成果分析,燃烧柴油1t排放的 SO_2、CO、NO_2 的量分别为0.003t、0.078t、0.047t,本工程共需柴油约13210t,平均每年需柴油4403t,可能产生的 SO_2、CO、NO_2 污染物总量分别为13.21t/年、343.43t/年、206.94t/年。运输车辆的废气是沿交通路线排放,施工机械的废气基本是以点源形式排放。由于工程施工区沿河岸呈条形布置,地形开阔,空气流通性好,排放废气中的各项污染物能够很快扩散,不会引起局部大气环境质量的恶化,加之废气排放的不连续性和工程施工期有限,排放的废气对区域的环境空气质量影响是较小的。

施工产尘及车辆运输扬尘:施工开挖、混凝土拌和、施工材料装卸等会使作业点周围50m范围内产生较大扬尘;材料运输会使交通道路两侧40m范围内产生扬尘。

(4)施工噪声的影响。施工期的噪声源主要来自机械设备和运输车辆,对施工现场人员的健康产生一定的不利影响,需要配备个人防噪声用品及隔声挡板,降噪效果明显。对于居民点来说,挖掘机、振动碾由于噪声值较大,对这些设备应设置隔声挡板。汽车、混凝土的拌和设备噪声影响范围约100m左右。工程施工区布置一般远离居民点(一般在200m以上),施工噪声对居民产生的影响较小。

(5)固体废弃物的环境影响。工程施工共建设各类房屋1810m^2,根据以往施工经验,按建设每平方米房屋将产生0.03m^3左右的建筑垃圾计算,共产生建筑垃圾54.3m^3,按每方2.4t计,合130t。根据施工组织设计算,按施工人员每天产生1kg左右的生活垃圾计算,每天产生1.6t生活垃圾,施工期共产生生活垃圾1728t,生活垃圾以有机物为主。固体废弃物如果处理不适当,将影响环境卫生,并对施工人员的身体健康产生一定影响。但本工程施工营地相对分散,且周围无环境敏感目标,预期环境影响较小。

施工期间将产生弃土量875.45万m^3,如果随意堆放,除破坏自然景观及生态环境外,还易造成水土流失。

2. 对文物古迹及其他重要设施的影响

本工程施工活动避开临清舍利塔(国家级文物),施工区与临清舍利塔间距离控制在200m以上。本工程施工不涉及其他重要设施如铁路、桥梁、排灌渠系等。

3. 工程建设期间对交通的影响

施工期材料运输加重了周围道路交通负荷,给周围居民出行造成暂时影响。

4. 工程建设对生态环境的影响

施工弃土、修路及其他施工扰动地面,破坏表土耕植层及地表植被,若不对其进行取土后的相应处理,还易造成水土流失及扬尘、扬砂。施工弃土若无规划地乱堆乱放、占压土地,将影响土地利用,对周围农业生产产生不利影响。施工破坏地表植被,对生态环境产生影响。对植被的破坏可通过场地植被恢复,绿化荒坡等措施加以补偿;占用耕地可通过采取占用期补偿、竣工后复耕还田等措施减少其不利影响。

5. 河道清淤弃土堆放对环境的影响

为了解卫运河清淤段河道底泥环境状况,海河流域水环境监测中心于2008年10月21日对项目清淤河段底泥进行了监测,共布设祝官屯(闸下)、东堤口、前香坊、西郑庄闸、八屯、吕庄子6个点,每个监测点分表层和深层取样。底泥监测项目包括pH值、含盐量、有机质、总磷、总氮、汞、砷、铜、锌、铅、镉、铬、镍,共计13项。监测结果表明:底泥中汞、砷、铜、锌、铅、镉、铁、铬的含量均低于《农用污泥中污染物的控制标准》(GB 4284—1984)中规定的中性和碱性土壤(pH≥6.5)标准值,底泥中的重金属含量未出现超标情况。

清淤河段底泥中的含盐量的范围在016%~0.26%,其中祝官屯闸下底泥含盐量相对较高,表层与深层均在0.25%以上;祝官屯闸下、前香坊、西郑庄闸3点的底泥含盐量0.2%以上,不适宜种植冬小麦。其他各点的表层与深层底泥的含盐量均在0.2%左右,适宜种植棉花、玉米和冬小麦。

为鉴别河道淤泥是否具有浸出毒性,对清淤河段底泥进行了浸出液监测,项目包括pH值、总磷、总氮、汞、砷、铜、锌、铅、镉、铬、镍和氰化物,共计12项。底泥浸出液监测结果显示:各监测河段的pH值变化范围在7.8~8.0,底泥浸出液中铅、镉和镍都没有检出,其他污染物的监测结果均低于《危险废物鉴别标准—浸出毒性鉴别》(GB 5085.3—2007)浸出毒性鉴别标准值,不属于危险废物,可作为一般废物处置。河道清淤弃土堆放对地下水水质的影响较小,不影响该地区地下水保持长期稳定状态。

6. 工程占地对社会经济的影响

工程占地影响:工程建设不涉及移民及房屋拆迁问题。工程占地总面积5010.1亩,均为施工临时占地,涉及地类有耕地、园地、林地。此外,还涉及电力线18.7km,村间道路12.8km。

工程区居民的经济收入以农业收入为主。工程的兴建将临时占用农用土地,对地方经济和土地利用产生一定影响。由于工程为线性工程,涉及8个县(市),对每个县(市)而言临时占地数量有限,且工程结束后可及时复耕,经分析工程占地对当地农业经济影响不大。

经查勘,工程区不涉及厂矿企业及其他专项设施,不涉及有价值的文物古迹。

7. 对人群健康影响

施工高峰期有1600人进驻工地,人员较集中的生活区2处,有半数以上的施工人员分散安置在工程沿线,租借民房居住。施工期间,由于生活条件不完备、卫生条件较差,流行疾病如痢疾、肺炎等发生率可能会上升。因人群拥挤,施工强度大,可能会导致施工人员抗病能力下降,容易感染上疾病。另外,施工过程中由于事故造成的人员意外受伤,要及时就医,以免感染。

三、环境保护措施

(一)环境保护目标

根据卫运河治理工程的建设特点和周围环境状况,拟订本工程保护生态环境与控制污染的目标如下：

(1)水环境保护目标:施工期保证施工生产废水和生活污水排放满足《污水综合排放标准》(GB 8978—1996)中的二级标准。

(2)防灾减灾目标:恢复河道行洪 4000m^3/s,以保证漳卫河系洪水入海通道的畅通,减少洪涝灾害发生的可能性。

(3)水土保持及绿化目标:控制施工建设造成的植被破坏和水土流失,使项目区的水土保持水平和绿地面积不低于建设前的水平。

(4)文物保护目标:工程建设不得破坏项目区附近被保护文物的历史、文化和科学价值。

(5)大气、声环境质量保护目标:减少施工期扬尘、噪声对施工人员和施工区周围居民的危害。

(6)清淤弃土堆放场二次污染的防治目标:河道清淤弃土堆放场不能对土地环境造成二次污染。

(二)对地表水污染的防治措施

(1)施工生产废水的处理措施。根据不同废水的水质特点,采取不同的治理措施,为了充分利用水资源,采用处理水回用方案。

砂石料冲洗废水经平流式沉淀池处理后,去除了其中绝大部分悬浮物质,可以循环回用于砂石料冲洗以及混凝土的养护,基本上能实现废水的零排放。混凝土养护过程中一般在混凝土的表面覆盖草袋等物,使水分滞留于其中,所以其废水流出量将很少;另一方面,该废水虽为碱性,但其 pH 值并不十分高,同时施工区下游附近并无特别敏感目标,可以直接外排,经过一段距离的稀释中和及渗漏等作用后,其影响并不严重。对于机械保养冲洗废水,因其日产量很小和主要含有泥砂和悬浮物,所以也可以用于农灌或直接外排。

生产废水来自砂石料冲洗、混凝土拌和及养护、车辆和施工机械清洗等,排放量 180m^3/h。在这些区域共设置 20 处沉淀池,采用沉淀池加絮凝剂的一级单项处理方法处理生产废水,处理后的生产废水循环用于生产或用于农灌。

(2)施工人员生活污水的处理措施。卫运河施工期高峰人数为 1600 人,平均施工人数 1300 人,日产生活污水 104t。生活污水中主要是有机污染,根据《污水综合排放标准》(二级标准),出水中 BOD_5 最高允许排放浓度为 30mg/L,COD 为 150mg/L。在施工人员较集中的施工生活区布置 2 套生活污水处理设施,处理设备可采用国产一体化污水处理装置,该设备具有紧凑高效、占地少、无风机噪声、管理方便等优点。设备出水水质 $BOD_5 \leqslant 20$mg/L,COD$\leqslant$25mg/L,可用于农灌或排入卫运河。

(三)对大气污染的防治措施

(1)土方开挖防尘。土方开挖产生大量扬尘,受扬尘影响的主要是现场施工人员,主要通过加强劳动保护,发放防尘防护用品,并督促使用减免其不利影响。

(2)水泥运输防尘。水泥在装卸、运输、存储时均应密闭进行,防止散落,对储运设备要定期检修、保养。

(3)混凝土拌合设备防尘。混凝土拌和设备一般都配有除尘设备,施工人员在使用设备时要按操作规程操作,定期进行维护、保养,确保除尘装置正常运转。

(4)材料运输防尘。在施工过程中采用湿式除尘作业,场内交通道路要定期洒水,可减少粉尘危害。

(5)燃油机械设备尾气净化措施。加强设备维修、保养,保持发动机在正常、良好状态下工作。对大功率设备安装尾气排放净化器。加强施工期大气监测。

（四）对噪声污染的防治措施

施工机械噪声对施工现场工作人员有较大影响，可采取封闭式作业，设置临时隔声墙等，还应配备个人防噪声用具，如防声头盔、耳塞等。对于交通噪声，防范措施主要为：加强车辆养护；加强道路养护，保持路面平整；在行车路线规划、时间安排上尽量避开居民生活区，避免夜间噪声扰民。

（五）施工固废的防治措施

施工过程中产生生活垃圾和建筑垃圾1858t，其中生活垃圾1728t，建筑垃圾130t。在施工区建设房屋后和施工结束拆除临时建筑后，及时清运建筑垃圾。工区每天产生约1.6t的生活垃圾，每两天清运一次，运送至附近城镇的垃圾处理场集中处理。

施工期弃土量约为875.45万m^3，弃土场位于河堤外侧或附近的低洼地带，为临时占地，施工结束后覆土平整，复耕还田。

工程竣工后，要对施工区进行场地平整、清理，尽量恢复原有景观。

（六）人群健康保护措施

为防止因施工人员集中进入现场可能带来的流行病及传染病，应采取以下措施：

（1）对施工人员定期检查身体，做到早发现、早隔离、早治疗；

（2）做好饮用水水源的消毒与保护，食堂餐具用后要消毒；

（3）定期灭蚊、蝇、鼠等流行疾病传染媒介；

（4）施工区建简易卫生厕所，由专人管理，统一处理；

（5）设立金属垃圾桶，垃圾桶应放置在避雨、通风、方便生活与交通处；

（6）生活垃圾应及时清扫，设立临时存放场，定期消毒，每两天用工程车运往垃圾站。若生活区设置在村庄附近，生活垃圾可结合当地卫生设施集中处理。

（七）交通影响防治措施

穿堤埋涵施工时会暂时阻断堤上交通，本工程已规划了临时道路加以解决。施工材料运输会给周围公路交通运输增加压力，在车辆安排调度时，可与地方交通部门协商，尽量避开交通高峰期和居住区。

（八）工程占地影响防治措施

卫运河治理工程不涉及永久占地。临时征地除适当补偿外，在工程竣工后，需进行场地平整、复耕还田或植树种草绿化。

（九）工程建设生态保护措施

工程施工分区开挖，每区施工完毕后及时恢复植被，避免造成大面积开挖裸露面，以控制水土流失。

土料场取土后新土裸露，易产生水土流失。料场开挖断面坡度要小于土体天然稳定度，开挖过程的废、弃土料应妥善堆存、防止流失。土料场植被的恢复本着开挖损失多少恢复多少的原则，开挖过程中需把表土腐殖层剥离，留作恢复植被时的基料十，以利于植物的生长。

工程弃土应严格按设计位置弃置，弃土场采取植物措施和工程措施防护，以减少水土流失。

工程取土场、弃土场采取护坡工程措施和植物措施，详见水土保持章节。

尽量避免在施工区内造成不必要的植被生态的破坏，严禁在施工区以外砍伐树木。

施工过程中，对全体施工人员加强保护野生动植物的宣传教育，提高保护野生动植物和生态环境的认识,注意保护动植物资源,不捕猎动物和砍伐植物。尽量减轻对现有生态环境的扰动,创造一个良性循环的生态环境。

工程完工后,按要求拆除施工临时设施,清除施工区和生活营地内的施工废弃物,并完成植被、景观或土地本来用途的恢复工作。

工程建成后,为美化工程管理区、生活区环境,对裸露迹地进行植树绿化,绿化投资已列入水土保持投资中。

四、环境管理与环境监测

(一)环境管理

1. 施工期环境管理

(1)环境管理目的。环境管理是工程管理的一个重要组成部分,为确保工程的正常建设,落实并完善各项环境保护对策和监测计划,及时处理工程环境问题,维护环保措施,工程施工期应设立环境保护管理机构。

(2)环境管理任务

① 制定施工区环境管理办法,认真落实"三同时"制度,并监督实施。

② 作好施工期各项突发污染事故的应急处理准备措施,对出现的环境异常现象,应及时与上级部门联系解决。

③ 加强废水处理及除尘设施的日常养护与维修,确保设施正常运行。

④ 组织施工期的环境监测,监测资料要有专人记录、整编,每半年一次上报当地环保部门。

⑤ 加强对施工人员的环保宣传教育,增强其环保意识。

⑥ 在施工后期,组织好施工区生态环境恢复工作,尽量恢复原有景观。

2. 运行期环境管理

(1)环境管理目的。确保工程的正常运行,发挥工程效益,保障经济可持续发展。落实各项环境保护措施和监测计划,及时处理工程运行中产生的环境问题。

(2)管理任务

①重点作好卫运河水源保护工作,加强两岸地区环境管理。

②组织实施工程运行期水质监测工作。

③开展环境宣传教育,提高有关人员及工程区周边群众的环保意识。

3. 环境监理

为了保证环境保护措施的顺利实施,工程施工过程中必须开展环境监理工作,将环境监理纳入工程监理之中,全方位、全过程监督承包商的合同执行情况。环境监理工作应由与工程建设和施工单位无利益关系的第三方执行,并应具备监理资格。根据卫运河治理工程环保监理工作量,暂列2人。

监理工程师的职责是:

(1)监督承包商环保合同条款的执行情况,并负责解释环保条款,对重大环境问题提出处理意见。

(2)发现施工中的环境问题,下达监测指令,并对监测结果进行分析,反馈给环保设计单位,提出环境保护改善方案,监督各项环保措施的实施情况。

(3)参加承包商提出的施工技术方案和施工进度计划会议,就环保问题提出改进意见,审查承包商提出的可能造成污染的施工材料、设备清单。监督施工单位在施工过程中的施工行为及环保措施的执行情况。

(4)处理合同中有关环保部分的违约事件,根据合同规定,按索赔程序公正地处理好环保方面的双向索赔。

(5)对施工现场出现的环境问题及处理结果作出记录,定期向环境管理机构提交报表,并根据积累的有关资料整理并编辑出环境监理档案,每半年提交一份环境监理评估报告。

(6)参加工程的竣工验收工作,并为项目建设提供验收依据。

(二)环境监测

(1)监测目的。在工程施工期间,对施工区水质、环境空气、噪声和人群健康进行监测,及时掌握各施工段的环境污染程度和范围,消除环境污染隐患。施工现场医务人员负责了解施工人员的健康情况,以便及时进行疫病预防和治疗,确保施工顺利进行。

施工期的环境监测由工程建设管理单位委托当地环保监测部门进行。

(2)监测内容

① 地表水。断面布设:祝官屯、郑口、吕庄子。监测项目:pH 值、DO、COD_{Cr}、BOD_5、高锰酸盐指数、氯化物、氟化物、挥发酚、氨氮、总磷、总氮、石油类、大肠菌群、Cr^{6+}、铜、铅、锌、镉、汞等。测频:施工期每半年一次。

② 地下水。测点布设:祝官屯闸、东堤口、刁南庄、西郑庄闸、吕庄子;监测项目:pH 值、总溶固体、总硬度、氯化物、高锰酸盐指数、氟化物、硫酸盐、氨氮、亚硝酸盐氮、硝酸盐氮、挥发酚、氰化物、砷、Cr^{6+}、铜、铅、锌、镉、铁、汞;测频:施工期每半年一次。

③ 施工区废水。测点布设:在 2 处生活污水处理系统的出水口、4 处生产废水处理系统出水口、排污口下游 100m 布设监测点。监测项目:流量、pH 值、悬浮物、BOD_5、COD、石油类。测频:施工期每半年一次。

④ 环境空气。测点布设:各施工作业面、施工道路两侧和附近村庄分别布设。监测项目:恶臭、SO_2、TSP、PM_{10}、NO_2。测频:每年施工高峰时 2 次。

⑤ 噪声。测点布设:混凝土拌和区、砂石料加工区、施工道路边分别布设。监测项目:等效 A 声级。测频:每年施工高峰时 2 次,昼夜各一次。

⑥ 清淤弃土。测点布设:底泥弃土场地设 10 个点。监测项目:pH 值、有机质、总磷、总氮、汞、砷、铜、锌、铅、镉、铁、铬。测频:施工期每年一次。

⑦ 人群健康。监测项目:介水传染病,地方多发病(如痢疾、肝炎、呼吸道疾病)。测频:视疫情决定监测时间。

五、环境保护投资估算

卫运河治理工程环境保护投资估算为 426.26 万元,其中环境保护措施投资 24.00 万元,施工期环境监测费用 40.16 万元,环保仪器设备及安装 87.12 万元,环境保护临时措施 60.21 万元,独立费用 176.02 万元,基本预备费 38.75 万元。

六、综合评价及结论

卫运河治理工程实施后,可实现《海河流域防洪规划》中要求的“卫运河防洪标准达到 50 年一遇,河道设计行洪能力 $4000m^3/s$,排涝能力 $1150m^3/s$”的规划目标。能够消除洪水隐患,保障沿河两岸人民生命、财产安全,有利于社会稳定和安定团结。

本项目与《海河流域水污染防治规划(2006—2010 年)》、《渤海环境保护总体规划》以及周边县市的生态建设规划和发展规划协调一致。因此,项目的实施是非常必要的。

本项目建设目的是确保河道防洪安全,同时对两岸农业灌溉和生态环境建设以及水环境改善具有积极作用,对流域的社会发展与进步具有巨大的促进作用。在项目施工过程中,恶臭、扬尘、噪声和底泥会对周边环境产生不利影响,但不利影响是短期的,通过采取环境保护措施和加强管理可以有效地消除或减缓。综上所述,工程的兴建以环境有利影响占主导地位,从环境角度分析,不存在重大制约性因素,工程建设方案是合理可行的。

第七节　水土保持方案

一、设计依据及标准

(一)法律法规

在进行工程水土设计时所依的法律法规主要有:《中华人民共和国水土保持法》;《中华人民共和国水土保持法实施条例》(国务院 1993 年第 120 号令);《中华人民共和国环境保护法》;《建设项目环境保护管理条例》(国务院 1998 年第 253 号令);《国务院关于加强水土保持工作的通知》(国务院[1993]第 5 号文);《水土保持生态环境监测网络管理办法》(水利部令第 12 号);河北省实施《中华人民共和国水土保持法》办法;山东省实施《中华人民共和国水土保持法》办法。

(二)技术规范与标准

在进行工程水土设计时所依据的技术规范与标准主要有:《开发建设项目水土保持技术规范》(GB 50433—2008);《开发建设项目水土流失防治标准》(GB 50434—2008);《水土保持监测技术规程》(SL277—2002)。

二、项目区水土流失现状及其防治状况

(一)水土流失现状及三区划分

卫运河全长 167km,地处山东、河北两省的交界处,涉及河北省的馆陶县、临西县、清河县和故城县,山东省的冠县、临清市、夏津县及武城县。河道所经地区地势平坦、降雨适中,植被覆盖率达 24%。根据室内航片判读和室外典型调查,项目区属轻度侵蚀区,平均侵蚀模数约 $761t/km^2 \cdot a$。侵蚀方式以面蚀为主,侵蚀类型主要有水蚀和风蚀两种。在调查 $6199.92km^2$ 的范围内,水蚀面积为 $5646.8km^2$,占调查面积的 90% 以上;风蚀面积 $553.12km^2$,仅占调查面积的 9%。受历史上黄河决口影响,风蚀主要发生在右岸的山东地界,尤其位于卫运河中下游的夏津、武城两县,沙化面积分别为 $185.55km^2$ 和 $148.44km^2$,加上植被稀疏、地面组成物质简单,两县的侵蚀模数分别为 $1903t/km^2 \cdot a$、$1544t/km^2 \cdot a$,不过该侵蚀类型及地类距卫运河较远,本次治理范围很少涉及风沙地带。

造成水土流失的原因,自然因素主要有地形、降雨、地面组成物质、植被等影响因素。项目区降雨集中,水蚀大都发生在多雨、不利地形、植被稀疏的地带,如位于卫运河上游冠县的西沙河区域,由于植被覆盖率较低,地面组成物质简单,水蚀就比较严重;人为因素主要是不合理的耕作方式、基础设施建设,如筑路、挖渠等活动的间接破坏等。

根据山东省、河北省人民政府关于划分水土保持"三区"的公告,项目区属水土保持重点预防保护区。根据《开发建设项目水土流失防治标准》有关规定,水土流失预防保护区执行一级防治标准。

(二)水土保持现状

项目所在地多年来把水土保持和生态建设置于社会经济发展全局的突出地位,在防治方法上采取人工治理、封育恢复为主的方法,实现水土保持生态环境的自我恢复;在组织形式上,确立了以农民为主体,以市场机制为基础,多种形式并存的组织格局,对治理大户给予资金支持。截止到2006年底,流域内共完成治理面积800hm^2,其中基本农田建设400hm^2,乔木林建设200hm^2,灌木林建设200hm^2。

三、水土流失防治责任范围

根据《开发建设项目水土保持技术规范》规定,结合工程特点,确定本工程水土流失防治责任范围1305.59hm^2,其中项目建设区面积1130.71hm^2,直接影响区面积174.88hm^2。

四、水土流失预测

(一)扰动原地貌,损坏土地和植被面积预测

根据施工组织设计,结合实地调查,工程在建设过程中扰动原地貌、破坏土地及植被面积为1130.71hm^2。

(二)施工过程中弃土量预测

卫运河弃土总量约为875.45万m^3(自然方,以下同),主要为清淤弃土,清淤弃土总计为702.23万m^3,占总弃土的80%。弃土场位于堤外,堆高3~3.5m,根据清淤工程量的分布,沿岸设17个弃土场,其中左岸8个,右岸9个,占地254.13km^2。

(三)损坏水土保持设施量预测

根据山东、河北两省水土流失防治费征收使用管理办法,确定本工程建设损坏具有水土保持功能的设施面积为44.80hm^2。

(四)可能造成的水土流失量预测

本工程可能造成的水土流失量的预测主要采用定量和定性相结合的方法,其中扰动后侵蚀模数主要采取类比法。

(1)土壤侵蚀背景模数的确定。根据项目区降雨特征、地形地貌、地面组成物质、土地利用、土壤植被、坡长及坡度,结合水文地质条件、土壤侵蚀模数试验研究资料,确定项目区土壤侵蚀背景值。

(2)扰动后土壤侵蚀模数的确定。类比工程:南水北调东线一期济平渠输水工程。该项目有实测值可供参考,其自然条件见表12.48。

表12.48　项目区与类比工程自然条件对照表

类比条件	类比工程	本工程
项目名称	南水北调东线一期济平渠输水工程	卫运河治理工程
工程概况	工程全长89.78km,途径山东的东平县、平阴县等。主要工程措施有渠道开挖、滩地埋管、穿引黄渠埋涵等	卫运河全长157km,途径山东的冠县、临清等县市及河北的临西、故城等县市。主要工程措施有河道开挖、复堤及险工治理等

续表

类比条件	类比工程	本工程
项目名称	南水北调东线一期济平渠输水工程	卫运河治理工程
地形地貌	主要地貌类型有平川、山地、丘陵、洼地、湖泊等	主要地貌类型有黄泛冲积平川、河滩高地、河间洼地等
气象特点	项目区属暖温带季风型气候。年内四季分明,春季多风、夏季多雨、多年平均气温12.6℃,多年平均降雨675mm,集中在7~9月。多年平均蒸发量为1200mm	属暖温带季风型气候。四季变化明显,春季风大干燥、雨量稀少,夏季雨量集中,多年平均气温15℃,多年平均降雨550mm,多年平均蒸发量为838.8mm
土壤与植被	项目区主要土壤成分为砂壤土、壤土、黏土等。植被覆盖率10%~15%,植被主要类型有杨、槐、柳、松等	项目区主要土壤成分为沙壤土、壤土、黏土、潮土、风沙土等。植被覆盖度24%,主要类型有杨、槐、泡桐、榆、柳等
水土流失影响因子	当地水土流失类型主要有水蚀和风蚀。部分沙质化土地抗蚀能力差,水土流失比较严重。项目区水土流失主要发生在施工期,新增水土流失主要来源于渠道开挖、堤防筑坝、取料场、弃渣场、施工场区、临时道路等	当地水土流失类型主要有水蚀和风蚀。中强度侵蚀类型主要发生在沙质地带,距卫运河有一定的距离。新增水土流失主要发生在工程建设期,影响因子主要有清淤弃土、土料场开挖、施工道路对地表的破坏等

从上表对照可见,南水北调东线一期济平渠输水工程的地形、地貌、土壤、植被等自然条件及水土流失现状与项目建设区基本相同,故以该项目区水力侵蚀强度的实测值,作为本项目区水力、风力复合侵蚀强度预测值,取值范围为500~2000t/hm^2·a。

(3)可能造成的水土流失量预测。按前述确定的土壤侵蚀模数和水土流失面积,预测水土流失总量为9.46万t,新增6.55万t。其中:施工准备期可能造成水土流失总量为125.64t,新增47.12t;建设期可能造成水土流失总量为8.36万t,新增6.09万t;自然恢复期可能造成水土流失总量为1.09万t,新增0.45万t。

(五)水土流失危害预测

预测结果表明,工程共扰动地表面积为1130.71hm^2,工程准备期、工程建设期和自然恢复期新增水土流失总量为6.55万t,其中建设期新增水土流失总量为6.09万t,占新增流失量的92%以上,工程在建设过程中若不采取行之有效的防护措施,将加剧生态环境的变化及原地貌水土流失的发展,对项目区及周边地区的生态环境造成影响。其危害主要表现为:

(1)对生态环境的影响。项目所在区域生态环境比较脆弱,工程在建设过程中将破坏原生地貌和植被,打破原有的生态平衡系统。地表大片裸露疏松,在不采取防护措施的情况下,遇到降雨或季风气候,将加剧项目区的侵蚀力度,对涉及区域的生态环境造成不利影响。

(2)对漳卫新河入海通道的影响。卫运河是漳卫南运河流域防洪体系的重要组成部分,上承漳河和卫河来水,下接漳卫新河,由漳卫新河入海。本工程弃土量大,主要为河道清淤弃土。若处理不当,将随降雨流入河道,入河泥沙淤积在漳卫新河,抬高河床,使入海河口泄洪能力降低,不仅直接影响河道的防洪功能,且加剧入海口的淤积。

五、水土流失预测结果综合分析

(一)水土流失预测结果

(1)根据项目区自然环境特点及工程建设特点,确定工程建设区水土流失为风水复合侵蚀类型。

(2)根据项目建设区水土流失强度预测,确定水土流失重点防治区域为土料场、弃土场、施工道路、施工营地等;防治时段为施工建设期;水保监测的重点地段为以风蚀为主的道路施工区、施工道路、施工营地及料场区、施工区。

(3)根据工程施工特点和工艺，预测工程建设破坏原地貌和地表植被面积1130.71hm^2。

(4)工程建设损坏水土保持设施总面积44.80hm^2。

(5)施工准备期可能造成水土流失总量为125.64t，新增47.12t；建设期可能造成水土流失总量为8.36万t，新增6.09万t；自然恢复期可能造成水土流失总量为1.09万t，新增0.45万t。

(6)工程建设过程中水土流失主要发生在土料场、弃渣场、施工道路、施工营地等处。

(二)综合分析

从水土流失预测结果可以看出，卫运河治理水土流失主要发生在清淤开挖区、土料场、弃渣场、施工道路、施工生产生活区等。建设期对原地貌及植被的影响主要表现为：各施工单元在施工过程中对地面的扰动，对植被、土体结构的损坏，使原地貌丧失或降低了原来所具有的水土保持功能，在遇到降雨或起沙风速的气候条件下，会加剧原地面的侵蚀强度。

在没有相应防护措施的情况下，施工道路、施工生产生活区、土料场、弃渣场等产生的剥离弃土，单位面积内的水土流失量为最大。原因是这些区域在施工中形成挖损、堆垫边坡，对原地貌及土体的扰动强度大，破坏性强，造成表土疏松，局部地表形成坡度，为土壤侵蚀的发生、发展提供了条件，易产生水土流失，因此，这些区域和地段是重点防治区，也是水土流失侵蚀因子的重点监测点。

工程建成进入运行期，实施的水土保持尚未完全发挥效益期间，仍有水土流失的发生，但水土流失量在降低，并随着植被的逐渐恢复与植被覆盖率的提高、根系固土能力的增强，水土流失量会逐步减小。

六、水土流失防治方案

(一)水土流失防治目标

根据《开发建设项目水土流失防治标准》的有关规定，水土流失防治标准总体执行建设类项目二级标准，根据项目区自然条件、各防治区植物恢复措施要求，涉及城镇段工程按建设类项目一级标准合理确定相应指标。

(二)水土保持措施体系与总体布局

(1)防治分区。本项目水土流失防治区划分为以下五个区域：Ⅰ区—主体工程防治区；Ⅱ区—施工生产生活区、防治区；Ⅲ区—施工道路防治区；Ⅳ区—土料场防治区；Ⅴ区—弃渣场防治区。

(2)总体布局。根据水土流失防治分区，在分析评价主体工程中具有水土保持功能工程的基础上，把主体工程、施工道路、施工营地、土料场、弃渣场防治区作为水土流失防治的重点区。针对建设施工活动引发水土流失的特点和造成的危害程度，将工程措施、永久措施和临时措施相结合，灌乔草相结合，层层设防、立体防护，达到综合防治水土流失的目的。

(三)分区防治措施

1. 主体工程防治区

(1)堤防加高段。堤防加高绿化面积17.48hm^2，其中城区段涉及的县城为山东的冠县和武城县，桩号分别为Y6+000～Y8+000、Y60+000～Y68+000，绿化面积为2.30hm^2；其他为15.18hm^2。根据防治标准并结合绿化美化要求，城区段的绿化标准高于非城区段。

(2)堤防加戗段。堤防加戗绿化面积4.59hm^2，涉及城区段为河北的馆陶县，绿化面积为0.59hm^2；非城区段为河北的临西县，绿化面积为4.00hm^2。

(3)穿堤建筑物。穿堤建筑物改建共绿化面积7.80hm^2,其中城区段涉及的县城为山东的临清县和河北的馆陶县和故城县,桩号分别为Y6+000~Y10+000、Y134+000~Y137+000、Y60+000~Y68+000,绿化面积为0.39hm^2;其他绿化面积为7.40hm^2。根据防治标准并结合绿化、美化要求,城区段的绿化标准高于非城区段。

(4)道路硬化。道路硬化绿化面积为80.27hm^2,其中城区段涉及的县城为山东的临清县、夏津县和河北的馆陶、临西和故城县,桩号分别为Y6+000~Y10+000、Y64+000~Y69+000、Y6+000~Y8+000Y、60+000~Y68+000,绿化面积为6.00hm^2;其他绿化为74.27hm^2。

2. 施工生产生活区

施工生产生活区共计占地11.04hm^2,主要为河道清淤占地和穿堤建筑物维修加固占地,施工占地布置较分散,占地类型均为耕地。

(1)工程措施。为尽快恢复土地原有功能,首先对耕作层进行表层剥离,完工后进行土地整治,表层回填,最后进行复耕,工程量见表12.49。

表12.49 施工生产生活区工程措施工程量表

防治区域	措施类型	措施项目		数量	河北	山东
施工生产生活防治区	工程措施	表层剥离	工程量(万m^3)	3.32	1.85	1.47
		土地整治	面积(hm^2)	11.04	6.16	4.89
		土方回填	工程量(万m^3)	2.82	1.57	1.25
		复耕	面积(hm^2)	11.04	6.16	4.89

(2)临时措施。主要对耕地表层剥离量进行临时防护,在迎风一侧用草苫进行防护。工程量见表12.50。

表12.50 施工生产生活区临时措施工程量表

防治区域	措施类型	措施项目	数量(万m^2)	河北	山东
施工生产生活防治区	临时措施	临时堆土防护(草苫)	0.37	0.20	0.17

3. 施工道路防治区

施工道路共计86.28km,路6m宽,为泥结碎石路,共计占地51.77hm^2,占地均为耕地。

(1)工程措施。施工道路均为临时占地,施工前对耕作层进行剥离,为防止水土流失,对剥离层进行临时防护,工程结束后,首先进行场地平整,后复耕。工程量见表12.51。

表12.51 施工道路工程措施工程量表

防治区域	措施类型	措施项目		数量	河北	山东
施工道路防治区	工程措施	表层剥离	工程量(万m^3)	15.53	8.21	7.32
		土地整治	面积(hm^2)	51.77	27.38	24.39
		土方回填	工程量(万m^3)	13.20	6.98	6.22
		复耕	面积(hm^2)	51.77	27.38	24.39

(2)临时措施。主要对耕地表层剥离量进行临时防护。工程量见表12.52。

表12.52 施工道路临时措施工程量表

防治区域	措施类型	措施项目	数量(万m^2)	河北	山东
施工道路防治区	临时措施	临时堆土防护(草苫)	0.80	0.44	0.36

4. 土料场防治区

据主体设计报告，土料场总共占地17.05hm²，分散布置在河滩地上。根据实地查勘，土料场占用的河滩地基本上呈常年无水状态，现多为农田，工程完工后需复耕。

(1)工程措施。取土结束后，为了使损毁的土地恢复到可利用状态，需采用平整、覆土等土地整治措施。首先对取土形成的平面迹地进行平整。首先将剥离表土回填，根据地块大小和平整程度，分块对各单元的平地和边坡进行平整。

在料场底部不得遗留机械类、建筑类垃圾杂物，充分利用剥离土料进行场地回填并压实稳定。对整平后的土地进行均匀覆土，利用开采前剥离的表层土覆土进行覆盖，厚度取30cm，以满足复耕条件。工程量见表12.53。

表12.53　土料场工程措施工程量表

防治区域	措施类型	措施项目		数量	河北	山东
土料场防治区	工程措施	表层剥离	工程量(万 m^3)	35.1	18.1	17
		土地整治	面积(hm^2)	17.05	9.05	8.00
		土方回填	工程量(万 m^3)	29.84	15.39	14.45
		复耕	面积(hm^2)	17.05	9.05	8.00

(2)临时防护措施。料场在取土施工前，首先剥离表层土，平均剥离厚度按30cm计，并用防尘布临时挡护，以便料场后期整治过程中覆土之用。建议取土采用采一片、堆一片的方式进行，即开采完一片就利用该片表层熟土分层及时平整。临时措施工程量见表12.54。

表12.54　土料场临时措施工程量表

防治区域	措施类型	措施项目	数量(万 m^2)	河北	山东
土料场防治区	临时措施	临时堆土防护(草苫)	1.2	0.61	0.59

5. 弃渣场防治区

本工程弃渣主要来自河道清淤，清淤弃土除用于堤防加高、加戗外，剩余部分弃置弃土场，弃土场位于堤外，堆高3~3.5m。根据清淤工程量的分布，沿岸设17个弃土场，其中左岸8个，右岸9个，占地254.13hm²。其中占有耕地202.59hm²，林地44.80hm²，菜地1.47hm²，园地5.27hm²。

(1)工程措施。弃土场均为临时占地，根据防治原则，弃土前首先对耕作层进行剥离，以便复耕时覆土用。为防止水土流失，对耕作层进行临时防护，工程结束后，首先进行场地平整，后复耕。工程量见表12.55。

表12.55　弃渣场工程措施工程量表

防治区域	措施类型	措施项目		数量	河北	山东
弃渣场防治区	工程措施	表层剥离	工程量(万 m^3)	76.24	40.06	36.18
		土地整治	面积(hm^2)	254.13	133.53	120.60
		土方回填	工程量(万 m^3)	64.80	34.05	30.75
		复耕	面积(hm^2)	204.06	171.32	32.74

(2)植被措施。绿化范围：与水保措施设计有关的主要是弃渣场占用的林地、耕地、园地恢复等，尤其是林地的损坏，对水土流失影响较大，弃渣场共占用林地44.80hm²，其中左岸3.33hm²，右岸41.47hm²。绿化面积共计44.8hm²，绿化技术指标见表12.56。园地恢复措施及投资已在占地篇章中考虑，在此不再重复。

表 12.56　林地恢复及弃渣场绿化技术指标表

位置	树种	株距(m)	行距(m)	面积(hm^2)	河北(hm^2)	山东(hm^2)	苗木			需苗量		
							规格	种类	株/穴	需苗量(株、m^2)	河北	山东
林地恢复	速生杨	2.5	3	44.8	3.33	41.47	5~6cm	实生	1	75265	5595	69670
渣场边坡	紫穗槐	1.5	1.5	1.61	0.11	1.50	3~4cm	实生	3	22540	1578	20962
	盘根草	—	—	26.88	9.43	17.45	—	—	—	268800	96800	172000
合计		—	—	44.80	3.33	41.47	—	—	—	—	—	—

(3)临时措施。主要对耕地表层剥离量进行临时防护。工程量见表 12.57。

表 12.57　弃渣场临时措施工程量表

防治区域	措施类型	措施项目	数量(万 m^2)	河北	山东
弃渣场防治区	临时措施	临时堆土防护(草苫)	2.09	1.09	1.00

(四)水土保持措施工程量

本方案水土保持措施包括工程措施和临时措施,详见表 12.58。

表 12.58　水土保持措施工程量表

防治区域	措施类型	措施项目		数量
堤防加高	植被措施	乔木	法桐(株)	768
		乔木	速生杨(株)	1678
		盘根草	盘根草(m^2)	159400
堤防加戗	植被措施	乔木	法桐(株)	588
		乔木	速生杨(株)	4807
		盘根草	盘根草(m^2)	13125
穿堤建筑物	植被措施	乔木	法桐(株)	182
		乔木	速生杨(株)	4133
		乔木	金丝柳(株)	546
		灌木	紫穗槐(株)	69160
		盘根草	盘根草(m^2)	3100
道路硬化	植被措施	乔木	法桐(株)	2800
		乔木	速生杨(株)	41580
		乔木	金丝柳(株)	6300
		灌木	紫穗槐(株)	693280
		盘根草	盘根草(m^2)	75123
施工生产生活防治区	工程措施	表层剥离	工程量(万 m^3)	3.32
		土地整治	面积(hm^2)	11.05
		土方回填	工程量(万 m^3)	2.82
		复耕	面积(hm^2)	11.05
	临时措施	草苫	面积(万 m^2)	0.37

续表

防治区域	措施类型	措施项目		数量
施工道路防治区	工程措施	表层剥离	工程量(万 m^3)	15.53
		土地整治	面积(hm^2)	51.77
		土方回填	工程量(万 m^3)	13.20
		复耕	面积(hm^2)	51.77
	临时措施	草苫	面积(万 m^2)	0.80
土料场防治区	工程措施	表层剥离	工程量(m^3)	35.10
		土地整治	面积(hm^2)	17.05
		土方回填	工程量(m^3)	29.84
		复耕	面积(hm^2)	17.05
	临时措施	草苫	面积(万 m^2)	12.00
弃渣场防治区	工程措施	表层剥离	工程量(万 m^3)	76.24
		土地整治	面积(hm^2)	254.13
		土方回填	工程量(万 m^3)	64.80
		复耕	面积(hm^2)	204.06
	临时措施	草苫	面积(万 m^2)	2.09
	植被措施	乔木	速生杨(株)	75265
		灌木	紫穗槐(株)	22540
		盘根草	盘根草(m^2)	268800

七、水土保持措施实施进度安排

水土保持各项措施配合主体工程同时进行。河道清淤弃土、土料场的开挖面、临时防护和施工营地的土地整治等措施遵循水土保持措施与主体工程同时设计、同时施工、同时投产使用的“三同时”原则，密切配合施工进行，在施工结束后的次年春季进行，施工道路绿化措施在完成后的秋季或次年的春季进行。

八、水土保持措施监测

(一)监测目的和任务

通过及时掌握项目区水土流失发生的时段、强度和空间分布情况，了解水土保持措施防护效果，及时发现问题以便采取相应的补救措施，确保各项水土保持措施能正常发挥作用，最大限度地减少水土流失。

结合工程建设和水土流失的特点，对土料场、弃渣场、施工营地、施工道路等丰要水十流失部位的水土流失量及水土流失的主要因子进行监测，分析各因子对水土流失的作用机理，分析主体工程区、施工道路等各工程建设区水土流失的动态变化，监测水土保持措施实施效果，监测水土流失生成的危害，编制监测报告。

(二)监测的主要内容

(1)项目区土壤、气象、水文、植被类型、地面组成物质及结构等水土流失影响因子。

(2)土料场、弃渣场、施工道路等主要建设区地形、地貌和水系的变化情况,各建设区占地和扰动地表面积,挖、填方数量,弃土堆放地点、堆放面积,项目区林草覆盖率等。

(3)施工区现有土地利用情况及面积、地类,水土流失现状、水土保持设施的数量和面积,水土流失面积、程度和总量的变化及危害与趋势。

(4)施工区土壤侵蚀量的监测。

(5)各施工单元水土保持防治效果,包括:各类防治措施的数量和质量,林草措施的成活率、保存率、生长情况及覆盖率,工程措施的稳定性、完好程度和运行情况等。

(三)监测的基本方法

本工程主要采取定位监测与实地调查、巡查相结合的监测方法,其中河道清淤弃渣是本工程可能造成较严重水土流失的施工区,设立水土流失观测场,对水土流失量和拦渣保土量等指标采用定点、定位观测;对土料场、施工道路、营地等项目区,主要监测建设期水土流失面积、水土流失危害、环境状况、水土保持设施的运行情况,及林草措施的成活率、保存率、生长情况等。监测方法主要采用实地调查法,对临时性弃土集中堆放区,如弃渣表土剥离等易造成较大影响和危害的建设区,进行巡查监测。

(四)监测点布设、监测时段及频率

工程属于建设类项目,监测时段主要为建设期和自然恢复期,其中建设期监测 4 年,主要监测内容为①~④项;自然恢复期 2 年,主要监测内容为⑤~⑥项。各防治区监测点位布设、时段、监测频率见表 12.59。

(五)监测机构

根据《水土保持生态监测网络管理办法》的要求,监测机构应具有相应监测资质,建议业主以合同形式委托具有相应监测资质的监测机构实施监测,并将监测结果报送建设单位和当地水行政主管部门,监测结果做为监督检查和验收达标的依据之一。

表 12.59　水土保持监测点位、时段及频率表

监测时段	监测区域	监测点位	监测内容	监测频次
建设期及自然恢复期	主体工程	桩号 Y6+000~Y68+000 设 1 处	① 背景值监测; ② 扰动地表面积,破坏植被面积及程度; ③ 临时堆土场占地面积,堆土场对周边的影响情况等; ④ 防治措施实施数量和效果,水土流失治理面积,减少水土流失量等情况	① 扰动地表面积,破坏植被面积及程度,土建施工期前、中、末各 1 次; ② 临时堆土场、堆土高度、边坡情况及堆放面积等监测,土建施工期前、中、末各 1 次; ③ 林草生长、成活率、盖度及防治土壤侵蚀效果等情况,春季、秋季各测定 1 次; ④ 各项防治措施实施后的拦渣保土效果,工程实施前后各测 1 次; ⑤ 水土流失治理面积,完工后每年秋末测 1 次
	土料场	桩号 Z25+600 设 1 处		
	弃渣场	桩号 Z137+760 设 1 处		
	施工生产区	河道清淤施工区设 1 处		
	施工道路	主河槽左 9+200 施工道路设 1 处		

(六)监测制度

(1)监测单位要根据《水土保持监测技术规程》,严格按照本方案制定的监测内容及方案进行监测。为使监测结果准确可靠,能够真正为生产实践服务,要求每次监测前需要对监测仪器进行校检,合格后方可投入使用;

(2)建立技术监测档案,主要包括水土保持设施设计、建设文件,监测记录文件,仪器设备校核文件及其他有关的技术文件等;

(3)对监测结果要及时统计分析,认真对比,作出简要评价,编写监测报告并及时报送水土保持行政主管部门和建设单位,以便对工程建设和运行状况进行监督。

九、水土保持工程投资估算

经计算,工程水土保持投资为783.18万元,其中工程措施费176.72万元,植物措施投资费319.20万元,临时工程投资14.78万元,独立费用207.02万元,基本预备费43.06万元,水土保持设施补偿费22.40万元。

十、方案实施保证具体措施

(一)组织领导和管理措施

为了保证卫运河治理工程水土保持方案提出的各项水土保持防治工程及措施的实施和落实,要建立健全工程项目的水土保持组织领导体系,负责工程建设中的水土保持领导、管理和实施工作,使方案每项工程计划都落实到实处,做到由专人组织实施。并配合地方行政主管部门对水土保持措施实施情况进行监督和管理,提高工程建设者的水土保持生态环境建设的保护意识。

(二)主要技术保障措施

选择施工经验丰富、技术力量强、信誉好的投标施工单位,建设中尽量采用先进的施工手段和合理的施工工序。

建立施工监理组织,对项目实施的全过程进行监理,以确保水土保持的工程质量。

(三)投资来源及管理使用办法

依照"谁开发谁保护,谁造成水土流失谁治理"的原则,卫运河治理工程的各项水土保持措施所需资金均来源于工程建设投资,由业主负责调配使用,并实行专项管理与定期检查的管理使用办法,充分保证资金的供应与到位条件,以保障水土保持工作的顺利进行。水土保持设施竣工验收时建设单位应就水土保持投资概算调整情况、分年度投资安排、资金到位情况和经费支出情况写出总结。

(四)监督保障措施

地方水行政主管部门对水土保持方案的实施情况进行监督检查,生产建设单位及时与之取得联系,自觉接受监督检查,落实"三同时"制度。

十一、结论与建议

(一)结论

工程治理主要任务是恢复河道原设计行洪能力,确保河道行洪安全。治理项目包括河道清淤、堤防加高、险工护坡、险段加戗、穿堤建筑物维修加固等。工程的治理不仅恢复了河道50年一遇的行洪标准,且对黑龙港运东地区,津浦铁路的安全提供了有力的保障。从工程布置、建设、运行以及工程建成后对周边水土流失的影响等诸多方面分析,工程建设没有制约性因素,项目合理可行。

项目区土壤侵蚀类型主要以水力侵蚀为主,兼有风力侵蚀,平均侵蚀模数约761$t/km^2 \cdot a$,属轻度侵蚀级别。根据山东省、河北省人民政府《关于划分水土保持三区的公告》,项目区属水土保持重点预防保护区。

工程建设过程中可能造成新的水土流失主要发生在建设期。根据水土流失预测结果,建设期重点防治区域为土料场的开挖、河道清淤弃土、以及各防护区表土剥离产生的临时土方等。

本工程水土流失防治责任范围为1305.59hm^2,其中项目建设区面积1130.71hm^2,直接影响区面积174.88hm^2。

根据主体工程各施工区的特点,本方案新增和补充设计了土料场、弃渣场、施工营地、施工道路,工程管理处等复耕、植被措施。

通过以上各项水土保持综合措施的实施,能够达到工程水土流失综合防治的目标。

(二)建议

(1)主体工程在下一阶段设计时,应本着集中、合理、尽量少占耕地的原则,进一步核实河道清淤及道路的布设和设计,明确清淤施工工艺,根据项目所在区域的气候特点,制定切实可行的清淤方案。

(2)下一阶段应进一步细化土石方平衡。应在施工组织设计中明确土石方调配,在施工进度安排、施工工艺的选择、施工时序安排上充分考虑水土保持的要求。例如,土方开挖时,应尽量避免在雨季施工,如果在雨季施工应采取临时防护措施,同时避免破坏征地边界外的农田作物。

(3)水土保持监督执法、水土保持设计补偿费的收取以各水土保持各项措施的实施等方面应统一协调,以利各项工作的顺利开展。建议业主尽早与当地水行政主管部门取得联系以利工程的顺利实施。

(4)业主应对中标的施工单位提出"规范施工,文明施工"的要求。施工单位必须尽量应用新技术,提高工程质量,避免在施工过程中造成二次水土流失。

第八节　节能设计

一、设计原则

节能是国家发展经济的一项长远战略方针,加强节能工作是深入贯彻"坚持开发与节约并举,把节约放在首位"的方针,落实科学发展观,建设节约型社会、环境友好型社会,合理利用能源,切实提高节能水平和能源利用效率的一项重要措施。水利工程项目固定资产投资项目节能评估和审查工作是加强节能工作的重要组成部分,对设计中严格采用节能技术,执行节能标准,降低能源消耗,合理有效地利用能源,优化工程设计具有重要意义。

根据水利部"水规计〔2007〕10号"文件《转发国家发展改革委关于加强固定资产投资项目节能评估和审查工作的通知》,结合本工程的具体情况和特点,其节能分析主要包括项目合理用能标准及节能设计规范、项目能源消耗种类和数量分析、项目所在地能源供应状况分析、能耗指标、节能措施和节能效果分析等内容。

二、法律法规及标准

本工程在节能方面采用法律法规及标准主要有:《中华人民共和国节约能源法》、《公共建筑节能设计标准》(GB 50189—2005)、《山东省节约能源条例》和《河北省节约能源条例》。

三、项目能源消耗种类和数量分析

(一)工程概况

卫运河自河北大名县徐万仓,至山东武城县四女寺闸,全长157km,是河北、山东两省的边界河道。

本次治理项目主要包括河道清淤、险工加戗、险工护坡、涵闸拆除重建、涵管拆除封堵等。主要工程量为：清淤土方 702.23 万 m^3，土方开挖 44.94 万 m^3，土方回填 81.80 万 m^3，混凝土 5494m^3，钢筋制安 259.5t，浆砌石砌筑 6.58 万 m^3。

（二）工程耗能种类和数量分析

能源消耗基本在施工期，工程运行期能耗可以不计。其主要消耗的能源有汽油、柴油、电能等，本工程建设期能源消耗：柴油 13210t，电力 12.6 万 kW·h。

四、项目所在地能源供应状况分析

卫运河治理工程分布在沿河堤防上，位于河北省沧州市和山东省德州市境内。据调查，工程所在地距离大港油田和胜利油田不足 200km，施工过程中施工车辆主要消耗的能源（柴油），其供应条件较好。

本次设计工程项目包括：（1）险工护坡 12 处；（2）河道清淤 702.23 万 m^3；（3）堤防加高加固长度为 44771m；（4）防渗墙 11700m^2；（5）穿堤建筑物重建、维修加固、拆除封堵工程，计 163 座。从工程项目上分析，本工程的节能设计主要从工程设计方面和工程施工过程中节约能源方面进行考虑。

五、节能设计

（一）工程节能设计

（1）堤防险工护坡。堤防险工工程主要是对堤坡采用浆砌石或植被混凝土块进行护砌，在正常运行中不发生能源消耗。由于工程施工过程中，土方开挖、浆砌石砌筑及砂浆拌和等需要采用机械设备，为了减少施工机械运行中的电、油等能源消耗，工程设计中，植被混凝土块采用预制块，避免现场制作，施工中多余的土方在不影响河道行洪的前提下，尽量回填在堤脚处，即减少土方运距，又对堤防及防冲稳定有利。

（2）穿堤建筑物重建。穿堤建筑物重建中，尽量选择过水涵管为规模生产的工厂预制涵管，避免现场现浇混凝土，从而节约成本和能源消耗；本设计中金属结构中的启闭机采用了手动螺杆启闭机和手、电两用螺杆启闭机。

（二）施工期节能设计

（1）本工程施工项目小且分散，施工布置上，尽量优化施工场地布置，合理安排施工工期；

（2）施工组织设计中对施工方案进行优化，根据项目特点选择经济合理的施工机械，可以充分利用施工设备，提高设备的利用率；

（3）施工布置中，按照运距最短、运行合理的原则进行施工场区布置，使施工过程中的能耗降低，达到节能的目的；

（4）节约水电资源，对生产用水尽量重复利用，施工用电有条件时尽量采用电网供电；

（5）施工中提高施工人员的节能意识，对开挖料充分利用；合理利用混凝土模板，提高模板的周转次数。

（6）清淤主要机械为挖掘机和自卸汽车，为了减少施工机械运行中的电、油等能源消耗，工程设计中尽量将弃土场选择在距离清淤地点近的地方，以减少机械使用台班，从而减少能源消耗。

（7）本工程施工期间主要能源消耗为柴油，经节能优化设计，施工总工期 3 年内，消耗柴油 13210t，由于消耗量很少，在沿河附近县城即可购买，不会对当地的能源供应造成影响。

第九节　经济评价

一、工程经济评价概述

(一)工程任务和效益

卫运河处于漳卫河系中游,下接漳卫新河,为冀、鲁两省边界河道。左岸属河北省馆陶、临西、清河、故城四县,右岸属山东省冠县、临清、夏津、武城四县,河道全长157km。

卫运河是以行洪为主的河道,设计标准为1963年型洪水,相当于50年一遇标准,设计行洪流量为漳、卫两河来水$4000m^3/s$。同时卫运河还担负着上游河道及右岸临清以上$428km^2$的排涝任务,设计排涝流量为$1150m^3/s$。从1973年至今,经过三十多年的运用,下游河道深槽严重淤积,堤岸、滩地险工增多,堤身隐患亟待处理,穿堤建筑物年久失修,其防洪标准已达不到原设计要求,大大降低了工程效益的发挥,"96.8"洪水期间,卫运河所暴露出来的问题已相当严重。如李贤屯堤段(右堤桩号131+000),洪水流量为$1729m^3/s$,其水位距设计洪水位仅0.7m,行洪流量降低至约为800~$1000m^3/s$。河道堤防险情丛生,部分穿堤建筑物漏水,大大降低了防御洪水的能力。

现状情况下下游河道淤积严重,设计水位下河道安全行洪流量:祝官屯以上河段为$4000m^3/s$;祝官屯至西郑庄段为$3200m^3/s$,下降20%;西郑庄以下段不足$3000m^3/s$,下降约25%。设计排涝水位下流量:武城桥以上为1000~$1150m^3/s$,基本能满足排涝要求;武城桥以下约30km河段不足$700m^3/s$,甲马营附近约20km河段不足$500m^3/s$,比原设计降低了39%~56%。

本次卫运河治理主要工程项目为堤防加高加固,穿堤建筑物改建,堤顶路面、险工险段治理和祝官屯以下河段清淤,工程概算总投资53502.40万元。

本次综合治理,将使河道在行洪和排涝方面,接近或达到原设计标准,使沿河两岸免遭洪水威胁,降低滩地作物被淹几率和恩县洼的使用几率。

(二)经济评价依据

本次经济评价工作依据《水利建设项目经济评价规范》和《建设项目经济评价方法与参数》等有关规定进行,由于卫运河治理工程以防洪除涝为主,属社会公益性质的水利建设项目,财务收入很少。因此,只进行国民经济评价,不进行财务评价,提出维持项目正常运行需由国家补贴的资金数额及经济优惠措施和政策。

二、经济效益分析及估算

目前,卫运河祝官屯以上河道现状堤顶高程已基本达到设计防洪标准。祝官屯以下河道由于淤积严重,行洪能力下降,直接威胁两岸的防洪安全,需提前启用恩县洼滞洪区滞洪。

(一)恩县洼基本情况

恩县洼是卫运河下游右岸的一个碟式自然洼地,也是漳卫南运河系最下游的一个滞洪区,地处山东省武城县境内,北临卫运河右堤,东以陈公堤为界,南靠六六河和平(原)武(城)公路,西接自然高地,总面积$325km^2$。设计滞洪水位24.82m,蓄水量7亿m^3。

恩县洼滞洪区运用原则:"当卫运河来水量超过漳卫新河和南运河泄流能力$3800m^3/s$时,原则上应充分利用漳卫新河强迫行洪,加强防守,当河道发生险情或防洪特别紧张时,利用恩县洼滞洪。”卫运河保证流量4000m^3/s，漳卫新河承泄3500m^3/s，南运河承泄300m^3/s，运用机遇相当于50年一遇。恩县洼进、退洪均有控制工程，卫运河西郑庄分洪闸分洪流量1200m^3/s，老减河右堤牛角峪退水闸设计退洪流量378m^3/s。

恩县洼涉及山东省武城县武城、滕庄、鲁权屯3个乡镇，157个自然村，13.8万人，耕地35万亩。该区地势平坦，土层深厚，农业发达，主要种植小麦、玉米、棉花和油料，是武城县主要粮棉产区，正常年份粮棉产量占全县的50%~60%。区内还有大量苹果、梨、葡萄等果品生产基地，农牧副业等多种经济年总收入在12亿元以上。改革开放以来，该区工业经济发展迅速，玻璃钢、建材、农副产品加工等大批企业在滞洪区内迅猛崛起。2005年工业产值达10.03亿元，经济总值52亿元。恩县洼2005年国民经济发展情况见表12.60。

表12.60　恩县洼社会经济情况表

项目	单位	合计	项目		单位	合计
总面积	km^2	325	大牲畜		头	71170
人口	万人	13.83	猪、羊		头	144997
户数	户	33997	家禽		只	1176621
耕地面积	万亩	35	渔业产值		万元	532.63
村庄	个	157	第三产业		万元	20650
秋粮总产	吨	40729	建筑业		万元	10149
油料总产	吨	5843	房屋		万 m^2	377
棉花总产	吨	16387	工业	固定资产	万元	59045
蔬菜总产	吨	136796				
水果产量	吨	13429		产值	万元	100300

（二）洪灾损失计算

防洪工程经济效益可用兴建防洪工程所减少的洪水淹没损失值来表示。洪灾损失减少值采用工程治理前后两种情况进行对比分析计算。

根据《海河流域综合规划》，卫运河设计流量4000m^3/s。现状情况下，祝官屯以下由于河道行洪能力降低，当卫运河来水流量达到2400m^3/s时，河道水位即达到原设计水位。为确保卫运河大堤的防洪安全，将启动西郑庄分洪闸，向恩县洼分洪。不同频率的洪水分入恩县洼的水量不同，滞洪区内淹没面积、淹没水深及所造成的洪灾损失值亦不同。不同频率洪水淹没情况见表12.61。

表12.61　恩县洼不同频率洪水淹没情况表

项　　目	治　理　前				治　理　后	
	1%	2%	3%	5%	1%	2%
分洪水量（亿 m^3）	7.00	7.00	7.00	2.72	3.29	0
滞洪水位（m）	24.82	24.73	24.59	23.27	23.50	0
淹没面积（km^2）	325.00	317.17	303.47	229.76	253.00	0
耕地（万亩）	38.67	34.17	32.66	24.81	45.00	0
人口（万人）	15.28	13.49	12.90	9.79	10.77	0
村庄（个）	154.00	143.00	121.00	62.00	111.00	0

洪灾损失包括农作物损失,林业果业损失、渔业损失,工业损失,居民家庭财产损失,面上工程损失(如水利、公路、输变电等工程损失)以及其他洪灾损失。各类损失随着淹没水深、淹没时间的不同而变化,参照类似工程的典型调查成果和有关文献资料,确定本工程的洪灾损失率。洪灾淹没水深-损失率见表12.62。

表12.62　淹没水深-损失率关系表

项目＼淹没水深	0~0.5	0.5~1.0	1.0~2.0	2.0以上	项目＼淹没水深		0~0.5	0.5~1.0	1.0~2.0	2.0以上
农作物	0.5	0.8	1.0	1.0	牧业	牛、马	0.1	0.2	0.3	0.4
薯类	1.0	1.0	1.0	1.0		猪、羊	0.1	0.2	0.5	0.5
林业	0.1	0.2	0.4	0.8		家禽	0.2	0.5	0.8	1.0
果品	0.1	0.2	0.4	0.8		禽蛋	0.1	0.3	0.5	0.8
渔业	0.8	1.0	1.0	1.0	居民家庭财产		0.2	0.4	0.6	0.8
乡村工业	0.1	0.2	0.3	0.5	房屋		0	0.2	0.3	0.5
面上工程	0.1	0.2	0.3	0.5						

各项损失计算如下:

(1)农作物损失:包括秋粮、蔬菜、瓜类及经济作物损失;

粮棉油类损失=秋季粮棉油类总产值×损失率;

瓜菜类损失=瓜菜类总产值×损失率

(2)林业损失:包括果品、果林、片林及苗圃等;

果品损失=果品总产值×损失率;

林木损失=果林、片林及苗圃等总值×损失率;

(3)牧业损失:包括牲畜、猪羊家禽及畜产品等;

牧业损失=牧业总值×损失率;

畜产品损失=畜产品产值×损失率;

(4)渔业损失:指内陆水域水产品损失。渔业损失=渔业总产值×损失率;

(5)面上工程设施损失:包括水利工程、公路桥涵、输变电线网等,其财产净值按每亩100元计算。面上工程设施损失=淹没范围内耕地面积×100元/亩×损失率;

(6)工业损失:包括固定资产损失和因洪灾造成的停产损失;

工业损失=固定资产×损失率+日产值×停产天数。

表12.63　淹没水深与停产天数关系表

淹没水深(m)	0~0.5	0.5~1.0	1.0~2.0	2.0以上
停产停业天数(d)	10	20	40	60

(7)家庭财产损失:包括房屋、家俱、生产及生活设施等,按人均4000元计算;

家庭财产损失=淹没范围内人口×4000元/人×损失率;

(8)第三产业损失:包括交通运输业、商饮服务业等损失;

第三产业损失=交通运输业、商饮服务业等日净收入×停产天数;

(9)其他损失:包括防汛抢险、灾民转移安置及不可预见费,按上述各类损失值的10%~15%计算。

根据不同频率的洪水淹没范围、淹没水深，计算洪灾损失值，其结果见表 12.64。

表 12.64　各频率洪水洪灾损失值（单位：万元）

项目		单位	1%		2%	3%	5%
			现状	治理后	现状	现状	现状
淹没面积		km^2	325	253	317.17	303.47	229.76
秋粮		万元	2692	1726	2456	2069	994
油料		万元	797	511	727	613	294
棉花		万元	9512	6094	8677	7308	3511
蔬菜		万元	1493	956	1362	1147	551
水果		万元	2889	1399	2538	2017	489
林业		万元	3231	1100	2681	1763	489
大牲畜		万元	1056	470	899	643	249
猪、羊		万元	737	389	648	540	222
家禽		万元	601	310	533	425	168
畜产品		万元	961	489	852	679	269
渔业产值		万元	344	228	313	264	127
第三产业		万元	2464	919	2039	1371	458
建筑业		万元	1211	452	1002	674	225
房屋		万元	25258	11068	22172	16709	5605
工业	固定资产	万元	17744	7775	15576	11738	3938
	产值	万元	11970	4465	9905	6658	2227
面上工程		万元	1052	477	923	696	233
合计		万元	84011	38829	73304	55312	20050

（三）涝水损失计算

根据本报告第四章成果，现状情况下，武城桥以上段基本能满足排涝要求，武城桥以下约有 30km 河道排涝能力不足 $700m^3/s$，最严重的甲马营附近长约 20km 河道原设计的排涝水位下排涝能力不足 $500m^3/s$。当发生三年一遇涝水时，武城桥以下河北、山东两省河滩地约有 3.69 万亩河滩耕地将被淹，累计各项种植作物损失值为 3232.26 万元。

（四）工程效益

用频率法计算不同频率洪、涝水的多年平均淹没损失值，此值为卫运河治理工程的直接效益。此外，由于淹没区交通中断带来的原材料供应中断造成的损失，商品流通不畅、经济协调不顺的损失等间接损失按直接损失的 10% 计算，作为本治理工程的间接效益。

经计算，卫运河治理工程防洪、排涝效益为 3717.85 万元，详见表 12.65。

表 12.65　不同频率洪、涝水经济损失值表（单位：万元）

频　　率	1%	2%	3.33%	5%	33.3%
现状淹没损失值	84011	73304	55312	20050	3232
治理后淹没损失值	28829	0	0	0	0
减免淹没损失值	45182	73304	55312	20050	3232

续表

频　　率	1%	2%	3.33%	5%	33.3%
多年平均损失			2946.77		
直接效益			2946.77		
间接效益			385.54		
多年平均效益			3717.85		

(五)设计水平年和特大洪水年的效益

卫运河发生50年一遇设计洪水,减少洪灾损失值73304万元。发生100年一遇洪水,减少洪灾损失值45182万元。

(六)洪灾损失增长率

随着国民经济的发展,人民生活水平的不断提高,社会财富的积累,土地利用价值的提高,今后发生同等洪水,其洪灾损失将越来越大,计算工程防洪效益应计及洪灾损失的增长。该工程在计算期内的洪灾损失增长率按3%计算。

三、经济费用估算

(一)项目费用组成及估算

本项目费用由固定资产投资、流动资金和运行维护费组成。

(1)固定资产投资。卫运河治理工程概算静态总投资为53502.40万元,其中机电、金属结构设备及安装费1511.74万元,建设单位开办费157万元,建设及施工场地征用费6381.88万元,施工期3年。2009年开始施工,2012年全部竣工并发挥效益。各年投资情况见表12.66。

表12.66　分年度投资表(单位:万元)

年份	合计	一	二	三
分年度投资	53502.40	15977.17	20451.26	17073.98
所占比例(%)	100	30	39	31

(2)运行维护费用。本工程年运行费用包括工资及福利费、维护费、其他费用等,为350.53万元。

(3)流动资金。该项目工程流动资金包括维持工程正常运行所需购置燃料、材料、备品备件和支付职工工资等的周转资金。参照类似工程分析,流动资金按工程运行费的10%考虑,为35.05万元。

流动资金从项目运行的第一年开始,根据其投产规模安排,计算期末一次回收。

(二)经济费用估算

(1)工程总投资调整。按照《水利建设项目经济评价规范》的要求,进行国民经济评价应按影子价格对工程投资进行调整。本次依据规范附录E对投资调整如下:

扣除工程投资中属于国民经济内部的转移支付,包括设备储备贷款利息、计划利润、税金等。调整后项目总投资为49222.21万元,比按现行价格估算的静态投资少4280.19万元。

(2)年运行费用及流动资金调整

按影子价格对所列运行费及流动资金进行调整,调整后年运行费为322.49万元。流动资金为32.25万元。

四、经济费用效益分析

（一）主要参数的确定

（1）社会折现率采用8%，价格水平为2009年第三季度；

（2）计算期包括建设期和正常运行期，共计43年，其中建设期3年，正常运行期40年；计算基准点定在第一年年初，投入和产出均按年末发生。

（二）经济评价指标分析

对工程投资、年运行费、流动资金及工程效益等资金历年流入量、流出量等，应编制国民经济效益费用现金流量表，然后对经济指标进行分析，经济评价指标见表12.67。

表12.67　经济评价指标表

项　　目	指　标	项　　目	指　标
收益现值（万元）	49726.05	经济净现值（万元）ENPV	4170.68
费用现值（万元）	45555.37	经济效益费用比　EBCR	1.09
经济内部收益率　EIRR	8.7%		

本次河道治理工程经济内部收益率为8.7%，经济效益费用比为1.09，经济净现值为4170.68万元。由于该工程是属于社会公益性质的水利工程项目，经济内部收益率大于8%，说明该项目在经济上是合理可行的。

参考文献

[1] 郑月芳．河道管理[M]．北京:中国水利水电出版社,2007.

[2] 许士国,高永敏,刘盈斐．现代河道规划设计与治理[M],北京:中国水利水电出版社,2006.

[3] 侍克斌．水利工程施工[M]．北京:中国农业出版社,2005.

[4] 毛昶熙．堤防工程手册[M]．北京:中国水利水电出版社,2009.

[5] 董哲仁．堤防抢险实用技术[M]．北京:中国水利水电出版社,1999.

[6] 李思慎．堤防防渗工程技术[M]．武汉:长江出版社,2006.

[7] 易晶萍等．病害水工程维护与管理[M]．北京:中国水利水电出版社,2009.

[8] 熊铁．国内外堤防工程建设管理[M]．武汉:长江出版社,2006.

[9] 石自堂．水利工程管理[M]．北京:中国水利水电出版社,2009.

[10] 张生,张延乐．堤防工程施工与质量控制[M]．郑州:黄河水利出版社,2006.

[11] 李继业．现代工程材料实用手册[M]．北京:中国建材工业出版社,2007.

[12] 白永年．中国堤防防渗加固新技术[M]．北京:中国水利水电出版社,2001.

[13] 李思慎．长江护岸及堤防防渗工程论文选集[M]．北京:中国水利水电出版社,2003.

[14] 杜玉海．黄河下游淤背固堤技术研究与实践[M]．郑州:黄河水利出版社,2002.

[15] 毛昶熙,段祥宝,毛佩郁．堤防渗流与防冲[M]．北京:中国水利水电出版社,2003.

[16] 毛昶熙．渗流计算分析与控制(再版)堤防工程手册[M]．北京:中国水利水电出版社,2003.

[17] 建筑边坡工程设计规范[M]．北京:中国建筑工业出版社,2002.

[18] 李广诚．中国堤防工程地质[M]．北京:中国水利水电出版社,2005.

[19] 顾淦臣,陈明致,郭诚谦．土坝设计[M]．北京:水利电力出版社,1983.

[20] 蒋屏,董福平．河道生态治理工程[M]．北京:中国水利水电出版社,2003.